“十四五”应用型本科院校系列教材/机械工程类

主　编　孟凡荣　陈　雷　张德生
副主编　郝素红　郭宇超
主　审　孙曙光

机械制造技术基础

（第2版）

Fundamentals of Machinery Manufacturing Technology

哈爾濱工業大學出版社

内 容 简 介

本书以切削原理和机械制造工艺及夹具的基本理论和基本知识为主线，并配有相关的机械加工方法、机床、刀具、加工质量、先进加工技术以及装配工艺等内容的讲解，还突出讲解典型零件的加工工艺及典型夹具设计。

本书内容具体实用，可供高等院校本科、职业学院等机械类专业或近机类专业作为机械制造技术基础的教材，也可供机械制造工程技术人员参考。

图书在版编目(CIP)数据

机械制造技术基础/孟凡荣，陈雷，张德生主编. —2版. —哈尔滨：哈尔滨工业大学出版社，2017.7(2024.7重印)

ISBN 978-7-5603-6334-9

Ⅰ.①机… Ⅱ.①孟…②陈…③张… Ⅲ.①机械制造工艺-高等学校-教材 Ⅳ.①TH16

中国版本图书馆CIP数据核字(2016)第307946号

策划编辑 杜 燕
责任编辑 范业婷 刘 瑶
出版发行 哈尔滨工业大学出版社
社 址 哈尔滨市南岗区复华四道街10号 邮编150006
传 真 0451-86414749
网 址 http://hitpress.hit.edu.cn
印 刷 哈尔滨久利印刷有限公司
开 本 787mm×1092mm 1/16 印张23 字数526千字
版 次 2014年2月第1版 2017年7月第2版
2024年7月第2次印刷
书 号 ISBN 978-7-5603-6334-9
定 价 49.80元

序

哈尔滨工业大学出版社策划的《"十四五"应用型本科院校系列教材》即将付梓,诚可贺也。

该系列教材卷帙浩繁,凡百余种,涉及众多学科门类,定位准确,内容新颖,体系完整,实用性强,突出实践能力培养。不仅便于教师教学和学生学习,而且满足就业市场对应用型人才的迫切需求。

应用型本科院校的人才培养目标是面对现代社会生产、建设、管理、服务等一线岗位,培养能直接从事实际工作、解决具体问题、维持工作有效运行的高等应用型人才。应用型本科与研究型本科和高职高专院校在人才培养上有着明显的区别,其培养的人才特征是:①就业导向与社会需求高度吻合;②扎实的理论基础和过硬的实践能力紧密结合;③具备良好的人文素质和科学技术素质;④富于面对职业应用的创新精神。因此,应用型本科院校只有着力培养"进入角色快、业务水平高、动手能力强、综合素质好"的人才,才能在激烈的就业市场竞争中站稳脚跟。

目前国内应用型本科院校所采用的教材往往只是对理论性较强的本科院校教材的简单删减,针对性、应用性不够突出,因材施教的目的难以达到。因此亟须既有一定的理论深度又注重实践能力培养的系列教材,以满足应用型本科院校教学目标、培养方向和办学特色的需要。

哈尔滨工业大学出版社出版的《"十四五"应用型本科院校系列教材》,在选题设计思路上认真贯彻教育部关于培养适应地方、区域经济和社会发展需要的"本科应用型高级专门人才"精神,根据前黑龙江省委书记吉炳轩同志提出的关于加强应用型本科院校建设的意见,在应用型本科试点院校成功经验总结的基础上,特邀请黑龙江省9所知名的应用型本科院校的专家、学者联合编写。

本系列教材突出与办学定位、教学目标的一致性和适应性,既严格遵照学科体系的知识构成和教材编写的一般规律,又针对应用型本科人才培养目标及与之相适应的教学特点，精心设计写作体例，科学安排知识内容，围绕应用讲授理论，做到“基础知识够用、实践技能实用、专业理论管用”。同时注意适当融入新理论、新技术、新工艺、新成果，并且制作了与本书配套的PPT多媒体教学课件，形成立体化教材，供教师参考使用。

《“十四五”应用型本科院校系列教材》的编辑出版，是适应“科教兴国”战略对复合型、应用型人才的需求，是推动相对滞后的应用型本科院校教材建设的一种有益尝试，在应用型创新人才培养方面是一件具有开创意义的工作，为应用型人才的培养提供了及时、可靠、坚实的保证。

希望本系列教材在使用过程中，通过编者、作者和读者的共同努力，厚积薄发、推陈出新、细上加细、精益求精，不断丰富、不断完善、不断创新，力争成为同类教材中的精品。

第2版前言

《机械制造技术基础》是一门实践性很强的课程,是高等院校机械类专业重要的主干技术基础课,目的在于通过本课程学习,要求学生掌握机械加工的制造技术的基本知识和基本理论,为学生后续专业课和搞好毕业设计及走上工作岗位打下坚实基础,也是学生能综合运用所学知识进行课程设计的理论基础。

本书以切削原理和机械制造工艺及夹具的基本理论和基本知识为主线,并配有相关的机械加工方法、机床、刀具、加工质量、先进加工技术以及装配工艺等内容的讲解,还突出讲解典型零件的加工工艺及典型夹具设计。

全书共分8章。第1章介绍机械制造基本概念和常见加工方法,第2章介绍金属机械加工的基本理论,第3章介绍机械加工的常见加工方法,机床种类和工作原理以及所用刀具,第4章介绍机械加工质量分析,第5章介绍现代先进制造技术,第6章介绍机械加工工艺规程编制基本知识和典型零件的工艺设计的步骤和内容,包括零件工艺分析、工艺路线的拟定、工艺计算、尺寸公差与机械加工余量、工序间加工余量、工序尺寸及其公差的确定,第7章介绍零件定位的原则、常见定位元件和典型零件定位与夹具设计以及各类夹具的结构与特点,第8章介绍机械装配工艺的方法和制订及装配工艺分析。

本书在保持第1版教材的结构体系和内容外,主要修改以下几个方面:

(1)修改了第1章,数据更新到2016年;

(2)补充了各章的图中技术条件,从而保证了资料全面性;

(3)补充了第7章的工序图技术条件,进一步保证工艺资料的全面性和工程性;

(4)修改了原有的错误和不足。

本书内容具体实用,可供高等院校本科、职业学院等机械类专业或近机类专业作为机械制造技术基础的教材,也可供机械制造工程技术人员参考。

本书由孟凡荣、陈雷、张德生担任主编,郝素红、郭宇超担任副主编,孙曙光主审。参编人员分工是:黑龙江东方学院孟凡荣(第7.1~7.4节),黑龙江东方学院陈雷(第1章、第2章、第5章),黑龙江工程学院张德生(第3章),黑龙江东方学院郝素红(第6.3节),黑龙江东方学院郭宇超(第8章),黑龙江工程学院王瑛璞(第4章、第6.1~6.2节),黑龙江工程学院王艳奂(第7.5~7.7节及思考与练习题),黑龙江工程学院刘文霞(第6.4~6.6节及思考与练习题)。

由于编者水平有限,殷切期望广大读者对书中疏漏之处,予以批评指正。

编　者

2017年5月

目　　录

第 1 章　机械制造概论……1
1.1　机械制造业的发展与地位……1
1.2　机械制造与机械制造系统、生产类型与机械制造方法……4
思考与练习题……8
第 2 章　金属切削加工基础……9
2.1　概述……9
2.2　刀具的几何角度与材料……15
2.3　金属加工的切削过程……25
2.4　切削力、切削热和切削温度……34
2.5　刀具磨损和刀具使用寿命……42
2.6　切削条件的合理选择……48
思考与练习题……54
第 3 章　金属切削加工与机床……56
3.1　概述……56
3.2　车削加工与机床……60
3.3　铣削加工与机床……73
3.4　孔加工与机床……81
3.5　齿加工与机床……92
3.6　磨削加工与机床……100
3.7　数控机床与数控加工……110
3.8　其他切削加工与机床……114
思考与练习题……127
第 4 章　机械加工质量……129
4.1　概述……129
4.2　影响加工精度的因素……133
4.3　提高加工精度的工艺措施……150
4.4　影响表面质量的因素及提高途径……152
思考与练习题……157
第 5 章　现代先进制造技术……159
5.1　精密加工与细微加工……159
5.2　高速加工……164
5.3　特种加工……168

5.4　数字化制造技术 …… 172
5.5　绿色制造技术 …… 174
思考与练习题…… 175
第6章　机械加工工艺规程设计…… 176
6.1　概述 …… 176
6.2　零件结构的工艺性与毛坯选择 …… 178
6.3　机械加工工艺规程设计 …… 184
6.4　提高机械加工生产率的工艺措施 …… 226
6.5　工艺方案的技术经济性分析 …… 227
6.6　典型零件的加工工艺 …… 233
思考与练习题…… 242
第7章　机床夹具设计…… 245
7.1　概述 …… 245
7.2　工件在夹具上的定位 …… 248
7.3　工件的夹紧 …… 267
7.4　夹具在机床上的定位、对刀和分度…… 286
7.5　机床夹具的结构和特点 …… 296
7.6　机床夹具的设计原则和方法 …… 318
7.7　机床夹具设计实例 …… 324
思考与练习题…… 330
第8章　机械装配工艺…… 332
8.1　概述 …… 332
8.2　装配精度与保证装配精度的方法 …… 337
8.3　装配尺寸链 …… 340
8.4　装配工艺规程制订 …… 349
思考与练习题…… 354
参考文献…… 355

第 1 章 机械制造概论

1.1 机械制造业的发展与地位

1.1.1 机械制造业的发展历程

人类最早的制造活动可以追溯到以石器作为劳动工具的新石器时代,制造处于一种萌芽阶段;到了青铜器和铁器时代,出现了冶炼和锻造等较为原始的制造活动,并开始制作纺织机械、水利机械、运输车辆等。

18 世纪 70 年代,制造业发展的历史性转折点是瓦特改进蒸汽机的发明。随着蒸汽机的大量使用,机械技术与蒸汽动力技术相结合,出现了以动力驱动为特征的制造方式,产生了第一次工业大革命。而后,随着发电机和电动机的发明,以电作为动力源大大改变了机器的结构和生产效率。使用机械加工机床作为这个阶段制造业发展的一个标志,西方工业发达国家开始用机床大量生产"洋枪、洋炮"。

19 世纪末,内燃机的发明引发了制造业的又一次革命。20 世纪初,制造业进入了以汽车制造为代表的批量生产时代,随后出现了流水生产线和自动机床。泰勒科学管理理论的产生,劳动分工制度和标准化技术相继问世。1931 年建立了具有划时代意义的福特 T 型汽车装配生产线,实现了以自动化为特征的大批量生产方式。

20 世纪 50 年代机械制造业逐渐进入鼎盛时期,制造技术以大规模生产方式为主要特征,制造业通过降低生产成本(主要是降低劳动力成本)和提高生产效率,形成了"规模效益"的工业化生产理念。

20 世纪 60 年代,随着市场竞争的加剧,大规模生产方式面临新的挑战。制造企业的生产方式开始向多品种、中小批量生产方式转变。与此同时,以大规模集成电路为代表的微电子技术以及以微机为代表的计算机技术迅速发展以及运筹学、现代控制论、系统工程等软科学的产生和发展,极大地促进了制造业的装备技术和制造工艺的进步,为制造业实现多品种、中小批量的生产方式创造了有利条件。这个阶段诞生的制造装备与制造技术主要有数控机床(CNC)、加工中心(MC)、柔性制造系统(FMS)、计算机辅助设计(CAD)和计算机辅助制造(CAM)等。

20世纪80年代，制造理论、制造技术和制造装备也迎来新的发展时期，出现了制造资源规划（MRPⅡ）和计算机集成制造系统（CIMS）等。

20世纪90年代至今，以Internet为代表的信息技术革命给世界带来了巨大变化，经济全球化进程打破了传统的地域经济发展模式，市场变得更加广阔和多元化。出现了许多先进制造系统模式，如敏捷制造（AM）、虚拟制造（VM）、精益生产（LP）、智能制造、并行制造（CE）和绿色制造等。

1.1.2　机械制造业在我国国民经济中的地位和作用

制造业是人类财富的主要贡献者，没有制造业的发展就没有人类社会的现代物质文明。在工业化国家，约有1/4的人口从事制造业，约超过70%的物质财富来自制造业。在我国，处于工业中心地位的制造业，特别是机械制造业，是国民经济持续发展的基础，是工业化、现代化建设的发动机和动力源，是参与国际竞争取胜的法宝，是技术进步的主要舞台，是提高国民生活水平、保证国家安全、发展现代文明的物质基础，制造业的总产值约占整个工业生产的4/5。

机械制造工业是制造业最重要的组成之一，它担负着向国民经济的各个部门提供机械装备、办公设备，向人们提供交通工具和家用电器等任务。我国现代化建设的发展速度和国家的安全在很大程度上取决于机械制造工业的发展水平。

我国是世界上文化、科学发展最早的国家之一，早在公元前2000年左右，我国就制成了纺织机械。由于封建主义的压迫和帝国主义的侵略，我国的机械工业长期处于停滞和落后状态。从1865年清政府在上海创办江南机械制造局到1949年这80多年的时间里，全国只有少数城市建有一些机械厂。新中国成立60多年来，我国已建立一个比较完整的机械工业体系。建国初期以万吨水压机为代表的各种重型装备的研制成功，标志着国民经济有了自己的脊梁；20世纪60～70年代，“两弹一星”的问世、300 MW和600 MW火电机组、秦山核电站机组、电子对撞机以及21世纪的“神舟”飞船遨游太空，表明了我国综合国力的提高，使我国跻身于世界大国的行列。目前，我国电力、钢铁、石油、交通、矿山等基础工业部门所拥有的机电产品总量中，约有2/3是我国自己制造的，其中以12 000 m特深井陆地石油钻机、五轴联动数控机床、2012年三峡水电站使用32台700 MW水轮发电机组等为代表的一批重大技术装备已达到或接近国际先进水平。到2010年中国制造业总产值已接近中国国内生产总值的33%，2010～2016年连续七年，我国汽车年产销量在2 000万辆左右，自从2009年到至今连续八年蝉联全球第一。许多与人们生活密切相关的机电产品（如电冰箱、空调机等）产量已位居世界前列，我国已成为名副其实的机械工业生产大国。

新中国用了60多年的时间走过了工业发达国家200年的历程，成就举世瞩目；但与世界先进水平相比，我国机械制造业的整体水平和国际竞争能力仍有较大的差距。首先，我国国民经济建设和高新技术产业所需的重大装备的国内自给率目前尚不到50%，高档制造装备和科学仪器的90%要依赖于进口；其次，制造业的人均生产率较低，约为美国、日本、德国的十几至二十分之一；第三，企业对市场需求的快速响应能力不高，我国新产品开发的周期平均为18个月，而美、日、德等工业发达国家的新产品开发周期平均为4～6个月;第四,我国制造业仍存在着能源资源消耗高、污染排放重、自主知识产权创新薄弱、服务增值率低、高水平人才短缺等。

我国机械工业“十二五”发展总体规划的六大主要任务是:

(1) 促进发展方式转变。发展现代制造服务业,实现由生产型制造向服务型制造转变、推进节能降耗减排,由传统制造向绿色制造转变、积极推行信息化和工业化的深度融合,改造提升传统产业、加快企业兼并重组,提升产业集中度。

(2) 优化调整产品结构。大力推进高端装备自主化、突破关键基础零部件瓶颈约束、抑制产能盲目扩张势头。

(3) 增强自主创新能力。协助有关部门实施科技重大专项、推进产品数字化和企业信息化、继续推进行业科技创新体系建设、加强行业基础共性技术研究、完善和提高产品标准体系。

(4) 加强质量品牌建设。大力提升机械产品质量、建立和完善产品质量标准体系,实施精品工程,树立优良品牌形象。

(5) 培育发展新兴产业:大力发展高档数控机床和基础制造装备、高档基础零部件、新能源设备、新能源汽车、节能环保设备、海洋工程装备、现代农业装备、工业机器人、现代制造服务和再制造等新增长点。

(6) 提高国际合作水平:利用境外资源和市场,提高机械工业国际合作水平。充分吸收借鉴境外先进管理经验,有选择地引进先进技术,积极引进科技人才和战略合作者,为海外专业技术人才回国工作创造良好条件,提高我国机械工业技术水平。

我国机械工业“十二五”发展总体规划的主攻五个重点领域是:

(1) 高端装备产品:先进高效电力设备,大型石化设备,大型冶金及矿山设备,现代化农业装备,高效低排放内燃机,数字化、智能化仪器仪表和自动控制系统。

(2) 新兴产业装备:新能源汽车,新能源发电设备,智能电网设备,高档数控机床及精密加工设备,智能印刷设备,海洋工程装备,工业机器人与专用机器人,大型智能工程建设机械,节能环保设备。

(3) 民生用机械装备:安全应急救灾设备,医疗设备,消费品现代化生产和流通的“完整解决方案”,现代文办设备。

(4) 关键基础产品:大型及精密铸锻件,关键基础零部件,加工辅具,特种优质专用材料。

(5) 基础工艺及技术:机械制造技术是机械制造企业实现产品设计、完成产品生产、保证产品质量、提高经济效益的共性技术和基础技术。在全球范围内,机械制造技术正朝着精密化、自动化、敏捷化和可持续发展方向发展。

机械制造技术是机械制造企业实现产品设计、完成产品生产、保证产品质量、提高经济效益的共性技术和基础技术。在全球范围内,机械制造技术正朝着精密化、自动化、敏捷化和可持续发展方向发展。

1.2　机械制造与机械制造系统、生产类型与机械制造方法

1.2.1　机械制造与机械制造系统

1. 生产系统

机械制造工厂作为一个生产单位,它的生产过程和生产活动十分复杂,包括从原材料到成品所经过的毛坯制造、机械加工、装配、涂漆、运输、仓储等所有过程及开发设计、计划管理、经营决策等所有活动,是一个有机的、集成的生产系统,如图1.1所示。图中双点画线框内表示生产系统,即由原材料进厂到产品出厂的整个生产、经营、管理过程线;线框外表示企业外部环境(社会环境和市场环境)。

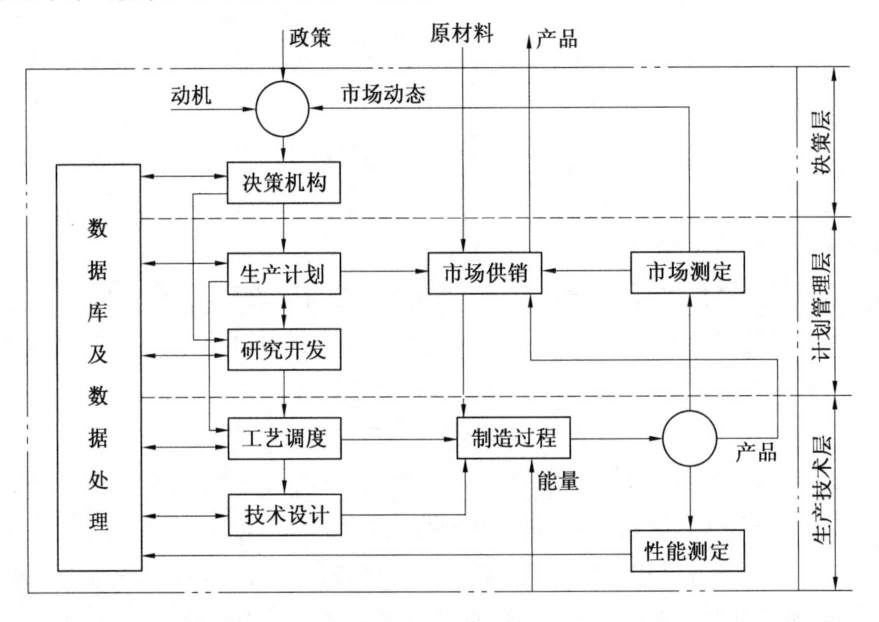

图1.1　生产系统

整个生产系统由三个层次组成:① 决策层,为企业的最高领导机构,它们根据国家的政策、市场信息和企业自身的条件,进行分析研究,就产品的类型、产量及生产方式等做出决策;② 计划管理层,根据企业的决策,结合市场信息和本部门实际情况进行产品开发研究、制订生产计划并进行经营管理;③ 生产技术层,是直接制造产品的部门,根据有关计划和图样进行生产,将原材料直接变成产品。

2. 制造系统

制造系统是生产系统中的一个重要组成部分,即由原材料变为产品的整个生产过程,它包括毛坯制造、机械加工、装配、检验和物料的储存、运输等所有工作。在制造系统中,存在着以生产对象和工艺装备为主体的“物质流”,以生产管理和工艺指导等信息为主体的“信息流”,以及为了保证生产活动正常进行而必需的“能量流”,如图1.2所示。

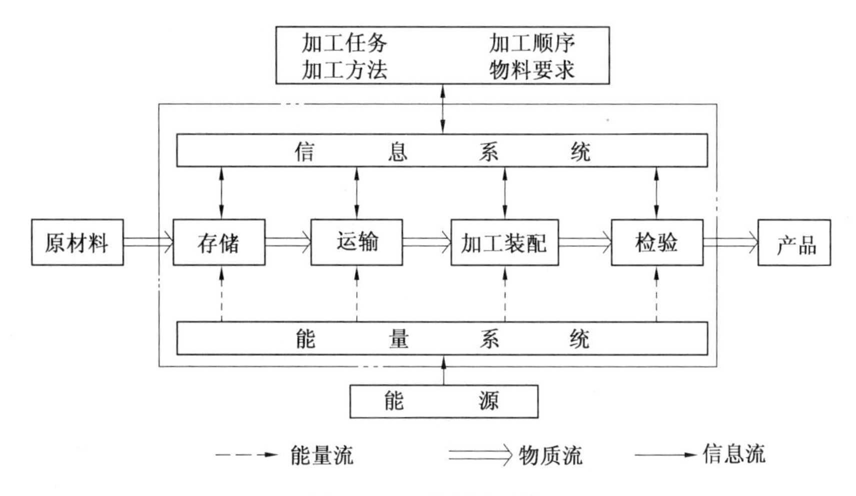

图1.2　机械制造系统

3. 工艺系统

机械制造系统中,机械加工所使用的机床、刀具、夹具和工件组成了一个相对独立的系统,称为工艺系统。工艺系统各个环节之间互相关联、互相依赖、共同配合,实现预定的机械加工功能。

1.2.2　生产类型及其工艺特征

1. 生产纲领

企业根据市场需求和自身的生产能力制订生产计划。在计划期内应当生产的产品产量和进度计划称为生产纲领。计划期一般为一年,所以生产纲领一般就是年产量。零件的生产纲领应当计入备品和废品的数量,其计算式为

$$N = Qn(1 + a)(1 + b) \tag{1.1}$$

式中　N——零件的生产纲领,件/年;

Q——产品的年产量,(台、辆)/年;

n——每台(辆)产品中该零件的数量,件/(台、辆);

a——备品率,一般取2%～4%;

b——废品率,一般取0.3%～0.7%。

2. 生产类型

生产纲领的大小决定了产品(或零件)的生产类型,而各种生产类型又具有不同的工艺特征,因此生产纲领是制订和修改工艺规程的重要依据。

根据工厂(车间或班组)生产专业化程度的不同,存在着三种不同的生产类型,即大量生产、成批生产和单件生产。

(1) 大量生产。产品的产量大,大多数工作按照一定的节拍重复地进行某一零件某一工序的加工,如汽车、手表、手机等的制造。

(2) 成批生产。一年中轮番周期地制造一种或几种不同的产品,每种产品均有一定的数量,制造过程具有一定的重复性。一次投入或产出的同一产品(或零件)的数量称为

生产批量。批量的大小主要根据生产纲领、零件的大小、资金的周转、调整费用及仓库的容量等情况来确定。

按照批量的大小,成批生产又可分为小批生产、中批生产和大批生产。

(3) 单件生产。单个地生产不同的产品,很少重复,如重型机器制造、专用设备制造、新产品试制等。

由于大批生产的工艺特点与大量生产相似,小批生产的特点与单件生产相似,因此生产类型也可分为大批大量生产、中批生产及单件小批生产。

生产纲领和生产类型的关系随产品的种类、大小和复杂程度而不同。机械产品的生产类型与生产纲领的关系见表 1.1。

表 1.1　机械加工零件生产类型与生产纲领的关系

零件特征		产品类型		
		重型零件	中型零件	轻型零件
生产类型		年生产纲领/(件·年$^{-1}$)		
单件生产		5 以下	20 以下	100 以下
成批生产	小批	5 ~ 10	20 ~ 200	100 ~ 500
	中批	100 ~ 300	200 ~ 500	500 ~ 5 000
	大批	300 ~ 1 000	500 ~ 5 000	5000 ~ 50 000
大量生产		1 000 以上	5 000 以上	50 000 以上

3. 不同生产类型的工艺特征

不同生产类型具有不同的工艺特征,各种生产类型下的工艺特征见表 1.2。

表 1.2　不同生产类型的工艺特征

项目	单件小批生产	中批生产	大批大量生产
加工对象	经常变换	周期性变换	固定不变
毛坯及余量	手工造型铸造、自由锻。毛坯精度低,加工余量大	部分金属模铸造、部分模锻。毛坯精度和余量中等	广泛采用金属模机器造型和模锻。毛坯精度高、余量小
机床设备	通用机床,机群式排列,数控机床	部分专用机床,部分流水线布置,部分数控机床	广泛采用专机,流水线布置
工艺装备	通用工装为主,必要时采用专用工装	广泛采用专用夹具,部分采用专用的刀、量具	广泛采用高效专用工装
装夹方式	通用夹具或划线找正	部分采用专用夹具装夹,少数采用划线找正	夹具装夹
装配方式	广泛采用修配法	大多数采用互换法	互换法
操作水平	高	一般	较低
工艺文件	工艺过程卡	工艺卡	工艺过程卡、工艺卡、工序卡
生产率	低	一般	高
加工成本	高	一般	低

随着科学技术的发展和市场需求的变化,生产类型正在发生深刻的变化,传统的大批大量生产往往不能很好地适应市场对产品及时更新换代的需求,多品种中、小批量生产的比例逐渐上升。随着数控加工和成组技术的普及,各种生产类型下的工艺特征也在起着相应的变化。

1.2.3　机械制造的方法

从原材料到产品的生产过程,主要包括毛坯制造、零件加工及零部件装配三个主要工艺过程。毛坯的制造、零部件的加工和零部件的装配随着产品的结构特点、生产类型(生产批量)以及工厂生产条件的不同,其制造方法也不尽相同,按零件加工时加工工具与零件之间是否需要机械作用力,可将机械制造的方法分为机械加工和特种加工。

1. 机械加工

按机械加工成形零件时是否产生废料可分为净成形和切削加工。

(1) 净成形。净成形技术是指由原材料到零件成形后不再加工(或仅需少量加工)就可用作机械零件的成形技术。采用净成形技术加工方法不同,所获得的机械零件尺寸精度、形位精度和表面质量也不尽相同。

净成形技术涵盖精密铸造成形(失蜡铸造和压铸加工)、精密塑性成形(精密模锻、冷挤压成形)以及精密注塑成形等。其特点是加工不产生切屑,因此原材料利用率高,生产效率高,常用于机械零件毛坯或形状比较复杂的中小零件加工制造。

(2) 切削加工。切削加工即由原材料(毛坯)到零件需经过切削加工(产生切屑废料)得到所需零件的形状、尺寸和精度的一种加工方法,如车削、铣削、钻镗铰孔、磨削等加工方法。切削加工因产生切屑、材料利用率较低、零件生产率较低,但其加工精度高,目前仍然是高精度机械零件的主要加工方法。

切削加工时按加工的精度、切削速度以及机床运动的控制方法又可分为:

① 普通机械加工。普通机械加工是指采用传统的机床设备进行切削加工。普通切削加工因受机床、夹具、刀具所组成的加工装备系统的精度、刚度以及切削机理的影响,加工精度仍然有限。目前阶段,普通切削加工的误差范围为1 ~ 10 μm,通常称为微米加工。

② 精密与超精密加工。精密加工是指加工精度和表面质量超过普通切削加工,达到很高程度的加工工艺。现阶段加工误差可达到0.1 ~ 1 μm,表面粗糙度$Ra<0.1$ μm,称为亚微米加工。

超精密加工是指加工精度和表面质量达到最高程度的加工工艺。其加工误差可以控制到小于0.1 μm,表面粗糙度$Ra<0.01$ μm,已发展到纳米加工的水平。

③ 高速加工。高速加工是指采用超硬材料的刀具,通过极大地提高切削速度和进给速度,达到提高材料切除率,提高加工精度和加工表面质量的现代加工技术。以切削速度和进给速度界定,高速加工的切削速度和进给速度为普通机械加工速度的5 ~ 10倍;以主轴转速界定,高速加工的主轴转速 ≥ 10 000 r/min。

④ 数字化(数控)加工。数字化加工是以数值与符号构成的信息(加工程序)通过脉冲信号控制机床自动运动,实现零件机械加工的加工方法。数字化加工的最大特点是极

大地提高了加工精度和加工质量的重复性、稳定性,保证加工零件质量的一致。

2. 特种加工

特种加工是不需利用工具直接对加工对象施加作用力的一种加工工艺,如电火花成形加工、电火花线切割加工、激光加工、超声波加工、离子束加工、光刻化学加工等。特种加工因为不是依靠工具与加工对象之间的直接作用产生塑性变形而成形零件,因此对加工对象的材质、硬度没有要求,特别适合高硬度、难加工材料的复杂表面的加工,但加工效率不及机械加工。

除了上述机械加工和特种加工以外,20 世纪末在机械制造领域又提出了绿色制造的概念。

绿色制造又称清洁生产或面向环境的制造,是指在保证产品功能、质量、成本的前提下,综合考虑环境影响和资源效率的现代制造模式。它使产品从设计、制造、使用到报废整个产品生命周期中节约资源和能源,不产生环境污染或使环境污染最小化。

思考与练习题

1.1　你认为机械制造对一个国家的重要性表现在哪些方面?你认为我国制造业与世界先进水平相比尚有哪些差距?

1.2　分别阐述生产系统、制造系统和工艺系统的定义。

1.3　生产类型可分为几种?不同生产类型有何工艺特征?

1.4　举例说明机械零件的主要加工方法。

第 2 章

金属切削加工基础

2.1 概　　述

2.1.1 零件表面的形成方法

1. 零件表面的形状

零件表面形状的轮廓都是由若干几何表面(如平面,内、外旋转表面等)按一定位置关系构成的。零件表面可以看作一条母线沿另一条导线运动的轨迹。母线和导线统称为形成表面的发生线(成形线)。一般常见的零件表面按其形状可分为四类:

(1) 旋转表面。圆柱表面由平行于轴线的母线 A 沿着圆导线 B 转动形成,如图2.1(a)所示;圆锥表面由与轴线相交的直母线 A 沿圆导线 B 转动形成,如图2.1(b)所示;球面由圆母线 A 沿圆导线 B 转动形成,如图2.1(c)所示。

(2) 纵向表面。平面由直母线 A 沿直导线 B 移动形成,如图2.1(d)所示;曲面由直母线 A 沿曲线导线 B 移动形成,如图2.1(e)所示;也可看成是由曲母线 A 沿直导线 B 移动形成,如图2.1(f)所示。

(3) 螺旋表面。螺旋面由直母线 A 沿螺旋导线 B 运动(边做旋转运动 v',边做轴向移动 v'')形成,如图2.1(g)所示。

上述三种表面都是由固定形状的母线沿导线移动形成的。

(4) 复杂曲面。复杂曲面则是由形状不断变化的母线沿导线移动形成的,如飞机的外形表面和汽车的车身、复杂模具型腔面、螺旋桨的表面、涡轮叶片表面等。

2. 零件表面的形成方法及所需的运动

研究零件表面的形成方法,应首先研究表面发生线的形成方法。表面发生线的形成方法主要有四种:

(1) 轨迹法。刀具切削点1按一定的规律做轨迹运动3,形成所需的发生线2,如图2.2(a)所示。采用轨迹法来形成发生线,刀具需要有一个独立的成形运动。

(2) 成形法。刀具切削刃就是切削线1,它的形状及尺寸与需要成形的发生线2一致,如图2.2(b)所示。用成形法来形成发生线,刀具不需要专门的成形运动。

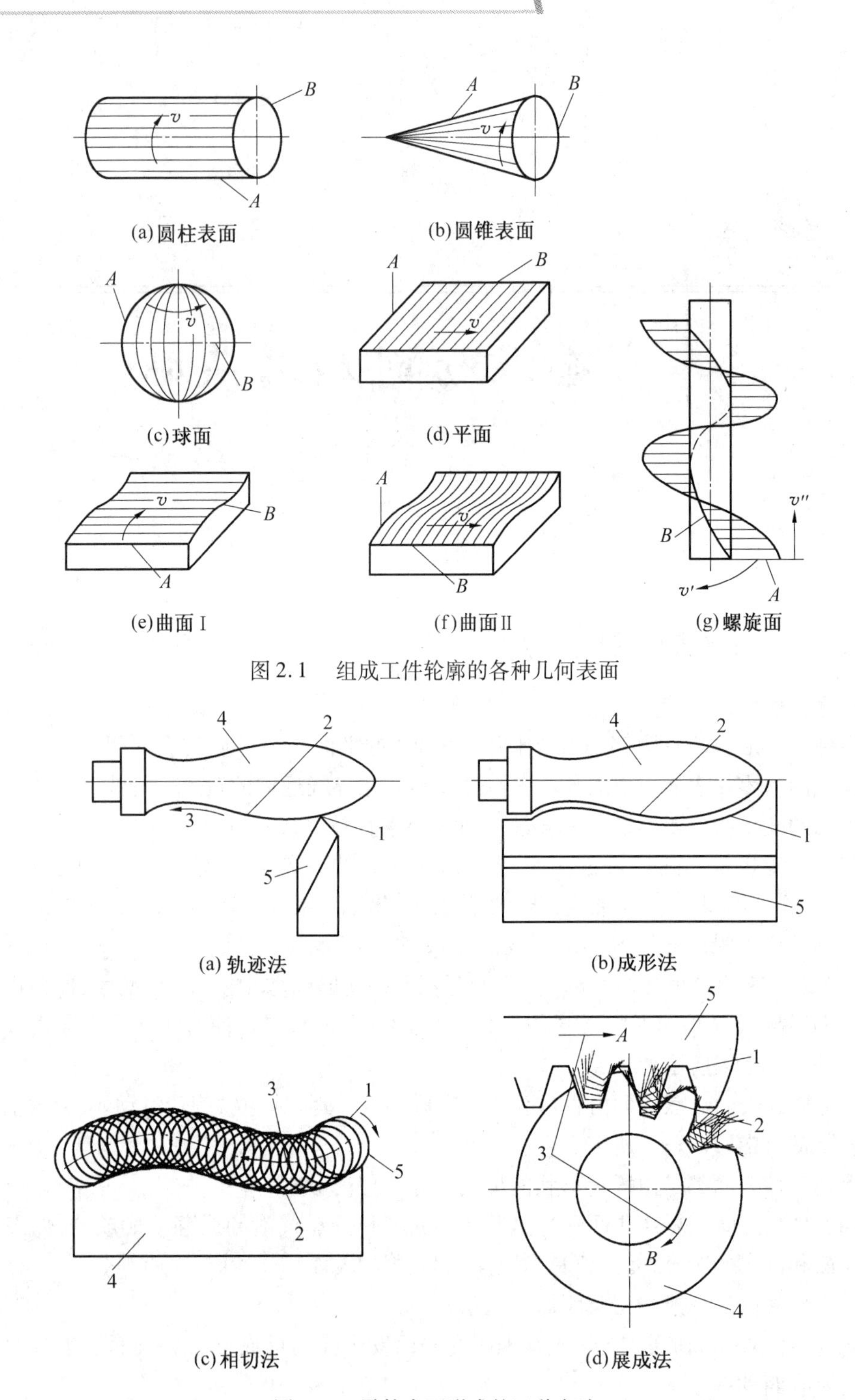

(a)圆柱表面 (b)圆锥表面 (c)球面 (d)平面 (e)曲面Ⅰ (f)曲面Ⅱ (g)螺旋面

图 2.1　组成工件轮廓的各种几何表面

(a) 轨迹法 (b)成形法 (c)相切法 (d)展成法

图 2.2　零件表面形成的四种方法

1— 切削点或切削刃;2— 发生线;3— 轨迹运动;4— 工件;5— 刀具

(3) 相切法。刀具切削刃为旋转切削刀具(铣刀、砂轮) 上的切削点 1。加工时,刀具中心按一定规律做轨迹运动 3,切削点运动轨迹与工件相切就形成了发生线 2,如图

2.2(c) 所示。用相切法形成发生线,刀具需要有两个独立的成形运动,即刀具的旋转运动和刀具中心按一定规律做轨迹运动。

(4) 展成法。刀具切削刃为切削线 1,它与需要形成的发生线 2 不相同。在形成发生线的过程中,切削线 1 与发生线 2 做纯滚动运动(展成运动),切削线 1 与发生线 2 逐点相切,发生线 2 是切削线 1 的包络线,如图 2.2(d) 所示。用展成法形成发生线,刀具和工件需要有一个独立的复合成形运动 3(展成运动)。

2.1.2　切削加工的特点

金属切削加工是机械制造工业中的一种基本加工方法,其目的是使被加工工件获得规定的加工精度以及表面质量。在现代机械制造中,凡精度要求较高的机械零件,除少数采用精密铸造、精密锻造以及粉末冶金和工程塑料压制成形等方法直接获得外,绝大多数零件要靠切削加工成形,以保证精度和表面质量要求。因此,在机械制造中,切削加工占有十分重要的地位,是必不可少的。目前,切削加工占机械制造总工作量的 40% ~ 60% 。

金属切削加工是用刀具从工件或毛坯(型材) 表面上切去一部分多余的材料,将工件加工成符合图样要求的尺寸精度、形状精度和表面质量的零件加工过程。金属切削加工过程始终贯穿着刀具与工件之间的相互运动、相互作用,切削加工时必须利用具有一定切削角度的刀具与工件做相对运动,从而切除工件上多余的或预留的金属,形成已加工表面。

切削加工多用于金属材料的加工,也可用于某些非金属材料的加工,一般不受零件的形状和尺寸的限制,可加工内外圆柱面、锥面、平面、螺纹、齿形及空间曲面等各种形面。加工零件的尺寸公差等级一般为 IT12 ~ IT3,表面粗糙度 Ra 可达 25 ~ 0.008 μm。传统的切削加工方法有车削、铣削、刨削、钻削和磨削等,它们是在相应的车床、铣床、刨床和磨床上进行的,加工时工件和刀具都安装在机床上。切削加工必须具备三个条件:刀具与工件之间要有相对运动;刀具具有适当的几何参数,即切削角度;刀具材料具有一定的切削性能。

2.1.3　切削运动与加工表面

1. 切削运动

在切削加工过程中,工件与刀具之间要有相对运动,即切削运动,它由金属切削机床来完成。切削运动由主运动和进给运动组成。

(1) 主运动。主运动是切下切屑所需要的最基本的运动,也是使刀具和工件产生相对运动以进行切削的运动,它使刀具切削刃及其邻近的刀具表面切入工件,使被切削层转变为切屑。通常它的速度最高,消耗机床功率最大。任何切削过程必须有一个,也只有一个主运动。它可以是旋转运动,也可以是直线运动。主运动可以由工件完成(如车削),也可以由刀具完成(如钻削、铣削等),主运动的速度称为切削速度,用 v_c 表示。

(2) 进给运动。进给运动是使新的金属不断投入切削的运动,配合主运动以加工出完整表面所需的运动。一般情况下,进给运动的速度较低,功率消耗也较少。其数量可以是一个,如钻削时钻头轴向进给;也可以是多个,如磨削或车削外圆锥面时刀具沿工件轴向进给、周向进给和径向进给;甚至没有进给运动(如拉削加工)。进给运动可以是连续进行的,如钻孔、车外圆、铣平面等;也可以是断续进给的,如刨平面。进给运动的速度称为进给速度,用 v_f 表示。

(3) 合成切削运动。主运动和进给运动合成后的运动,称为合成切削运动,由这两个运动的合成切出了工件新表面。如图 2.3 所示,外圆车削时,合成切削运动速度 $\boldsymbol{v}_e$ 的大小和方向为

$$\boldsymbol{v}_e = \boldsymbol{v}_c + \boldsymbol{v}_f \tag{2.1}$$

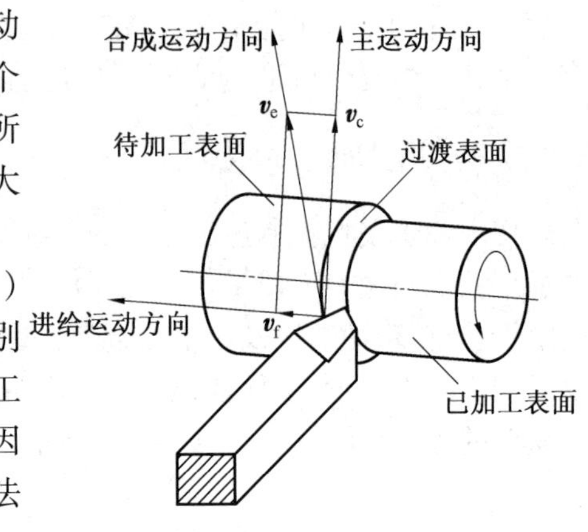

图 2.3　外圆车削运动和加工表面

主运动和进给运动可由刀具和工件分别完成,也可由刀具单独完成。各种切削加工机床是为实现某些表面的加工而设计的,因此都有自己特定的切削运动。常见加工方法的切削运动如图 2.4 所示。

图 2.4(a) 表示钻床上钻孔。钻头的旋转运动是主运动;钻头沿其轴线的直线运动是进给运动。

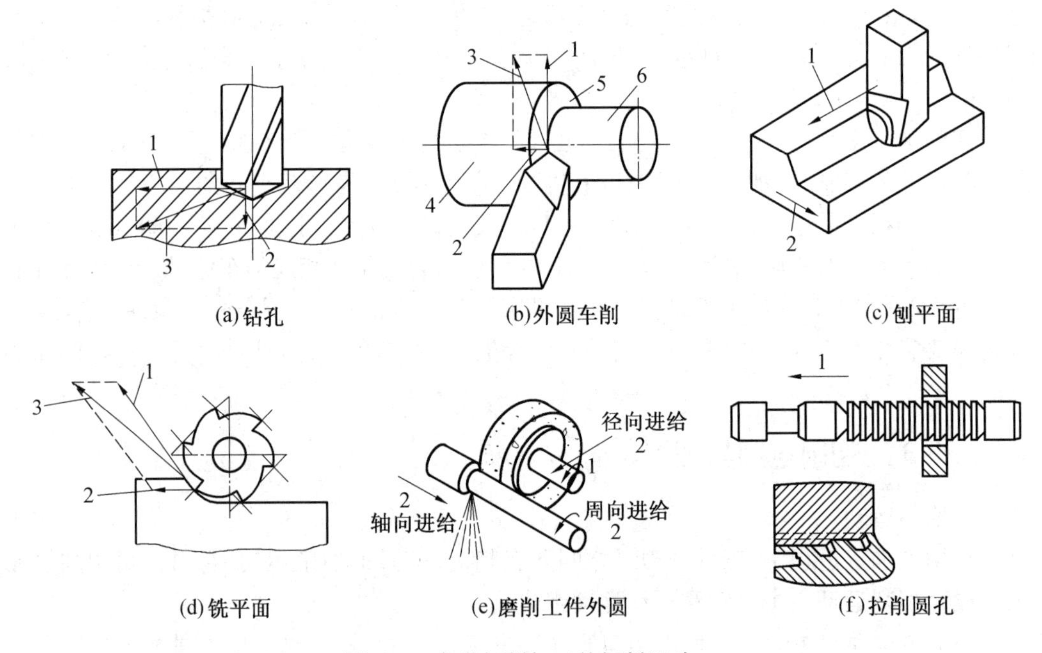

图 2.4　各种切削加工的切削运动

1— 主运动;2— 进给运动;3— 合成运动;4— 待加工表面;5— 过渡表面;6— 已加工表面

图 2.4(b) 表示外圆车削。车床主轴带动工件的旋转运动是主运动;车刀的直线运动为进给运动。

图 2.4(c) 表示刨床上刨平面。刨刀在水平方向上做往复直线运动是主运动;工件随

工作台做间歇性的横向运动是进给运动。

图2.4(d) 表示铣床上铣平面。铣刀的旋转运动是主运动;工件的直线移动是进给运动。

图2.4(e) 表示在外圆磨床上磨削工件外圆。它一共有四个运动:砂轮的旋转运动为主运动;砂轮横向切入工件的运动称为径向进给运动;工件相对于砂轮的轴向运动称为轴向进给运动;工件的旋转运动称为周向进给运动。

图2.4(f) 表示拉床上拉削圆孔。拉削运动只有一个,即拉刀的直线运动,是其主运动。由于拉刀上有许多刀齿,且后一刀齿的齿高略微高于前一刀齿,当拉刀做直线运动时,便能依次地从工件上切下很薄的金属层。故拉削不再需要进给运动,进给运动的功能已被刀齿的逐齿升高量取代。

2. 切削加工中的工件表面

以车削加工为例,工件在车削过程中有三个不断变化着的表面,如图2.3所示。

(1) 待加工表面。加工时即将被切除的表面。

(2) 已加工表面。已被切去多余金属而形成的工件新表面。

(3) 过渡表面。加工时由刀具正在切削的表面,它是待加工表面和已加工表面之间的表面。

2.1.4 切削用量与切削层参数

1. 切削用量

切削加工中,需根据加工要求(加工质量、加工效率和加工成本等)选用适当的切削速度、进给量和背吃刀量。这三者称为切削用量(又称切削用量三要素)。

(1) 切削速度(v_c)。计算切削速度时,应选取刀刃上速度最高的点进行计算。主运动为旋转运动时,切削速度 v_c(m/s 或 m/min) 为

$$v_c = \frac{\pi dn}{1\,000} \tag{2.2}$$

式中 d—— 工件或刀具的最大直径,mm;

n—— 工件或刀具的转速,r/s,r/min。

对于刨削、插削等主运动为往复直线运动的加工,则常以其平均速度为切削速度,即

$$v_c = \frac{2Ln_r}{1\,000} \tag{2.3}$$

式中 L—— 工件或刀具做往复直线运动的行程长度,mm;

n_r—— 主运动单位时间内往复次数,Str/s,Str/min。

(2) 进给量f(进给速度 v_f)。进给量是工件或刀具每回转一周时二者沿进给方向的相对位移,单位是 mm/r;进给速度 v_f 是单位时间内的进给位移量,单位是 mm/s(或 mm/min)。对于刨削、插削等主运动为往复直线运动的加工,虽然可以不规定间歇进给速度,但要规定间歇进给的进给量,单位为 mm/双行程。对于铣刀、铰刀、拉刀、齿轮滚刀等多齿刀具(齿数用 z 表示)还应规定每齿进给量 f_z,单位是 mm/齿。

进给量 f、进给速度 v_f 和每齿进给量 f_z 三者之间的关系为

$$v_f = fn = f_z zn \tag{2.4}$$

(3) 背吃刀量(切削深度)a_p。刀具切削刃与工件的接触长度在同时垂直于主运动和进给运动的方向上的投影值称为切削深度(mm)。外圆车削的背吃刀量(切削深度)就是工件已加工表面和待加工表面间的垂直距离,如图2.5所示。三者之间的关系为

$$a_p = \frac{d_w - d_m}{2} \tag{2.5}$$

式中　d_w—— 工件上待加工表面直径,mm;

　　　d_m—— 工件上已加工表面直径,mm。

2. 切削层参数

在切削过程中,刀具的切削刃在一次走刀中从工件待加工表面切下的金属层,称为切削层。切削层的截面尺寸参数称为切削层参数。切削层参数通常在与主运动方向相垂直的平面内观察和度量。

(1) 切削层公称厚度 h。切削层公称厚度 h(mm) 是指垂直于过渡表面测量的切削层尺寸,即相邻两过渡表面之间的距离,简称切削厚度。切削厚度反映了切削刃单位长度上的切削负荷。车外圆时,如车刀主切削刃为直线,如图2.5所示,则

$$h = f\sin \kappa_r \tag{2.6}$$

(2) 切削层公称宽度 b。切削层公称宽度 b(mm) 是沿过渡表面测量的切削层尺寸,称为切削层公称宽度,简称切削宽度。切削宽度反映了切削刃参加切削的工作长度。车外圆时,如车刀主切削刃为直线,则

$$b = \frac{a_p}{\sin \kappa_r} \tag{2.7}$$

(3) 切削层公称横截面积 A。切削层公称厚度与切削层公称宽度的乘积称为切削层公称横截面积 A,简称为切削面积(m^2)。其计算公式为

$$A = hb \tag{2.8}$$

对于车削来说,不论切削刃形状如何,切削面积 A 均为

$$A = hb = fa_p \tag{2.9}$$

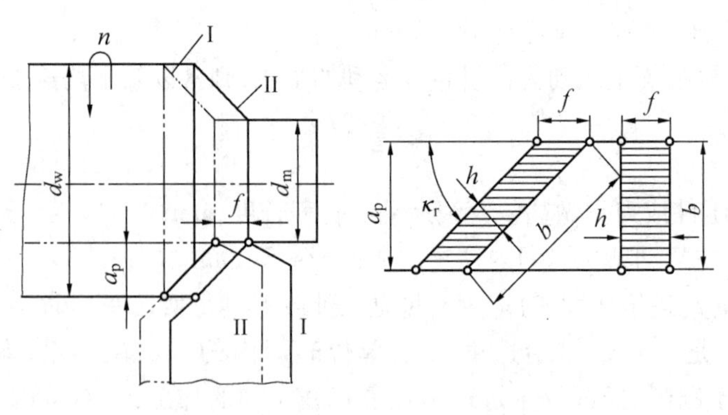

图2.5　切削用量与切削层参数

2.2　刀具的几何角度与材料

2.2.1　刀具的几何角度

1. 刀具切削部分的结构要素

尽管金属切削刀具的种类繁多,但其切削部分的几何形状与参数都有共性,即不论刀具结构如何复杂,其切削部分的形状总是近似地以外圆车刀切削部分的形状为基本形态。外圆车刀由刀头和刀体两部分组成。刀头是车刀的切削部分(用于承担切削工作),刀体是夹持部分(用于安装刀片或与机床连接)。普通外圆车刀切削部分是“三面两刃一刀尖”,因此,在确定刀具切削部分几何形状的一般术语时(《金属切削基本术语》GB/T 12204—2010),刀具切削部分的结构要素如图 2.6 所示,其定义如下:

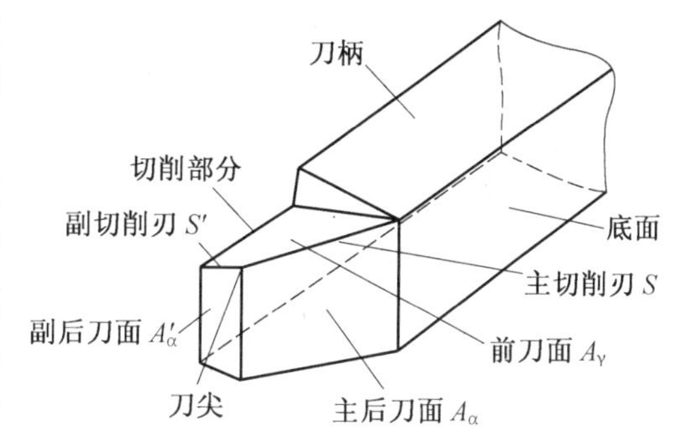

图 2.6　车刀切削部分的结构要素

(1) 前刀面 A_γ。切屑沿其流出的刀具表面。

(2) 主后刀面 A_α。刀具上与工件过渡表面相对的表面。

(3) 副后刀面 A'_α。刀具上与已加工表面相对的表面。

(4) 主切削刃 S。前刀面与主后刀面的交线,它完成主要的切削工作,也称为主刀刃。

(5) 副切削刃 S'。前刀面与副后刀面的交线,它配合主切削刃完成切削工作,并最终形成已加工表面,也称为副刀刃。

(6) 刀尖。主切削刃和副切削刃的连接点,它可以是短的直线段或圆弧。

2. 刀具角度的参考系

为了确定刀具切削部分的几何形状,即上述刀具表面在空间的相对位置,可以用一定的几何角度表示。用来确定刀具几何角度的参考系有两类:一类称为刀具静止参考系,又称标注参考系,是指在刀具设计、制造、刃磨和测量时用于定义刀具几何参数的参考系,刀具设计图上所标注的刀具角度就是以它为基准的。另一类称为刀具工作参考系,又称动态参考系,它是确定刀具同工件和切削运动联系起来的有效工作角度,称为刀具的工作角度。刀具工作参考系同静止参考系的区别在于,它在确定参考平面时考虑了进给运动及实际安装情况的影响。通常情况下,由于进给速度远小于主运动速度,所以刀具的工作角度近似地等于标注角度。

(1) 刀具静止参考系。刀具静止参考系是指在不考虑进给运动的大小,并在假定条件下的参考系。因此,在确定刀具标注角度参考系时做了两个假定条件:

① 假定运动条件:给出刀具假定主运动和假定进给运动方向,而不考虑进给运动的大小。

② 假定安装条件:刀具安装基准面垂直于主运动方向,刀柄的中心线与进给运动方向垂直,刀具刀尖与工件中心轴线等高。

必须注意,参考系和刀具角度都是对切削刃上某一研究点而言的,切削刃上不同的点应建立各自的参考系,表示各自的角度。

(2) 刀具静止参考系的参考平面。

① 基面 p_r。基面是过切削刃上选定点的平面,它平行于或垂直于刀具制造、刃磨及测量时适合于安装或定位的一个平面或轴线,一般垂直于该点主运动的方向。对于车刀、刨刀而言,切削刃上各点的基面都平行于刀具的安装面,即底平面。对于钻头、铣刀而言,则为通过切削刃某选定点且包含刀具轴线的平面。

② 切削平面 p_s。切削平面是通过切削刃上某一选定点,与切削刃相切且垂直于该点基面的平面,即过切削刃上选定点,切于工件过渡表面的平面。若切削刃为直线,切削平面则为切削刃和切削速度所构成的平面。

同一切削刃上的不同选定点,可能有不同的基面和切削平面,因而各点切削角度的数值也就不一定相等。

(3) 平面参考系。基面和切削平面是坐标系中两个基本的参考平面。有了它们做基准,前刀面和主后刀面在空间的位置,就可以用几何角度表示了。但仅有以上两个参考平面还不能确切地定义刀具角度,须给出第三个平面,以构成刀具角度参考系,即还必须增加一个参考平面作为标注前、后刀面角度的测量平面。由于第三个参考平面的方位不同,从而就构成了不同的刀具标注角度参考系。目前常采用的平面参考系有:

① 正交平面参考系。正交平面 P_o 是通过切削刃上选定点并同时垂直于基面和切削平面的平面。显然,正交平面垂直于切削刃在基面上的投影。P_r、P_s、P_o 三个平面构成了一个空间坐标系,称为正交平面参考系,如图 2.7(a) 所示。

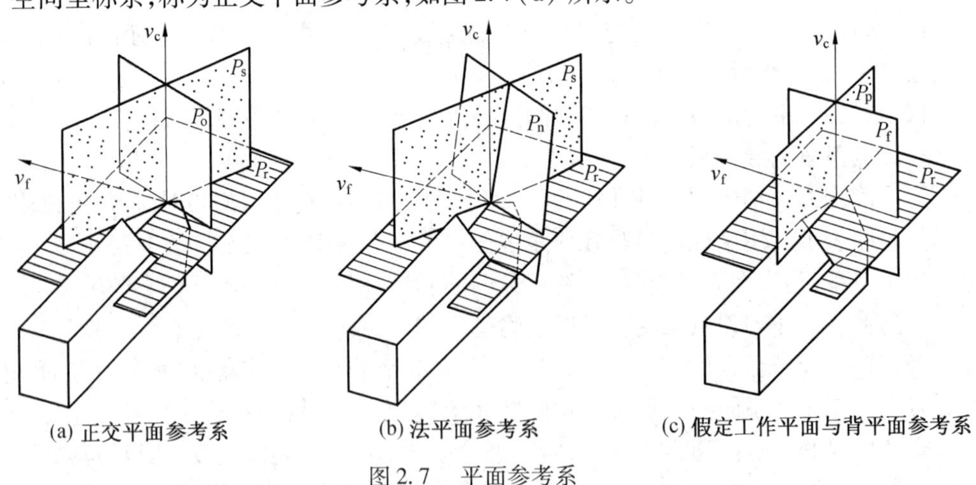

(a) 正交平面参考系　　(b) 法平面参考系　　(c) 假定工作平面与背平面参考系

图 2.7　平面参考系

②法平面参考系。法平面 P_n 是通过切削刃选定点并垂直于切削刃的平面。P_r、P_s 与 P_n 构成法平面参考系,如图 2.7(b) 所示。

③假定工作平面与背平面参考系。假定工作平面 P_f 是通过切削刃上选定点,且垂直于基面并平行于假定进给运动方向的平面。

背平面 P_p 是通过切削刃上选定点，且垂直于基面和假定工作平面 P_f 的平面。显然它与假定进给方向垂直。

P_f、P_r 与 P_p 构成空间互相垂直的假定工作平面与背平面参考系，如图 2.7(c) 所示。

3. 刀具的标注角度

(1) 在正交平面参考系下的刀具标注角度。

刀具在设计、制造、刃磨和测量时，用刀具静止参考系中的角度来标明切削刃和刀面的空间位置，故这些角度又称为标注角度，如图 2.8 所示。标注刀具角度时，不考虑进给运动的大小，并假定刀具安装于特定的位置。

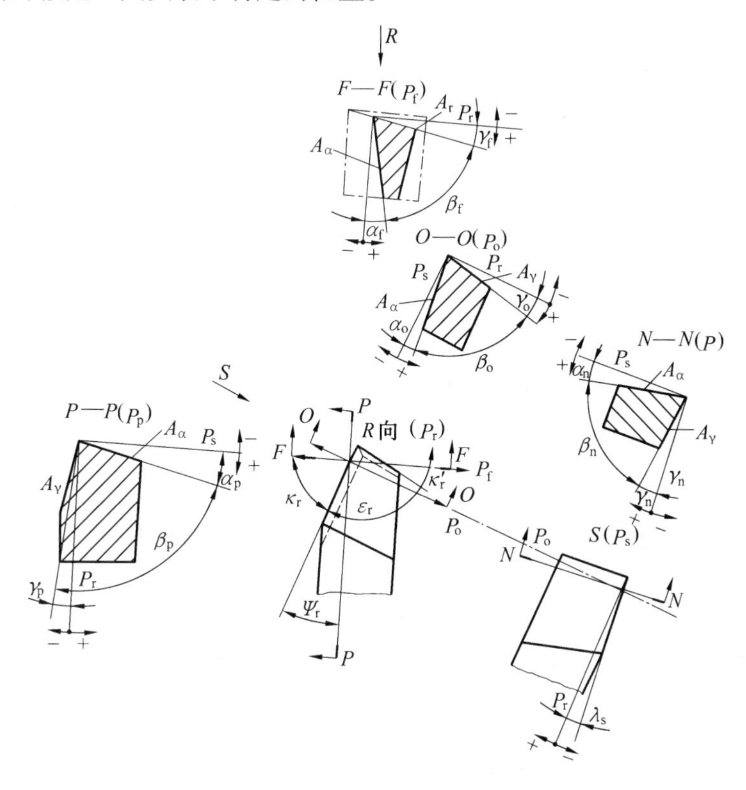

图 2.8　车刀的标注角度

① 前角 γ_o。在正交平面内测量的前刀面与基面的夹角。前刀面在基面之“下”时，前角为正值；前刀面在基面之“上”时，前角为负值。

② 后角 α_o。在正交平面内测量的主后刀面与切削平面的夹角。主后刀面在切削平面“内”时，后角为正值。

③ 刃倾角 λ_s。在切削平面内测量的主切削刃与基面间的夹角。刀尖在主切削刃上最“高”点时，刃倾角为正值；刀尖在主切削刃上最“低”点时，刃倾角为负值；主切削刃与基面平行时，刃倾角为零。

④ 主偏角 κ_r。在基面内测量的主切削刃在基面上的投影与进给运动方向的夹角。主偏角一般为正值。

⑤ 副偏角 κ'_r。在基面内测量的副切削刃在基面上的投影与进给运动反方向的夹

角。

⑥ 楔角 β_o 和刀尖角 ε_r。

a. 楔角 β_o：正交平面 P_o 内，前刀面与后刀面的夹角（$\beta_o = 90° - (\gamma_o + \alpha_o)$）。

b. 刀尖角 ε_r：在基面 P_r 内，主切削平面与副切削平面间的夹角（$\varepsilon_r = 180° - (\kappa_r + \kappa'_r)$）。

以上在正交平面参考系里定义了七个角度：γ_o、α_o、λ_s、κ_r、κ'_r、β_o、ε_r。对于具有副切削刃的刀具，还必须给出与副切削刃有关的独立角度：副前角 γ'_o、副后角 α'_o、副刃倾角 λ'_s。其定义可以参照 γ_o、α_o、λ_s。

（2）在法平面参考系下的刀具标注角度（$P_r - P_s - P_n$）。法平面参考系与正交平面参考系的区别，仅在于以法平面代替正交平面作为测量前角和后角的平面。在法平面内测量的角度有法前角 r_n、法后角 α_n、法楔角 β_n（见图 2.8 中 N—N 剖面），其定义同正交平面内的前、后角等类似。其他如主偏角、副偏角、刀尖角和刃倾角的定义，则和正交平面参考系完全相同。

（3）在假定工作平面、背平面参考系下的刀具角度（$P_r - P_p - P_f$）。在假定工作平面、背平面参考系中，主切削刃的某一选定点上由于有 P_p 和 P_f 两个测量平面，故有背前角 γ_p、背后角 α_p、背楔角 β_p 及侧前角 r_f、侧后角 α_f、侧楔角 β_f 两套角度（见图 2.8 中 P—P 和 F—F 剖面）。而在基面和切削平面内测量的角度则与正交平面参考系相同。

4. 刀具工作角度

上面讨论的外圆车刀的标注角度，是在忽略进给运动的影响并假定刀柄轴线与纵向进给运动方向垂直以及切削刃上选定点与工件等高的条件下确定的。刀具的工作角度应当考虑包括进给运动在内的合成运动和刀具的实际安装状况。

（1）进给运动对刀具工作角度的影响。

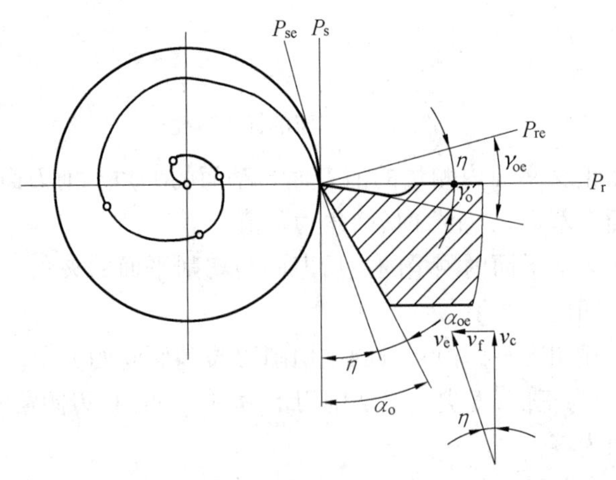

图 2.9　横向进给运动对刀具工作角度的影响

① 横向进给车削如图 2.9 所示，切断车削加工时的情况，当不考虑进给运动的影响

时,按切削速度 v_c 的方向确定的基面和切削平面分别为 P_r 和 P_s;考虑进给运动的影响后,刀具在工件上的运动轨迹为阿基米德螺旋线,按合成切削速度 v_e 的方向确定的工作基面和工作切削平面分别为 P_{re} 和 P_{se},从而引起刀具的前角和后角发生变化。

$$\left.\begin{aligned}\gamma_{oe} &= \gamma_o + \eta \\ \alpha_{oe} &= \alpha_o - \eta \\ \eta &= \arctan\frac{f}{\pi d}\end{aligned}\right\} \tag{2.10}$$

式中　γ_{oe}、α_{oe}——工作前角和工作后角;

　　d——工件的最大直径。

由此可知,进给量 f 增大,则 η 值增大;而瞬时直径 d 减小,η 值仍增大。因此,车削至接近工件中心时,η 值增长很快,工作后角将由正变负,致使工件最后被挤断。

② 纵向进给车削如图 2.10 所示,车削外螺纹时,假定车刀 $\lambda_s = 0$,如不考虑进给运动,则基面 P_r 平行于刀杆底面,切削平面 P_s 垂直于刀杆底面。若考虑进给运动,工作切削平面 P_{se} 为切于螺旋面的平面,刀具工作角度参考系 $P_{se} - P_{re}$ 倾斜一个 η 角,从而使刀具进给剖面内的工作前角 γ_{fe}、工作后角 α_{fe} 发生变化。

$$\left.\begin{aligned}\gamma_{fe} &= \gamma_f + \eta_f \\ \alpha_{fe} &= \alpha_f - \eta_f \\ \eta_f &= \arctan\frac{f}{\pi d_w}\end{aligned}\right\} \tag{2.11}$$

上述角度变化可换算到主剖面内,则

$$\left.\begin{aligned}\tan\eta &= \tan\eta_f \sin\kappa_r \\ \gamma_{oe} &= \gamma_o + \eta \\ \alpha_{oe} &= \alpha_o - \eta\end{aligned}\right\} \tag{2.12}$$

可知,进给量 f 越大,工件直径 d 越小,则工作角度值的变化就越大。一般车削时,由进给运动所引起的 η 值不超过 30′ ~ 40′,故其影响常可忽略。但是在车削大螺距螺纹或蜗杆时,进给量 f 很大,故 η 值较大,此时就必须考虑它对刀具工作角度的影响。

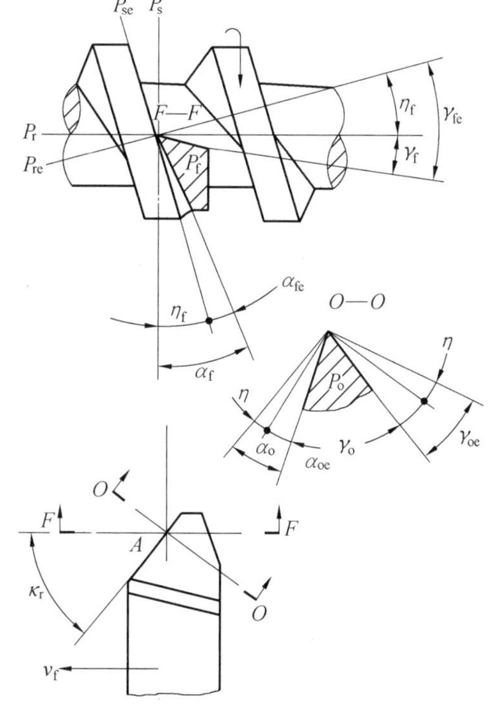

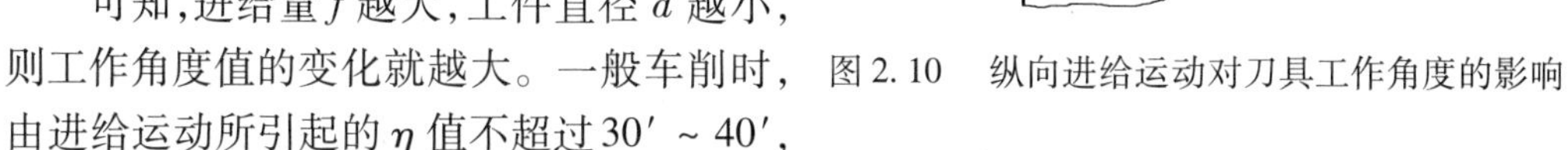

图 2.10　纵向进给运动对刀具工作角度的影响

(2) 刀具安装位置对刀具工作角度的影响。

① 刀具安装高低对刀具工作角度的影响。车削外圆时,车刀的刀尖一般与工件轴线是等高的。如果刀尖高于或低于工件轴线,则此时的切削速度方向发生变化,引起基面和切削平面的位置改变,从而使车刀的实际切削角度发生变化。刀尖高于工件轴线时(图

2.11)，工作切削平面变为 P_{se}，工作基面变为 P_{re}，则工作前角 γ_{oe} 增大，工作后角 α_{oe} 减小；刀尖低于工件轴线时，工作角度的变化正好相反。

$$\left.\begin{aligned}\gamma_{oe}&=\gamma_{o}\pm\theta\\ \alpha_{oe}&=\alpha_{o}\mp\theta\\ \tan\theta&=\frac{h}{\sqrt{\left(\frac{d}{2}\right)^{2}-h^{2}}}\end{aligned}\right\}\tag{2.13}$$

式中　h—— 刀尖高于或低于工件轴线的距离，mm；

　　　d—— 工件直径，mm。

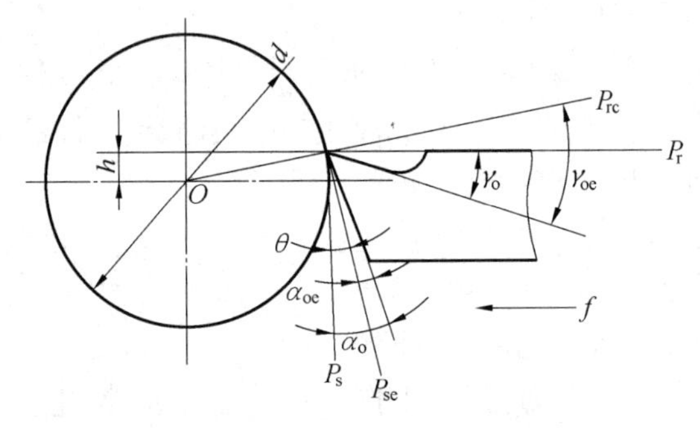

图 2.11　刀具安装高低对刀具工作角度的影响

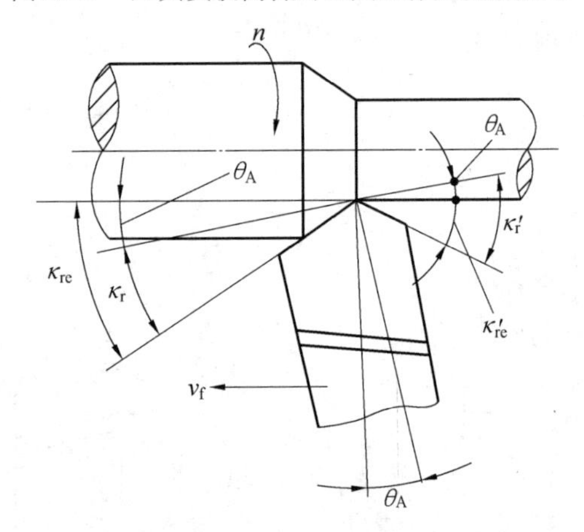

图 2.12　刀柄中心线与进给方向不垂直对刀具工作角度的影响

② 刀柄中心线与进给方向不垂直对刀具工作角度的影响。当车刀刀柄的中心线与进给方向不垂直时，车刀的主偏角 κ_{r} 和副偏角 κ_{r}' 将发生变化。刀柄右斜(图 2.12)，将使工作主偏角 κ_{re} 增大，工作副偏角 κ_{re}' 减小；如果刀柄左斜，则 κ_{re} 减少，κ_{re}' 增大。

$$\left.\begin{aligned}\kappa_{re}&=\kappa_{r}\pm\theta_{A}\\ \kappa_{re}'&=\kappa_{r}'\mp\theta_{A}\end{aligned}\right\}\tag{2.14}$$

式中　θ_{A}—— 进给方向的垂线与刀柄中心线的夹角。

此外，在加工凸轮轴类零件时，由于工件加工表面为非圆柱表面，所以在工件的旋转过程中，工作切削平面 P_{se} 和工作基面 P_{re} 的方位随凸轮曲线的形状而变，因而刀具的工作前、后角也发生相应的变化,如图 2. 13 所示。

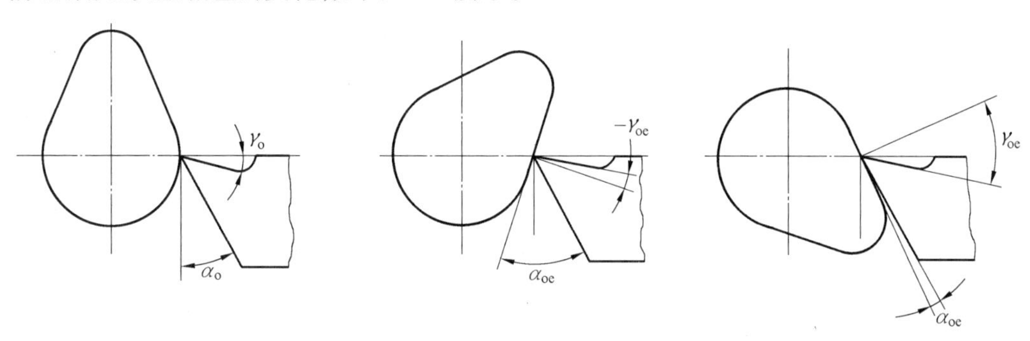

图 2. 13　加工表面形状对工作角度的影响

2. 2. 2　刀具材料

刀具切削性能的优劣,除了与刀具的几何形状和结构有关系以外,刀具材料是最重要的因素之一,它对刀具的使用寿命、生产效率、加工质量和加工成本影响极大。因此,应当高度重视刀具材料的正确选择和合理使用,并不断研制新型刀具材料。

1. 刀具材料应具备的基本性能

在切削过程中,刀具切削部分与切屑、工件相互接触的表面上承受着很大的压力和强烈的摩擦,刀具在高温、高压以及冲击和振动下切削,因此刀具材料必须具备以下基本要求:

(1) 高的硬度。刀具材料的硬度必须高于工件材料的硬度。刀具材料的常温硬度,一般要求在 60HRC 以上。

(2) 高的耐磨性。耐磨性表示刀具抵抗磨损的能力。耐磨性除了与刀具材料的硬度有关以外,还与刀具材料的性质有关。刀具材料的硬度越高,耐磨性越好。

(3) 足够的强度和韧性。刀具材料要能够承受切削力、冲击和振动,应具备足够的强度和韧性,而不至于产生崩刃和折断。强度用抗弯强度表示,韧性用冲击值表示。

(4) 高的耐热性(热稳定性)。耐热性是指刀具材料在高温下保持硬度、耐磨性、强度和韧性的能力。

(5) 良好的导热性和耐热冲击性能。刀具材料的导热性能要好,有利于散热;耐热冲击性能好,材料内部不会因受到大的热冲击产生裂纹。

(6) 良好的工艺性能。刀具材料应具有良好的锻造性能、热处理性能、焊接性能、机械加工性能等,便于刀具制造。

(7) 经济性。经济性是刀具材料的重要指标之一。性能良好的刀具材料,如果成本和价格较低,且立足于国内资源,则有利于推广应用。

2. 常用刀具材料

刀具材料种类很多,主要有工具钢、硬质合金、陶瓷、立方氮化硼和金刚石等五大类型。目前,在生产中所用的刀具材料主要是高速钢和硬质合金两类。碳素工具钢(如 T10A、T12A)、合金工具钢(如 9SiCr、CrWMn)因耐热性差,仅用于手工或切削速度较低的刀具。

(1) 高速钢。高速钢是含有较多钨(W)、钼(Mo)、铬(Cr)、钒(V)等元素的高合金工具钢。高速钢具有较高的硬度(热处理硬度可达62 ~ 67HRC)和耐热性(切削温度可达550 ~ 600 ℃)。与碳素工具钢和合金工具钢相比,高速钢能提高切削速度1 ~ 3倍,提高刀具使用寿命10 ~ 40倍。它可以加工包括有色金属到高温合金在内的广泛的材料。高速钢按切削性能可分为普通高速钢和高性能高速钢;按制造工艺可分为熔炼高速钢和粉末冶金高速钢。常用高速钢的力学性能见表2.1。

表2.1　常用高速钢的力学性能

钢号	常温硬度(HRC)	抗弯强度/GPa	冲击韧性/($MJ \cdot m^{-2}$)	高温硬度	
				500 ℃	600 ℃
W18Cr4V(W18)	63 ~ 66	3 ~ 3.4	0.18 ~ 0.32	56	48.5
W6Mo5Cr4V2(M2)	63 ~ 66	3.5 ~ 4	0.38 ~ 0.4	55 ~ 56	47 ~ 48
9W18Cr4V(9W18)	66 ~ 68	3 ~ 3.4	0.17 ~ 0.22	57	51
W6Mo5Cr4V3	65 ~ 67	3.2	0.25	—	51.7
W6Mo5Cr4V2Co8	66 ~ 68	3.0	0.3	—	54
W2Mo9Cr4VCo8(M42)	67 ~ 69	2 ~ 3.8	0.23 ~ 0.3	约60	约55
W6Mo5Cr4V2Al(501)	67 ~ 69	2.9 ~ 3.9	0.23 ~ 0.3	60	55
W10Mo4Cr4V3Al(5F6)	67 ~ 69	3.1 ~ 3.5	0.28 ~ 0.28	59.5	54

(2)硬质合金。硬质合金是用高硬度、难熔的金属碳化物(主要是WC、TiC等,又称高温碳化物)和金属黏结剂(如Co、Ni等)在高温条件下烧结成的粉末冶金制品。允许切削温度高达800 ~ 1 000 ℃,切削中碳钢时,切削速度可达100 ~ 200 m/min。

硬质合金的性能主要取决于金属碳化物的种类、性能、数量、粒度和黏结剂的分量。在硬质合金中碳化物所占比例越大,硬度越高;反之,碳化物减少,则硬度降低,但抗弯强度提高。碳化物的粒度越细,越有利于提高硬质合金的硬度和耐磨性,但当黏结剂含量一定时,如碳化物粒度减小,则碳化物颗粒的总表面积加大,使黏结层厚度减薄,从而降低合金的抗弯强度。

硬质合金以其优良的切削性能已成为主要的刀具材料。大部分车、镗类刀具和端铣刀已采用硬质合金,其他切削刀具采用硬质合金的也日益增多。

国际标准化组织ISO将切削用硬质合金分为三类:

①K类硬质合金(相当于我国YG类)。YG类硬质合金由WC和Co组成,也称钨钴类。

这类合金韧性、磨削加工性、导热性和抗弯强度较好,适合于加工产生崩碎切屑、有冲击切削力和切削热集中在刃尖附近的脆性材料,如铸铁、有色金属、非金属材料及导热系数低的不锈钢。常用牌号有YG6和YG8(钴的质量分数分别为6%、8%)等。随着钴的质量分数的增多,硬度和耐磨性下降,抗弯强度和韧性增高。

②P类硬质合金(相当于我国YT类)。YT类硬质合金由WC、TiC和Co组成,也称钨钴钛类。这类合金除了有较高的硬度和耐磨性外,抗黏结扩散能力和抗氧化能力好,适用于高速切削钢料。但不宜用于加工含钛的不锈钢和钛合金,因为硬质合金中的钛元素和

工件材料中的钛元素之间易发生亲和作用，会加速刀具的磨损。常用牌号有 YT5 和 YT15（TiC 的质量分数分别为5%、158%）等。随着TiC的质量分数的增多，钴的质量分数相应减少，硬度和耐磨性增高，抗弯强度下降。

③M 类硬质合金（相当于我国 YW 类）。YW 类硬质合金即 WC－TiC－Tac－Co 类硬质合金，常用牌号有 YW1、YW2 等。这类合金如含有适当的 TaC（NbC）含量和增加 Co 含量，其强度提高，能承受机械振动和热冲击，可用于断续切削。

硬质合金中 Co 含量增多，WC、TiC 含量减少时，抗弯强度和冲击韧性提高，适用于粗加工，Co 含量减少，WC、TiC 含量增加时，其硬度、耐磨性及耐热性提高，强度及韧性降低，适用于精加工。常用硬质合金的牌号、性能及使用范围见表 2.2。

表 2.2　常用硬质合金的牌号、性能和使用范围

<table>
<tr><th rowspan="3">类型</th><th rowspan="3">牌号</th><th colspan="3">物理力学性能</th><th colspan="3">性能</th><th colspan="2">使用范围</th><th rowspan="3">相当的 ISO 牌号</th></tr>
<tr><th colspan="2">硬度</th><th rowspan="2">抗弯强度 /GPa</th><th rowspan="2">耐磨</th><th rowspan="2">耐冲击</th><th rowspan="2">耐热</th><th rowspan="2">被加工材料</th><th rowspan="2">加工性质</th></tr>
<tr><th>HRA</th><th>HRC</th></tr>
<tr><td rowspan="4">K 类</td><td>YG3</td><td>91</td><td>78</td><td>1.08</td><td rowspan="4">↑</td><td rowspan="4">↓</td><td rowspan="4">↑</td><td>铸铁、有色金属及其合金</td><td>连续切削时，精加工、半精加工，不能承受冲击</td><td>K05</td></tr>
<tr><td>YG6X</td><td>91</td><td>78</td><td>1.37</td><td>铸铁、冷硬铸铁、高温合金</td><td>精加工、半精加工</td><td>K10</td></tr>
<tr><td>YG6</td><td>89.5</td><td>75</td><td>1.42</td><td>铸铁、有色金属及其合金</td><td>连续切削时，粗加工、间断切削半精加工</td><td>K20</td></tr>
<tr><td>YG8</td><td>89</td><td>74</td><td>1.47</td><td>铸铁、有色金属及其合金</td><td>间断切削粗加工</td><td>K30</td></tr>
<tr><td rowspan="4">P 类</td><td>YT5</td><td>89.5</td><td>75</td><td>1.37</td><td rowspan="4">↓</td><td rowspan="4">↑</td><td rowspan="4">↓</td><td>碳素钢、合金钢</td><td>粗加工、可用于间断切削加工</td><td>P30</td></tr>
<tr><td>YT14</td><td>90.5</td><td>77</td><td>1.25</td><td>碳素钢、合金钢</td><td>连续切削粗加工、半精加工，间断切削加工</td><td>P20</td></tr>
<tr><td>YT15</td><td>91</td><td>78</td><td>1.13</td><td>碳素钢、合金钢</td><td>连续切削粗加工、半精加工，间断切削加工</td><td>P10</td></tr>
<tr><td>YT30</td><td>92</td><td>81</td><td>0.88</td><td>碳素钢、合金钢</td><td>连续切削精加工</td><td>P01</td></tr>
<tr><td rowspan="2">M 类</td><td>YW1</td><td>92</td><td>80</td><td>1.28</td><td></td><td>较好</td><td>较好</td><td>难加工钢材</td><td>精加工、半精加工</td><td>M10</td></tr>
<tr><td>YW2</td><td>91</td><td>78</td><td>1.47</td><td></td><td>好</td><td></td><td>难加工钢材</td><td>半精加工、粗加工</td><td>M20</td></tr>
</table>

3. 其他刀具材料

(1) 涂层刀具。在韧性较好的硬质合金基体上,或在高速钢刀具基体上,涂抹一薄层耐磨性高的难熔金属化合物获得涂层。涂层高速钢刀具一般采用物理气相沉积法(PVD),沉积温度为500 ℃ 左右;涂层硬质合金一般采用化学气相沉积法(CVD),沉积温度为1 000 ℃ 左右。

常用的涂层材料有 TiC、TiN、Al_2O_3 等。涂层厚度对硬质合金刀具为4 ~ 5 μm,表层硬度可达2 500 ~ 4 200HV;对高速钢刀具一般为2 μm,表层硬度可达80HRC。涂层刀具具有较高的抗氧化性能,因而有较高的耐磨性和抗月牙洼磨损能力;有低的摩擦系数,可降低切削时的切削力及切削温度,可提高刀具的使用寿命(提高硬质合金刀具使用寿命1 ~3 倍,高速钢刀具使用寿命2 ~ 10 倍),但其锋利性、韧性、抗剥落性和抗崩刃性均不及未涂层刀片,而且成本比较昂贵。

(2) 陶瓷。用于制作刀具的陶瓷材料主要有纯 Al_2O_3 陶瓷及 Al_2O_3 – TiC 混合陶瓷两种,以其微粉在高温下烧结而成。它有很高的硬度(91 ~ 95HRA) 和耐磨性,有很高的耐热性(在1 200 ℃ 时,硬度尚能达 80HRA,仍具有较好的切削性能);切削速度比硬质合金高2 ~ 5 倍,有很高的化学稳定性,与金属的亲和力小,抗黏结和抗扩散的能力好。

陶瓷刀具可用于加工钢、铸铁,对于冷硬铸铁、淬硬钢的车削和铣削非常有效。它还特别适合于高速切削。但其脆性大,抗弯强度低;冲击韧性差,易崩刃,使其使用范围受到限制。随着陶瓷材料制造工艺的改进,将有利于抗弯强度的提高,从而扩大陶瓷刀具的使用范围。

(3) 金刚石。金刚石分天然和人造两种,它们都是碳的同素异构体。其硬度高达6 000 ~10 000HV,是自然界中最硬的材料。由于天然金刚石价格昂贵,工业上多使用人造金刚石。人造金刚石是在高温高压条件下,借助于某些合金的触媒作用,由石墨转化而成。人造金刚石又分为单晶金刚石和聚晶金刚石(PCD)。

金刚石刀具能切削陶瓷、高硅铝合金、硬质合金等难加工材料,还可以切削有色金属及其合金,但不能切削铁族材料。因为金刚石中的碳元素和铁族元素有很强的亲和性,碳元素向工件扩散,加快刀具磨损。而且当温度大于 700 ℃ 时,金刚石转化为石墨结构而丧失了硬度。用金刚石刀具进行切削时须对切削区进行强制冷却。金刚石刀具的刃口可以磨得很锋利,对有色金属进行精密和超精密切削时,表面粗糙度 Ra 可达 0.1 ~ 0.01 μm。

(4) 立方氮化硼。立方氮化硼(CBN) 是由六方氮化硼在高温高压下加入催化剂转变而成的。立方氮化硼的硬度很高(可达到8 000 ~ 9 000HV),仅次于金刚石。立方氮化硼具有很好的热稳定性(可达 1 300 ~ 1 500 ℃),它的最大的优点是在高温(1 200 ~ 1 300 ℃) 时也不易与铁族金属起反应。立方氮化硼能以硬质合金切削铸铁和普通钢的切削速度对冷硬铸铁、淬硬钢、高温合金等进行加工。

立方氮化硼刀具有整体聚晶立方氮化硼和立方氮化硼复合片两种类型。整体聚晶立方氮化硼能像硬质合金一样焊接,并可多次重磨;立方氮化硼复合片是在硬质合金基体上烧结一层厚度为0.5 mm 的立方氮化硼而成。

2.3　金属加工的切削过程

2.3.1　金属加工的切削过程实质

金属加工的切削过程就是通过刀具把被切金属层变为切屑的过程，其实质是一种挤压变形过程。在切削塑性金属的过程中，被切金属层在前刀面的推力作用下产生切应力，当切应力达到并超过工件材料的屈服强度时，被切金属层将沿着某一方向产生剪切滑移变形而逐渐累积在前刀面上，随着切削运动的进行，这层累积物将连续不断地沿前刀面流出，从而形成了切屑。简言之，被切削的金属层在前刀面的挤压作用下，通过剪切滑移变形便形成了切屑。

2.3.2　切屑的形成过程及种类

1. 金属切削变形区

塑性金属切削过程中切屑的形成过程，就是切削层金属的变形过程。用显微镜直接观察低速直角自由切削工件得到的金属切削过程中的滑移线和流线示意图如图 2.14 所示。流线表示被切削金属的某一点在切削过程中流动的轨迹。切削层金属的变形大致可划分为三个变形区。

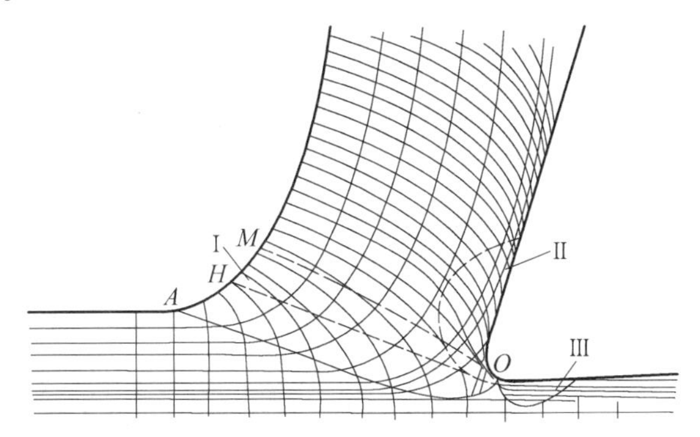

图 2.14　金属切削过程中的滑移线和流线示意图

(1) 第一变形区。从 OA 线（称始滑移线）开始发生塑性变形，到 OM 线（称终滑移线）晶粒的剪切滑移基本完成，这一区域称为第一变形区。

(2) 第二变形区。切屑沿前刀面排出时进一步受到前刀面的挤压和摩擦，使靠近前刀面处的金属纤维化，纤维化方向基本上与前刀面平行，这一区域称为第二变形区。

(3) 第三变形区。已加工表面受到刀刃钝圆部分和后刀面的挤压与摩擦，产生变形和回弹，造成表层金属纤维化与加工硬化，这一区域称为第三变形区。

在第一变形区内金属变形的主要特征是剪切变形。追踪切削层上任一点 P，可以观察切削的变形和形成过程，如图 2.15 所示。当切削层中金属某点 P 向切削刃逼近，到达点 1 时，此时其剪切应力达到材料的屈服强度 τ_s。过点 1 后，点 P 在向前移动的同时，也沿 OA 滑移，其合成运动使点 1 流动到点 2。2—2′ 为滑移量。随着滑移量的增加，剪应变将逐渐增加，直到当点P移动到超过点4位置后，其流动方向与前刀面平行，不再沿OM线滑移。在OA到OM之间的第一变形区内，其变形的主要特征是沿滑移线的剪切滑移变形以及随之产生的加工硬化。

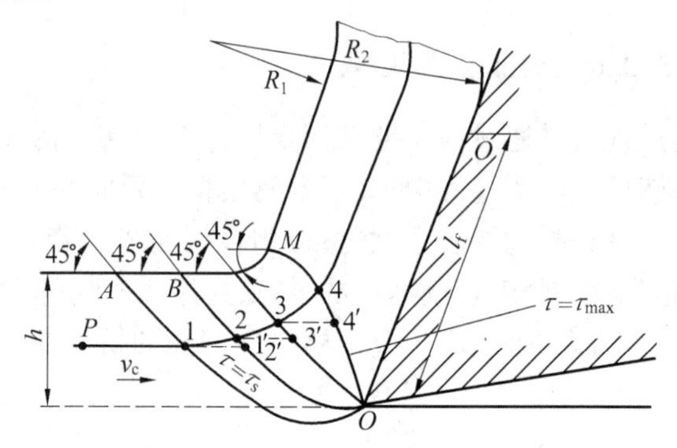

图2.15　第一变形区金属的滑移

2. 切削变形程度的表示方法

切削变形程度有三种不同的表示方法：剪切角、变形系数及剪应变。

(1) 剪切角φ。在一般切削速度内，第一变形区的宽度仅为0.02 ~ 0.2 mm，所以通常用一个平面来表示这个变形区，该平面称为剪切面。剪切面和切削速度方向的夹角称为剪切角，以φ表示。

在直角自由切削下，作用在切屑上的力有：前刀面上的法向力F_n和摩擦力F_f；剪切面上法向力F_{ns}和剪切力F_s，如图2.16(a)所示。这两对力的合力应当互相平衡。如把所有力都画在刀刃前方，可得如图2.16(b)所示的各力的关系。

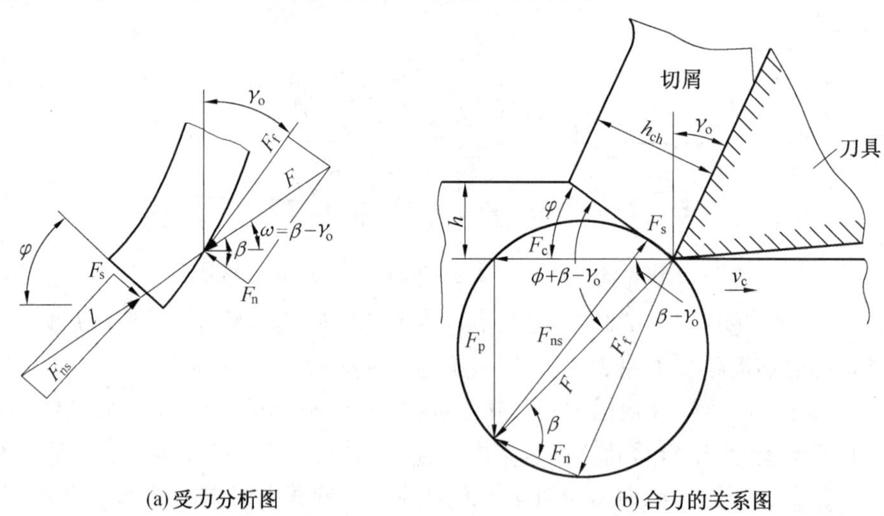

(a) 受力分析图　　(b) 合力的关系图

图2.16　作用在切屑上的力与角度的关系

在图2.16中F为F_n和F_f的合力，称切屑形成力；φ为剪切角；β为F_n和F的夹角，称摩擦角；γ_o为前角；F_c为切削运动方向的切削分力；F_p为与切削运动方向垂直的分力；h为切削厚度；b为切削宽度；A为切削面积；A_s为剪切面剖面积；τ为剪应力。由公式(2.8)可知

$$A = hb$$

$$A_s = \frac{A}{\sin\varphi} = \frac{hb}{\sin\varphi}$$

$$F_s = \tau A_s$$

又
$$F_s = F\cos(\varphi + \beta - \gamma_o)$$

$$\left.\begin{aligned}
F &= \frac{F_s}{\cos(\varphi + \beta - \gamma_o)} = \frac{\tau hb}{\sin\varphi\cos(\varphi + \beta - \gamma_o)} \\
F_c &= F\cos(\beta - \gamma_o) = \frac{\tau hb\cos(\beta - \gamma_o)}{\sin\varphi\cos(\varphi + \beta - \gamma_o)} \\
F_p &= F\sin(\beta - \gamma_o) = \frac{\tau hb\sin(\beta - \gamma_o)}{\sin\varphi\cos(\varphi + \beta - \gamma_o)} \\
\frac{F_p}{F_c} &= \tan(\beta - \gamma_o)
\end{aligned}\right\} \tag{2.15}$$

如果用测力仪直接测得作用在刀具上的切削分力 F_c 和 F_p，在忽略被切材料对刀具后刀面作用力的条件下，由于前刀面与切屑间的摩擦系数 $\mu = \tan\beta$，进而可近似求得 μ。

根据材料力学平面应力状态理论，主应力方向与最大切应力方向的夹角为45°，即 $\varphi + \beta - \gamma_o = 45°$。因此可知：

① 当 γ_o 增大时，φ 角随之增大，变形减小。可见在保证刀刃强度前提下，加大刀具前角对切削过程是有利的。

② 当 β 增大时，φ 角随之减小，变形增大。故仔细研磨刀面，使用切削液以减少前刀面上的摩擦对切削过程同样是有利的。

(2) 变形系数 Λ_h。切削时，切屑厚度 h_{ch} 通常都要大于切削厚度 h，而切屑长度 l_{ch} 却小于切削长度 l_c，如图 2.17 所示。切屑厚度与切削厚度之比称为厚度变形系数 Λ_{ha}，而切削长度与切屑长度之比称为长度变形系数 Λ_{hl}，即厚度变形系数为

$$\Lambda_{ha} = \frac{h_{ch}}{h} \tag{2.16}$$

长度变形系数

$$\Lambda_{hl} = \frac{l_c}{l_{ch}} \tag{2.17}$$

由于切削宽度与切屑宽度差异很小，根据体积不变原则，有

$$\Lambda_{ha} = \Lambda_{hl} = \Lambda_h$$

变形系数 Λ_h 是大于 1 的数，可以用剪切角 φ（图 2.18）表示为

$$\Lambda_h = \frac{h_{ch}}{h} = \frac{OM\cos(\varphi - \gamma_o)}{OM\sin\varphi} = \frac{\cos(\varphi - \gamma_o)}{\sin\varphi} \tag{2.18}$$

变形系数直观地反映了切屑的变形程度，Λ_h 越大，变形越大。而且 Λ_h 容易测量，但很粗略。Λ_h 与剪切角 φ 有关，φ 增大，Λ_h 减小，切削变形小。

(3) 剪应变（相对滑移）。切削过程中金属变形主要是剪切滑移，那么采用剪应变即相对滑移 ε 来衡量变形程度，应该说是比较合理的。如图 2.18 所示，当平行四边形

$OHNM$ 发生剪切变形后,变为 $OGPM$ 时,其剪应变为

$$\varepsilon=\frac{\Delta s}{\Delta y}=\frac{NP}{MK}=\frac{NK+KP}{MK}=\frac{NK}{MK}+\frac{KP}{MK}=\cot\varphi+\tan(\varphi-\gamma_o)=\frac{\cos\gamma_o}{\sin\varphi\cos(\varphi-\gamma_o)}\tag{2.19}$$

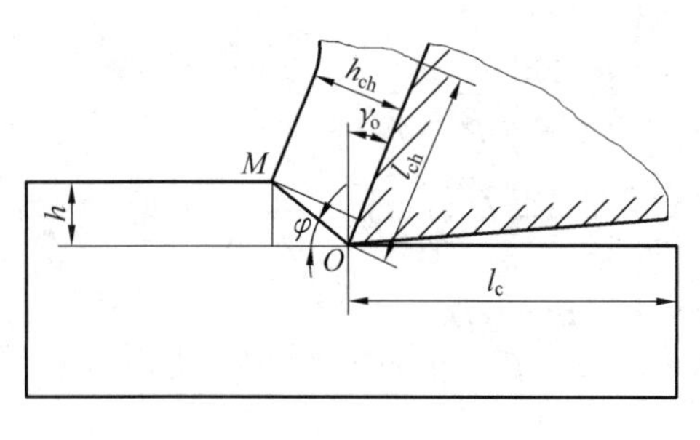

图 2.17　变形系数 Λ_h 的计算

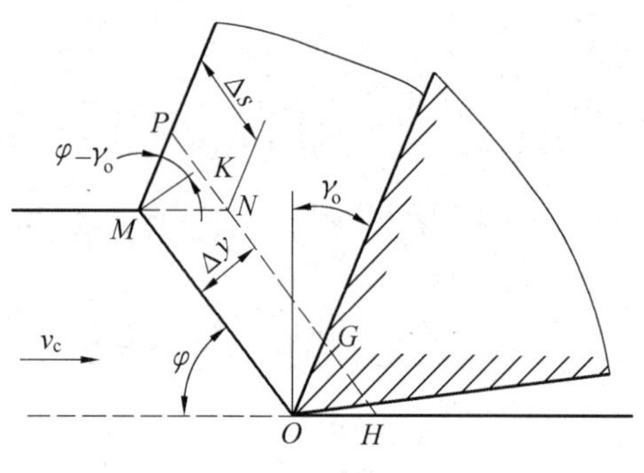

图 2.18　剪切变形示意图

2.3.3　积屑瘤的形成过程

1. 前刀面上的摩擦

塑性金属在切削过程中,切屑与前刀面之间压力很大,再加上几百度的高温,实际上切削底层与前刀面呈黏结状态。故切屑与前刀面之间不是一般的外摩擦,而是切屑与前刀面黏结层与其上层金属之间的内摩擦,即金属内部的滑移剪切,它不同于外摩擦(外摩擦力的大小与摩擦系数以及正压力有关,与接触面积无关),而是与材料的流动应力特征及黏结面积大小有关。

切屑和前刀面摩擦时的情形如图 2.19 所示。刀与切屑接触部分分为两个区域,黏结区域为内摩擦,滑动区域为外摩擦。图中也表示出了整个刀与切屑接触区上正应力 σ_r 的分布,显然金属的内摩擦力要比外摩擦力大得多,因此,应着重考虑内摩擦。

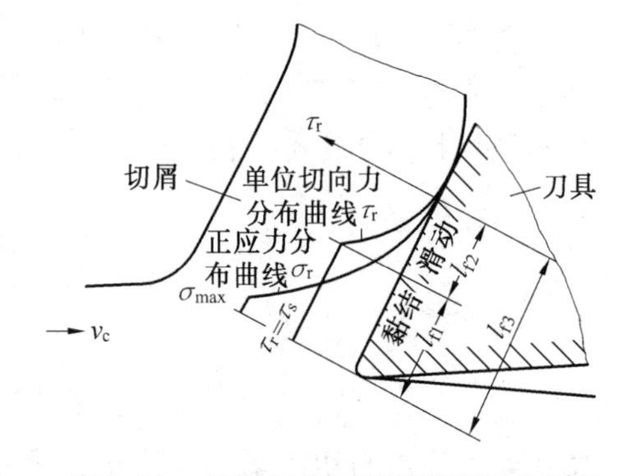

图 2.19　切屑和前刀面摩擦情况示意图

令 μ 为前刀面上的平均摩擦系数,则

$$\mu=\frac{F_f}{F_n}\approx\frac{\tau_s A_{f1}}{\sigma_{av}A_{f1}}=\frac{\tau_s}{\sigma_{av}}\tag{2.20}$$

式中　A_{f1}—— 内摩擦部分的接触面积;

σ_{av}—— 内摩擦部分的平均正应力;

τ_s—— 工件材料剪切屈服强度。

由于 τ_s 随切削温度升高略有下降,σ_{av} 随材料硬度、切削厚度及刀具前角而变化,其变化范围较大,因此,μ 是一个变数。

2. 积屑瘤的形成与控制

(1) 积屑瘤现象及其产生原因。

① 积屑瘤现象。在切削速度不高而又能形成连续性切屑的情况下,加工钢料等塑性

材料时，常在前刀面切削处粘着一块剖面呈三角状的硬块，这块冷焊在前刀面上的金属称为积屑瘤，如图2.20所示。它的硬度很高（通常是工件材料的2～3倍），在处于稳定状态时，能够代替刀刃进行切削。

② 积屑瘤产生原因。切削加工时，切屑与前刀面发生强烈摩擦而形成新表面接触。当接触面具有适当的温度和较高的压力时就会产生黏结（冷焊）。于是，切屑底层金属与前刀面冷焊而滞留在前刀面上。连续流动的切削从粘在刀面的底层上流过时，在温度、压力适当的情况下，也会被阻滞在底层上。使黏结层逐层在前一层上积聚，最后长成积屑瘤。

积屑瘤的产生以及它的积聚程度与金属材料的硬化性质有关，也与刃前区的温度和压力状况有关。一般，材料的加工硬化趋势越强，越易产生积屑瘤；刃前区的温度和压力太低，不会产生积屑瘤；如温度太高，产生弱化作用，也不会产生积屑瘤。对碳素钢，在300～500 ℃时积屑瘤最高，到500 ℃以上时趋于消失。积屑瘤高度与切削速度的关系如图2.21所示。在低速区 Ⅰ 中不产生积屑瘤；在区 Ⅱ 中积屑瘤高度随切削速度增加而加大至最大值；在区 Ⅲ 内积屑瘤高度随切削速度增加而减小；在区 Ⅳ 内积屑瘤不再产生。

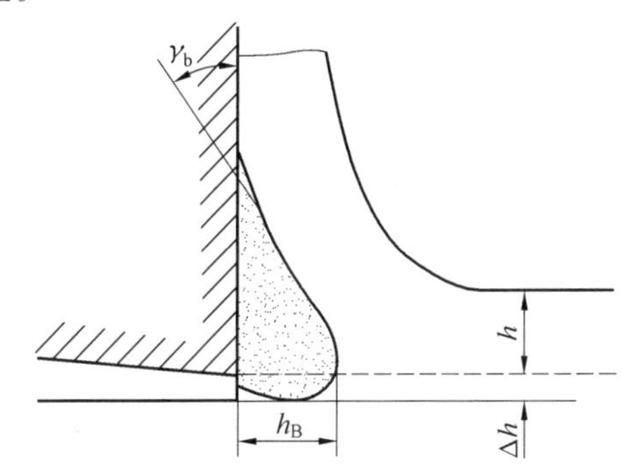

图2.20　积屑瘤前角 γ_b 和伸出量 Δh

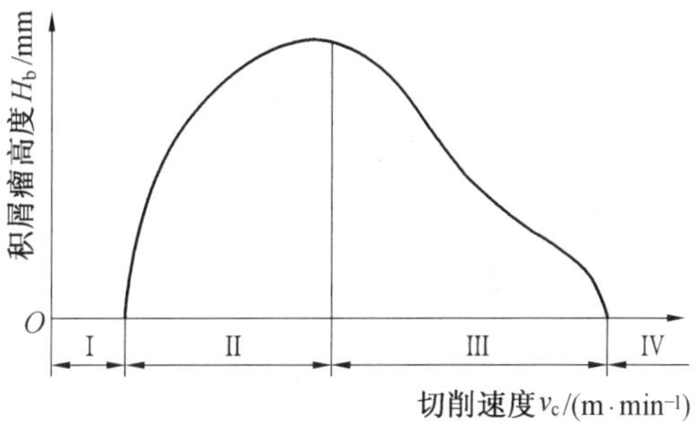

图2.21　积屑瘤高度与切削速度关系示意图

（2）积屑瘤对切削过程的影响。

① 增大前角。积屑瘤黏结在前刀面上，加大了刀具的实际前角，可使切削力减小。积屑瘤越高，实际前角越大。

② 增大切削厚度。如图2.20所示，积屑瘤使刀具切入深度增加了 Δh。由于积屑瘤的产生、成长与脱落是一个周期性过程，Δh 变化有可能引起振动。

③ 增大已加工表面粗糙度。积屑瘤的顶部很不稳定，易破裂，其破裂的部分碎片可能留在已加工表面上；积屑瘤凸出刀刃部分使加工表面变得粗糙。

④ 影响刀具使用寿命。积屑瘤相对稳定时，可代替刀刃切削，能提高刀具使用寿命；但在不稳定时，积屑瘤的破裂有可能导致刀具的剥落磨损。

（3）积屑瘤对切削过程的控制。

显然，积屑瘤有利有弊。粗加工时，对精度和表面粗糙度要求不高，如果积屑瘤能稳定生长，则可以代替刀具进行切削，保护了刀具，同时减小了切削变形。在精加工时应避免或减小积屑瘤，其措施主要有：

① 控制切削速度,尽量避开易生成积屑瘤的中速区。

② 使用润滑性能好的切削液,以减小摩擦。

③ 增大刀具前角,以减小切屑接触区压力。

④ 提高工件材料硬度,减少加工硬化倾向。

2.3.4　影响切削变形的因素

1. 工件材料

工件材料强度越高,切屑变形越小。这是因为工件材料强度越高,摩擦系数越小。根据 $\varphi + \beta - \gamma_o = 45°$ 与式(2.20)可知,μ 减小时($\mu = \tan\beta$),剪切角 φ 将增大,于是变形系数 Λ_h 将减小。

工件材料的塑性也是影响切削变形的主要因素。如碳钢的塑性越大,抗拉强度和屈服强度就越低,在较小的应力条件下就开始产生塑性变形。在相同的切削条件下,工件材料的塑性越大,切削变形就越大。例如,12Cr18Ni9 和 45 钢的强度近似,但前者伸长率大得多,切削时切削变形大,易粘刀且不易断屑。

2. 刀具前角

刀具前角越大,切削变形越小。这是因为当 γ_o 增加时,根据 $\varphi + \beta - \gamma_o = 45°$,剪切角 φ 增大,因而变形系数 Λ_h 减小。另一方面,γ_o 增大使摩擦角 β 增加,导致 φ 减小,但其影响比 γ_o 增加的影响小,结果还是 Λ_h 随 γ_o 的增大而减小。

3. 切削速度

在无积屑瘤的切削速度范围内,切削速度越高,则变形系数越小。这有两方面原因:

(1) 塑性变形的传播速度较弹性变形的慢,切削速度越高,切削变形越不充分,导致变形系数下降。

(2) v_c 对 μ 有影响,除低速区外,v_c 增大,则 μ 减小,因此变形系数减小。在有积屑瘤的切削速度范围内,切削速度的影响是通过积屑瘤所形成的实际前角来影响切削变形的。在积屑瘤增长阶段,实际前角增大,因而 v_c 增加时 Λ_h 减小。在积屑瘤消退阶段中,实际前角减小,变形随之增大。

4. 切削厚度

当切削厚度增加时,摩擦系数减小,φ 增大,变形变小。可见,在无积屑瘤情况下,f 越大(h 越大),则 Λ_h 越小。从另一方面来看,切屑中的底层变形最大,离前刀面越远的切屑层变形越小。因此,f 越大(h 越大),切屑中平均变形则越小;反之,切屑越薄,变形量越大。

2.3.5　切屑的种类与控制

1. 切屑的种类

由于工件材料不同,变形情况也不同,因而产生的切屑种类也就多种多样。

（1）按排屑形成的机理分类，切屑的形状主要分为带状切屑、节状切屑、粒状切屑和崩碎切屑四种类型，如图2.22所示。

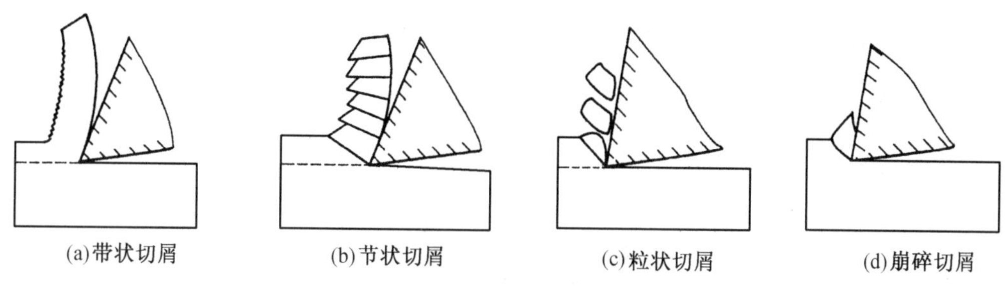

图2.22　切屑类型

① 带状切屑。带状切屑连续不断呈带状，内表面是光滑的，外表面是毛茸茸的，如图2.22(a)所示。一般加工塑性金属材料(如软钢、铝等)，当切削厚度较小，切削速度较高，刀具前角较大时，往往得到这类切削。形成带状切屑时，切削过程较平稳，切削力波动较小，已加工表面粗糙度值较小。带状切屑断屑不便，影响加工，适当改变切削条件或刀具结构和角度，可使带状切屑变为螺旋状切屑，以利于断屑。

② 节状切屑。节状切屑又称挤裂切屑。如图2.22(b)所示，挤裂切屑外表面呈锯齿形，内表面有时有裂纹。这种切屑大多在加工塑性较低的金属，且在切削速度较低，切削厚度较大，刀具前角较小时产生。出现节状切屑时，切削过程不平稳，切削力有波动，已加工表面粗糙度较大。

③ 粒状切屑。粒状切屑又称单元切屑，如果在挤裂切屑的剪切面上，裂纹扩展到整个面上，则切屑被分割成梯形状的单元切屑，如图2.22(c)所示。当切削塑性材料(伸长率较低的结构钢)时，且在切削速度极低时产生这种切屑。出现粒状切屑时，切削力波动大，已加工表面粗糙度大。

④ 崩碎切屑。切削脆性材料(如铸铁)时，被切金属层在前刀面的推挤下未经塑性变形就在拉应力作用下脆断，形成不规则的崩碎切屑，如图2.22(d)所示。形成崩碎切屑时，切削力幅度小，但波动大，加工表面凹凸不平。加工脆性材料，切削厚度越大越易得到这类切屑。

前三种切屑是加工塑性金属时常见的切屑类型。形成带状切屑时，切削过程最平稳；形成粒状切屑时，切削力波动最大。在形成节状切屑的情况下，若减小前角、降低切削速度或加大切削厚度，就可以变成粒状切屑；反之，若加大前角、提高切削速度或减小切削厚度，则可以得到带状切屑。这说明切屑的形态是可以随切削条件而相互转化的。掌握其变化规律，就可以控制切削的变形、形态和尺寸，以实现断屑。

（2）按照切屑外观形状不同分类，切屑的形状主要分为带状屑、C形屑、崩碎屑、宝塔状卷屑、长紧卷屑、发条状卷屑、螺卷屑等，如图2.23所示。

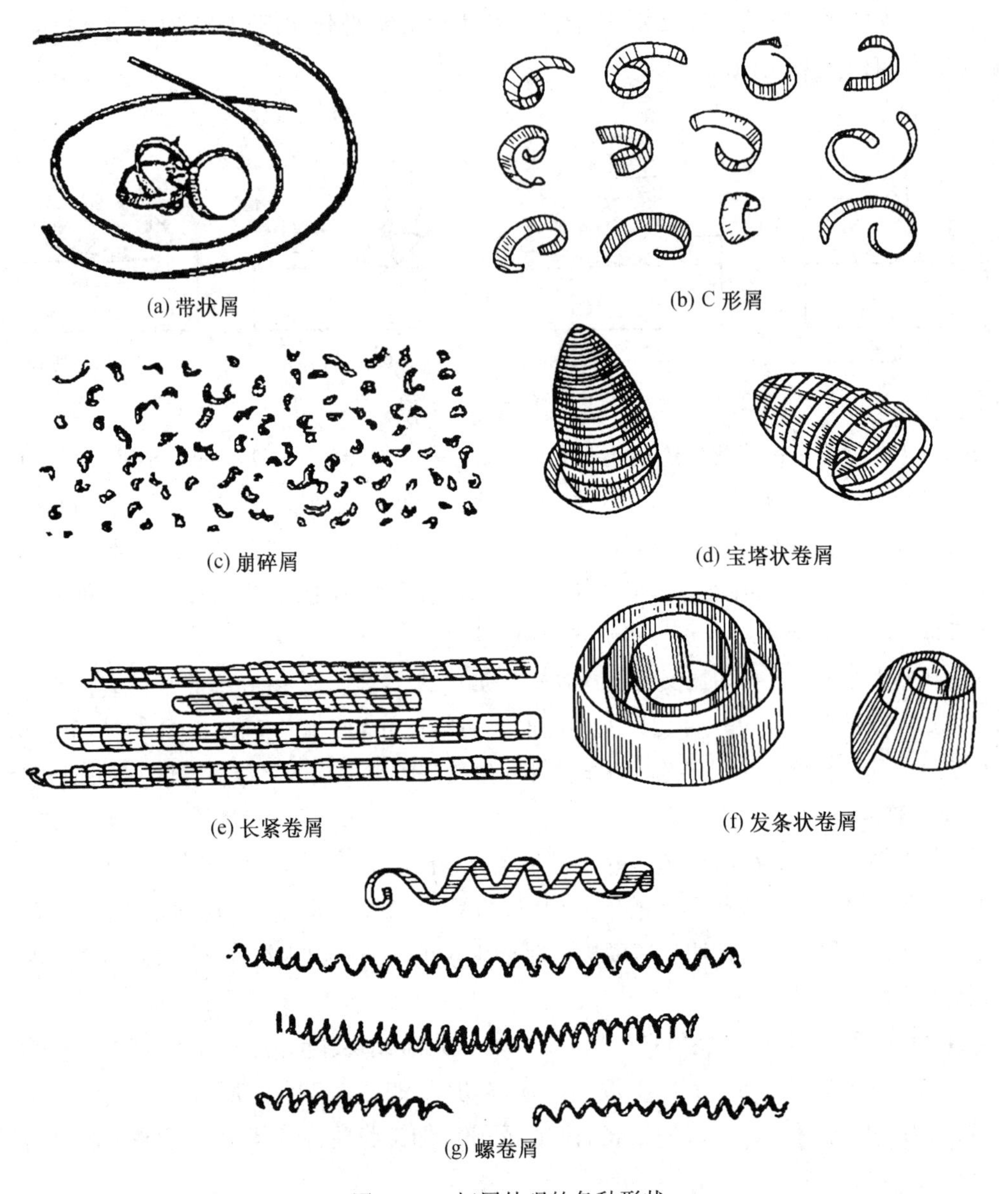

图 2.23　切屑外观的各种形状

2. 切屑的控制

在生产实践中存在不同的排屑情况。有的切屑卷成螺旋状,到一定长度时自行折断;有的切屑弯成 C 形;有的呈发条状卷屑;有的碎成针状或小片,四处飞溅,影响安全;有的带状切屑缠绕在刀具和工件上,易造成事故。不良的排屑状态会影响生产的正常运行,因此切屑的控制具有重要意义,这在自动化生产线上加工时尤为重要。

高速切削塑性金属时,如不采取适当的断屑措施,易形成带状屑。带状屑连绵不断,经常会缠绕在工件或刀具上,拉伤工件表面或打坏切削刃,甚至会伤人,所以,一般情况下应力求避免。

车削一般碳钢和合金钢工件时,采用带卷屑槽的车刀易形成C形屑,这是一种比较好的屑形；长紧卷屑在普通车床上是一种比较好的屑形，但必须严格控制刀具的几何参数和切削用量才能得到；在重型机床上用大的切深、大进给量车削钢件时，多将车刀卷屑槽的槽底圆弧半径加大，使切屑卷曲成发条状；在自动机或自动线上，宝塔状卷屑是一种比较好的屑形。

切屑经第Ⅰ、第Ⅱ变形区的剧烈变形后，硬度增加，塑性下降，性能变脆。在切屑排出过程中，当碰到刀具后刀面、工件上过渡表面或待加工表面等障碍时，如某一部分的应变超过了切屑材料的断裂应变值，切屑就会折断。切屑碰到工件或刀具后刀面折断的情况如图 2.24 所示。

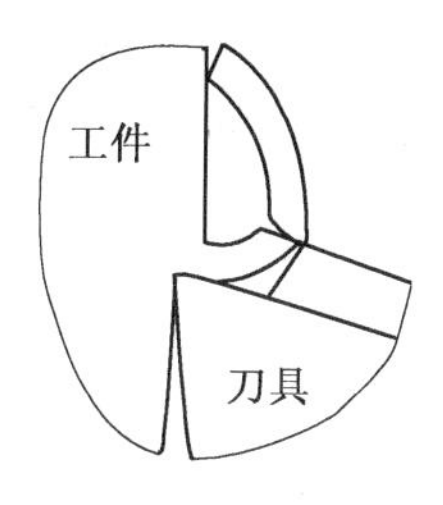

(a)切屑碰到工件折断

(b)切屑碰到刀具后刀面折断

图 2.24　切屑碰到工件或刀具后刀面折断

研究表明，工件材料脆性越大（断裂应变值越小）、切屑厚度越大、切屑卷曲半径越小，切屑就越容易折断。生产中可采用以下措施对切屑实施控制。

（1）采用断屑槽。通过设置断屑槽对流动中的切屑施加一定的约束力，使切屑应变增大，切屑卷曲半径减小。断屑槽的尺寸参数应与切削用量的大小相适应，否则会影响断屑效果。常用的断屑槽截面形状有折线形、直线圆弧形和全圆弧形，如图 2.25 所示。前角较大时，采用全圆弧形断屑槽刀具的强度较好。断屑槽位于前刀面上的形式有平行、外斜及内斜三种，如图 2.26 所示。外斜式常形成 C 形屑，能在较宽的切削用量范围内实现断屑；内斜式常形成长紧螺卷形屑，但断屑范围窄；平行式的断屑范围居于上述两者之间。

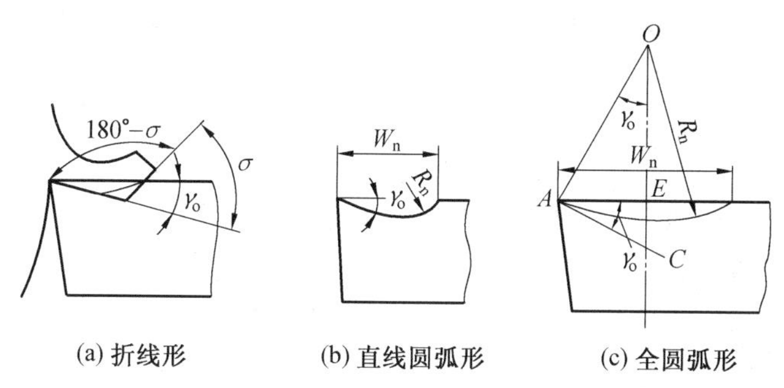

图 2.25　断屑槽截面形状

由于磨槽与压块的调整工作一般是由操作者单独进行的，因此使用效果取决于他们的经验与技术水平，往往难以获得满意的效果。一个可行的而且较为理想的解决方法就是结合推广使用可转位刀具，由专业化生产的刀具厂家集中解决合理的槽形设计和精确的制造工艺问题。

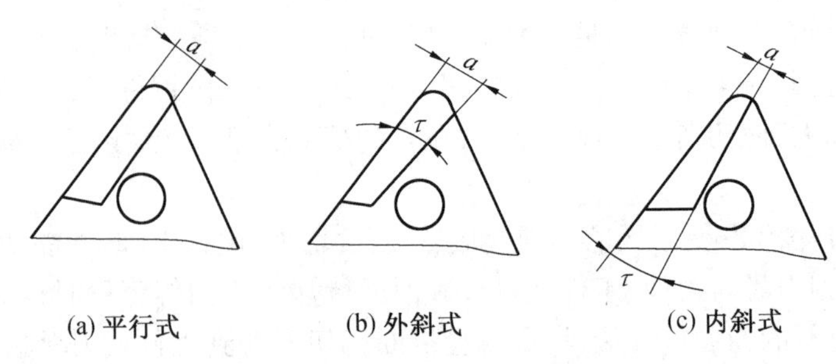

图 2.26　前刀圆上的断屑槽形状

(2) 改变刀具角度。增大刀具主偏角 κ_r，切削厚度变大，有利于断屑。减小刀具前角 γ_o，可使切屑变形加大，切屑易于折断。刃倾角 λ_s 可以控制切屑的流向：当 λ_s 为正值时，切屑常卷曲后碰到后刀面折断形成 C 形屑或自然流出形成螺卷屑；当 λ_s 为负值时，切屑常卷曲后碰到已加工表面折断成 C 形屑。

(3) 调整切削用量。提高进给量 f 使切削厚度增大，对断屑有利；但增大 f 会增大加工表面粗糙度。适当地降低切削速度使切削变形增大，也有利于断屑，但这会降低材料切除效率。生产中需根据实际条件适当选择切削用量。

2.4　切削力、切削热和切削温度

2.4.1　切削力与切削功率

切削加工中，刀具作用到工件上的力称切削力。切削力是一个重要参数。在切削过程中，切削力直接影响切削热、刀具磨损与使用寿命、加工精度和已加工表面质量。在生产中，切削力又是计算切削功率，设计机床、刀具、夹具的必要依据。因此，研究切削力的规律，对于分析切削过程和生产实际都有重要意义。

1. 切削力的来源

在刀具作用下，被切金属层、切屑和已加工表面层金属都要产生弹性变形和塑性变形。如图 2.27(a) 所示，必然有法向力 $F_{\gamma N}$ 和 $F_{\alpha N}$ 分别作用于前后刀面上；由于切屑沿前刀面流出，故有摩擦力 F_γ 作用于前刀面；刀具与工件之间有相对运动，又有摩擦力 F_α 作用于后刀面，$F_{\gamma N}$ 和 F_γ 合成 $F_{r,\gamma N}$，$F_{\alpha N}$ 和 F_α 合成 $F_{\alpha,\alpha N}$，$F_{r,\gamma N}$ 和 $F_{\alpha,\alpha N}$ 再合成 F，F 就是作用在刀具上的总切削力。对于锋利的刀具，$F_{\alpha N}$ 和 F_α 很小，分析问题时可忽略不计。

综上所述，切削力的来源有两个：一是切削层金属、切屑和工件表层金属的弹塑性变形所产生的抗力；二是刀具与切屑、工件表面间的摩擦阻力。

2. 切削合力与分解

以切削外圆为例，如图 2.27(b) 所示。忽略副切削刃的切削作用及其影响因素，合力 F 在刀具的正交平面内。为了便于测量和应用，可以将 F 分解为三个相互垂直的分力。

① 主切削力 F_c，垂直于基面，与切削速度 v_c 的方向一致，又称为切向力。F_c 是计算切削功率和设计机床的主要参数。

② 切深抗力 F_p，处于基面内，并与进给力方向相垂直。F_p 会使机床工艺系统(包括

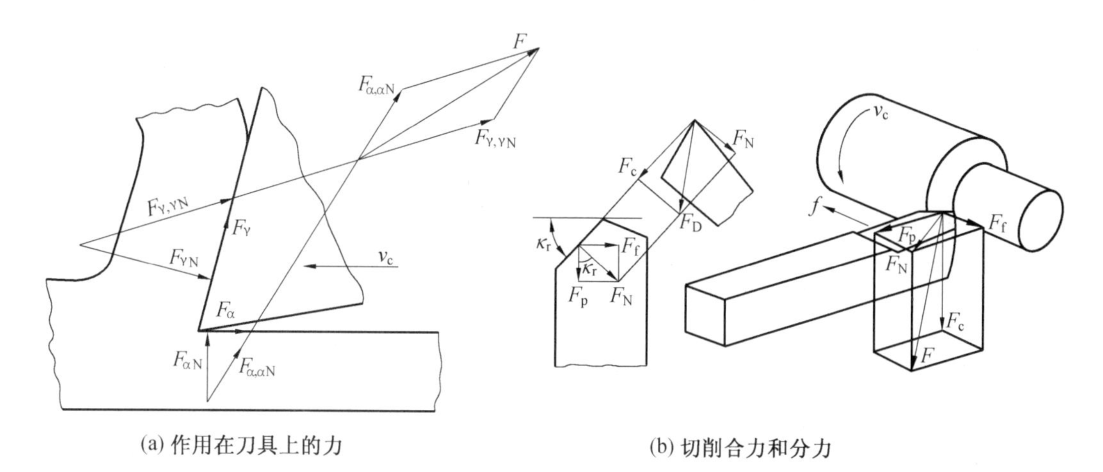

(a) 作用在刀具上的力　　(b) 切削合力和分力

图2.27　切削力

机床、刀具和工件）产生变形，对加工精度和已加工表面质量影响较大。

③ 进给抗力 F_f，在基面内，并与进给方向相平行。F_f 是设计机床进给机构或校核其强度的主要参数。

$$F=\sqrt{F_c^2+F_N^2}=\sqrt{F_c^2+F_p^2+F_f^2} \tag{2.21}$$

F_p、F_f 与 F_N 的关系为

$$\left.\begin{aligned}F_p&=F_N\cos\kappa_r\\F_f&=F_N\sin\kappa_r\end{aligned}\right\} \tag{2.22}$$

一般情况下，F_c 值最大，F_p 为(0.15 ~ 0.17)，F_c、F_f 为(0.1 ~ 0.6)F_c。

3. 切削功率

切削功率是各切削分力消耗功率的总和。在车削外圆时，F_p 不做功，只有 F_c、F_f 做功，因此，切削功率的计算公式为

$$P_c=\left(F_cv_c+\frac{F_fn_wf}{1\,000}\right)\times10^{-3} \tag{2.23}$$

式中　P_c—— 切削功率，kW；

F_c—— 主切削力，N；

v_c—— 切削速度，m/s；

F_f—— 进给抗力，N；

n_w—— 工件转速，r/s；

f—— 进给量，mm/r。

由于 F_f 小于 F_c，而 F_f 方向的进给速度又很小，因此 F_f 所消耗的功率很小(小于1%)，可以忽略不计。因此，一般切削功率的计算公式为

$$P_c=F_cv_c\times10^{-3} \tag{2.24}$$

根据切削功率选择机床电动机时，还应考虑机床的传动效率。机床电动机的功率 P_E 应为

$$P_E\geqslant\frac{P_c}{\eta_m} \tag{2.25}$$

式中　η_m——机床的传动效率，一般取为0.75～0.85，大值适用于新机床，小值适用于旧机床。

4. 切削力的理论公式

由于工件与后刀面的接触情况较复杂，且具有随机性，应力状态也较复杂，所以后刀面上的切削力定量计算比较困难。但实验表明：当刀具保持锋利状态时，后刀面上的切削力仅占总切削力的3%～4%，因此可以忽略后刀面上的切削力。前面已推导出了主切削力的计算公式(2.15)，即

$$F_c = F\cos(\beta - \gamma_o) = \frac{\tau hb\cos(\beta - \gamma_o)}{\sin\varphi\cos(\beta - \gamma_o)}$$

此公式称为主切削力的理论公式。

从公式上看，F_c 可以计算出来，但准确性很差。这是由于影响切削力的各项因素难以正确找到，只好做很多假设。准确计算切削力就必须依靠实验测定方法，但切削力的理论公式也十分有用，它能够揭示影响切削力诸因素之间的内在联系，有助于分析问题。

5. 切削力的经验公式

目前生产实际中采用的切削力的计算公式都是通过大量的试验和数据处理而得到的经验公式。经验公式一般可分为两类：一类是指数公式；另一类是按单位切削力进行计算。

(1) 指数公式。指数形式的切削力经验公式应用比较广泛，其形式为

$$\left.\begin{aligned} F_c &= C_{F_c} a_p^{x_{F_c}} f^{y_{F_c}} v_c^{n_{F_c}} K_{F_c} \\ F_p &= C_{F_p} a_p^{x_{F_p}} f^{y_{F_p}} v_c^{n_{F_p}} K_{F_p} \\ F_f &= C_{F_f} a_p^{x_{F_f}} f^{y_{F_f}} v_c^{n_{F_f}} K_{F_f} \end{aligned}\right\} \tag{2.26}$$

式中　F_c、F_f、F_p——主切削力、进给抗力和切深抗力；

C_{F_c}、C_{F_p}、C_{F_f}——上述三个分力的系数，其大小取决于工件材料和切削条件的系数；

x_{F_c}、x_{F_p}、x_{F_f}、y_{F_c}、y_{F_p}、y_{F_f}、n_{F_c}、n_{F_p}、n_{F_f}——三个分力中背吃刀量 a_p、进给量 f、和切削速度 v_c 的指数；

K_{F_c}、K_{F_f}、K_{F_p}——实际加工条件与经验公式的试验条件不符时，各种因素对各切削分力的修正系数，这些系数和指数都可以在切削用量手册中查到。

在不同工况条件下进行车削试验经数据处理得到的有关系数和指数如表2.3所示。刀具实验条件为

硬质合金刀具：

$$\kappa_r = 45°, \gamma_0 = 10°, \lambda_s = 0°$$

高速钢刀具：

$$\kappa_r = 45°, \gamma_0 = 20° \sim 25°, \gamma_\varepsilon = 1.0\ \text{mm}$$

表 2.3　车削力公式的系数和指数

加工材料	刀具材料	加工形式	系数及指数											
			主切削力 F_c				背向力 F_p				进给力 F_f			
			C_{F_c}	x_{F_c}	y_{F_c}	n_{F_c}	C_{F_p}	x_{F_p}	y_{F_p}	n_{F_p}	C_{F_f}	x_{F_f}	y_{F_f}	n_{F_f}
结构钢及铸钢 650 MPa	硬质合金	纵车、横车及镗孔	2 795	1.0	0.75	-0.15	1940	0.9	0.6	-0.3	2880	1.0	0.5	-0.4
		切槽及切断	3 600	0.72	0.8	0	1 390	0.73	0.67	0	—	—	—	—
	高速钢	纵车、横车及镗孔	1 770	1.0	0.75	0	1 100	0.9	0.75	0	590	1.2	0.65	0
		切槽及切断	2 160	1.0	1.0	0	—	—	—	—	—	—	—	—
		成形车削	1 855	1.0	0.75	0	—	—	—	—	—	—	—	—
不锈钢 1Cr18NiTi 141HBW	硬质合金	纵车、横车及镗孔	2 000	1.0	0.75	0	—	—	—	—	—	—	—	—
灰铸铁	硬质合金	纵车、横车及镗孔	900	1.0	0.75	0	530	0.9	0.75	0	450	1.0	0.4	0
	高速钢	纵车、横车及镗孔	1 120	1.0	0.75	0	1 165	0.9	0.75	0	500	1.2	0.65	0
		切槽及切断	1 550	1.0	1.0	0	—	—	—	—	—	—	—	—
可锻铸铁 150HBW	硬质合金	纵车、横车及镗孔	795	1.0	0.75	0	420	0.9	0.75	0	375	1.0	0.4	0
	高速钢	纵车、横车及镗孔	980	1.0	0.75	0	865	0.9	0.75	0	390	1.2	0.65	0
		切槽及切断	1 375	1.0	1.0	0	—	—	—	—	—	—	—	—
中等硬度均质铜合金 120HBW	高速钢	纵车、横车及镗孔	540	1.0	0.66	0	—	—	—	—	—	—	—	—
		切槽及切断	735	1.0	1.0	0	—	—	—	—	—	—	—	—
铝及铝硅合金	高速钢	纵车、横车及镗孔	390	1.0	0.75	0	—	—	—	—	—	—	—	—
		切槽及切断	490	1.0	1.0	0	—	—	—	—	—	—	—	—

（2）用单位切削力计算。单位切削力 p 是指单位切削面积上的切削力。其公式为

$$p = \frac{F}{A} = \frac{F_c}{a_p f} = \frac{F_c}{hb} \tag{2.27}$$

各种工件材料的单位切削力可在相关手册中查到。根据式（2.27）可得切削力 F_c 的计算公式为

$$F_c = K_{F_c} A p \tag{2.28}$$

式中　K_{F_c}——切削条件修正系数，可相有关手册中查到。

6. 影响切削力的因素

影响切削力的主要因素有：工件材料、切削用量、刀具几何参数、刀具磨损、切削液和刀具材料等。

（1）工件材料的影响。金属工件材料的强度、硬度越高，材料的剪切强度 τ_s 越大，虽

然变形系数Λ_h有所下降,但总的切削力还是增大的。强度、硬度相近的材料,如其塑性较大,则与刀具间的摩擦系数μ也较大,故切削力也越大。

切削灰铸铁及其他脆性材料时,一般形成崩碎切削,切屑与前刀面的接触长度短,摩擦小,故切削力较小。

(2) 切削用量的影响。

① 背吃刀量和进给量的影响。背吃刀量a_p或进给量f加大,均使切削力增大,但两者的影响程度不同。a_p加大时,变形系数Λ_h不变,切削力成正比例增大;而f加大时,Λ_h有所下降,故切削力不成正比例增大。在车削力的经验公式中,加工各种材料,a_p的指数近似为1,而f的指数为0.75 ~ 0.9。因此,切削加工中,如从切削力和切削功率角度考虑,加大进给量比加大背吃刀量有利。

② 切削速度的影响。在图2.28的实验条件下加工塑性金属,切削速度v_c > 27 m/min时,积屑瘤消失,切削力一般随切削速度的增大而减小。这主要是因为随着v_c的增大,切削温度升高,μ下降,从而使Λ_h减小。在v_c < 27 m/min时,切削力是受积屑瘤影响而变化的。约在v_c = 5 m/min时出现积屑瘤,随着切削速度的提高,积屑瘤逐渐增大,刀具的实际前角加大,故切削力逐渐减小;约在v_c = 17 m/min处,积屑瘤最大,切削力最小;当切削速度超过v_c = 17 m/min时,由于积屑瘤减小,使切削力逐步增大。

切削铸铁等脆性材料时,因金属的塑性变形很小,切削与前刀面的摩擦也很小,所以切削速度对切削力没有显著的影响。

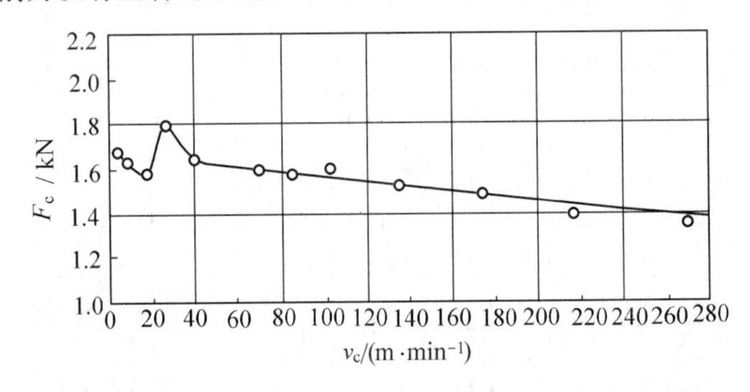

图2.28 切削速度对切削力的影响

工件材料:45钢(正火),187HBS;刀具:外圆车刀,材料为YT15;

刀具几何参数:γ_o = 18°,α_o = 6° ~ 8°,α'_o = 4° ~ 6°,κ_r = 75°,

κ'_r = 10° ~ 12°,λ_s = 0°,b_γ = 0,γ_ε = 0.2 mm,a_p = 3 mm,

f = 0.25 mm/r

(3) 刀具几何参数的影响。

① 前角的影响。前角γ_o加大,变形系数减小,切削力减小。材料塑性越大,前角γ_o对切削力的影响越大;而加工脆性材料时,因切削时塑性变形很小,故前角变化对切削力影响不大。

② 负倒棱的影响。为了提高刀尖部位强度、改善散热条件,常在主切削刃上磨出一个带有负前角γ_{o1}的棱台,其宽度为$b_{\gamma1}$,如图2.29所示。负倒棱对切削力的影响与负倒棱面在切屑形成过程中所起作用的大小有关。当负倒棱宽度小于切屑与前刀面接触长度

l_f 时，如图2.29(b)所示，切屑除与倒棱接触外，主要还与前刀面接触，切削力虽有所增大，但增大的幅度不大。当 $b_{\gamma 1} > l_f$ 时，切屑只与负倒棱面接触，相当于用负前角为 γ_{o1} 的车刀进行切削，与不设负倒棱相比，切削力将显著增大。

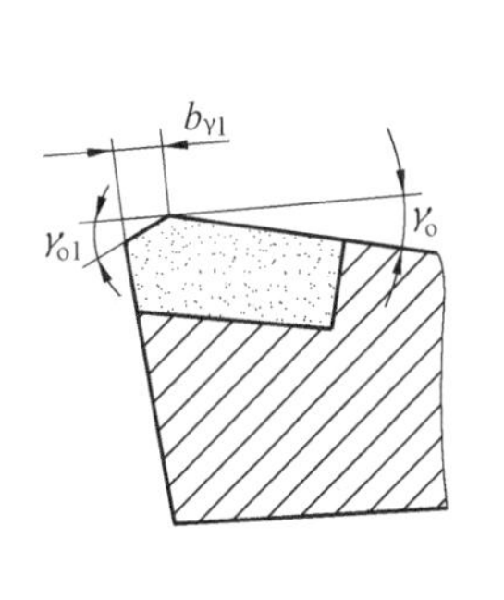

(a)负倒棱示意图

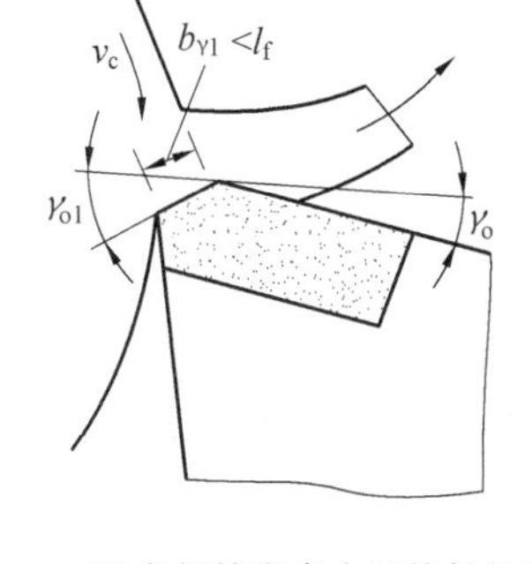

(b)负倒棱宽度小于接触长度

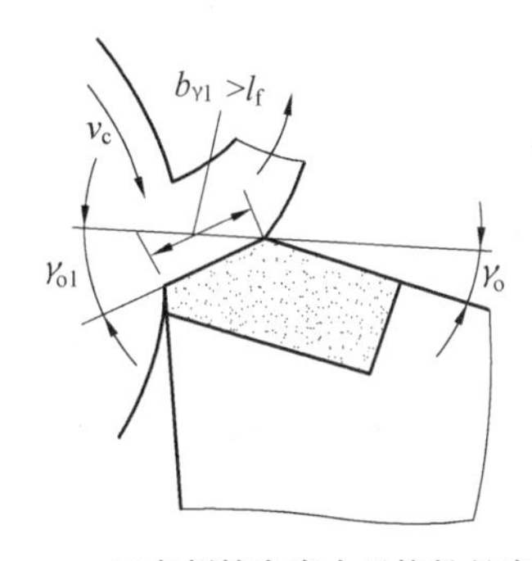

(c)负倒棱宽度大于接触长度

图2.29　负倒棱对切削力的影响

③ 主偏角的影响。当主偏角 κ_r 加大时，F_p 减小，F_f 加大。

④ 过渡圆弧刃的影响。在一般的切削加工中，刀尖圆弧半径 r_ε 对 F_p 和 F_f 的影响较大，对 F_c 的影响较小。随着 r_ε 的增大，F_p 增大，F_f 减小，F_c 略有增大。

⑤ 刃倾角的影响。实践证明，刃倾角在很大范围内变化时，F_c 基本不变，但对 F_p 和 F_f 的影响较大。由于 $\cot \lambda_s = F_p/F_c$，一般情况下，随着刃倾角 λ_s 正增大，F_p 减小，F_f 加大。而不宜采用过大负刃倾角，以减少 F_p 负值过大。

(4) 刀具磨损的影响。后刀面磨损增大时，后刀面上的法向力和摩擦力都增大，故切削力增大。

(5) 切削液的影响。使用以冷却作用为主的切削液对切削力影响不大，使用润滑作用强的切削液可使切削力减小。

(6) 刀具材料的影响。刀具材料与工件材料间的摩擦系数影响摩擦力的大小，导致切削力变化。在其他切削条件完全相同的条件下，一般按立方碳化硼(CBN)刀具、陶瓷刀具、涂层刀具、硬质合金刀具、高速钢刀具的顺序，切削力依次增大。

2.4.2　切削热和切削温度

切削热由它产生的切削温度直接影响刀具的磨损和使用寿命，最终影响工件的加工精度和表面质量。

1. 切削热的产生和传导

在刀具的切削作用下，切削层金属发生弹性变形、塑性变形，这是切削热的一个来源。另外，切屑与前刀面、工件与后刀面间消耗的摩擦功也将转化为热能，这是切削热的另一个来源。

切削时所消耗的能量有98% ~ 99%转换为切削热，如忽略进给运动所消耗的能量，则单位时间内产生的切削热为

$$Q = F_c v_c \quad (2.29)$$

式中 Q—— 单位时间内产生的切削热,J/s;

F_c—— 主切削力,N;

v_c—— 切削速度,m/s。

切削热由切屑、工件、刀具及周围的介质(空气,切削液)向外传导。影响散热的主要因素是:

① 工件材料的导热系数。工件材料的导热系数高,由切屑和工件传导出去的热量就多,切削区温度低。工件材料导热系数低,切削热传导慢,切削区温度高,刀具磨损快。

② 刀具材料的导热系数。刀具材料的导热系数高,切削区的热量向刀具内部传导快,可以降低切削区的温度。

③ 周围介质采用冷却性能好的切削液能有效地降低切削区的温度。

据有关资料介绍,由切屑、刀具、工件和周围介质传出的热量的比例大致为:

车削时:50% ~86% 由切屑带走,10% ~40% 传入车刀,3% ~9% 传入工件,1% 左右传入空气。

钻削时:28% 由切屑带走,14.5% 传入刀具,52.5% 传入工件,5% 传入周围介质。

2. 切削温度的测量

测量切削温度的主要方法有热电偶法、辐射热计法、热敏电阻法等。目前常用的是热电偶法,它简单、可靠,使用方便。用热电偶法测量切削温度有自然热电偶和人工热电偶两种方法。自然热电偶法是利用工件材料和刀具材料化学成分不同组成热电偶的两极;而人工热电偶法是用两种预先经过标定的金属丝组成热电偶,它的热端焊接在测温点上,冷端接在毫伏表上。

3. 刀具上切削温度的分布规律

由于刀具上各点与三个变形区(三个热源)的距离各不相同,因此刀具上不同点处获得热量和传导热量的情况也就不会相同,结果使各个刀面上的温度分布不均匀。应用人工热电偶法测温,并辅以传热学得到的刀具、切屑和工件上的切削温度分布情况如图2.30所示。

切削塑性材料时,刀具上温度最高处是在距离刀尖一定长度的地方,该处由于温度高而首先开始磨损。这是因为切屑沿前刀面流出时,热量积累得越来越多,而热传导又十分不利,在距离刀尖一定长度的地方的温度就达到最大值。切削塑性材料时刀具前刀面上切削温度的分布情况如图2.31所示。而在切削脆性材料时,第一变形区的塑性变形不太显著,且切屑呈崩碎状,与前刀面接触长度大大减小,使第二变形区的摩擦减小,切削温度不易升高,只有刀尖与工件摩擦,即只有第三变形区产生的热量是主要的。因而可以肯定:切削脆性材料时,最高切削温度将在刀尖处且靠近后刀面的地方,磨损也将首先从此处开始。

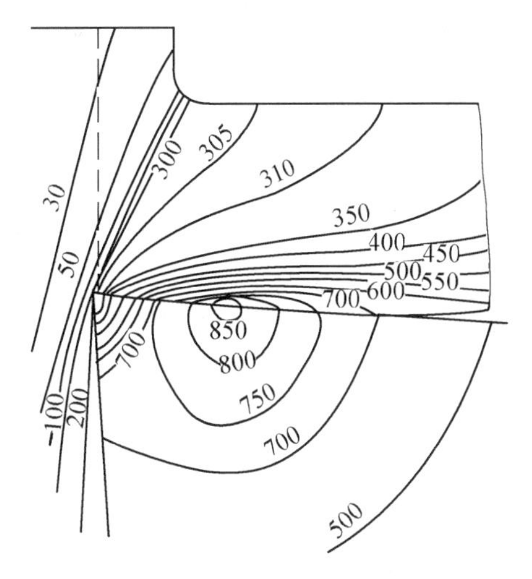

图2.30　刀具、切屑和工件的温度分布
工件材料:GCr15;刀具:YT4车刀,$\gamma_o = 0°$;
切削用量:$b = 5.8$ mm,$h = 0.35$ mm,
$v_c = 80$ m/min

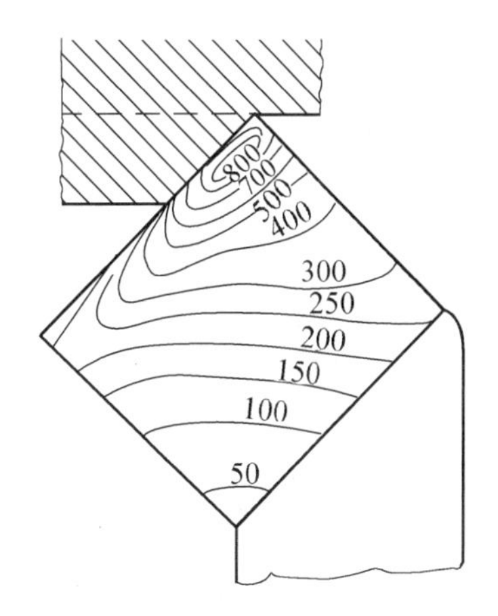

图2.31　刀具前刀面上的切削温度分布
工件材料:GCr15;刀具:YT4车刀,$\gamma_o = 0°$
切削用量:$b = 4.1$ mm,$h = 0.5$ mm,$v_c = 80$ m/min

4. 影响切削温度的因素

(1) 切削用量对切削温度的影响。用自然热电偶法所建立的切削温度的实验公式为

$$\theta = C_\theta v_c^{z_\theta} f^{y_\theta} a_p^{x_\theta} \tag{2.30}$$

式中　θ——实验测出的切屑接触区的平均温度,℃;

C_θ——切削温度系数;

z_θ、y_θ、x_θ——切削速度、进给量、背吃刀量的指数。

由实验得出的用高速钢或硬质合金刀具切削中碳钢时C_θ、z_θ、y_θ、x_θ的值列于表2.4中。

表2.4　切削温度公式中的C_θ、z_θ、y_θ、x_θ值

刀具材料	加工方法	C_θ	z_θ	y_θ	x_θ
高速钢	车削	140 ~ 170	0.35 ~ 0.45	0.2 ~ 0.3	0.08 ~ 0.10
	铣削	80			
	钻削	150			
硬质合金	车削	320	0.41($f = 0.1$ mm/r)	0.15	0.05
			0.31($f = 0.2$ mm/r)		
			0.26($f = 0.3$ mm/r)		

由式(2.30)及表2.3知:v_c、f、a_p增大时,变形和摩擦加剧,切削功增大,切削温度升高,但影响程度不一,以v_c最为显著,f次之,a_p最小。其原因是:v_c增大,前刀面的摩擦热来不及向切屑和刀具内部传导,所以v_c对切削温度影响最大;f增大,切屑变厚,切屑的热容增大,由切屑带走的热量增多,所以,对切削温度的影响不如v_c显著;a_p增大,刀刃工作长度增大,散热条件改善,故a_p对切削温度的影响相对较小。

由以上规律(切削用量中,v_c 对 θ 影响最大,f 次之,a_p 最小)可知,为有效控制切削温度以提高刀具使用寿命,选用大的背吃刀量或进给量,比选用高的切削速度有利。

(2)刀具几何参数对切削温度的影响。

① 前角对切削温度的影响。前角 γ_o 的大小直接影响切削过程中的变形和摩擦,对切削温度有明显影响。在一定范围内,前角大,切削温度低;前角小,切削温度高;但当前角 γ_o 超过18° ~ 20° 后,对切削温度影响减弱,这是因为楔角变小使散热体积减小的缘故。

② 主偏角对切削温度的影响。主偏角加大后,切削刃工作长度缩短,使切削热相对集中;同时刀尖角减小,使散热条件变差,切削温度将升高。若减小主偏角,则刀尖角和切削刃工作长度加大,散热条件改善,从而使切削温度降低。

③ 刀具磨损对切削温度的影响。刀具磨损后切削刃变钝,使金属变形增加;同时,刀具后刀面与工件的摩擦加剧,切削温度上升。

④ 工件材料对切削温度的影响。工件材料的硬度和强度越高,切削时所消耗的功越多,产生的切削热越多,切削温度就越高。工件材料导热系数小时,切削热不易散出,切削温度相对较高。

切削灰铸铁等脆性材料时,金属变形小,切屑呈崩碎状,与前刀面摩擦小,产生的切削热小,故切削温度一般较切削钢料时低。

⑤ 切削液对切削温度的影响。使用切削液可以从切削区带走大量热量,可以明显降低切削温度,提高刀具使用寿命。

2.5　刀具磨损和刀具使用寿命

2.5.1　刀具磨损

刀具在切削过程中因摩擦作用将逐渐磨损。当磨损量达到一定程度时,切削力加大,切削温度上升,切屑颜色改变,甚至产生振动。同时,工件尺寸可能超差,已加工表面质量也明显恶化,此时必须刃磨刀具或更换新刀。有时,刀具也可能在切削过程中突然损坏而失效,造成刀具破损。刀具的磨损、破损及其使用寿命对加工质量、生产效率和成本影响极大,因此它是切削加工中极为重要的问题之一。

刀具失效的形式主要有磨损和破损两类。刀具磨损是指刀具在正常的切削过程中,由于物理或化学作用,使刀具逐渐产生的磨损。显然,在切削过程中,前后刀面不断与切屑、工件接触,在接触区里存在着强烈的摩擦,同时在接触区里又有很高的温度和压力,随着切削的进行,前后刀面都将逐渐磨损。

1. 刀具磨损的主要形式

刀具磨损主要有前刀面磨损、后刀面磨损、前刀面和后刀面同时磨损三种形式。

(1)前刀面磨损(月牙洼磨损)。切削塑性材料时,如果切削速度和切削厚度较大,在前刀面上经常会磨出一个月牙洼,如图 2.32(a)所示。月牙洼的位置发生在刀具前刀面上切削温度最高的地方。月牙洼和切削刃之间有一条小棱边。在磨损过程中,月牙洼的宽度、深度不断增大,当月牙洼扩展到使棱边很窄时,切削刃的强度大为削弱,极易导致崩刃。月牙洼磨损量以其最大深度 KT 表示，如图 2.32(b)、(d) 所示。

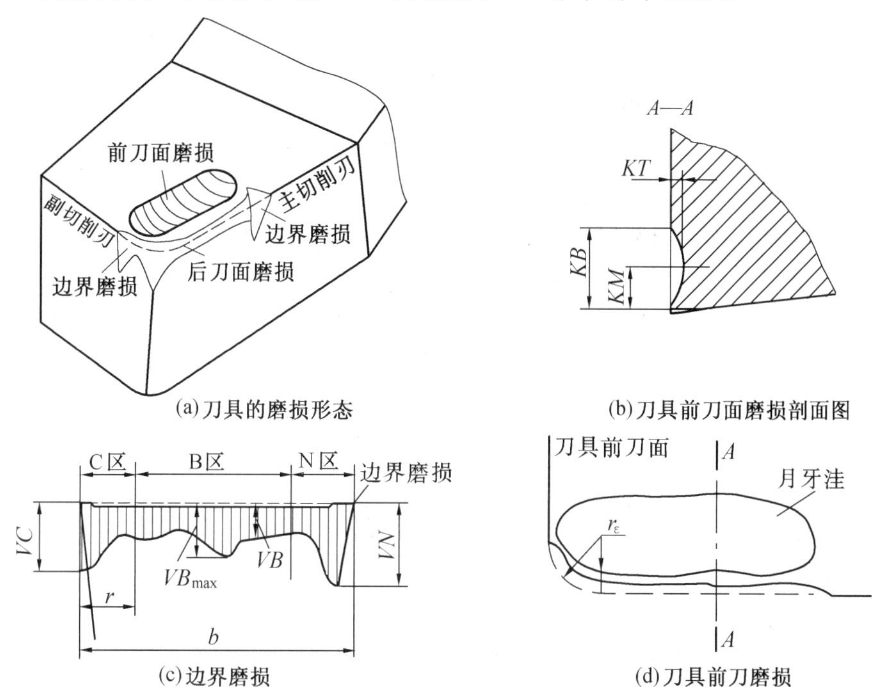

图 2.32　刀具的磨损形态和测量位置

(2) 后刀面磨损。由于加工表面和刀具后刀面间存在着强烈的摩擦，在后刀面上毗邻切削刃的地方很快被磨出后角为零的小棱面，这种磨损形式称为后刀面磨损(图 2.32(a))。在切削速度较低、切削厚度较小的情况下切削塑性材料或加工脆性材料时，主要发生后刀面磨损。后刀面磨损带往往是不均匀的，刀尖部分(C 区)强度较低，散热条件又差，磨损比较严重，其最大值为 VC。在主切削刃靠近工件外表面处(N 区)，由于上道工序的加工硬化层或毛坯表面硬层的影响，被磨成较严重的深沟，以 VN 表示。在后刀面磨损带中间部位(B 区)上，磨损比较均匀，平均磨损带宽度以 VB 表示，而最大磨损带宽度以 VB_{max} 表示。切削钢料时，常在主切削刃靠近工件外皮处以及副切削刃靠近刀尖处的后刀面上，磨出较深的沟纹，这就是边界磨损(图 2.32(a)、(c))。加工铸、锻等外皮粗糙的工件，容易发生边界磨损。

(3) 前刀面和后刀面同时磨损。这是一种兼有上述两种情况的磨损形式。在切削塑性金属时，经常会发生这种磨损。

2. 刀具磨损的原因

(1) 磨料磨损。切削时，工件或切屑中的微小硬质点以及积屑瘤碎片，不断滑擦前后刀面，划出沟纹，这就是磨料磨损。很像砂轮磨削工件一样，刀具被一层层磨掉，这是一种纯机械作用。

磨料磨损在各种切削速度下都存在，但在低速下磨料磨损是刀具磨损的主要原因。这是因为在低速下，切削温度较低，其他原因产生的磨损不明显。刀具抵抗磨料磨损的能力主要取决于其硬度和耐磨性。

(2) 冷焊磨损。工件表面、切屑底面与前后刀面之间存在着很大的压力和强烈的摩擦,因而它们之间会发生冷焊。由于摩擦副的相对运动,冷焊结将被破坏而被一方带走,从而造成冷焊磨损。

由于工件或切屑的硬度比刀具的低,所以冷焊结的破坏往往发生在工件或切屑一方。但由于交变应力、接触疲劳、热应力以及刀具表层结构缺陷等原因,冷焊结的破坏也会发生在刀具一方,从而造成刀具磨损。这是一种物理作用(分子吸附作用),一般在中等偏低的速度下切削塑性材料时冷焊磨损较为严重。

(3) 扩散磨损。在切削过程中,刀具后刀面与已加工表面、刀具前刀面与切屑底面相接触,由于高温和高压作用,刀具材料和工件材料中的化学元素相互扩散,使两者的化学成分发生变化,这种变化削弱了刀具材料的性能,使刀具的磨损加快。例如,用硬质合金刀具切钢时,从 800 ℃ 开始,硬质合金中的 Co、C、W 等元素会扩散到切屑和工件中去,硬质合金中 Co 元素的减少,降低了硬质合金硬质相(WC、TiC) 的黏结强度,导致刀具磨损加快。扩散磨损在高温下产生,且随温度升高而加剧。

扩散磨损的快慢和程度与刀具材料中化学元素的扩散速率关系密切。如硬质合金中,Ti 的扩散速率远低于 Co、W,故 YT 类合金的抗扩散磨损能力优于 YG 类合金。硬质合金中添加 Ta、Nb 后形成固溶体,更不易扩散,故具有良好的抗扩散磨损性能。

(4) 氧化磨损。当切削温度达到 700 ~ 800 ℃ 时,空气中的氧在切屑形成的高温区与刀具材料中某些成分(Co、WC、TiC) 发生氧化反应,产生较软的氧化物(Co_3C_4、CoO、WO_3、TiO_2),从而使刀具表面层硬度下降,较软的氧化物被切屑或工件擦掉而形成氧化磨损。

(5) 热电磨损。工件、切屑与刀具由于材料不同,切削时在接触区将产生热电势,这种热电势有促进扩散的作用而加速刀具磨损。这种在热电势的作用下产生的扩散磨损称为热电磨损。

总之,在不同的工件材料、刀具材料和切削条件下,磨损的原因和强度是不同的。用硬质合金刀具加工钢料时,磨料磨损总是存在,但所占比例不大;在中低切削速度(切削温度) 下,以冷焊磨损为主;在高速(高温) 情况下,以扩散磨损、氧化磨损和热电磨损为主。

3. 刀具磨损过程及磨钝标准

(1) 刀具磨损过程。随着切削时间的延长,刀具的后刀面磨损量 *VB*(或前刀面月牙洼磨损深度 *KT*) 随之增加。典型的刀具磨损曲线,其磨损过程分为三个阶段,如图 2.33 所示。

① 初期磨损阶段。因为新刃磨的刀具切削刃较锋利,其后刀面与加工表面接触面积很小,压应力较大,加之新刃磨的刀具的后刀面存在着微观不平等缺陷,所以这一阶段的磨损很快。一般初期磨损量为 0.05 ~ 0.10 mm,其大小与刀面刃磨质量有很大关系。经仔细研磨过的刀具,其初期磨损量较小。

② 正常磨损阶段。经初期磨损后,刀具的粗糙表面已经磨平,承压面积增大,压应力减小,从而使磨损速率明显减小,刀具进入正常磨损阶段。这个阶段的磨损比较缓慢、均匀。后刀面磨损量随切削时间延长而近似地成比例增加。这是刀具工作的有效阶段。

③ 急剧磨损阶段。刀具经过正常磨损阶段后，切削刃变钝，切削力、切削温度迅速升高，磨损速度急剧增加，以致刀具损坏而失去切削能力。生产中应该避免达到这个磨损阶段。要在这个阶段到来之前，及时更换刀具。

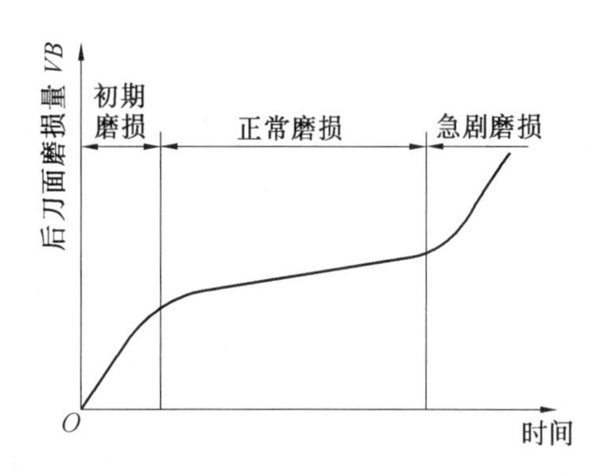

图 2.33　磨损的典型曲线

(2) 刀具的磨钝标准。刀具磨损到一定限度就不能继续使用，这个磨损限度称为磨钝标准。一般刀具的后刀面上都有磨损，它对加工质量和切削力、切削温度的影响比前刀面磨损显著，同时后刀面磨损量易于测量，因此在金属切削的科学研究中多按后刀面磨损宽度制定磨钝标准。国际标准化组织 ISO 统一规定以 1/2 背吃刀量处后刀面上测量的磨损带宽度作为刀具的磨钝标准。

制定磨钝标准应考虑以下因素：

① 工艺系统刚性。工艺系统刚性差，VB 应取小值。如车削刚性差的工件，应控制 $VB = 0.3$ mm 左右。

② 工件材料。切削难加工材料，如高温合金、不锈钢、钛合金等，一般应取较小的 VB 值，加工一般材料，VB 值可以取大一些。

③ 加工精度和表面质量。加工精度和表面质量要求高时，VB 应取小值。如精车时，应控制 $VB = 0.1 \sim 0.3$ mm。

④ 工件尺寸。加工大型工件，为了避免频繁换刀，VB 应取大值。

2.5.2　刀具寿命

刃磨好的刀具自开始切削直到磨损量达到磨钝标准为止的净切削时间，称为刀具使用寿命，以 T 表示。使用寿命指净切削时间，不包括用于对刀、测量、快进、回程等非切削时间。也可以用达到磨钝标准时所走过的切削过程 l_m 来定义使用寿命。显然，$l_m = v_c T$。用刀具使用寿命乘以刃磨次数，得到的就是刀具总寿命。

对于某一切削加工，当工件、刀具材料和刀具几何形状选定之后，切削用量是影响刀具使用寿命的主要因素。

(1) 切削速度与刀具使用寿命的关系。切削速度与刀具使用寿命的关系是用实验方法求得的。实验前先选定刀具后刀面的磨钝标准。然后，固定其他切削条件，在常用的切削速度范围内，取不同的切削速度 v_{c1}、v_{c2}、v_{c3}、… 进行刀具磨损实验，得出在各种速度下的刀具磨损曲线(图 2.34)。根据规定的磨钝标准求出在各切削速度下所对应的刀具使用寿命 T_1、T_2、T_3、…，在双对数坐标纸上定出(T_1，v_{c1})、(T_2，v_{c2})、(T_3，v_{c3})、… 各点。在一定的切削速度范围内，可发现这些点基本上在一条直线上，这就是刀具 $T - v_c$ 关系曲线，如图 2.35 所示。该直线的方程为

$$\lg v_c = -m \lg T + \lg A$$

式中　m—— 该直线的斜率，$m = \tan \varphi$；

A—— 与刀具材料、工件材料、切削条件有关的系数。

当 $T=1$ s(或 1 min) 时直线在纵坐标上的截距,m 及 A 均可以求出,因此 $T-v_c$ 关系式可以写成

$$v_c=\frac{A}{T^m} \tag{2.31}$$

$T-v_c$ 关系式反映了切削速度与刀具使用寿命之间的关系,是选择切削速度的重要依据。指数 m 表示切削速度对刀具使用寿命的影响程度。m 值较小,表示切削速度对刀具使用寿命影响大;m 值较大,表明切削速度对刀具使用寿命的影响小,即刀具材料的切削性能较好。对于高速钢刀具,一般 $m=0.1\sim0.125$;硬质合金刀具,$m=0.1\sim0.4$;陶瓷刀具,$m=0.2\sim0.4$。

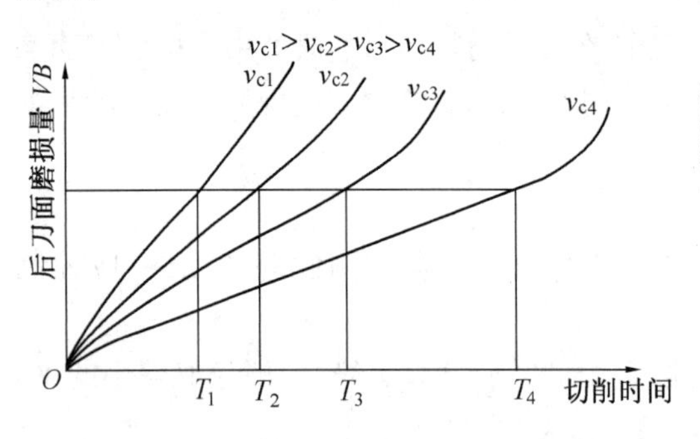

图 2.34 各种速度下的刀具磨损曲线

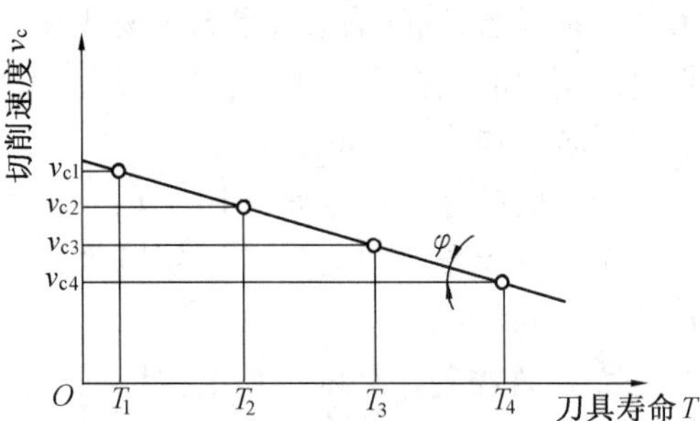

图 2.35 在双对数坐标上的 $T-v_c$ 曲线

(2) 进给量、背吃刀量与刀具使用寿命的关系。按照求 $T-v_c$ 关系式的方法,同样可以求得 $T-a_p$ 和 $T-f$ 的关系式为

$$a_p=\frac{C}{T^p} \tag{2.32}$$

$$f=\frac{B}{T^n} \tag{2.33}$$

式中 B、C—— 系数;

n、p—— 指数。

综合以上三式,可以得到切削用量三要素与刀具使用寿命的关系为

$$T=\frac{C_T}{v_c^{1/m}f^{1/n}a_p^{1/p}} \tag{2.34}$$

或

$$v_c=\frac{C_V}{T^m f^{y_v}a_p^{x_v}} \tag{2.35}$$

式中 C_T、C_V—— 与工件材料、刀具材料和其他切削条件有关的常数;

x_v,y_v——$x_v=m/p$,$y_v=m/n$。

例如,用 YT5 硬质合金车刀切削 $\sigma_b=750$ MPa 的碳钢时,当 $f>0.75$ mm/r 时,切削用量与刀具使用寿命的关系式为

$$T=\frac{C_T}{v_c^5 f^{2.25}a_p^{0.75}} \tag{2.36}$$

由式(2.36) 可知,切削速度 v_c 对刀具使用寿命的影响最大,进给量 f 次之,背吃刀量

a_p 最小。这与三者对切削温度的影响顺序完全一致。这也反映出切削温度对刀具磨损、使用寿命有着最重要的影响。

一般选择刀具使用寿命时应从三个方面来考虑，即以生产率最高、生产成本最低、利润率最大为目标来优选刀具使用寿命。一般情况下，应采用最低成本刀具使用寿命。在生产任务紧迫或生产中出现节拍不平衡时，可选用最高生产率刀具使用寿命。

可供参考的刀具寿命推荐合理数值见表 2.5。

表 2.5　刀具寿命推荐合理数值

刀具	寿命值 /min	刀具	寿命值 /min
高速钢车刀	30 ~ 60	高速钢钻头	80 ~ 120
硬质合金焊接车刀	60	硬质合金端铣刀	120 ~ 180
硬质合金可转位车刀	15 ~ 45	齿轮刀具	200 ~ 300
自动机床及自动线用刀具	240 ~ 480		

2.5.3　刀具破损

刀具在一定的切削条件下使用时，如果它经受不住强大的应力，就可能发生突然损坏，使刀具提前失去切削能力，这种情况就称为刀具破损。

1. 刀具破损的主要形式

刀具破损的形式分脆性破损和塑性破损两种。

(1) 刀具的脆性破损。硬质合金和陶瓷刀具，在机械应力和热应力冲击下，经常发生以下几种形式的脆性破损：

① 崩刃。崩刃指在刀刃上产生小缺口。

② 碎断。碎断指在切削刃上发生小块碎裂或大块断裂，不能继续正常切削。硬质合金和陶瓷刀具断续切削时常出现这种碎断。

③ 剥落。剥落指在前后刀面上几乎平行于切削刃而剥下一层碎片，经常连切削刃一起剥落，有时也在离切削刃一小段距离处剥落。用陶瓷刀具端铣时常见到这种破损。

④ 裂纹破损。裂纹破损指在较长时间连续切削后，由于疲劳而引起裂纹的一种破损。热冲击和机械冲击均会引发裂纹。当这些裂纹不断扩展合并，就会引起切削刃的碎裂或断裂。

(2) 刀具的塑性破损。切削时，由于高温和高压的作用，有时在前、后刀面和切屑、工件的接触层上，刀具表层材料发生塑性流动而丧失切削能力，这就是刀具的塑性破坏。

刀具塑性破损直接与刀具材料和工件材料的硬度比有关。硬度比越高，越不容易发生塑性破损。硬质合金、陶瓷刀具的高温硬度高，一般不容易发生这种破损，高速钢刀具因其耐热性较差，就易出现塑性破损。

2. 刀具破损的防止

为了防止或减少刀具破损，在提高刀具材料的强度和抗热振性能的基础上，可以采取以下措施：

(1) 合理选择刀具材料的牌号，如断续切削刀具，必须具有较高的冲击韧度、疲劳强度和热疲劳抗力。

(2) 选择合理的刀具角度,通过调整前角、后角、刃倾角和主、副偏角,增加切削刃和刀尖的强度;在切削刃上磨出负倒棱,可以有效地防止崩刃。

(3) 合理选择切削用量,避免切削力过大和过高的切削温度,以防止刀具破损。

(4) 保证焊接和刃磨质量,避免因焊接、刃磨不当所产生的各种弊病。

(5) 尽可能保证工艺系统具有较好的刚性,以减少切削时的振动。

(6) 尽量使刀具不承受或少承受突变性载荷。

2.6 切削条件的合理选择

2.6.1 材料的切削加工性

1. 材料的切削加工性

工件材料的切削加工性是指工件材料加工的难易程度。材料的切削加工性是一个相对的概念。所谓某种材料切削加工性的好坏,是相对于另一种材料而言。一般在讨论钢料的切削加工性时,以45钢作为比较基准;而讨论铸铁的切削加工性时,则以灰铸铁作为比较基准。如高强度钢难加工,就是相对于45钢而言的。

2. 衡量材料切削加工性的指标

衡量材料切削加工性的指标要根据具体加工情况选用,常用的衡量材料切削加工性的指标有:

(1) 刀具使用寿命指标。在相同的切削条件下,切削某种材料时,若一定切削速度下刀具使用寿命T较长或在相同使用寿命下的切削速度v_{cT}较大,则该材料的切削加工性较好;反之,其切削加工性较差。

在切削普通材料时,用刀具使用寿命达到60 min时所允许的切削速度v_{c60}来衡量材料加工性的好坏;切削难加工材料时,用v_{c20}来评定。

一般以正火状态45钢的v_{c60}为基准,写作$(v_{c60})_j$,然后把其他各种材料的v_{c60}同它相比,这个比值K_T称为相对加工性,即$K_T = v_{c60}/(v_{c60})_j$。凡$K_T$大于1的材料,其加工性比45钢好;$K_T$小于1者,加工性比45钢差。常用工件材料的相对加工性可分为八级,见表2.6。

(2) 切削力、切削温度指标。在相同切削条件下加工不同材料时,凡切削力大、切削温度高的材料较难加工,即其切削加工性差;反之,则切削加工性好。

(3) 加工表面质量指标。切削加工时,凡容易获得好的加工表面质量的材料,其切削加工性较好,反之较差。精加工时,常以此作为衡量加工性的指标。

(4) 断屑难易程度指标。切削时,凡切屑易于控制或断屑性能良好的材料,其加工性较好,反之则较差。在自动机床或自动线上,常以此为加工指标。

表 2.6　材料切削加工性等级

加工性等级	名称及种类		相对加工性 K_T	代表性材料
1	很容易切削的材料	一般有色金属	> 3.0	ZCuSn5Pb5Zn5,ZCuAl10Fe3,铝镁合金
2	容易切削的材料	易切削钢	2.5 ~ 3.0	退火 15 Cr,σ_b = 0.38 ~ 0.45 GPa 自动机钢 σ_b = 0.4 ~ 0.5 GPa
3		较易切削钢	1.6 ~ 2.5	正火 30 Cr,σ_b = 0.45 ~ 0.56 GPa
4	普通材料	一般钢及铸铁	1.0 ~ 1.6	正火 45 钢,灰铸铁
5		稍难切削的材料	0.65 ~ 1.0	20Cr13 调质,σ_b = 0.85 GPa 85 钢 σ_b = 0.9 GPa
6	难切削材料	较难切削的材料	0.5 ~ 0.65	45Cr 调质,σ_b = 1.05 GPa 65Mn 调质,σ_b = 0.95 ~ 1.0 GPa
7		难切削材料	0.15 ~ 0.5	50CrV 调质,某些钛合金
8		很难切削的材料	< 0.5	某些钛合金、铸造镍基高温合金

3. 影响材料切削加工性的因素

(1) 金属材料物理和力学性能的影响。

① 硬度和强度。金属材料的硬度和强度越高,则切削力越大,切削温度越高,刀具磨损越快,故切削加工性越差。

并非材料的硬度越低越好加工。有些材料如低碳钢、纯铁、纯铜等硬度虽低,但其塑性很大,并不好加工。硬度适中的材料(160 ~ 200HBS) 容易加工。

② 塑性。一般情况下,材料的塑性越大,越难加工。因为塑性大的材料,加工变形、冷作硬化以及刀具前刀面的冷焊现象都比较严重,不易断屑,不易获得好的已加工表面质量。

③ 韧性。材料的韧性越高,则切削时消耗能量越多,切削力和切削温度也都较高,且不易断屑,故切削加工性较差。

④ 导热性。材料的导热系数越大,由切屑和工件带走的热量就越多,越有利于降低切削区的温度,故切削加工性较好。

⑤ 线膨胀系数。材料的线膨胀系数越大,加工时工件会热胀冷缩,其尺寸变化大,不易控制尺寸精度,故切削加工性差。

(2) 金属材料化学成分的影响。

① 钢的化学成分的影响。碳素钢含碳量增加,强度、硬度增高,塑性、韧性降低。低碳钢塑性、韧性较高,不易获得较好的表面粗糙度,断屑也难;高碳钢强度高,切削力大,刀具易磨损;中碳钢介于二者之间,加工性好。钢中加入硅、锰、镍、铬、钼、钨、钒、铝等,可改善钢的力学性能。

② 铸铁的化学成分的影响。铸铁的化学成分对切削加工性的影响,主要取决于这些元素对碳的石墨化作用。碳以石墨形态存在时,因石墨软且有润滑作用,刀具磨损小;以碳化铁形态存在时,硬度高,加速刀具机械磨损。硅、铝、镍、铜、钛等能促进石墨化,改善

加工性;铬、钒、锰、钼、钴、磷、硫等阻碍石墨化,加工性差。

③ 金属材料热处理状态和金相组织的影响。铁素体和奥氏体主要因为塑性较大,所以切削加工性较差。渗碳体和马氏体由于硬度过高,因此切削加工性很差。珠光体的强度、硬度和塑性都比较适中。当钢中含有大部分铁素体和少量珠光体时,刀具使用寿命较高,切削加工性良好。索氏体和托氏体是较细和最细的珠光体组织,其硬度和强度高于珠光体,而塑性则低于珠光体。

4. 改善材料切削加工性的途径

(1) 通过热处理改变材料的组织和力学性能。高碳钢、工具钢的硬度偏高,且有较多的网状、片状的渗碳体组织,加工较难。经过球化退火即可降低硬度,并得到球状的渗碳体,从而改善其切削加工性;热轧状态的中碳钢,组织不均匀,表面有硬皮,经正火可使其组织与硬度均匀,从而改善其切削加工性;低碳钢的塑性太高,可通过正火适当降低塑性,提高硬度,从而改善其切削加工性;马氏体不锈钢常要进行调质处理降低塑性,使其变得容易加工。

铸铁件一般在切削加工前均要进行退火处理,降低表层硬度,消除内应力,以改善其切削加工性。

(2) 选择易切钢。在钢中适当添加一些元素,如硫、磷、铅、钙等,可使钢的切削加工性得到显著改善,这样的钢称为易切钢。易切钢加工时的切削力小,易断屑,刀具使用寿命高,已加工表面质量好。

2.6.2 切削条件的合理选择

切削条件的合理选择主要从刀具几何参数、切削用量和切削液三方面来考虑。

1. 刀具几何参数的选择

刀具的几何参数包括刀具角度、刀面结构和形状、切削刃的形式等。刀具合理几何参数是在保证加工质量的前提下,能够满足刀具使用寿命长、生产效率高、加工成本低的刀具几何参数。刀具合理几何参数的选择主要决定于工件材料、刀具材料、刀具类型及其他具体工艺条件,如切削用量、工艺系统刚性及机床功率等。

(1) 前角的选择。前角是刀具上重要的几何参数之一。增大前角可以减小切屑变形,从而使切削力和切削温度减少,提高刀具使用寿命,但若前角过大,楔角变小,刀刃强度降低,易发生崩刃,同时刀头散热体积减小,致使切削温度升高,刀具寿命反而下降。较大的前角可减小已加工表面的变形、加工硬化和残余应力,并能抑制积屑瘤和鳞刺的产生,还可防止切削过程中的振动,有利于提高表面质量,较小的前角使切削变形增大,切屑易折断。

从以上分析可知,增大或减小前角,各有其有利和不利两方面的影响。在一定切削条件下,存在一个刀具使用寿命为最大的前角,即合理前角 γ_{opt}。

合理前角的选择应综合考虑刀具材料、工件材料、具体的加工条件等。选择前角的原则是以保证加工质量和足够的刀具使用寿命为前提,应尽量选取大的前角。具体选择时要考虑的因素有:

① 工件材料的强度、硬度低,可以取较大的前角;反之,取小的前角。加工特别硬的

材料，前角甚至取负值。

② 加工塑性材料，尤其是冷硬严重的材料时，应取大的前角。加工脆性材料，可取较小的前角。

③ 粗加工、断续切削或工件有硬皮时，为了保证刀具有足够强度，应取小的前角。

④ 对于成形刀具和前角影响切削刃形状的其他刀具，为防止其刃形畸变，常取较小的前角。

⑤ 刀具材料抗弯强度大、韧性较好时，应取大的前角。

⑥ 工艺系统刚性差或机床功率不足时，应取大的前角。

⑦ 对于数控机床和自动机、自动线用刀具，为保障刀具尺寸公差范围内的使用寿命及工作稳定性，应选用较小的前角。

用硬质合金刀具加工一般钢时，可取 $\gamma_o = 10° \sim 20°$；加工灰铸铁时，取 $\gamma_o = 8° \sim 12°$。

（2）后角的选择。后角的主要功用是减小后刀面和加工表面之间的摩擦。增大后角，可以减小后刀面的摩擦与磨损，提高已加工表面质量和刀具使用寿命；增大后角，可增加切削刃的锋利性；在相同磨钝标准下，后角越大，所允许磨去的金属体积也越大（图 2.36），因而延长了刀具使用寿命。但它使刀具的径向磨损值 NB 增大（图 2.36(a)），当工件尺寸精度要求较高时，就不宜采用大后角。

但当后角增大时，由于楔角减小，将使切削刃和刀头的强度削弱，导热面积和容热体积减小，从而降低刀具使用寿命。且径向磨损 NB 一定时的磨耗体积小，刀具使用寿命短（图 2.36(b)），这些都是增大后角的不利方面。因此，在一定切削条件下，存在一个刀具使用寿命为最大的后角，即合理后角 α_{opt}。

合理选择后角值时具体应该考虑如下因素：

① 粗加工、强力切削及承受冲击载荷的刀具，要求切削刃有足够强度，应取较小的后角；精加工时，应以减小后刀面上的摩擦为主，宜取较大的后角，可延长刀具使用寿命和提高已加工表面质量。

② 工件材料强度、硬度较高时，为保证切削刃强度，宜取较小的后角；工件材料较软、塑性较大时，后刀面摩擦对已加工表面质量及刀具磨损影响极大，应适当加大后角；加工脆性材料，切削力集中在刃区，宜取较小的后角。

③ 工艺系统刚性差，容易出现振动时，应适当减小后角，有增加阻尼的作用。

④ 各种有尺寸精度要求的刀具，为了限制重磨后刀具尺寸的变化，宜取小的后角。车削一般钢和铸铁时，车刀后角通常取 $6° \sim 8°$。车刀的副后角一般取其等于或小于主后角。

（3）主偏角和副偏角的选择。主偏角和副偏角对刀具使用寿命影响很大。减小主偏角和副偏角，可使刀尖角增大，刀尖强度提高，散热条件改善，因此刀具使用寿命得以提高；减小主偏角和副偏角，可降低残留面积的高度，故可减小加工表面的粗糙度；在背吃刀量和进给量一定的情况下，减小主偏角会使切削厚度减小，切削宽度增加，切削刃单位长度上的负荷下降；主偏角和副偏角还会影响各切削分力的大小和比例，例如，车外圆时，增大主偏角可使 F_p 减小，F_f 增大。

合理选择主偏角时考虑的因素有：

① 加工很硬的材料时，如淬硬钢和冷硬铸铁，为减轻单位长度切削刃上的负荷，同时为改善刀头导热和容热条件，延长刀具使用寿命，宜取较小的主偏角。

② 粗加工和半精加工时，硬质合金车刀一般选用较大的主偏角，以利于减小振动、延长刀具使用寿命、断屑和采用较大的切削深度。

③ 工艺系统刚性较好时，较小主偏角可延长刀具使用寿命；刚性不足（如车细长轴）时，应取较大的主偏角，甚至 $\kappa_r \geq 90°$，以减小切深抗力 F_p。

副偏角 κ'_r 的大小主要根据表面粗糙度的要求选取，一般为 5° ~ 15°，粗加工时取大值，精加工时取小值，必要时可以磨出一段修光刃，如图 2.37 所示。

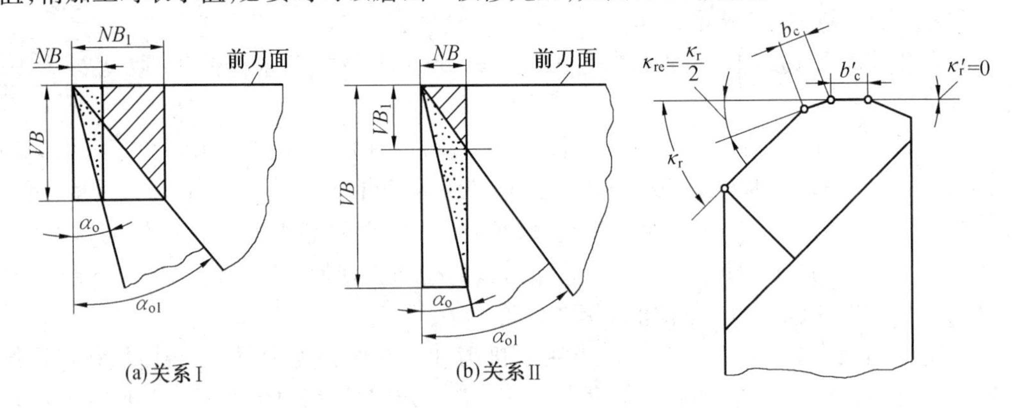

图 2.36　后角与磨损体积的关系　　　　图 2.37　修光刃

（4）刃倾角的选择。改变刃倾角可以改变切屑流出方向，达到控制排屑方向的目的。负刃倾角的车刀刀头强度好，散热条件也好。绝对值较大的刃倾角可使刀具的切削刃实际钝圆半径变小，切削刃口变锋利。刃倾角不为零时，刀刃是逐渐切入和切出工件的，可以减小刀具受到的冲击，提高切削过程的平稳性。

加工一般钢件和铸铁时，无冲击的粗车取 $\lambda_s=0° \sim -5°$；精车取 $\lambda_s=0° \sim +5°$；有冲击负荷时，取 $\lambda_s=-5° \sim -15°$；当冲击特别大时，取 $\lambda_s=-30° \sim -45°$。切削高强度钢、冷硬钢时，可取 $\lambda_s=-20° \sim -30°$。

2. 切削用量的选择

切削用量的选择，对生产率、加工成本和加工质量均有重要影响。合理的切削用量是指在充分利用刀具的切削性能和机床性能、保证加工质量的前提下，能取得较高的生产率和较低成本的切削速度 v_c、进给量 f，和背吃刀量 a_p。约束切削用量选择的主要条件有：工件的加工要求，包括加工质量要求和生产效率要求；刀具材料的切削性能；机床性能，包括动力特性（功率、转矩）和运动特性；刀具寿命要求。

（1）切削用量与生产率、刀具寿命的关系。机床切削效率可以用单位时间内切除的材料体积 Q（mm^3/min）表示

$$Q=fa_pv_c \tag{2.37}$$

分析式（2.37）可知，切削用量三要素 a_p、f、v_c 均同 Q 保持线性关系，三者对机床切削效率影响的权重是完全相同的。从提高生产效率考虑，切削用量三要素 a_p、f、v_c 中任一要

素提高一倍,机床切削效率Q都提高一倍,但 v_c 提高一倍与 a_p、f 提高一倍对刀具寿命带来的影响却是完全不相同的。由式(2.34)和式(2.36)知,切削用量三要素中对刀具寿命影响最大的是 v_c,其次是 f,再次是 a_p。综上分析可知,在保持刀具寿命一定的情况下,提高背吃刀量 a_p。比提高进给量 f 的生产效率高,比提高切削速度的生产效率更高。

(2) 切削用量的选择原则。首先选取尽可能大的背吃刀量 a_p;其次根据机床进给机构强度、刀杆刚度等限制条件(粗加工时)或已加工表面粗糙度要求(精加工时),选取尽可能大的进给量 f;最后根据切削用量手册查取或根据公式(2.35)计算确定切削速度。

3. 切削液的选择

(1) 切削液的作用。

① 切削液的冷却作用。切削液能降低切削温度,从而可以提高刀具使用寿命和加工质量。水溶液的冷却性能最好,油类最差,乳化液介于二者之间。

② 切削液的润滑作用。金属切削时切屑、工件与刀具界面的摩擦可分为干摩擦、流体润滑摩擦和边界润滑摩擦三类。不用切削液(干切削),则形成金属与金属接触的干摩擦,此时摩擦系数较大。如果在加切削液后,切削、工件与刀面之间形成完全的润滑油膜,金属直接接触面积很小或接近于零,则成为流体润滑。流体润滑时摩擦系数很小。但在很多情况下,由于切屑、工件与刀具界面承受载荷(压力很高),温度也较高,流体油膜大部分被破坏,造成部分金属直接接触;由于润滑液的渗透和吸附作用,部分接触面仍存在着润滑液的吸附膜,起到降低摩擦系数的作用,这种状态称为边界润滑摩擦。边界润滑摩擦时的摩擦系数大于流体润滑,但小于干切削。金属切削加工中,大多属于边界润滑。一般的切削油在200 ℃左右即失去流体润滑能力,此时形成低温低压边界润滑摩擦;而在某些切削条件下,切屑、刀具界面间可达到600 ~ 1 000 ℃高温和1.47 ~ 1.96 GPa的高压,形成了高温高压边界润滑或称极压润滑。

③ 切削液的清洗作用。在切削铸铁或磨削时,会产生碎屑或粉屑,极易进入机床导轨面,所以要求切削液能将其冲洗掉。为了改善切削液的清洗性能,应加入剂量较大的表面活性剂和少量矿物油,制成水溶液或乳化液来提高其清洗效果。

④ 切削液的防锈作用。为了减小工件、机床、刀具受周围介质(水、空气等)的腐蚀,要求切削液具有一定的防锈作用。

(2) 切削液的种类。金属切削加工中常用的切削液分为三大类:水溶液、乳化液和切削油。

① 水溶液。水溶液的主要成分是水,它的冷却性能好,呈透明状,便于工作者观察。但是单纯的水易使金属生锈,且润滑性能欠佳。因此,经常在水溶液中加入一定的添加剂,使其既能保持冷却性能,又有良好的防锈性能和一定的润滑性能,最适用于磨削加工。

② 乳化液。以水为主加入适量的乳化油而成。乳化油是由矿物油、乳化剂及添加剂配成。用95% ~ 98%(质量分数)水稀释后成为乳白色或半透明状的乳化液。尽管乳化液的润滑性能优于水溶液,但润滑和防锈性能仍较差。为了提高其润滑和防锈性能,需再加入一定量的油性添加剂、极压添加剂和防锈添加剂,配成极压乳化液或防锈乳化液。

③ 切削油。切削油的主要成分是矿物油,少数采用植物油或复合油。纯矿物油不能

在摩擦界面上形成坚固的润滑膜。切削油中也常加入油性添加剂、极压添加剂和防锈添加剂以提高其润滑和防锈性能。

(3) 切削液的添加剂。为了改善切削液性能所加入的化学物质,称为添加剂。常见的添加剂有油性和极压添加剂、防锈添加剂、防霉添加剂、抗泡沫添加剂和乳化剂等。

(4) 切削液的选择和使用。

切削液的使用效果除取决于切削液的性能外,还与工件材料、刀具材料、加工方法、加工要求等因素有关,应综合考虑,合理选用。

① 从工件材料方面考虑。切削钢等塑性材料时,需用切削液。切削铸铁、青铜等脆性材料时可不用切削液,原因是其作用不明显,且会污染工作场地。切削高强度钢、高温合金等难加工材料时,属高温高压边界摩擦状态,宜选用极压切削油或极压乳化液,有时还需配制特殊的切削液。对于铜、铝及铝合金,为了得到较好的加工表面质量和较高的加工精度,可采用乳化油质量分数为10% ~ 20% 的乳化液或煤油等。

② 从刀具方面考虑。高速钢刀具耐热性差,应采用切削液。硬质合金刀具耐热性好。一般不用切削液,必须使用时可采用低质量浓度乳化液和水溶液,但浇注时要充分连续,否则刀片会因冷热不均而导致破裂。

③ 从加工方法方面考虑。钻孔、铰孔、攻螺纹和拉削等工序的刀具与已加工表面摩擦严重,宜采用乳化液、极压乳化液或极压切削油。成形刀具、齿轮刀具等价格昂贵,要求刀具使用寿命高,也应采用极压切削油或高质量浓度极压切削液。磨削加工温度很高,还会产生大量的碎屑及脱落的砂粒,因此要求切削液应具有良好的冷却和清洗作用,常采用乳化液,如选用极压乳化液效果更好。

④ 从加工要求方面考虑。粗加工时,金属切除量大,产生的热量也大,因此应着重考虑降低温度,选用以冷却为主的切削液,如乳化油质量分数为3% ~ 5% 乳化液。精加工时主要要求提高加工精度和加工表面质量,应选用以润滑性能为主的切削液,如极压切削油或高质量浓度极压乳化液,它们可减小刀具与切屑间的摩擦与黏结,抑制积屑瘤。

(5) 切削液的使用方法。

① 浇注法。切削加工时,切削液以浇注法使用最多。这种方法使用方便,设备简单,但流速慢、压力低,难于直接渗透入最高温度区,因此,冷却效果不理想。

② 高压冷却法。高压冷却法是利用高压(1 ~ 10 MPa) 切削液直接作用于切削区周围进行冷却润滑并冲走切屑,效果比浇注法好得多。深孔加工的切削液常用高压冷却法。

③ 喷雾冷却法。喷雾冷却法是以0.3 ~ 0.6 MPa 的压缩空气,通过喷雾装置使切削液雾化,高速喷射到切削区。高速气流带着雾化成微小液滴的切削液,渗透到切削区,在高温下迅速汽化,吸收大量热,从而获得良好的冷却效果。

思考与练习题

2.1　什么是切削用量三要素? 在外圆车削中,它们与切削层参数有什么关系?

2.2　切断车削时,进给运动怎样影响刀具工作角度?

2.3　刀具标注角度参考系是由哪些参考平面构成的,如何定义?

2.4　确定一把单刃刀具切削部分几何形状最少需要哪几个基本角度?

2.5　试述判定车刀前角 γ_o、后角 α_o 和刃倾角 λ_s 正负号的规则。

2.6　用 $\kappa_r = 45°$ 的车刀加工外圆柱面,加工前工件直径为 $\phi65$ mm,加工后直径为 $\phi55$ mm,主轴转速 $n = 100$ r/min,刀具的进给速度 $v_f = 96$ mm/min,试计算 v_c、f、a_p、h、b、A。

2.7　常见的切屑形态有哪几种?它们一般在什么情况下生成?怎样对切屑形态进行控制?

2.8　镗内孔时,刀具安装高低怎样影响刀具工作角度?

2.9　刀具切削部分的材料必须具备哪些基本性能?

2.10　常用的硬质合金有哪几类?应如何选用?

2.11　怎样划分切削变形区?各变形区分别有哪些变形特点?

2.12　试论述影响切削变形的各种因素。

2.13　什么是积屑瘤?它对切削过程有什么影响?如何控制积屑瘤的产生?

2.14　影响切削力的主要因素有哪些?试论述其影响规律。

2.15　车削时切削力为什么要分解为三个分力?各分力大小对切削加工过程有何影响?

2.16　影响切削温度的主要因素有哪些?试论述其影响规律。

2.17　什么是刀具磨钝标准?制定刀具磨钝标准要考虑哪些因素?

2.18　刀具磨损的机理主要有哪些?刀具磨损过程分为哪几个阶段?

2.19　什么是刀具使用寿命?试分析切削用量三要素对刀具使用寿命的影响规律。

2.20　试述刀具破损的形式及防止破损的措施。

2.21　什么是工件材料的切削加工性?衡量工件材料切削加工性的评价指标和方法有哪些?如何改善材料的切削加工性?

2.22　试论述切削用量的选用原则。

2.23　试述刀具前角、后角的功用及选择原则。

2.24　切削液的主要作用有哪些?切削液有哪些种类?应如何选用?

第 3 章 金属切削加工与机床

3.1 概 述

3.1.1 机床分类及型号的编制

1. 机床的分类

机床按工作原理不同分为 11 类,即车床、钻床、镗床、磨床、齿轮加工机床、螺纹加工机床、铣床、刨插床、拉床、锯床和其他机床。

同类机床按应用范围(通用性程度)不同,又可分为通用机床、专门化机床和专用机床。通用机床的工艺范围很宽,可以加工一定尺寸范围内的各类零件,完成多种多样的工序,如卧式车床、摇臂钻床、万能升降台铣床等。专门化机床的工艺范围较窄,只能加工一定尺寸范围内的某一类(或少数几类)零件,完成某一种(或少数几种)特定工序,如曲轴车床、凸轮轴车床等。专用机床的工艺范围最窄,通常只能完成某一特定零件的特定工序,组合机床也属于专用机床,如加工机床主轴箱的专用镗床、加工机床导轨的专用导轨磨床等。

2. 金属切削机床型号的编制

机床型号是机床产品的代号,用以简明地表示机床的类型、性能和结构特点、主要技术参数等。我国执行 GB/T 15375—2008《金属切削机床型号编制方法》,机床型号由一组汉语拼音字母和阿拉伯数字按一定规律组合而成。

(1) 通用机床的型号编制。

① 型号表示方法。通用机床型号由基本部分和辅助部分组成,中间用“/”隔开,读作“之”。通用机床型号的表示方法为:

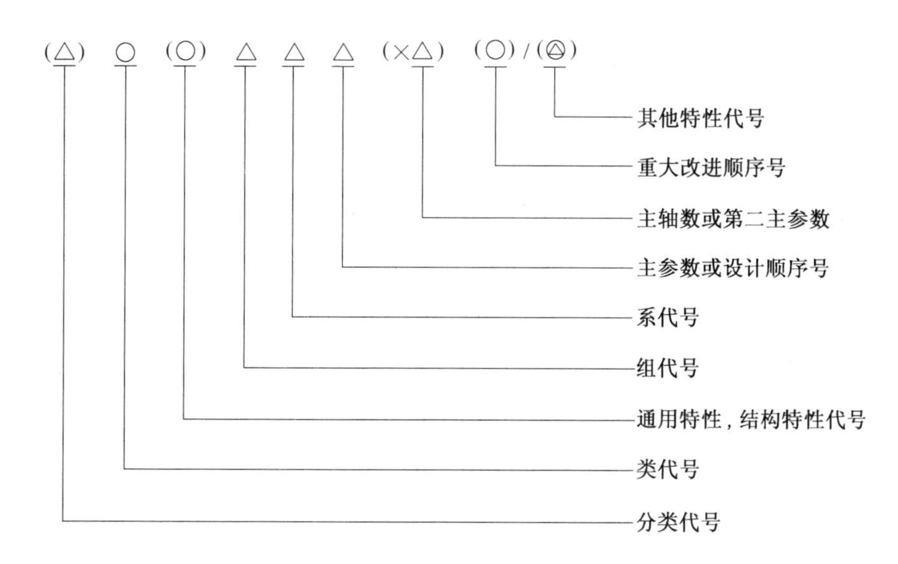

注 1: 有“(　)”的代号或数字，当无内容时，则不表示；若有内容则不带括号。

注 2: 有“○”符号的为大写的汉语拼音字母。

注 3: 有“△”符号的为阿拉伯数字。

注 4: 有“◎”符号的为大写的汉语拼音字母，或阿拉伯数字，或两者兼有之。

② 机床类、组、系的划分及其代号。机床类别用大写汉语拼音字母表示，见表 3.1。

表 3.1　机床的类别代号

类别	车床	钻床	镗床	磨床			齿轮加工机床	螺纹加工机床	铣床	刨插床	拉床	锯床	其他机床
代号	C	Z	T	M	2M	3M	Y	S	X	B	L	G	Q
读音	车	钻	镗	磨	二磨	三磨	牙	丝	铣	刨	拉	割	其他

对于具有两类特性的机床编制时，主要特性应放在后面，次要特性应放在前面。例如，铣镗床是以镗为主，以铣为辅。

每类机床按其结构性能及使用范围划分为 10 个组，用数字 0 ~ 9 表示。机床的类、组划分见表 3.2。

表 3.2　金属切削机床类、组划分

组别 类别	0	1	2	3	4	5	6	7	8	9
车床 C	仪表小型车床	单轴自动车床	多轴自动、半自动车床	回轮、转塔车床	曲轴及凸轮轴车床	立式车床	落地及卧式车床	仿形及多刀车床	轮、轴、辊、锭及铲齿车床	其他车床
钻床 Z		坐标镗钻床	深孔钻床	摇臂钻床	台式钻床	立式钻床	卧式钻床	铣钻床	中心孔钻床	其他钻床

续表 3.2

类别＼组别		0	1	2	3	4	5	6	7	8	9
镗床 T				深孔镗床		坐标镗床	立式镗床	卧式铣镗床	精镗床	汽车、拖拉机修理用镗床	其他镗床
磨床	1M	仪表磨床	外圆磨床	内圆磨床	砂轮机	坐标磨床	导轨磨床	刀具刃磨床	平面及端面磨床	曲轴、凸轮轴、花键轴及轧辊磨床	工具磨床
	2M		超精机	内圆珩磨机	外圆及其他珩磨机	抛光机	砂带抛光机及磨削机床	刀具刃磨及研磨机床	可转位刀片磨削机床	研磨机	其他机床
	3M		球轴承套圈沟磨床	滚子轴承套圈滚道磨床	轴承套圈超精机		叶片磨削机床	滚子加工机床	钢球加工机床	气门、活塞及活塞环磨削机床	汽车、拖拉机、修磨机床
齿轮加工机床 Y		仪表齿轮加工机床		锥齿轮加工机	滚齿及铣齿机	剃齿及珩磨机	插齿机	花键轴铣床	齿轮磨齿机	其他齿轮加工机	齿轮倒角及检查机
螺纹加工机床 S					套丝机	攻丝机		螺纹铣床	螺纹磨床	螺纹车床	
铣床 X		仪表铣床	悬臂及滑枕铣床	龙门铣床	平面铣床	仿形铣床	立式升降台铣床	卧式升降台铣床	床身铣床	工具铣床	其他铣床
刨插床 B			悬臂刨床	龙门刨床			插床	牛头刨床		边缘及模具刨床	其他刨床
拉床 L				侧拉床	卧式外拉床	连续拉床	立式内拉床	卧式内拉床	立式外拉床	键槽、轴瓦及螺纹拉床	其他拉床
锯床 G				砂轮片锯床		卧式带锯床	立式带锯床	圆锯床	弓锯床	锉锯床	
其他机床 Q		其他仪表机床	管子加工机床	木螺钉加工机		刻线机	切断机	多功能机床			

③ 机床的特性代号。通用特性代号见表 3.3。例如，“MG” 表示高精度磨床。若仅有某种通用特性，而无普通型者，则通用特性不必表示。例如，C1107 型单轴纵切车床，由于这类自动车床没有“非自动型”，所以不必用“Z” 表示通用特性。对主参数相同而结

构、性能不同的机床,在型号中加结构特性代号予以区分。结构特性代号为汉语拼音字母,位置排在类别代号之后。当型号中有通用特性代号时,排在通用特性代号之后。例如,CA6140 型卧式车床中的“A”就是结构特征代号,表示此型号车床在结构上不同于 C6140 型车床。

表 3.3　通用特性代号

通用特性	高精度	精密	自动	半自动	数控	加工中心(自动换刀)	仿形	轻型	加重型	简式或经济型	柔性加工单元	数显	高速
代号	G	M	Z	B	K	H	F	Q	C	J	R	X	S
读音	高	密	自	半	控	换	仿	轻	重	简	柔	显	速

④ 机床主参数和设计顺序号。机床主参数代表机床规格的大小,用折算值(主参数乘以折算系数,如 1/10 等)表示。

⑤ 主轴数和第二主参数的表示方法。对于多轴车床、多轴钻床等机床,其主轴数以实际值列入型号,置于主参数之后,用“×”分开,读作“乘”。第二主参数一般是指最大模数、最大转矩、最大工件长度、工作台工作面长度等。第二主参数也用折算值表示。

⑥ 机床的重大改进顺序号。当机床的性能及结构布局有重大改进,并按新产品重新设计、试制和鉴定时,在原机床型号的尾部,加重大改进顺序号,以区别于原机床型号。序号按 A、B、C 等字母的顺序选用。

⑦ 其他特征代号及其表示方法。其他特征代号置于辅助部分之首,主要用于反映机床的特征。例如,在基本型号机床的基础上,如仅改变机床的部分结构性能,则可在基本型号之后加上 1、2、3 等变型代号。

⑧ 企业代号及其表示方法。企业代号中包括机床生产厂或机床研究单位代号,置于辅助部分末尾,用“—”号分开,读作“至”。

通用机床型号编制实例:

CA6140 型卧式车床

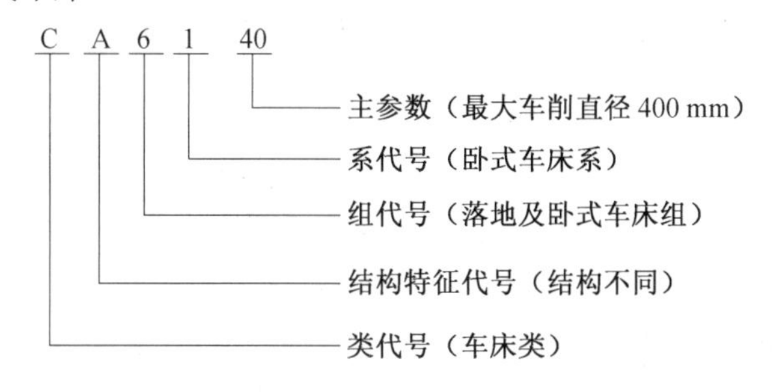

精密卧式加工中心 THM6350/JCS

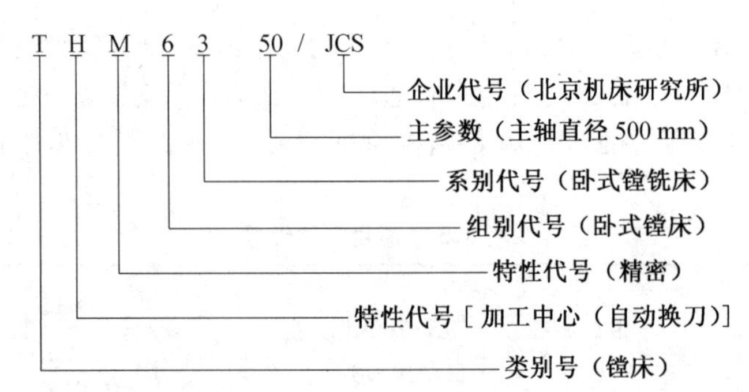

(2) 专用机床的型号编制。专用机床型号由设计单位代号和设计顺序号组成。专用机床型号的表示方法为：

① 设计单位代号。设计单位代号包括机床生产厂和机床研究单位代号，位于型号之首。

② 设计顺序号。专用机床的设计顺序号按该单位的设计顺序（由"001"起始）排列，位于设计单位代号之后，并用"—"号隔开，读作"至"。

3.1.2　金属切削刀具分类

刀具按加工方式和具体用途可分为以下几种类型：

(1) 车刀类。它包括车刀、刨刀、插刀、镗刀、成形车刀、自动机床和半自动机床用的切刀以及一些专用切刀。

(2) 铣刀类。它用于在铣床上加工各种平面、侧面、台阶面、成形表面以及用于切断、切槽等。

(3) 孔加工刀具类。它包括在实体材料上加工孔以及对已有孔进行再加工所用的刀具。如各种钻头、扩孔钻、锪钻、铰刀及复合孔加工刀具等。

(4) 拉刀类。这类刀具用于加工各种形状的通孔、贯通平面及成形表面等。

(5) 螺纹刀具类。它用于加工各种内外螺纹，如螺纹车刀、螺纹梳刀、丝锥、板牙、螺纹铣刀、螺纹切头、滚丝轮及搓丝板等。

(6) 齿轮刀具类。它用于加工各种渐开线齿轮和其他非渐开线齿形的工件，如齿轮滚刀、插齿刀、剃齿刀、蜗轮滚刀及花键滚刀等。

3.2　车削加工与机床

3.2.1 车削加工及其特点

1. 车削加工

在车床上进行切削加工称为车削加工，加工精度可达 IT8 ~ IT6，表面粗糙度 Ra 可达 1.6 ~ 0.8 μm。车削主要用于加工各种单一轴线的回转表面，如车削内外圆柱面、内外圆锥面、环槽及成形回转面；也可以车削端面、螺纹；还可以进行钻孔、扩孔、铰孔和滚花等工作，如图 3.1 所示。若改变零件的安装位置或将车床适当改装，还可以加工多轴线的零件

（如曲轴、偏心轮等）或盘形凸轮。车削曲轴和偏心轮零件安装的示意图如图 3.2 所示。

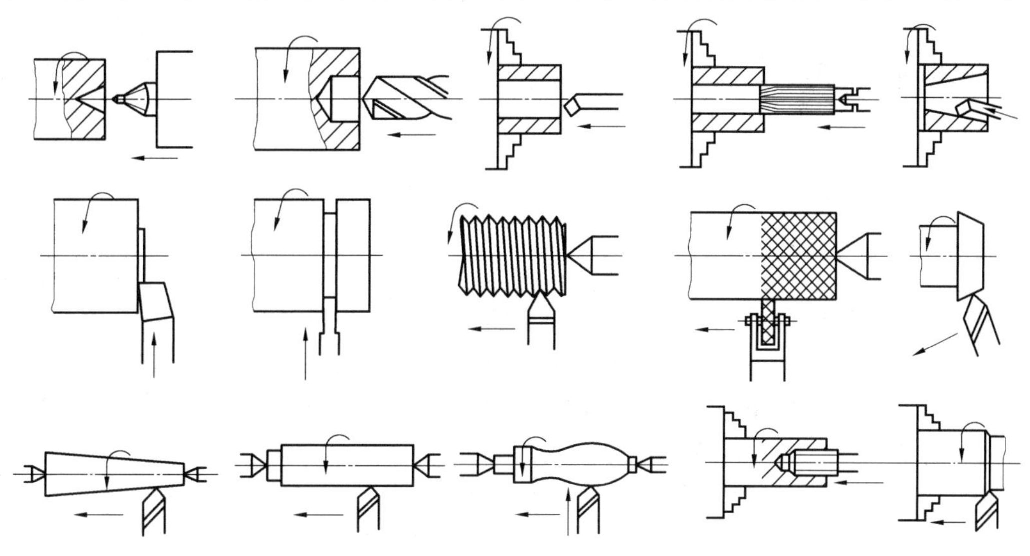

图 3.1　卧式车床所能完成的典型加工形式

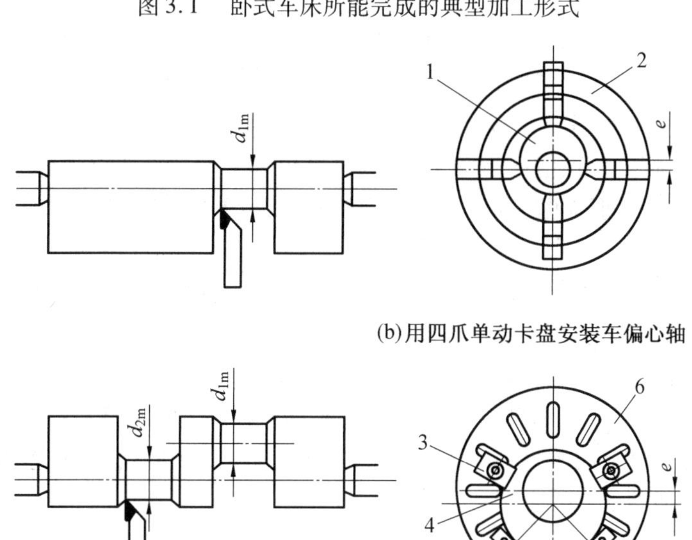

(b)用四爪单动卡盘安装车偏心轴

(a)用双顶尖安装车曲轴　　(c)用花盘安装车偏头轴

图 3.2　车削曲轴和偏心轮零件安装的示意图

1— 零件;2— 四爪单动卡盘;3— 压板;4— 零件;5— 定位块;6— 花盘

2. 车削运动

(1) 表面成形运动。

① 工件的旋转运动（车床的主运动）是消耗机床功率的主要部分，其转速较高，常以主轴转速 n(r/min) 表示。

② 刀具的直线移动（车床的进给运动），刀具可做平行于工件旋转轴线的纵向进给运

动(车圆柱表面)或做垂直于工件旋转轴线的横向进给运动(车端面),也可做与工件旋转轴线倾斜一定角度的斜向运动(车圆锥表面)或做曲线运动(车成形回转表面)。进给量常以主轴每转刀具的移动量 f(mm/r) 表示。车削螺纹时,只有一个复合的主运动为螺旋运动。它可以被分解为主轴的旋转运动和刀具的移动两部分。

(2) 辅助运动。为了将毛坯加工到所需要的尺寸,车床还应有切入运动,有的还有刀架纵、横向的机动快移。重型车床还有尾架的机动快移等。

3. 加工方法

(1) 粗车。粗车的主要目的是从毛坯上切除多余的金属,通常采用尽可能大的背吃刀量和进给量来提高生产率。为了保证必要的刀具寿命,所选切削速度一般较低。粗车时,车刀应选取较大的主偏角,以减小背向力。防止工件产生变形和振动,选取较小的前角、后角和负值的刃倾角,以增强车刀切削部分的强度。粗车加工精度为 IT12 ~ IT11,表面粗糙度 Ra 可达 50 ~ 12.5 μm。

(2) 半精车。半精车可进一步提高精度和减小粗糙度值,可用于磨削加工和精加工的预加工或中等精度表面的终加工。半精车的加工精度为 IT10 ~ IT9,表面粗糙度 Ra 可达 6.3 ~ 3.2 μm。

(3) 精车。精车的主要任务是保证零件所要求的加工精度和表面质量要求。精车内外圆表面一般采用较小的背吃刀量与进给量和较高的切削速度($v \geqslant 100$ m/min)。在加工大型轴类零件外圆时,常采用宽刃车刀低速精车($v = 2 \sim 12$ m/min)。精车时,车刀应选用较大的前角、后角和正值的刃倾角,以提高加工表面质量。精车可作为较高精度外圆的最终加工或作为精细加工的预加工。精车的加工精度可达 IT8 ~ IT6 级,表面粗糙度 Ra 可达 1.6 ~ 0.8 μm。

(4) 细车。细车的特点是背吃刀量 a_p 和进给量 f 取值极小($a_p = 0.03 \sim 0.05$ mm, $f = 0.02 \sim 0.2$ mm/r),切削速度高达 150 ~ 2 000 m/min。细车一般采用立方氮化硼(CBN)、金刚石等超硬材料刀具进行加工。细车的加工精度及表面粗糙度与普通外圆磨削大体相当,加工精度可达 IT6 ~ IT5 级,表面粗糙度 Ra 可达 1.25 ~ 0.02 μm,多用于磨削加工性不好的有色金属工件(铝及铝合金)的精密加工。在加工大型精密外圆表面时,细车可以代替磨削加工。

4. 提高车削生产效率的方法

(1) 高速车削。硬质合金车刀的切削速度可达 200 ~ 250 m/min,陶瓷车刀可达 500 m/min,而人造金刚石和立方氮化硼车刀切削普通钢时的切削速度可达 600 ~ 1 200 m/min。高速车削是通过提高切削速度来提高加工生产效率的,还可以降低加工表面的粗糙度(Ra 为 1.25 ~ 0.63 μm)。

(2) 强力车削。强力车削是通过利用硬质合金刀具采用加大进给量和背吃量来提高生产效率的,适合于粗加工和半精加工。其特点是在刀尖处磨出一段副偏角为零、长度取为(1.2 ~ 1.5)f 的修光刃,在进给量提高几倍甚至十几倍的条件下进行切削时,加工表面粗糙度 Ra 达到 5.0 ~ 2.5 μm。强力切削比高速切削的生产效率更高,适用于刚度比较好的轴类零件的粗加工。

(3) 多刀加工。多刀加工是通过减少刀架行程长度提高生产效率的,主要有按阶梯分段切剥法、等分最长阶梯分段切削法及等分余量切削法等三种方法，如图 3. 3 所示。

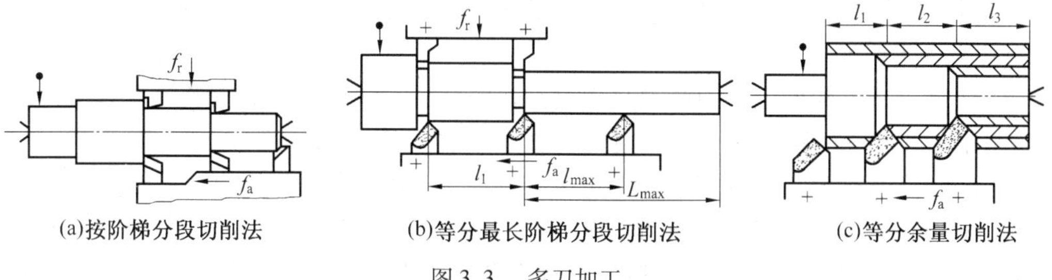

图 3. 3　多刀加工

(4) 车拉加工。车拉加工是将传统的车削与拉削两种机械加工方法结合在一起而形成的组合加工方法。车拉用于外圆表面加工时，加工精度较高，可省去精车、粗磨工序。在车拉加工中，工件除以高速(300 ~ 800 r/min) 绕被加工轴颈轴线旋转外，刀具也做慢速旋转“拉削” 运动。

根据其刀齿切入进给方式不同，车拉刀有螺旋形车拉刀和圆柱形车拉刀两种结构，如图 3. 4 所示。使用螺旋形刀具车拉示意图如图 3. 4(a) 所示，盘形拉刀的前后刀齿具有一定的半径尺寸差，这个半径尺寸差称为齿升量。装在车拉刀盘刀鼓上的刀片在圆周上呈螺旋线分布。采用螺线形车拉刀具加工时，工件与刀具轴线之间的距离保持不变，刀具的径向切入进给靠刀齿齿升量实现。圆柱形刀具车拉示意图如图 3. 4(b) 所示，圆柱形车拉刀具的刀齿没有半径尺寸差，加工时，刀具一边慢速旋转，一边由数控装置控制刀盘沿径向做切入进给。

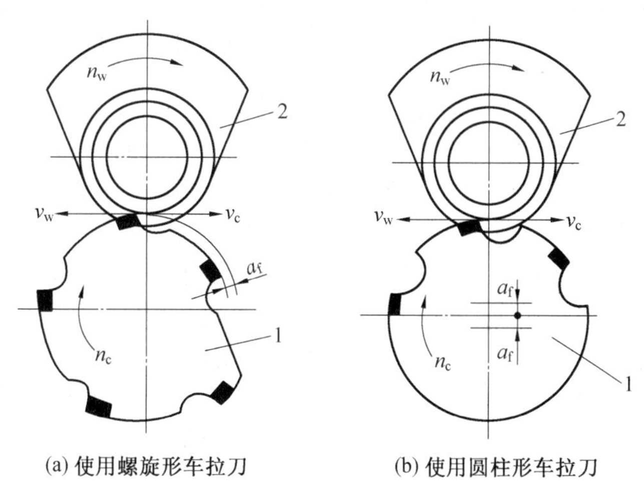

图 3. 4　车拉加工结构与原理

1— 车拉刀;2— 工件

5. 车削的工艺特点

(1) 易于保证零件各加工表面的位置精度。车削时，零件各表面具有相同的回转轴线(车床主轴的回转轴线)。在一次装夹中加工同一零件的外圆、内孔、端平面、沟槽等，能保证各外圆轴线之间及外圆与内孔轴线间的同轴度要求，能保证各轴线与端面的垂直度要求。

(2) 生产率较高。当车刀几何形状、背吃刀量和进给量一定时,切削层公称横截面积是不变的,切削力变化很小,切削过程可采用高速切削和强力切削,生产率高,适于单件小批量或大批量生产。

(3) 生产成本较低。车刀是刀具中最简单的一种,制造、刃磨和安装均较方便,故刀具费用低,车床附件多,装夹及调整时间较短,切削生产率高,故车削成本较低。

(4) 适于车削加工的材料广泛。可以切削的30HRC以上高硬度的淬火钢件和黑色金属、有色金属及非金属材料(有机玻璃、橡胶等),特别适合于有色金属零件的精加工。因为某些有色金属零件材料的硬度较低,塑性较大,若用砂轮磨削,软的磨屑易堵塞砂轮,难以得到粗糙度低的表面。

3.2.2 车 刀

1. 按加工表面分类

根据加工表面的不同,车削加工刀具可分为外圆车刀、端面车刀、切断刀、镗刀和成形车刀等,常用车刀的种类如图3.5所示。

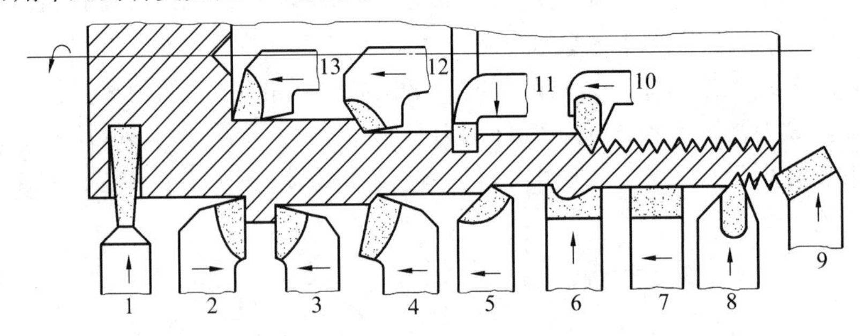

图3.5 常用车刀的种类

1—切断刀;2—左偏刀;3—右偏刀;4—弯头车刀;5—直头车刀;6—成形车刀;7—宽刃精车刀;8—外螺纹车刀;9—端面车刀;10—内螺纹车刀;11—内槽车刀;12—通孔车刀;13—盲孔车刀

(1) 外圆车刀。外圆车刀用于加工外圆柱面和外圆锥面,它分为直头和弯头两种。直头车刀5制造简单,但只能加工外圆。弯头车刀4通用性较好,可以车削外圆、端面和倒棱。外圆车刀又可分为粗车刀、精车刀和宽刃车刀。精车刀刀尖圆弧半径较大,可获得较小的残留面积,以减小表面粗糙度;宽刃精车刀7做成平头直线刃,用于低速精车;当主偏角为90°时,可用于车削阶梯轴、凸肩、端面及刚度较低的细长轴。外圆车刀按进给方向又分为左偏刀2和右偏刀3。

(2) 端面车刀。端面车刀用于车端面,按进给方向不同可以分为两种类型:一种是纵向,另一种是横向。

① 纵切端面车刀(劈刀),实际上就是$\kappa_r = 90°$的外圆车刀,按进给方向不同分为左偏刀2和右偏刀3,用于车削不大的台肩端面和阶梯轴及细长轴。

② 横切端面车刀9,可以由外圆向内进给,也可以由中心向外进给,前者的轴向切削分力有可能使车刀压入端面,得到向内凹锥面(见图3.6(a)中虚线),会造成不可修复的废品;后者受切削力外推(图3.6(b)),可能会车出逐渐向外凸面,但能修复,故车端面时

要加以考虑。

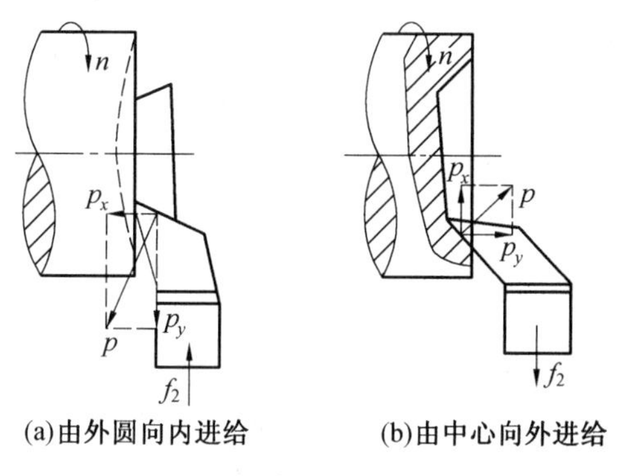

图 3.6　端面车刀形式

(3) 切断刀。切断刀(割刀)用于切断工件或切槽(图 3.5 中 1)。用于切断时,刀头长度应比切断处外圆半径略大一些,而在选择宽度的时候,通常取 2 ~ 6 mm。切断刀有两个副切削刃,一般取副偏角 $\kappa'_r = 1° \sim 2°$ 以减少与工件侧面的摩擦。

(4) 镗刀。镗刀(内孔车刀)在车床或镗床上加工通孔、不通孔、孔内的槽或端面(见图 3.5 中 11、12、13)。

(5) 成形车刀。成形车刀按车刀形状可分为杆形成形车刀(图 3.5 中 6、8、10)、棱形成形车刀(3.7(a))和圆形成形车刀(图 3.7(b))三种。加工精度可达 IT10 ~ IT9,表面粗糙度 Ra 可达 6.3 ~ 3.2 μm。

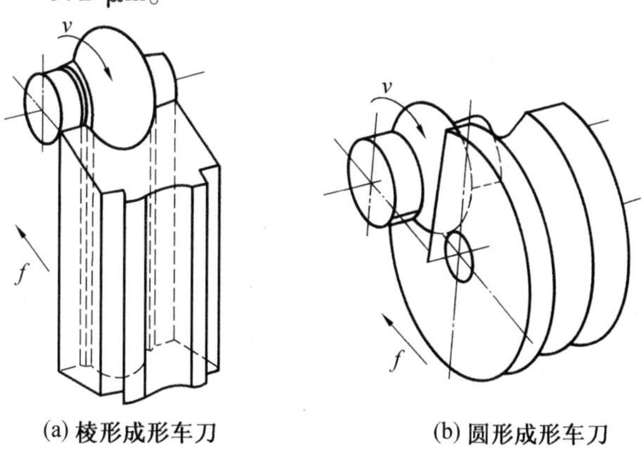

图 3.7　棱形和圆形成形车刀

2. 按结构分类

车刀在结构上可分为整体车刀、焊接车刀、焊接装配式车刀和机械夹固刀片的车刀。机械夹固刀片的车刀又分为机夹车刀和可转位车刀。

(1) 整体车刀。整体车刀主要是高速钢车刀,俗称"白钢刀",截面为正方形或矩形,耗用刀具材料较多,一般只用作切槽、切断使用。

(2) 焊接车刀。焊接车刀是在普通碳钢刀杆上镶焊(钎焊)硬质合金刀片,经过刃磨而成,如图 3.8 所示。其优点是结构简单,刚性好,使用灵活,制造方便。

(3) 焊接装配式车刀。焊接装配式车刀是将硬质合金刀片钎焊在小刀块上,再将小刀块装配到刀杆上,这种结构多用于重型车刀,如图 3.9 所示。重型车刀体积和质量较大,刃磨整体车刀,劳动强度大,采用焊接装配式结构以后,只需装配小刀块,刃磨省力,刀杆也可重复使用。

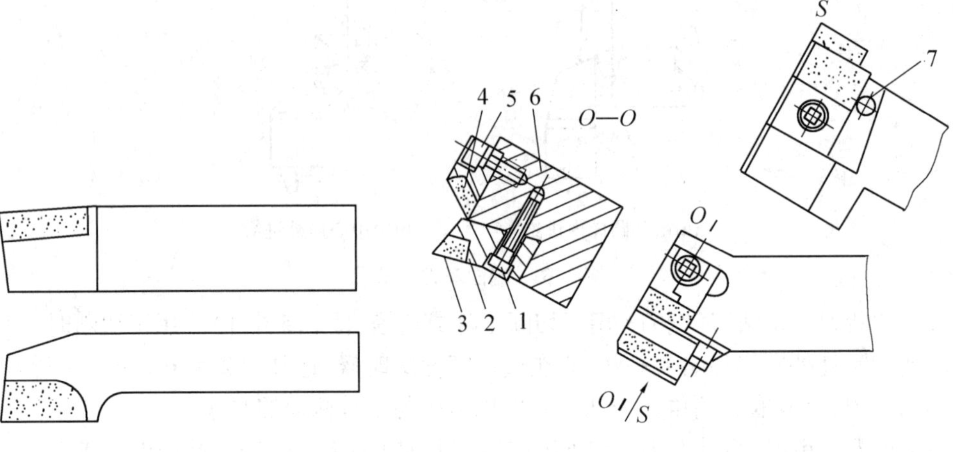

图 3.8　焊接车刀

图 3.9　焊接装配式车刀

1— 刀片;2— 小刀块;3、5— 螺钉;4— 断屑器;
6— 刀杆;7— 支承销

(4) 机夹车刀。机夹车刀是将硬质合金刀片用机械夹固的方法安装在刀杆上的车刀,如图 3.10 所示。机夹车刀只有一条主切削刃,用钝后可修磨多次。其优点是刀杆可以重复使用,刀杆也可进行热处理,提高刀片的强度,减少打刀的危险性,从而可提高刀具的使用寿命。

(5) 可转位车刀。可转位车刀是使用可转位刀片的机夹车刀,它与普通机夹车刀的不同点在于刀片为多边形,每边都可做切削刃,用钝后只需将刀片转位,即可使新的切削刃投入工作,当几个切削刃都用钝后,即可更换新刀片。

可转位车刀由刀杆、刀片、刀垫和夹固元件组成,如图 3.11 所示。硬质合金可转位刀片的形状很多,常用的有三角形、偏 8° 三角形、凸三角形、正方形、五角形、圆形等,如图 3.12 所示。刀片大多不带后角,但在每个切削刃上做有断屑槽并形成刀片的前角。

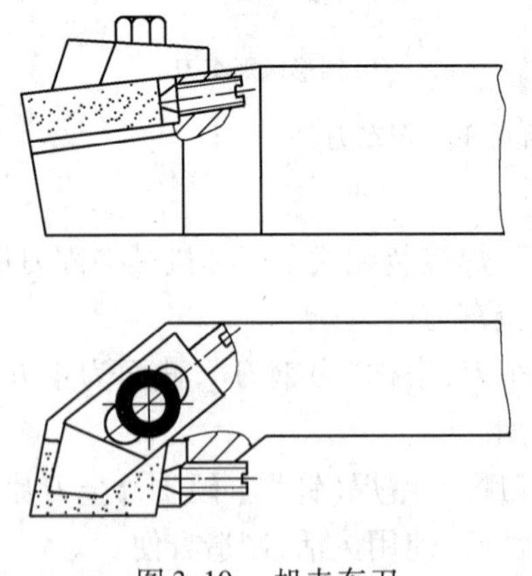

图 3.10　机夹车刀

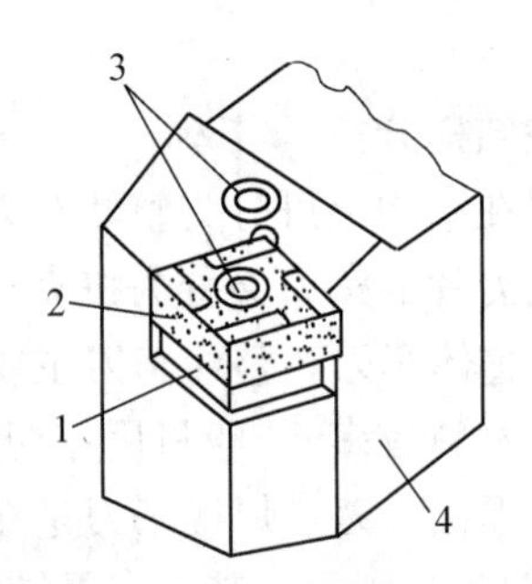

图 3.11 可转位车刀的组成

1— 刀垫;2— 刀片;3— 夹固元件;4— 刀杆

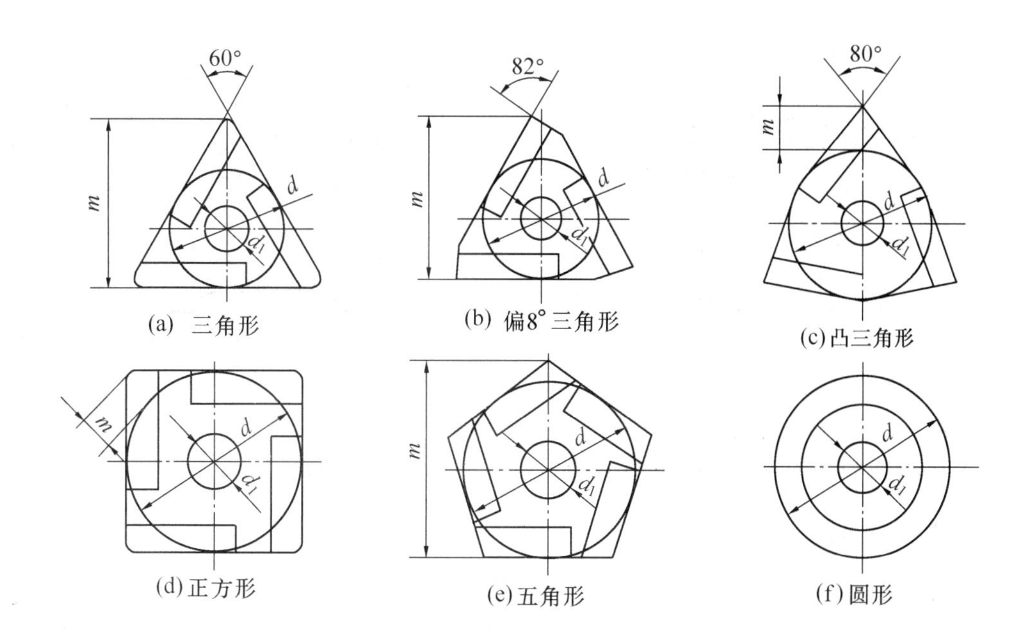

图3.12　硬质合金可转位刀片的常用形状

可转位车刀常用的刀片夹固机构主要有压孔式夹固机构、上压式夹固机构、杠杆式夹固机构、综合式夹固机构四种。压孔式夹固机构如图3.13所示。利用沉头螺钉2的斜面将刀片夹紧,其结构简单,刀头部分小,适用于小型刀具。上压式夹固机构如图3.14所示,由压板6将刀片压紧,适用于不带孔刀片的夹固。杠杆式夹固机构如图3.15所示,以曲杠2上的凸部为支点,向下旋进压紧螺钉6,可使曲杠2摆动,将刀片压紧在刀槽定位面上;刀垫4由一个开口圆筒形弹簧套3在其孔中定位,松开刀片时,弹簧套3的张力可保持刀垫4的位置不变,弹簧7自动托起曲杠2松开刀片,使刀片转位或迅速更换。综合式夹固机构如图3.16所示,综合采用了两种刀片夹固方式。夹紧刀片时,一方面靠压块5上楔面部分的推力作用,使刀片孔紧靠在圆柱销4上;另一方面靠压块5上楔钩的向下压力,使刀片3压紧在刀垫2上。这种夹固方式夹紧力大,刀片固定准确可靠,适用于重负荷切削及有冲击负荷的切削。

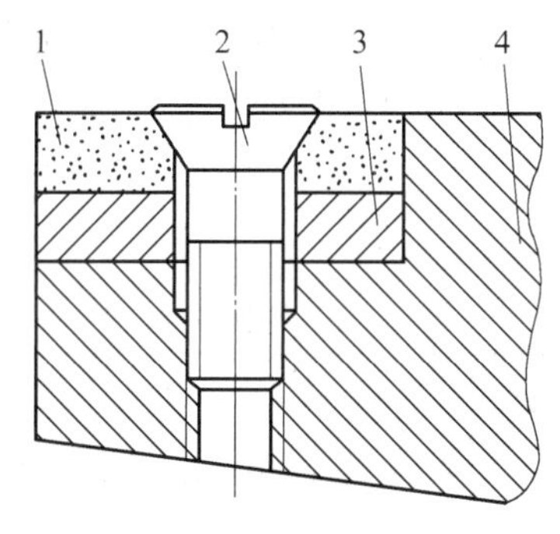

图3.13　压孔式夹固机构

1— 刀片;2— 沉头螺钉;3— 刀垫;4— 刀杆

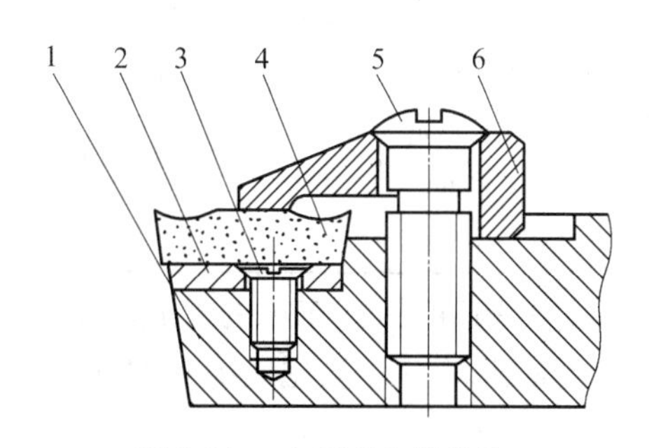

图3.14　上压式夹固机构

1— 刀杆;2— 刀垫;3、5— 螺钉;4— 刀片;6— 压板

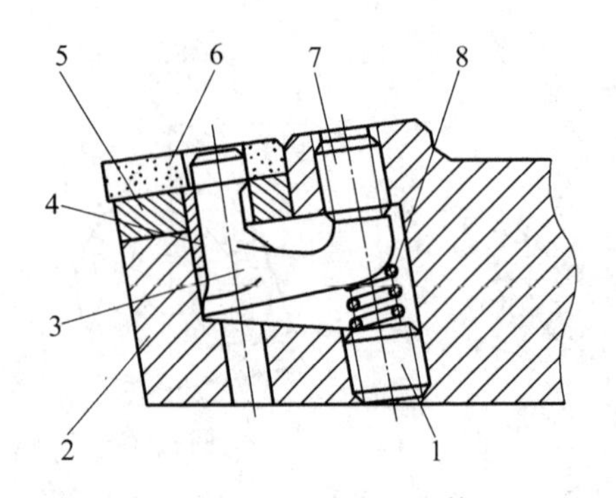

图 3.15　杠杆式夹固机构

1— 刀杆;2— 曲杠;3— 弹簧套;4— 刀垫;
5— 刀片;6— 压紧螺钉;7— 弹簧;8— 调节螺钉

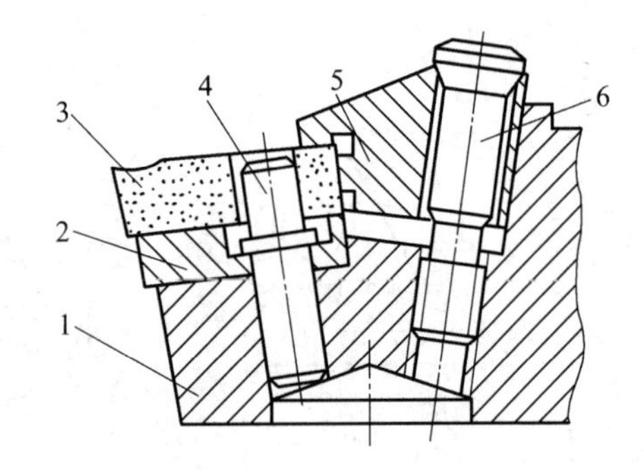

图 3.16　综合式夹固机构

1— 刀杆;2— 刀垫;3— 刀片;4— 圆柱销;
5— 压块;6— 螺钉

3.2.3　车床

1. 车床的种类

车床是一种应用最为广泛的金属切削机床,占机床总台数的20% ~ 35%。车床的种类很多,按其用途和结构的不同,主要分为卧式和落地车床、转塔回轮车床、单轴和多轴自动和半自动车床、立式车床、仿形车床和多刀车床、专门车床、数控车床和车削中心等。

2. 卧式和落地车床

在各种车床中,卧式车床通用性较大,工艺范围很广,但结构较复杂而且自动化程度低,在加工形状比较复杂的工件时,换刀较麻烦,加工过程中的辅助时间较多,所以适用于单件、小批生产及修理车间等。以 CA6140 卧式车床为例介绍卧式车床的传动和结构。

(1)CA6140 卧式车床的主要技术性能见表 3.4。

表 3.4　CA6140 卧式车床的主要技术性能

技术参数名称		技术参数数值	技术参数名称	技术参数数值
加工最大直径/mm	在床身上	400	主轴转速/(r·min⁻¹)	正转 24 级:10 ~ 1 400
	在刀架上	210		反转 12 级:14 ~ 1 580
加工最大长度/mm		750;1 000;1 500;2 000	进给量/(mm·r⁻¹)	纵向 64 级:0.028 ~ 6.33
主轴转速/(r·min⁻¹)		正转:10 ~ 1 400		横向 64 级:0.014 ~ 3.16
轮廓尺寸(长×宽×高)/(mm×mm×mm)		2 668×1 000×1 267	车削螺纹	米制 44 种:P = 1 ~ 192 mm
主电动机功率/kW		7.5		英制 20 种:2 ~ 24 牙/in

(2)CA6140 卧式车床的组成。CA6140 卧式车床如图 3.17 所示,主要由齿轮变速机构 1、主轴箱 2、刀架 3、尾座 4、床身 5、右床腿 6、光杠 7、丝杠 8、溜板箱 9、左床腿 10 和进给箱 11 等组成。

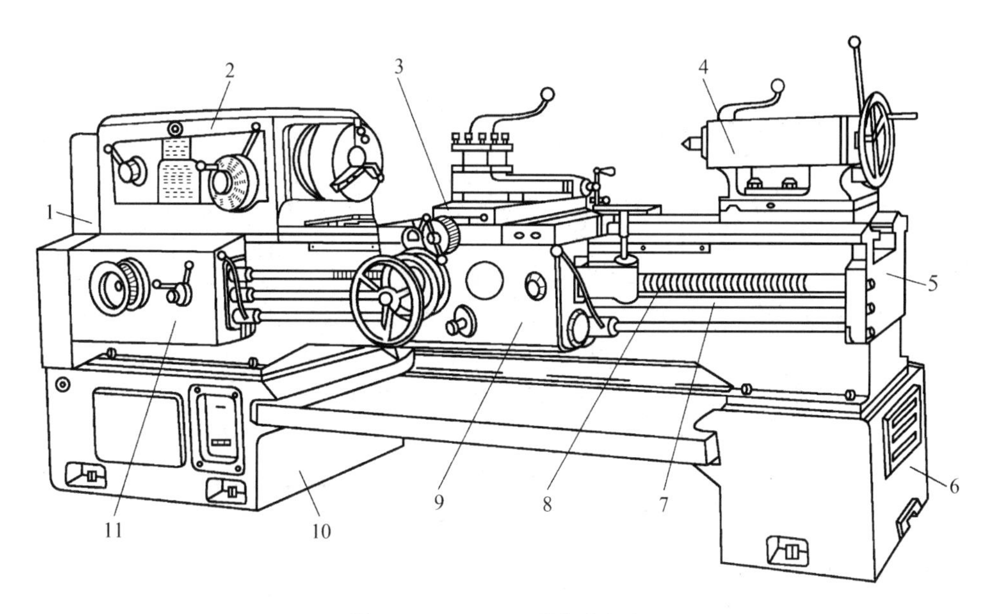

图3.17　CA6140型卧式车床

1— 齿轮变速机构;2— 主轴箱;3— 刀架;4— 尾座;5— 床身;6— 右床腿;7— 光杠;8— 丝杠;9— 溜板箱;10— 左床腿;11— 进给箱

3.转塔回轮车床

转塔回轮车床与卧式车床在结构上的主要区别是:没有尾座和丝杠,并在床身尾部装有一个能纵向移动的多工位刀架,其上可安装多把刀具。在成批生产,特别是在加工形状较复杂的工件时,生产率比卧式车床高,转塔回轮车床加工的典型工件如图3.18所示。

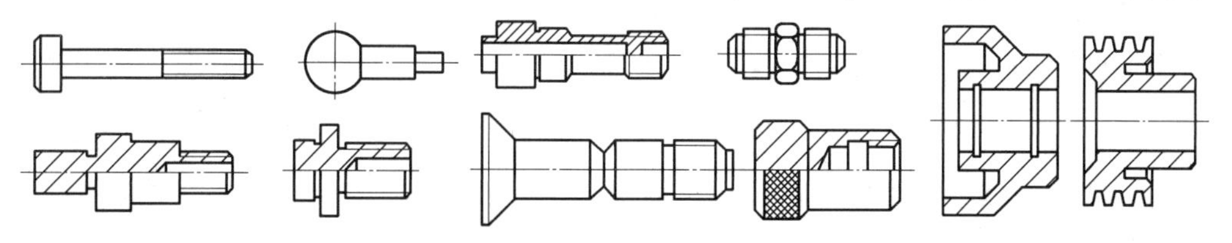

图3.18　转塔回轮车床加工的典型工件

①转塔车床。转塔车床的外形如图3.19所示,机床主要由前刀架2、转塔刀架3、导轨4、定程机构5、溜板箱6及7和进给箱8等组成。前刀架2与卧式车床的刀架类似,转塔刀架3只能做纵向进给,它一般为六角形,可在六个面上各安装一把或一组刀具。转塔刀架安装用于车削内外圆柱面,钻、扩、铰和镗孔,攻螺纹以及套螺纹等刀具。

②回轮车床。回轮车床的外形,如图3.20所示,在回轮车床上没有前刀架,只有一个可绕水平轴线转位的圆盘形回轮刀架4,其回转轴线与主轴轴线平行。回轮刀架上沿圆周均匀分布着许多轴向孔,供安装刀具用(图3.20(b))。当刀具孔转到最高位置时,其轴线与主轴轴线在同一直线上。回轮刀架随着纵向溜板一起,可沿着床身6上的导轨做纵向进给运动,进行车内外圆、钻孔、扩孔、铰孔和加工螺纹等工序。

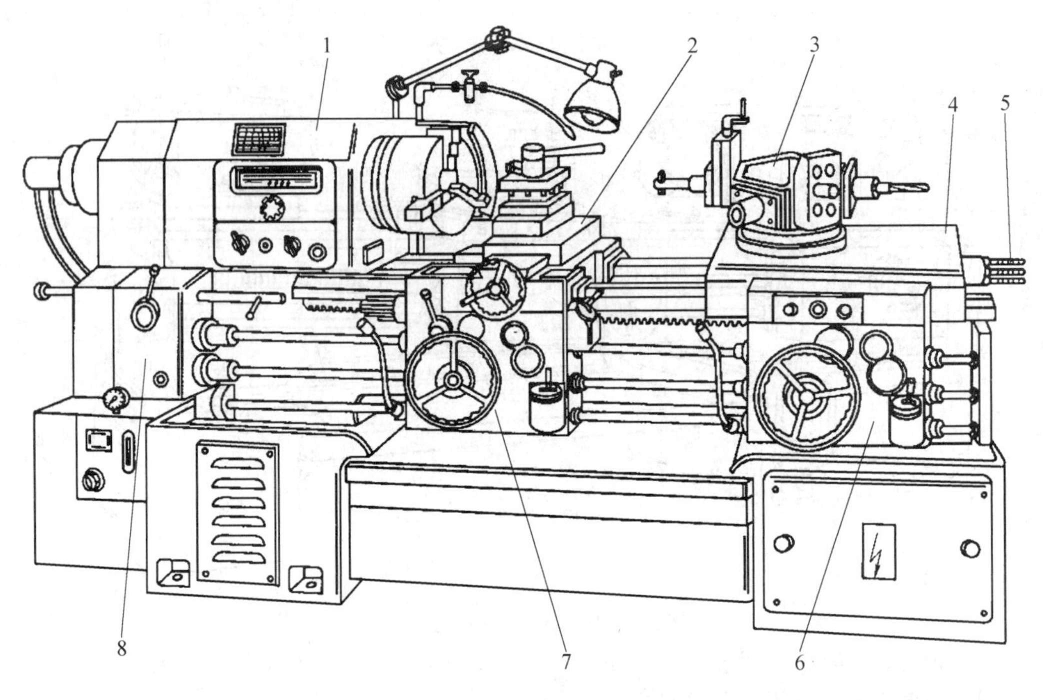

图 3.19　转塔车床

1— 主轴箱;2— 前刀架;3— 转塔刀架;4— 导轨;5— 定程机构;6、7— 溜板箱;8— 进给箱

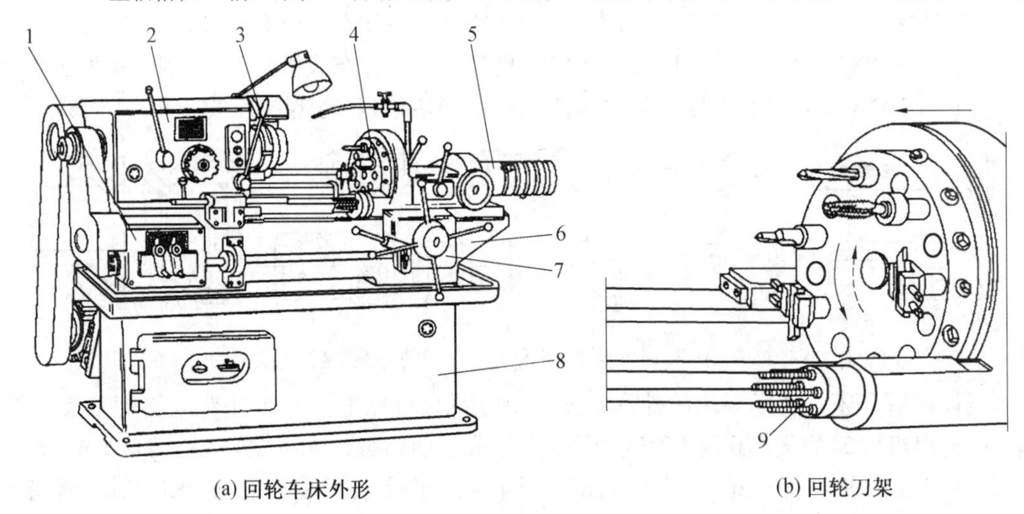

(a) 回轮车床外形　　(b) 回轮刀架

图 3.20　回轮车床

1— 进给箱;2— 主轴箱;3— 夹头;4— 回轮刀架;5— 纵向定程机构;6— 床身;7— 溜板箱;8— 底座;9— 刚性定程机构

4. 自动车床

自动车床按自动化程度可分为自动及半自动两种。自动车床是指那些在调整好后无须工人参与便能自动完成表面成形运动和辅助运动,并能自动地重复其工作循环的机床。若车床能自动完成预定的工作循环,但装卸工作仍由人工进行,这种车床称为半自动

车床。

自动车床用于加工精度较高、必须一次加工成形的轴类零件，可以车削圆柱面、圆锥面、成形面以及切槽等，特别适宜于加工如图3.21所示的细长阶梯轴类零件。它只适用于大批大量生产。CM1107型单轴纵切自动车床的外形如图3.22所示。它由底座1、床身2、送料装置3、主轴箱4、天平刀架5、中心架6、上刀架7、钻铰附件8和分配轴9等部件组成。

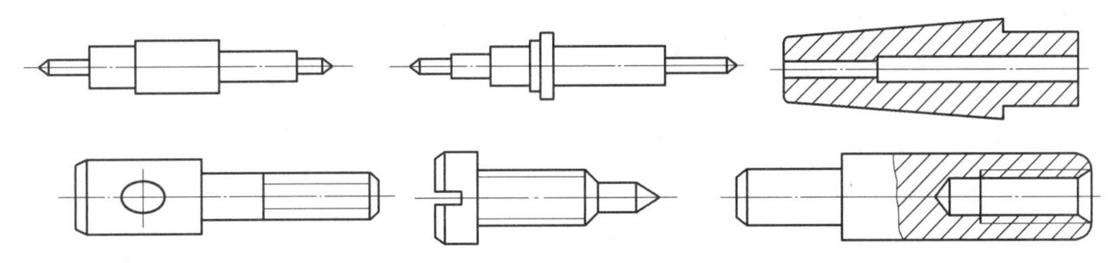

图3.21 自动车床上加工的典型工件

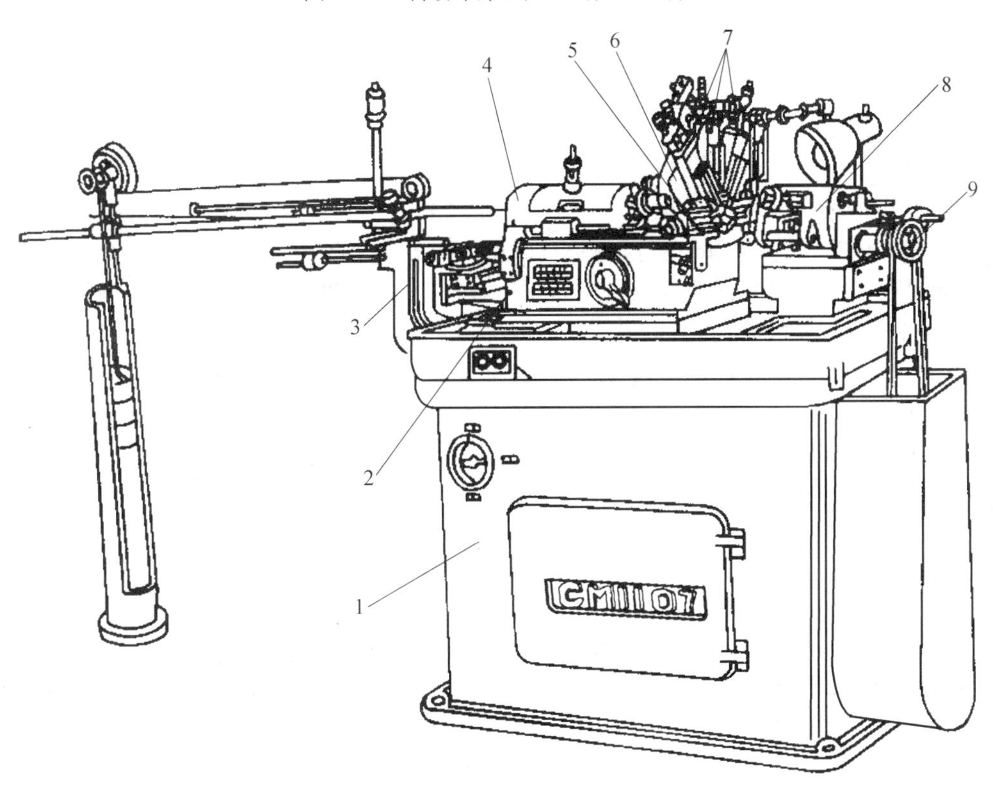

图3.22 CM1107型单轴纵切自动车床外形

1—底座；2—床身；3—送料装置；4—主轴箱；5—天平刀架；6—中心架；7—上刀架；8—钻铰附件；9—分配轴

5. 立式车床

立式车床分单柱式（图3.23(a)）和双柱式（图3.23(b)）两类。立式车床主要由底座1、工作台2、立柱3、垂直刀架4、横梁5、进给箱6、侧刀架7、水平刀架进给箱8及顶梁9

等组成。结构布局特点是主轴垂直布置,并有一个直径很大的圆形工作台 2。在双柱式立式车床中,为加强刚度用顶梁 9 连接两个立柱。立式车床用于加工厚度大、长度较短、质量大、直径超过 1 000 mm 的大型工件的旋转表面。

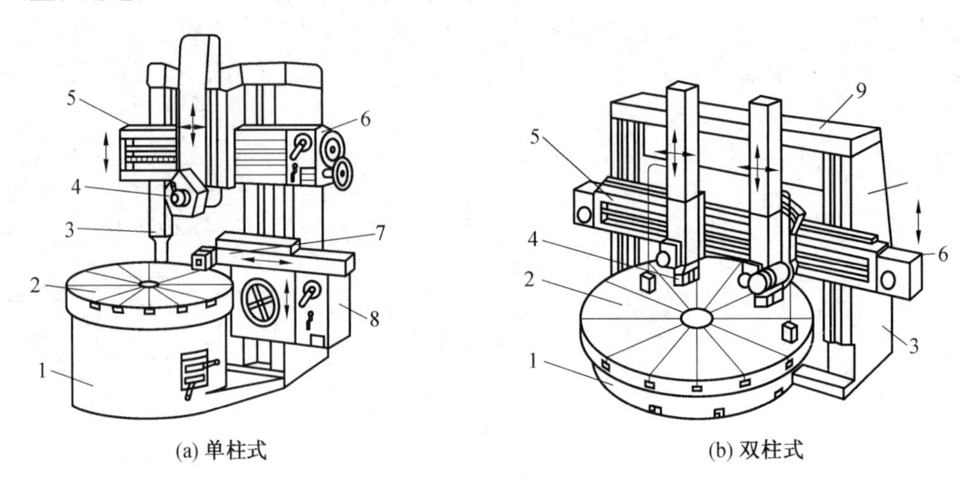

图 3.23　立式车床

1— 底座;2— 工作台;3— 立柱;4— 垂直刀架;5— 横梁;6— 进给箱;7— 侧刀架;8— 水平刀架进给箱;9— 顶梁

6. 专用车床

专用车床种类繁多,包括螺纹车床、曲轴车床、凸轮轴车床和仿形车床等。螺纹车床的主要类型有丝杠车床、短螺纹车床和螺母车床等。SG8630 型高精度丝杠车床外形如图 3.24 所示,主要由交换齿轮机构 1、主轴箱 2、床身 3、刀架 4、丝杠 5 和尾架 6 等组成。这种机床的总体布局与卧式车床相似,但它没有进给箱和溜板箱,联系主轴和刀架的螺纹进给传动链的传动比由挂轮保证,刀架由装在床身前后导轨之间的丝杠螺母传动。这种车床主要用于非淬硬精密丝杠的精加工,螺纹精度可达 6 级或更高,表面粗糙度 Ra 可达 0.63 ~ 0.32 μm。

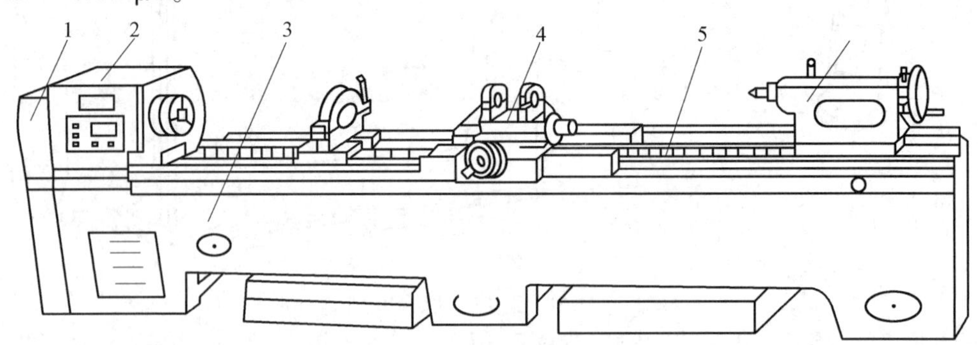

图 3.24　SG8630 型高精度丝杠车床

1— 交换齿轮机构;2— 主轴箱;3— 床身;4— 刀架;5— 丝杠;6— 尾架

3.3　铣削加工与机床

3.3.1　铣削加工及特点

用铣刀在铣床上的加工称为铣削。铣削的加工范围广、生产率高，其加工精度一般为 IT9 ~ IT8，表面粗糙度 Ra 为 6.3 ~ 1.6 μm。近年来，已用高速精铣刀代替了精刨和磨削加工导轨面，表面粗糙度 Ra 可达 0.8 ~ 0.4 μm。

1. 铣削加工的典型表面

铣削可以加工平面、台阶面、沟槽（键槽、T形槽、燕尾槽等）、分齿零件（齿轮、链轮、棘轮、花键轴等）、螺旋形表面（螺纹、螺旋槽）及各种曲面等，如图3.25所示。

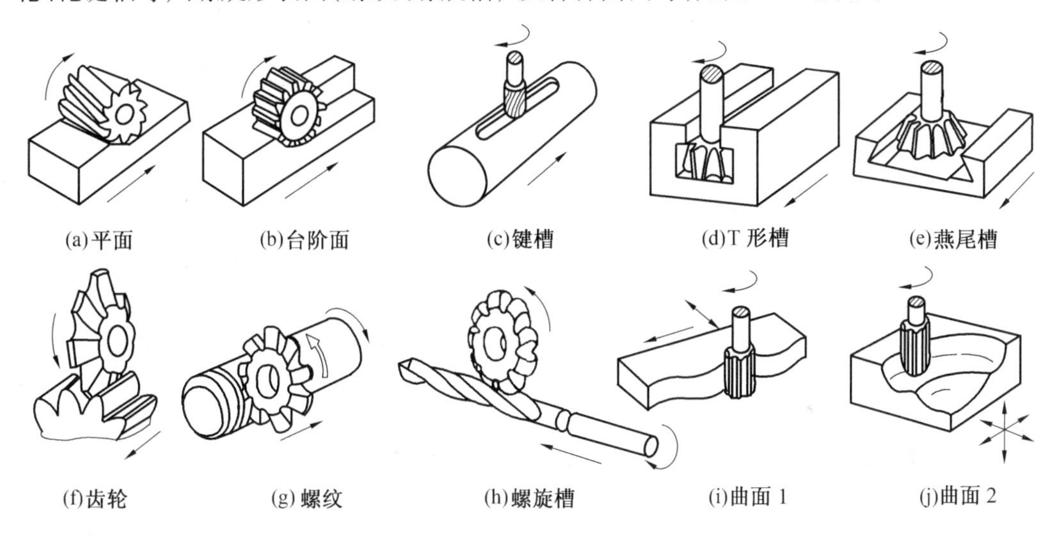

图3.25　铣削加工的典型表面

2. 铣削参数

(1) 铣削用量。铣削用量包括铣削速度、进给量、背吃刀量和侧背吃刀量四个要素。

① 铣削速度 v_c（m/min），是指铣刀切削刃选定点相对工件的主运动的瞬时速度。其计算式为

$$v_c = \frac{\pi d_0 n}{1\,000} \tag{3.1}$$

式中　d_0——铣刀直径，是指刀齿回转轨迹的直径，mm；

n——铣刀转速，r/min。

② 进给量，是指铣刀旋转时，它的轴线和工件的相对位移。它有三种表示法：

a. 每齿进给量 f_z，是指铣刀每转一个齿间角时，工件与铣刀沿进给方向的相对位移，单位为 mm/齿。

b. 每转进给量 f，是指铣刀每转一转，工件与铣刀沿进给方向的相对位移，单位为 mm/r。

c. 进给速度 v_f，是指铣刀相对工件每分钟移动的距离，单位为 mm/min。

上述三种进给量之间的关系为

$$v_f = fn = f_z zn \tag{3.2}$$

式中　z—— 铣刀齿数。

③ 背吃刀量 a_p，是指平行于铣刀轴线测量的切削层中最大的尺寸，如图 3.26(a)、(b) 所示。

④ 侧背吃刀量 a_e。是指垂直于铣刀轴线测量的切削层中最大的尺寸，如图 3.26(a)、(b) 所示。

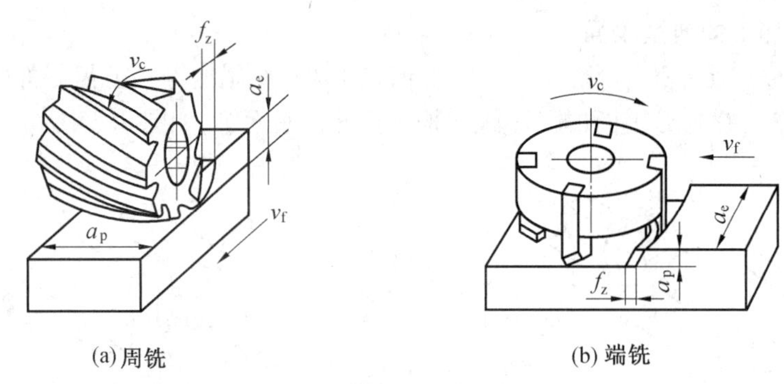

图 3.26　周铣和端铣平面的铣削用量

(2) 切削层参数。

① 切削厚度 a_c，是指相邻刀齿切削刃运动轨迹间的距离。铣刀切削时，切削厚度 a_c 是随时变化的。在铣削过程中，每个刀齿的 a_c 都是变化的，如图 3.27 所示。

② 切削宽度 a_w，是指铣刀刀齿和工件相接触部分的长度(沿刀刃方向测量)。

③ 切削面积 A_c。铣刀每个刀齿的切削面积 $A_c = a_c a_w$，铣刀的总切削面积 A_c 等于同时参与切削的各刀齿切削面积之和。由于同时参与切削的齿数 Z_e、切削厚度 a_c、切削宽度 a_w 都在随时变化，故 A_c 也是随时变化的。

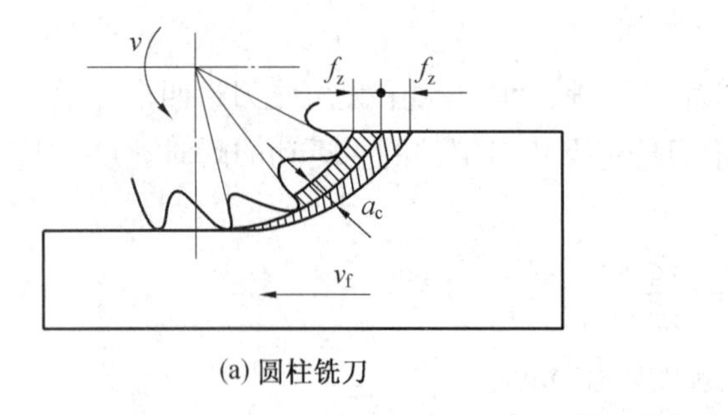

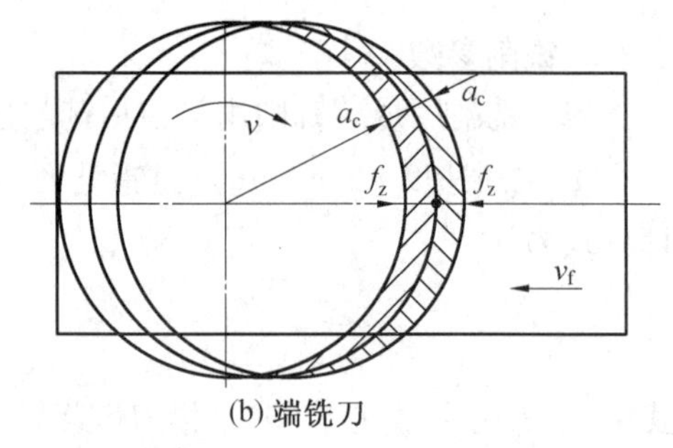

图 3.27　铣刀铣削中切削厚度的变化

3. 铣削方式

在铣削过程中，刀齿依次切入和切离工件，切削厚度与切削面积随时在变化，容易引起振动和冲击。铣削方式是指铣削时铣刀相对于工件的运动和位置关系。铣刀刀齿在刀具上的分布有两种形式：一种是圆周铣削(周铣)，即切削刃分布在铣刀的圆柱面上；另一种是端面铣削(端铣)，即切削刃分布在铣刀的端部。

(1) 周铣。铣削时,根据铣刀旋转方向和工件移动方向的相互关系,可分为逆铣和顺铣两种,如图 3.28 所示。

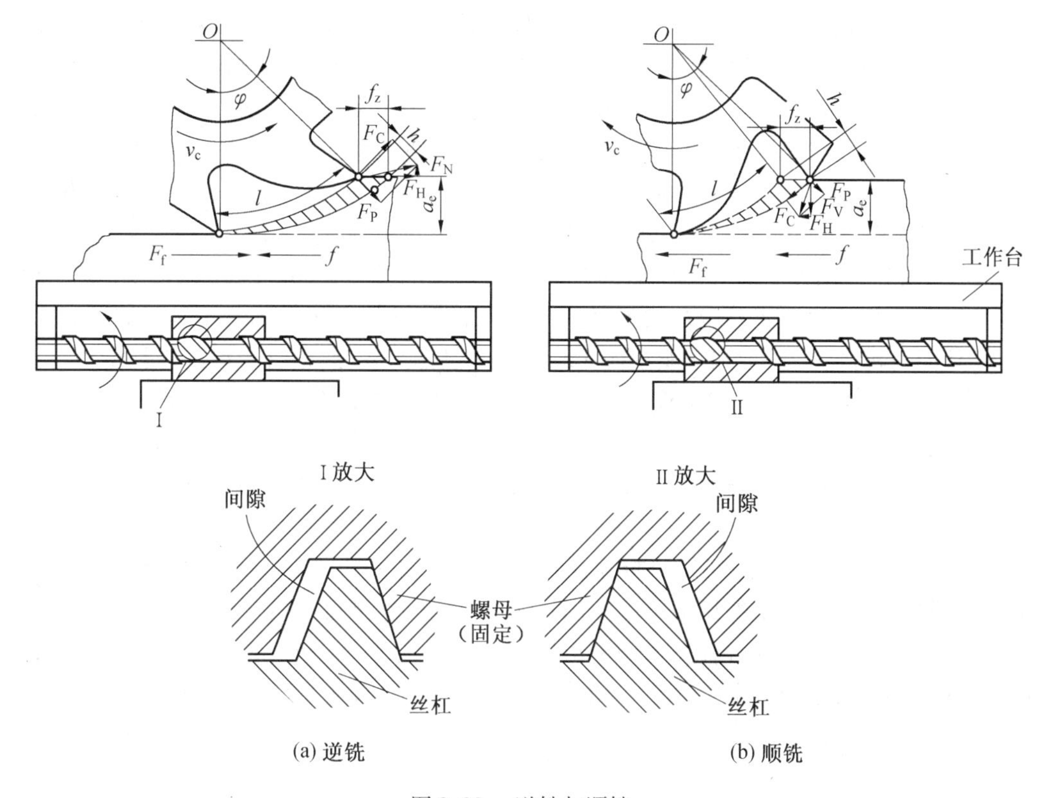

图 3.28　逆铣与顺铣

① 逆铣。在切削部位刀齿的旋转方向和工件的进给方向相反称为逆铣,如图 3.28(a) 所示。在切削过程中,切削厚度从零逐渐增大到最大。开始切削时,由于切削厚度为零,小于铣刀刃口钝圆半径,刀齿在加工表面上挤压、滑移,切不下切屑,使这段表面产生严重冷硬层,直到切削厚度大于刃口钝圆半径时,才能切下切屑。在刚开始切削时的一段已加工表面形成冷硬层,致使工件表面粗糙,刀齿容易磨损。

逆铣时,在刀齿初切入工件时由于与工件的挤压摩擦,垂直分力 F_V 可能向下;当刀齿切离工件时,F_V 可能向上,工件受向上抬的切削力。在切削过程中,垂直分力方向时上时下,引起振动,从而影响加工精度。

铣床工作台的纵向进给运动一般是依靠工作台下面的丝杠和螺母来实现的,螺母固定不动,丝杠一面转动,一面带动工作台移动。在逆铣时,工件所受的水平分力方向与纵向进给方向相反,使丝杠与螺母间传动面紧贴,故工作台不会发生窜动现象,铣削较平稳。

② 顺铣。在切削部位刀齿的旋转方向和工件的进给方向相同,称为顺铣,如图 3.28(b) 所示。切削时,切削厚度从最大开始逐渐减小至零,避免在已加工表面产生冷硬层,刀齿也不会产生挤压、滑移现象,从而使工件表面粗糙度减小,铣刀寿命可提高 2 ~ 3 倍。但顺铣不宜于铣削带硬皮的工件。顺铣时,在切削过程中垂直分力 F_V 始终向下,

把工件压在工作台上，不会产生振动，可获得好的加工质量。

顺铣时，工件所受的水平分力 F_f 与纵向进给方向相同。纵向进给运动是由铣床工作台下面的丝杠和螺母实现的，本来应当由螺母螺纹表面推动丝杠前进，但由于丝杠、螺母之间螺纹有轴向间隙，所以螺母与螺纹只能在右侧面接触。在切削过程中，当水平分力一超过螺母螺纹表面推动丝杠前进的力时，就变成由铣刀带动工作台前进，使工作台带动丝杠向左窜动，丝杠与螺母传动右侧面出现间隙。在切削过程中，水平分力 F_f 可能不稳定，致使工作台带动丝杠左右窜动，造成工作台颤动和进给不均匀，严重时会使铣刀崩刃。

（2）端铣。端铣可分为对称铣、不对称逆铣和不对称顺铣。

① 对称铣。工件安装在端铣刀的对称位置上，如图 3.29（a）所示。这种方式具有较大的平均切削厚度，可使刀齿在加工表面冷硬层下铣削，避免了铣削开始时对加工表面的挤刮，从而可提高铣刀的寿命，能获得比较均匀的已加工表面，适合于铣削淬硬钢。

② 不对称逆铣。工件安装偏向端铣切入一边，如图 3.29（b）所示。端铣刀从最小的切削厚度切入，从较大的切削厚度切出。切入时切削厚度最小，可减少切入时的冲击力。当铣削碳钢和一般合金钢时，可将硬质合金端铣刀寿命提高 1 倍左右，也可减小已加工表面粗糙度。

③ 不对称顺铣。工件安装偏向端铣刀切出一边，如图 3.29（c）所示。端铣刀从最大的切削厚度切入，从最小的切削厚度切出，适合铣削不锈钢和耐热合金钢。因为铣削中，端铣刀从这些材料的工件切出时，切屑与被切削层分离，一部分金属受压而成为毛刺，这时对切削刃来说，受到一个力，也是一次冲击。以最小的切削厚度切出，可减少这样的冲击，能提高铣刀寿命。

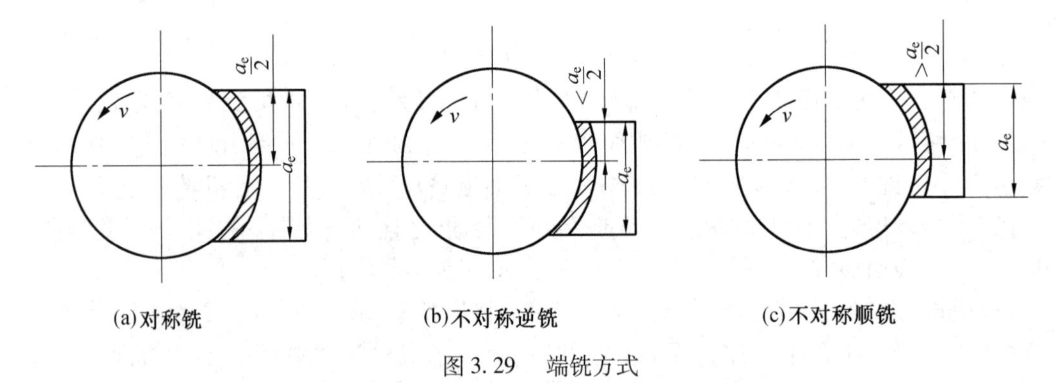

(a)对称铣　(b)不对称逆铣　(c)不对称顺铣

图 3.29　端铣方式

（3）端铣与周铣加工的特点。端铣与周铣均可加工平面，但端铣比周铣的生产率高，表面质量好，故一般采用端铣；但周铣也有它的用途，如可同时装几把刀加工组合平面等。对端铣和周铣做如下分析：

① 端铣时形成已加工表面是靠主切削刃，过渡刃和副切削刃有修光的作用，使已加工表面粗糙度小。周铣仅由主切削刃形成加工表面，特别是逆铣时切削厚度从零开始，刀齿产生滑移使刀齿磨损加剧，已加工表面粗糙度大，因此从加工表面质量方面看，周铣比端铣差些。

② 端铣时每齿切下的切削层厚度变化较小，故切削力变化较小，不会使切削过程有较大的振动。周铣切削层厚度变化很大，切削力变化也大，使切削过程振动较大。

③ 端铣时所用的端铣刀便于使用机械夹固可转位硬质合金刀片或镶装硬质合金刀片,主轴刚性较好,可进行高速铣削,故生产率高。周铣由于使用的圆柱铣刀和本身结构的关系,难以用硬质合金刀,也不能使用很高的切削速度。

④ 端铣时同时参加切削的刀齿数较多,铣削过程比较平稳,有利于提高加工表面的质量。

4. 铣削加工的工艺特点

① 工艺范围广。通过合理地选用铣刀和铣床附件,铣削不仅可以加工平面、沟槽、成形面、台阶,还可以进行切断和刻度加工。

② 生产效率高。铣削时,同时参加铣削的刀齿较多,进给速度快,铣削的主运动是铣刀的旋转,有利于进行高速切削,铣削生产效率比刨削高。

③ 刀齿散热条件较好。由于是间断切削,每个刀齿依次参加切削。在切离工件的一段时间内,刀齿可以得到冷却。这样有利于减小铣刀的磨损,延长使用寿命。

④ 容易产生振动。铣削过程是多刀齿的不连续切削,刀齿的切削厚度和切削力时刻变化,容易引起振动,对加工质量有一定影响,刀齿安装高度的误差会影响工件的表面粗糙度。

3.3.2　铣　刀

铣刀为多齿回转刀具,其每个刀齿都相当于一把车刀固定在铣刀的回转面上。铣刀按用途可分为以下几类。

(1) 圆柱铣刀。如图 3.30(a) 所示,它用于卧式或立式铣床上加工平面,主要用高速钢制造,也可以镶焊螺旋形的硬质合金刀片。圆柱铣刀采用螺旋形刀齿以提高切削工作的平稳性。圆柱铣刀仅在圆柱表面上有切削刃,没有副切削刃。

(2) 端铣刀。如图 3.30(b) 所示,它用在立式或卧式铣床上加工平面,轴线垂直于被加工表面,端铣刀的主切削刃分布在圆锥表面或圆柱表面上,端部切削刃为副切削刃。端铣刀主要采用硬质合金刀齿,故有较高的生产率。

(3) 盘形铣刀。如图 3.30(c)、(d)、(e)、(f) 所示,分槽铣刀、两面刃铣刀、三面刃铣刀和错齿三面刃铣刀,槽铣刀一般用于加工浅槽;两面刃铣刀用于加工台阶面;三面刃铣刀用于切槽和台阶面。

(4) 立铣刀。如图 3.30(g) 所示,用于加工平面、台阶、槽和相互垂直的平面,利用锥柄或直柄紧固在机床主轴中。立铣刀圆柱表面上的切削刃是主切削刃,端刃是副切削刃。用立铣刀铣槽时槽宽有扩张,故应取直径比槽宽略小的铣刀(0.1 mm 以内)。

(5) 键槽铣刀。如图 3.30(h) 所示,键槽铣刀一般有 2 ~ 3 个刃瓣,端刃为完整刃口,既像立铣刀又像钻头,它可以用轴向进给对毛坯钻孔,然后沿键槽方向运动铣出键槽的全长,键槽铣刀重磨时只磨端刃。

(6) 模具铣刀。如图 3.30(i) 所示,用于加工模具型腔或凸模成形表面。模具铣刀是由立铣刀演变而成的,按工作部分外形可分为圆锥形平头、圆柱形球头、圆锥形球头三种。

(7) 角度铣刀。有单角铣刀(图 3.30(j)) 和双角铣刀(图 3.30(k)),用于铣削沟槽和斜面。

(8) 成形铣刀。如图3.30(l) 所示,成形铣刀是用于加工成形表面的刀具,其刀齿廓形要根据被加工工件的廓形来确定。

(9) 锯片铣刀。如图3.30(m) 所示,是薄片的槽铣刀,用于切削窄槽或切断材料,它和切断车刀类似,对刀具几何参数的合理性要求较高。

(10)T形槽铣刀。如图3.30(n) 所示,有锥柄和直柄两种,主要用于加工各种机械台面或T形槽,其特点是刃部开有端面齿,刃部齿数少,出屑槽角度大,容屑槽大而深,出屑流畅。

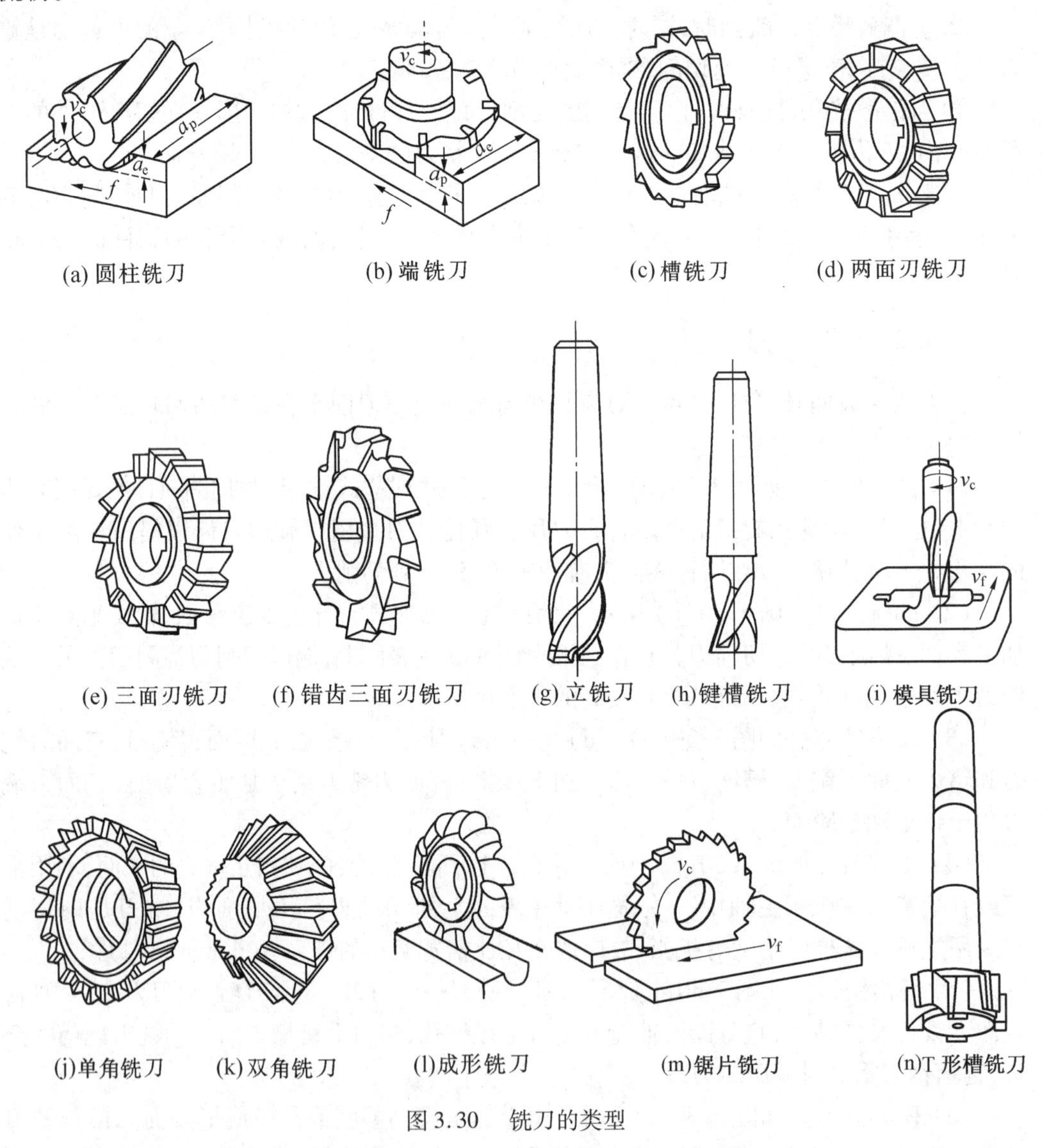

图3.30 铣刀的类型

2. 铣刀的几何角度

圆柱铣刀和面铣刀是铣刀的基本形式,这两种刀具的几何角度如图3.31所示。

① 前角 γ_o 及 γ_n。铣刀前角 γ_o 在正交平面 P_o 中测量。为了便于铣刀的制造和测量，圆柱形铣刀还要标注法平面 P_n 内的法前角 γ_n。

② 后角 α_o。铣刀后角在正交平面 P_o 中测量。

③ 刃倾角 λ_s。铣刀的刃倾角是主切削刃和基面之间的夹角，在切削平面 P_s 中测量。圆柱形铣刀的刃倾角就是刀齿的螺旋角 β。

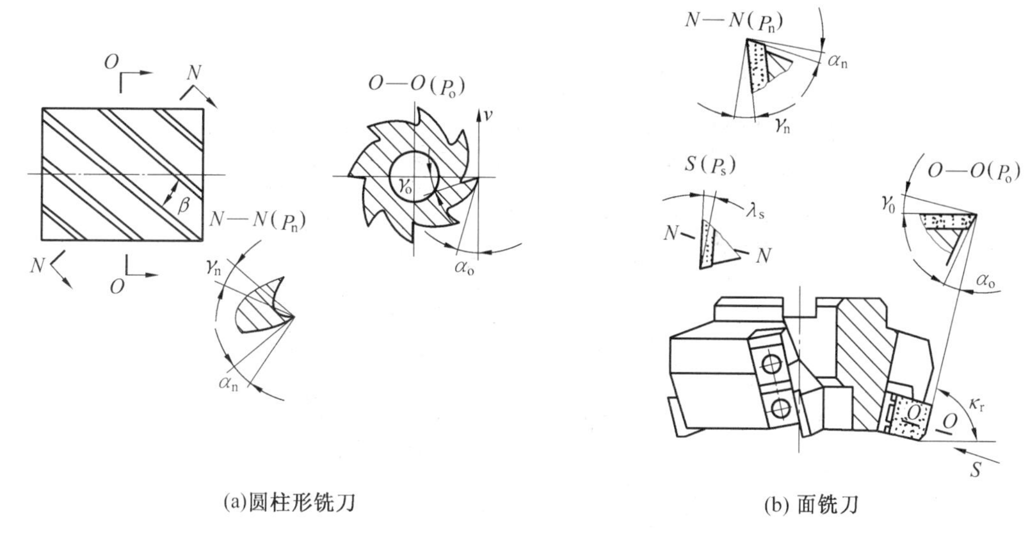

图 3.31　铣刀的几何角度

3.3.3　铣床

铣床主要有升降台铣床、龙门铣床、工具铣床、各种专门化铣床及数控铣床等。

1. 升降台铣床

升降台铣床的工作台安装在可垂直升降的升降台上，使工作台可在相互垂直的三个方向上调整位置或完成进给运动，由于升降台刚性较差，所以只适合于加工中小型工件。

(1) 卧式升降台铣床。卧式升降台铣床的主轴为水平布置，它主要用于单件及成批生产中加工平面、沟槽和成形表面。其外形如图 3.32 所示，主要由床身 1、悬梁 2、主轴 3、刀杆支架 4、工作台 5、滑座 6、升降台 7 和底座 8 等组成。

(2) 立式升降台铣床。立式升降台铣床的主轴垂直于工作台面，主要适用于单件及成批生产。这种铣床可用端铣刀或立铣刀加工平面、斜面、沟槽、台阶。立式升降台铣床如图 3.33 所示，其工作台 5、滑座 6 和升降台 7 的结构与卧式升降台铣床相同。立铣头 3 可以在垂直平面内调整角度，主轴 4 可沿其轴线方向进给或调整位置。

(3) 万能升降台铣床。万能升降台铣床与卧式升降台铣床基本相同，主要区别是在工作台 5 和滑座 6 之间增加一转台，它可以相对滑座 6 在水平面内调整 ±45° 偏转，改变工作台的移动方向，从而可加工斜槽、螺旋槽等。此外，万能升降台铣床还可选配立式铣头，以扩大机床的加工范围。

2. 龙门铣床

龙门铣床是一种大型高效通用铣床，主要用来加工大型工件上的平面和沟槽。机床

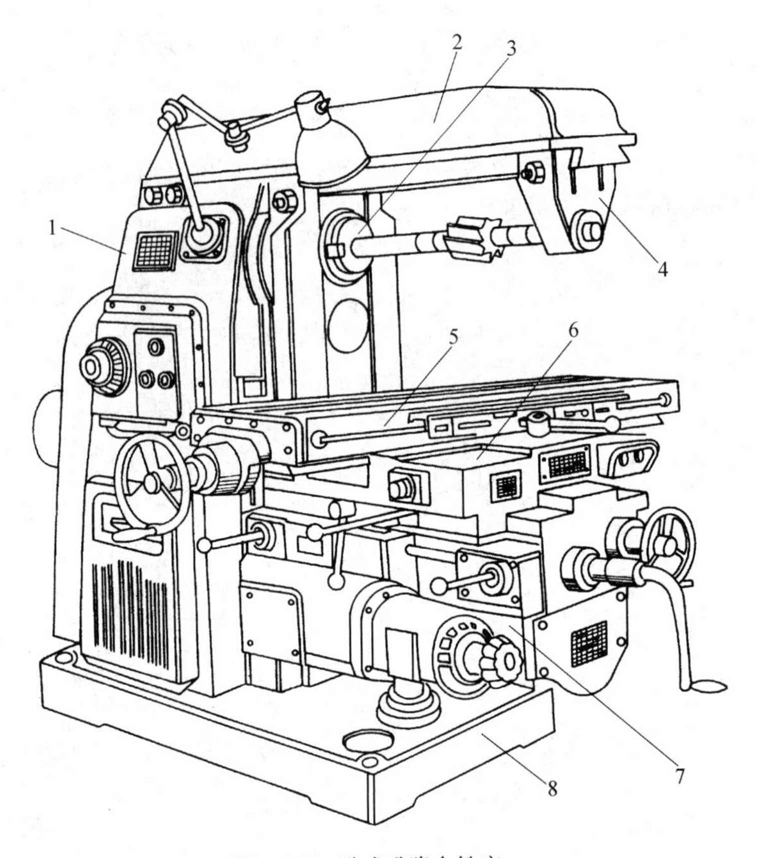

图 3.32　卧式升降台铣床

1— 床身;2— 悬梁;3— 主轴;4— 刀杆支架;5— 工作台;6— 滑座;7— 升降台;8— 底座

具有龙门式框架,其外形如图 3.34 所示。主要由床身 1、卧铣头 2 与 9、横梁 3、立铣头 4 与 8、立柱 5 与 7、顶梁 6 和工作台 7 等组成。可用多把铣刀同时加工几个表面,生产率较高,适用于成批和大量生产。

3. 工具铣床

工具铣床除了能完成卧式铣床和立式铣床的加工外,常配备有回转工作台、可倾斜工作台、平口钳、分度头、立铣头和插削头等多种附件,因而扩大了机床的万能性,能完成镗、铣、钻、插等切削加工,适用于工具、机修车间用来加工各种刀具、夹具、冲模、压模等中小型模具及其他复杂零件。万能工具铣床外形如图 3.35 所示,主轴的横向进给运动由主轴座 4 的移动来实现,纵向及垂直方向进给运动由工作台 3 及升降台 2 移动来实现。

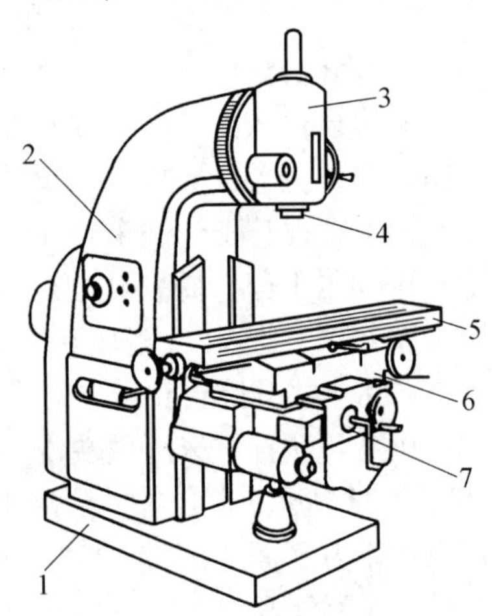

图 3.33　立式升降台铣床

1— 底座;2— 床身;3— 立铣头;4— 主轴;5— 工作台;6— 滑座;7— 升降台

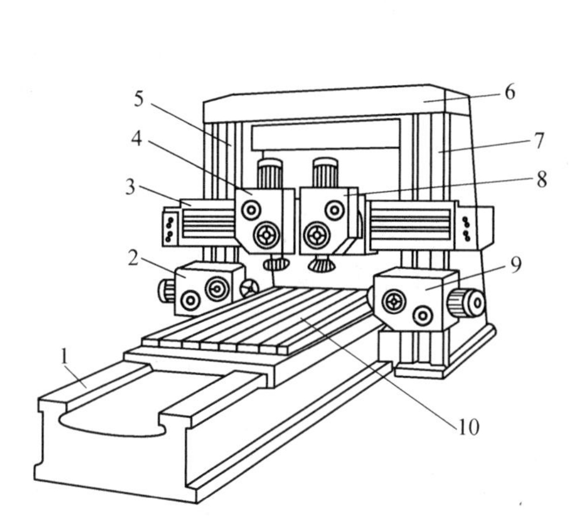

图 3.34　龙门铣床

1— 床身;2、9— 卧铣头;3— 横梁;4、8— 立铣头;5、7— 立柱;6— 顶梁;7— 工作台

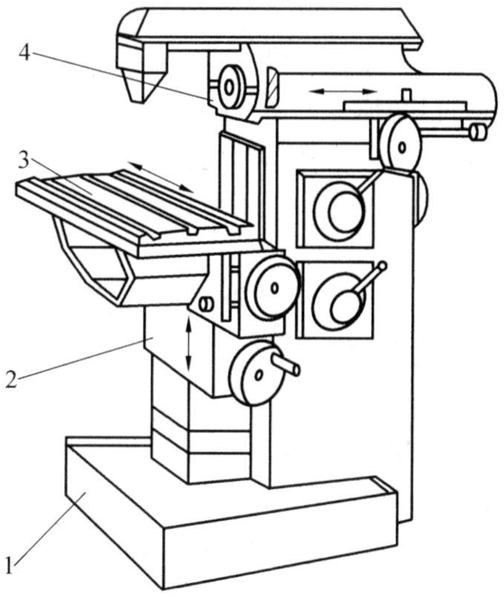

图 3.35　万能工具铣床外形图

1— 底座;2— 升降台;3— 工作台;4— 主轴座

3.4　孔加工与机床

3.4.1　孔加工的特点

1. 孔加工的工艺特点

(1) 与外圆加工相比,孔加工的条件一般较差。刀具在切削时,常处在已加工表面的包围之中,刀具的散热条件差,切削液不易进入切削区,排屑比较困难。

(2) 大部分孔加工刀具都是定尺寸刀具,如钻头、铰刀等。工件的尺寸在很大程度上取决于刀具的精度。这种刀具需要有一定的容屑和排屑空间,刀具本身的刚性较差,结构也较复杂。

(3) 与外圆加工相比,在加工尺寸、精度相同的工件时,孔加工所需的工序要多些,刀具的损耗量要大些,而且生产率比外圆加工低,加工成本也要高些。

2. 钻削加工的工艺特点

钻孔是孔的粗加工方法,也是在实心材料上进行孔加工的唯一切削加工方法,即加工孔的第一个工序。钻孔直径一般小于 ϕ80 mm,钻孔一般可在钻床、车床、镗床和铣床上进行。钻孔加工有两种方式:一种是钻头旋转,如在钻床、镗床上钻孔;另一种是工件旋转,如在车床上钻孔。钻孔精度可达 IT13 ~ IT10,表面粗糙度 Ra 可达 6.3 ~ 5.0 μm。

麻花钻头存在的主要问题有:

(1) 麻花钻头刚度较低,切削受力后很容易变形。

(2) 在切削过程中,定心作用差。

(3) 钻头与工件摩擦较严重,易引起发热和磨损。

(4) 不利排屑,冷却不充分。

(5) 孔轴心线偏移、孔轴心线歪曲、孔径扩大、表面粗糙度值高。

3. 扩孔加工的工艺特点

扩孔是用扩孔钻对已经钻出、铸出或锻出的孔作进一步加工,以扩大孔径并提高孔的加工质量。扩孔加工既可以作为精加工孔前的预加工,也可以作为要求不高的孔的最终加工。

与钻孔相比,扩孔具有下列特点:

(1) 扩孔钻齿数多(3 ~ 8 个齿),导向性好,切削比较稳定。

(2) 扩孔钻没有横刃,切削条件好。

(3) 加工余量较小,容屑槽可以做得浅些,钻芯可以做得粗些,刀体强度和刚性较好。

(4) 扩孔加工的精度一般为 IT11 ~ IT10 级,表面粗糙度 Ra 为 12.5 ~ 6.3 μm。

(5) 扩孔常用于加工直径小于 ϕ100 mm 的孔。在钻直径较大的孔时($D \geqslant 30$ mm),常先用小钻头(直径为孔径的50% ~ 70%)预钻孔,然后再用相应尺寸的钻头扩孔,这样可以提高孔的加工质量和生产效率。

4. 铰孔加工的工艺特点

(1) 铰孔是孔的精加工方法之一,对于较小的孔,铰孔是一种较为经济实用的加工方法。铰孔不宜加工阶梯孔和不通孔。

(2) 铰孔余量不能过大也不能过小,一般要经过试刀后才能确定,一般粗铰余量为 0.15 ~ 0.35 mm,精铰余量为 0.05 ~ 0.15 mm。

(3) 为避免产生积屑瘤,铰孔通常采用较低的切削速度(高速钢铰刀加工钢和铸铁时,$v < 8$ m/min) 进行加工。进给量的取值与被加工孔径有关,孔径越大,进给量取值越大。高速钢铰刀加工钢和铸铁时,进给量常取为 0.3 ~ 1 mm/r。

(4) 铰孔时必须用适当的切削液进行冷却、润滑和清洗,以防止产生积屑瘤并及时清除切屑。

(5) 与磨孔和镗孔相比,铰孔生产率高,容易保证孔的精度;但铰孔不能校正孔轴线的位置误差,孔的位置精度应由前面工序保证。

(6) 钻 - 扩 - 铰工艺是生产中常用的典型加工方案,铰孔尺寸精度一般为 IT9 ~ IT7 级,表面粗糙度 Ra 为 3.2 ~ 0.8 μm。

5. 镗孔加工的工艺特点

(1) 可加工孔的范围广,对于大尺寸的孔和孔内环槽,几乎是唯一的加工方法。

(2) 所加工的孔在尺寸、形状和位置精度上均较高。其尺寸精度可达 IT6 ~ IT5 级,表面粗糙度 Ra 可达 3.2 ~ 0.8 μm,特别适宜用来完成孔距精度要求较高的孔系加工。

(3) 镗孔精度主要取决于机床主轴回转精度和刀具的调整精度。镗孔能修整前道工序所造成孔的轴线偏斜和不直。

(4) 和扩孔、铰孔相比,加工经济性好,但操作水平要求较高,生产率较低。

3.4.2　孔加工刀具

1. 孔加工刀具的种类和用途

孔加工刀具按其用途可分为两大类：一类从在实体材料上加工出孔的刀具，常用的有中心钻、麻花钻和深孔钻等；另一类是对工件上已有孔进行再加工的刀具，常用的有扩孔钻、锪钻、铰刀及镗刀等。

（1）中心钻。中心钻主要用于加工轴类零件的中心孔和钻孔前的定位中心孔，有无护锥中心钻（图3.36（a））及带护锥中心钻（图3.36（b））两种。钻孔前，先打中心孔，有利于钻头的导向，可防止孔的偏斜。

（2）麻花钻。麻花钻是孔加工刀具中应用最为广泛的刀具，特别适合于ϕ30 mm以下孔的粗加工，有时也可用于扩孔。麻花钻按其制造材料分为高速钢麻花钻和硬质合金麻花钻（图3.37）。硬质合金钻头不仅可以加工钢铁材料，还可以加工各种有色金属以及橡胶、塑料、玻璃、石材等非金属材料，特别是可加工铸铁等脆性材料。

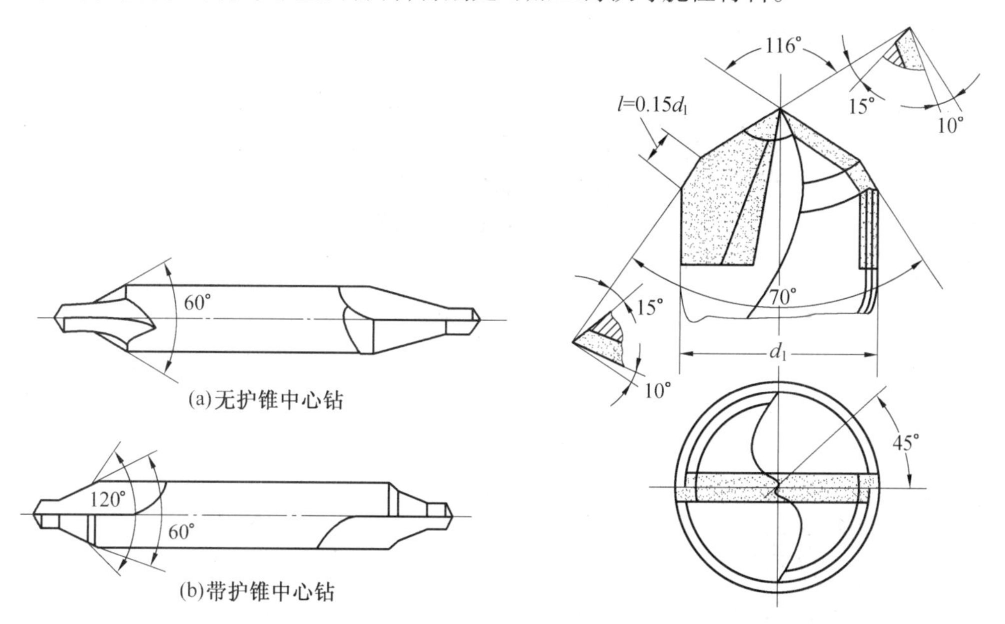

图3.36　中心钻　　　　图3.37　钻铸铁孔用硬质合金钻头

（3）深孔钻。深孔钻一般是用来加工孔深度与直径之比大于5的孔。用于加工枪管的外排屑深孔钻如图3.38所示。

（4）扩孔钻。扩孔钻通常用于铰或磨前的预加工或毛坯孔的扩大。扩孔钻的外形和麻花钻相似，但刀齿数较多，没有横刃，只是加工余量小，主切削刃较短，因而容屑槽浅，刀齿数目较麻花钻多，刀体强度高，刚性好，故加工后的质量比麻花钻加工得好，通常作为孔的半精加工刀具。常见的结构形式有高速钢整体式、镶齿套式和镶硬质合金可转位式，分别如图3.39（a）、（b）、（c）所示。

（5）锪钻。锪钻用于在孔的端面上加工圆柱形沉头孔（图3.40（a））、锥形沉头孔（图3.40（b））或凸台表面（图3.40（c））。

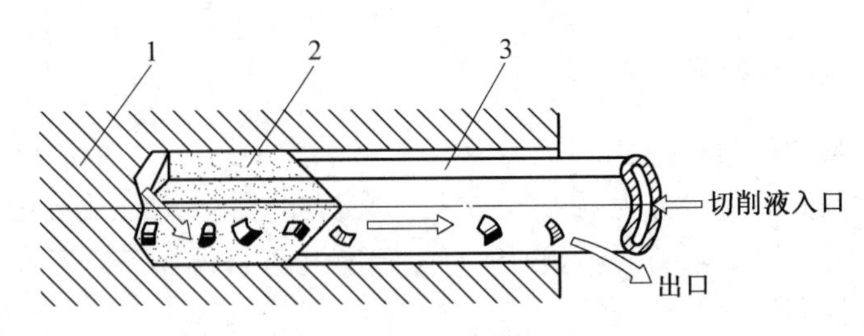

图 3.38　深孔钻

1— 工件;2— 切削部分;3— 钻杆

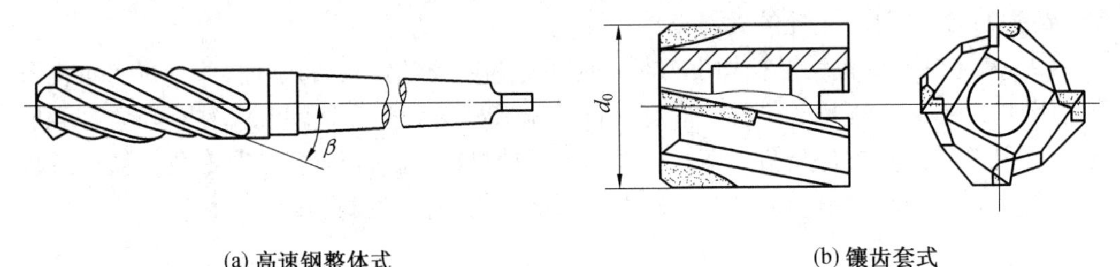

(a) 高速钢整体式　　(b) 镶齿套式

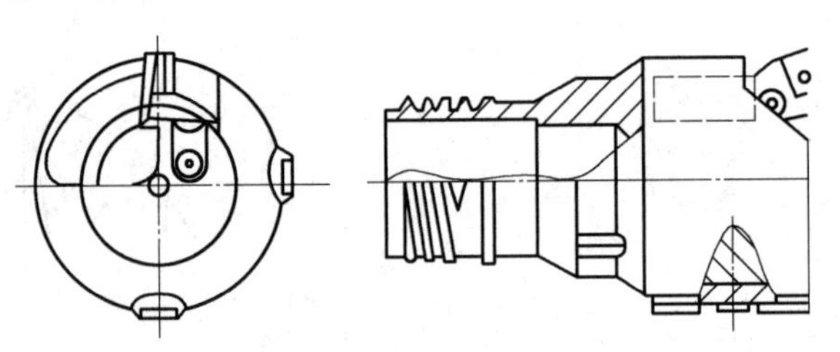

(c) 镶硬质合金可转位式

图 3.39　扩孔钻

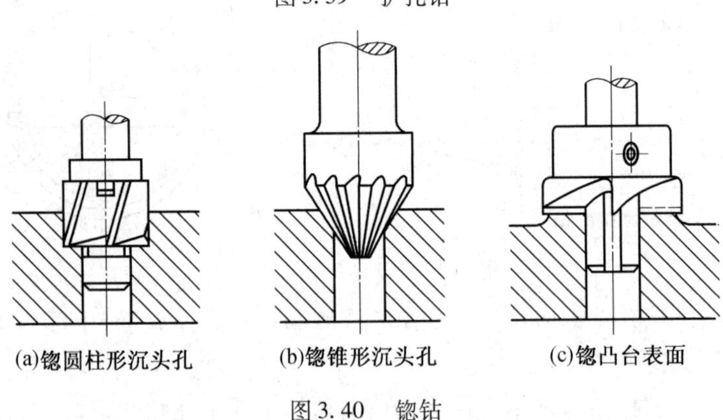

(a)锪圆柱形沉头孔　(b)锪锥形沉头孔　(c)锪凸台表面

图 3.40　锪钻

(6) 铰刀。铰刀是精加工或半精加工刀具(图 3.41),常用于中小孔的半精加工和精加工。

铰刀一般分为手用铰刀及机用铰刀两种。手用铰刀柄部为直柄,工作部分较长,导向作用较好。手用铰刀又分为整体式(图 3.41(a)) 和外径可调整式(图 3.41(b)) 两种。机用铰刀可分为带柄的(图 3.41(c)) 和套式的(图 3.41(d))。铰刀不仅可加工圆形孔,也可用锥度铰刀加工锥孔(图 3.41(e))。

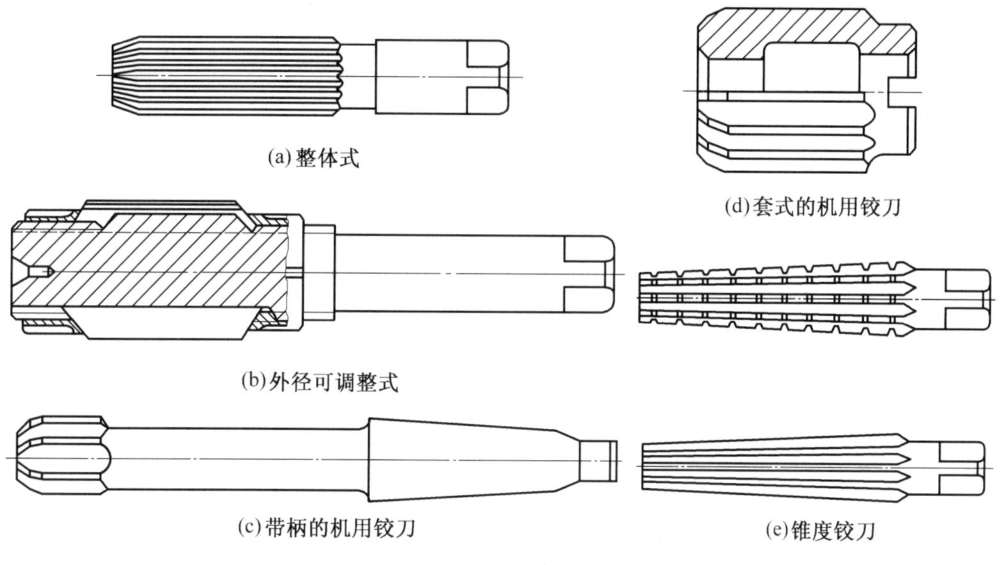

图 3.41　铰刀

(7) 镗刀。镗刀是一种很常见的扩孔用的刀具,在许多机床上都可以用镗刀镗孔(如车床、铣床、镗床以及组合机床等)。常用于较大直径孔的粗加工、半精加工和精加工。

镗刀根据结构特点及使用方式,可分为单刃镗刀和双刃镗刀两种。

单刃镗刀如图 3.42 所示,结构与车刀类似,只有一个主切削刃,一般均有调整装置。在精镗机床上常采用微调镗刀以提高调整精度,如图 3.43 所示。

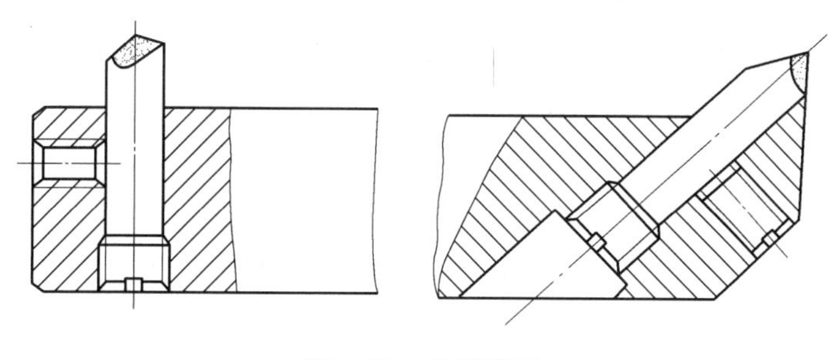

图 3.42　单刃镗刀

双刃镗刀两边都有切削刃,工作时可以消除径向力对镗杆的影响,工件的孔径尺寸与精度由镗刀径向尺寸保证。镗刀上的两个刀片径向可以调整,因此,可以加工一定尺寸范围的孔。常用的装配式浮动镗刀如图 3.44 所示。

2. 麻花钻的结构与参数

(1) 麻花钻的结构。

如图 3.45 所示,标准麻花钻由工作部分、颈部及柄部组成。工作部分又分为切削部分和导向部分,工作部分又有两条对称的螺旋槽,是容屑和排屑的通道,两个刃瓣由钻芯连接。导向部分磨有两条棱边,为了减少与加工孔壁的摩擦,棱边直径磨有(0.03 ~

0.12)/100 的倒锥,从而形成副偏角 κ'_r。

按直径的大小,麻花钻分为直柄(小直径)和锥柄(大直径)两种。

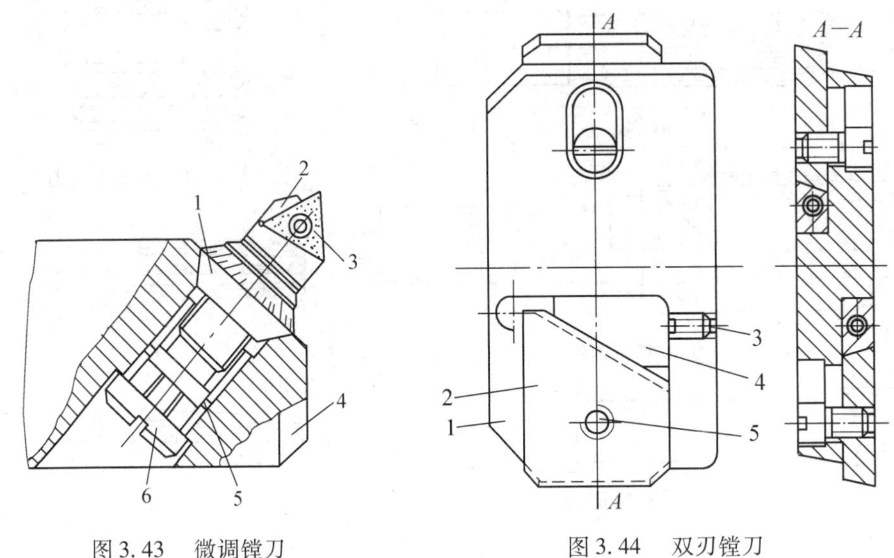

图 3.43　微调镗刀

1—精调螺母;2—刀块;3—刀片;4—镗杆;5—导向键;6—紧固螺钉

图 3.44　双刃镗刀

1—刀块;2—刀片;3—调节螺钉;4—斜面垫板;5—紧固螺钉

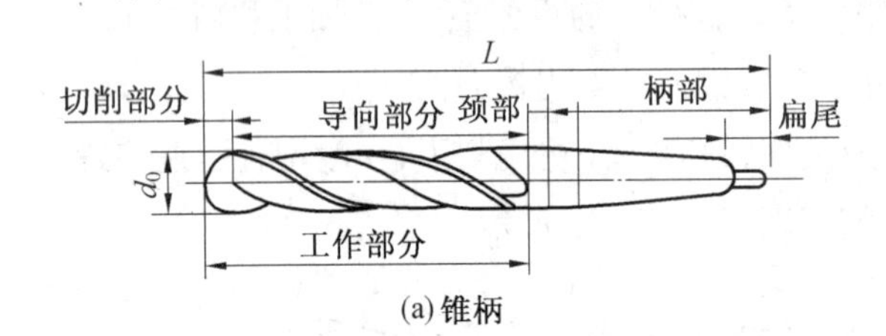

(a)锥柄

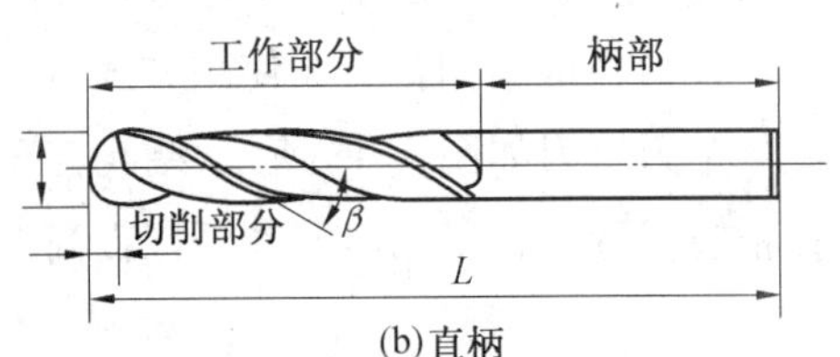

(b)直柄

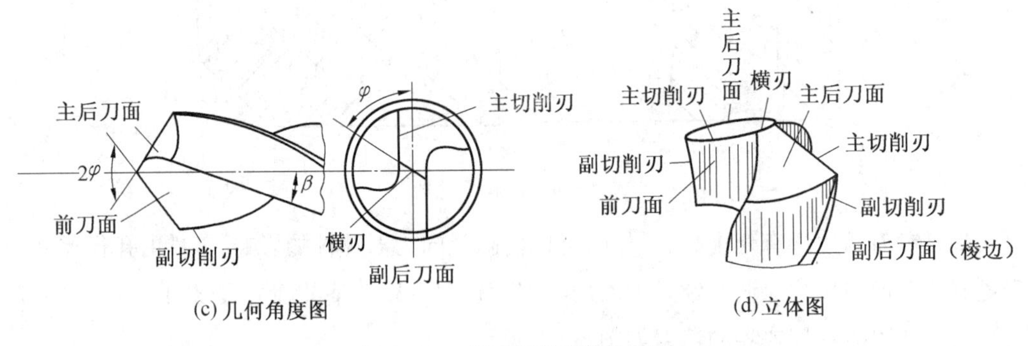

(c)几何角度图

(d)立体图

图 3.45　高速钢麻花钻的组成

(2)麻花钻的几何角度。

①螺旋角 β。钻头的螺旋角 β 是螺旋槽最外缘处螺旋线的切线与钻头轴线间的夹角。在主切削刃上半径不同的点的螺旋角不相等,钻头外缘处的螺旋角最大,越靠近钻头中心,其螺旋角越小。螺旋角实际上是钻头的进给前角。因此,螺旋角越大,钻头的进给

前角越大,钻头越锋利。但是螺旋角过大,会削弱钻头的强度和散热条件,使钻头的磨损加剧。标准高速钢麻花钻的 $\beta = 18° \sim 30°$,小直径钻头 β 值较小。

② 顶角 2φ。钻头的顶角为两主切削刃在与其平行的轴向平面上投影之间的夹角,如图 3.45(c) 所示。标准麻花钻的顶角 $2\varphi = 118°$。

③ 主偏角 κ_r 和副偏角 κ'_r。钻头的主偏角 κ_r 是主切削刃在基面上的投影与进给方向的夹角,如图 3.45(c) 所示。由于主切削刃上各点的基面不同,因此主切削刃上各点的主偏角也是变化的,越接近钻芯,主偏角越小。

④ 前角 γ_o。麻花钻主切削刃上任意点的前角是在主剖面内测量的前刀面与基面间的夹角。麻花钻主切削刃各点前角变化很大,从外缘到钻芯,前角逐渐减小,对于标准麻花钻外缘处前角30°,到钻芯减到 $-30°$,如图 3.45(c) 所示。

⑤ 后角 α_f。麻花钻主切削刃上任意点的后角是在以钻头轴线为轴心的圆柱面的切平面内测量的切削平面与主后刀面之间的夹角,如图 3.45(c) 所示。

⑥ 横刃角度。横刃是两个主后刀面的交线(图3.46),b_ψ 为横刃长度。横刃角度包括横刃斜角 ψ,横刃前角 $\gamma_{o\psi}$ 和横刃后角 $\alpha_{o\psi}$。在端面投影上,横刃与主切削刃之间的夹角为横刃斜角 ψ,它是刃磨后刀面时形成的。标准高速钢麻花钻的横刃斜角 $\psi = 50° \sim 55°$,$\gamma_{o\psi} = -(54° \sim 60°)$,$\alpha_{o\psi} = 30° \sim 36°$。

3. 铰刀的结构与参数

(1) 铰刀的结构。铰刀由工作部分、颈部及柄部组成,如图 3.47 所示。工作部分又分为切削部分与校准(修光) 部分,切削部分担任主要的切削工作,校准部分起导向、校准和修光作用。为减小校准部分刀齿与已加工孔壁的摩擦,并防止孔径扩大,校准部分的后端为倒锥形状。

(2) 铰刀的结构参数。

① 直径。铰刀是定尺寸刀具,直径的选取主要取决于被加工孔的直径及其精度。

② 齿数。为便于测量直径,铰刀齿数一般取偶数,一般为 4 ~ 12 个齿。大直径铰刀取较多齿数;加工韧性材料取较小齿数;加工脆性材料取较多齿数。

③ 齿槽形式。铰刀的齿槽形式有直线型、折线型和圆弧型三种。直线型齿槽制造容易,一般用于 $d_0 = \phi 1 \sim 20$ mm 的铰刀;圆弧型齿槽具有较大的容屑空间和较好的刀齿强度,一般用于 $d_0 > \phi 20$ mm 的铰刀;折线齿槽常用于硬质合金铰刀,以保证硬质合金刀片有足够的刚性支撑面和刀齿强度。

铰刀齿槽方向有直槽和螺旋槽两种。直槽铰刀刃磨、检验方便,生产中常用;螺旋槽铰刀切削过程平稳。螺旋槽铰刀的螺旋角根据被加工材料选取:加工铸铁等取 $\beta = 7° \sim 8°$;加工钢件取 $\beta = 12° \sim 20°$;加工铝等轻金属取 $\beta = 35° \sim 45°$。

(3) 铰刀的几何角度。

① 前角 γ_o 和后角 α_o。铰削时由于切削厚度小,切屑与前刀面只有在切削刃附近接触,前角对切削变形的影响不显著。为了便于制造,一般取 $\gamma_o = 0°$。粗铰塑性材料时,为了减少变形及抑制积屑瘤的产生,可取 $\gamma_o = 5° \sim 10°$;硬质合金铰刀为防止崩刃,取 $\gamma_o = 0° \sim 5°$。为使铰刀重磨后直径尺寸变化小些,取较小的后角,一般取 $\alpha_o = 6° \sim 8°$。校准部分刀齿则必须留有 0.05 ~ 0.3 mm 宽的刃带,以起修光和导向作用。

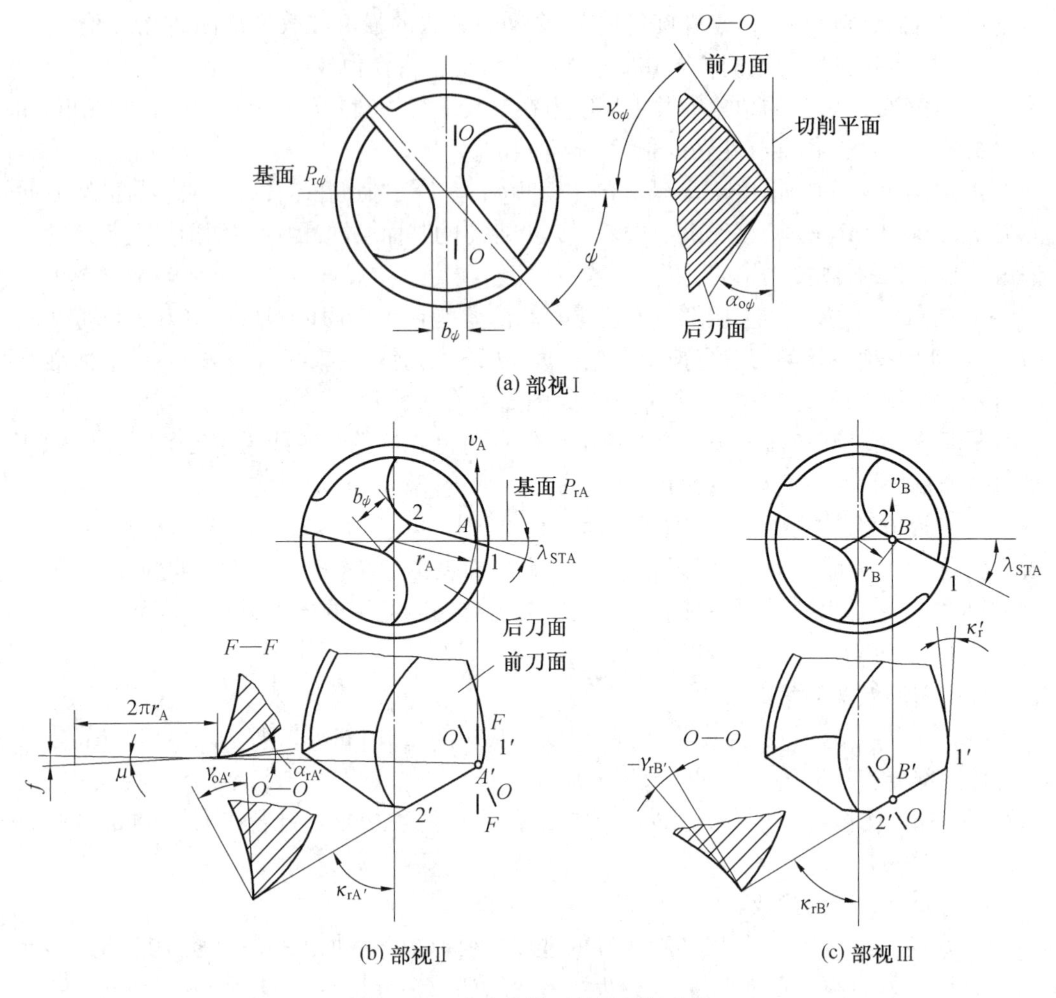

图 3.46　麻花钻横刃处的几何参数

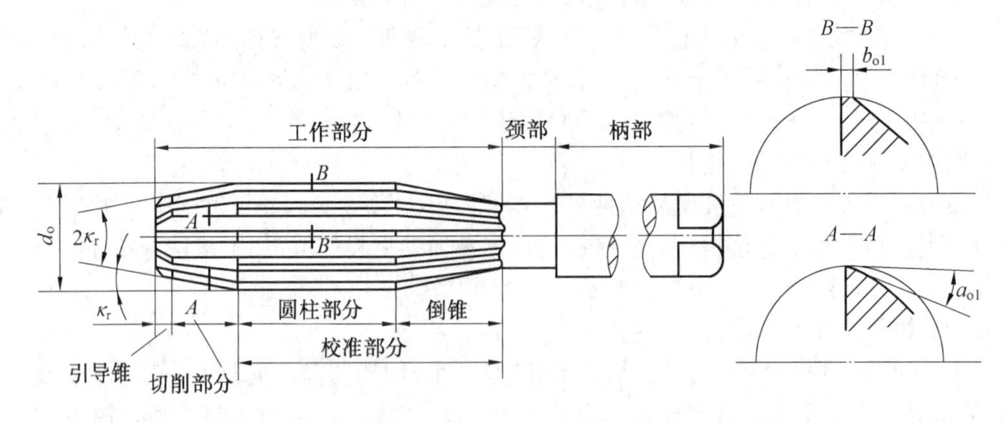

图 3.47　铰刀的结构

② 主偏角 κ_r。主偏角 κ_r 的大小影响铰刀参加工作的长度和切屑厚薄以及各分力间的比值，对加工质量有较大影响，如 κ_r 小，则参加工作的切削刃较长，切屑薄，轴向力小，

且切入时的导向好。但变形较大,而切入和切出的时间也长。因此手用铰刀宜取较小的 κ_r 值,通常 $\kappa_r = 0.5° \sim 1°$。机用铰刀工作时,其导向和进给由机床保证,故可选用 κ_r 较大值,一般在加工钢材时 $\kappa_r = 15°$,铰削铸铁和脆性材料时,$\kappa_r = 3° \sim 5°$,加工盲孔时,$\kappa_r = 45°$。

③ 刃倾角 λ_s。在铰削塑性材料时,高速钢直槽铰刀的切削刃沿轴线倾斜15° ~ 20°。形成刃倾角 λ_s,它适用于加工余量较大的通孔。硬质合金铰刀为便于制造,一般取 $\lambda_s = 0°$。

3.4.3　加工孔用机床

1. 钻床

钻床通常用于加工尺寸较小,精度要求不太高的孔。在钻床上钻孔时,工件一般固定不动,刀具做旋转主运动,同时沿轴向做进给运动。在钻床上完成钻孔、扩孔、铰孔、锪孔以及攻螺纹等加工。钻床的加工方法及所需的运动如图 3.48 所示。

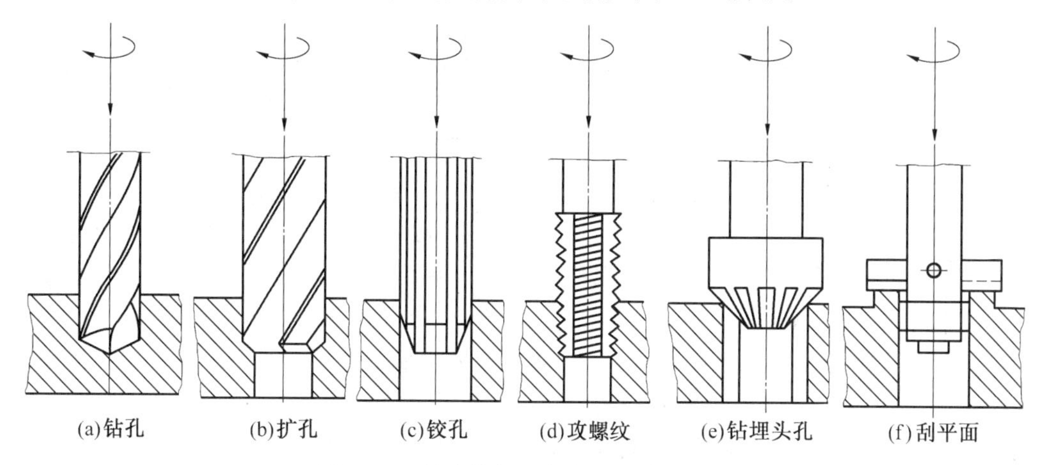

图 3.48　钻床的加工方法及所需的运动

钻床根据用途和结构的不同,可分为立式钻床、摇臂钻床、台式钻床、深孔钻床及其他钻床(如中心孔钻床)。

(1) 立式钻床。Z5135 型立式钻床的外形如图 3.49 所示,主要由底座 1、工作台 2、主轴 3、进给箱 4、变速箱 5 及立柱 6 等组成。进给箱 4、工作台 2 可沿立柱 6 的导轨调整上下位置,以适应加工不同高度的工件,当一个孔加工完再加工第二个孔时,需要重新移动工件,使刀具旋转中心对准被加工孔的中心。因此对于大而重的工件、操作不方便,适用于中小工件的单件、小批量生产。

(2) 摇臂钻床。Z3040 型摇臂钻床外形如图 3.50 所示。工件固定在底座 1 的工作台 10 上,主轴 9 的旋转和轴向进给运动是由电动机 6 通过主轴箱 8 来实现的。主轴箱 8 可在摇臂 7 的导轨上移动,摇臂借助电动机 5 及丝杠 4 的传动,可沿外立柱 3 上下移动。外立柱 3 可绕内立柱 2 在 ±180° 范围内回转,可以很方便地调整主轴 9 到所需的加工位置上,而无需移动工件。摇臂钻床适用于单件和中、小批生产中加工大中型零件。

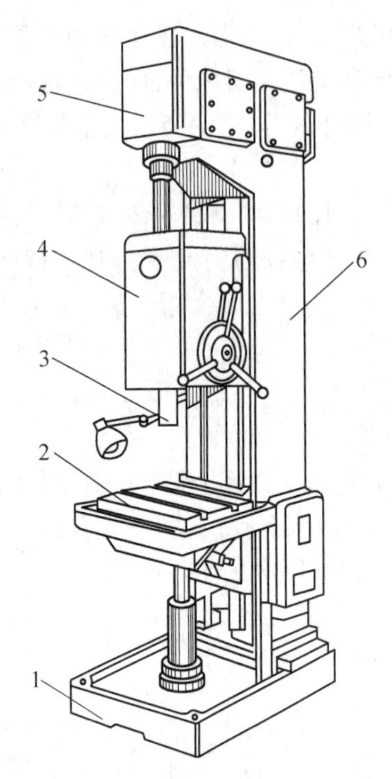

图 3.49　Z5135 型立式钻床

1— 底座;2— 工作台;3— 主轴;
4— 进给箱;5— 变速箱;6— 立柱

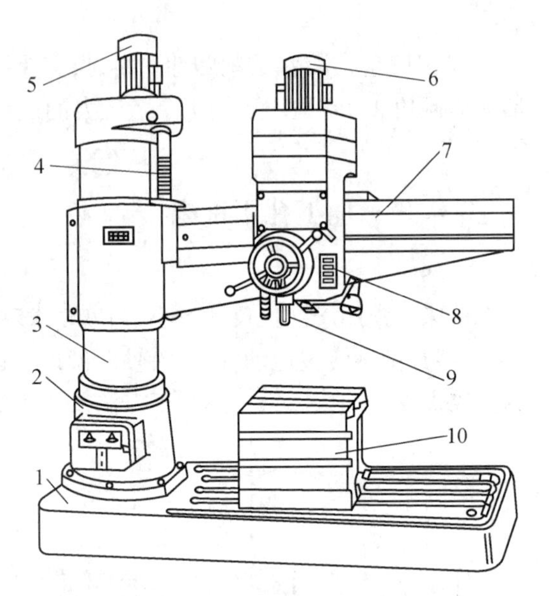

图 3.50　Z3040 型摇臂钻床

1— 底座;2— 内立柱;3— 外立柱;4— 丝杠;
5、6— 电动机;7— 摇臂;8— 主轴箱;9— 主轴;
10— 工作台

(3) 台式钻床。台式钻床简称台钻,是一种主轴垂直布置的小型钻床。台钻的钻孔直径一般小于 $\phi 15$ mm,最小可加工直径为十分之几毫米的小孔。由于加工的孔径很小,所以台钻主轴的转速很高,有的竟达每分钟几万转。台钻结构简单、使用灵活方便,但由于台钻自动化程度较低,通常是手动进给,所以适用于单件、小批生产中加工小型零件上的各种小孔。

(4) 深孔钻床。深孔钻床是专门用于加工深孔的机床,深孔钻床通常采用卧式布局,如加工枪管、炮筒和机床主轴等零件的深孔。由于加工的孔较深,为了减少孔中心线的偏斜,加工时通常是由工件转动来实现主运动的,深孔钻头并不转动,只做直线进给运动。

2. 镗床

镗床通常用于加工有预制孔的尺寸较大、精度要求较高的孔,特别是分布在不同表面上、孔距和位置精度要求较高的孔,如各种箱体、汽车发动机缸体等零件上的孔。一般镗刀的旋转为主运动,镗刀或工件的移动为进给运动。在镗床上,除镗孔外,还可以进行铣削、钻孔、扩孔、铰孔、锪平面等工作,因此镗床的工艺范围较广。镗床的主要类型有卧式镗床、立式镗床、坐标镗床、金刚镗床和落地镗床等。

(1) 卧式镗床。卧式镗床的外形如图 3.51 所示。主要由床身 1、主轴箱 2、前立柱 3、主轴 4、平旋盘 5、工作台 6、上滑座 7、下滑座 8、导轨 9、支承架 10 及后立柱 11 等组成。主轴 4 的旋转为主运动,它还可沿轴向移动做进给运动。平旋盘 5 只能做旋转主运动,而装在平旋盘导轨上的径向刀架,可做径向进给运动,这时可以车端面。工件一次装夹后,即可完成多种表面的加工,这对于加工大而重的工件很有利。

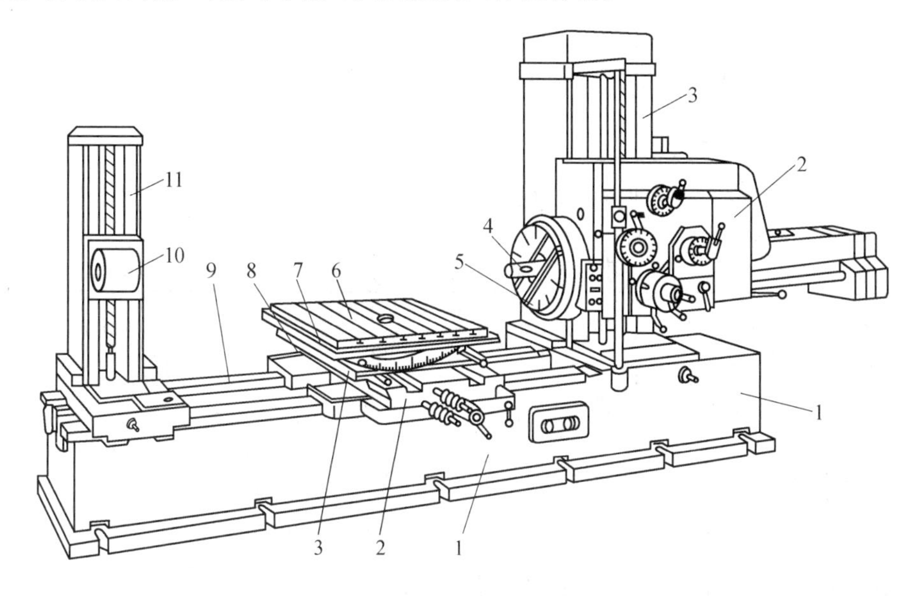

图 3.51　卧式镗床

1— 床身;2— 主轴箱;3— 前立柱;4— 主轴;5— 平旋盘;6— 工作台;7— 上滑座;8— 下滑座;9— 导轨;10— 支承架;11— 后立柱

(2) 坐标镗床。坐标镗床是指具有精密坐标定位装置的镗床,坐标镗床分为立式和卧式两类,立式坐标镗床适于加工轴线与安装基面(底面) 垂直的孔系和铣削顶面,卧式坐标镗床适用于加工与安装基面平行的孔系和铣削侧面。

卧式坐标镗床外形如图 3. 52 所示,其主轴 4 水平布置。镗孔坐标位置由下滑座 1 沿床身 7 导轨纵向移动和主轴箱 6 沿立柱 5 的导轨上下移动来实现。机床进行孔加工时的进给运动,可由主轴 4 轴向移动完成,也可由上滑座 2 横向移动完成。回转工作台 3 可在水平面内回转一定角度,以进行精密分度。

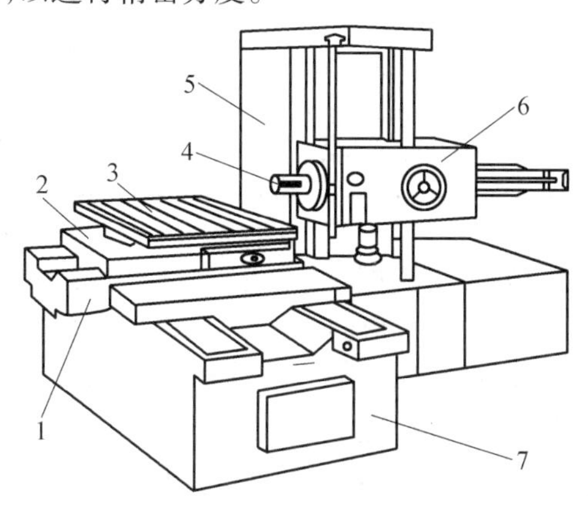

图 3. 52　卧式坐标镗床

1— 下滑座;2— 上滑座;3— 工作台;4— 主轴;5— 立柱;6— 主轴箱;7— 床身

3.5　齿加工与机床

3.5.1　齿形加工的基本知识

1. 齿轮齿形加工方法

按齿形形成原理，齿形加工方法有成形法和展成法两种，常用的齿形加工方法的加工精度见表3.5。

表3.5　齿形加工方法的加工精度

齿形加工方法			刀具	机床	精度等级	表面粗糙度 Ra/μm	应用范围
成形法	一般加工	成形法铣齿	指形铣刀	铣床	8	3.2	用于大模数（$m>20$）齿轮数的人字齿轮
			盘形铣刀	铣床	10	3.2	用于单件生产中，加工直齿及斜齿外齿轮
		拉齿	齿轮拉刀	拉床	8	0.8	用于大量生产中，加工直齿内齿轮
	精加工	铣齿	成形砂轮	磨齿机	5～6	0.4～0.2	用于成批生产，精加工淬火后的齿轮
展成法	一般加工	滚齿	滚刀	滚齿机	7～8	3.2～0.8	用于成批生产中的直齿及斜齿外齿轮
		插齿	插齿刀	插齿机	7～8	1.6～0.8	用于成批生产中的各种齿轮，适于加工内齿、多联齿轮、扇形齿轮等
	精加工	剃齿	剃齿刀	剃齿机	6	0.8～0.2	主要用于滚插预加工后，淬火前的精加工
		珩磨	珩磨轮	珩齿机	6～7	0.8～0.4	用于加工剃齿和高频淬火后的齿形
		磨齿	盘形砂轮	磨齿机	3～6	0.8～0.4	用于加工精加工淬火后的齿形，生产率高
			蜗杆砂轮	磨齿机	3～6	0.8～0.4	用于精加工淬火后的齿形，生产率高
	无屑加工	冷挤齿轮	挤轮	挤齿机	6～7	0.4～0.1	生产率比剃齿高，成本低，用于淬硬前的精加工

2. 齿轮齿形加工原理

（1）成形法。成形法（或称仿形法）加工齿轮是使用切削刃形状与被切齿轮的齿槽法向截形完全相符的成形刀具切出齿形的方法。即由刀具的切削刃形成渐开线母线，再加上一个沿齿坯齿向的运动形成所加工齿面。成形法加工齿轮时，加工完一个齿槽，工件分度转过一个齿，再加工下一个齿槽，直至全部加工完毕。用成形法原理加工齿形的方法有用盘状或指形铣刀铣齿、成形砂轮磨齿、拉刀拉齿等。

成形法切削齿轮的铣刀刀具有盘状模数铣刀和指形模数铣刀两种，如图3.53所示。其中盘状模数铣刀适用于加工模数小于8的齿轮，指形模数铣刀适用于加工模数较大的齿轮。用成形法切削齿轮，加工精度较低，生产率不高。但是这种方法不需要专用机床，设备费用低，且不会出现根切现象，适用于单件小批生产，加工精度为12 ~ 9级，表面粗糙度 Ra 为6.3 ~ 3.2 μm。

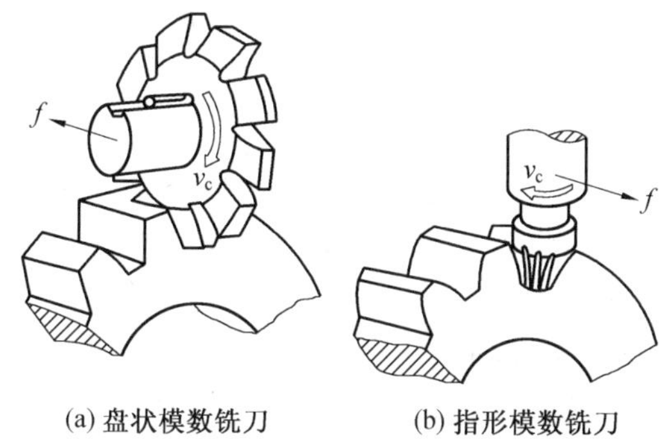

图3.53　成形法加工齿轮

(2) 展成法。展成法(又称范成法、包络法) 加工齿轮是利用齿轮啮合的原理进行的，即把齿轮啮合副(齿条齿轮、齿轮齿轮) 中的一个转化为刀具，另一个转化为工件，并强制刀具和工件做严格的啮合运动，刀具齿形的运动轨迹逐步包络出工件的齿形(图3.54)。滚齿、插齿、剃齿、磨齿、珩齿等都属于展成法切齿，一般用于成批大量生产。

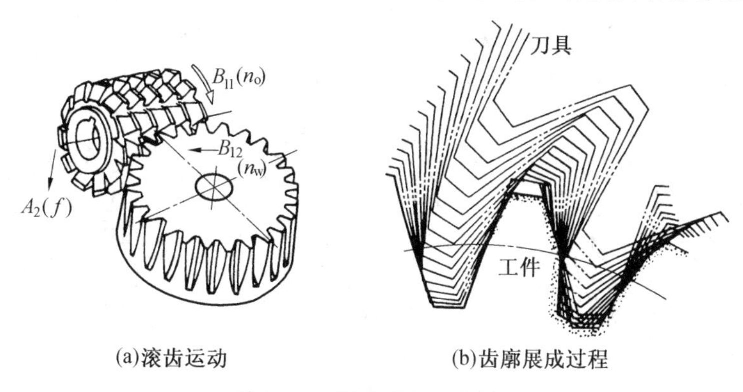

图3.54　展成法加工齿轮

3.5.2　滚齿加工与滚齿机

1. 滚齿加工传动原理

滚齿加工的原理相当于一对交错轴螺旋齿轮的啮合传动。在滚齿过程中，滚刀与齿坯做强迫啮合运动时，即切去齿坯上的多余材料，在齿坯表面加工出共轭的齿面，若滚刀再沿齿轮轴向进给，就可加工出全齿长，形成一个新的齿轮。

从机床运动的角度出发，工件渐开线齿面系由一个复合成形运动即展成运动(由两个单元运动 B_{11} 和 B_{12} 所组成) 和一个简单成形运动 A_2 的组合所形成。B_{11} 和 B_{12} 之间应有严格的速比关系，即当滚刀转过一转时，工件相应地转 K/Z 转(K 为滚刀的线数，Z 为工件齿数)。从切削加工的角度考虑，滚刀的回转 B_{11} 为主运动，用 n_0 表示；工件的回转(B_{12}) 为圆周进给运动，用 n_w 表示；滚刀的直线移动(A_2) 是为了沿齿宽方向切出完整的齿槽，称为垂直进给运动，用进给量 f 表示。当滚刀与工件按图3.54所示完成所规定的连续的相对运动，即可依次切出齿坯上全部齿槽。滚齿加工应用广泛，但滚齿加工出来的齿廓表面粗糙度较大。滚齿加工主要用于加工直齿齿轮、斜齿圆柱齿轮和蜗轮，而不能加工内齿轮和多联齿轮。

2. 滚齿加工刀具

(1) 滚刀。滚刀是根据一对相啮合的、轴线交叉的螺旋齿轮啮合过程(图 3.55(a))而工作的一种刀具。它由相啮合齿轮副中的一个斜齿轮演变而来。当这个斜齿轮的齿数减少到几个或一个，螺旋角增大到很大(接近90°)，它就成了蜗杆(图 3.55(b))。实际上，滚刀是在所谓渐开线蜗杆基础上制成的。但渐开线蜗杆制造困难，常采用制造比较容易的阿基米德蜗杆来代替，这样做成的滚刀就有一定的齿形误差，但误差极小，能够应用。为了使阿基米德蜗杆成为能切削的刀具，就在基本蜗杆上开出直线形或螺旋形的容屑槽以形成前刀面和前角，每个刀齿经铲背加工形成后角，成为齿轮滚刀(图3.55(c))。因此，滚刀实质就是一个单齿(或双齿) 大螺旋角齿轮，只是齿轮齿面上有容屑槽和切削刃，它与被切齿轮的齿数无关，因此可以用一把刀具加工出同一模数和齿形角、任意齿数的齿轮。齿轮滚刀的应用范围很广，可以用来加工外啮合的直齿轮、斜齿轮、标准及变位齿轮。

(2) 滚刀的结构。滚刀结构分为整体式、镶片式和可转位式等类型。中小模数(m = 1 ~ 10 mm) 齿轮滚刀往往做成整体式，一般由高速钢材料制成。模数较大的滚刀一般做成镶片式和可转位式。滚刀按精密程度分为 AAA、AA、A、B、C 级。

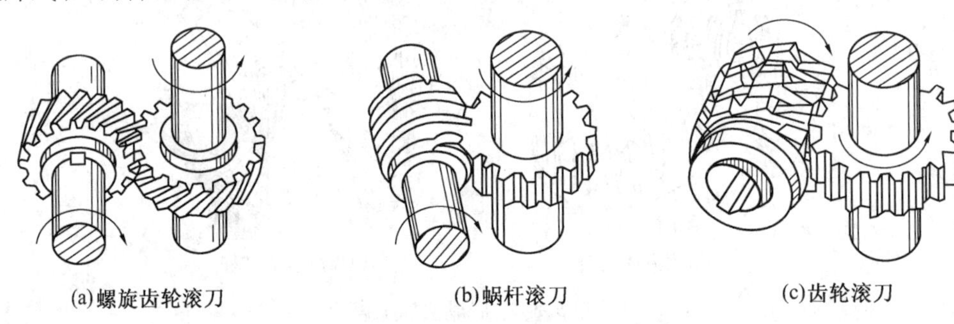

(a)螺旋齿轮滚刀　(b)蜗杆滚刀　(c)齿轮滚刀

图 3.55　滚刀形成过程

3. Y3150E 滚齿机

齿轮加工机床按所能加工齿轮的类型通常分为圆柱齿轮加工机床和圆锥齿轮加工机床。圆柱齿轮加工机床主要有滚齿机、插齿机等；锥齿轮加工机床有加工直齿锥齿轮的刨齿机、铣齿机、拉齿机和加工弧齿锥齿轮的铣齿机等；用于精加工齿轮齿面的机床有研齿机、剃齿机、珩齿机、磨齿机等。

Y3150E 型滚齿机是一种应用广泛的中型通用滚齿机，主要由床身 1、立柱 2、刀架溜板3、刀杆4、刀架体5、支架6、心轴7、后立柱8、工作台9 及床鞍10 等组成。主要用于加工直齿和斜齿圆柱齿轮，可以径向切入法加工蜗轮，配备切向进给刀架后也可用切入法加工蜗轮。可加工工件最大直径为 ϕ500 mm，最大模数为 8 mm。Y3150E 型滚齿机外形如图 3.56 所示。

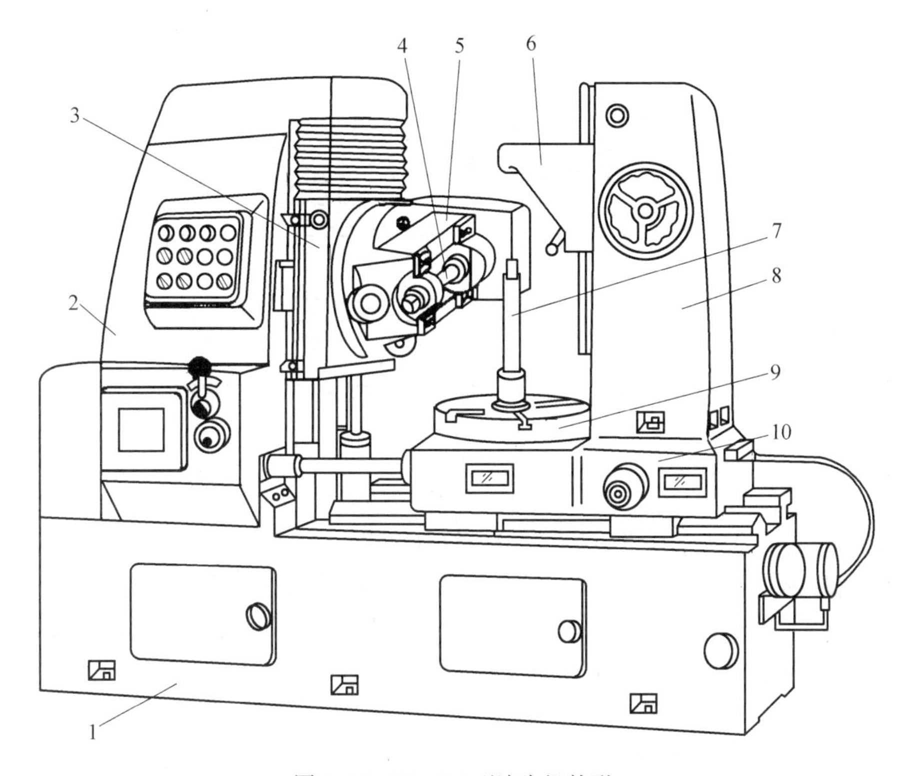

图3.56　Y3150E型滚齿机外形

1—床身;2—立柱;3—刀架溜板;4—刀杆;5—刀架体;6—支架;7—心轴;8—后立柱;9—工作台;10—床鞍

3.5.3　插齿加工

1.插齿原理

插齿主要用于加工内外啮合的圆柱齿轮、扇形齿轮、人字齿轮及齿条等,尤其适于加工内齿轮和多联齿轮,但不能加工蜗轮。插齿可一次完成齿槽的粗加工和半精加工,其加工精度一般为8 ~7级,表面粗糙度 Ra 可达1.6 μm,插齿加工生产率低。

插齿过程相当于一对轴线平行的圆柱齿轮的啮合过程。其中的一个齿轮转化为插刀,另一个则为没有齿的待加工工件(齿轮毛坯),如图3.57所示。插齿时,插刀做上、下往复的切削主运动,同时还与轮坯做无间隙的啮合运动(展成运动 n_0+n_w),插齿刀在每一往复行程中切去一定的金属,从而包络出工件渐开线齿廓。需要插制斜齿轮时,插齿刀主轴将在一个专用螺旋导轨上运动,在上、下往复运动时,由于导轨的作用,插齿刀便能产生一个附加转动。

2.插齿刀

插齿刀与被切齿轮的关系相当于一对相互啮合的圆柱齿轮的关系。插齿刀由齿轮转化而成,具有切削刃和前角、后角,因此,它的模数、压力角应与被切齿轮相同,用一把插齿刀可加工出模数和齿形角相同而齿数不同的齿轮。

插齿刀通常制成AA、A、B三种精度等级,在正常工艺条件下,分别用于加工6、7、8级

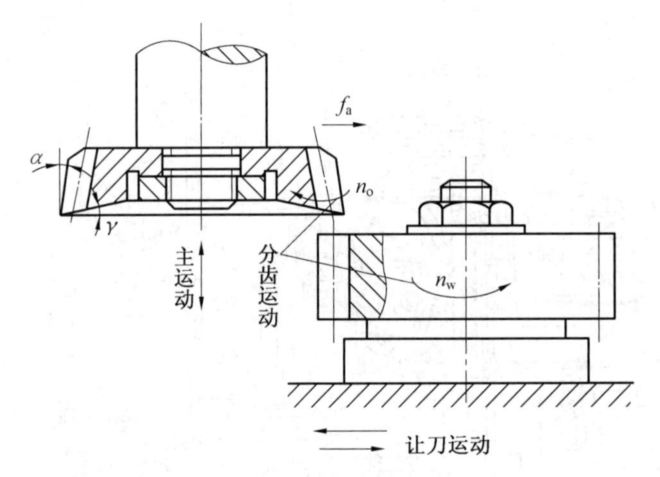

图 3.57　插齿原理

精度的齿轮。标准直齿插齿刀有以下三种类型(图 3.58)。

(1) 盘形插齿刀(图 3.58(a))。盘形插齿刀用内孔及内孔支承端面定位,通过螺母紧固在插齿机主轴上,这种形式的插齿刀主要用于加工外直齿轮及大直径内齿轮。它有四种公称分度圆直径:75 mm、100 mm、160 mm 和 200 mm,用于加工模数为 1 ~ 12 mm 的齿轮。

(2) 碗形直齿插齿刀(图 3.58(b))。碗形直齿插齿刀主要用于加工多联齿轮和带有凸肩的齿轮。它以内孔定位,夹紧螺母可位于刀体内。它也有四种公称分度圆直径:50 mm、75 mm、100 mm 和 125 mm,用于加工模数为 1 ~ 8 mm 的齿轮。

(3) 锥柄插齿刀(图 3.58(c))。锥柄插齿刀主要用于加工内齿轮,这种插齿刀为带锥柄(莫氏短圆锥柄)的整体结构,通过带有内锥孔的专用接头与插齿机主轴连接。其公称分度圆直径有 25 mm 和 38 mm 两种,用于加工模数为 1 ~ 3.75 mm 的齿轮。

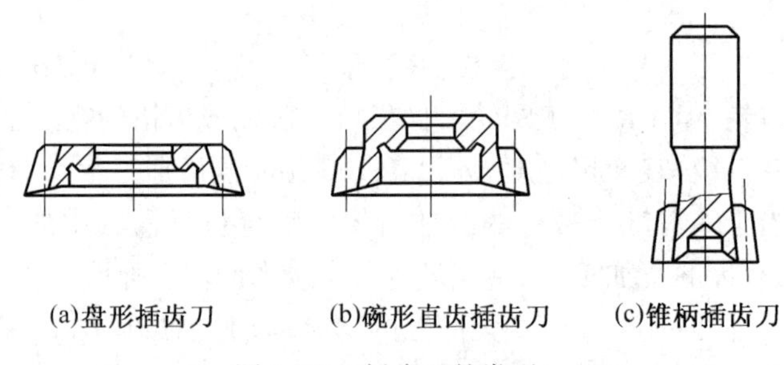

图 3.58　插齿刀的类型

3.5.4　其他类型齿加工

对于 6 级精度以上的齿轮或者淬火后的硬齿面的加工,插齿和滚齿有时已不能满足其精度和表面粗糙度的要求,因此要在滚齿或插齿后再进行齿面的精加工。常用的齿面精加工方法有剃齿、珩齿、磨齿和研齿等。

1. 剃齿加工

剃齿常用于滚齿或插齿预加工后,对未淬火圆柱齿轮的精加工。剃齿一般可达到

7 ~ 6级精度，齿面表面粗糙度 Ra 为1.25 ~ 0.32 μm；生产效率很高，是软齿面精加工最常见的加工方法之一。

① 剃齿原理。剃齿是利用一对交错轴螺旋齿轮啮合的原理在剃齿机上进行的。剃齿刀实质上是一个高精度的斜齿轮，为了形成切削刃，在每个齿的齿侧沿渐开线方向开了许多小容屑槽。剃齿时的工作情况如图3.59(a)所示。经过预加工的工件2(称为剃前齿轮)装在心轴上，心轴可自由转动。剃齿刀1装在机床主轴上，与工件轴线相交，轴交角为Σ，使剃齿刀与工件的齿向一致。机床主轴驱动剃齿刀旋转(转速为 n_0)，剃齿刀带动工件旋转(转速为 n_w)，两者之间形成无侧隙的螺旋齿轮自由啮合运动，所以，剃齿加工属于自由啮合的展成加工，其啮合运动与滚齿和插齿性质有所不同(滚齿和插齿的刀具与工件均由机床驱动，属于强制啮合式展成加工)。因而剃齿加工法又称对滚法。剃齿刀的齿面在工件齿面上进行挤压和滑移，刀齿上的切削刃从工件齿面上切下细丝状的切屑，加上相应的进给运动，便可把工件整个齿面上很薄的余量切除。

图3.59(b)为左旋剃齿刀剃削右旋齿轮的啮合状况。在啮合点 P 处刀具和工件的线速度分别是 v_o 和 v_w。它们可以分解为齿面的法向分量 v_{on}、v_{wn} 及切向分量 v_{ot}、v_{wt}，由于啮合点处的法向分量必须相等，即

$$v_{on} = v_o \cos\beta_0 = v_{wn} = v_w \cos\beta \tag{3.1}$$

所以

$$v_w = \frac{v_o \cos\beta_0}{\cos\beta} \tag{3.2}$$

式中　β_o、β——剃齿刀和被剃齿轮螺旋角。

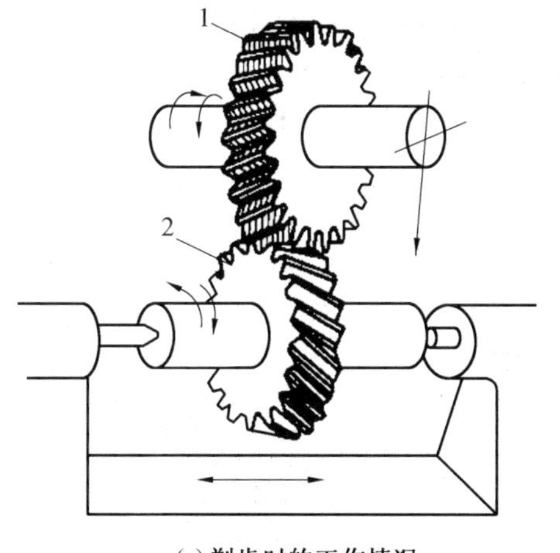

(a)剃齿时的工作情况

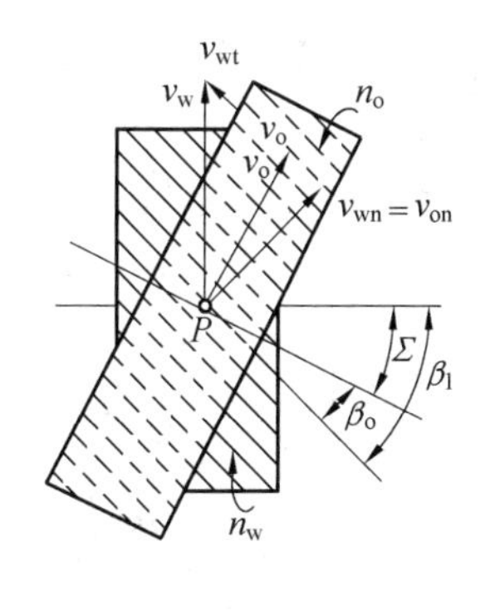

(b)左旋剃齿刀剃削右旋齿轮的啮合状况

图3.59　剃齿加工

1—剃齿刀；2—工件(齿轮)

(2) 剃齿运动。从剃齿原理分析可知，两齿面是点接触，为了剃出整个齿侧面，工作台必须带着工件做往复直线运动，工作台每次行程后，剃齿刀带动工件反转，以剃出另一齿面。工作台每次双行程后还应做径向进给运动，以保证剃齿刀与工件之间的无隙啮合并逐步剃去所留余量，得到所需齿厚。因此，剃齿时应具备以下运动：

① 剃齿刀的正反旋转运动(工件由剃齿刀带动旋转)以产生切削运动。

② 工件沿轴向的往复运动(纵向进给运动)。

③ 工件每往复运动一次后的径向进给运动。

(3) 剃齿加工的工艺特点。

① 剃齿加工效率高,一般只要几分钟(2 ~ 4 min)便可完成一个齿轮的加工。剃齿机结构简单,调整方便。

② 剃齿加工精度主要取决于剃齿刀的精度。剃齿加工对齿轮的齿形误差和基节误差有较强的修正能力,因而有利于提高齿轮的齿形精度。此外,齿轮表面粗糙度也能减小。

③ 剃齿时由于刀具与工件之间没有强制性运动关系,不能保证分齿均匀,故剃齿加工对齿轮的切向误差的修正能力差。因此,对前道工序的精度要求较高。

④ 采用 CBN 镀层剃齿刀,可加工 60HRC 以上的渗碳淬硬齿轮,刀具转速可达 3 000 ~4 000 r/min,机床采用 CNC,与普通剃齿比较,加工时间缩短 20%,调整时间节省 90%。

2. 珩齿加工

珩齿是对淬硬齿轮进行精加工的方法之一。其原理和运动与剃齿相同,见图 3.60,主要区别就是所用刀具不同,以及珩磨轮的转速比剃齿刀的高。珩磨轮是珩齿的刀具,它是由金刚砂磨料加环氧树脂等材料浇铸或热压而成的塑料齿轮,与剃齿刀相比,珩轮的齿形简单,容易获得高的齿形精度。珩齿时,在珩磨轮与工件"自由啮合"的过程中,借齿面间的一定压力和相对滑动,由磨粒来进行切削。由于珩轮的磨削速度较低,加之磨料粒度较细,结合剂弹性较大,因此珩磨实际上是一种低速磨削、研磨和抛光的综合过程。珩齿时齿面间除了沿齿向产生滑动进行切削外,沿渐开线方向的滑动也使磨粒能够切削,齿面的刀痕纹路比较细密而使表面粗糙度显著变小。加上珩齿的切削速度低,齿面不会产生烧伤和裂纹,故齿面质量较好。但珩齿修正误差的能力不强。

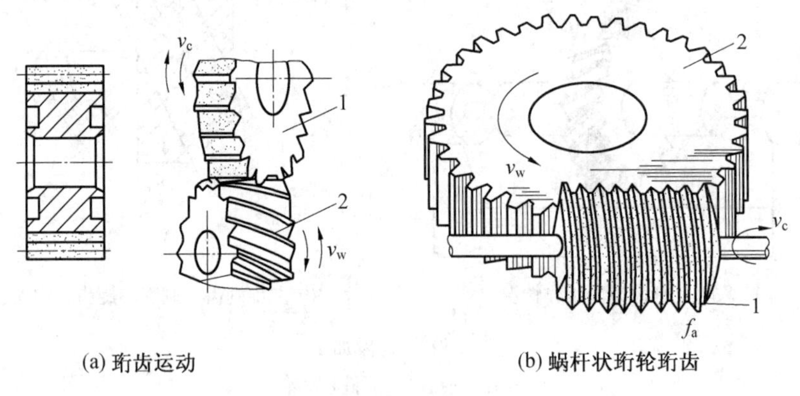

图 3.60　珩齿加工

1— 珩轮;2— 工件

珩齿余量一般不超过 0.025 mm,切削速度为 1.5 m/s 左右,工件的纵向进给量为 0.3 mm/r 左右。径向进给量控制在 3 ~ 5 次纵向行程内切去齿面的全部余量。一般能加工7 ~ 6 级精度齿轮,轮齿表面粗糙度 Ra 为 0.8 ~ 0.4 μm。珩齿的生产效率高,在成批、大量生产中得到广泛的应用。

3. 磨齿加工

磨齿是目前齿形精加工中加工精度最高的方法，一般条件下加工精度可达6 ~ 4级，轮齿表面粗糙度 Ra 可达0.8 ~ 0.2 μm。由于采取强制啮合方式，不仅对磨齿前的加工误差及热处理变形有较强的修正能力，而且可以加工表面硬度很高的齿轮。但是一般磨齿（除蜗杆砂轮磨齿外）加工效率较低、机床结构复杂、调整困难、加工成本高，因此磨齿多用于加工精度要求很高、齿部淬硬后的齿形精加工。

磨齿加工有两大类：成形法磨齿和展成法磨齿。成形法磨齿应用较少，多数为展成法磨齿。展成法磨齿又有连续磨齿和分度磨齿两大类。

(1) 连续磨齿。展成法连续磨齿即蜗杆砂轮磨齿，其工作原理与滚齿相似。砂轮为蜗杆形，相当于滚刀，但直径比滚刀大得多，它与工件作展成运动，磨出渐开线。加上进给运动就可磨出整个齿面，轴向进给速度一般由工件完成，如图3.61所示。磨齿精度一般为5 ~ 4级，由于连续分度和很高的砂轮转速(2 000 r/min)，生产率高；主要用于成批大量生产中磨削中、小模数的齿轮。

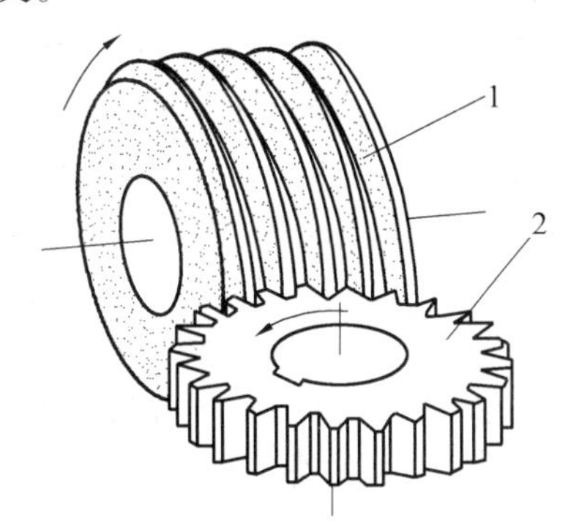

图3.61　蜗杆砂轮磨齿
1— 蜗杆砂轮；2— 工件

(2) 分度磨齿。根据砂轮形状的不同，分度磨齿又可分为碟形砂轮型、锥形砂轮型以及大平面砂轮型三种。其工作原理基本相同，都是利用了齿条和齿轮的啮合原理，用砂轮代替齿条与被加工齿轮啮合，从而磨出轮齿面。齿条的齿廓是直线，形状简单，易于修整砂轮廓形。

双碟形砂轮磨齿的加工示意图如图3.62所示。加工精度可达5 ~ 4级；但碟形砂轮刚性差，背吃刀量小，故生产率极低。锥形砂轮磨齿的加工示意图如图3.63所示。

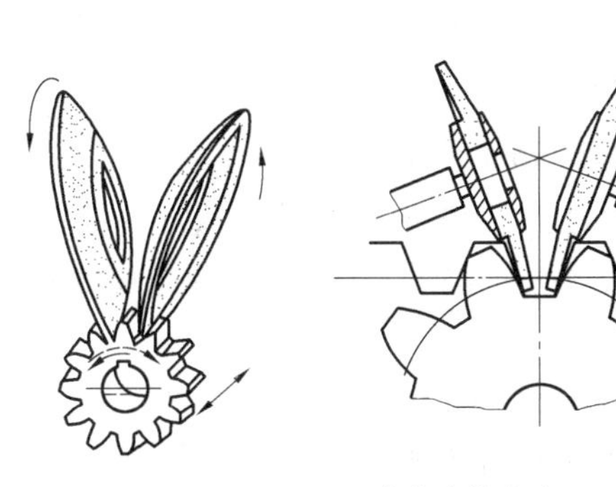
图3.62　双碟形砂轮磨齿

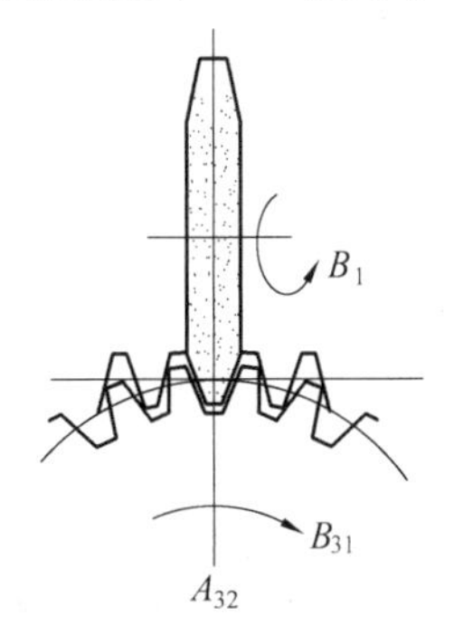

图3.63　锥形砂轮磨齿

3.6　磨削加工与机床

3.6.1　磨削加工

1. 磨削过程

磨削加工是靠砂轮表面随机排列的大量磨粒完成的。每个磨粒都可以看作一把微小的切刀。磨料磨粒的形状是很不规则的多面体，不同粒度号磨粒的顶锥角大多为90° ~ 120°。磨粒上刃尖的钝圆半径 r_n 在几微米至几十微米之间，磨粒磨损后 r_n 还将增大。由于磨粒以较大的负前角(- 40° ~ - 60°) 和钝圆半径对工件进行切削(图 3. 64)，磨粒接触工件的初期不会切下切屑，只有在磨粒的切削厚度增大到某一临界值后才开始切下切屑。磨削过程中磨粒对工件的作用包括滑擦、耕犁和形成切屑三个阶段(图 3. 65)。

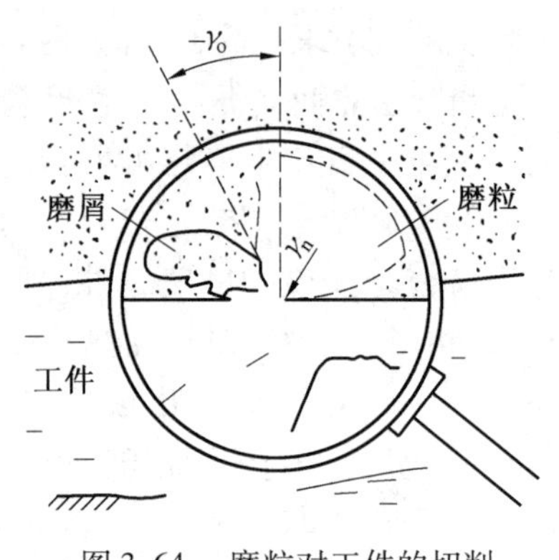

图 3. 64　磨粒对工件的切削

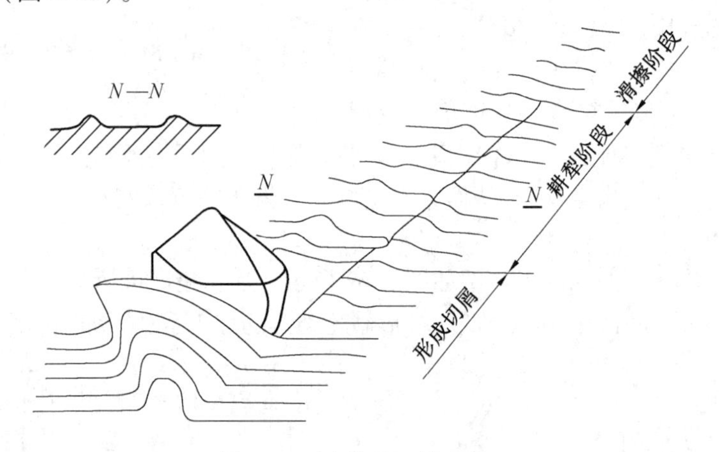

图 3. 65　磨粒的切削过程

(1) 滑擦阶段。磨粒刚开始与工件接触时，由于切削厚度非常小，磨粒只是在工件上滑擦，工件仅产生弹性变形。这种滑擦现象会产生很高的温度，是引起被磨表面产生烧伤、裂纹等缺陷的主要原因之一。

(2) 耕犁阶段。随着切削厚度逐渐加大，被磨工件表面开始产生塑性变形，磨粒逐渐切入工件表层材料中。表层材料被挤向磨粒的前方和两侧，工件表面出现沟痕，沟痕两侧产生隆起，如图3. 65 中 *N—N* 截形图所示。此阶段磨粒对工件的挤压摩擦剧烈，热应力增加。

(3) 形成切屑。当磨粒的切削厚度增加到某一临界值时，磨粒前面的金属产生明显的剪切滑移而形成切屑。

可见，磨削过程是包括滑擦、耕犁和形成切屑三个阶段的综合复杂过程。磨削过程中产生的隆起残留量增大了磨削表面粗糙度，但实验证明，隆起残留量与磨削速度有着密切关系，随着磨削速度的提高而成正比下降。因此，高速磨削能减小表面粗糙度。

2. 磨削力

同其他切削加工一样，磨削力可分解为三个分力：F_c（主磨削力或切向磨削力）、F_p（切深抗力或径向磨削力）、F_f（进给抗力或轴向磨削力）。几种不同类型磨削加工的三向分力如图3.66所示。

磨削力与切削力相比有以下主要特征：

（1）单位磨削力大，根据不同磨削情况，单位磨削力为70～200 GPa，而其他切削时，单位切削力都在7 GPa以下。

（2）三个分力中，磨削最大分力为径向力 F_p，一般情况下，$F_p/F_c=1.6\sim3.2$，塑性越小，硬度越大，其比值越大。大的径向力因影响系统振动而使磨削质量下降。

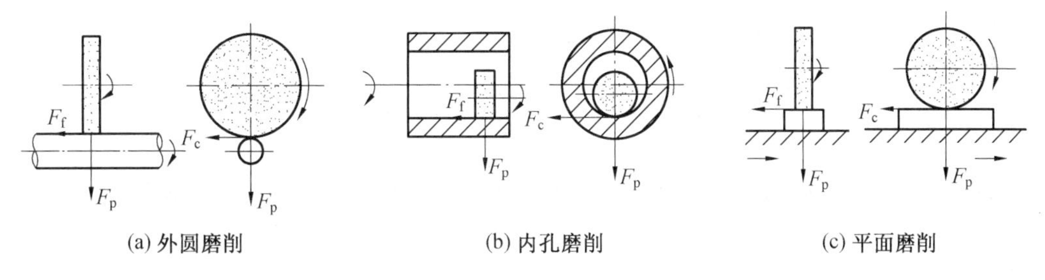

图3.66　磨削时的三向磨削分力

3. 磨削温度

（1）磨削温度。磨削时，由于磨削速度很高，切削厚度很小，切削刃很钝，所以切除单位体积金属所消耗的功率为车、铣等切削方法的10～20倍。磨削所消耗能量的大部分转变为热能，使磨削区形成高温。

磨削温度常用磨削点温度和磨削区温度来表示。磨削点温度是指磨削时磨粒切削刃与工件、磨屑接触点温度。磨削点温度非常高（可达1 000～1 400 ℃），它不但影响表面加工质量，而且对磨粒磨损也有很大的影响。砂轮磨削区温度就是通常所说的磨削温度，是指砂轮与工件接触面上的平均温度，为400～1 000 ℃，它是产生磨削表面烧伤、残余应力和表面裂纹的原因。

（2）影响磨削温度的因素。

① 砂轮速度 v_c。提高砂轮速度 v_c，单位时间通过工件表面的磨粒数增多，单颗磨粒切削厚度减小，挤压和摩擦作用加剧，单位时间内产生的热量增加，使磨削温度升高。

② 工件速度 v_w。增大工件速度 v_w，单位时间内进入磨削区的工件材料增加，单颗磨粒的切削厚度加大，磨削力及能耗增加，磨削温度上升；但从热量传递的观点分析，提高工件速度 v_w，工件表面与砂轮的接触时间缩短，工件上受热影响区的深度较浅，可以有效防止工件表面层产生磨削烧伤和磨削裂纹。

③ 径向进给量 f_r。径向进给量 f_r 增大，单颗磨粒的切削厚度增大，产生的热量增多，使磨削温度升高。

④ 工件材料。磨削韧性大、强度高、导热性差的材料，因为消耗于金属变形和摩擦的能量大，发热多，而散热性能又差，故磨削温度较高。磨削脆性大、强度低、导热性好的材料，磨削温度相对较低。

⑤ 砂轮特性。选用低硬度砂轮磨削时，砂轮自锐性好，磨粒切削刃锋利，磨削力和磨削温度都比较低。选用粗粒度砂轮磨削时，容屑空间大，磨屑不易堵塞砂轮，磨削温度比选用细粒度砂轮磨削时低。

3. 外圆表面磨削加工的方法

(1) 工件有中心支承的外圆磨削。

① 纵向进给磨削。加工示意图如图 3.67(a) 所示，砂轮旋转 n_c 是主运动，工件除了旋转（圆周进给运动 n_w）外，还和工作台一起纵向往复运动（纵向进给运动 f_a），工件每往复一次（或每单行程），砂轮向工件做横向进给运动 f_r，磨削余量在多次往复行程中磨去。在磨削的最后阶段，要做几次无横向进给的光磨行程，以消除由于径向磨削力的作用在机床加工系统中产生的弹性变形，直到磨削火花消失为止。

纵向进给磨削外圆时，因磨削深度小、磨削力小、散热条件好，所以磨削精度较高，表面粗糙度较小；但由于工作行程次数多，生产率较低，仅适于在单件小批生产中磨削较长的外圆表面。

② 横向进给磨削（切入磨削）。加工示意图如图 3.67(b) 所示，砂轮旋转 n_c 是主运动，工件做圆周进给运动 n_w，砂轮相对工件做连续或断续的横向进给运动 f_r，直到磨去全部余量。横向进给磨削的生产效率高，但加工精度低，表面粗糙度较大。这是因为横向进给磨削时工件与砂轮接触面积大，磨削力大、发热量多、磨削温度高、工件易发生变形和烧伤。它适于在大批大量生产中加工刚性较好的工件外圆表面。例如，将砂轮修整成一定形状，还可以磨削成形表面。

在图 3.67(c) 所示的端面外圆磨床上，倾斜安装的砂轮做斜向进给运动，在一次安装中可将工件的端面和外圆同时磨出，生产效率高。此种磨削方法适于在一大批大量生产中磨削轴颈对相邻轴肩有垂直度要求的轴、套类工件。

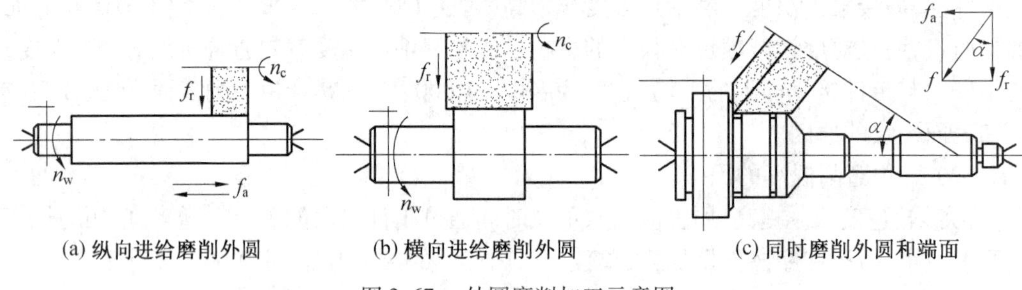

图 3.67　外圆磨削加工示意图

(2) 工件无中心支承的外圆磨削（无心外圆磨削）。加工示意图如图 3.68 所示，磨削时工件 2 放在砂轮 1 与导轮 3 之间的托板 4 上，不用中心孔支承，故称为无心磨削。导轮是用摩擦系数较大的橡胶结合剂制作的磨粒较粗的刚玉砂轮，不起磨削作用，它与工件之间的摩擦系数较大，靠摩擦力带动工件旋转，实现圆周进给运动。其圆周速度一般为砂轮的 1/80 ~ 1/70(15 ~ 50 m/min)。砂轮的转速很高，一般为 35 m/s 左右，从而在砂轮和工件间形成很大的相对速度，即磨削速度。

无心磨削时砂轮和工件的轴线总是水平放置的，而导轮的轴线通常要在垂直平面内倾斜一个角度 $\alpha(\alpha = 1° \sim 6°)$，其目的是使工件获得一定的轴向进给速度 v_f，图中 $v_t = v_w + v_f$。为了避免磨削出棱圆形工件，工件的中心应高于磨削砂轮与导轮的中心连线（高出工件直径的15% ~ 25%），使工件和导轮、砂轮的接触相当于是在假想的V形槽中转动，工件的凸起部分和V形槽两侧的接触不可能对称，这样使工件在多次转动中，逐步磨圆。

无心磨削的生产效率高，容易实现工艺过程的自动化；但所能加工的零件具有一定的局限性，不能磨削带长键槽和平面的圆柱表面，也不能用于磨削同轴度要求较高的阶梯轴外圆表面。

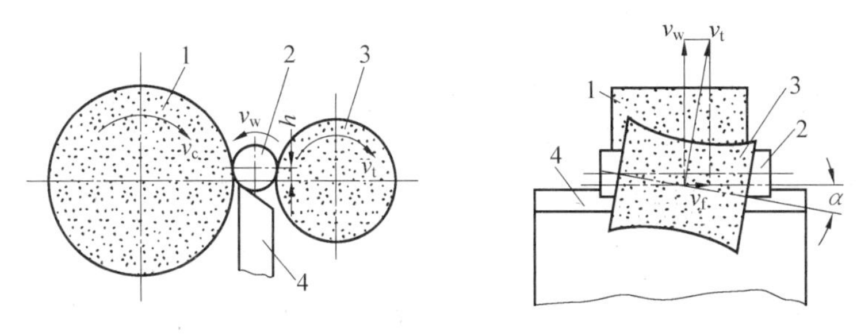

图3.68　无心外圆磨削

1— 磨削砂轮；2— 工件；3— 导轮；4— 托板

v_t— 导轮与被磨工件接触点的线速度；v_w— 导轮带动工件旋转的分速度；v_f— 导轮带动工件沿磨削砂轮轴线做进给运动的分速度

4. 外圆磨削加工的工艺特点及应用范围

(1) 磨粒硬度高，它能加工一般金属刀具所不能加工的工件表面，例如，带有不均匀铸、锻硬皮的工件表面、淬硬表面等。

(2) 磨削加工能切除极薄极细的切屑，修整误差的能力强，加工精度高达到IT6 ~ IT5，加工表面粗糙度小，Ra 可小至0.1 μm。

(3) 由于磨粒切除金属材料系大负前角切削，再加上磨削速度高(30 ~ 90 m/s)，故磨削区的瞬时温度极高，有时甚至高达能使表面金属熔化的程度。

(4) 由于大负前角磨粒在切除金属过程中消耗的摩擦功大，再加上磨屑细薄，切除单位体积金属所消耗的能量，磨削要比车削大得多。

综上分析可知，磨削加工既广泛用于单件小批生产，也广泛用于大批大量生产。磨削加工更适于做精加工工作，可用于加工淬火钢、工具钢以及硬质合金等硬度很高的材料，也可用砂轮磨削带有不均匀铸、锻硬皮的工件。但它不适宜加工塑性较大的有色金属材料（如铜、铝及其合金），因为这类材料在磨削过程中容易堵塞砂轮，使其失去切削作用。

3.6.2 磨　具

1. 砂轮的特性

砂轮是由磨料加结合剂用制造陶瓷的工艺方法制成的。制造砂轮时,用不同的配方和不同的投料密度来控制砂轮的硬度和组织。

砂轮的特性由下列五个因素来决定:磨料、粒度、结合剂、硬度和组织。

2. 磨料

常用的磨料有氧化物系、碳化物系、高硬磨料系三类。

氧化物系磨料的主要成分是 Al_2O_3,由于它的纯度不同和加入金属元素不同,而分为不同的品种。碳化物系磨料主要以碳化硅、碳化硼等为基体,也是因材料的纯度不同而分为不同品种,高硬磨料系中主要有人造金刚石和立方氮化硼。常用磨料的特性及适用范围见表3.6。

表3.6　常用磨料的特性及适用范围

系列	磨料名称	代号	显微硬度(HV)	特性	适用范围
氧化物系	棕刚玉	A	2 200 ~ 2 280	棕褐色。硬度高,韧性大,价格便宜	磨削碳钢、合金钢、可锻铸铁、硬青铜
	白刚玉	WA	2 200 ~ 2 300	白色。硬度比棕刚玉高,韧性较棕刚玉低	磨削淬火钢、高速钢、高碳钢及薄壁零件
碳化物系	黑碳化硅	C	2 840 ~ 3 320	黑色,有光泽。硬度比白刚玉高,性脆而锋利,导热性和导电性良好	磨削铸铁、黄铜、铝、耐火材料及非金属材料
	绿碳化硅	GC	3 280 ~ 3 400	绿色。硬度和脆性比黑碳化硅高,具有良好的导热性和导电性	磨削硬质合金、宝石、陶瓷、玉石、玻璃等材料
高硬磨料系	人造金刚石	RVD SCD MBD	6 000 ~ 10 000	无色透明或淡黄色、黄绿、黑色,硬度高,比天然金刚石脆	磨削硬质合金、宝石、光学玻璃、半导体等材料
	立方氮化硼	CBN	6 000 ~ 8 500	黑色或淡白色,立方晶体,硬度仅次于金刚石,耐磨性高	磨削各种高温合金,高钼、高钒、高钴钢,不锈钢等材料

其中立方氮化硼是近年发展起来的新型磨料,虽然它的硬度比金刚石略低,但其耐热性(1 400 ℃)比金刚石(800 ℃)高出许多,而且对铁元素的化学惰性高,所以特别适合于磨削既硬又韧的钢材。在加上高速钢、模具钢、耐热钢时,立方氮化硼的工作能力超过金刚石5 ~ 10倍。同时,立方氮化硼的磨粒切削刃锋利,在磨削时可减小加工表面材料的塑性变形。因此,磨出的表面粗糙度比用一般砂轮小。

2. 粒度

粒度表示磨粒的大小程度。以磨粒刚能通过的那一号筛网的网号来表示磨粒的粒度。例如,60# 粒度是指磨粒刚可通过每英寸长度上有60个孔眼的筛网。直径小于40 μm的磨粒称为微粉。微粉的粒度以其尺寸大小来表示。如尺寸为 28 μm 的微粉,其粒度号为 W28。常用磨粒粒度和尺寸及其应用范围见表 3.7。

表 3.7　常用的砂轮粒度及其应用范围

粒度号	颗粒尺寸 /μm	应用范围	粒度号	颗粒尺寸 /μm	应用范围
12 ~ 36	2 000 ~ 1 600 500 ~ 400	荒磨 打毛刺	W40 ~ W28	40 ~ 28 28 ~ 20	珩磨 研磨
46 ~ 80	400 ~ 315 200 ~ 160	粗磨 半精磨 精磨	W20 ~ W14	20 ~ 14 14 ~ 10	研磨、超级加工、 超精磨削
100 ~ 280	160 ~ 125 50 ~ 40	精磨 珩磨	W10 ~ W5	10 ~ 7 5 ~ 3.5	研磨、超级加工、 镜面磨削

磨粒粒度对磨削生产率和加工表面粗糙度有很大影响。一般来说，粗磨用颗粒较粗的磨粒，精磨用颗粒较细的磨粒。当工件材料软、塑性大和磨削面积大时，为避免堵塞砂轮，也可采用较粗的磨粒。

3. 结合剂

结合剂的作用是将磨粒黏合在一起，使砂轮具有必要的形状和强度。砂轮的强度、耐腐蚀性、耐热性、抗冲击性和高速旋转而不破裂的性能，主要取决于结合剂的性能。常用的砂轮结合剂有陶瓷结合剂、树脂结合剂、橡胶结合剂、金属结合剂（常见的是青铜结合剂）。常用结合剂的性能及应用范围见表 3.8。

表 3.8　常用结合剂的性能及应用范围

结合剂	代号	性能	适用范围
陶瓷	V	耐热、耐蚀、气孔多、易保持廓形，弹性差	最常用，适用于各类磨削
树脂	B	弹性好，强度较 V 高，耐热性差	适用于高速磨削、切断、开槽
橡胶	R	弹性更好，强度更高，气孔少，耐热性差	适用于切断、开槽及做无心磨的导轮
金属	M	强度最高，导电性好，磨耗少，自锐性差	适用于金刚石砂轮

4. 硬度

砂轮的硬度是反映磨粒在磨削力作用下，从砂轮表面上脱落的难易程度。砂轮硬，即表示磨粒难以脱落；砂轮软，表示磨粒容易脱落。砂轮的软硬和磨粒的软硬是两个不同的概念，必须区分清楚。砂轮硬度等级及代号见表 3.9。

表 3.9　砂轮的硬度等级名称及代号

<table>
<tr><td>级别</td><td colspan="3">超软</td><td>软 1</td><td>软 2</td><td>软 3</td><td>中软 1</td><td>中软 2</td><td>中 1</td><td>中 2</td><td>中硬 1</td><td>中硬 2</td><td>中硬 3</td><td>硬 1</td><td>硬 2</td><td>超硬</td></tr>
<tr><td rowspan="2">代号</td><td colspan="3">CR</td><td>R1</td><td>R2</td><td>R3</td><td>ZR1</td><td>ZR2</td><td>Z1</td><td>Z2</td><td>ZY1</td><td>CY</td><td>ZY2</td><td>Y1</td><td>Y2</td><td>CY</td></tr>
<tr><td>D</td><td>E</td><td>F</td><td>G</td><td>H</td><td>J</td><td>K</td><td>L</td><td>M</td><td>N</td><td>P</td><td>Q</td><td>R</td><td>S</td><td>T</td><td>Y</td></tr>
</table>

选用砂轮时，应注意硬度选得适当。若砂轮选得太硬，会使磨钝了的磨粒不能及时脱落，因而产生大量磨削热，造成工件烧伤；若选得太软，会使磨粒脱落得太快而不能充分发挥其切削作用。选择砂轮硬度时，可参照以下几条原则：

(1) 工件硬度。工件材料越硬,砂轮硬度应选得软些,使磨钝了的磨粒快点脱落,以便砂轮经常保持有锐利的磨粒在工作,避免工件因磨削温度过高而烧伤。工件材料越软,砂轮的硬度应选得硬些,使磨粒脱落得慢些,以便充分发挥磨粒的切削作用。

(2) 加工接触面。砂轮与工件的接触面大时,应选用软砂轮,使磨粒脱落快些,以免工件因磨屑堵塞砂轮表面而引起表面烧伤。内圆磨削和端面平磨时,砂轮硬度应比外圆磨削的砂轮硬度低。磨削薄壁零件及导热性差的工件时,砂轮硬度也应选得低些。

(3) 精磨和成形磨削时,应选用硬一些的砂轮,以保持砂轮必要的形状精度。

(4) 砂轮粒度大小。砂轮的粒度号越大时,其硬度应选低一些的,以避免砂轮表面组织被磨屑堵塞。

(5) 工件材料。磨削有色金属、橡胶、树脂等软材料,应选用较软的砂轮,以免砂轮表面被磨屑堵塞。

5. 组织

砂轮的组织反映了磨粒、结合剂、气孔三者之间的比例关系。磨粒在砂轮总体积中所占的比例越大,则砂轮的组织越紧密,气孔越小;反之,磨粒的比例越小,则组织越疏松,气孔越大。砂轮组织的级别可分为紧密、中等、疏松三大类别,细分可分为 15 级,见表 3.10。

表 3.10　砂轮的组织号

类别	紧　密			中　等					疏　松						
组织号	0	1	2	3	4	5	6	7	8	9	10	11	12	13	14
磨粒占砂轮体积百分比/%	62	60	58	56	54	52	50	48	46	44	42	40	38	36	34

紧密组织的砂轮适用于重压力下的磨削。在成形磨削和精密磨削时,紧密组织的砂轮能保持砂轮的成形性,并可获得较小的粗糙度。中等组织的砂轮适用于一般的磨削工作,如淬火钢的磨削及刀具刃磨等。疏松组织的砂轮不易堵塞,适用于平面磨、内圆磨等磨削接触面积较大的工序以及磨削热敏性强的材料或薄工件。磨削软质材料最好采用组织号为 10 号以上的疏松组织,以免磨屑堵塞砂轮。一般砂轮若未标明组织号,即为中等组织。

6. 砂轮形状

常用砂轮的形状、代号及其用途见表 3.11。

表 3.11　常用砂轮的形状、代号及其用途

砂轮名称	代号	断面简图	基本用途
平形砂轮	1		根据不同尺寸分别用于外圆磨、内圆磨、平面磨、无心磨、工具磨、螺纹磨和砂轮机上
筒形砂轮	2		用于立式平面磨床上
薄片砂轮	41		用于切断和开槽等

续表 3.11

砂轮名称	代号	断面简图	基本用途
杯形砂轮	6	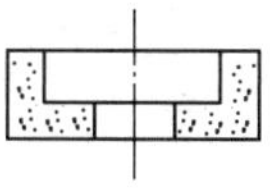	用于端面刃磨刀具，用圆周面磨平面及内孔
碗形砂轮	11	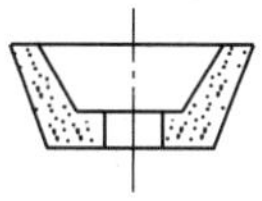	通常用于刃磨刀具，也可用于磨机床导轨
碟形一号砂轮	12a	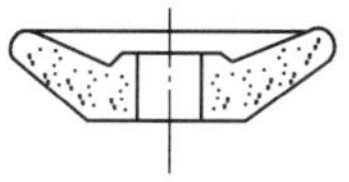	适于磨铣刀、铰刀、拉刀等，大尺寸的砂轮一般用于磨齿轮的齿面

在砂轮的端面上一般都印有标志，例如，1 - 300 × 30 × 75 - A60L5V - 35 m/s，表示该砂轮为平形砂轮(1)，外径为 300 mm，厚度为 30 mm，内径为 75 mm，磨料为棕刚玉(A)，粒度号为 60，硬度为中软(L)，组织号为 5，结合剂为陶瓷(V)，最高圆周速度为 35 m/s。

3.6.3　磨　床

磨床是用非金属的磨料或磨具(砂轮、砂带、油石或研磨料等) 加工工件各种表面(如内外圆柱面和圆锥面、平面、螺旋面、齿轮的轮齿表面以及各种成形面，还可以刃磨刀具) 的机床。通常磨具旋转为主运动，工件的旋转与移动或磨具的移动为进给运动。

磨床的种类很多，其主要类型有外圆磨床、内圆磨床、平面磨床、无心磨床、工具磨床、刀具和刃具磨床及各种专门化磨床，如曲轴磨床、凸轮轴磨床、齿轮磨床、花键轴磨床、螺纹磨床等。此外，还有珩磨机、研磨机和超精加工磨床等。

1. 外圆磨床

外圆磨床主要用于磨削内、外圆柱和圆锥表面，也能磨削阶梯轴的轴肩和端面，可获得 IT7 ~ IT6 级精度、表面粗糙度 Ra 为 1.6 ~ 0.8 μm。外圆磨床的主要类型有万能外圆磨床、普通外圆磨床、无心外圆磨床、宽砂轮外圆磨床和端面外圆磨床等。

(1) 万能外圆磨床。M1432A 型万能外圆磨床外形如图 3.69 所示，主要有床身 1、头架 2、工作台 3、内圆磨具 4、砂轮架 5、尾座 6 和滑鞍 7 组成。万能外圆磨床上典型表面加工示意图如图 3.70 所示。

(2) 普通外圆磨床。普通外圆磨床的结构与万能外圆磨床基本相同，普通外圆磨床的工艺范围比万能外圆磨床窄，其主要区别是：① 头架和砂轮架不能绕轴心在水平面内调整角度位置；② 头架主轴直接固定在箱体上不能转动，工件只能用顶尖支承进行磨削；③ 不配置内圆磨具。

2. 内圆磨床

内圆磨床主要用于磨削圆柱孔和圆锥孔，其类型主要有普通内圆磨床、无心内圆磨床

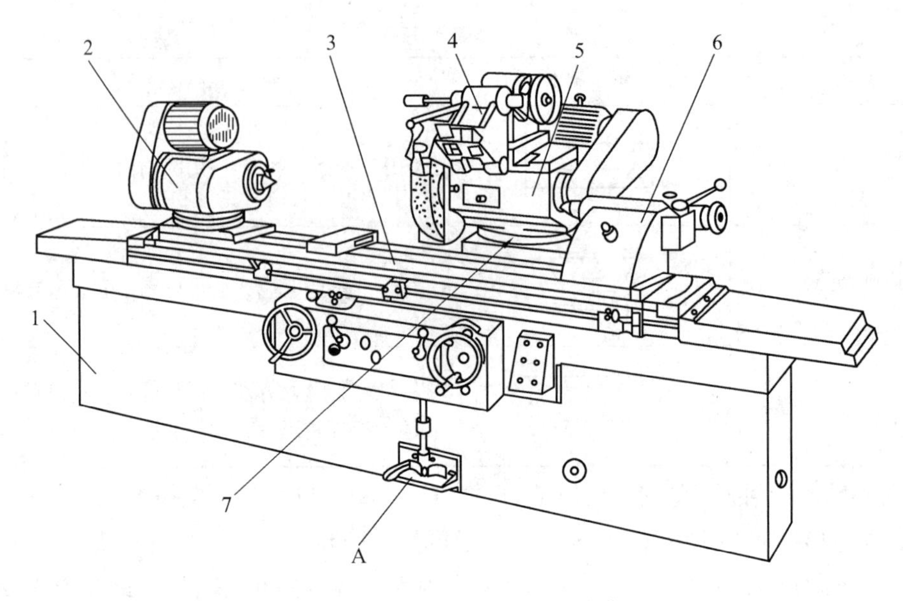

图 3.69　M1432A 型万能外圆磨床

1— 床身;2— 头架;3— 工作台;4— 内圆磨具;5— 砂轮架;6— 尾座;7— 滑鞍

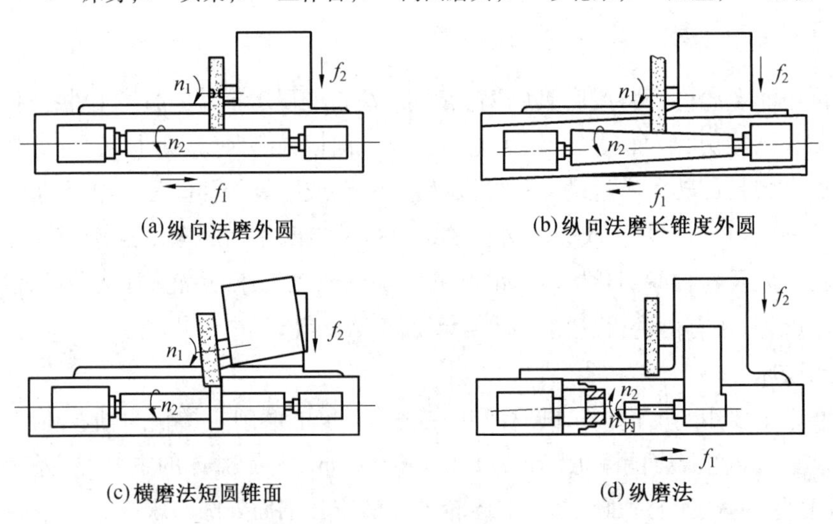

图 3.70　万能外圆磨床上典型加工示意图

n_1— 砂轮旋转运动(磨削加工主运动);n_2— 工件旋转运动(工件的圆周进给运动);f_1— 工件沿砂轮轴向的进给运动;f_2— 砂轮径向的进给运动

和行星内圆磨床等。

普通内圆磨床的外形如图 3.71 所示。它主要由床身 1、工作台 2、头架 3、砂轮架 4 和滑座 5 等组成,适用于单件小批生产。

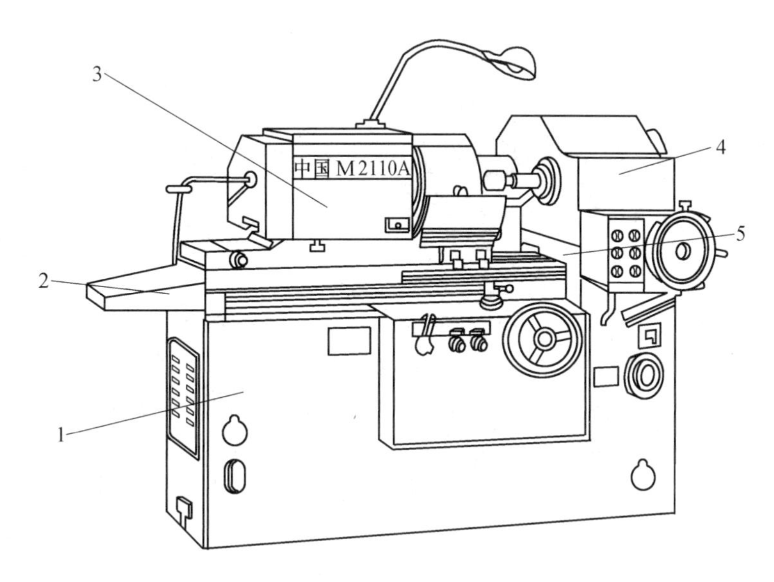

图3.71　普通内圆磨床

1—床身;2—工作台;3—头架;4—砂轮架;5—滑座

3. 无心磨床

(1) 无心外圆磨床。无心外圆磨床加工示意图如图3.68所示。无心外圆磨床主要由床身、进给手轮、砂轮修整器、砂轮架及砂轮、托板、导轮修整器、导轮架及导轮等组成。工件精度较高,由于工件无须打中心孔,且装夹省时省力,可连续磨削,所以生产率高。无心外圆磨床适于在大批量生产中磨削细长轴以及不带中心孔的轴、套、销等零件。

(2) 无心内圆磨床。在无心内圆磨床上加工的工件,通常是那些不宜用卡盘夹紧的薄壁,而其内外同心度要求又较高的工件,如轴承环类型的零件。加工示意图如图3.72所示。工件3支承在滚轮1和导轮4上,压紧轮2使工件紧靠导轮,并由导轮带动旋转,实现圆周进给运动 n_w。磨削轮除完成旋转主运动 n_o 外,还做纵向进给运动 f_a 和周期的横向进给运动 f_p。加工循环结束时,压紧轮沿箭头 A 方向摆开,以便装卸工件。这种磨床具有较高的精度,且自动化程度也较高,它适用于大批大量生产。

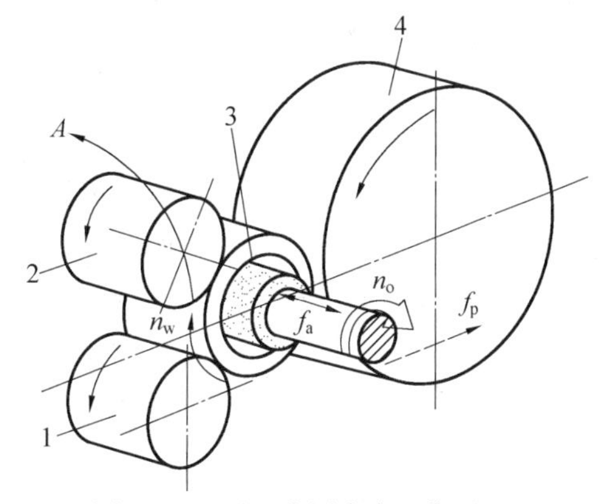

图3.72　无心内圆磨床工作原理

1—滚轮;2—压紧轮;3—工件;4—导轮

4. 平面磨床

平面磨床用于磨削各种零件的平面,其磨削方式如图3.73所示。工件安装在矩形或圆形工作台上,做纵向往复直线运动或圆周进给运动 f_1,用砂轮的周边进行磨削(图3.73(a)、(b))或端面进行磨削(图3.73(c)、(d))。周边磨削时,由于砂轮宽度的限制,需要沿砂轮轴线方向做横向进给运动 f_2。为了逐步切除全部余量并获得所要求的工件尺寸,砂轮还需周期地沿垂直于工件被磨削表面的方向进给 f_3。

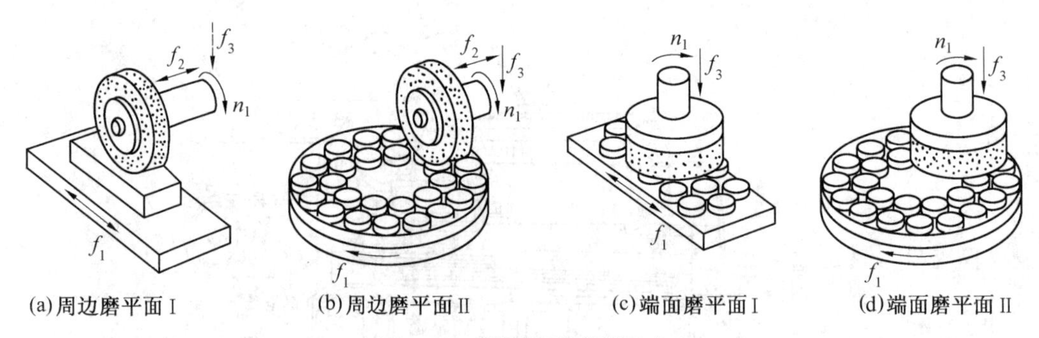

图3.73　平面磨床磨削方式

根据砂轮主轴的布置和工作台的形状不同，平面磨床主要有卧轴矩台式、卧轴圆台式、立轴矩台式和立轴圆台式四种类型。最常见为卧轴矩台式平面磨床和立轴圆台式平面磨床。卧轴矩台式平面磨床的外形如图3.74所示。它主要由工作台1、砂轮架2、滑座3、立柱4和床身5等组成。

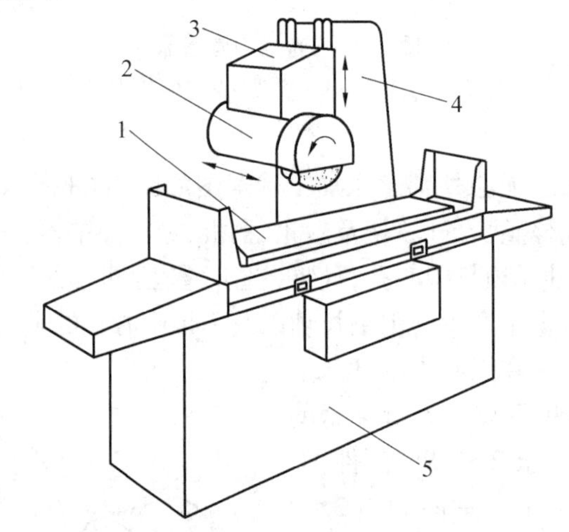

图3.74　卧轴矩台式平面磨床

1—工作台；2—砂轮架；3—滑座；4—立柱；5—床身

3.7　数控机床与数控加工

1.数控机床的加工原理

用数字化信息进行控制的技术称为数字控制技术；装备了数控系统，能应用数字控制技术进行加工的机床称为数控机床，即数字控制机床（Numerical Control，NC）。

数控机床按用途分为普通数控机床和加工中心两大类。普通数控机床与传统的通用机床品种一样，有数控车床、数控铣床、数控钻床和数控磨床等。它们的工艺范围和普通机床相似，但更适合于加工形状复杂的工件。加工中心是带有刀库和自动换刀机械手，有些还配备托盘交换装置的数控机床。加工中心可在一次装夹后，完成工件的镗、铣、钻、扩、铰及攻螺纹等多种加工。

2. 数控机床的数控装置

数控机床早期的数控装置使用专用计算机，称为（普通）数控（NC）。随着计算机技术的发展，目前数控装置采用的是通用计算机，称为计算机数控（CNC）。数控机床的 CNC 装置主要由 CPU、存储器（EPROM、RAM）、定时器、中断控制器所构成的微机基本系统及各种输出输入接口所组成。

3. 数控机床的进给伺服系统

数控机床的进给伺服系统由伺服驱动电路、伺服驱动装置、机械传动机构及执行部件组成。它的作用是接受数控装置发出的进给速度和位移指令信号，由伺服驱动电路做数模转换和功率放大后，经伺服驱动装置（伺服电动机、电液脉冲伺服马达等）和机械传动机构（滚珠丝杠等），驱动机床的执行机构（工作台、刀架、主轴箱等），以某一确定的速度、方向和位移量，沿机床坐标轴移动，实现加工过程的自动循环。

数控机床的进给伺服系统按位置检测和反馈方式的不同可分为以下两类：

（1）开环伺服系统。该系统不带反馈检测装置，数控装置发出的指令信号是单向的。这种系统一般用功率步进电动机作伺服驱动装置。该系统因无位置反馈，所以定位精度不高，一般只能达到 0.02 mm。它的优点是控制系统结构简单，工作稳定，调试维修方便，价格低廉。开环伺服系统主要用于精度要求不高的小型机床。

（2）闭环伺服系统。它由比较器、伺服驱动电路、伺服电动机、位置检测器等组成。该系统将检测到的实际位移反馈到比较器中进行比较，由比较后的差值控制移动部件，进行误差修正，直到位置误差消除为止。采用闭环伺服系统可以消除由于机械传动部件的运动误差给位移精度带来的影响，定位精度一般可达 0.01 ~ 0.001 mm。这种全闭环伺服系统只应用于精度要求很高的镗铣加工中心、超精密车床及超精密磨床等。目前大多数数控机床的位移检测反馈信号是从伺服电动机轴或滚珠丝杠上取得的，而不是取自机床终端运动部件，这种闭环系统称为半闭环系统。半闭环系统中的转角测量（使用脉冲编码器）比较容易实现，但由于后续传动链（由丝杠到机床终端运动部件）误差的影响，其定位精度比闭环系统差。

4. 数控铣床及加工中心的主运动及进给运动系统

（1）主运动系统。数控铣床的主运动系统应比普通铣床有更宽的调速范围，以保证加工时能选用合理的切削速度，数控机床的主轴转速在其调速范围内通常都是无级可调的。对于加工中心，为适应各种不同类型刀具和各种材料的切削要求，对主轴的调速范围要求更高，一般在每分钟十几转到几千转，甚至到几万转。

（2）刀具自动夹紧装置和主轴周向定向装置。加工中心为了实现刀具在主轴上的自动装卸，要求配置刀具自动夹紧装置，其作用是自动地将刀具夹紧或松开，以便机械手能在主轴上安放或取走刀具。

由于在刀具切削时，切削转矩不能完全靠主轴与刀杆锥面配合产生的摩擦力来传递，因此通常在主轴前端设置两个端面键来传递转矩。换刀时，刀柄上的键槽必须对准端面键。为此，主轴在停止转动时，要求主轴必须准确地停在某一指定的周向位置上，主轴定向装置就是为保证换刀时主轴能准确停止在换刀位置而设置的。

（3）进给运动系统。数控机床进给运动系统与普通机床不同。以三坐标数控铣床为例,伺服系统在接收到控制系统发出的指令信号后,驱动伺服电动机产生相应的角位移运动,再通过减速齿轮传动或直接带动丝杠螺母副运动转换成纵向、横向或垂直向的直线运动。上述三个方向(有时仅为一个方向或两个方向)运动的合成,即可形成切削加工所需的运动轨迹。

5. JCS – 018 型立式加工中心

JCS – 018 型立式加工中心是北京机床研究所研制的一种具有自动换刀装置的数控立式镗铣床。在工件的一次装夹中,机床可对上平面进行铣削和对垂直孔进行钻、扩、铰、镗、锪、攻螺纹等多种加工操作。该机床适于在多品种、中小批量生产中加工箱体类、板类、盘类、模具等工件。JCS – 018 型立式加工中心的外形如图 3.75 所示。主要由床身 1、滑座 2、工作台 3、立柱 4、数控柜 5、刀库 6、机械手 7、主轴箱 8、操作面板 9 和驱动电柜 10 等组成。

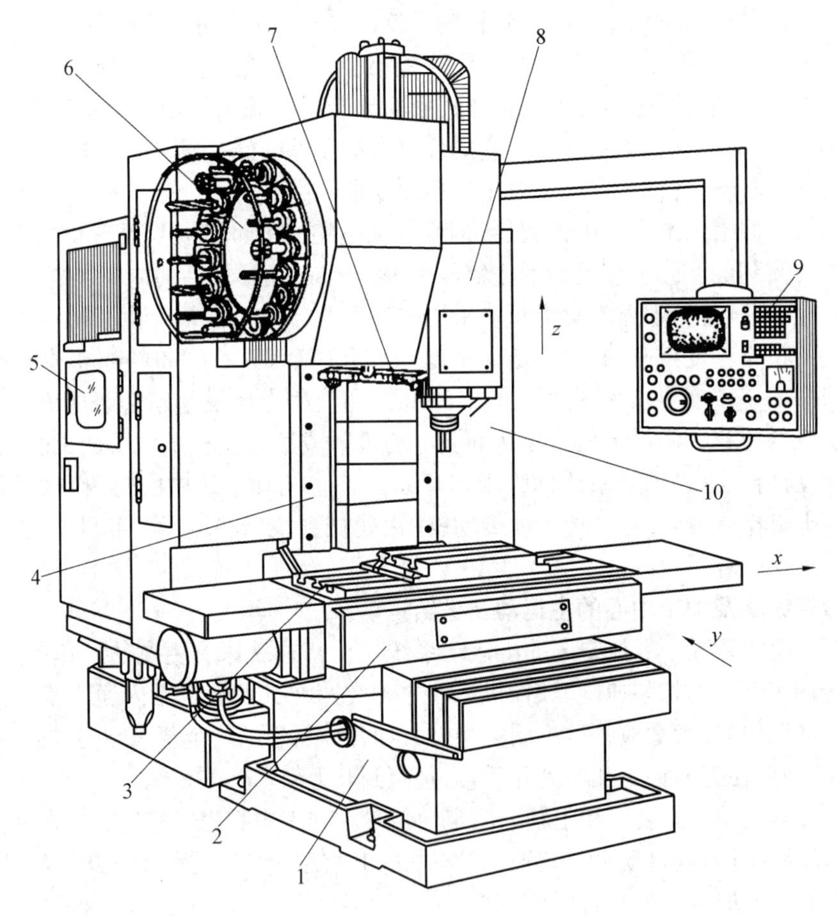

图 3.75　JCS – 018 型立式加工中心

1— 床身;2— 滑座;3— 工作台;4— 立柱;5— 数控柜;6— 刀库;7— 机械手;8— 主轴箱;9— 操作面板;10— 驱动电柜

6. 数控加工

数控机床是按照预先编制好的数控加工程序对工件进行加工的。生成数控机床加工程序的过程称为数控加工程序编制。

(1) 数控加工程序编制步骤。

① 分析零件图样和编制数控加工工艺。根据零件图样对工件的尺寸、形状、相互位置精度等技术要求和毛坯进行详细分析,制定加工方案,合理确定走刀路线,正确选用刀具、切削用量及工件的装夹方法等。

② 计算刀具运动轨迹。根据零件图样上的几何尺寸和已确定的走刀路线,计算刀具运动轨迹各关键点(例如被加工曲线的起点、终点、曲率中心等)的坐标值。当用直线段、圆弧段来逼近非圆曲线时,还应计算出逼近线段交点的坐标值,以获得刀具位置数据。在进行刀具运动轨迹计算时,需要确定工件原点(也称编程原点),编程时是以该点为基准计算刀具轨迹各点坐标值的。工件原点是根据工件的特点人为设定的。设定的依据主要是便于编程,一般都选在工件的设计基准或工艺基准上。

③ 编写加工程序并进行程序校验。在完成上述步骤后,须将零件加工的工艺顺序、运动轨迹与方向、位移量、切削参数(主轴转速、进给量、背吃刀量)以及辅助动作(换刀、变速、冷却液开停等),按照动作顺序,用机床数控系统规定的代码和程序格式,逐段编写加工程序,并将加工程序输入数控系统。数控机床一般都具有图形显示功能,可先在机床上进行图形模拟加工,用以检查刀具轨迹是否正确。

对于加工程序不长、几何形状不太复杂的零件的数控加工程序,采用手工编程比较方便、快捷。对于几何形状复杂的零件,特别是空间复杂曲面零件或者几何形状虽不复杂,但程序量很大的零件,需用计算机辅助完成,即计算机辅助数控编程。采用计算机辅助数控编程需有专用的数控编程软件,目前广泛应用的计算机辅助数控编程软件是以 CAD 软件为基础的交互式 CAD/CAM 集成数控编程系统。

(2) 数控加工程序的结构与程序段格式。

一个完整的数控加工程序由程序号和若干个程序段组成。程序号由地址码 O 与程序编号组成,例如 O0100。每个程序段表示数控机床的一个加工工步或动作。程序段由一个或若干个字组成,每个字由字母和数字组成,每个字表示数控机床的一种功能。

程序段的格式是指一个程序段中有关字的排列、书写方式和顺序的规定,格式不符合规定,数控系统便不能接受。目前各种机床数控系统广泛应用的是字地址程序段格式。下面这个程序段就是这种格式的一个实例:

N105 G01 X150 Y32.0　Z26.5 F100 M03 S1500 T0101;

上例中,N 为程序段号代码(或称地址符),105 表示该程序的编号(现代数控系统很多都不要求列程序段号);G 为准备功能代码,在 JB/T 3208—1999 中规定,准备功能由字母 G 和紧随其后的两位数字组成,从 G00 至 G99 共有 100 种,其作用是规定数控机床的运动方式,本例中 G01 表示直线插补;X、Y、Z 为沿相应坐标轴运动的终点坐标位置代码,其后的数字为相应坐标轴的终点坐标值;F 为进给速度代码,其后的数字表示进给速度为 100 mm/min;M 为辅助功能代码,辅助功能由字母 M 及紧随其后的两位数字组成,用于规定数控机床加工时的开关功能,如主轴正、反转及开停、冷却液开关、工件夹紧及松开等,按我国 JB/T 3208—1999 的规定,辅助功能代码从 M00 至 M99 共 100 种,本例中 M03 表示主轴正转;S 为主轴转速功能代码,紧随其后的数字表示主轴转速为 1 500 r/min;T 为刀具功能代码,紧随其后的数字0101 表示使用一号刀具和该刀具的一号补偿值;“;”为程序段结束符。在一个程序段内,不需要的字以及与前面程序段中相同的继续有效的字可以不写。

3.8　其他切削加工与机床

3.8.1　螺纹加工与螺纹刀具

螺纹的加工方法一般可分为切削加工和滚压加工两大类。切削法加工螺纹的刀具有螺纹车刀、螺纹梳刀、丝锥、板牙、螺纹铣刀、螺纹切头和砂轮等;滚压法加工是利用滚压的方法,使金属发生塑性变形而形成螺纹,不产生切屑,因而也可称为无屑加工,滚压法加工螺纹的工具有搓丝板、滚丝轮等。

(1) 车螺纹与螺纹车刀。在车床上用螺纹车刀(图3.5中8、10)加工出螺纹的方法为车螺纹,用来加工三角形螺纹、矩形螺纹、梯形螺纹、管螺纹、蜗杆等各种内、外螺纹,精度可达IT10 ~ IT8,表面粗糙度 Ra 可达6.3 ~ 1.6 μm,零件每转一周,螺纹车刀必须沿着零件轴向移动一个导程。螺纹车刀是一种按螺纹截形设计廓形的成形车刀,主要用在车床上,加工精度高,刀具制造简单,成本低,重磨质量要求高,生产率较低,适用于单件小批生产。

螺纹梳刀(图3.76)是多齿的螺纹车刀,有平体、棱体和圆体之分。其特点是只需一次走刀即可加工出所需螺纹,生产率高,适合于成批生产。

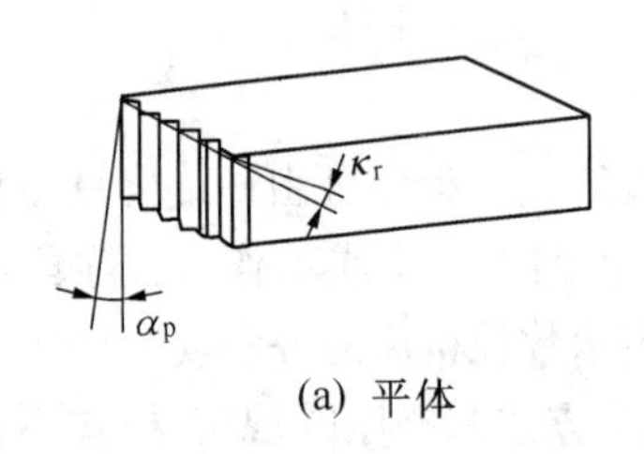

(a) 平体

(b) 棱体

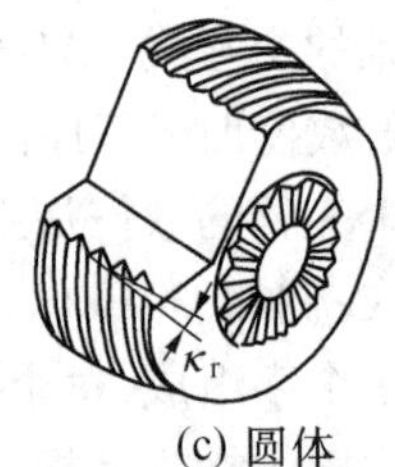

(c) 圆体

图3.76　螺纹梳刀

(2) 攻螺纹与丝锥。用丝锥在零件内孔表面上加工出内螺纹的方法为攻螺纹。丝锥是加工中小尺寸螺纹的标准刀具之一,使用方便,应用极为广泛。常用的有适合于单件或修配工作的手用丝锥(图3.77(a));零件批量较大可在车床、钻床或攻丝机上用机用丝锥(图3.77(b))以及螺母丝锥、锥形螺纹丝锥、拉削丝锥等攻螺纹。

(3) 套螺纹与板牙。用板牙在圆柱面上加工出外螺纹的方法称为套螺纹。板牙(图3.78)的外形像是一个螺母,在螺母周围钻几个出屑孔,形成了切削刃。一次走刀即可切出所需螺纹,生产率极高。但刀齿廓形不能磨削,加工出的螺纹精度较低,螺纹直径一般为M1 ~ M52。套螺纹分为手工和机动两种。

(4) 铣螺纹与螺纹铣刀。铣螺纹是在螺纹铣床上用螺纹铣刀加工螺纹的方法,其原理与车螺纹基本相同。按其结构不同,螺纹铣刀可分为盘形螺纹铣刀和梳形螺纹铣刀两大类。由于铣刀齿多,转速快,切削用量大,生产率比车削高,但铣螺纹是断续切削,振动大不平稳,加工精度较低。

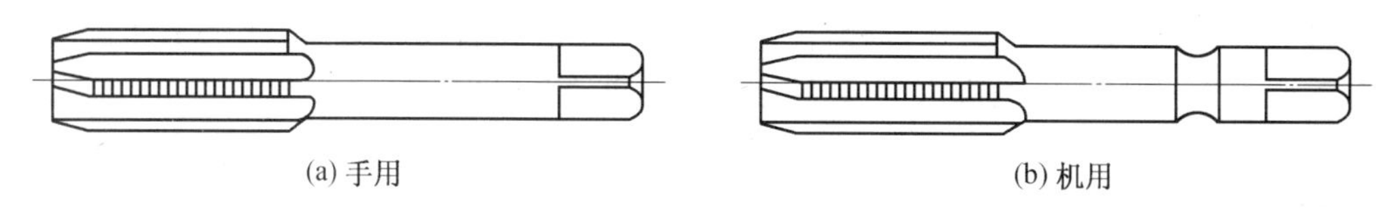

图 3.77　丝锥

（5）磨螺纹与砂轮。磨螺纹是精加工螺纹的一种方法，用廓形经修整的砂轮在螺纹磨床上进行。其加工精度可达 IT6 ~ IT4 级，表面粗糙度 $Ra \leqslant 0.8\ \mu m$。根据砂轮外形不同，外螺纹的磨削分为单线砂轮磨削和多线砂轮磨削，最常用的是单线砂轮磨削如图3.79 所示。由于螺纹磨床是结构复杂的精密机床，加工精度高，效率低，费用高，所以磨螺纹一般只用于表面要求淬硬的精密螺纹（如精密丝杆、螺纹量块、丝锥等）的精加工。

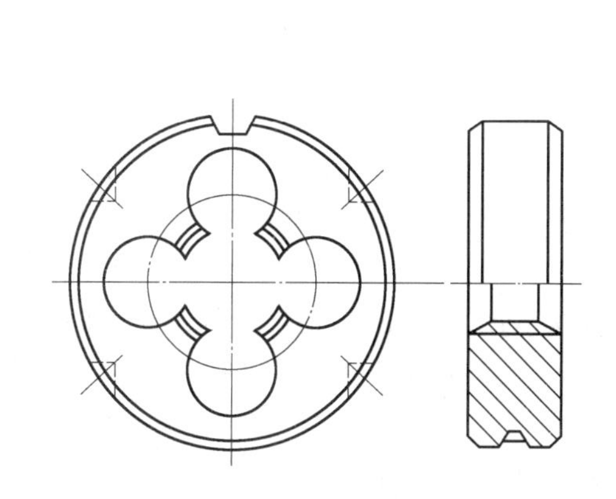

图 3.78　板牙

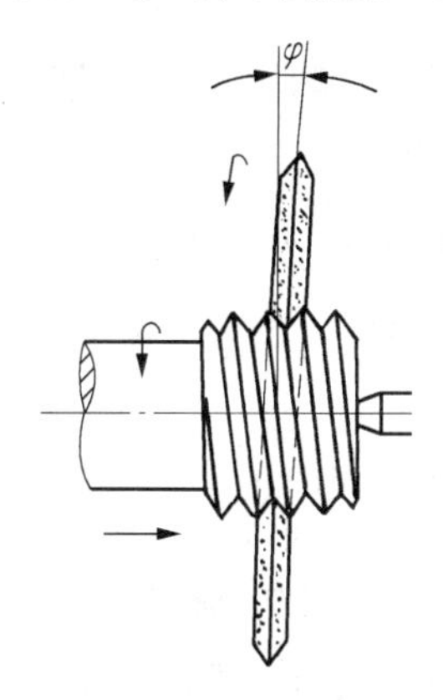

图 3.79　单线砂轮磨削螺纹

（6）滚螺纹与滚丝轮。用一对滚丝轮在专用滚丝机上滚压零件的螺纹称为滚螺纹，如图 3.80 所示。滚螺纹时，零件表层金属在滚丝轮的挤压力作用下产生塑性变形而形成螺纹，生产率高，精度可达 IT5 ~ IT4 级，粗糙度 Ra 为 0.4 ~ 0.2 μm。

（7）搓螺纹与搓丝板。用一对搓丝板在搓丝机上滚压零件的螺纹称为搓螺纹，如图 3.81 所示。搓螺纹时，零件表层金属在搓丝板的挤压力作用下产生塑性变形而形成螺纹，生产率高，加工精度达 IT6 级，适用于大量生产尺寸不大的螺纹紧固件。用搓丝板加工时径向力大，故不宜加工空心件。滚螺纹和搓螺纹只适用于加工塑性好、直径和螺距都较小的外螺纹，滚或搓螺纹的零件金属纤维组织连续，故强度高、耐用。

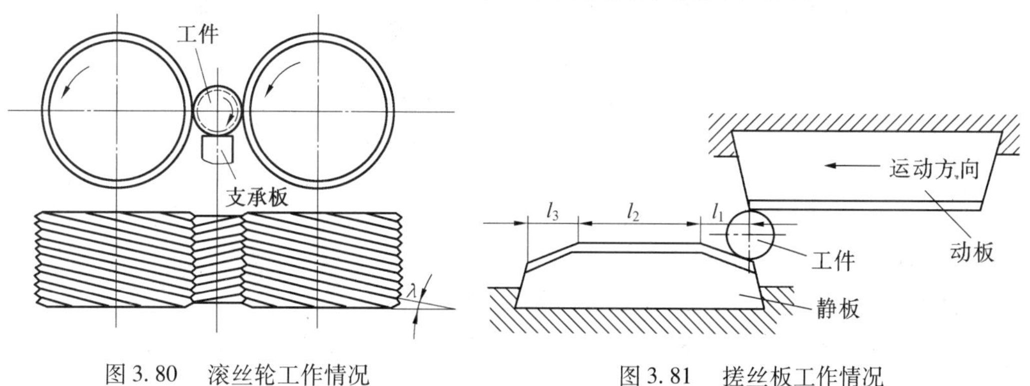

图 3.80　滚丝轮工作情况

图 3.81　搓丝板工作情况

(8) 自动开合螺纹切头。自动开合螺纹切头分为自动开合板牙(图 3.82) 和自动开合丝锥两大类,常用于转塔车床、自动转塔车床及自动车床上。

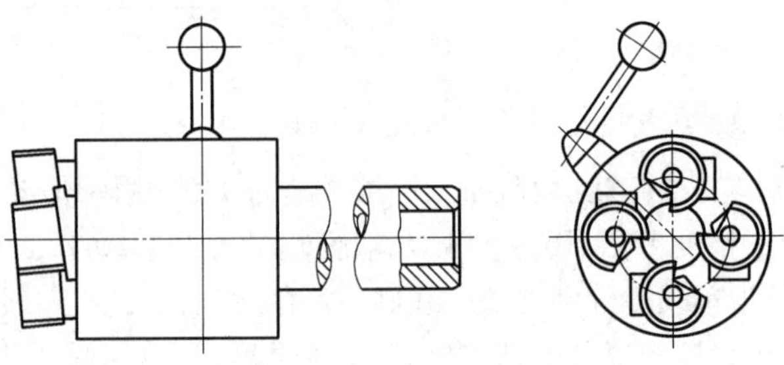

图 3.82　自动开合板牙切头

3.8.2　刨削加工与刨床

1. 刨削加工工艺特点

(1) 通用性好。刨削是平面加工的主要方法之一。刨床的结构比车床、铣床简单,价格低,调整和操作也较方便。所用的单刃刨刀与车刀基本相同,形状简单,制造、刃磨和安装皆较方便。

(2) 生产率较低。刨削的主运动为往复直线运动,反向时受惯性力的影响,加之刀具切入和切出时有冲击,限制了切削速度的提高。刨刀返回行程时不进行切削,加工不连续,增加了辅助时间,刨削的生产率低于铣削。

(3) 刨削的精度低。刨削的精度可达 IT9 ~ IT8,表面粗糙度 Ra 为 3.2 ~ 1.6 μm。

(4) 典型加工范围较窄。刨削主要适用于单件小批量生产,在维修车间应用较多。刨削主要用来加工平面(水平面、垂直面和斜面),也可应用于加工直槽,如直角槽、燕尾槽和 T 形槽等,如图 3.83 所示。

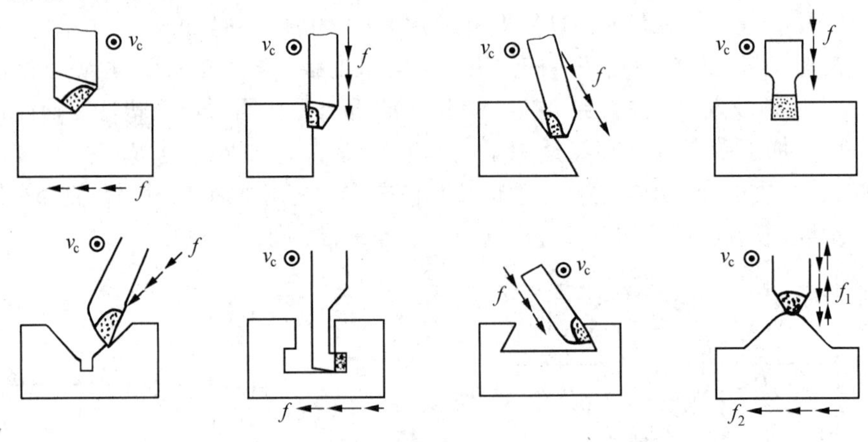

图 3.83　刨削的典型加工

2. 刨床

常见的刨床类机床有牛头刨床、龙门刨床和插床等。

(1) 牛头刨床。牛头刨床的外形如图 3.84 所示。它主要由工作台 1、滑座 2、刀架 3、

滑枕 4、床身 5 和底座 6 等组成。牛头刨床的最大刨削长度一般不超过 1 000 mm。

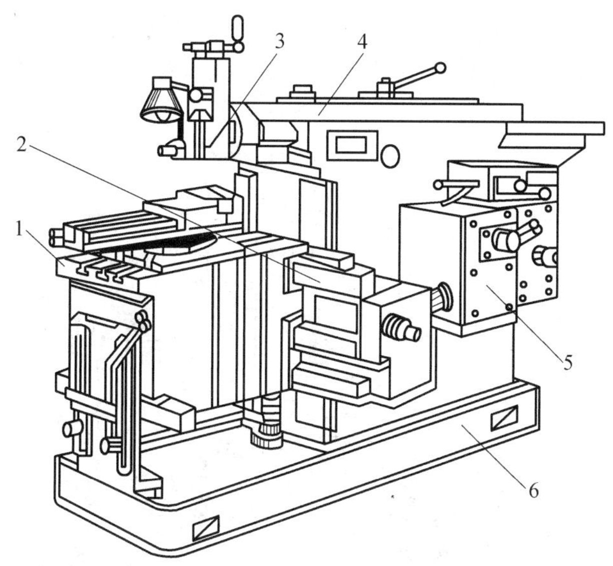

图 3.84　牛头刨床

1— 工作台;2— 滑座;3— 刀架;4— 滑枕;5— 床身;6— 底座

（2）龙门刨床。龙门刨床为"龙门"式框架结构，由于龙门刨床刚性较好，而且有 2 ~ 4 个刀架可同时工作，因此加工精度和生产率均比牛头刨床高。龙门刨床的外形如图 3.85 所示，主要由床身 1、工作台 2、横梁 3、立柱 4、立刀架 5、顶梁 6、进给箱 7、变速箱 8 和侧刀架 9 等组成。其主要用于加工大型或重型零件上的各种平面、沟槽和各种导轨面，或同时加工多个中、小型零件。

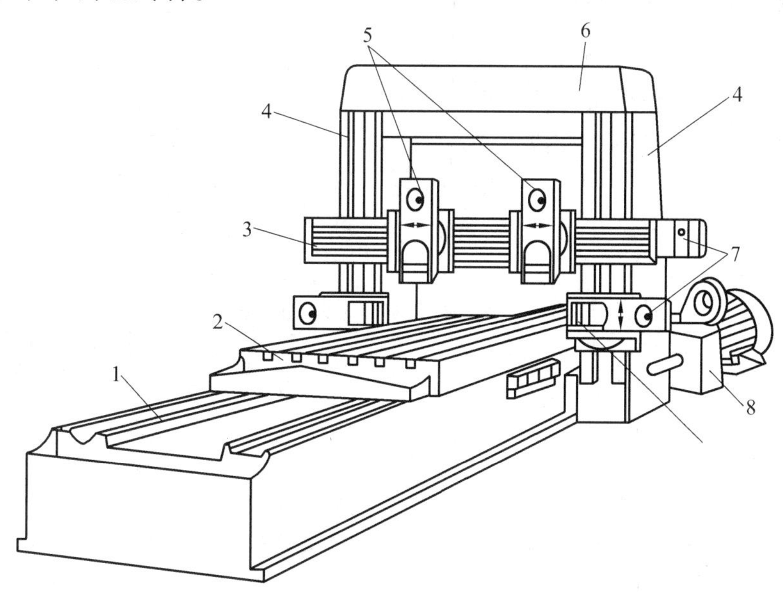

图 3.85　龙门刨床

1— 床身;2— 工作台;3— 横梁;4— 立柱;5— 立刀架;6— 顶梁;7— 进给箱;8— 变速箱;9— 侧刀架

(3) 插床。插床又称立式牛头刨床,插床的外形如图 3. 86 所示,主要由底座 1、圆工作台 2、滑枕 3、立柱 4、分度盘 5、下滑座 6 和上滑座 7 等组成。它适用于单件小批量生产,如孔中的键槽及多边形孔或内外成形表面。

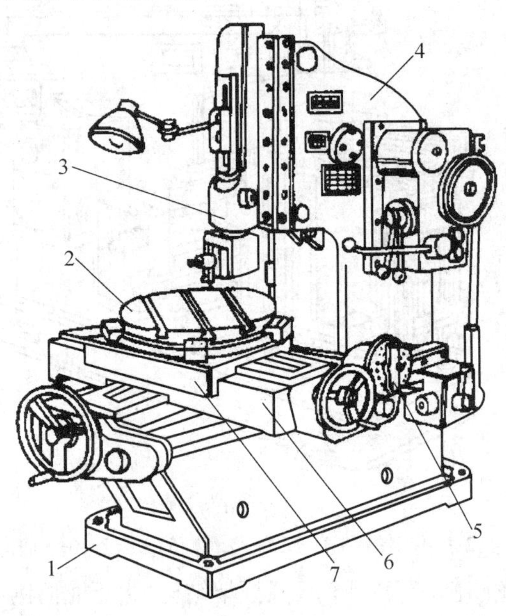

图 3. 86　插床

1— 底座;2— 圆工作台;3— 滑枕;4— 立柱;5— 分度盘;6— 下滑座;7— 上滑座

3. 8. 3　拉削加工与拉床

1. 拉削加工

(1) 拉削加工。拉削可以认为是刨削的进一步发展。拉削时,拉刀沿其轴线做等速直线运动,由于拉刀的后一个(或一组) 刀齿高出前一个(或一组) 刀齿,所以能够依次从工件上切下金属层,从而获得所需的表面。使表面达到较高的精度和较小的粗糙度。拉削平面如3. 87(a) 所示,拉孔示意图如图 3. 87(b) 所示。

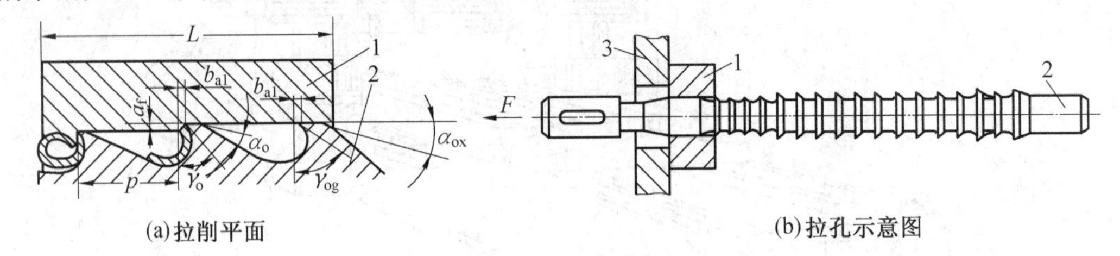

(a)拉削平面　　(b)拉孔示意图

图 3. 87　拉削过程

1— 工件;2— 拉刀;3— 拉床挡壁

(2) 拉削加工工艺特点。

① 生产率高。拉刀是多齿刀具,同时参加工作的刀齿多,切削刃的总长度大,又多为直线运动,一次行程即完成粗、半精及精加工,因此生产率很高。

② 加工后工件精度与表面质量高。拉刀有校准部分(一般精切齿的切削厚度 h = 0.005 ~0.015 mm),拉削时的切削速度很低(v_c = 1.02 ~ 8 m/min),加工精度可达IT8 ~ IT6,表面粗糙度 Ra 为0.8 ~ 0.4 μm。

③ 拉刀使用寿命长。由于拉削速度很低,而且每个刀齿实际参加切削的时间极短,因此拉刀使用寿命很长。

④ 加工范围广。可拉削各种特型表面,如图3.88所示。

⑤ 拉削运动简单。拉削只有主运动,拉削过程的进给量即相邻两刀齿的齿高差。

⑥ 拉刀成本高。由于拉刀构造比较复杂,制造成本高,因此一般多用于大量或成批生产。

⑦ 与铰孔相似,拉削不能纠正孔的位置误差。

⑧ 不能拉削加工盲孔、深孔、阶梯孔及有障碍的外表面。

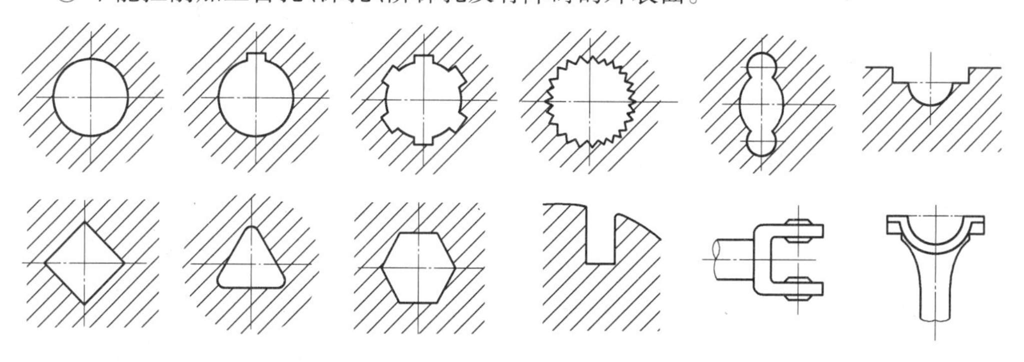

图3.88　拉削加工的典型表面形状

2. 拉刀

拉削加工方法应用广泛,拉刀的种类也很多。按加工表面不同,可分为内拉刀和外拉刀。前者用于加工如圆孔、方孔、花键孔等内表面;后者用于加工平面、成形面等外表面。

(1) 拉刀的结构。

① 拉刀的组成。圆孔拉刀的组成部分如图3.89所示,由头部、颈部、过渡锥部、前导部、切削部、校准部、后导部及尾部组成。

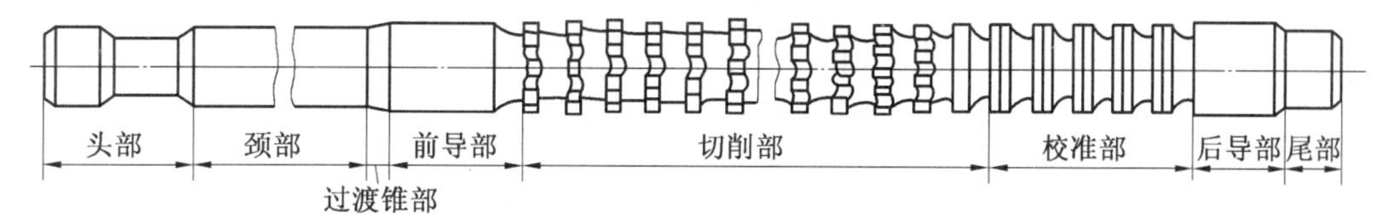

图3.89　圆孔拉刀的组成部分

② 拉刀切削部分几何参数。拉刀切削部分的主要几何参数如图3.87(a)所示。

a. 齿升量 a_f,即切削部前、后刀齿(或组)高度之差。

b. 齿距 p,即两相邻刀齿之间的轴向距离。

c. 刃带 b_{a1},用于在制造拉刀时控制刀齿直径,也为了增加拉刀校准齿前刀面的可重磨次数,提高拉刀使用寿命,有了刃带,还可提高拉削过程稳定性。

d. 前角 γ_o,前角根据工件材料来选择。

e. 后角 α_o，拉刀后角直接影响拉刀刃磨后的径向尺寸，一般取较小值。

(2) 拉削图形。

拉刀从工件上把拉削余量切下来的顺序，通常都用图形来表达，这种图形即所谓拉削图形。拉削图形可分为分层式、分块式及综合式三大类。

① 分层式拉削。分层式拉削主要采用成形式，每个刀齿的廓形与被加工表面最终要求的形状相似，切削部的刀齿高度向后递增，工件上的拉削余量被一层一层地切去，最终由最后一个切削齿切出所要求的尺寸，经校准齿修光达到预定的工件尺寸精度及表面粗糙度。成形式圆孔拉刀的拉削图形如图 3.90(a) 所示，该拉刀切削部的刀齿结构如图 3.90(b) 所示。

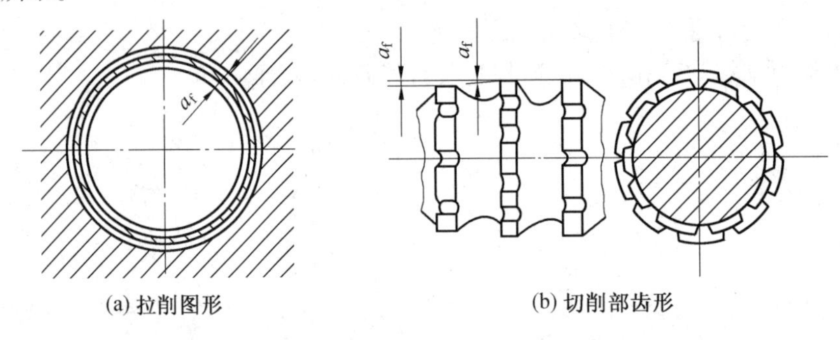

(a) 拉削图形　　(b) 切削部齿形

图 3.90　成形式拉削图形

② 分块式拉削。分块式拉削的主要特点在于工件上的每层金属是由一组尺寸基本相同的刀齿切去的，每个刀齿仅切去一层金属的一部分，三个刀齿一组的圆孔拉刀及其拉削图形如图 3.91 所示，第一齿与第二齿的直径相同，但切削刃位置互相错开，各切除工件上同一层金属中的几段材料剩下的残留金属，由同一组的第三个刀齿切除，该刀齿不再制有圆弧分屑槽，为避免切削刃与前两个刀齿切成的工件表面摩擦及切下整圈金属，其直径应较同组其他两个刀齿的直径小 0.02 ~ 0.05。按分块拉削方式设计的拉刀又称为轮切式拉刀。

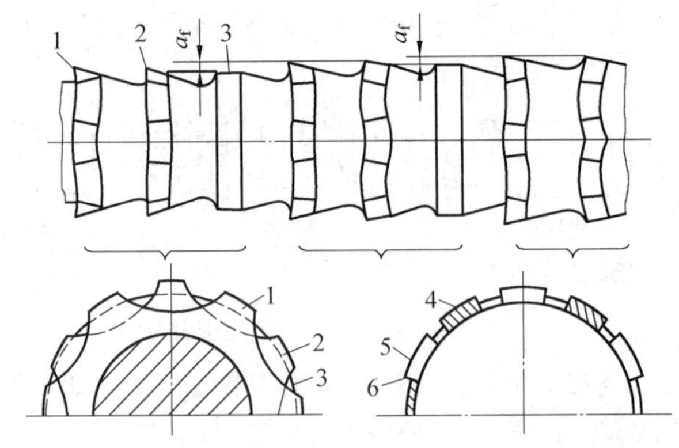

图 3.91　轮切式拉刀截形及拉削图形

1— 第一齿；2— 第二齿；3— 第三齿；4— 被第一齿切的金属层；5— 被第二齿切的金属层；6— 被第三齿切的金属层

③ 综合式拉削。这种方式集中了成形式拉刀与轮切式拉刀的优点，即粗切齿制成轮切式结构，精切齿则采用成形式结构。这样，既缩短了拉刀长度，保持较高的生产率，又能获得较好的工件表面质量。综合式拉刀结构及其拉削图形如图3.92所示，粗切齿采取不分组的轮切式拉刀结构，即第一个刀齿切去一层金属的一半左右，第二个刀比第一个刀齿高出一个齿升量，除了切去第二层金属的一半左右外，还切去第一个刀齿留下的第一层金属的一半左右，后面的刀齿都以同样顺序交错切削，直到把粗切余量切完为止。精切齿则采取成形式结构。按综合拉削方式设计的拉刀，称为综合式拉刀。

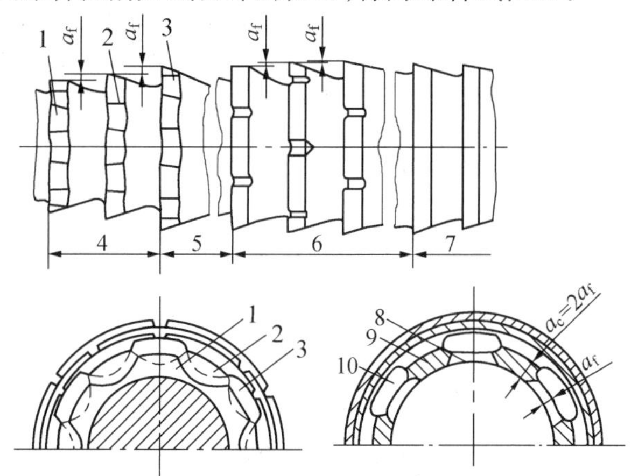

图3.92　综合式拉刀结构及拉削图形

1—第一齿；2第二齿；3—第三齿；4—粗切齿；5—过渡齿；6—精切齿；7—校准齿；8—被第一齿切的金属层；9—被第二齿切的金属层；10—被第三齿切的金属层

3. 拉床

拉削时，拉刀使被加工表面一次拉削成形，所以拉床只有主运动，没有进给运动。拉床的主运动为拉刀的直线运动。拉床的主运动多采用液压驱动，以承受较大的切削力并使拉削过程平稳。

拉床按加工表面种类不同可分为内拉床和外拉床，前者用于拉削工件的内表面，后者用于拉削工件的外表面。按机床布局可分为卧式、立式等。最常用的卧式内拉床用于拉花键孔、键槽和精加工孔。

3.8.4　珩磨加工与珩磨机床

1. 珩磨原理与珩磨头

珩磨是利用带有磨条（油石）的珩磨头对孔进行光整加工的方法。珩磨时，工件固定不动或浮动，珩磨头由机床主轴带动旋转并做往复直线运动。珩磨加工中，磨条以一定压力作用于工件表面，从工件表面上切除一层极薄的材料，其切削轨迹是交叉的网纹，如图3.93所示。

珩磨轨迹的交叉角 θ 与珩磨头的往复速度 v_a 及圆周速度 v_c 有关，由图3.93(c)知，$\tan\frac{\theta}{2}=v_a/v_c$。$\theta$ 角的大小影响珩磨的加工质量及效率，一般粗珩时取 $\theta=40°\sim60°$，精珩时取 $\theta=15°\sim45°$。为了便于排出破碎的磨粒和切屑，降低切削温度，提高加工质量，珩磨时应使用充足的切削液。珩磨铸铁和钢件时，通常用煤油加少量机油作为切削液；珩磨青铜时，可以用水作为切削液或不加切削液（即干珩）。在大批大量生产中，珩磨在专门的珩磨机上进行，如宁夏大河机床的 2MB228 半自动循环珩磨机。

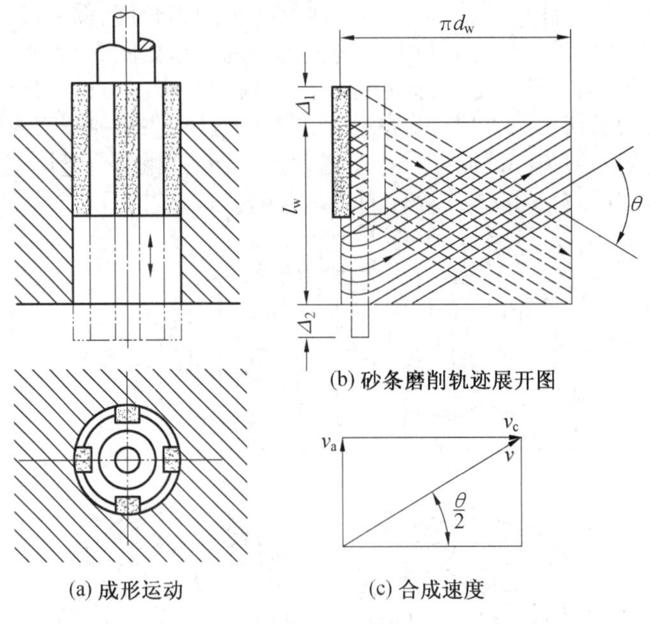

(a) 成形运动　　(c) 合成速度

图 3.93　珩磨原理

为使被加工孔壁都能得到均匀的加工，砂条的行程在孔的两端都要超出一段越程量(图 3.93 中的 Δ_1 和 Δ_2)，越程量过小，会造成两端孔径比中间偏小；越程量过大，则使两端孔径偏大；越程量一般取为磨条长度的 30% ~50%。为保证珩磨余量均匀，减少机床主轴回转误差对加工精度的影响，珩磨头和机床主轴之间大多采用浮动连接。

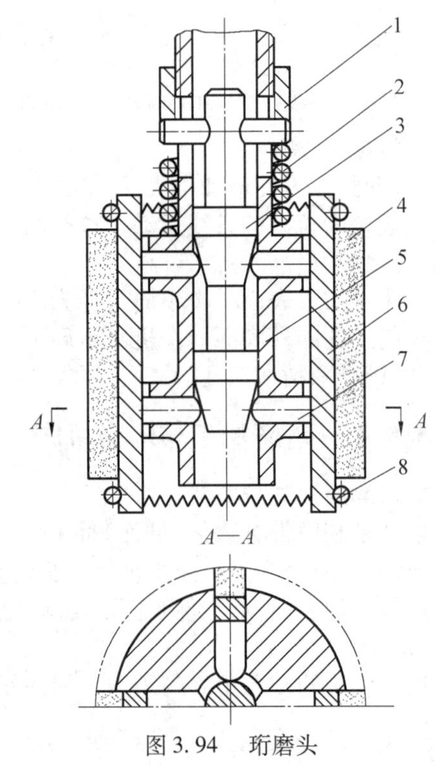

图 3.94　珩磨头

1— 螺母；2— 弹簧；3— 调整锥轴；4— 磨条；5— 本体；6— 砂条座；7— 顶销；8— 弹簧卡箍

珩磨头磨条的径向伸缩调整有手动、气动和液压等多种结构形式。手动调整结构的珩磨头如图 3.94 所示，磨条 4 用结合剂与砂条座 6 固结在一起，装在本体 5 的槽中，砂条座的两端用弹簧卡箍 8 箍住。向下旋转螺母 1 时，推动调整锥轴 3 下移，调整锥轴 3 上的锥面推动顶销 7 使砂条胀开，以调整珩磨头的工作尺寸及磨条对工件孔壁的工作压力。手动调整工作压力不但操作费时，生产效率低，而且还不容易将工作压力调整得合适，因此只适用于单件小批量生产。在大批量生产中则广泛采用气动或液动珩磨头。

2. 珩磨的工艺特点及应用范围

① 生产效率较高。珩磨时有多个磨条同时工作，并且经常连续变化切削方向，能较长时间保持磨粒锋利，所以珩磨的效率较高。因此，珩磨余量也比研磨稍大，一般珩磨铸铁时为0.02 ~ 0.15 mm，珩磨钢件时为0.005 ~ 0.08 mm。与磨削速度相比，珩磨头的圆周速度虽不高(v_c = 16 ~ 60 m/min)，但由于砂条与工件的接触面积大，往复速度相对较高(v_a = 8 ~ 20 m/min)。

② 能获得较高的尺寸精度和形状精度，加工精度为IT7 ~ IT6级，孔的圆度和圆柱度误差可控制在3 ~ 5 μm的范围之内，但珩磨不能提高被加工孔的位置精度。

③ 能获得较高的表面质量，表面粗糙度 *Ra* 可达0.2 ~ 0.025 μm。

④ 珩磨表面耐磨损。由于已加工表面有交叉网纹，利于油膜形成，故润滑性能好，磨损慢。

⑤ 不宜加工有色金属。珩磨实际上是一种磨削，为避免磨条堵塞，不宜加工塑性较大的有色金属零件。

珩磨在大批大量生产中广泛用于发动机缸孔及各种液压装置中精密孔的加工，孔径范围一般为ϕ15 ~ ϕ500 mm，并可加工长径比大于10的深孔。但一般珩磨不适于加工塑性较大的有色金属工件上的孔，也不能加工带键槽的孔、花键孔等。

3.8.5　研磨加工

1. 研磨加工原理

研磨是利用研磨工具和研磨剂，借助于研具与工件在一定压力下的相对运动，从工件表面切下极细微的切屑，研磨精度可达IT6 ~ IT5以上，表面粗糙度 *Ra* 可达0.1 ~ 0.08 μm。

按研磨剂的成分不同，可分为机械研磨和化学研磨。机械研磨是在一定压力作用下，工件与研具表面间无数磨粒做刮划和滚动，从而产生微量切削作用，并且每个磨粒都不会在工件表面重复自己的运动轨迹。化学研磨是在研磨剂中加入氧化铬、硬脂酸或其他化学研磨剂，使工件表面形成一层极薄的氧化膜，这层膜很容易被研磨掉，在研磨过程中，氧化膜迅速形成，又不断地被研磨掉，从而加快了研磨过程。

按使用的研具不同，可分为单件研磨和偶件研磨。单件研磨的研具比工件材料软，如研淬硬钢和硬质合金常用铸铁制作研具。偶件研磨(配研)是在两个工件相配表面之间加入研磨剂，在相对运动的带动下，游离磨粒在其中滚动或滑动，从而消除了阻碍精密配合的微观峰部，使配合表面达到吻合一致，例如，管道阀门的阀芯和阀体的配研。

研磨剂由磨料、研磨液和辅助填料等混合而成，有液态、膏状和固态三种，以适应不同加工的需要。磨料主要起机械切削作用，是由游离分散的磨粒做自由滑动、滚动和冲击来完成的。常用的磨粒有刚玉、碳化硅等。其粒度在粗研时为240号 ~ W20，精研时为W20以下。研磨液主要起冷却和润滑作用，并能使磨粒均匀地分布在研具表面。常用的研磨液有煤油、汽油、全损耗系统用油(俗称机油)等。辅助填料可以使金属表面产生极薄的、较软的化合物膜，以便零件表面凸峰容易被磨粒切除，提高研磨效率和表面质量。最常用的辅助填料是硬脂酸、油酸等化学活性物质。

2. 研磨方法

研磨方法分为手工研磨和机械研磨两种。

(1) 手工研磨是人手持研具或零件进行研磨的方法，如 3. 95 所示，所用研具为研磨环。研磨时，用弹性研磨环套住工件上，并在研磨环与工件之间涂研磨剂，工件装夹在前后顶尖上，做低速回转(20 ~ 30 m/min)，同时手握研磨环做轴向往复运动，并经常检测零件，直至合格为止。手工研磨生产率低，只适用于单件小批量生产。

(2) 机械研磨在研磨机上进行，研磨零件外圆用研磨机的工作示意图如图 3. 96 所示。研具由上、下两块铸铁研磨盘 5、2 组成，两者可同向或反向旋转。下研磨盘与机床转轴刚性连接，上研磨盘与悬臂轴 6 活动铰接，可按照下研磨盘自动调位，以保证压力均匀。在上、下研磨盘之间有一个与偏心轴 1 相连的分隔盘 4，其上开有安装零件的长槽，槽与分隔盘径向倾斜角为 γ。当研磨盘转动时，分隔盘由偏心轴做偏心旋转，零件 3 既可以在槽内自由转动，又可因分隔盘的偏心而做轴向滑动，因而其表面形成网状轨迹，从而保证从零件表面切除均匀的加上余量。悬臂轴可向两边摆动，以便装夹零件。机械研磨生产效率高，适合大批量生产。

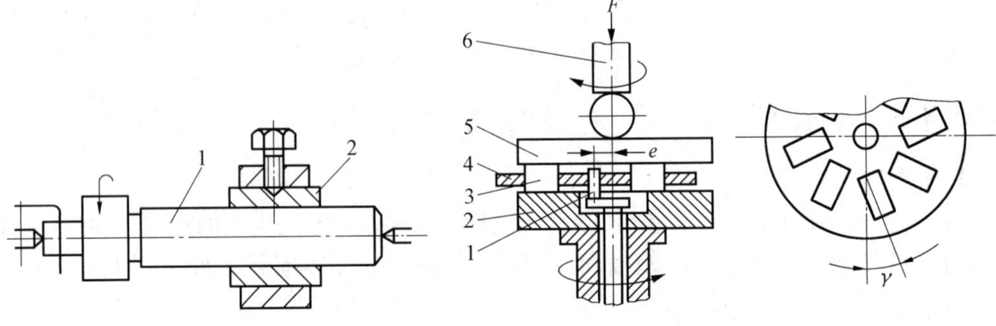

图 3. 95　手工研磨外圆

1— 工件；2— 研磨环(手握)

图 3. 96　研磨机工作示意图

1— 偏心轴；2— 下研磨盘；3— 零件；4— 分隔盘；

5— 上研磨盘；6— 悬臂轴

3. 研磨的特点

(1) 加工简单，不需要复杂设备。研磨可在专门的研磨机上或在简单改装的车床、钻床等上面进行，设备和研具皆较简单，成本低。

(2) 研磨质量高。研磨过程中金属塑性变形小，切削力小、切削热少，表面变形层薄，切削运动复杂，因此，可以达到很高的尺寸精度、形状精度和较小的表面粗糙度，但不能纠正工件各表面间的位置误差。

(3) 生产率较低。研磨对零件进行的是微量切削，前道工序为研磨留的余量一般不超过 0. 03 mm。

(4) 研磨零件的材料广泛。可研磨加工钢件、铸铁件、铜、铝等有色金属件和高硬度的淬火钢件、硬质合金及半导体元件、陶瓷元件等。

(5) 研磨应用很广，常见的表面如平面、圆柱面、圆锥面、螺纹表面、齿轮齿面等。精密配合偶件如柱塞泵的柱塞与柱塞套筒、阀芯与阀套等，往往要经过两个配合件的配研。

3.8.6　超级光磨

1. 加工原理

超级光磨是用细磨粒的磨具(油石)对工件施加很小的压力进光整加工的方法。超级光磨加工外圆的示意图如图3.97(a)所示。加工时,工件旋转(一般工件圆周线速度为6 ~ 30 m/min),磨具以恒力轻压于工件表面,做轴向进给的同时做轴向微小振动(一般振幅为1 ~ 6 mm,频率为5 ~ 50 Hz),从而对工件微观不平的表面进行光磨。

在加工过程中,在油石和工件之间注入光磨液(一般为煤油加锭子油),一方面为了冷却、润滑及清除切屑等;另一方面为了形成油膜,以便自动终止切削作用。当油石最初与比较粗糙的工件表面接触时,油石与工件表面之间不能形成完整的油膜,如图3.97(b)所示。随着工件表面被逐渐磨平,油石和工件表面之间逐渐形成完整的润滑油膜,如图3.97(c)所示。

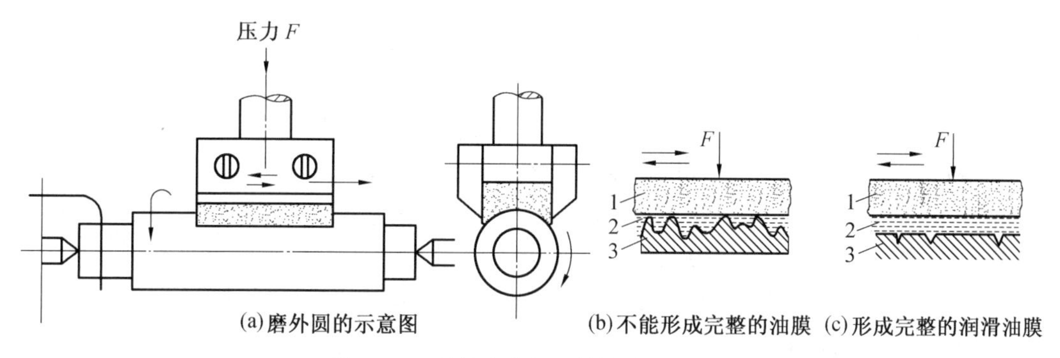

图3.97　超级光磨加工外圆及加工过程

1—油石;2—油膜;3—工件

2. 超级光磨的特点及应用

(1)设备简单,操作方便。超级光磨可以在专门的机床上或适当改装的通用机床(如卧式车床等)上利用不太复杂的超精加工磨头进行。

(2)加工余量极小。由于油石与工件之间无刚性的运动联系,油石切除金属的能力较弱,只留有3 ~ 10 μm的加工余量。

(3)生产效率较高。因为超级光磨只是切去工件表面的微观凸峰,加工过程所需时间很短,一般为30 ~ 60 s。

(4)表面质量好。加工过程是由切削作用过渡到光整抛光,表面粗糙度很小($Ra<0.012\ \mu m$),并具有复杂的交叉网纹,利于储存润滑油,加工后表面的耐磨性较好。但不能提高其尺寸精度和形位精度,工件要求的尺寸精度和形位精度必须由前道工序保证。

超级光磨的应用也很广泛,如汽车和内燃机工件、轴承、精密量具等小粗糙度表面。

3.8.7　抛　光

1. 加工原理

抛光是在高速旋转的抛光轮上涂以抛光膏,对工件表面进行光整加工的方法。抛光轮一般是用毛毡、橡胶、皮革、棉制品或压制纸板等材料叠制而成,是具有一定弹性的软轮。抛光膏由磨料(氧化铬、氧化铁等)油酸和软脂等配制而成。

抛光时,将工件压于高速旋转的抛光轮上,在抛光膏介质的作用下,金属表面产生的一层极薄的软膜,可以用比工件材料软的磨料切除,而不会在工件表面留下划痕。加之高速摩擦,使工件表面出现高温,表层材料被挤压而发生塑性流动,这样可填平表面原来的微观不平,获得很光亮的表面(呈镜面状)。

2. 抛光的特点

(1) 方法简单、成本低。抛光一般不用复杂、特殊设备,加工方法较简单,成本低。

(2) 适宜曲面的加工。由于弹性的抛光轮压于工件曲面时,能随工件曲面变化,也即与曲面相吻合,容易实现曲面抛光,便于对模具型腔进行光整加工。

(3) 不能提高加工精度。由于抛光轮与工件之间没有刚性的运动联系,抛光轮又有弹性,只能减小表面粗糙度值,不能提高加工精度。

(4) 劳动条件较差。抛光目前多为手工操作,工作繁重,飞溅的磨粒、介质、微屑污染环境,劳动条件较差。为改善劳动条件,可采用砂带磨床进行抛光,以代替用抛光轮的抛光。

综上所述,研磨、珩磨、超级光磨和抛光所起的作用是不同的,抛光仅能减少工件表面的粗糙度值,而对工件表面粗糙度的改善并无益处。超级光磨仅能减小工件的表面粗糙度,而不能提高其尺寸和形状精度。研磨和珩磨则不但可以减小工件表面的粗糙度,还可以在一定程度上提高其尺寸和形状精度。

从应用范围来看,研磨、珩磨、超级光磨和抛光都可以用来加工各种各样的表面,但珩磨则主要用于孔的精整加工。

从所用工具和设备来看,抛光最简单,研磨和超级光磨稍复杂,而珩磨则较为复杂。

3.8.8 组合机床

组合机床是以系列化、标准化的通用部件为基础,配以少量的专用部件组成的多轴、多刀、多任务、多面同时加工的高效专用机床。它可进行钻、镗、铰、攻螺纹、车削、铣削等切削加工,最适用于在大批、大量生产中对一种或几种类似零件的一道或几道工序进行加工。

1. 组合机床的组成

组合机床如图3.98所示。它主要由立柱底座1、立柱2、动力箱3、多轴箱4、夹具5、镗削头6、滑台7、侧底座8和中间底座9等组成。

2. 组合机床的特点

(1) 生产率高。因为工序集中,可多面、多任务、多轴、多刀同时自动加工。

(2) 研制周期短,便于设计、制造和使用维护,成本低。组合机床所用的通用零部件由专业厂家成批生产,成本低。其结构稳定,工作可靠,使用和维修方便。

(3) 自动化程度高,劳动强度低。

(4) 配置灵活。通用零部件可重复利用,可按产品或工艺要求,灵活组成各种类型的组合机床及自动线。

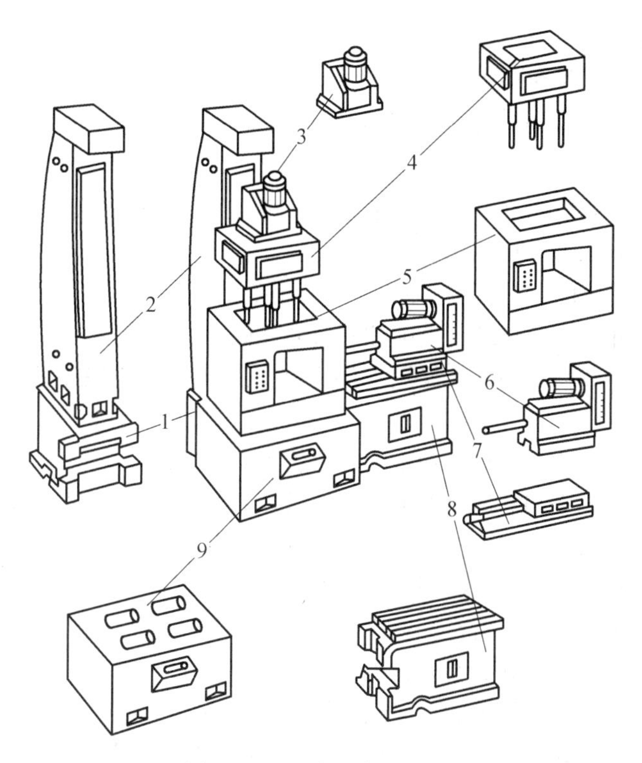

图 3.98　组合机床的组成

1— 立柱底座;2— 立柱;3— 动力箱;4— 多轴箱;5— 夹具;

6— 镗削头;7— 滑台;8— 侧底座;9— 中间底座

思考与练习题

3.1　简述各种车刀、铣刀的结构特征及加工范围。

3.2　标准高速钢麻花钻由哪几部分组成?切削部分包括哪些几何参数?

3.3　用钻头钻孔,为什么钻出来的孔径一般都比钻头的直径大?

3.4　分析麻花钻切削刃从外圆到钻心,前角和刃倾角变化趋势如何?刃磨后刀面时,为什么要从外缘到钻心使后角逐渐增大?

3.5　决定铰刀外径尺寸时应考虑什么问题?为什么?

3.6　螺纹刀具有哪些类型?它们的用途是什么?

3.7　什么是逆铣?什么是顺铣?试分析逆铣和顺铣、对称铣和不对称铣的工艺特征。

3.8　车削有哪几种加工方法?

3.9　铣削有哪些主要特点?可采用什么措施改进铣刀和铣削特性?

3.10　简述拉削加工的特点与应用。

3.11　拉削速度并不高,但拉削却是一种高生产率的加工方法,原因何在?

3.12　拉削方式(拉削图形) 有哪几种?各有什么优缺点?

3.13　试述齿轮滚刀的切削原理。

3.14　磨削加工有何特点及应用?

3.15　砂轮的特性由哪些因素决定?什么叫砂轮硬度?如何正确选择砂轮的硬度?

3.16　指出下列机床型号中各位字母和数字代号的具体含义。

CA6140　CG6125B　XK5040　Y3150E

3.17　试述铣床的工艺范围、种类及其适用范围。

3.18　万能外圆磨床在磨削外圆柱面时需要做哪些运动?

3.19　无心外圆磨床为什么能把工件磨圆?为什么它的加工精度和生产率往往比普通外圆磨床高?

3.20　应用范成法与成形法加工圆柱齿轮各有何特点?

3.21　对比滚齿机和插齿机的加工方法,说明它们各自的特点及主要应用范围。

3.22　常用钻床、镗床各有几类?其适用范围有何不同?

3.23　数控机床一般由哪些部分组成?试述其工作原理。

3.24　组合机床有哪些特点?适用于什么场合?

3.25　比较镗孔与钻孔的工艺特点及应用场合。

3.26　为什么珩齿前齿形的加工最好用滚齿而不用插齿?

3.27　试分析钻孔、扩孔和铰孔三种孔加工方法的工艺特点,并说明这三种工艺之间的联系。

3.28　镗削加工有何特点?常用的镗刀有哪几种类型?其结构和特点是什么?

3.29　回轮、转塔车床与卧式车床在布局、用途上有何不同?回轮、转塔车床的生产率为什么高于卧式车床?

3.30　珩齿加工与剃齿加工的主要区别是什么?

3.31　试述研磨、珩磨、超级光磨和抛光四种加工方法的主要加工特点。

3.32　试述刨削加工的特点与应用。

3.33　磨削加工有何特点及应用?

3.34　砂轮的特性由哪些因素决定?

第4章 机械加工质量

4.1 概　述

4.1.1 机械加工精度

零件的机械加工质量一般用加工精度和加工表面质量两个指标表示。

1. 机械加工精度

加工精度是指零件加工后的实际几何参数(尺寸、形状和相互位置)与理想几何参数的接近程度。接近程度越高,加工精度也越高。

零件的加工精度包含尺寸精度、形状精度和位置精度三方面的内容。

(1) 尺寸精度。尺寸精度是指机械加工后零件的直径、长度和表面间距离等尺寸的实际值与理想值的接近程度。

(2) 形状精度。形状精度是指机械加工后零件几何要素的实际形状与理想形状的接近程度。实际形状越接近理想形状,形状精度就越高。国家标准规定用直线度、平面度、圆度、圆柱度、线轮廓度和面轮廓度等项目来评定形状精度。

(3) 位置精度。位置精度是指机械加工后零件几何要素的实际位置与理想位置的接近程度。实际位置越接近理想位置,位置精度就越高。国家标准规定用平行度、垂直度、同轴度、对称度、位置度、圆跳动和全跳动等项目来评定位置精度。

生产实践证明,不管加工方法多么精密,在实际中不可能把零件加工得与理想零件完全一致,总会产生大小不同的误差。加工误差越小,加工精度越高。从机器的使用要求来说,只要其误差值不影响机器的使用性能,就允许有一定的加工误差存在。这个允许变动的范围,就是公差。机械制造加工的目的就是要使加工误差小于图样上规定的公差。

零件表面的尺寸公差、形状公差和位置公差值三者之间是有联系的,形状误差应限制在位置公差内,位置误差应限制在尺寸公差内,一般尺寸精度高,其相应的形状和相互位置精度也高。但是有一些特殊功用的零件,其形状精度很高,但其位置精度、尺寸精度要求却不一定高。例如,测量用的检验平板,其工作平面的平面度要求很高,但该平面与底面的尺寸要求和平行度要求却很低。

2. 获得加工精度的方法

（1）获得尺寸精度的方法

① 试切法。试切法指通过试切、测量、调整、再试切，反复进行到被加工尺寸达到要求为止的加工方法。试切法不需要复杂的设备，但是对操作人员的技术水平要求高，精度主要取决于工人的技术水平和量具的精度，适用于单件生产和小批量生产。

② 调整法。加工前调整好刀具和工件在机床上的相对位置，并在一批零件的加工过程中保持这个位置不变，以保证被加工尺寸的方法。调整法的生产效率高，广泛用于各类半自动、自动机床和自动线上，适用于成批、大量生产。

③ 定尺寸刀具法。用刀具的相应尺寸来保证工件被加工部位尺寸的方法，如用钻头、铰刀和键槽铣刀等刀具的加工就是定尺寸刀具法。这种方法的加工精度主要取决于刀具的制造、磨损和切削用量。其优点是生产率较高，加工精度较稳定，但刀具制造较复杂，广泛地应用于各种生产类型。

④ 自动控制法。把测量装置、进给装置和控制机构组成一个自动加工系统，即自动完成加工中的切削、测量、补偿调整等一系列的工作，当工件达到要求的尺寸时，机床自动退刀停止加工。该方法生产率高，加工精度稳定，劳动强度低，适应于批量生产。

（2）获得形状精度的方法。

① 轨迹法。轨迹法指依靠刀具与工件的相对运动轨迹来获得工件形状的方法。轨迹法的加工精度取决于刀具与工件的相对成形运动，与机床的精度关系密切。普通车削、铣削、刨削和磨削等均为刀尖轨迹法。

② 成形刀具法。成形刀具法就是采用成形刀具加工工件的成形表面以达到所要求的形状精度的方法。成形刀具法的加工精度主要取决于刀刃的形状精度。该方法可以简化机床结构，提高生产效率。

③ 展成法（范成法）。展成法是依据零件曲面的成形原理、通过刀具和工件的展成切削运动进行加工的方法。利用刀具与工件做展成切削运动，其包络线形成工件形状。展成法常用于各种齿形加工，其形状精度与刀具精度及机床传动精度有关。

（3）获得相互位置精度的方法。

零件的相互位置精度的获得，有直接找正法、划线找正法和夹具定位法。其精度主要由机床精度、夹具精度和工件的装夹精度来保证。

① 直接找正法。直接找正法是用工具和仪表根据工件上有关基准，找出工件有关几何要素相对于机床的正确位置的过程。直接找正法即用划针和百分表或通过目测直接在机床上找正工件正确位置的安装方法。此法的生产率较低，对工人的技术水平要求高，一般只用于单件小批量生产。

② 划线找正法。划线找正法即用划针根据毛坯或半成品上所划的线为基准找正它在机床上正确位置的一种方法。

③ 夹具定位法。夹具是用以安装工件和引导刀具的装置。在机床上安装好夹具，工件放在夹具中定位，能使工件迅速获得正确位置，并使其固定在夹具和机床上。因此，工件定位方便，定位精度高且稳定，装夹效率也高。

4.1.2　加工误差

1. 加工误差分类

加工误差是指零件加工后的实际几何参数对理想几何参数的偏离量。按照加工误差的性质不同可分为系统性误差和随机性误差。

（1）系统性误差。系统性误差可分为常值性系统误差和变值性系统误差两种。在顺序加工一批工件时，加工误差的大小和方向皆不变，此误差称为常值性系统误差，如原理误差、定尺寸刀具的制造误差等。在顺序加工一批工件时，按一定规律变化的加工误差称为变值性系统误差，当刀具处于正常磨损阶段车外圆时，由于车刀尺寸磨损所引起的误差。常值性系统误差与加工顺序无关，若能掌握其大小和方向，就可以通过调整消除。变值性系统误差与加工顺序有关，若能掌握其大小和方向随时间变化的规律，就可通过采取自动补偿措施加以消除。

（2）随机性误差。在顺序加工一批工件时，加工误差的大小和方向都是随机变化的，这些误差称为随机性误差。例如，由于加工余量不均匀、材料硬度不均匀等原因引起的加工误差，工件的装夹误差、测量误差和由于内应力重新分布引起的变形误差等均属随机性误差。可以通过分析随机性误差的统计规律，对工艺过程进行控制。

2. 加工误差分布规律

机械制造中常见的加工误差分布主要有正态分布、平顶分布、双峰分布及偏态分布四种，如图 4.1 所示。

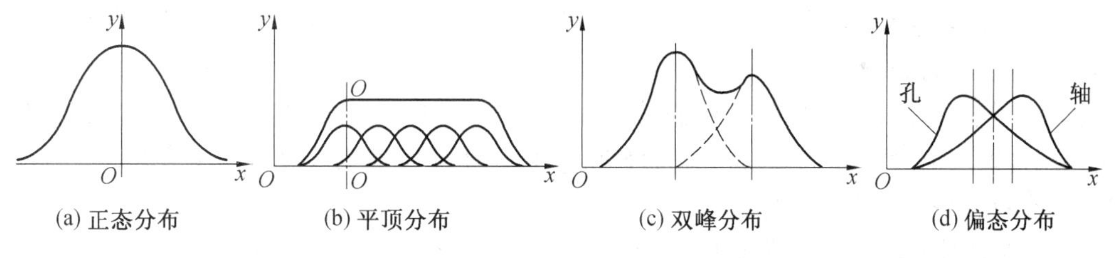

图 4.1　机械制造中常见的加工误差分布规律

（1）正态分布。在机械加工中，若同时满足无变值性系统误差、各随机误差之间是相互独立的、在随机误差中没有一个是起主导作用的误差因素三个条件，工件的加工误差就服从正态分布。

（2）平顶分布。在影响机械加工的诸多误差因素中，如刀具尺寸磨损的影响显著，变值性系统误差占主导地位时，工件的尺寸误差将呈现平顶分布。平顶分布曲线可以看成是随着时间而平移的众多正态分布曲线组合的结果。

（3）双峰分布。若将两台机床所加工的同一种工件混在一起，由于两台机床的调整尺寸不尽相同，两台机床的精度状态也有差异，工件的尺寸误差呈双峰分布。

（4）偏态分布。采用试切法车削工件外圆或镗内孔时，为避免产生不可修复的废品，操作者主观上有使轴径加工得宁大勿小、使孔径加工得宁小勿大的意向，按照这种加工方式加工得到的一批零件的加工误差呈偏态分布。

4.1.3 机械加工表面质量

机器零件的破坏，一般都是从表面层开始的，这说明零件的表面质量对产品质量有很大影响。

1. 加工表面质量的概念

加工表面质量是零件加工后表面层状态完整性的表征。加工表面质量包含以下两方面的内容。

(1) 表面粗糙度与波纹度。根据加工表面轮廓的特征(波距 L 与波高 H 的比值)，可将表面轮廓分为以下三种：$L/H > 1\ 000$，称为宏观几何形状误差，如圆度误差、圆柱度误差等，它们属于加工精度范畴；$L/H = 50 \sim 1\ 000$，称为波纹度，是介于宏观与微观几何形状误差之间的周期性几何形状误差，它是由加工中工艺系统的低频振动引起的；$L/H < 50$，称为微观几何形状误差(表面粗糙度)，是由加工中的残留面积、塑性变形、积屑瘤、鳞刺以及工艺系统的高频振动等造成的。

(2) 表面层材料的物理力学性能和化学性能。由于机械加工中力因素和热因素的综合作用，加工表面层金属的物理力学性能和化学性能将发生一定的变化，主要反映在以下几个方面：

① 表面层金属的冷作硬化。机械加工过程中表面层金属产生强烈的塑性变形，使晶格扭曲、畸变，晶粒间产生剪切滑移，晶粒被拉长，引起的强度和硬度都有所提高的现象，统称为冷作硬化。表面层金属硬度的变化用硬化程度和深度两个指标来衡量。

② 表面层金属的残余应力。由于加工过程中切削力和切削热的综合作用，使表层金属产生的内应力，称为表面层残余应力。在铸、锻、焊、热处理等加工过程产生的内应力与这里介绍的表面残余应力的区别在于前者是在整个工件上平衡的应力，它的重新分布会引起工件的变形；后者则是在加工表面材料中平衡的应力，它的重新分布不会引起工件变形，但它对机器零件表面质量有重要影响。

③ 表面层金属金相组织的变化。在机械加工过程中，由于切削热的作用，在工件的加工区域，温度会急剧升高，当温度升高到超过工件材料金相组织变化的临界点时，就会发生金相组织变化。例如，磨削淬火钢件时，常会出现回火烧伤、退火烧伤等金相组织变化，将严重影响零件的使用性能。

2. 表面质量对机器零件使用性能的影响

零件的耐磨性不仅与摩擦副的材料、热处理情况和润滑条件有关，而且还与摩擦副表面质量有关。

(1) 表面质量对耐磨性的影响。

① 表面粗糙度对耐磨性的影响。表面越粗糙，有效接触面积就越小，接触表面的实际压强增大，粗糙不平的凸峰间相互咬合、挤裂，磨损加剧。一般说来，表面粗糙度值越大越不耐磨；但表面粗糙度值也不能太小，表面太光滑，因存不住润滑油使接触面间容易发生分子黏接，也会导致磨损加剧。表面粗糙度的最佳值与机器零件的工况有关。

② 表面冷作硬化对耐磨性的影响。零件加工表面层的冷作硬化使表面金属层的显微硬度提高，减少了摩擦副接触表面的弹性和塑性变形，可降低磨损，从而提高了耐磨性；

但是过度的冷作硬化,将使加工表面层金属组织过度“疏松”,严重时会产生微观裂纹和剥落,从而降低耐磨性。

③ 表面纹理对耐磨性的影响。在轻载运动副中,两相对运动零件表面的刀纹方向均与运动方向相同时,耐磨性好;两者的刀纹方向均与运动方向垂直时,耐磨性差,这是因为两个摩擦面在相互运动中,切去了妨碍运动的加工痕迹。但在重载时,两相对运动零件表面的刀纹方向均与相对运动方向一致时容易发生咬合,磨损量反而大;两相对运动零件表面的刀纹方向相互垂直,且运动方向平行于下表面的刀纹方向,磨损量较小。

(2) 表面质量对零件疲劳强度的影响。

① 表面粗糙度。表面粗糙度对承受交变载荷零件的疲劳强度影响很大。在交变载荷作用下,表面粗糙度的凹谷部位、划痕和裂纹容易引起应力集中,出现疲劳裂纹,加速疲劳破坏。零件上容易产生应力集中的沟槽、圆角等处的表面粗糙度,对疲劳强度的影响更大。减小零件的表面粗糙度,可以提高零件的疲劳强度。

② 表面层物理力学性能。表面层金属存在一定的冷作硬化能够缓和已有裂纹的扩展和新裂纹的产生,可提高零件的耐疲劳强度;但冷作硬化强度过高时,可能会产生较大的脆性裂纹反而降低疲劳强度。加工表面层的残余应力对疲劳强度的影响很大,残余压应力可部分抵消交变载荷施加的拉应力,阻碍和缓和疲劳裂纹的产生或扩展,可以提高疲劳强度。而残余拉应力容易使零件在交变载荷下产生裂纹,而使耐疲劳强度降低。

(3) 表面质量对抗腐蚀性能的影响。

① 表面粗糙度。大气中所含的气体和液体与零件接触时会凝聚在零件表面上使表面腐蚀。零件表面粗糙度越大,加工表面与气体、液体接触面积越大,潮湿空气和腐蚀介质越容易沉积于表面而发生化学腐蚀,腐蚀作用就越强烈。

② 表面层物理力学性能。当零件表面层有残余压应力时,能够阻止表面裂纹的进一步扩大,有利于提高零件表面抵抗腐蚀的能力。加工表面的冷作硬化和残余应力,使表层材料处于高能位状态,有促进腐蚀的作用。

(4) 表面质量对零件配合质量的影响。对于间隙配合,零件表面越粗糙,磨损越大,使配合间隙增大,从而改变原有的配合性质,降低配合精度。对于过盈配合,表面粗糙度值越大,两表面相配合时表面凸峰越易被挤平,会使有效过盈量减小,降低了连接强度,因此配合精度要求较高的表面,应具有较小的表面粗糙度值。

4.2　影响加工精度的因素

4.2.1　加工原理误差、调整误差与测量误差

1. 加工原理误差

加工原理误差也称理论误差,是指由于采用了近似的成形运动或近似的切削刃轮廓进行加工而产生的误差。在实践中,有时完全精确的加工常常很难实现,或者加工效率低,或者使机床或刀具的结构极为复杂,难以制造。有时由于连接环节多,使机床传动链中的误差增加,或使机床刚度和制造精度很难保证。

例如,用模数铣刀铣齿,理论上要求加工不同模数、齿数的齿轮,就应该用不同模数、齿数的铣刀。生产中为了减少模数铣刀的数量,每种模数只设计制造有限几把(如 8 把、15 把、26 把)模数铣刀,用以加工同一模数各种不同齿数的齿轮。当所加工齿轮的齿数与所选模数铣刀刀刃所对应的齿数不同时,就会产生齿形误差。

2. 调整误差

在机械加工过程中,有许多调整工作要做,例如,调整夹具在机床上的位置,调整刀具相对于工件的位置等。由于调整不可能绝对准确,由此产生的误差称为调整误差。

工艺系统的调整主要有试切法调整和调整法调整两种基本方式,不同的调整方式有不同的误差来源。

(1) 试切法调整。单件小批量生产中,通常采用试切法调整,这时引起调整误差的因素除测量误差外主要有:

① 进给机构的位移误差。在试切中,总是要微调刀具的位置。在低速微量进给中,常会出现进给机构的"爬行" 现象,其结果使刀具的实际位移与刻度盘上的数值不一致,造成加工误差。

② 最小切削层厚度极限的影响。精加工时,试切的最后一刀余量往往很小,若切削余量小于最小切削厚度极限,切削刃只起到挤压作用而不起切削作用,正式切削时的深度较大,切削刃不打滑,就会多切削工件。因此,工件加工尺寸就与试切时不同,形成工件的尺寸误差。

(2) 调整法调整。用调整法加工时,若调整过程本身是以试切法为依据的,则上述影响试切法调整精度的因素对调整法加工同样有影响。另外,影响调整误差的因素还有:

① 定程机构的误差。定程机构的制造和调整误差以及它们的受力变形和它们配合使用的电气、液压、气动元件的灵敏度等是调整误差的主要来源。

② 样件或样板的误差。样件或样板的制造误差、安装误差和对刀误差以及它们的磨损等都对调整精度有影响。

③ 抽样件数的影响。工艺系统初调好以后,一般要试切几个工件,并以其平均尺寸作为判断调整是否准确的依据。由于试切的工件数量(称为抽样件数) 不可能太多,不能完全反映整批工件切削过程中的各种随机误差,故试切时几个工件的平均尺寸与实际尺寸不能完全符合,也造成加工误差。

3. 测量误差

工件在加工过程中要用各种量具、量仪等进行检验测量,再根据测量结果对工件进行试切或调整机床。量具本身的制造误差、测量时的接触力、环境温度、测量者的测量读数误差等,都直接影响加工误差。因此,要正确地选择和使用量具,同时正确操作,才能保证测量精度。

4.2.2 工艺系统的几何误差

机械加工工艺系统的几何误差包括机床、夹具、刀具的误差,是由制造误差、安装误差以及使用中的磨损引起的。

1. 机床的几何误差

工件的加工精度在很大程度上取决于机床的精度。机床制造误差中对工件加工精度影响较大的误差有主轴回转误差、导轨误差和传动误差。

(1) 主轴回转误差。机床主轴是用来装夹工件或刀具,并将切削运动和动力传给工件或刀具的重要零件,主轴回转误差直接影响被加工工件的形状精度、位置精度和表面粗糙度。

① 机床主轴回转误差的形式。主轴回转误差是指主轴实际回转轴线相对其理想回转轴线(各瞬时回转轴线的平均位置)的变动量。变动量越大,回转精度越低;变动量越小,回转精度越高。实际上,主轴的理想回转轴线虽然客观存在,但很难确定其位置,所以通常用平均回转轴线来代替它。主轴回转误差分为径向圆跳动、端面圆跳动和角度摆动三种,如图4.2所示。

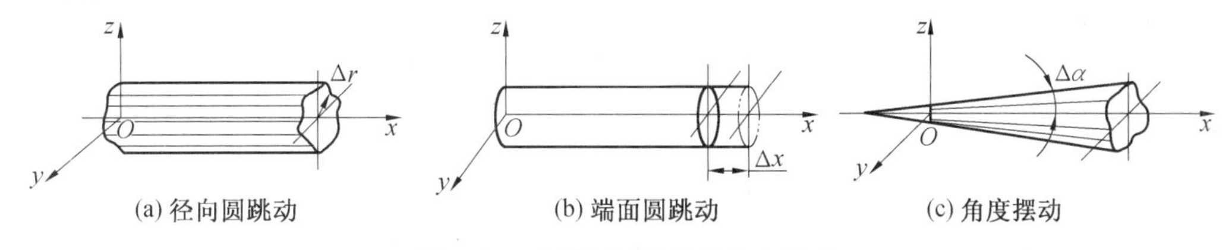

图4.2　主轴回转误差的基本形式

a. 径向圆跳动。实际回转轴线相对于平均回转轴线在径向的变动量,如图4.2(a)所示。车削外圆时,它使被加工工件圆柱面产生圆度和圆柱度误差。产生径向圆跳动误差的主要原因有主轴支承轴颈的圆度误差、轴承工作表面的圆度误差等。

b. 端面圆跳动。实际主轴回转轴线沿平均回转轴线的方向做轴向运动,如图4.2(b)所示。它对内、外圆柱面车削或镗孔影响不大,主要在车端面时它使工件端面产生垂直度、平面度误差和轴向尺寸精度误差。产生端面圆跳动的原因是主轴轴肩端面和推力轴承承载端面对主轴回转轴线有垂直度误差。

c. 角度摆动。主轴回转轴线相对平均回转轴线成一倾斜角度的运动。车削时,它使加工表面产生圆柱度误差和端面的形状误差,如图4.2(c)所示。

主轴回转运动误差实际上是上述三种运动的合成,因此主轴不同横截面上轴心线的运动轨迹既不相同,也不相似,造成主轴的实际回转轴线对其平均回转轴线的“漂移”。

② 主轴回转运动误差的影响因素。影响主轴回转运动误差的因素主要有主轴支承轴颈的误差、轴承工作表面的圆度误差、轴承的间隙、箱体支承孔的误差、与轴承相配合零件的误差及主轴刚度和热变形等。对于不同类型的机床,其影响因素也是不相同的。若机床主轴采用滑动轴承结构,对于工件回转类机床(如车床、内圆磨床),切削力的作用方向可认为是基本不变的,主轴回转时作用在支承上的作用力方向也不变化。主轴颈以不同的部位与轴承内径的某一固定部位相接触,此时主轴支承轴颈的圆度误差将直接反映为主轴径向圆跳动,而轴承内径的圆度误差对主轴径向圆跳动的影响不大,如图4.3(a)所示;对于刀具回转类机床(如钻、铣、镗床),由于切削力的作用方向随主轴的回转而回转,在切削力的作用下,主轴总是以其支承轴颈某一固定部位与轴承内表面的不同部位接触,此时,轴承内表面的圆度误差将直接反映为主轴径向圆跳动,而主轴支承轴颈的圆度

误差对主轴径向圆跳动影响不大,如图 4.3(b) 所示。

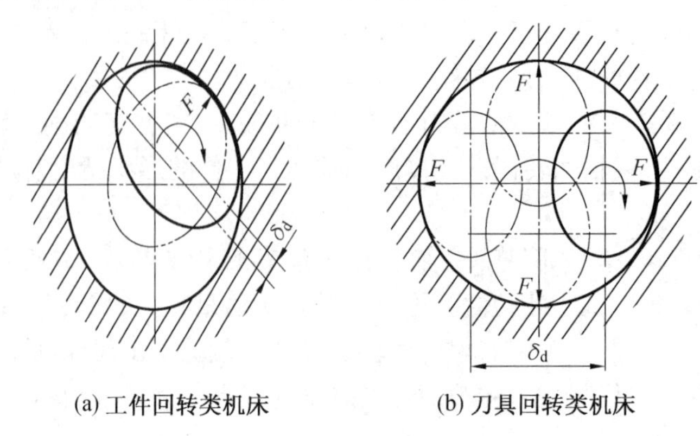

图 4.3　两类主轴回转误差的影响

(2) 导轨误差。导轨是机床中确定各主要部件相对位置关系的基准,是实现直线运动的主要部件,其制造和装配精度是影响直线运动的主要因素,直接影响工件的加工精度。

① 机床导轨误差对工件加工精度的影响。

a. 导轨在水平面内的直线度误差如图 4.4 所示,磨床导轨在 X 方向存在误差 Δ,磨削外圆时工件沿砂轮法线方向产生位移。引起工件在半径方向上的误差 $\Delta = \Delta R$。当磨削长外圆柱表面时,造成工件的圆柱度误差。

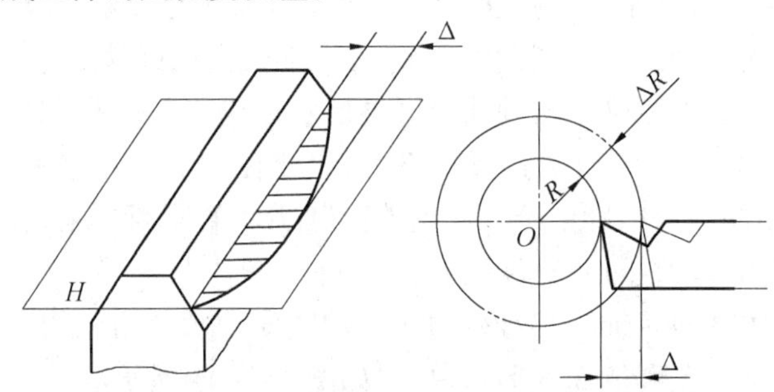

图 4.4　导轨在水平面内的直线度误差

b. 导轨在垂直面内的直线度误差如图 4.5 所示。由于磨床导轨在垂直面内存在误差 Δ,磨削外圆时,工件沿砂轮切线方向(误差非敏感方向) 产生位移,此时工件半径方向上产生误差 $\Delta R \approx \Delta^2/(2R)$,$\Delta$ 数值很小,ΔR 数值极其微小,一般可忽略不计。但导轨在垂直方向上的误差对平面磨床、龙门刨床、铣床等将引起法向方向(误差敏感方向) 的位移,将直接反映到被加工工件的表面,造成工件的形状误差。

c. 导轨在水平和垂直面内的综合误差(扭曲)。若车床前后导轨平行度误差使大溜板产生横向倾斜扭曲,刀具产生位移,因而引起工件形状误差,如图 4.6 所示。由几何关系可知,工件产生的半径误差值为 $\Delta R = \Delta x = \frac{H}{B}\Delta$。一般车床 $H/B \approx 2/3$,外圆磨床 $H/B \approx 1$,因此导轨扭曲引起的加工误差不能被忽视。

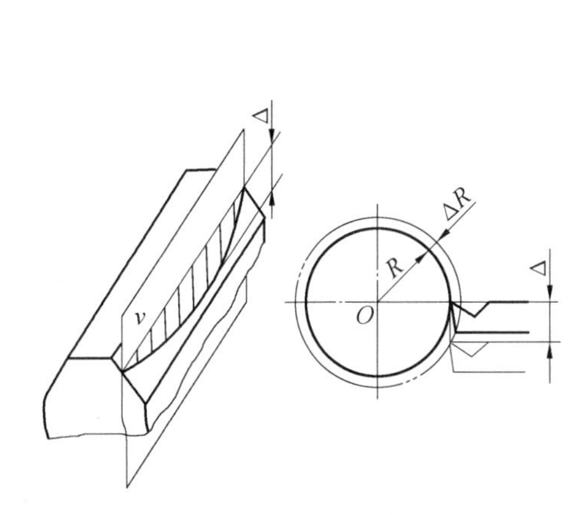

图4.5　导轨在垂直面内的直线度误差

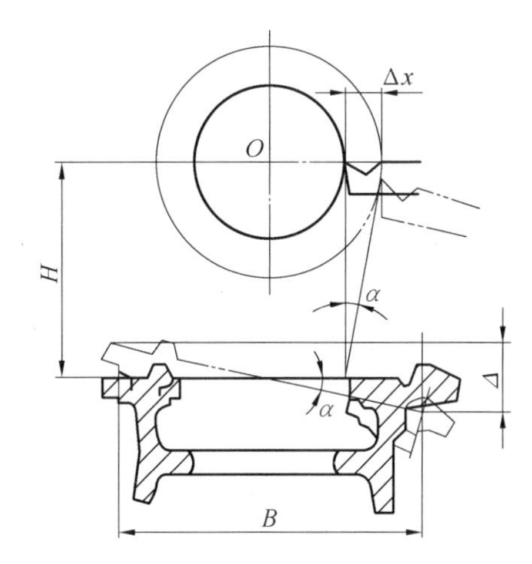

图4.6　导轨的扭曲

d. 导轨对主轴回转轴线的位置误差。若导轨与机床主轴回转轴线不平行或不垂直，则会导致工件的形状误差，如车床导轨与主轴回转轴线在水平面内不平行，会使工件的外圆柱表面产生锥度；在垂直面内不平行，会使工件的外圆柱表面产生马鞍形误差。

② 机床导轨误差的影响因素。机床制造误差，包括导轨、溜板的制造误差以及机床的装配误差是影响导轨原有精度的重要因素。机床安装不正确引起的导轨误差往往远大于制造误差。尤其是刚性较差的长床身，在自重的作用下容易产生弯曲变形。导轨磨损是造成导轨误差的另一重要原因。由于使用程度不同及受力不均，导轨沿全长上各段的磨损量不相等，就引起导轨在水平面和垂直面内产生位移及倾斜。

提高导轨精度的方法：提高机床导轨、溜板的制造精度及安装精度；采用耐磨合金铸铁、镶钢导轨、贴塑导轨、滚动导轨、静压导轨、对导轨进行表面淬火处理等措施提高导轨的耐磨性；正确安装机床和定期检修。

(3) 机床传动链误差。

① 传动链误差的含义。传动链误差是指传动链始末两端传动元件相对运动的误差，一般用传动链末端元件的转角误差来衡量。机床传动链误差是影响表面加工精度的主要原因之一。

传动链中的各传动元件，如齿轮、蜗轮、蜗杆等有制造误差、装配误差和磨损时，就会破坏正确的运动关系，使工件产生误差，这些误差的累积就是传动链的传动误差。传动链传动误差一般用传动链末端元件的转角误差来衡量。传动链的总转角误差是各传动件误差所引起末端传动元件转角误差的叠加，而传动链中某个传动元件的转角误差引起末端传动元件转角误差的大小，取决于该传动元件到末端元件之间的总传动比。

② 减少传动链传动误差的措施。

a. 减少传动元件数量，缩短传动链，以减少误差来源。

b. 重点提高末端传动元件（如车床丝杠螺母副、滚齿机分度蜗杆副）的制造精度和装配精度。

c. 在传动链中按降速比递增的原则分配各传动副的传动比。传动链末端传动副的降速比越大，则传动链中其余各传动元件误差对传动精度的影响就越小。如齿轮加工机床，分度蜗轮的齿数一般比被加工齿轮的齿数多,目的就是为了得到很大的降速传动比,一些精密滚齿机的分度蜗轮的齿数在 1 000 齿以上。

d. 采用误差校正机构。其工作原理是测出传动误差,在原传动链中人为地加入一个误差,其大小与传动链本身的误差相等且方向相反,从而使原有误差得以抵消。

2. 刀具的几何误差

刀具误差是由刀具制造误差和刀具磨损所引起的。

刀具误差对加工精度的影响随刀具种类的不同而不同。机械加工中常用的刀具有一般刀具、定尺寸刀具和成形刀具。一般刀具(普通车刀、单刃镗刀和平面铣刀等)的制造误差对工件的加工精度没有直接影响。定尺寸刀具(如钻头、铰刀、键槽铣刀、圆拉刀等)的尺寸误差和磨损直接影响加工工件的尺寸精度。刀具在安装使用中不当,也将影响加工精度。成形刀具和展成刀具(如成形车刀、成形铣刀、成形砂轮及齿轮刀具等)的制造误差,直接影响工件的形状精度。

刀具的磨损对切削性能、加工表面质量均有不良影响,也直接影响加工精度。例如,用成形刀具加工时,刀具刃口的不均匀磨损将直接复映在工件上,造成形状误差;在加工较大表面时,刀具的尺寸磨损会严重影响工件的形状精度;车削长轴外圆时,刀具的逐渐磨损会使工件产生锥形的圆柱度误差。

减少刀具的几何误差的措施:选用新型耐磨刀具材料、合理选用刀具几何参数和切削进给量、正确刃磨刀具、正确采用冷却润滑液等、采用补偿装置对刀具尺寸磨损进行自动补偿。

3. 夹具的几何误差与装夹误差

夹具的作用是使工件相对于刀具和机床占有正确的位置,夹具误差主要是指夹具的定位元件、导向元件及夹具体等的加工与装配误差,它将直接影响工件加工表面的位置精度或尺寸精度,对被加工工件的位置误差有很大影响。

装夹误差包括定位误差和夹紧误差两部分将在第 7 章中详述。

4.2.3　工艺系统受力变形引起的误差

1. 工艺系统的刚度

机械加工中工艺系统在切削力、传动力、惯性力、夹紧力和重力等的作用下,将产生相应的变形,将破坏已调好的刀具和工件之间正确的位置关系,使工件产生加工误差。例如,车削细长轴时,工件在切削力作用下弯曲变形,加工后会产生腰鼓形的圆柱度误差;在内圆磨床上用横向切入磨孔时,由于磨头主轴受力弯曲变形,磨出的孔会产生带有锥度的圆柱度误差。

工艺系统在外力作用下产生变形的大小,不仅取决于外力的大小,还取决于工艺系统的刚度。工艺系统刚度 k 定义为加工表面法向切削力 F_p 与工艺系统的法向变形 δ 的比值,即

$$k = F_p/\delta \tag{4.1}$$

2. 工艺系统刚度的计算

(1) 工艺系统总刚度的计算。由于工艺系统各个环节在外力作用下都会产生变形,

故工艺系统的总变形量应是

$$\delta = \delta_{jc} + \delta_{dj} + \delta_{jj} + \delta_{g} \tag{4.2}$$

而根据刚度的概念

$$k_{jc} = \frac{F_p}{\delta_{jc}}, \quad k_{dj} = \frac{F_p}{\delta_{dj}}, \quad k_{jj} = \frac{F_p}{\delta_{jj}}, \quad k_g = \frac{F_p}{\delta_g}$$

式中　δ_{jc}、δ_{dj}、δ_{jj}、δ_g—— 分别为机床、刀具、夹具、工件的变形量，mm；

k_{jc}、k_{dj}、k_{jj}、k_g—— 分别为机床、刀具、夹具、工件的刚度，N/mm；

所以，工艺系统刚度计算的一般式为

$$\frac{1}{k} = \frac{1}{k_{jc}} + \frac{1}{k_{dj}} + \frac{1}{k_{jj}} + \frac{1}{k_g} \tag{4.3}$$

即工艺系统刚度的倒数等于系统各组成环节刚度的倒数之和。分析式(4.3)知，工艺系统刚度主要取决于薄弱环节的刚度。

用刚度一般式求解系统刚度时，应针对具体情况进行具体分析。例如，外圆车削时，车刀本身在切削力作用下的沿切向(误差非敏感方向)的变形对加工误差的影响很小，可忽略不计；又如，镗孔时，镗杆的受力变形严重地影响着加工精度，而工件(如箱体零件)的刚度一般较大，其受力变形很小，可忽略不计。

(2) 工件、刀具的刚度。当工件、刀具的形状比较简单时，其刚度可用材料力学的有关公式进行近似计算，结果与实际相差无几。例如，装夹在卡盘中的棒料以及压紧在车床方刀架上的车刀刚度，可按悬臂梁受力变形的公式计算，即

$$\delta_1 = \frac{F_p L^3}{3EI}, \quad k_1 = \frac{F_p}{\delta_1} = \frac{3EI}{L^3} \tag{4.4}$$

式中　L—— 工件(刀具)长度，mm；

E—— 材料的弹性模量，N/mm^2，对于钢，$E = 2 \times 10^5$ N/mm；

I—— 工件(刀具)的截面惯性矩，mm^4；

δ_1—— 外力作用在梁端点的最大位移，mm。

又如，支承在两顶尖间加工的棒料，支承在镗模支架上的镗刀杆，可用两支点简支梁受力变形的公式计算，即

$$\delta_2 = \frac{F_p L^3}{48EI}, \quad k_2 = \frac{F_p}{\delta_2} = \frac{48EI}{L^3} \tag{4.5}$$

式中　δ_2—— 外力作用在梁中点的最大位移，mm。

(3) 机床部件、夹具部件的刚度。对于由若干个零件组成的机床部件及夹具，结构复杂，其受力变形与各零件间的接触刚度和部件刚度有关，其刚度值迄今尚无合适的简易计算方法，目前主要还是用实验方法进行测定。因夹具一般总是固定在机床上使用，可视为机床的一部分，刚度不单独研究。

3. 工艺系统刚度对加工精度的影响

(1) 加工过程中由于工艺系统刚度发生变化引起的加工误差。切削过程中，工艺系统的刚度会随切削力作用点位置的变化而变化，引起工件的加工误差。下面以车床前后顶尖上车削光轴工件为例说明。

① 机床的变形。假定工件短而粗,同时车刀悬伸长度很短,即工件和刀具的刚度好,其受力变形相对机床的变形要小得多,可忽略。也就是说,工艺系统的变形主要取决于机床、即机床头架、尾座(含顶尖)和刀架的位移,如图 4.7(a) 所示。又假定工件的加工余量很均匀,并且由于机床变形而造成的背吃刀量变化对切削力的影响也很小,即假定在加工过程中切削力保持不变。

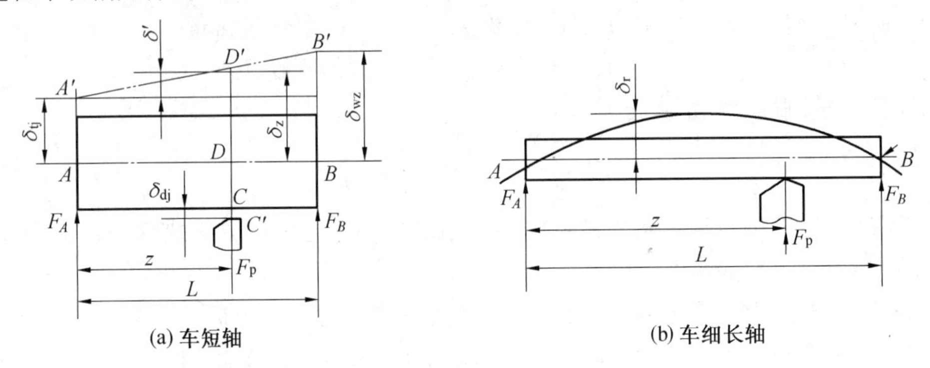

图 4.7　工艺系统变形随切削力作用点变化而变化

再设当车刀以径向切削力 F_p 进给到图 4.7(a) 所示的 z 位置时,车床主轴箱(头架)受作用力 F_A,相应的变形 $\delta_{tj}=\overline{AA'}$;尾座受力 F_B,相应的变形 $\delta_{wz}=\overline{BB'}$;刀架受力 F_p,相应的变形 $\delta_{dj}=\overline{CC'}$。这时工件轴心线 AB 位移到 $A'B'$,因而刀具切削点处工件轴线的位移 δ_z 为

$$\delta_z=\delta_{tj}+\delta'=\delta_{tj}+(\delta_{wz}-\delta_{tj})\frac{z}{L} \tag{4.6}$$

式中　L—— 工件(刀具) 长度;

　　　z—— 车刀到头架的距离。

考虑到刀架的变形量 δ_{dj} 与工件轴线的变形量 δ_z 的方向相反,所以机床总的变形为

$$\delta_{jc}=\delta_z+\delta_{dj} \tag{4.7}$$

由刚度定义有

$$\delta_{tj}=\frac{F_A}{k_{tj}}=\frac{F_p}{k_{tj}}\left(\frac{L-z}{L}\right),\quad \delta_{wz}=\frac{F_B}{k_{wz}}=\frac{F_p z}{k_{wz}L},\quad \delta_{dj}=\frac{F_p}{k_{dj}} \tag{4.8}$$

式中　k_{tj}、k_{wz}、k_{dj}—— 头架、尾座、刀架的刚度。

将式(4.8) 代入式(4.7),最后可得机床的总变形为

$$\delta_{jc}=F_p\left[\frac{1}{k_{tj}}\left(\frac{L-z}{L}\right)^2+\frac{1}{k_{wz}}\left(\frac{z}{L}\right)^2+\frac{1}{k_{dj}}\right] \tag{4.9}$$

从公式推导可以说明,随着切削力作用点位置的变化,工艺系统的变形是变化的。显然这是由于工艺系统的刚度随切削力作用点变化而变化所致。由式(4.9) 可求出工艺系统刚度的倒数为

$$\frac{1}{k}=\frac{\delta_{jc}}{F_p}=\frac{1}{k_{tj}}\left(\frac{L-z}{L}\right)^2+\frac{1}{k_{wz}}\left(\frac{z}{L}\right)^2+\frac{1}{k_{dj}} \tag{4.10}$$

当 $z=L/2$ 时,工艺系统刚度的倒数为

$$\frac{1}{k}=\frac{\delta_{jc}}{F_p}=\frac{1}{4}\left(\frac{1}{k_{tj}}+\frac{1}{k_{wz}}\right)+\frac{1}{k_{dj}} \tag{4.11}$$

一般将这个公式表示为机床的柔度公式，还可以用极值的方法，求出当 $z=\left(\frac{k_{wz}}{k_{tj}+k_{wz}}\right)L$ 时，机床变形最小。

$$\delta_{jcmin}=F_p\left(\frac{1}{k_{tj}+k_{wz}}+\frac{1}{k_{dj}}\right) \tag{4.12}$$

② 工件的变形。若在两顶尖间车削细长轴，由于工件细长，刚度小，在切削力作用下，其变形大大超过机床、夹具和刀具所产生的变形。因此机床、夹具和刀具的受力变形可略去不计，工艺系统刚度主要取决于工件的变形。如图4.7(b) 所示，由材料力学简支梁公式计算工件在切削点的变形量 $\delta_g=\frac{F_p}{3EI}\frac{(L-z)^2z^2}{L}$。

显然，当 $z=0$ 或 $z=L$ 时，$\delta_g=0$；当 $z=L/2$ 时，工件刚度最小、变形最大。

$$\delta_{gmax}=\frac{F_pL^3}{48EI} \tag{4.13}$$

因此加工后的工件产生两端细、中间粗的腰鼓形圆柱度误差。

③ 工艺系统的总变形。当同时考虑机床和工件的变形时，工艺系统的总变形为二者的叠加。 对于本例，车刀的变形可以忽略，故工艺系统的总变形见公式(4.14)。

$$\delta=\delta_{jc}+\delta_g=F_p\left[\frac{1}{k_{tj}}\left(\frac{L-z}{L}\right)^2+\frac{1}{k_{wz}}\left(\frac{z}{L}\right)^2+\frac{1}{k_{dj}}\right]+\frac{F_p}{3EI}\frac{(L-z)^2z^2}{L} \tag{4.14}$$

(2) 切削力大小变化引起的加工误差。在切削加工中，毛坯余量和材料硬度的不均匀会引起切削力大小的变化。工艺系统由于受力大小的不同，变形的大小也相应发生变化，从而产生加工误差。

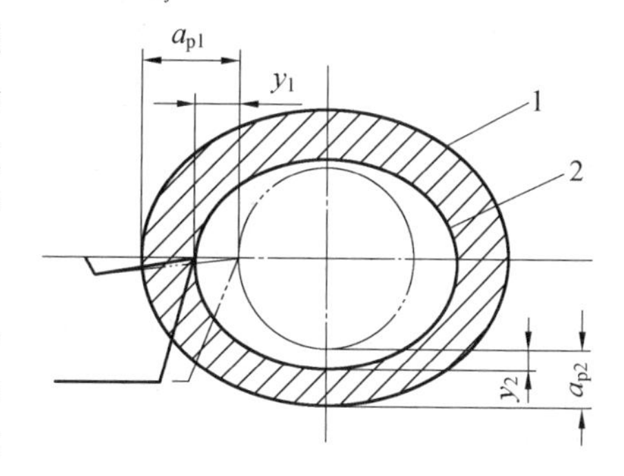

图4.8　毛坯形状误差的复映

1— 毛坯表面；2— 工件表面

车削一个具有椭圆形状误差的毛坯。刀具调整到一定的背吃刀量，如图4.8所示。由于毛坯的形状误差，在工件每转一转中，背吃刀量在最大值 a_{p1} 与最小值 a_{p2} 中变化。假设毛坯材料的硬度是均匀的，那么 a_{p1} 处的切削力 F_{p1} 最大，相应的变形 y_1 也最大；a_{p2} 处的切削力 F_{p2} 最小，相应的变形 y_2 也最小。车削后得到的工件仍然具有圆度误差。由此可见，当车削具有圆度误差 $\Delta m=a_{p1}-a_{p2}$ 的毛坯时，由于工艺系统受力变形的变化而使工件产生相应的圆度误差 $\Delta g=y_1-y_2$，这种由于工艺系统受力变形的变化而使毛坯的形状误差复映到加工后工件表面的现象，称为“误差复映”，因误差复映现象而使工件产生的加工误差，称复映误差。加工前后误差的比值 $\varepsilon=\Delta g/\Delta m$，称为误差复映系数，它代表误差复映的程度。由于 Δg 总是小于 Δm，所以 ε 是一个小于1的正数，它定量地反映了毛坯误差经加工后所减小的程度，这也表明工艺系统刚度越高，则 ε 越小，毛坯复映到工件上的误差也越小。减小径向切削力或增大工艺系统刚度都能使ε减小。例如,减小进给量,既可减小ε,又可提高加工精度,但切削时间会增加。如果设法增大工艺系统刚度,如车削细长轴采用跟刀架,不但能减小加工误差,而且可以在保证加工精度前提下相应增大进给量,提高生产效率。

工件表面加工精度要求较高时,应安排多次切削才能达到规定要求。由于每次切削的复映系数$\varepsilon < 1$,经过多次走刀后,其总复映系数将是一个很小的数值。工件加工误差也逐渐降低到允许的范围内。这也是工件加工要多次走刀,经过粗、精加工才能达到较高加工精度的主要原因。

由以上分析可知,当工件毛坯有形状误差(如圆度、圆柱度、直线度误差等)或相互位置误差(如同轴度、平行度、垂直度误差等)时,加工后仍然会有类似的误差出现。在成批大量生产中用调整法加工一批工件时,若毛坯尺寸不一而导致加工余量不均匀,那么误差复映会造成加工后这批工件的尺寸分散。材料硬度不均匀,同样会引起切削力的变化,使工件的尺寸分散范围扩大,甚至超差而产生废品。

(3) 工艺系统中其他作用力引起的加工误差。在加工过程中,工艺系统除受到总切削力作用外,还受到夹具夹紧力、重力、惯性力、传动力等的作用,在这些力的作用下,工艺系统也将产生变形,进而影响工件加工精度。

① 夹紧力的影响。工件在装夹时,由于刚度较低或夹紧力的方向和作用点不当,会使工件产生变形,造成加工误差。薄壁套筒装夹在三爪卡盘上镗孔如图 4.9 所示,假定毛坯件是正圆形,夹紧后毛坯件呈三棱形(图 4.9(a)),虽镗出的孔为正圆形(图 4.9(b)),但夹紧松开后,套筒的弹性恢复使孔又变成三角棱圆形(图 4.9(c))。

为了减少薄壁套筒的夹紧变形,可采用开口过渡环(图 4.9(d))或采用宽卡爪(图 4.9(e))夹紧,使夹紧力均匀分布,从而减少变形,减少加工误差。

② 重力的影响。工艺系统中有关零部件自身的重力所引起的相应变形,如龙门铣床、龙门刨床刀架横梁的变形,镗床的镗杆在重力作用下下垂变形,摇臂钻床的摇臂在主轴箱自身重力作用下的变形等都会造成加工误差。

③ 惯性力的影响。在高速切削时,如果工艺系统中有不平衡的高速旋转的构件(包括夹具、工件和刀具等)存在,就会产生离心力F_0。离心力在工件的旋转中不断变更方向,当不平衡质量的离心力大于切削力时,车床主轴轴颈和轴套内孔表面的接触点就会不停地变化,轴套孔的圆度误差将传给工件的回转轴心,从而引起加工误差。车削一个不平衡的工件,当离心力F_Q与切削力F_p方向相反时,将工件靠近刀具,使背吃刀量增加(图 4.10(a));当离心力F_Q与切削力F_p同向时,工件远离刀具,使背吃刀量减小(图 4.10(b)),结果导致加工出的工件产生圆度误差。

周期性的惯性力还常常引起工艺系统的强迫振动,影响被加工零件的表面质量。因此机械加工中若遇到这种情况,可采用"对重平衡"的方法来消除这种影响。

④ 传动力的影响。在车床或磨床上加工轴类零件时,常用单爪拨盘带动工件旋转。如图 4.11 所示,传动力在拨盘的每一转中不断改变方向,有时与切削力同向,有时与切削力反向,造成与惯性力相似的加工误差。

因此,精密零件的加工应采用双爪拨盘或柔性连接装置带动工件旋转。

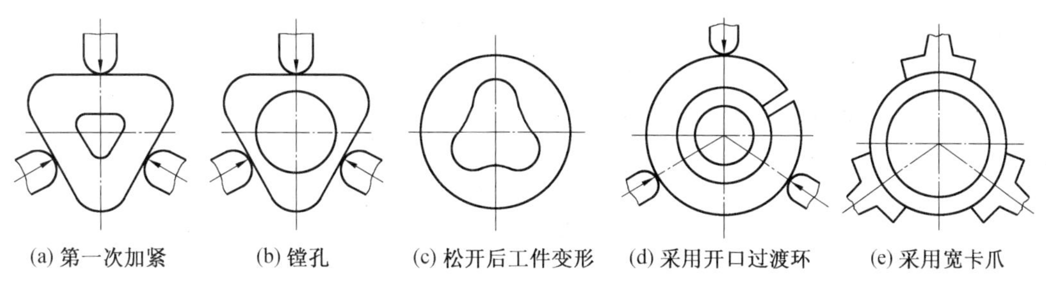

(a) 第一次加紧　(b) 镗孔　(c) 松开后工件变形　(d) 采用开口过渡环　(e) 采用宽卡爪

图 4.9　套筒夹紧变形的误差

(a) 背吃刀量增加　(b) 背吃刀量减少

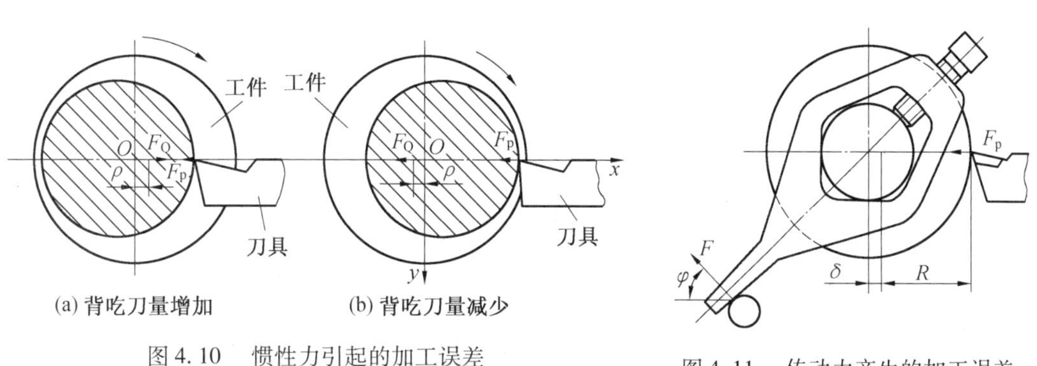

图 4.10　惯性力引起的加工误差

图 4.11　传动力产生的加工误差

4. 减小工艺系统受力变形的途径

由工艺系统刚度表达式(4.1) 可知，提高工艺系统刚度和减小切削力及其变化，是减少工艺系统变形的有效途径。

(1) 提高工艺系统刚度。提高工艺系统刚度有以下几种主要途径：

① 提高接触刚度。一般部件的刚度都是接触刚度低于实体零件的刚度。所以，提高接触刚度是提高工艺系统刚度的关键。减少组成件数，提高接触面的表面质量，均可减少接触变形，提高接触刚度。常用的方法是改善工艺系统中主要零件接触面的配合质量，如机床导轨副、锥体与锥孔、顶尖与中心孔等配合面采用刮研与研磨，以提高配合表面的形状精度，减小表面粗糙度值，使实际接触面增加，从而有效地提高接触刚度。

对于相配合零件，可以通过在接触面间提高加工精度，增大实际接触面积，减少受力后的变形量。

② 提高工件的刚度。应从定位和夹紧两个方面采取措施。在加工中，由于工件本身的刚度较低，特别是叉架类、细长轴等零件，容易变形。在这种情况下，提高工件的刚度是提高加工精度的关键。其主要措施是缩小切削力的作用点到支承之间的距离，以增大工件在切削时的刚度。车削较长工件时采用中心架增加支承(图 4.12(a))，车细长轴时采用跟刀架增加支承(图4.12(b))，以提高工件的刚度。在卧式铣床上铣一零件的端面，如果将工件平放，改用面铣刀加工，使夹紧点更靠近加工面，可以显著提高工艺系统刚度。

③ 提高机床部件的刚度。在机械制造装备中应保证支承件(如床身、立柱、横梁、夹具体等)、主轴部件和传动件有足够的刚度。在切削加工中，有时由于机床部件刚度低而产生变形和振动，影响加工精度和生产率的提高，所以加工时常采用增加辅助装置，减少

悬伸量以及增大刀杆直径等措施来提高机床部件的刚度。在转塔车床上采用固定导向支承套(图 4. 13(a),采用装在主轴孔内的转动导向支承套(图 4. 13(b)),并用加强杆与导向支承套配合以提高机床部件的刚度。

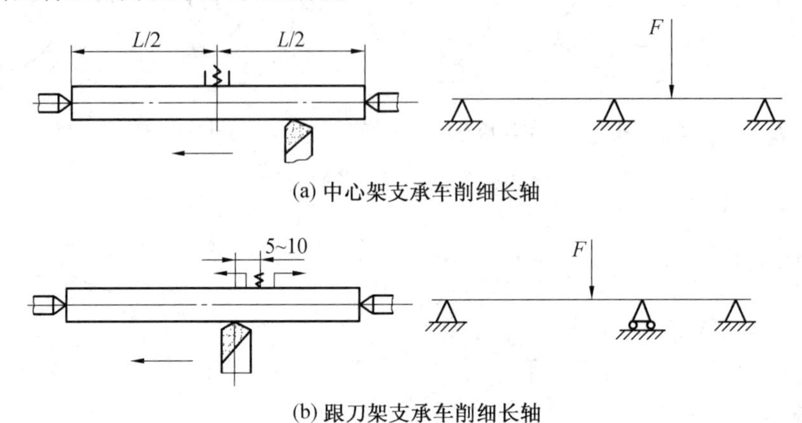

(a) 中心架支承车削细长轴

(b) 跟刀架支承车削细长轴

图 4. 12　增加支承提高工件刚度

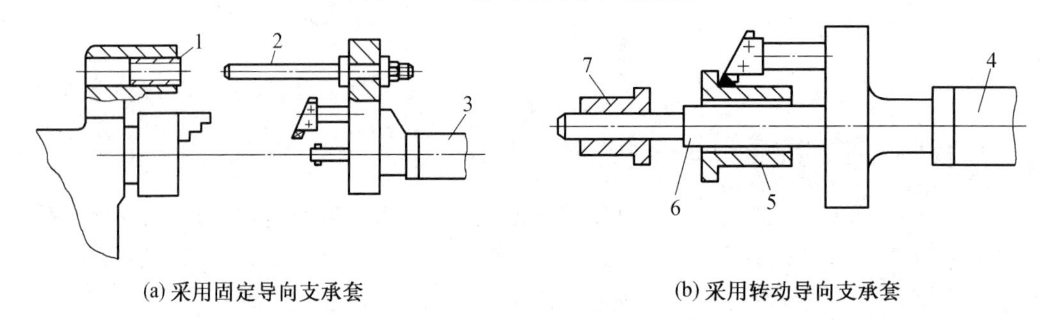

(a) 采用固定导向支承套　　(b) 采用转动导向支承套

图 4. 13　增加支承提高工件刚度

1— 固定导向支承套;2、6— 加强杆;3、4— 六角刀架;5— 工件;7— 转动导向支承套

④ 合理的装夹方式和加工方法。加工刚度低的工件时,采用合理的装夹方式和加工方法以提高工件的刚度,改变夹紧力的方向、让夹紧力均匀分布等都是减少夹紧变形的有效措施。在铣床上加工角铁零件如图 4. 14 所示,图 4. 14(b) 所示的装夹方式的工艺系统刚度显然要比图 4. 14(a) 所示的高。

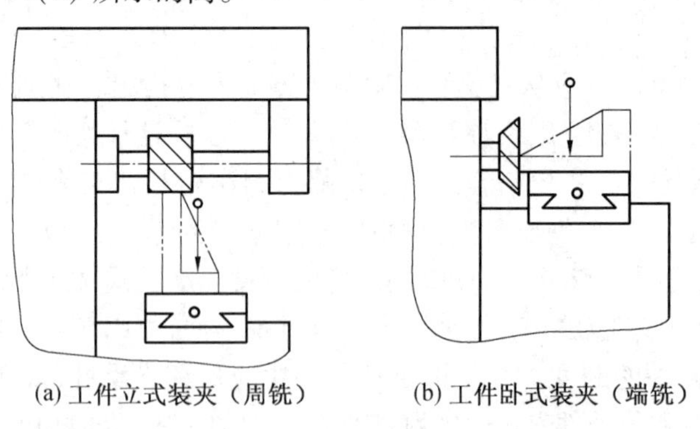

(a) 工件立式装夹(周铣)　　(b) 工件卧式装夹(端铣)

图 4. 14　改变装夹与加工方式提高工艺系统刚度

(2) 减小切削力及其变化。改善毛坯制造工艺，减小加工余量，适当增大刀具的前角和后角，合理选择刀具材料，对工件材料进行适当的热处理以改善材料的加工性能，都可使切削力减小。为控制和减小切削力的变化幅度，应尽量使一批工件的材料性能和加工余量保持均匀。

4.2.4　工艺系统受热变形引起的误差

在机械加工过程中，工艺系统会受到各种热源的影响而产生局部变形，破坏了刀具与工件的正确位置关系，使工件产生加工误差。特别是在精密加工和大件加工中，热变形所引起的加工误差通常会占到工件加工总误差的40% ～70%。

1. 工艺系统的热源

引起工艺系统变形的热源可分为内部热源和外部热源两大类。内部热源包括切削热和摩擦热，外部热源包括环境热和辐射热。

(1) 切削热。在切削加工过程中，消耗于切削层弹塑性变形及刀具与工件、切屑间摩擦的能量，绝大部分转化为切削热。切削热将传入工件、刀具、切屑和周围介质，它是工艺系统中工件和刀具热变形的主要热源。

(2) 摩擦热和动力装置能量损耗散发的热。机床运动部件(如轴承、齿轮、导轨等)为克服摩擦所做机械功转变的热量，机床动力装置(如电动机、液压马达等)工作时因能量损耗发出的热，这些是机床热变形的主要热源。

(3) 外部热源。外部热源主要是指周围环境温度通过空气的对流以及日光、照明灯具、取暖设备等热源通过辐射传到工艺系统的热量。

2. 工艺系统热变形对加工精度的影响

(1) 工件热变形对加工精度的影响。在机械加工过程中，工件产生热变形主要是由切削热引起的。对于精密零件，周围环境温度变化和日光、取暖设备等外部热源对工艺系统的局部辐射等也不容忽视。不同的材料、形状尺寸、加工方法，工件的受热变形也不相同。如加工铜、铝等有色金属零件时，由于热膨胀系数大，其热变形尤为显著。

轴类零件在车削或磨削时，一般是均匀受热，温度逐渐升高，可近似看成均匀受热的情况。工件均匀受热影响工件的尺寸精度，其热变形可以按物理学计算热膨胀的公式求出，即

$$\Delta L = \alpha L \Delta t \tag{4.15}$$

式中　L—— 工件变形方向的长度(或直径)，mm；

α—— 工件材料的热膨胀系数，1/℃，钢的热膨胀系数为 1.17×10^{-5}/℃，铸铁为 1×10^{-5}/℃，黄铜为 1.7×10^{-5}/℃；

Δt—— 工件的平均温升，℃。

磨削加工薄片类工件的平面，如图4.15所示，其属于不均匀受热情况，上、下表面间的温差将导致工件中部凸起，加工中凸起部分被切去，加工完毕冷却后加工表面呈中凹形，产生形状误差。工件凸起量与工件长度上的平方成正比，且工件越薄，工件的凸起量越大。工件的凸起量的计算式为

$$\Delta f = \frac{L}{2}\tan\frac{\varphi}{4} \approx \frac{L}{8}\varphi$$

由于

$$\alpha L\Delta\theta = \widehat{BD} - \widehat{AC} = (AO + AB)\varphi - AO \times \varphi = AB \times \varphi = H\varphi$$

所以
$$\varphi = \frac{\alpha L\Delta\theta}{H}$$

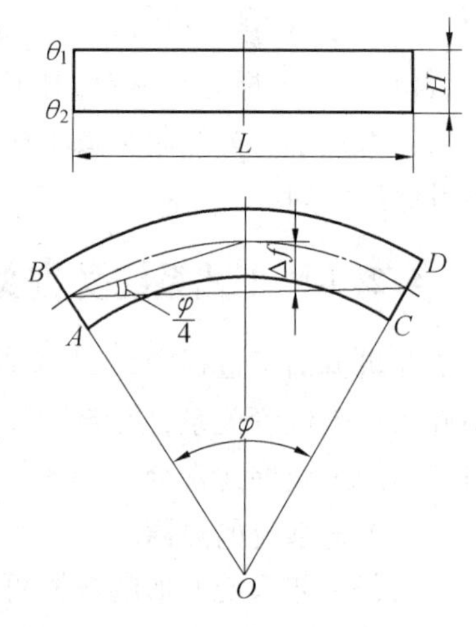

图 4.15　不均匀受热引起的热变形

工件的热变形对粗加工的加工精度的影响一般可不必考虑，但在流水生产、自动生产线以及工序集中的场合下，应加以考虑，否则粗加工的热变形将影响到精加工。为了避免工件热变形对加工精度的影响，或粗加工后停机以待热量散发后再进行精加工，或增加工序（使粗、精加工分开）等，以使工件粗加工后有足够的冷却时间。

（2）刀具热变形对加工精度的影响。刀具产生热变形的热源主要来自于切削热。通常传入刀具的热量并不太多（车削时约为 5%），但由于热量集中在切削部分，刀头体积小，热容量小，刀具切削部分的温升仍较高。它对加工精度的影响是不能忽视的。例如，高速钢刀具车削时，刃部的温度可达 700 ～ 800 ℃，刀具热伸长量可达 0.03 ～ 0.05 mm；硬质合金刀具切削刃部位的温度可达 1 000 ℃。

粗加工时，刀具热变形对加工精度的影响不明显，一般可忽略不计；精加工尤其是精密加工时，刀具热变形对加工精度的影响较显著，它会导致工件产生尺寸误差或形状误差。

为了减小刀具的热变形，应合理选择切削用量和刀具几何参数，并给以充分冷却和润滑，以减少切削热，降低切削温度。

（3）机床热变形对加工精度的影响。机床在工作过程中，受到内外热源的影响，使机床产生热变形的热源主要是摩擦热、传动热和外界热源传入的热量。各部分的温度将逐渐升高。由于机床内部热源分布得不均匀和机床结构的复杂性，机床各部件的温升是各不相同的。龙门刨床、导轨磨床等大型机床的长床身部件，导轨面与底面的温差会产生较大的弯曲变形，所以床身热变形是影响加工精度的主要因素。车床、铣床和钻、镗类机床的主要热源来自主轴箱。车床主轴箱的升温将使主轴升高，由于主轴前轴承的发热量大于后轴承的发热量，故主轴前端比后端高。

3. 减小工艺系统热变形的途径

（1）减少发热量。机床内部的热源是产生机床热变形的主要热源。凡是有可能从主机分离出去、单独设置的热源部件，如电动机、液压系统和油箱等，应尽量放置在机床外部。

（2）减少摩擦。为了减小热源发热，在设计相关零部件的结构时应采取措施改善摩擦条件。例如，选用发热较少的静压轴承或空气轴承做主轴轴承，选用低黏度的润滑油、锂基油脂或油雾进行润滑等。

(3) 通过控制切削用量。选择合适的刀具角度,仔细刃磨刀具以减小摩擦系数等,均可减少切削热。

(4) 改善散热条件。加工时合理采用切削液,可有效减少切削热对工艺系统热变形的影响。

4.2.5　工件内应力重新分布引起的误差

1. 内应力的含义

内应力(残余应力)是指外部载荷去除后,仍残存在工件内部的应力。内应力是由金属内部的相邻组织发生了不均匀的体积变化而产生的,体积变化的因素主要来自热加工或冷加工。工件一旦有内应力产生,就会使工件材料处于一种高能位的不稳定状态,它本能地要向低能位转化,转化速度或快或慢,但迟早总是要转化的,转化的速度取决于外界条件。当带有内应力的工件受到力或热的作用而失去原有的平衡时,内应力就将重新分布以达到新的平衡,并伴随变形发生,使工件产生加工误差,原有的加工精度受到破坏。用这些零件装配成机器,在机器使用中也会逐渐产生变形,从而影响整台机器的质量。因此,必须采取措施消除内应力对零件加工精度的影响。

2. 内应力产生的原因

(1) 热加工中产生的内应力。在铸、锻、焊及热处理等热加工过程中,由于工件壁厚不均、冷却不均或金相组织转变等原因,使毛坯内部产生了相当大的残余应力。毛坯的结构越复杂、壁厚越不均匀,散热的条件差别越大,毛坯内部产生的内应力也越大。具有内应力的毛坯,内应力暂时处于相对平衡状态,变形是缓慢的,但当条件变化后,就会打破这种平衡,内应力重新分布,工件就明显地出现变形。

图4.16(a)所示为一个内外截面厚薄不同的铸件在浇铸后的冷却过程中产生残余应力的情况。当铸件冷却时,由于壁A和C比较薄,散热较容易,所以冷却较快;壁B较厚,冷却较慢。当A、C从塑性状态冷却到弹性状态(约620 ℃)时,壁B尚处于塑性状态,所以A、C继续收缩时,B不起阻止变形的作用,故不会产生内应力。而当B也冷却到弹性状态时,A、C的温度已经降低很多,收缩速度变得很慢,但这时B收缩较快,因而受到了A、C的阻碍。这样,B就受拉应力的作用,而A、C就受压应力的作用,形成了相互平衡的状态。如果在铸件A处切开一个缺口,如图4.16(b)所示,则A的压应力消失。铸件在B、C的内应力作用下,B收缩,C伸长,铸件产生了弯曲变形,直至残余应力重新分布,达到新的平衡为止。一般对较复杂的铸件,需要进行时效处理,来消除或减小残余应力。

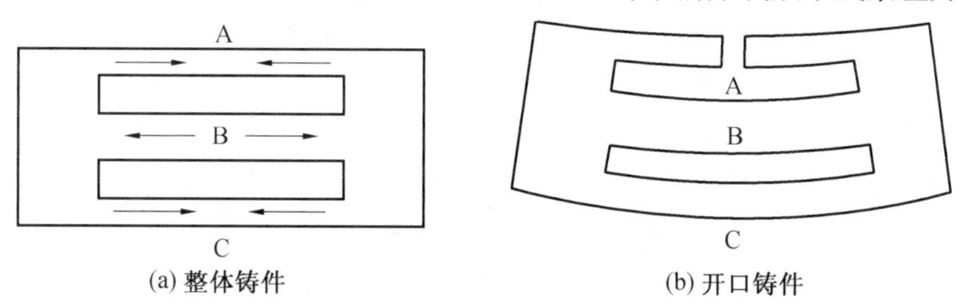

(a) 整体铸件　　(b) 开口铸件

图4.16　铸件内应力引起的变形

(2) 冷校直带来的内应力。一些刚度较差容易变形的轴类零件,常采用冷校直方法使之变直。校直的方法是在室温状态下,将有弯曲变形的轴放在两个V形块上,使凸起部位朝上,在凸起部位施加外力 F,如图4.17(a)所示。如果 F 力的大小仅能使工件产生弹性变形,那么在去除 F 力后工件仍将恢复原状,不会有校直效果;根据"矫枉必须过正"的一般原理,外力 F 必须使工件产生反向弯曲并使轴件外层材料产生一定的塑性变形才能取得校直效果。在外力 F 的作用下,工件内部残余应力的分布如图4.17(b)所示,在轴线以上产生压应力(用负号表示),在轴线以下产生拉应力(用正号表示)。在轴线和两条双点画线之间是弹性变形区域,在双点画线之外是塑性变形区域。

当外力 F 去除后,外层的塑性变形区域阻止内部弹性变形的恢复,使残余应力重新分布,如图4.17(c)所示。综上分析可知,一个外形弯曲但没有内应力的工件,经冷校直后在工件内部产生了附加内应力,应力平衡状态一旦被破坏之后(或由于在轴上切掉一层材料,或由于其他外界条件变化),工件还会朝原来的弯曲方向弯回去。因此,高精度丝杠的加工不允许冷校直,而采用加大毛坯余量,经过多次切削和时效处理来消除内应力,或采用热校直。

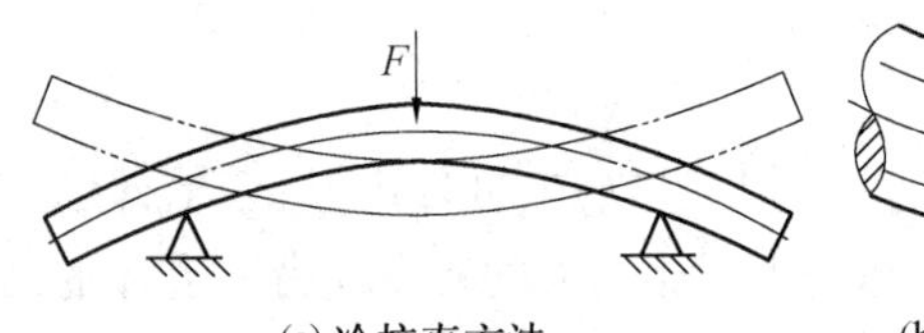

(a) 冷校直方法

(b) 加载时残余应力的分布

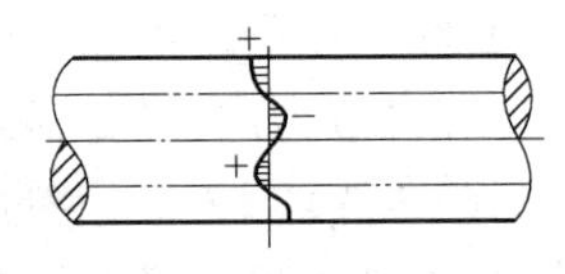

(c) 卸载后残余应力的分布

图4.17 冷校直引起的残余应力

(3) 切削加工中产生的内应力。工件在进行切削加工时,在切削力和摩擦力的作用下,使表层金属产生塑性变形,引起体积改变,从而产生残余应力。

内部有残余应力的工件在切去表面的一层金属后,残余应力要重新分布,从而引起工件的变形。为此,在拟定工艺规程时,要将加工划分为粗、精等不同阶段进行,以使粗加工后残余应力重新分布所产生的变形在精加工阶段去除。

在大多数情况下,热的作用大于力的作用。特别是高速切削、强力切削、磨削等,热的作用占主要地位。磨削加工中,表层拉力严重时会产生裂纹。

3. 减少或消除残余应力的措施

(1) 合理设计零件结构。在设计零件结构时,应尽量做到壁厚均匀,结构对称,以减小内应力的产生。

(2) 合理安排热处理和时效处理。对铸、锻、焊接件进行退火、回火及时效处理,零件淬火后进行回火,对精密零件,如丝杠、精密主轴等,应多次安排时效处理。常用的时效处理方法有自然时效、人工时效及振动时效。

① 自然时效。自然时效是把毛坯或经粗加工后的工件置于露天下,利用环境温度的自然变化,经过多次热胀冷缩,使工件的内应力逐渐消除。这种方法效果好,但所需时间长,影响产品的制造周期,所以除特别精密件外,一般较少采用。

② 人工时效。人工时效是将工件放在炉内加热到一定温度,再随炉冷却以消除内应力。人工时效分高温时效和低温时效。前者一般用于毛坯制造或粗加工以后进行,后者

多在半精加工后进行。低温时效效果好,但时间长。人工时效对大型零件则需要较大的设备,其投资和能源消耗都比较大。

③ 振动时效。振动时效是让工件受到激振器或振动台的振动,或装入滚筒在滚筒旋转时相互撞击。这种方法节省能源、简便高效。

(3) 合理安排工艺过程。工件中如有内应力产生,必然会有变形发生,但迟变不如早变,应尽量使内应力重新分布引起的变形发生在机械加工之前或粗加工阶段,而不让内应力变形发生在精加工阶段或精加工之后。为此,铸件、锻件、焊接件在进入机械加工之前,应安排退火、回火等热处理工序;箱体、床身等重要零件在粗加工之后,需要适当安排时效工序;粗、精加工宜分阶段进行,使粗加工后有一定时间让内应力重新分布,以减少对精加工的影响。对质量和体积均很大的笨重零件,即使在同一台重型机床进行粗精加工也应该在粗加工后将被夹紧的工件松开,使之有充足的时间重新分布残余应力,在使其充分变形后,然后重新用较小的力夹紧进行精加工。

4.2.6　机械加工过程中振动引起的误差

机械加工过程中振动的基本类型有自由振动、强迫振动和自激振动三类。其中自由振动是由于切削力的突变或外界传来的冲击力引起的,是一种迅速衰减的振动,对加工过程的影响较小。这里主要介绍强迫振动和自激振动。

1. 机械加工中的强迫振动

机械加工过程中的强迫振动是指在外界周期性干扰力(激振力)的持续作用下,振动系统受迫产生的振动。机械加工过程中的强迫振动的频率与干扰力的频率相同或是其整数倍;当干扰力的频率接近或等于工艺系统某一薄弱环节固有频率时,系统将产生共振。

强迫振动的振源有来自于机床内部的机内振源和来自机床外部的机外振源。

(1) 机内振源。机内振源指机床上的带轮、卡盘或砂轮等高速回转零件因旋转不平衡引起的振动;机床传动机构的缺陷(齿轮啮合冲击、滚动轴承滚动体误差、液压脉冲等)引起的振动;由于切削过程的不连续(如铣、拉、滚齿等加工)引起的振动;往复运动部件的惯性力引起的振动等。

(2) 机外振源。机外振源主要是通过地基传给机床的,如其他机床(冲压设备、刨床等)、打桩机、交通运输设备等通过地基传来的振动。

2. 机械加工中的自激振动

机械加工中的自激振动是由系统本身动力特性的变化而引起的振动,并在工件的加工表面上留下明显的、有规律的振纹。这种由系统本身产生和维持的振动称为自激振动。控制自激振动的主要措施如下:

(1) 合理选择切削用量。当切削速度为中速($v=20\sim60$ m/min)时,振幅较大,最易导致振动。因此在加工中常选用高速切削或低速切削来避免自激振动。

(2) 减小重叠系数。再生型颤振是由于在有波纹的表面上进行切削引起的,如果本转(次)切削不与前转(次)切削振纹相重叠,就不会有再生型颤振发生。重叠系数越小,就越不容易产生再生型颤振。适当增大刀具的主偏角和进给量,均可使重叠系数减小。

(3) 合理调整振型的刚度比和方位角。适当调整刚度的比值和选择方位角,就可以有效地提高系统的抗振性,抑制自激振动。

(4) 提高工艺系统的抗振性。对主轴支承施加预载荷,对刚性较差的工件增加辅助支承等都可以提高工艺系统的刚度。可用刮研连接表面、增强联结刚度等方法提高机床零部件之间的接触刚度和接触阻尼。使用高弯曲与扭转刚度、高弹性模数、高阻尼系数的刀具,以增加刀具的抗振性。采用中心架、跟刀架,提高顶尖孔的研磨质量等方法,都有助于提高工艺系统的抗振性。

(5) 采用减振装置。广泛使用减振装置对强迫振动和自激振动同样有效。

4.3　提高加工精度的工艺措施

提高加工精度的工艺措施主要有以下几个方面:

1. 直接减少误差的方法

减少原始误差法是生产加工中使用较广泛的提高加工精度的一种基本方法,它是在查明影响加工精度的主要原始误差因素后,设法对其直接进行消除或减少。例如,加工细长轴是车削加工中较难加工的一种工件,普遍存在的问题是精度低、效率低。正向进给,一夹一顶装夹高速切削细长轴时,由于其刚性特别差,在切削力、惯性力和切削热作用下易引起弯曲变形。例如用中心架,可缩短支承点间的一半距离,提高工件刚度近八倍;如用跟刀架,可进一步缩短切削力作用点与支承点的距离,工件刚度更为提高。细长轴多采用反拉法切削,一端用卡盘夹持,另一端采用可伸缩的活顶尖装夹。此时工件受拉不受压,工件不会因偏心压缩而产生弯曲变形。尾部的可伸缩活顶尖使工件在热伸长下有伸缩的自由,避免了热弯曲。此外,采用大进给量和大的主偏角车刀,增大了进给力,减小了背向力,切削更平稳,提高细长轴的加工精度。

2. 误差转移法

误差转移法的实质就是将几何误差、受力变形和热变形等误差从误差的敏感方向转移到误差非敏感方向上去。各种原始误差反映到零件加工误差程度与其是否在误差敏感方向上有直接关系。若在加工过程中设法使其转移到加工误差的非敏感方向,即转移原始误差至其他对加工精度无影响的方面,则可大大提高加工精度。

也就是当机床精度达不到零件加工要求时,常常不是一味提高机床精度,而是在工艺上或夹具上想办法,创造条件,使机床的几何误差转移到不影响加工精度的方面去。如磨削主轴锥孔时,锥孔与轴颈的同轴度,不靠机床主轴的回转精度来保证,而是靠专用夹具的精度来保证,机床主轴与工件主轴之间用浮动连接,机床主轴的回转误差就转移了,不再影响加工精度。

例如,转塔车床的转位刀架,其分度、转位误差将直接影响工件有关表面的加工精度。如果改变刀具的安装位置,使分度转位误差处于加工表面的切向,即可大大减小分度转位误差对加工精度的影响。若如图 4.18(a) 所示安装外圆车刀,则刀架的转位误差方向与加工误差敏感方向一致,刀架转角误差将直接影响加工精度,若如图4.18(b) 所示采用“立刀”安装法,即把刀刃的切削基面放在垂直平面内,这样就能把刀架的转位误差转移到误差的非敏感方向上去,由刀架转位误差所引起的加工误差就可忽略不计。

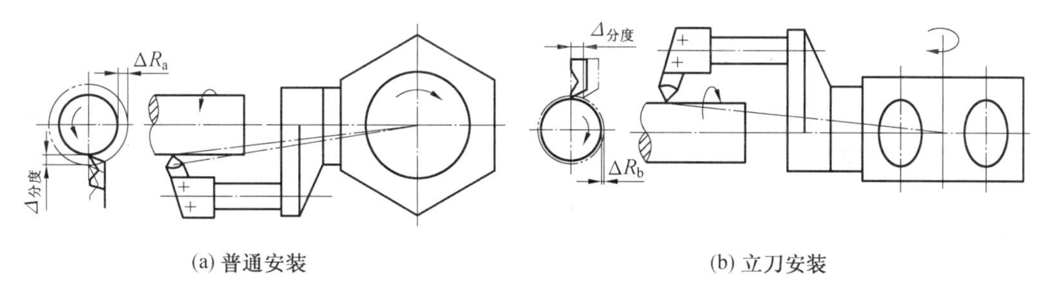

(a) 普通安装　　(b) 立刀安装

图 4.18　转塔车床刀架转位误差的转移

3. 误差分组法

在生产加工中,本工序的加工精度是可以保证的,工艺能力也是足够的,但毛坯或上道工序加工的半成品精度太低,引起定位误差或复映误差过大,不能保证加工精度,如果要求提高毛坯精度或上工序加工精度,往往是不经济的。这时可采用误差分组法,误差分组法是把毛坯或上道工序加工的工件尺寸经测量按大小分为 n 组,每组工件的尺寸误差范围就缩减为原来的 $1/n$。然后按各组分别调整刀具与工件的相对位置或选用合适的定位元件,使各组工件的尺寸分散范围中心基本一致,以使整批工件的尺寸分散范围大大缩小。这方法比起一味提高毛坯或定位基准的精度要经济得多。

4. 就地加工法

在机械加工中,对某些重要表面在装配之前不进行精加工,待装配之后,再在自身机床上对这些表面做精加工。

这种就地加工方法,在机床生产中应用很多。如为了使牛头刨床的工作台面对滑枕保持平行的位置关系,就在装配后的自身机床上进行“自刨自”的精加工。平面磨床的工作台面在装配后做“自磨自”的最终加工。在车床上,为了保证三爪卡盘卡爪的装夹面与主轴回转中心同心,也是在装配后对卡爪装夹面进行就地车削或磨削。加工精密丝杠时,为保证主轴前后顶尖和跟刀架导套孔严格同轴,采用了自磨前顶尖孔,自磨跟刀架导套孔和刮研尾架垫板等措施来实现。

5. 误差平均法

对配合精度要求很高的轴和孔,常采用研磨方法来达到。研具本身并不要求具有高精度,分布在研具上的磨料粒度大小也可能不一样,但由于研磨时工件与研具间做复杂的相对运动,使工件上各点均有机会与研具的各点相互接触并受到均匀的微量切削。高低不平处逐渐接近,几何形状精度也逐步共同提高,并进一步使误差均化,最终达到很高的精度。因此,就能获得精度高于研具原始精度的加工表面。这种表面间相对研擦和磨损的过程,也就是误差相互比较、相互检查的过程,即为误差平均法。

6. 误差补偿法

误差补偿法就是人为地造出一种新的原始误差,去补偿或抵消原来工艺系统中固有的原始误差,尽量使两者大小相等、方向相反,从而达到减少加工误差,提高加工精度的目的。例如,数控机床上的滚珠丝杆,制造时,有意地将丝杆螺距比标准值磨得小一些,装配时预加拉伸力使丝杆螺距拉长至标准螺距,补偿了制造误差,且同时产生压应力。工作时,丝杆受热伸长恰好抵消了存在于丝杆内的压应力而保持了标准螺距,从而消除了热变形引起的原始误差。

7. 控制误差法

控制误差法是在加工循环中，利用测量装置连续地测量出工件的实际尺寸精度，随时给刀具以附加的补偿量，控制刀具和工件间的相对位置，直至实际值与调定值的差不超过预定的公差为止，这种积极控制的误差补偿方法称控制误差法。现代机械加工中的自动测量和自动补偿就属于这种形式。

4.4　影响表面质量的因素及提高途径

4.4.1　影响表面质量的因素

1. 影响表面粗糙度的因素

在机械加工中，产生表面粗糙度的主要原因可归纳为两方面：一是刀刃和工件相对运动轨迹所形成的表面粗糙度——几何因素，切削加工后表面粗糙度的实际轮廓形状，一般都与纯几何因素所形成的理论轮廓有较大的差别，这是由于切削加工中有塑性变形发生的缘故；二是和被加工材料性质及切削机理有关的因素——物理因素，多数情况下是在已加工表面的残留面积上叠加着一些不规则的金属生成物、黏附物或刻痕。形成它们的原因有积屑瘤、鳞刺、振动、摩擦、切削刃不平整、切屑划伤等。不同的加工方法，因切削机理不同，产生的表面粗糙度也不同，一般磨削加工表面的表面粗糙度值小于切削加工表面粗糙度。

(1) 切削加工中影响表面粗糙度的因素。产生表面粗糙度的几何因素是切削残留面积和刀刃刃磨质量。在理想切削条件下，由于切削刃的形状和进给量的影响，在加工表面上遗留下来的切削层残留面积就形成了理论表面粗糙度，如图 4. 19 所示。由图中的几何关系可得刀尖圆弧半径为零时，$H=\dfrac{f}{\cot \kappa_r+\cot \kappa'_r}$，刀尖圆弧半径为 r_ε 时，$H=\dfrac{f^2}{8r_\varepsilon}$，由此可见，进给量 f、刀具主偏角 κ_r、副偏角 κ'_r 越大，刀尖圆弧半径 r_ε 越小，则切削层残留面积越大，表面就越粗糙。此外，刀具刃口本身的刃磨质量对加工表面粗糙度影响也很大。

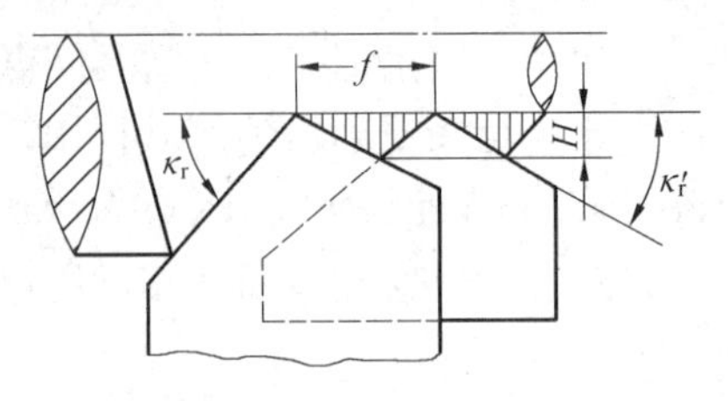

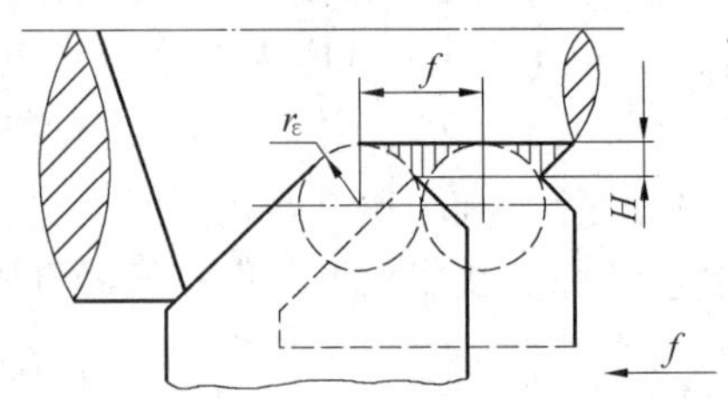

图 4. 19　切削层残留面积

产生表面粗糙度的物理因素是切削过程中的塑性变形、摩擦、积屑瘤、鳞刺以及工艺系统中的高频振动等。在切削过程中，刀具刃口圆角及后刀面对工件的挤压与摩擦，使工件已加工表面发生弹性、塑性变形，引起已有的残留面积歪扭，促使表面粗糙度增粗。

当低速切削塑性金属时易产生积屑瘤和鳞刺，容易使表面粗糙度增大。工艺系统中的高频振动使刀刃与工件相对位置发生微幅变动，加工表面留下振纹，影响表面粗糙度。切削加工中影响表面粗糙度的工艺因素主要有以下几个方面：

① 切削用量。

a. 切削速度。在一定的切速范围内容易产生积屑瘤或鳞刺。因此，合理选择是减小粗糙度值的重要条件。加工不同材料时表面粗糙度与切削速度的关系曲线如图 4.20 所示。在实际切削时，选择低速宽刃精切和高速精切，往往可以得到较小的表面粗糙度值。

b. 进给量。减小进给量，可减少残留面积高度，故可降低粗糙度值。

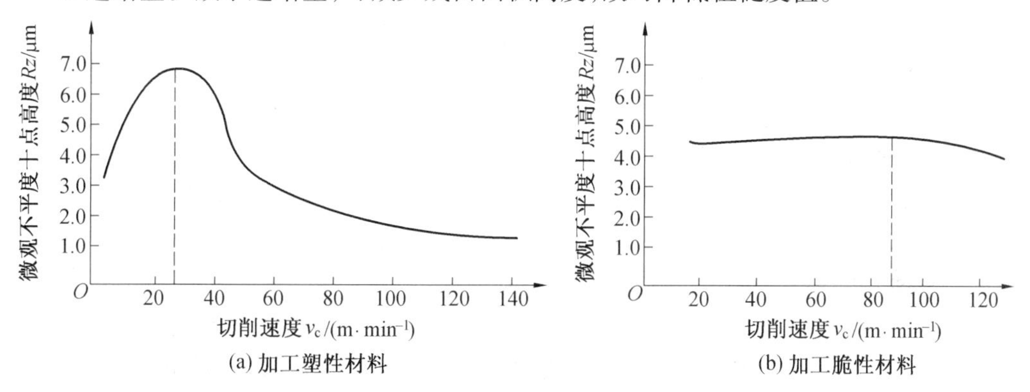

图 4.20　切削速度对表面粗糙度的影响

② 刀具材料和几何参数。刀具材料中热硬性高的材料耐磨性好，易于保持刃口的锋利。摩擦系数小的材料有利于排屑。与被加工材料亲合力小的材料不易产生积屑瘤和鳞刺。因此，硬质合金刀具优于高速钢，高速钢刀具优于碳素工具钢，而金刚石刀具、立方氮化硼刀具又优于硬质合金。

刀具的前刀面、后刀面本身的表面粗糙度值越小，则被加工表面的粗糙度值也越小。刀具刃口越锋利、刃口平刃性越好，则切出的工件表面粗糙度值也就越小。

刀具的几何角度对塑性变形、刀瘤和鳞刺的产生均有很大的影响。适当增大前角，有利于减小表面粗糙度值。前角太大，表面粗糙度值将会增加。 当前角一定时，后角越大，切削刃钝圆半径越小，刀刃越锋利；增大后角还能减小后刀面与已加工表面间的摩擦和挤压。这样都有利于减小加工表面粗糙度值。但后角太大时，积屑瘤易于流到后刀面；同时，后角大容易产生切削振动，因而使加工表面粗糙度值反倒增加。

③ 切削液。切削液的冷却和润滑作用能减小切削过程中的界面摩擦，降低切削区温度，使切削区金属表面的塑性变形程度下降，抑制鳞刺和积屑瘤的产生，因此可大大减小加工表面粗糙度值。

④ 工件材料性质。一般韧性较大的塑性材料，加工后表面粗糙度值较大，而脆性材料加工后易得到较小的表面粗糙度值。为了减小加工表面粗糙度值，常在切削加工前对材料进行调质或正火处理，以获得均匀细密的晶粒组织和较高的硬度。

（2）磨削加工中影响表面粗糙度的因素。磨削加工表面是由分布在砂轮表面上的磨粒与被磨工件做相对运动产生的刻痕所组成的表面。若单位面积上的刻痕越多（即通过单位面积的磨粒越多），且刻痕细密均匀，则表面粗糙度越细。实际上磨削过程不仅有几何因素，而且还有塑性变形等物理因素的影响。磨削加工中影响磨削表面粗糙度的工艺因素有以下几个方面：

① 磨削用量。砂轮速度大时，参与切削的磨粒数增多，可以增加工件单位面积上的刻痕数，又因高速磨削时塑性变形不充分，因而提高工件速度有利于降低表面粗糙度值。磨削深度与工件速度增大时，将使塑性变形加剧，因而使表面粗糙度增粗。为了提高磨削效率，通常在开始磨削时采用较大的磨削深度，而后采用小的磨削深度或光磨，以减小表面粗糙度值。

② 砂轮。

a. 粒度。砂轮粒度越细，则砂轮单位面积上磨粒数越多，工件表面上刻痕密而细，则表面粗糙度值越小。粒度过细时，砂轮易堵塞，切削性能下降，表面粗糙度值反而会增大，同时还会引起磨削烧伤。

b. 砂轮的硬度。砂轮的硬度是指磨粒受磨削力后从砂轮上脱落的难易程度。硬度应大小合适，砂轮太硬，磨粒钝化后仍不易脱落，使工件表面受到强烈摩擦和挤压作用，塑性变形程度增加，表面粗糙度值增大或使磨削表面产生烧伤。砂轮太软，磨粒易脱落，常会产生磨损不均匀现象，从而使磨削表面粗糙度值增大。

c. 砂轮的修整。修整砂轮是改善磨削表面粗糙度的重要因素，砂轮的修整是用金刚石除去砂轮外层已钝化的磨粒，使磨粒切削刃锋利，降低磨削表面的表面粗糙度值。砂轮的修整质量与所用修整工具、修整砂轮的纵向进给量等有密切关系。砂轮修整得越好，磨出工件的表面粗糙度值越小。

③ 工件材料。工件材料的硬度、塑性、韧性和导热性能等对表面粗糙度有显著影响。工件材料太硬时，磨粒易钝化，太软时砂轮易堵塞，韧性大和导热性差会使磨粒早期崩落，而破坏了微刃的等高性，因此均使表面粗糙度增大。

④ 切削液和其他。磨削切削液对减少磨削力、温度及砂轮磨损等都有良好的效果。正确选用切削液对减小表面粗糙度有利。

磨削工艺系统的刚度、主轴回转精度、砂轮的平衡、工作台运动的平衡性等方面，都将影响砂轮与工件的瞬时接触状态，从而影响表面粗糙度。

2. 影响表面物理力学性能的因素

机械加工中工件表面层由于受到切削力和切削热的作用，而产生很大的塑性变形，使表面的物理力学性能发生变化，主要表现在表面层金相组织、显微硬度的变化和出现残余应力。

(1) 影响加工表面冷作硬化的因素。切削过程中，工件表面层由于受力的作用而产生塑性变化，使晶格严重扭曲、拉长、纤维化及破碎，引起加工表面层强度和硬度增加，塑性降低，物理性能(如密度、电导性、热导性等)也有所变化，这种现象称为加工硬化，又称冷作硬化或强化。

冷作硬化程度取决于产生塑性变形的力和变形速度以及切削温度。切削力大，塑性变形大，硬化程度加强；塑性变形速度快，变形不充分，硬化程度就减弱。切削热的作用可使已强化的金属产生回复现象。因此，机械加工时表面层的冷硬，就是强化作用和回复作用的综合结果。影响冷作硬化的工艺因素主要考虑以下三个方面：

① 切削用量。速度和进给量对冷硬影响较大。随着切削速度的提高，刀具与工件的

接触时间减少,塑性变形不充分,故强化作用小,同时因切削速度的提高使切削温度增加,回复作用就大,故表面冷硬程度也随之减少。增加进给量,切削力增大,使塑性变形加大,因而冷硬程度也随之增加。但进给量太小时,由于刀具刃口圆角对工件的挤压次数增多,硬化程度反而增大。

② 刀具。刃口的圆弧半径和后刀面的磨损量对冷硬有很大影响。一般当刃口圆弧半径和磨损量增加时,硬化程度也随之增加。

③ 工件材料。工件材料的塑性越大,加工表面层的冷硬越严重。

(2) 影响加工表面残余应力的因素。工件经机械加工后,其表面层都存在残余应力。残余压应力可提高工件表面的耐磨性和疲劳强度,残余拉应力则使耐磨性和疲劳强度降低,若拉应力值超过工件材料的疲劳强度极限时,则使工件表面产生裂纹,加速工件的损坏。引起残余应力的原因有以下三个方面:

① 冷态塑性变形。在切削力的作用下,已加工表面受到强烈的塑性变形,表面层金属体积发生变化,此时里层金属受到切削力的影响,处于弹性变形的状态。切削力去除后,里层金属趋向复原,但受到已产生塑性变形的表面层的限制,回复不到原状,因而在表面层产生残余应力。一般说来,表面层在切削时受刀具后刀面的挤压和摩擦影响较大,其作用使表面层产生伸长塑性变形,表面积趋向增大,但受到里层的限制,产生了残余压应力,里层则产生残余拉应力与其相平衡。

② 热塑性变形。在切削热的作用下产生热膨胀,此时基体温度较低,因此表面层热膨胀受基体的限制产生热压缩应力。当表面层的温度超过材料的弹性变形范围时,就会产生热塑性变形(在压应力作用下材料相对缩短)。当切削过程结束,温度下降至与基体温度一致时,因为表面层已产生热塑性变形,但受到基体的限制产生了残余拉应力,里层则产生了压应力。

③ 金相组织的影响。金相组织具有不同的密度,也就会具有不同的比热容,切削加工时产生的高温有可能使工件表面层的金相组织发生变化,从而导致表层比热容变化。若表层比热容增大时其体积膨胀,则受到里层金属的阻碍而产生残余压应力,反之则产生拉应力。例如,磨削淬火钢时若表层出现回火烧伤,工件表层金属组织将由马氏体转变为接近珠光体的托氏体或索氏体,表层金属密度从 7.75 t/m^3 增至 7.78 t/m^3,比体积减小,工件表面体积收缩受里层金属的阻碍,故工件表面产生残余拉应力。若表面层产生二次淬火层(淬火烧伤),即原表层的残余奥氏体转变为马氏体,比热容增大,体积膨胀受阻,工件表面就形成残余压应力。

实际上,加工表面层残余应力是以上三个方面综合作用的结果。如切削加工中,切削热不高时,以冷塑性变形为主,表面将产生残余压应力;而磨削时温度较高,热变形和相变占主导地位,则表面产生残余拉应力。

(3) 影响加工表面金相组织变化的因素。机械加工过程中,在工件的加工区及其邻近的区域,温度会急剧升高,当温度升高到超过工件材料金相组织变化的临界点时,就会发生金相组织变化。一般的切削加工,切削热大部分被切屑带走,加工表面温升不高,故不影响工件表面层的金相组织。而磨削时,磨粒在高速(一般是35 m/s)下以很大的负前角切削薄层金属,其切削功率消耗远远大于一般切削加工。而加工所消耗能量的绝大部分都要转化为热,这些热量中的大部分(约 80%)将传给被加工表面,使工件表面具有很高的温度。对于已淬火的钢件,很高的磨削温度往往会使表层金属的金相组织产生变化,使表层金属硬度下降,使工件表面呈现氧化膜颜色,这种现象称为磨削烧伤。

磨削烧伤时表面会出现彩色的氧化膜,根据不同的颜色可知烧伤的程度,但并非无色就等于没有烧伤。有时通过多次光磨,虽磨掉了表面烧伤的氧化膜,却并未完全去除烧伤层,给工件带来隐患。

磨削淬火钢时,在工件表面层形成的瞬时高温将使表层金属产生以下三种金相组织变化:

① 回火烧伤。如果切削区的温度未超过淬火钢的相变温度(碳钢的相变温度为 720 ℃),但已超过马氏体的转变温度(中碳钢为 300 ℃),工件表层金属的马氏体将转化为硬度较低的回火组织(索氏体或托氏体),这称为回火烧伤。

② 淬火烧伤。如果磨削区温度超过了相变温度,再加上切削液的急冷作用,表层金属会出现二次淬火马氏体组织,硬度比原来的回火马氏体高;在它的下层,因冷却较慢,出现了硬度比原来的回火马氏体低的回火组织(索氏体或托氏体),这称为淬火烧伤。

③ 退火烧伤。如果磨削区温度超过了相变温度,而磨削过程又没有切削液,表层金属将产生退火组织,表层金属的硬度将急剧下降,这称为退火烧伤。

4.4.2 提高表面质量的途径

1. 减小表面粗糙度值的工艺措施

在切削加工中,表面粗糙度主要取决于残留面积的高度。为此,应采取增大刀尖圆弧半径、减小主偏角、副偏角、采用副偏角为零的修光刃刀具等措施。减小进给量也能有效地减小残留面积,但会使生产率降低。

切削加工中产生的积屑瘤、鳞刺等是影响加工表面粗糙度的物理因素。为有效地抑制积屑瘤和鳞刺,应采用较高或较低的切削速度和较小进给量,增大前角,适当加大后角,改用润滑性能良好的切削液,必要时对工件进行正火、调质等热处理。

2. 减小表面层冷作硬化的工艺措施

(1) 合理选择刀具的几何参数,采用较大的前角和后角,并在刃磨时尽量减小其切削刃口圆角半径。

(2) 使用刀具时,应合理限制其后刀的磨损程度。

(3) 合理选择切削用量,采用较高的切削速度和较小的进给量。

(4) 加工时采用有效的切削液。

3. 减小残余拉应力、防止表面烧伤和裂纹的工艺措施

对零件使用性能危害甚大的残余拉应力、表面烧伤和裂纹的主要原因是磨削区的温度过高。为降低磨削热可以从减少磨削热的产生和加速磨削热的传出两途径入手。

(1) 选择合理的磨削用量。根据磨削机理,磨削深度的增大会使表面温度升高,砂轮速度和工件转速的增大也会使表面温度升高,但影响程度不如磨削深度大。为了直接减少磨削热的产生,降低磨削区的温度,应合理选择磨削参数:减少背吃刀量,适当提高进给量和工件转速。但这会使表面粗糙度值增大,一般采用提高砂轮速度和较宽砂轮来弥补。实践证明,同时提高砂轮转速和工件转速,可以避免烧伤。

(2) 选择有效的冷却方法。磨削时由于砂轮高速旋转而产生强大的气流,使切削液很难进入磨削区,故不能有效地降低磨削区的温度。因此应选择适宜的磨削液和有效的冷却方法。如采用高压大流量冷却、内冷却砂轮等。为减轻高速旋转的砂轮表面的高压附着气流的作用,可加装空气挡板,以使切削液能顺利地喷注到磨削区。在砂轮的四周上开一些横槽,能使砂轮将切削液带入磨削区,从而提高冷却效果;砂轮开槽同时形成间断磨削,工件受热时间短;砂轮开槽还有扇风作用,可改善散热条件。因此使用开槽砂轮可有效地防止烧伤现象的发生。

(3) 合理选择砂轮并及时修整。若砂轮的粒度越细、硬度越高时自砺性差,则磨削温度也增高,应选软砂轮。砂轮组织太紧密时磨屑堵塞砂轮,易出现烧伤。砂轮钝化时,大多数磨粒只在加工表面挤压和摩擦而不起切削作用,使磨削温度增高,故应及时修整砂轮。

4. 表面强化工艺

采用一定的表面加工方法,改变零件表面的物理力学性能和减小表面粗糙度值,使之朝着有利的方向转化,以达到提高零件使用性能的目的,这种加工方法称为表面强化工艺。

表面强化工艺包括化学热处理、电镀和表面冷压强化工艺等几种。其中冷压强化工艺是通过挤压加工方法使表面层金属发生冷态塑性变形,以降低表面粗糙度值,提高表面硬度,并在表面层产生残余压应力和冷硬层,从而提高耐疲劳强度及抗腐蚀性能。如采用喷丸强化和滚压强化。

思考与练习题

4.1　试举例说明加工精度、加工误差、公差的概念?它们之间有什么区别?

4.2　什么是主轴回转精度?为什么外圆磨床的床头架顶尖不随工件一起回转,而车床主轴箱中的顶尖则是随工件一起回转的?

4.3　在镗床上镗孔时(刀具做旋转主运动,工件做进给运动),试分析加工表面产生椭圆形误差的原因。

4.4　车床床身导轨在垂直平面内及水平面内的直线度对车削轴类零件的加工误差有什么影响?影响程度各有何不同?

4.5　近似加工运动原理误差与机床传动链误差有何区别?

4.6　试分析在车床上加工时产生下述误差的原因:

(1) 在车床上镗孔时,引起被加工孔圆度误差和圆柱度误差。

(2) 在车床三爪自定心卡盘上镗孔时,引起内孔与外圆不同轴度、端面与外圆的不垂直度。

4.7　在车床上用两顶尖装夹工件车削细长轴时,如图 4.21 所示。出现如图所示误差是什么原因?分别采用什么办法来减少或消除该误差?

4.8　什么是强迫振动和自激振动?各有什么特点?机械加工中引起两种振动的主

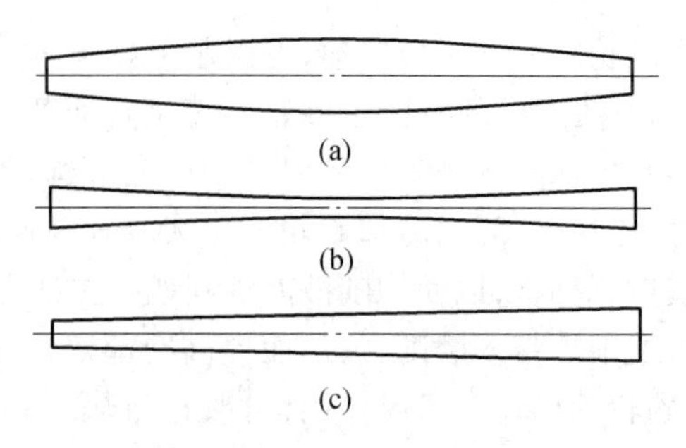

图 4.21　题 4.7 图

要原因是什么？如何消除和控制机械加工中的振动？

4.9　何谓误差复映？误差复映系数的大小与哪些因素有关？

4.10　为什么提高工艺系统刚度首先应从提高薄弱环节的刚度下手才有效？试举一例。

4.11　加工后,零件表面层为什么会产生加工硬化和残余应力？

4.12　什么是回火烧伤、淬火烧伤、退火烧伤？为什么磨削表面容易产生烧伤？

4.13　加工误差按照统计规律可分为哪几类？各有什么特点？采取什么工艺措施可减少或控制其影响？

4.14　提高加工精度的主要措施有哪些？举例说明。

4.15　减小表面粗糙度值的工艺措施有哪些？

第 5 章

现代先进制造技术

5.1 精密加工与细微加工

5.1.1 精密与超精密加工

精密与超精密加工属于机械制造中的尖端技术，是发展其他高新技术的基础和关键。精密与超精密加工技术水平的高低是衡量一个国家制造业水平和国力的标志，精密与超精密加工技术的发展构成高新技术的一个重要发展方向。

1. 精密与超精密加工的概念

精密与超精密加工只是一个相对的概念，其界限随时间的推移不断变化。根据当前世界主要工业发达国家制造水平，制造公差大于3 μm的加工称为普通精度加工，制造公差低于此值的加工称为高精度加工。在高精度加工范围内，根据加工精度水平的不同，还可以进一步划分为精密加工、超精密加工和纳米加工三个档次。制造公差为3.0 ~ 0.3 μm、表面粗糙度值 Ra 为0.30 ~ 0.03 μm的加工称为精密加工；制造公差为0.30 ~ 0.03 μm、表面粗糙度值 Ra 为0.03 ~ 0.005 μm的加工称为超精密加工；制造公差小于0.03 μm、表面粗糙度 Ra 小于0.005 μm的加工称为纳米加工。

2. 精密与超精密加工的特点

(1)"进化" 加工原理。一般加工时机床的精度总是高于被加工零件的精度，这一规律称为"蜕化" 原理。对于精密与超精密加工，可利用低于零件精度的设备、工具，通过工艺手段和特殊的工艺装备，加工出精度高于"母机" 的零件，这种方法称为直接式进化加工，常用于单件、小批量生产。间接式进化加工是借助于直接式进化加工原理，生产出第二代更高精度的工作母机，再以此工作母机加工零件，适用于大批量生产。

(2) 微量切削机理。在精密与超精密加工中，背吃刀量一般小于晶粒大小，切削在晶粒内进行，必须克服分子与原子之间的结合力，才能形成微量或超微量切屑。

(3) 综合制造工艺。精密与超精密加工中，要达到加工要求，需要综合考虑加工方法、加工设备与工具、检测手段、工作环境等多种因素。

(4) 自动化。在精密与超精密加工中，广泛采用计算机控制、自适应控制、在线自动检测与误差补偿技术,以减少人为影响因素,保证加工质量。

(5) 精密测量。精密测量是精密与超精密加工的必要条件,常成为精密与超精密加工的关键。

(6) 特种加工与复合加工。传统切削与磨削方法,加工精度有限,精密与超精密加工常采用特种加工与复合加工等新的加工方法。

3. 精密与超精密加工方法

精密与超精密加工方法根据其机理和能量性质可分为力学加工(利用机械能去除材料)、物理加工(利用热能去除材料或使材料结合、变形)、化学和电化学加工(利用化学和电化学能去除材料或使材料结合、变形)和复合加工(上述加工方法的复合)。由于精密与超精密加工方法很多,下面介绍几种主要方法。

(1) 金刚石刀具超精密切削。天然单晶金刚石质地坚硬,其硬度高达 6 000 ~ 10 000HV,是已知材料中硬度最高的。金刚石刀具具有很高的耐磨性,它的寿命是硬质合金的 50 ~ 100 倍。金刚石刀具超精密切削是微量切削,用金刚石刀具进行切削时须对切削区进行强制风冷或进行酒精喷雾冷却,务必使刀尖温度降至 650 ℃ 以下。金刚石刀具不仅具有很高的高温强度和红硬性,而且由于金刚石材料质地细密,经精细研磨,切削刃钝圆半径可达 0.02 ~ 0.005 μm,表面粗糙度 Ra 为 0.05 ~ 0.008 μm 的镜面切削。

一般精密与超精密切削通常都是在低速、低压、低温下进行,切削力小,切削温度低,工件被加工表面塑性变形小,加工精度高,表面粗糙度值小,尺寸稳定性好。金刚石刀具超精密切削是在高速、小背吃刀量、小进给量下进行,是高应力、高温切削。金刚石刀具切削刃钝圆半径值可以磨得很小,不易断裂,能长期保持切削刃的锋利程度。而且由于切屑极薄,切削速度高,不会波及加工工件内层,因此塑性变形小,可以获得高精度、低表面粗糙度值的加工表面。

金刚石刀具切削含碳铁金属材料时,由于金刚石是由碳原子组成的,因产生碳铁亲和作用而产生碳化磨损(扩散磨损),不仅易使刀具磨损,而且影响加工质量。目前金刚石刀具主要用于切削铜、铝及其合金以及硬脆材料(如陶瓷、单晶锗、单晶硅等),不能用金刚石刀具切削钢铁材料。

(2) 精密磨削与超精密磨削。精密磨削主要靠砂轮的精细修整,使磨粒具有微刃性和等高性,磨削后,加工表面留下大量微细的磨削痕迹,残留高度极小,加上无火花磨削阶段的作用,可以省去传统磨削加工中的抛光工序。可获得高精度、低表面粗糙度值的加工表面。

精密磨削时,磨粒上大量等高微刃是用金刚石修整工具以极低而均匀的进给精细修整而得,砂轮修整是精密磨削的关键之一。精密磨削所用砂轮的选择以易产生和保持微刃为原则。砂轮的粒度可选择粗、细两种,粗粒度砂轮经过精细修整,微刃切削作用是主要的;细粒度砂轮经过精细修整,摩擦抛光作用比较显著,其加工表面粗糙度值比粗粒度砂轮所加工的要低。

超精密磨削与普通磨削相比,其主要特征是:

① 使用超硬磨料超精密磨削的背吃刀量极小,通常在被磨材料的晶粒内进行(普通磨削的磨削行为在晶粒间进行),只有在磨削力超过了被磨材料原子(或分子)间键合力

的条件下才能从加工表面上磨去一薄层材料，磨粒所承受的切应力极大，温度也很高，要求磨粒材料必须具有很高的高温强度和高温硬度。

② 所用机床精度高，超精密磨床是实现超精密磨削的基本条件。为实现精密切除，数控系统最小输入增量要小（例如 0.1 μm、0.01 μm），机床加工系统的几何精度要高，还需有很高的静刚度、动刚度和热刚度。

超精密磨削常用于玻璃、陶瓷、硬质合金、硅、锗等硬脆材料零件的超精密加工。超精密磨削一般多用人造金刚石、立方氮化硼等超硬磨料。使用金属结合剂金刚石砂轮可以磨削玻璃、单晶硅等，使用金属结合剂 CBN 砂轮可以磨削钢铁材料。

目前超精密磨削所能达到的水平为：尺寸精度为 ±0.25 ~ ±5 μm；圆度误差为 0.25 ~ 0.1μm；圆柱度误差为（25 000 ∶ 0.25）~（50 000 ∶ 1）；表面粗糙度值 *Ra* 为 0.006 ~ 0.01 μm。

（3）超硬磨料砂轮精密与超精密磨削。超硬磨料砂轮主要指金刚石砂轮和立方氮化硼砂轮，因其硬度极高，故一般称为超硬磨料砂轮。其主要用来加工难加工材料，如各种高硬度、高脆性材料（如硬质合金、陶瓷、玻璃、半导体材料等）。

超硬磨料砂轮磨削的共同特点是：① 可加工各种高硬度、高脆性的难加工材料；② 磨削能力强，耐磨性好、耐用度高，易于控制加工尺寸；③ 磨削力小，磨削温度低，加工表面质量好；④ 磨削效率高；⑤ 加工综合成本低。

（4）精密和超精密砂带磨削。砂带磨削是一种新型的磨削方法，砂带是特殊形态的多刀多刃的切削工具，其切削功能主要由黏附在基底上的磨粒来完成。可以获得很高的加工精度和表面质量，具有广泛的应用范围。精密砂带磨削的砂带粒度为 W63 ~ W28，加工精度为 1 μm，*Ra* 为 0.025 μm；超精密砂带磨削的砂带粒度为 W28 ~ W3，加工精度为 0.1 μm，*Ra* 为 0.025 ~ 0.008 μm。

砂带磨削方式可分为闭式和开式两种，如图 5.1 所示。闭式砂带磨削采用环形砂带，通过张紧轮张紧，由电动机通过接触轮带动砂带高速运动（线速度达 30 m/s），工件回转或移动（加工平面），砂带头架做纵向及横向进给，从而对工件进行磨削。砂带磨钝后，更换一条新砂带即可。这种磨削方式效率高，但噪声大，易发热，可用于粗加工和精加工。

开式砂带磨削采用成卷砂带，由电动机经减速机构驱动卷带轮，带动砂带做缓慢移动，砂带绕过接触轮外圆，以一定的工作压力与工件被加工表面接触，工件回转或移动（加工平面时），砂带头架或工作台做纵向及横向进给，从而对工件进行磨削。由于砂带在磨削过程中的连续缓慢移动，切削区域不断出现新磨粒，因此磨削工作状态稳定，磨削质量好，常用于精密和超精密磨削。

砂带磨削的特点：

① 砂带磨削是根据工件的形状与大小，以相应的方式，使高速运转的砂带与工件表面接触进行磨削或抛光的一种新工艺。

② 砂带磨削，弹性变形区的面积较大，磨粒载荷减少且均匀，工件塑性变形和摩擦减小。

③ 塑性变形和摩擦减小，力和热的作用降低，因此能得到高的加工精度和表面质量。

④ 砂带磨削可加工各种金属和非金属材料的外圆、内圆、平面和成形表面，适应性广。

⑤ 采用强力砂带磨削，其效率可与铣削、砂轮磨削媲美。砂带不需修整，磨削比较高，可以称为“高效”磨削。

(5) 磁性研磨。近年来，研磨和抛光出现了许多新方法，如油石研磨、磁性研磨、电解研磨、软质磨粒抛光、浮动抛光、磁流体抛光、挤压研抛和超精研抛等。下面仅对磁性研磨进行介绍。

磁性研磨是采用含铁的刚玉等磁性研磨剂，通过磁场中磁力的作用，磁性研磨剂工作在表面，同时保持在模具表面和磁极之间间断工作。因此在制造过程中磁粒被有序地安排在沿着磁力线周围。同时形成了磁性刷，在磁力作用下围绕在模具表面。由于磁场和被加工件的旋转会使磁性刷和被加工件的表面产生一个相关的运动，这样可以用磁性研磨剂来研磨被加工件表面。这种方法可研磨轴类零件内、外圆表面，如图 5.2 所示。

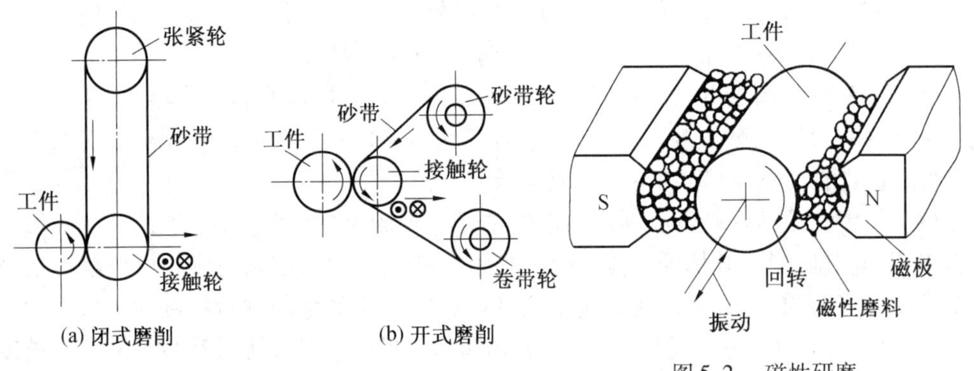

图 5.1　砂带磨削方式

图 5.2　磁性研磨

5.1.2　微细加工与纳米技术

1. 微细加工

微细加工通常是指 1 mm 以下微细尺寸零件的加工，其加工误差为 0.1 ~ 10 μm。超微细加工通常是指 1 μm 以下超微细尺寸零件的加工，其加工误差为 0.01 ~ 0.1 μm。

(1) 微细机械加工。微细机械加工适合所有金属、塑料和工程陶瓷材料，主要采用铣削、钻削、车削三种形式，可加工平面、型腔和内外圆柱表面。微细机械加工多采用单晶金刚石刀具，铣刀的回转半径靠刀尖相对于回转轴线的偏移来得到(可小到5 μm)。当刀具回转时，刀具的切削刃形成一个圆锥形的切削面。对于孔加工，孔的直径决定于钻头的直径，用于微细加工的钻头直径可小到 50 μm。

(2) 微细电加工。刚度小的工件和特别微小的工件(微马达、微小齿轮)用机械加工很难实现，必须使用电加工、光刻化学加工或生物加工的方法，如线放电磨削或线电化磨削。

(3) 光刻加工。光刻加工是用照相复印的方法将光刻掩膜上的图形印刷在涂有光致抗蚀剂的薄膜或基材表面，然后进行选择性刻蚀，刻蚀出规定的图形。其主要用于制作半导体集成电路以及塑料模具型腔表面加工等，其基材有各种金属、半导体和介质材料。其工作原理如图5.3所示。光刻加工的主要过程如下：

① 氧化。在表面形成一层 SiO_2 氧化层。

② 涂胶。把光致抗蚀剂涂敷在已镀有氧化层的半导体基片上。

③ 曝光。曝光方法共有两种，一种是由光源发出的光束经掩膜在光致抗蚀剂涂层上成像，称为投影曝光；另一种是将光束聚焦成细小束斑，通过扫描在光致抗蚀剂涂层上绘制图形，称为扫描曝光。常用的光源有电子束、离子束等。

④ 显影。曝光部分通过显影而被溶解除去。

⑤ 刻蚀。利用化学和物理方法，将没有光致抗蚀剂部分的氧化膜除去并形成沟槽，称为刻蚀。常用的刻蚀方法有化学刻蚀、离子刻蚀和电解刻蚀等。化学刻蚀常用于塑料模具型腔表面加工，以形成塑料制品表面各种花纹或图案。

⑥ 去胶。刻蚀结束后，光致抗蚀剂就完成了任务，此时要将这层无用的胶膜去掉，一般先用剥膜液去除光致抗蚀剂，然后进行水洗和烘干处理。

⑦ 扩散。向需要杂质的部分扩散杂质，以完成整个光刻加工过程。

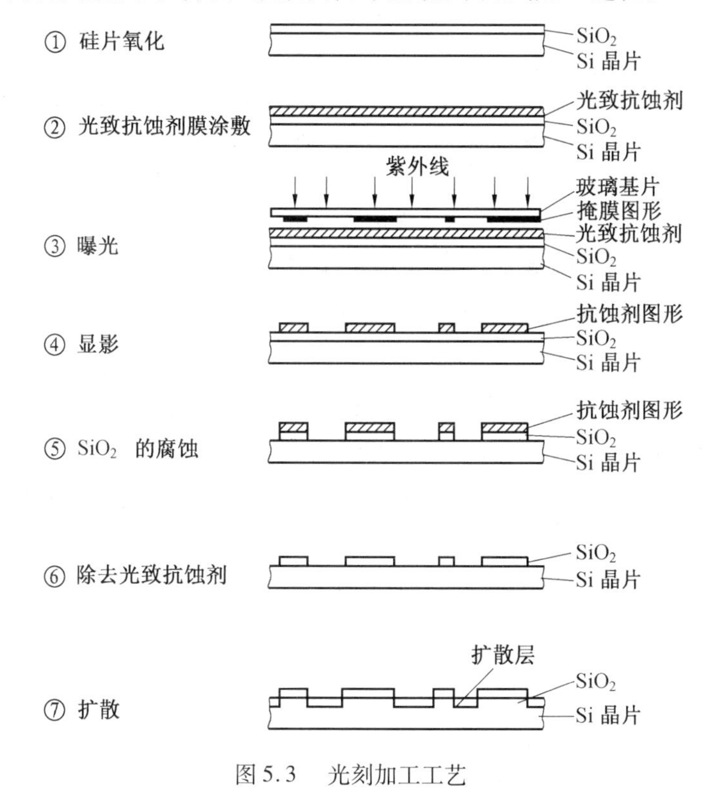

图5.3　光刻加工工艺

2. 纳米技术与纳米加工

纳米技术通常是指纳米级（0.1 ~ 100 nm）的材料、设计、制造、测量和控制技术。它包括纳米材料、纳米摩擦、纳米电子、纳米光学、纳米生物、纳米机械和纳米加工等，纳米技术涉及机械、电子、材料、物理、化学、生物、医学等多个领域。

扫描隧道显微镜（STM）是1981年由两位在IBM瑞士苏黎世实验室工作的C. Binning和H. Rohrer发明的。STM可用于测量三维微观表面形貌，可用于观察0.1 nm级的表面形貌,也可用作纳米加工。STM 工作原理基于量子力学的隧道效应,如图 5.4 所示。当两电极之间的距离缩小到1nm时,由于粒子的波动性,电流会在外加电场作用下穿过绝缘势垒,从一个电极流向另一个电极,即产生隧道电流。当一个电极为非常尖锐的探针时,由于尖端放电而使隧道电流加大。

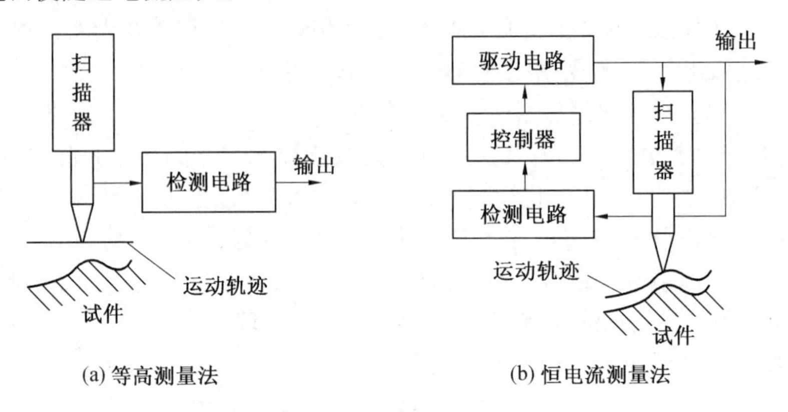

图 5.4　扫描隧道显微镜测量工作原理

由于探针与试件表面距离对隧道电流密度非常敏感,用探针在试件表面扫描时,就可以将它测量到的原子级高低和状态信息记录下来,经过信号处理,可得到试件纳米级三维表面形貌。

STM 有两种测量模式:探针以不变高度在试件表面扫描,通过隧道电流的变化而得到试件表面形貌信息,称等高测量法(图 5.4(a));探针在试件表面扫描时与试件表面距离不变,由探针移动直接描绘试件表面形貌,称恒电流测量法(图 5.4(b))。

扫描隧道显微镜不仅可用于测量,也可用来直接移动原子或分子,实现纳米加工。当 STM 探针尖端的原子距离工件的某个原子极小时,其引力可以克服工件其他原子对该原子的结合力,使被探针吸引的原子随针尖移动而又不脱离工件表面,从而实现工件表面原子的搬迁。最早实现原子搬迁的是 IBM 实验室研究人员,他们于 1990 年用 STM 操纵 35 个氙(Xe) 原子在镍板上排列成“IBM” 三个字母;中国科学院化学研究所用原子摆成我国的地图;日本用原子拼成“Peace”。纳米加工技术的出现及应用会导致人类认识和改造世界的能力有重大突破。

5.2　高速加工

5.2.1　高速加工概述

一般认为高速加工是指采用超硬材料的刀具与磨具,能可靠地实现高速运动的自动化制造设备,通过极大地提高切削速度和进给速度,以提高材料切除率、提高加工精度和加工表面质量的现代加工技术。以切削速度和进给速度界定,高速加工的切削速度和进给速度为普通切削的 5 ~ 10 倍。

高速加工的速度比常规加工速度几乎高出一个数量级，高速加工切削速度范围随加工方法不同而不同：高速车削的切削速度范围通常为700 ~ 7 000 m/min；高速铣削的速度范围为300 ~ 6 000 m/min；高速钻削的速度范围为200 ~ 1 100 m/min；而高速磨削的速度范围为50 ~ 300 m/s。与之对应的进给速度一般为2 ~ 25 m/min，高的可以达到60 ~80 m/min。

1. 高速加工的特点

与普通加工相比，高速加工具有如下特点：

(1) 切削力低。由于加工速度高，使剪切变形区变窄，剪切角增大，变形系数减小，切屑流出速度加快，从而切削力比常规切削降低30% ~ 90%。

(2) 热变形小。切削时工件温度的上升不会超过3 ℃，90%的切削热来不及传给工件就被切屑带走。工件积聚热量少、温升低，适合于加工熔点低、易氧化和易于产生热变形的零件。

(3) 材料切除率高。在高速切削时其进给速度可随切削速度的提高相应提高5 ~ 10倍。单位时间内工件的切除率可提高3 ~ 5倍，适用于材料切除率要求大的加工，如汽车、航天航空的加工领域。

(4) 加工精度高。高速加工刀具激振频率远离工艺系统固有频率，不易产生振动；由于切削力小，热变形小，残余应力小，易于保证加工精度和表面质量。

(5) 减少工序。利用同一设备既可对工件进行高速粗加工，也可进行高速精加工，实现工序集中。

2. 高速加工的应用

目前，高速加工已在航空航天工业、汽车工业、模具及复杂曲面加工等领域得到广泛的应用。航空航天工业是高速加工的主要应用行业，飞机制造中通常需要切削许多带有大量薄壁、细筋的大型轻合金整体构件，采用高速加工，材料去除率达100 ~ 180 cm^3/min；并可获得良好的质量。此外航空航天工业中许多镍合金、钛合金零件，也适于采用高速加工，切削速度达200 ~ 1 000 m/min。采用高速加工，可使加工效率提高7 ~ 10倍，其尺寸精度和表面质量都达到无需再光整加工的水平。

在汽车工业中，由柔性生产线代替了组合机床刚性生产线。目前已出现由高速数控机床和高速加工中心组成的高速柔性生产线，可以实现多品种、中小批量生产，以满足汽车市场不断更新换代的需要。用高速铣削代替传统的电火花成形加工模具，可使模具制造效率提高3 ~ 5倍。

5.2.2　高速切削刀具

目前用于高速切削的刀具材料主要有硬质合金涂层刀具、陶瓷刀具、聚晶金刚石刀具和聚晶立方氮化硼刀具。常用高速刀具材料切削适应性见表5.1。

表 5.1　常用高速刀具材料切削适应性

刀具材料＼工件材料	硬钢	耐热合金	钛合金	高温合金	铝合金	复合材料
PCD	差	差	优	差	优	优
PCBN	优	优	良	优	一般	一般
陶瓷刀具	优	优	差	优	差	差
涂层硬质合金	良	优	优	一般	一般	一般
TICN 硬质合金	一般	差	差	差	差	差

1. 聚晶立方氮化硼

聚晶立方氮化硼(PCBN) 的晶体结构类似金刚石,硬度略低于金刚石,是继人造金刚石问世后出现的又一种新型高新技术产品。它具有很高的硬度、热稳定性和化学惰性,它的硬度仅次于金刚石,但热稳定性远高于金刚石,对铁系金属元素有较大的化学稳定性。常用作磨料和刀具材料。作为刀具材料,聚晶立方氮化硼具有以下良好性能:

(1) 较高的硬度和耐磨性。PCBN 是将 CBN 粉末在高温高压下经过压制而得到的,其硬度为 3 000 ~ 5 000 HV。切削耐磨材料时,其耐磨性为硬质合金刀具的 50 倍。

(2) 高的热稳定性。PCBN 的热稳定性明显优于金刚石刀具。

(3) 良好的化学稳定性。PCBN 在 1 200 ~ 1 300 ℃ 时不与铁系材料发生化学反应。对各种材料的黏结、扩散作用比硬质合金小得多。化学稳定性优于金刚石刀具,特别适合于加工铁系金属材料。

(4) 良好的导热性。PCBN 的导热性仅次于金刚石,是硬质合金的 20 倍,且随温度升高而增加。这一特性使 PCBN 刀具在加工时刀尖处温度降低,减少刀具磨损,减少工件的变形,提高加工精度。

(5) 较低的摩擦系数。PCBN 与不同材料间的摩擦系数为 0.1 ~ 0.3(硬质合金为 0.4 ~0.6),且随切削速的提高而减小。这一特性使切削变形和切削力减小,加工精度和表面质量提高。

PCBN 刀具主要用于加工 45HRC 以上的硬质材料,如高铬、高镍、合金铸铁、冷硬铸铁和高速连续加工灰铸铁、耐热合金、硼铸铁、球墨铸铁钛合金等材料。采用 PCBN 切削淬硬钢时,当被切削工件材料硬度小于 50HRC 时,切削温度随材料硬度增加而增加;当工件材料硬度大于 50HRC 时,切削温度随材料硬度增加而有下降趋势,这种现象称为金属软化效应。金属发生软化,硬度下降,从而使加工易于进行。

2. 聚晶金刚石

聚晶金刚石(PCD) 刀具的摩擦因数低,耐磨性极强,具有良好的导热性,特别适合于难加工材料及黏结性强的有色金属的高速切削。

聚晶金刚石是利用独特的定向爆破法由石墨制得的,高爆速炸药定向爆破的冲击波使金属飞片加速飞行,撞击石墨片从而导致石墨转化为聚晶金刚石。其结构与天然的金刚石极为相似,通过不饱和键结合而成,具有良好的韧性。

聚晶金刚石刀具的主要优点有:

(1) 聚晶金刚石的硬度可达8 000HV,为硬质合金的8 ~ 12倍。

(2) 聚晶金刚石的导热系数为700 W/(m·K),为硬质合金的1.5 ~ 9倍,甚至高于PCBN和铜,因此聚晶金刚石刀具热量传递迅速。

(3) 聚晶金刚石的摩擦系数一般仅为0.1 ~ 0.3(硬质合金的摩擦系数为0.4 ~ 1),因此聚晶金刚石刀具可显著减小切削力。

(4) 聚晶金刚石刀具与有色金属和非金属材料间的亲和力很小,在加工过程中切屑不易黏结在刀尖上形成积屑瘤。

5.2.3　高速主轴

高速主轴是高速切削机床最关键的部件。目前,主轴转速在10 000 ~ 20 000 r/min的加工中越来越普及。转速高达100 000 ~ 200 000 r/min的实用高速主轴也正在研究开发中。

高速主轴的类型主要有电主轴、气动主轴及水动主轴等。当前,高速主轴在结构上几乎全都采用交流伺服电动机内置式集成化结构,也就是电主轴。由于电主轴采用了交流伺服电动机直接驱动的"内装电动机"集成化结构,减少了传动部件,提高了可靠性。高速主轴要求在极短的时间内实现升、降速,快速准停,内装电动机主轴(电主轴)实现无中间环节的直接传动,使得主轴具有很高的角加速度。

高速精密轴承是高速主轴单元的核心。为了适应高速切削加工的工作要求,高速切削机床的主轴设计采用了先进的主轴轴承和润滑、散热等新技术。目前高速主轴主要有滚动轴承、气浮轴承、液体静压轴承、磁悬浮轴承等多种形式。主轴轴承的润滑对主轴转速、寿命的提高起重要作用,适合高速主轴的润滑方式有空气润滑或喷油润滑。

高速主轴采用电子传感器控制温度,利用水冷或油冷循环系统,使主轴在高速旋转时保持恒温。

5.2.4　高速进给机构

实现高速切削加工不仅要求有较高的主轴转速和功率,同时要求机床有很高的进给速度和运动加速度。目前高速切削采用直线电动机后进给速度已高达50 ~ 120 m/min,要实现并准确控制这样高的进给速度,对机床导轨、传动丝杠、伺服系统、工作台结构等提出了新的要求。为此,在高速加工机床进给机构上主要采用如下措施:

(1) 采用新型直线滚动导轨。直线滚动导轨中球轴承与钢导轨之间接触面积小,摩擦系数小,可大大减少进给"爬行"现象。

(2) 采用滚珠丝杠。采用小螺距、大尺寸、高质量滚珠式丝杠或大螺距多头滚珠丝杠可以在不降低精度的前提下获得较高的进给速度和进给加、减速度。

(3) 采用数字化、智能化和软件化。高速切削机床已开始采用全数字交流伺服电动机和智能化、软件化控制技术。

(4) 采用直线电动机。直线电动机将是未来机床进给传动的基本形式。

5.3 特种加工

5.3.1 特种加工概述

特种加工是指采用非常规的切削加工手段,加工时不需利用工具对工件直接施加作用力,而是利用电、磁、声、光、热等物理及化学能量直接作用于被加工工件部位,达到材料去除、变形以及改变性能等目的的加工技术。目前有电火花成形加工、电火花线切割加工、激光加工、超声波加工、离子束加工及水射流切割加工等。

1. 特种加工技术的主要应用

(1) 难加工材料,如钛合金、耐热不锈钢、高强钢、复合材料、工程陶瓷、金刚石、红宝石、硬化玻璃等高硬度、高韧性、高强度、高熔点材料。

(2) 难加工零件,如复杂零件三维型腔、型孔、群孔和窄缝等的加工。

(3) 低刚度零件,如薄壁零件、弹性元件等零件的加工。

(4) 以高能量密度束流实现焊接、切割、制孔、喷涂、表面改性、刻蚀和精细加工。

2. 特种加工的特点

(1) 特种加工是利用电能、热能、光能、声能、化学能来去除金属或非金属材料,工件和工具之间无明显的机械作用力,热应力、残余应力、冷作硬化、热影响区等均比较小,因此加工时工件变形小,加工精度高。

(2) 特种加工的方法包括去除加工和结合加工。去除加工即分离加工,如电火花加工时,从工件上去除部分材料。结合加工又可分为附着加工、注入加工和接合加工;附着加工是使工件被加工表面覆盖一层材料,如镀膜等;注入加工是将某些元素的离子注入工件表层,以改变工件表层的材料性质,如离子注入等;接合加工是使两个工件或两种材料接合在一起,如激光焊接、化学黏接等。

(3) 特种加工时,工具的损耗很小,甚至无损耗,如激光加工、电子束加工等。

(4) 加工范围不受材料物理、机械性能的限制,能加工任何硬的、软的、脆的、耐热或高熔点金属以及非金属材料。

(5) 易于加工复杂型面、微细表面以及柔性零件。

3. 特种加工的方法

特种加工的方法很多,根据加工机理和所采用的能源可以分为如下几类:

(1) 力学加工。应用机械能进行加工,如超声波加工、喷射加工及水射流切割加工等。

(2) 电加工。利用电能转换成热能、光能等进行加工,如电火花成形加工、电火花线切割加工、电子束加工、离子束加工等。

(3) 电化学加工。利用电能转换为化学能进行加工,如电解加工、电镀加工等。

(4) 激光加工。利用激光光能转换为热能进行加工。

(5) 化学加工。利用化学能或光能转换为化学能进行加工,如化学腐蚀、化学刻蚀等。

(6) 离子束及等离子体加工技术。

5.3.2　电火花加工

1. 电火花加工原理

电火花加工(放电加工或电蚀加工) 是利用浸在工作液中的两极间脉冲放电时产生的电蚀作用蚀除导电材料的特种加工方法。电火花加工主要用于加工具有复杂形状的型孔和型腔的模具和零件;加工各种硬、脆材料,如硬质合金和淬火钢等;加工深细孔、异形孔、深槽、窄缝和切割薄片等;加工各种成形刀具、样板和螺纹环规等工具和量具。

电火花加工的原理如图5.5所示。电火花加工时,脉冲电源的一极接工具电极,另一极接工件电极,两极均浸入具有一定绝缘度的液体介质(常用煤油或矿物油或去离子水)中。工具电极由自动进给调节装置控制,以保证工具与工件在正常加工时维持一很小的放电间隙(0.01 ~ 0.05 mm)。当脉冲电压加到两极之间,便将当时条件下极间最近点的液体介质击穿,形成放电通道。由于通道的截面积很小,放电时间极短,致使能量高度集中,放电区域产生的瞬时高温使工件和电极表面都被腐蚀(熔化、气化),以致形成一个小凹坑。第一次脉冲放电结束之后,经过很短的间隔时间,第二个脉冲又在另一极间最近点击穿放电。如此周而复始高频率地循环下去,虽然每个脉冲放电蚀除的金属量极少,但因每秒有成千上万次脉冲放电作用,就能蚀除较多的金属,形成所需要的加工表面。

在电火花加工过程中,极性效应越显著越好。生产中将工件接正极的加工称正极性加工或正极性接法;将工件接负极的加工称负极性加工或负极性接法。

电火花加工可以分为电火花成形加工、电火花线切割加工、电火花磨削加工、电火花展成加工、非金属电火花加工和电火花表面强化等。

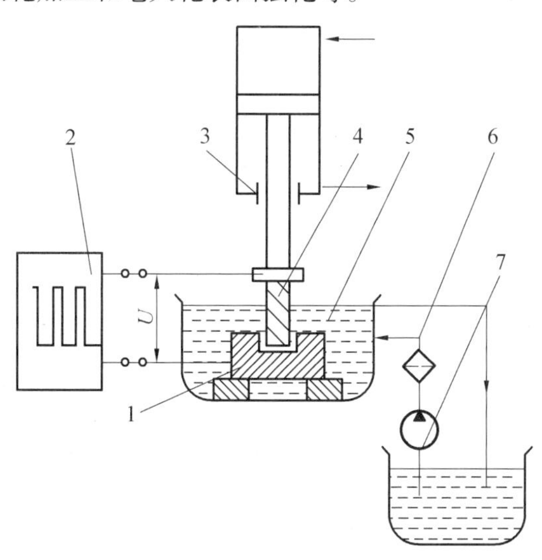

图5.5　电火花加工原理

1— 工件;2— 脉冲电源;3— 自动进给装置;4— 工具电极;5— 工作液;6— 过滤器;7— 泵

2. 电火花加工的特点

(1) 电火花可以加工任何高强度、高硬度、高韧性、高脆性以及高纯度的导电材料。

(2) 电极和工件在加工过程中不接触,加工时无明显机械力,两者间的宏观作用力很小,适用于低刚度工件和微细结构的加工。所以适于加工小孔、深孔及窄缝等零件。

(3) 电极材料不要求比工件材料硬。

(4) 脉冲参数可依据需要调节,可在同一台机床上进行粗加工、半精加工和精加工。

(5) 电火花加工后的表面呈现的凹坑,有利于贮油和降低噪声。

(6) 放电过程有部分能量消耗在工具电极上,导致电极损耗,影响成形精度。

3. 电火花加工的主要种类

(1) 电火花成形加工。该方法是通过工具电极相对于工件做进给运动,将工件电极的形状和尺寸复制在工件上,从而加工出所需要的零件。它包括电火花型腔加工和穿孔加工两种。电火花型腔加工主要用于加工各类热锻模、压铸模、挤压模、塑料模和胶木模的型腔。电火花穿孔加工主要用于型孔(圆孔、方孔、多边形孔、异形孔)、曲线孔(弯孔、螺旋孔)、小孔和微孔的加工。近年来,在电火花穿孔加工中发展了高速小孔加工解决小孔加工中电极截面小、易变形、孔的深径比大、排屑困难等问题。

(2) 电火花线切割加工。电火花线切割加工工作原理如图 5.6 所示。该方法是利用移动的细金属丝做工具电极,按预定的轨迹进行脉冲放电切割。按金属丝电极移动的速度大小分为高速走丝和低速走丝线切割。我国普遍采用高速走丝线切割,近年来正在发展低速走丝线切割,高速走丝时,金属丝电极是直径为 0.02 ~ 0.3 mm 的高强度钼丝,往复运动速度为 8 ~ 10 m/s。低速走丝时,多采用铜丝,线电极以小于 0.2 m/s 的速度做单方向低速运动。线切割时,电极丝不断移动,其损耗很小,因而加工精度较高。其平均加工精度可达 0.01 mm,大大高于电火花成形加工。表面粗糙度 Ra 值可达 1.6 或更小。

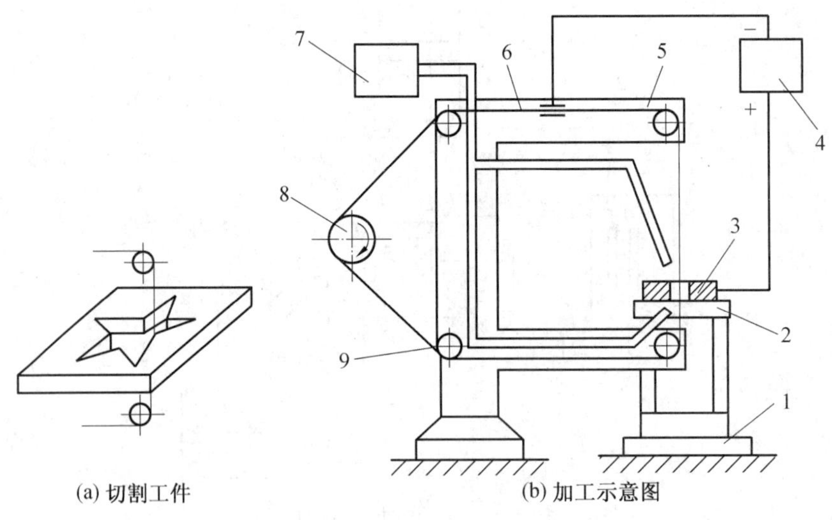

图 5.6 电火花线切割加工示意图

1— 工作台;2— 夹具;3— 工件;4— 脉冲电源;5— 丝架;6— 电极丝;7— 工作液箱;8— 卷丝筒;9— 导丝轮

电火花线切割机床属于数字化控制机床，数控电火花线切割机床有两维切割、斜度（锥度）切割、重复切割、半径补偿、动态模拟加工等功能，广泛应用于难加工材料的切割加工。

5.3.3　其他特种加工方法

1. 电解加工

电解加工是利用金属在电解液中发生电化学阳极溶解的原理将工件加工成形的一种特种加工方法。加工时，工件接直流电源的正极，工具接负极，两极之间保持较小的间隙（0.1 ~ 1 mm）。电解液从两极间隙中流过，使两极之间形成导电通路，并在电源电压（24 ~63 V）下产生电流，从而形成电化学阳极溶解。随着工具相对工件不断进给，工件正极表面材料不断产生溶解，溶解物被高速流动的电解液及时冲走，最终两极间各处的间隙趋于一致，工件表面形成与工具工作面基本相似的形状。其加工原理如图5.7所示。

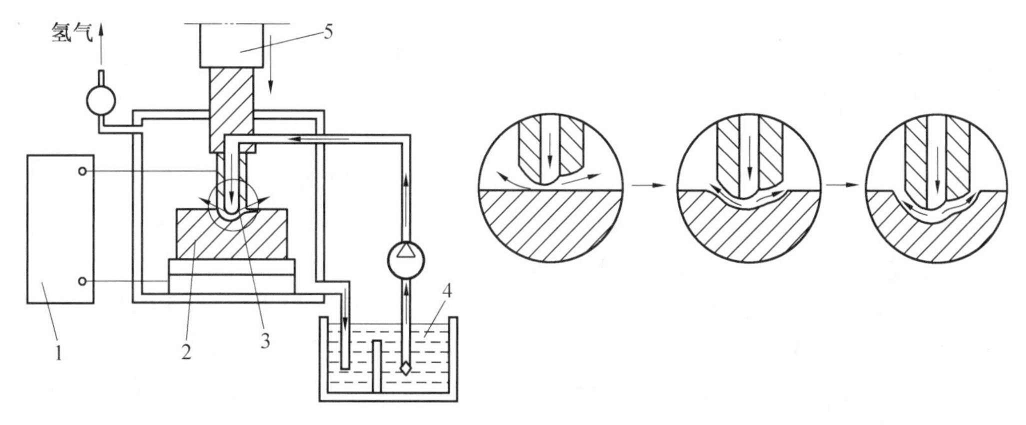

图5.7　电解加工原理图

1—直流电源；2—工件；3—工具电极；4—电解液；5—进给机构

电解加工的特点主要有以下几点：

① 加工范围广。电解加工几乎可以加工所有的导电材料，并且不受材料的强度、硬度、韧性等机械、物理性能的限制，加工后材料的金相组织基本上不发生变化。它常用于加工硬质合金、高温合金、淬火钢、不锈钢等难加工材料。

② 生产率高，且加工生产率不直接受加工精度和表面粗糙度的限制。电解加工能以简单的直线进给运动一次加工出复杂的型腔、型面和型孔，而且加工速度可以和电流密度成比例地增加，比电火花加工高5 ~ 10倍。

③ 加工质量好。可获得一定的加工精度和较低的表面粗糙度。加工精度：型面和型腔为 ±(0.05 ~ 0.20)mm；型孔和套料为 ±(0.03 ~ 0.05)mm。表面粗糙度：对于中、高碳钢和合金钢，Ra 可达到1.6 ~ 0.4 μm。

④ 可用于加工薄壁和易变形零件。电解加工过程中工具和工件不接触，不存在机械切削力，不产生残余应力和变形，没有飞边毛刺。

⑤ 工具阴极无损耗。在电解加工过程中工具阴极上仅仅析出氢气，而不发生溶解反应。

⑥ 设备要求防腐蚀、防污染，需配置污水处理系统。

2. 超声波加工

超声波加工是利用工具做超声波（频率超过 16 000 Hz）小振幅振动，并通过工具与工件之间游离于液体中的磨料对被加工表面的捶击作用，使悬浮磨粒以很大的速度、加速度和超声频率撞击工件，使工件表面受击处产生破碎、裂纹、脱离而成微粒的特种加工。超声加工可用于穿孔、切割、焊接、套料和抛光。

超声波加工的应用范围十分广泛，已成功地用于小深孔、槽的加工，也可用于模具型腔、型孔的抛光加工及机械零件的超声清洗等。

超声波加工的应用：

（1）型腔抛磨加工。用于淬火钢、硬质合金冲模、拉丝模、塑料模具型腔的最终光整加工。

（2）超声清洗。超声波使液体分子往复高频振动产生正负交变的冲击波，使被清洗物表面的污物遭到破坏，并从被清洗表面脱落下来。

（3）超声波复合加工。超声与电火花复合加工，电火花有效放电脉冲利用率可提高到 50% 以上，提高生产率 2 ~ 20 倍。

3. 激光加工

激光是利用光的能量经过透镜聚焦后在焦点上达到很高的能量密度的强光，当激光照射到工件表面时，光能被工件迅速吸收并转化为热能，工件在光热效应下产生的高温熔融和冲击波的综合作用达到去除加工的目的。

（1）激光加工工作原理。由激光器发出的激光，经光学系统聚焦后，照射到工件表面上，光能被吸收，转化为热能，使照射斑点处局部区域温度迅速升高，使其材料瞬间熔化或蒸发而形成小坑，由于热扩散，小坑内材料蒸气迅速膨胀，产生微型爆炸，将熔融物质喷射出去，并产生一个方向很强的反冲击波，于是在加工表面打出一个上大下小的孔。

激光加工不需要工具、加工速度快、表面变形小，可加工各种材料。用激光束对材料进行各种加工，如打孔、切割、划片、焊接及热处理等。

（2）激光加工的特点。

① 功率密度大。高达 10^8 ~ 10^{10} W/cm^2，即使熔点高、硬度大和质脆的材料（如耐热合金、陶瓷、金刚石等）也可用激光加工。

② 加工精度高。激光光束直径可达 1 μm 以下，可进行微细加工。

③ 非接触加工。没有明显的机械力，没有工具损耗，不存在加工工具磨损问题。

④ 可以对运动的工件或密封在玻璃壳内的材料加工。

⑤ 激光束容易控制，易于与精密机械、精密测量技术和电子计算机相结合，实现加工的高度自动化和达到很高的加工精度。

5.4　数字化制造技术

数字化制造就是指制造领域的数字化，它是制造技术、计算机技术、网络技术与管理科学的交叉、融和、发展与应用的结果。数字化制造技术包括以设计为中心的数字化制造技术、以控制为中心的数字化制造技术、以管理为中心的数字化制造技术等内容。

1. 计算机辅助设计与制造

计算机辅助设计与制造(CAD/CAM)是一项综合性的、技术复杂的系统工程,涉及许多学科领域,如计算机科学与工程、计算机图形显示、计算数学、数据结构及数据库、数控技术等。工程技术人员以计算机及其图形设备为工具,帮助设计人员进行设计工作,并根据零件图形信息,利用系统软件对零件进行数控加工编程。

2. 柔性制造系统

柔性制造系统(Flexible Manufacturing System,FMS)是20世纪70年代末发展起来的先进机械加工系统,是通过局域网把数控机床(加工中心)、坐标测量机、物料输送装置、对刀仪、立体刀库、工件装卸站、机器人等设备连接起来,在计算机及控制软件的控制下,形成一个加工系统。FMS由一组数控机床组成,它能够随机地加工一组具有不同加工顺序及加工循环的零件,实行自动送料及计算机控制,以便动态地平衡资源的供应,从而使系统自动地适应零件生产混合变化及生产量的变化。

FMS是由加工、物流、信息三个子系统组成的,各个子系统还有分系统。现有的FMS一般由多台数控机床和加工中心组成,并有自动上下料装置、仓库和输送系统,在计算机及其软件的集中控制下实现加工自动化,具有高度的柔性,是一种计算机直接控制的自动化可变加工系统。

3. 计算机集成制造系统

计算机集成制造系统(Computer Integrated Manufacturing System,CIMS)是随着计算机辅助设计与制造的发展而产生的。它是在自动化技术、信息技术和制造技术的基础上,通过计算机技术把分散在产品设计制造过程中各种孤立的自动化子系统有机地集成起来,形成适用于多品种、小批量生产,实现高效益、高柔性的智能制造系统。

CIMS体系结构由以下六层系统组成。

(1) 第一层为生产/制造系统,这一层面向生产过程,包括柔性制造单元FMS、装配设备、工业机器人及其他生产制造自动化技术,这一层以物流为中心,完成生产、加工、装配、包装等任务。

(2) 第二层为硬事务处理系统,这一层是生产/制造监控系统,通过计算机网络对第一层的设备进行综合控制与操作,实现对生产制造的监控。它包含狭义的CAM、CAQ及CAT等。

(3) 第三层为技术设计系统,这一层包含CAD(计算机辅助设计)、CAPP(计算机辅助工艺),为生产制造系统产生信息。CAD用于产品设计、开发,提供的是如何做的信息,而CAPP是依据CAD提供的信息指导如何做工作。

(4) 第四层为软事务处理系统,这一层主要通过计算机网络实时地处理各种软事务,譬如,财务、供销、售后服务等方面的管理,实现电子化记账。

(5) 第五层为信息服务系统,以狭义的MIS为主,主要对前面各层的信息进行收集、存储、加工、传输、使用、查询,为各级管理者与下层提供数据。

(6) 第六层为决策管理系统,这一层是企业经营管理规划的决策层,主要有MRP-II(制造资源计划)、ERP(企业资源计划)、决策支持系统DSS、专家系统ES、系统模拟系统等组成。

4. 快速原形制造

快速原型制造技术(Rapid Prototyping Manufacturing,RPM)被认为是制造技术领域里的一次重大突破,有人将其与数控技术诞生相提并论,RPM是在计算机控制下,基于离散/堆积原理采用不同方法堆积材料,最终完成零件的成形与制造的技术。从成形角度看,零件可视为由点、线或面叠加而成,即从CAD模型中离散得到点、线、面的几何信息,再与成形工艺参数信息结合,控制材料有规律、精确地由点到面,由面到体地堆积零件。从制造角度看,它根据CAD造型生成零件三维几何信息,转化为相应的指令传输给数控系统,通过激光束或其他方法使材料逐层堆积而形成原型或零件,被誉为制造业中的一次革命。

RPM的基本过程:首先由CAD软件设计出所需零件的计算机三维曲面(三维虚拟模型),然后根据工艺要求,将其按一定的厚度进行分层,将原来的三维模型转变为二维平面信息(即截面信息),将分层后的信息进行处理(离散过程)产生数控代码;数控系统以平面加工的方式,有序地、连续地加工出每个薄层,并使它们自动黏结而成形(堆积过程)。这样就将一个复杂的物理实体的三维加工离散成一系列的层片加工,大大降低了加工难度。

5.5　绿色制造技术

绿色制造技术是指在保证产品的功能、质量、成本的前提下,综合考虑环境影响和资源效率的现代制造模式。它使产品从设计、制造、使用到报废整个产品生命周期中不产生环境污染或环境污染最小化,符合环境保护要求,对生态环境无害或危害极少,节约资源和能源,使资源利用率最高,能源消耗最低。

1. 绿色制造技术的组成

(1) 绿色设计。绿色设计是指在产品及其生命周期全过程的设计中,充分考虑对资源和环境的影响,在充分考虑产品的功能、质量、开发周期和成本的同时,优化各有关设计因素,使得产品及其制造过程对环境的总体影响和资源消耗减到最小。

(2) 工艺规划。绿色工艺规划就是要根据制造系统的实际,尽量研究和采用物料和能源消耗少、废弃物少、噪声低、对环境污染小的工艺方案和工艺路线。

(3) 材料选择。绿色材料选择技术是指减少不可再生资源和短缺资源的使用量,尽量采用各种替代物质和技术。

(4) 产品包装。 绿色包装技术就是从环境保护的角度,优化产品包装方案,使得资源消耗和废弃物产生最少。

(5) 废弃产品回收处理。产品寿命终结后作系统分类处理,可以有多种不同的处理方案,如再使用、再利用、废弃等,从而以最少的成本代价,获得最高的回收价值。

(6) 绿色管理。尽量采用模块化、标准化的零部件,加强对噪声、污染的动态测试、分析和控制,企业内部建立一套科学、合理的绿色管理体系。

2. 绿色制造过程

绿色制造过程主要包括减少制造过程中的资源消耗；避免或减少制造过程对环境的不利影响以及报废产品的再生与利用三个方面。相应地发展三个方面的制造技术，即节省资源的制造技术、环保型制造技术和再生制造技术。

(1) 节省资源的制造技术。

① 减少制造过程中的能源消耗。制造过程中消耗掉的能量一部分转化为有用功之外，大部分能量都转化为其他能量而浪费。例如，普通机床用于切削的能量仅占总消耗能量的30%，其余70%的能量则消耗于空转、摩擦、发热、振动和噪声等。

② 减少原材料消耗。

③ 减少制造过程中的其他消耗，如刀具消耗、液压油消耗、润滑油消耗、切削液消耗、包装材料消耗等。我国机械制造业中，常见满地的切屑、小零件与油污。我国在由原料到产品所消耗的能源和原材料比美国和日本等先进国家高出数十倍之多。

(2) 环保型制造技术。环保型制造技术是在制造过程中最大限度地减少环境污染，创造安全、舒适的工作环境。其包括减少废料的产生；废料有序地排放；减少有毒有害物质的产生；有毒有害物质的适当处理；减小振动与噪声；实行温度调节与空气净化；对废料的回收与再利用等。

(3) 再制造技术。再制造是一种对废旧产品实施高技术修复和改造的产业，是指产品报废后，对于损坏或将报废的零部件，在性能失效分析、寿命评估等分析的基础上，对其进行拆卸和清洗，对其中的某些零件采用表面工程或其他加工技术进行翻新和再加工，使零件的形状、尺寸和性能得到恢复和再利用，使再制造产品质量达到或超过新品。

再制造技术是一项对产品全寿命周期进行统筹规划的系统工程，其主要研究内容包括：产品的概念描述；再制造策略研究和环境分析；产品失效分析和寿命评估；回收与拆卸方法研究；再制造设计、质量保证与控制、成本分析；再制造综合评价等。

思考与练习题

5.1　什么叫精密加工与超精密加工？它与普通的精加工有何不同？

5.2　金刚石刀具为何可进行超精密与高速切削？主要用于什么材料的超精密切削加工？

5.3　什么叫特种加工？

5.4　试述电火花加工、电解加工、激光加工和超声波加工的加工原理、工艺特征和应用范围。

5.5　试简述快速原形与制造技术的基本原理及适用场合。

5.6　什么叫FMS？

5.7　什么叫CIMS？

5.8　什么叫RPM？

5.9　什么叫绿色制造？

第 6 章 机械加工工艺规程设计

6.1 概　述

车间生产过程包括直接改变工件形状、尺寸、位置和性质等主要过程,还包括运输、保管、磨刀、设备维修等辅助过程。在生产过程中,按一定顺序逐渐改变生产对象的形状、尺寸、位置和性质使其成为预期产品的这部分主要过程称为工艺过程。零件依次通过的全部加工过程称为工艺路线或工艺流程。把工艺过程的各项内容用表格的形式固定下来,并用于指导和组织生产的工艺文件就是工艺规程。

机械加工工艺过程的组成如图 6.1 所示。工艺过程由若干工序组成,工序是最基本的组成单元。每个工序又可依次细分为安装、工位、工步和走刀。

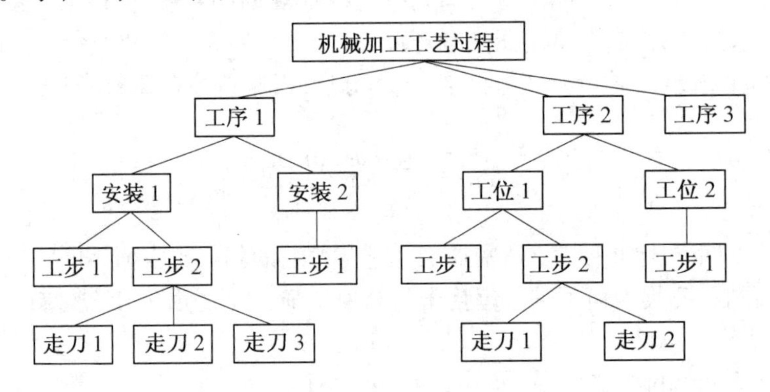

图 6.1　机械加工工艺过程的组成

1. 工序

一个或一组工人,在一个工作地(机床设备)上,对同一个或同时对几个工件所连续完成的那一部分工艺过程称为工序。工人、工件、工作地、连续作业是构成工序的四个要素,其中任何一个要素的变更即构成新的工序。一个工艺过程需要包括哪些工序,是由被加工零件结构的复杂程度、加工要求及生产类型所决定的。表 6.1 为阶梯轴不同生产类型的工艺过程。

表6.1　阶梯轴不同生产类型的工艺过程

零件图

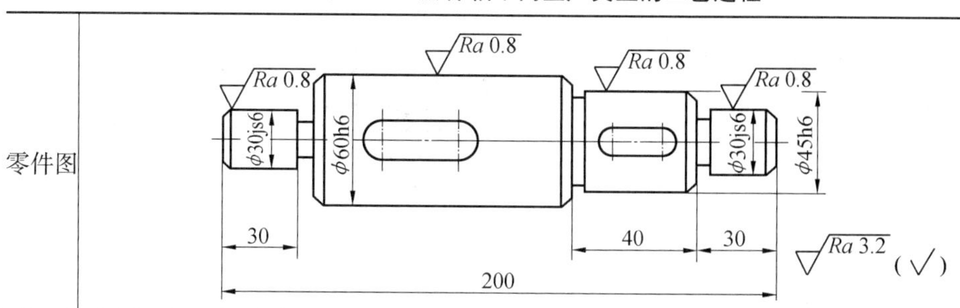

单件、小批量生产工艺过程			大批或大量生产工艺过程		
工序号	工序内容	设备	工序号	工序内容	设备
1	车端面，钻中心孔（两头）	车床	1	两边同时铣端面，钻中心孔	组合机床
2	粗、精车外圆，切槽，倒角	车床	2	粗车外圆	车床
3	铣键槽，去毛刺	铣床	3	精车外圆，倒角，切退刀槽	车床
4	磨外圆	磨床	4	铣键槽	铣床
			5	去毛刺	钳工台
			6	磨外圆	磨床

工序的分类如下：

① 工艺工序，指使加工对象直接发生物理或化学变化的工序，包括加工工序、热处理工序、表面处理工序等。

② 检验工序，指对原料、材料、毛坯、半成品、在制品、成品等进行技术质量检查的工序。

③ 运输工序，指劳动对象在上述工序之间流动的工序。

2. 安装

工件每经一次装夹后所完成的那部分工序称为安装。在一个工序中可以是一次或多次装夹。

3. 工位

工件在一次安装中，通过分度或移动装置，使工件相对于机床经过不同的位置顺次进行加工。此时工件在机床上所占据的每个位置称为工位。立轴式回转工作台加工孔的多工位依次为装卸、钻孔、扩孔、铰孔，如图6.2所示。

4. 工步

在同一个工位上，要完成不同的表面加工时，其中在加工表面、切削速度、进给量和加工工具都不变的情况下，所连续完成的那一部分工序内容，称为一个工步。有时，为了提高劳动生产率，用几把刀具同时加工几个表面，这样的工步称为复合工步，也可看作一个工步。转塔车床加工齿轮内孔及外圆的一个复合工步如图6.3所示。

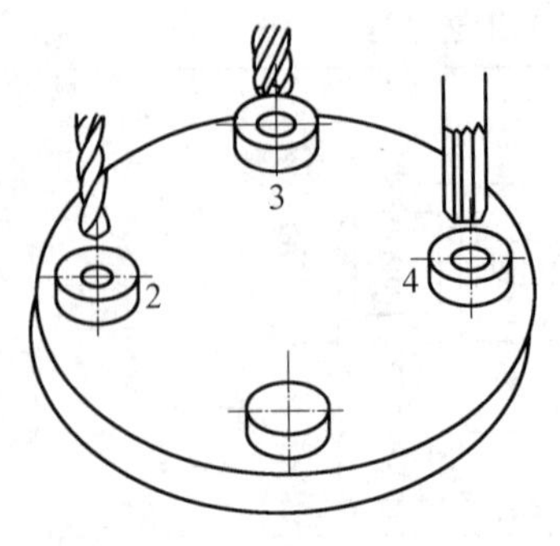

图 6.2　多工位加工

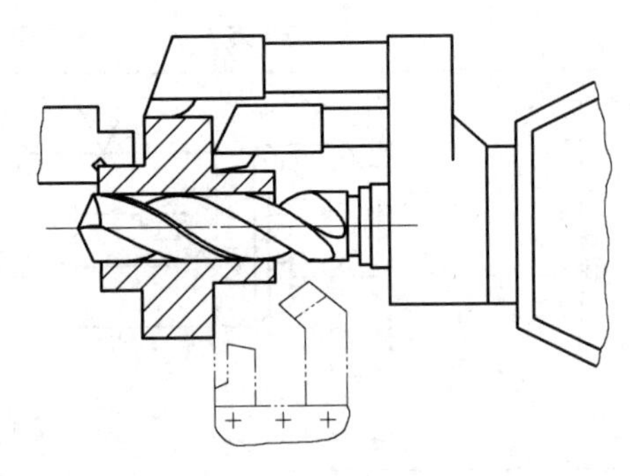

图 6.3　转塔车床复合工步

5. 走刀

有些工步,由于余量较大或其他原因,需要同一切削用量(仅指转速和进给量)下对同一表面进行多次切削,这样刀具对工件的每次切削就称为一次走刀。

综上可知,工艺过程的组成是很复杂的。工艺过程由许多工序组成,一个工序可能有几个安装,一个安装可能有几个工位,一个工位可能有几个工步,等等。

6.2　零件结构的工艺性与毛坯选择

6.2.1　零件加工结构工艺性

在制订零件的机械加工工艺规程时,首先要对照产品装配图分析零件图,熟悉该产品的用途、性能及工作条件,明确零件在产品中的位置、作用及相关零件的位置关系;了解并研究各项技术条件制订的依据,找出其主要技术要求和技术关键,以便在拟定工艺规程时采用适当的措施加以保证。

1. 零件的结构分析

零件的结构分析主要包括以下三方面:

(1) 零件表面的组成和基本类型。尽管组成零件的结构多种多样,但从形体上加以分析,都由一些基本表面和特形表面组成,基本表面有内、外圆柱表面, 内、外圆锥表面和平面等;特形表面主要有螺旋面、渐开线齿形表面、圆弧面(如球面)和轮廓曲面等。在零件结构分析时,根据机械零件不同表面的组合形成零件结构的特点,可选择与其相适应的加工方法和加工路线。例如,外圆表面通常由车削或磨削加工;内孔表面则通过钻、扩、铰、镗和磨削等加工方法获得。

机械零件不同表面的组合形成零件结构上的特点,在机械制造中,通常按零件结构和工艺过程的相似性,将各类零件大致分为轴类零件、套类零件、箱体类零件、齿轮类零件和叉架类零件等。

(2) 区分主要加工表面与次要加工表面。根据零件各加工表面要求的不同,可以将零件的加工表面划分为主要加工表面和次要加工表面。这样就能在工艺路线拟定时,做到主次分开,以保证主要加工表面的加工精度。

(3) 零件的结构工艺性。所谓零件的结构工艺性是指零件在满足使用要求的前提下,制造该零件的可行性和经济性。功能相同的零件,其结构工艺性可以有很大差异。所谓结构工艺性好,是指在现有工艺条件下,既能方便制造,又有较低的制造成本。

2. 零件的技术要求分析

零件图样上的技术要求,既要满足设计要求,又要便于加工,而且齐全、合理。其技术要求包括下列几个方面:

(1) 加工表面的尺寸精度、形状精度和表面质量。

(2) 各加工表面之间的相互位置精度。

(3) 工件的热处理和其他要求,如动平衡、镀铬处理、去磁等。

3. 零件结构工艺性审查

零件的尺寸精度、形状精度、位置精度和表面粗糙度的要求,对确定机械加工工艺方案和生产成本影响很大。因此,必须认真审查,以避免过高的要求使加工工艺复杂化和增加不必要的费用。 审查零件结构工艺性可以从以下几个方面加以分析(实例见表6.2):

(1) 有利于达到所要求的加工质量。加工精度若定得过高,会增加工序,增加制造成本;若定得过低,会影响机器的使用性能,故必须根据零件在整个机器中的作用和工作条件合理地确定,尽可能使零件易于加工,降低制造成本。

(2) 保证位置精度的可能性。为保证零件的位置精度,最好使零件能在一次安装中加工出所有相关表面,这样就能依靠机床本身的精度来达到所要求的位置精度。

(3) 有利于减少加工劳动量。尽量减少不必要的加工面积,减少加工面积不仅可减少机械加工的劳动量,而且还可以减少刀具的损耗,降低制造成本。

(4) 尽量避免或简化内表面的加工。由于外表面的加工要比内表面加工方便经济,又便于测量,因此,在零件设计时应力求避免在零件内腔进行加工。

(5) 有利于提高劳动生产率。零件的有关尺寸应力求一致,并能用标准刀具加工。

(6) 减少零件的安装次数。零件的加工表面应尽量分布在同一方向,或互相平行的表面上。孔深方向的加工表面应为圆形凸台或沉孔,以便在加工孔时同时将凸台或沉孔全锪出来。

(7) 零件的结构应便于加工 ,保证了加工的可能性。

(8) 避免在斜面上钻孔和钻头单刃切削。

(9) 便于多刀或多件加工。

表 6.2　零件结构工艺性分析实例

序号	实例(左图为改进前结构,右图为改进后结构)	说　　明
1	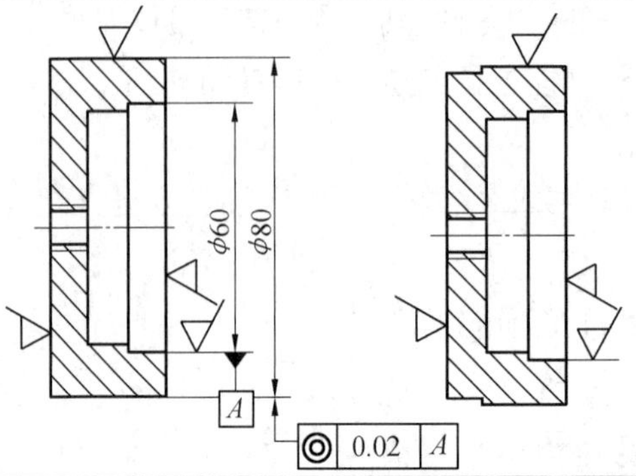 $\phi60$ $\phi80$ A 0.02 A	使零件能在一次安装中加工出所有相关表面,这样就能依靠机床本身的精度来达到所要求的位置精度
2	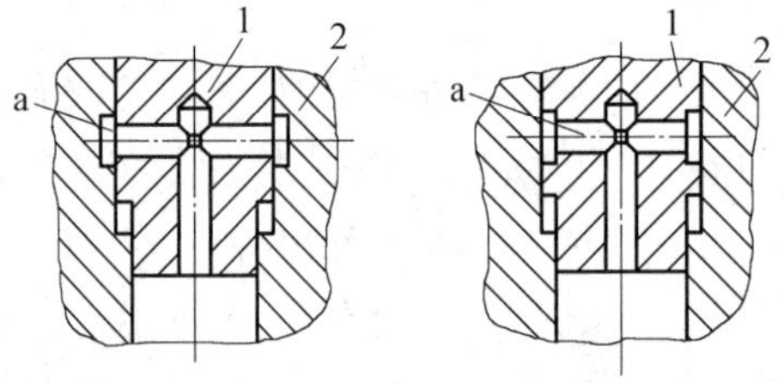 a 1 2 a 1 2	左图中件 2 上的内沟槽 a 加工,改成右图中件 1 的外沟槽加工,这样加工与测量都很方便
3	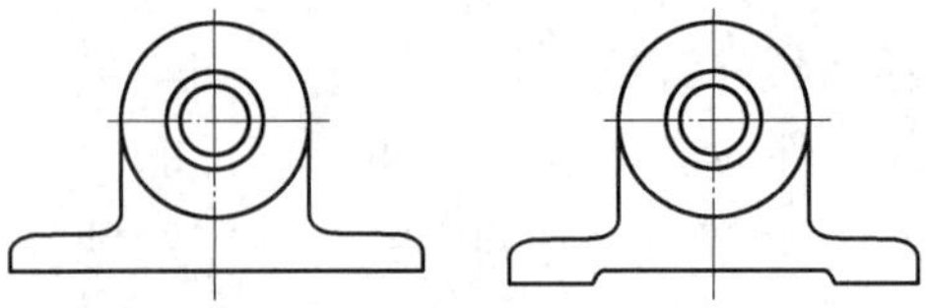	轴承座减少了底面的加工面积,降低了修配的工作量,保证配合面的接触
4	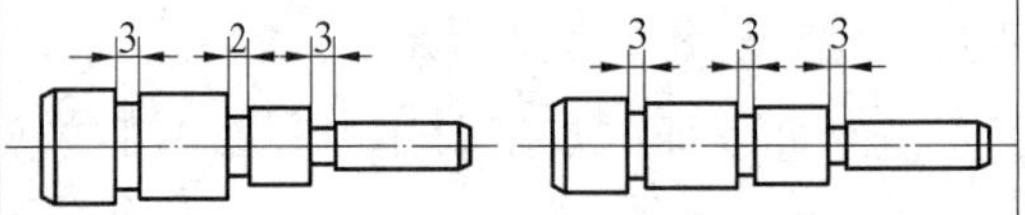 3 2 3 3 3 3	若退刀槽尺寸一致,则减少了刀具的种类,节省了换刀时间
5	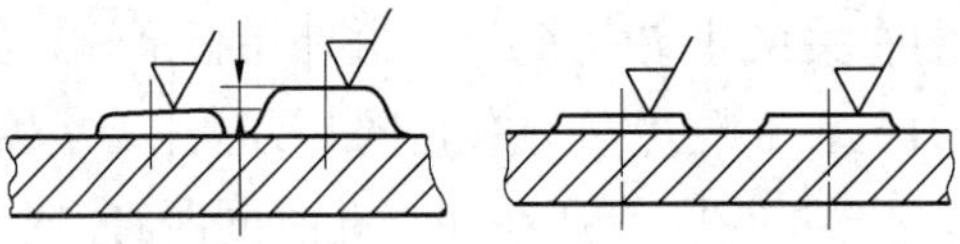	若采用凸台高度等高,则减少了加工过程中刀具的调整
6	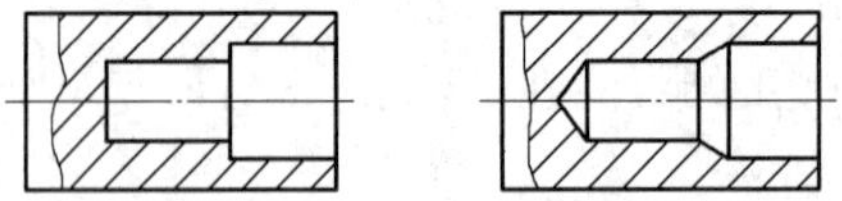	能采用标准钻头钻孔,从而方便了加工
7	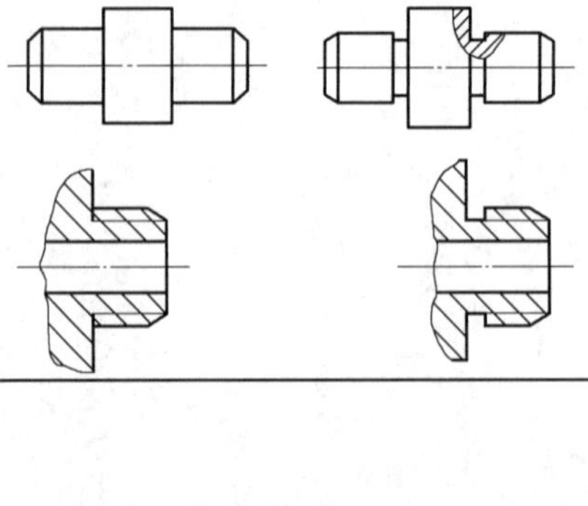	设有退刀槽、越程槽,减少了刀具(砂轮)的磨损

续表 6.2

序号	实例(左图为改进前结构,右图为改进后结构)	说　　明
8	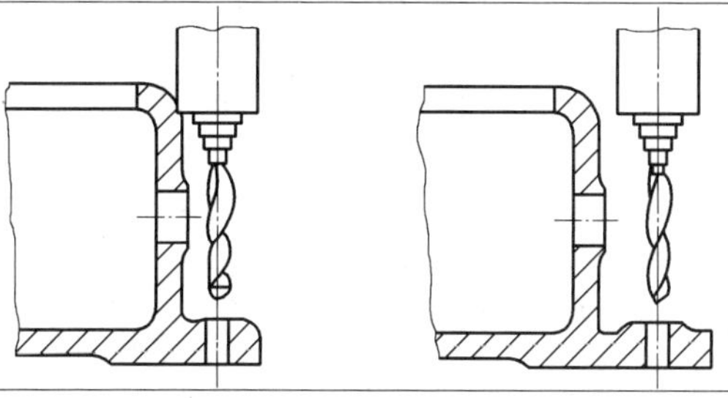	便于引进刀具,从而保证了加工的可能性
9	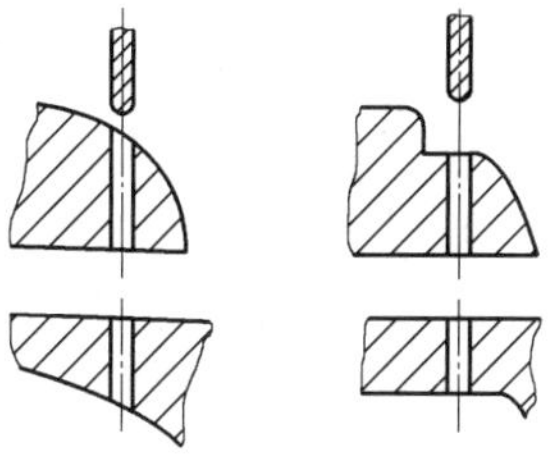	避免了因钻头两边切削力不等使钻孔轴线倾斜或折断钻头
10	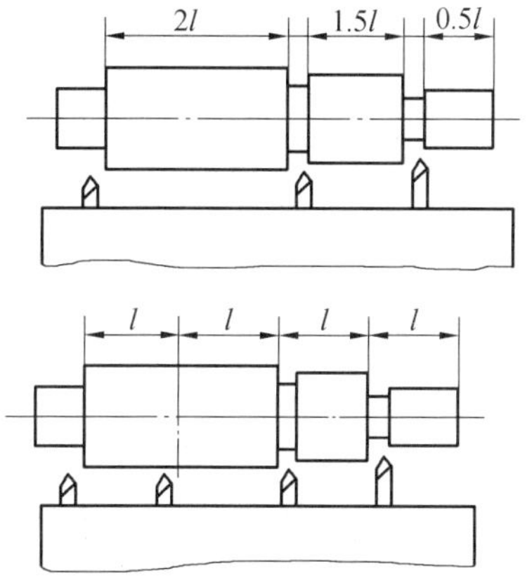 2l　1.5l　0.5l l　l　l　l	为适应多刀加工,门路轴各段长度应相似或成整数倍;直径尺寸应沿同一方向递增或递减,以便调整刀具
11	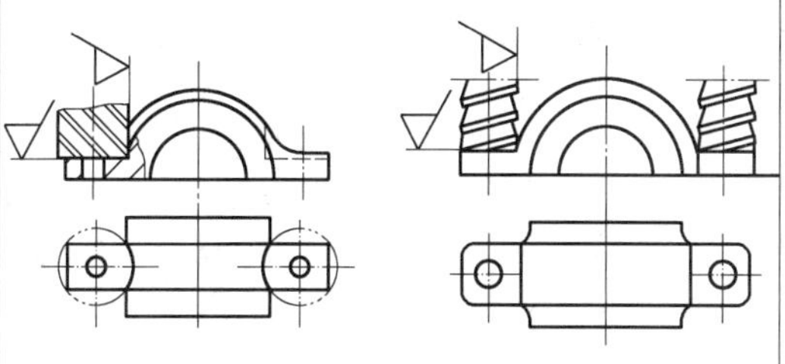	可将毛坯排列成行,便于多件连续加工

6.2.2　毛坯的选择

1. 毛坯的种类

常见的毛坯种类有以下几种:

(1) 铸件。对形状较复杂的毛坯,一般可用铸造方法制造。目前大多数铸件采用砂型铸造,对尺寸精度要求较高的小型铸件,可采用特种铸造,如永久型铸造、精密铸造、压力铸造、熔模铸造和离心铸造等。各种铸造方法及工艺特点见表6.3。

表6.3　常见毛坯种类和特点

毛坯制造方法	最大质量/kg	最小壁厚/mm	形状的复杂性	材料	生产方式	精度等级(IT)	尺寸公差/mm	表面粗糙度/μm	其他
手工砂型铸造	不限制	3 ~ 5	最复杂	铁碳合金、有色金属及其合金	单件生产及小批生产	16 ~ 14	1 ~ 8	—	余量大，一般为1 ~ 10 mm；由砂眼和气泡造成的废品率高；表面有结砂硬皮，且结构颗粒大；适于铸造大件，生产率很低
机械砂型铸造	至250	3 ~ 5	最复杂		大批生产及大量生产	14左右	1 ~ 3	—	生产率比手工砂型铸造高数倍或数十倍；设备复杂，要求工人的技术水平低；适于铸造中小型铸件
永久型铸造	100	1.5	简单或平常			11 ~ 12	0.1 ~ 0.5	12.5	因免去每次制造铸型，生产率高；单边余量一般为1 ~ 3 mm；结构细密，能承受较大压力；占用生产面积小
离心铸造	200	3 ~ 5	主要是旋转体			15 ~ 16	1 ~ 8	12.5	生产率高，每件只需要2 ~ 5 min；力学性能好，且砂眼少，壁厚均匀，不需泥芯和浇注系统
压铸	10 ~ 16	0.5(锌) 1.0(其他合金)	由模子制造难易而定	锌、铝、镁、铜、锡、铅各金属的合金		11 ~ 12	0.05 ~ 0.15	6.3	生产率最高，每小时可制50 ~ 500件；设备昂贵；可直接制取零件或仅需少许加工
熔模铸造	小型零件	0.8	非常复杂	适于切削困难的材料	单件生产及成批生产	11 ~ 12	0.05 ~ 0.2	25	占用生产面积小，每套设备需30 ~ 40 m^2；铸件机械性能好；便于组织流水线生产；铸造延续时间长，铸件可不经加工
壳模铸造	至200	1.5	复杂	铸铁和有色金属	小批至大量	12 ~ 14		12.5 ~ 6.3	生产率高，一个制砂工一个班产量为0.5 ~ 1.7 t，外表面余量为0.25 ~ 0.5 mm，孔余量最小为0.08 ~ 0.25 mm；便于机械化与自动化；铸件无硬皮

续表6.3

毛坯制造方法	最大质量/kg	最小壁厚/mm	形状的复杂性	材料	生产方式	精度等级(IT)	尺寸公差/mm	表面粗糙度/μm	其他
自由锻造	不限制	不限制	简单	碳素钢、合金钢	单件及小批生产	14 ~ 16	1.5 ~ 2.5		生产率低且需高级技工；余量大，为3 ~ 30 mm；适用于机械修理厂和重型机械厂的锻造车间
模锻（利用锻锤）	通常至100	2.5	由锻模制造难易而定	碳素钢、合金钢及合金	成批及大量生产	12 ~ 14	0.4 ~ 2.5	12.5	生产率高且不需高级技工；工件消耗少，且锻件力学性能好，强度高
精密模锻	通常至100	1.5	由锻模制造难易而定	碳素钢、合金钢及合金	成批及大量生产	11 ~ 12	0.05 ~ 0.1	6.3 ~ 3.2	光压后的锻件可不经机械加工或直接进行精加工

(2) 锻件。锻件毛坯由于经锻造后可得到连续和均匀的金属纤维组织。因此锻件的力学性能较好，常用于受力复杂的重要钢质零件。其中自由锻件的精度和生产率较低，主要用于小批生产和大型锻件的制造。模型锻造件的尺寸精度和生产率较高，主要用于产量较大的中小型锻件。其锻造方法及工艺特点见表6.3。

(3) 型材。型材主要有板材、棒材、线材等。常用截面形状有圆形、方形、六角形和特殊截面形状。就其制造方法，又可分为热轧和冷拉两大类。热轧型材尺寸较大，精度较低，用于一般的机械零件。冷拉型材尺寸较小，精度较高，主要用于毛坯精度要求较高的中小型零件。

(4) 焊接件。焊接件主要用于单件小批生产和大型零件及样机试制。其优点是制造简单、节省材料、生产周期短。但其抗振性较差，变形大，需经时效处理后才能进行机械加工。

(5) 其他毛坯。其他毛坯包括冲压件、粉末冶金件、冷挤件和塑料压制件等。

2. 选择毛坯的原则

毛坯种类的选择不仅影响毛坯的制造工艺及费用，而且也与零件的机械加工工艺和加工质量密切相关。为此需要毛坯制造和机械加工两方面的工艺人员密切配合，合理地确定毛坯的种类、结构形状，并绘出毛坯图。

选择毛坯时应该考虑如下几个方面的因素：

(1) 零件的生产纲领。大量生产的零件应选择精度和生产率高的毛坯制造方法，用于毛坯制造的昂贵费用可由材料消耗的减少和机械加工费用的降低来补偿。如铸件采用金属模机器造型或精密铸造；锻件采用模锻、精锻；选用冷拉和冷轧型材。单件小批生产时应选择精度和生产率较低的毛坯制造方法。

（2）零件材料的工艺性。例如，材料为铸铁或青铜等的零件应选择铸造毛坯；钢质零件当形状不复杂，力学性能要求又不太高时，可选用型材；重要的钢质零件，为保证其力学性能，应选择锻造件毛坯。

（3）零件的结构形状和尺寸。形状复杂的毛坯，一般采用铸造方法制造，薄壁零件不宜用砂型铸造。一般用途的阶梯轴，如各段直径相差不大，可选用圆棒料；如各段直径相差较大，为减少材料消耗和机械加工的劳动量，则宜采用锻造毛坯，尺寸大的零件一般选择自由锻造，中小型零件可考虑选择模锻件。

（4）现有的生产条件。选择毛坯时，还要考虑本厂的毛坯制造水平、设备条件以及外协的可能性和经济性等。

3. 常见零件的毛坯选择

常见机械零件按其形状和用途不同，可分为杆轴类、盘套类和箱体机架类。以下根据这几类零件的结构特征对毛坯选择方法给予举例说明。

（1）杆轴类零件毛坯的选择。杆轴类零件一般为支承传动零件，传动扭矩，承受载荷。杆轴类零件的毛坯最常用的是圆棒料和锻件，只有某些大型的、结构复杂的轴才采用铸件。在有些情况下，毛坯也可选用锻－焊、铸－焊结合的方法。

（2）盘套类零件毛坯的选择。盘类零件常见的有齿轮、带轮、手轮、法兰、套环、垫圈等。这类零件在机械产品中的功能要求、力学性能要求差异很大，其材料及毛坯成形方法也多种多样。齿轮毛坯一般选用中碳钢或中碳合金钢锻造而成；带轮、手轮等受力不大的毛坯可选用铸件或圆钢。

（3）箱体机架类零件毛坯的选择。这类零件的特点是结构比较复杂，工作条件以承压为主，要求有较好的刚性和减振性。毛坯一般选用铸铁件或铸钢件，形状复杂的大型零件也可采用铸－焊或锻－焊组合毛坯。

6.3　机械加工工艺规程设计

6.3.1　概　述

工艺规程是生产管理的重要技术文件。它是在具体的生产条件下，把较为合理的工艺过程和操作方法，按照规定的形式书写成工艺文件，经审批后用来指导生产的技术文件。机械加工工艺规程一般包括以下内容：工件加工的工艺路线、各工序的具体内容及所用的设备和工艺装备、工件的检验项目及检验方法、切削用量、时间定额等。

1. 工艺规程的作用

（1）工艺规程是指导生产的重要技术文件。工艺规程是依据工艺学原理和工艺试验，经过生产验证而确定的，是科学技术和生产经验的结晶，所以它是获得合格产品的技术保证，是指导企业生产活动的重要文件。正因为这样，在生产中必须遵守工艺规程，否则常常会引起产品质量的严重下降，生产率显著降低，甚至造成废品。但是，工艺规程也不是固定不变的，工艺人员应总结工人的革新创造，可以根据生产实际情况，及时地汲取国内外的先进工艺技术，对现行工艺不断地进行改进和完善，但必须有严格的审批手续。

（2）工艺规程是生产组织和生产准备工作的依据。生产计划的制订、产品投产前原材料和毛坯的供应、工艺装备的设计、制造与采购、机床负荷的调整、作业计划的编排、劳动力的组织、工时定额的制订以及成本的核算等，都是以工艺规程作为基本依据的。

（3）工艺规程是新建和扩建工厂（车间）的技术依据。在新建和扩建工厂（车间）时，生产所需要的机床和其他设备的种类、数量和规格，车间的面积、机床的布置、生产工人的工种、技术等级及数量、辅助部门的安排等都是以工艺规程为基础，根据生产类型来确定。除此以外，先进的工艺规程也起着推广和交流先进经验的作用，典型工艺规程可指导同类产品的生产。

2. 制定工艺规程的原始资料

（1）产品的装配图样和零件图样。

（2）零件的生产纲领。

（3）现有生产条件和资料。

（4）国内外同类产品的有关工艺资料。

3. 机械加工工艺规程设计内容及步骤

工艺规程在设计的时候，应根据下列基本因素来选择：

（1）生产规模是决定生产类型（大批、成批、单件）的主要因素，也是设备、用具、机械化与自动化程度等的选择依据。

（2）制造零件所用的坯料或型材的形状、尺寸和精度。它是选择加工总余量和加工过程中头几道工序的决定因素。

（3）零件材料的性质（硬度、可加工性、热处理在工艺路线中排列的先后顺序等）。它是决定热处理工序和选用设备及切削用量的依据。

（4）零件制造的精度，包括尺寸公差、形位公差以及零件图上所指定或技术条件中所补充指定的要求。

（5）零件的表面粗糙度是决定表面上光精加工工序的类别和次数的主要因素。

（6）特殊的限制条件，如工厂的设备和用具的条件等。

（7）编制的加工规程要在既定生产规模与生产条件下达到最经济与安全的效果。所编制的工艺规程，是受大量的不同因素所限制的。

4. 制定机械加工工艺规程设计步骤

（1）计算年生产纲领，确定生产类型。

（2）分析零件图及产品装配图，对零件进行工艺分析。

（3）选择毛坯。

（4）拟订工艺路线。

（5）确定各工序的加工余量、计算工序尺寸及公差。

（6）确定各工序所用的设备、刀具、夹具、量具和辅助工具。

（7）确定切削用量及工时定额。

（8）确定各主要工序的技术要求及检验方法。

（9）填写工艺文件。

在制订工艺规程的过程中，往往要对前面已初步确定的内容进行调整，以提高经济效益。在执行工艺规程过程中,可能会出现前所未有的情况,如生产条件的变化,新技术、新工艺的引进,新材料、先进设备的应用等,都要求及时对工艺规程进行修订和完善。

5. 工艺规程中的主要内容

(1) 产品特征,质量标准。

(2) 原材料、辅助原料特征及用于生产应符合的质量标准。

(3) 生产工艺流程。

(4) 主要工艺技术条件及半成品质量标准。

(5) 生产工艺的主要工作要点。

(6) 主要技术经济指标和成品质量指标的检查项目及次数。

(7) 工艺技术指标的检查项目及次数。

(8) 专用器材特征及质量标准。

6.3.2 定位基准的选择

1. 基准

工件定位时的位置由工件的定位基准与夹具定位元件的定位表面接触或配合来确定。在加工过程中,被加工工件正是通过夹具使其相对刀具及切削成形运动保持准确位置,基准是用来确定生产对象上几何要素的几何关系所依据的那些点、线、面或其组合。在零件的设计和加工过程中,按作用不同,基准可分为设计基准和工艺基准两大类。

(1) 设计基准。设计基准是零件设计图样上所采用的基准。例如,图6.4所示三个零件图样,(a) 中对尺寸20 mm而言,*B*面是*A*面的设计基准,*A*面也是*B*面的设计基准,它们互为设计基准。图6.4(b) 中对同轴度而言,ϕ50 mm的轴线是ϕ30 mm轴线的设计基准;而ϕ50 mm圆柱面的设计基准是ϕ50 mm的轴线,ϕ30 mm圆柱面的设计基准是ϕ50 mm的轴线。图6.4(c) 中对尺寸45 mm而言,圆柱面的下母线*D*是槽底面*C*的设计基准。又如,图6.5所示主轴箱箱体图样,顶面*F*的设计基准是底面*D*,孔Ⅲ和孔Ⅳ轴线的设计基准是底面*D*和导向侧面*E*,孔Ⅱ轴线的设计基准是孔Ⅲ和孔Ⅳ的轴线。

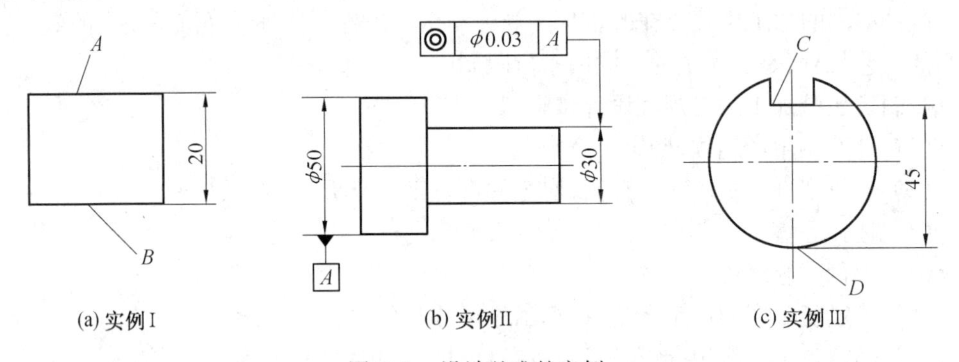

图6.4　设计基准的实例

(2) 工艺基准。工艺基准是在加工和装配过程中所采用的基准。它包括以下内容:

① 工序基准。在工序图上用来确定本工序加工表面加工后的尺寸、位置的基准。如图6.6所示的工件,加工表面为ϕD孔,要求其中心线与*A*面垂直,并与*C*面和*B*面保持距

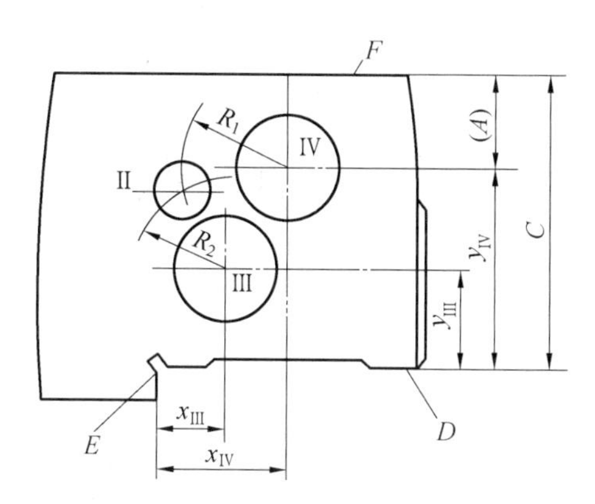

圈6.5　主轴箱箱体的设计基准

离 L_1 和 L_2,则 A、B、C 面均为本工序的工序基准。

② 定位基准。工件在机床上或夹具上加工时用作定位的基准。如图6.7所示的工件,在加工内孔时,其位置是由与夹具上的定位元件1、2相接触的底面 A 和侧面 B 确定的,故 A、B 面为该工序的定位基准。定位基准总是由具体表面来体现,这些表面称为基准面。

③ 测量基准。测量基准指工件在测量时所采用的基准。

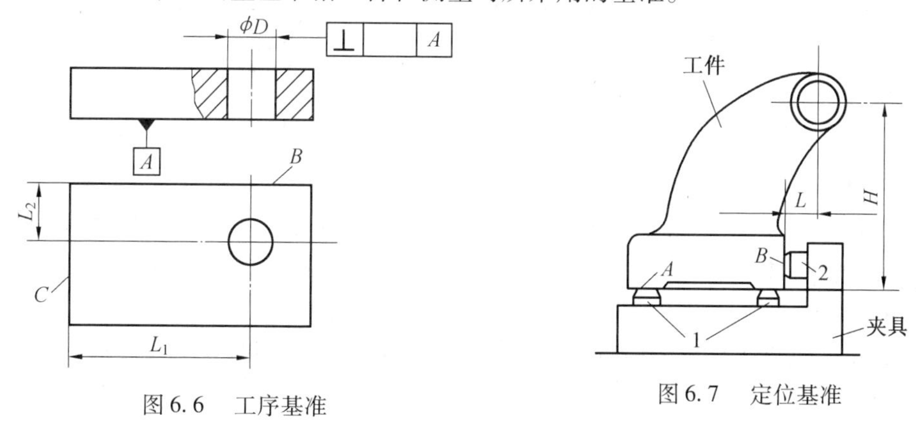

图6.6　工序基准

图6.7　定位基准

④ 装配基准。装配基准指装配时用来确定零件或部件在产品中的相对位置所采用的基准。

图6.8(a)所示为短阶梯轴的三个设计尺寸 d、D 和 C,圆柱面Ⅰ的设计基准是 d 尺寸段的轴线,圆柱面Ⅱ的设计基准是 D 尺寸段的轴线,平面Ⅲ的设计基准是含 D 尺寸段轴线的平行平面。图6.8(b)所示是平面Ⅲ的加工工序简图,定位基准都是 d 尺寸段的圆柱面Ⅰ,有时可用轴线替代圆柱面。为了区别其不同,也可将轴线称为定位基准,将圆柱面称为定位基面。加工工序要求是尺寸 C 即工序基准是含 D 尺寸段轴线的平行平面;第二方案的工序要求是尺寸 $C+D/2$,即工序基准是圆柱面Ⅱ的下母线。图6.8(c)所示是两种测量平面Ⅲ的方案。第一种方案是以圆柱面Ⅰ的上母线为测量基准,第二方案是以外圆柱面Ⅱ的母线为测量基准。

2. 定位基准的选择

在最初的工序中只能选择未加工的毛坯表面作为定位基准,这种表面称为粗基准。

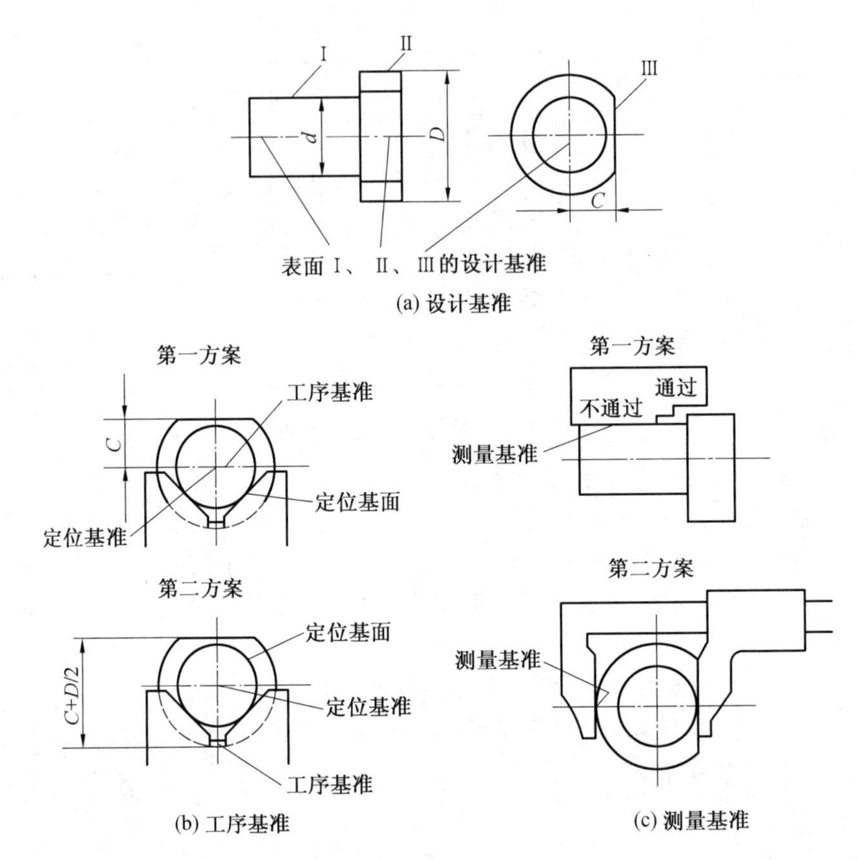

(a) 设计基准

(b) 工序基准

(c) 测量基准

图 6.8　各种基准的实例

用加工过的表面作为定位基准称为精基准。另外，为满足工艺需要而在工件上专门设置或加工出的定位面，称为辅助基准，如轴加工时用的中心孔、活塞加工时用的止口等。

(1) 粗基准的选择。图 6.9 所示毛坯，铸造时内孔 2 与外圆 1 有偏心，因此在加工时，如果用不需加工的外圆 1 作为粗基准（用三爪自定心卡盘夹持外圆 1）加工内孔 2，则内孔 2 与外圆是同轴的，但内孔 2 的加工余量不均匀（图 6.9（a））。如选内孔 2 作为粗基准（用四爪卡盘夹持外圆 1，按内孔 2 找正），则内孔 2 的加工余量均匀，但与外圆 1 不同轴（图 6.9（b））。

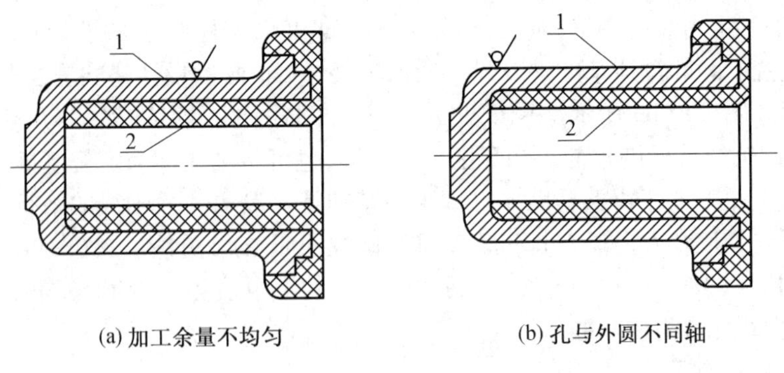

(a) 加工余量不均匀

(b) 孔与外圆不同轴

图 6.9　选择不同粗基准时的不同加工结果

由此可见，粗基准选择主要影响加工表面与不加工表面的相互位置精度，以及影响加工表面的余量分配。因此选择粗基准的基本原则如下：

① 如果必须首先保证工件某重要表面的加工余量均匀，则应选择该表面为粗基准。例如，床身导轨面不仅精度要求高，而且导轨表面要有均匀的金相组织和较高的耐磨性，这就要求导轨面的加工余量较小且均匀，所以首先应以导轨面作为粗基准加工床身的底平面，然后再以床身的底平面为精基准加工导轨面，如图6.10所示。

② 如果必须首先保证工件上加工表面与不加工表面之间的位置精度，则应以不加工表面作为粗基准，如图6.9(a)所示。若工件上有几个不加工表面，则应以其中与加工表面位置精度要求高的表面作为粗基准。如图6.11所示零件，有三个不加工面，若表面4和表面2位置精度高，则加工4时应以表面2为粗基准。

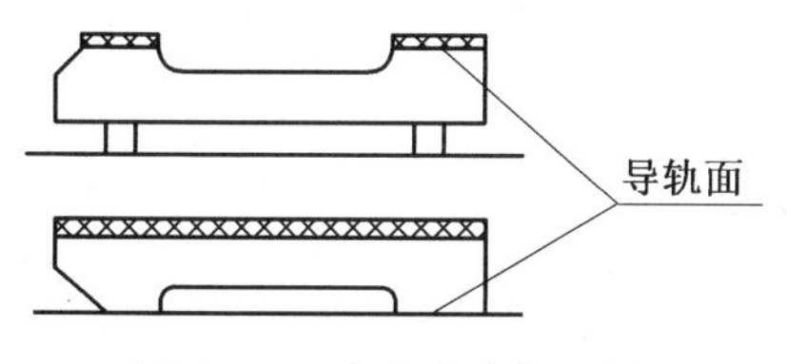

图6.10　车床床身加工图

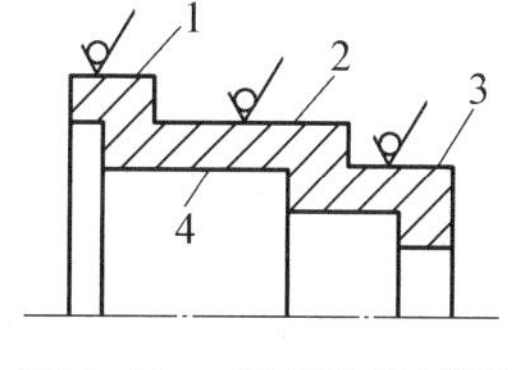

图6.11　粗基准选择图

③ 如果零件上每个表面都要加工，则应以加工余量最小的表面为粗基准。这将使得该表面在以后的加工中不致因余量太小而造成废品。图6.12所示阶梯轴，表面 $\phi55$ mm 外圆加工余量最小，应选它为粗基准。如果以表面 $\phi108$ mm 外圆为粗基准来加工 $\phi55$ mm 外圆时，则可能因这些表面间存在较大的位置误差而造成 $\phi50$ mm 表面加工余量不足。

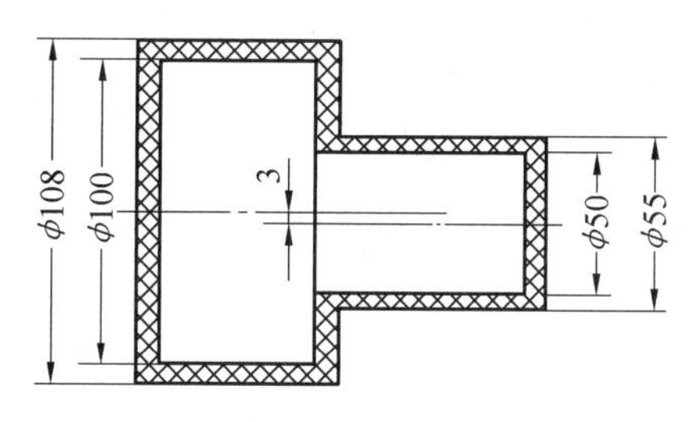

图6.12　阶梯轴加工的粗基准选择

④ 选用粗基准的表面，应平整，没有浇口、冒口或飞边等缺陷，以便定位可靠。

⑤ 粗基准一般只能使用一次，以免产生较大的位置误差。

(2) 精基准的选择。精基准选择应保证相互位置精度和装夹准确方便，一般应遵循如下原则。

① 基准重合原则。应尽量选用设计基准和工序基准作为定位基准。图6.13所示键槽加工，如以中心孔定位，并按尺寸 L 调整铣刀位置，工序尺寸为 $t = R + L$，由于定位基准和工序基准不重合，因此 R 与 L 两尺寸的误差都将影响键槽尺寸精度。如采用图6.14所示定位方式，工件以外圆下母线 B 为定位基准，则为基准重合，就容易保证尺寸 t 的加工精度。

② 基准统一原则。在工件加工过程中，尽可能采用统一的定位基准，这样便于保证

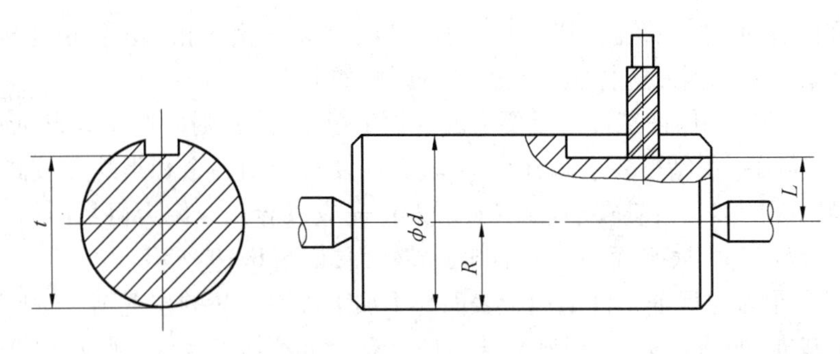

图 6.13　定位基准与工序基准不重合

各加工面间的相互位置精度，且可简化夹具的设计。如箱体类零件常用一个大平面和两个距离较远的孔作为精基准；轴类零件常用两个顶尖孔作为精基准；圆盘、齿轮等零件常用其端面和内孔作为精基准。

③ 互为基准原则。当两个表面相互位置精度较高时，可互为精基准，反复加工。例如，加工精密齿轮时，通常是在齿面淬硬以后再磨齿面及内孔，因齿面淬硬层较薄，磨削余量应力求小而均匀，因此需先以齿面为基准磨内孔，如图 6.15 所示，然后再以内孔为基准磨齿面。又如，车床主轴的主轴颈和前端锥孔的同轴度要求很高，也常采用互为基准反复加工的方法。

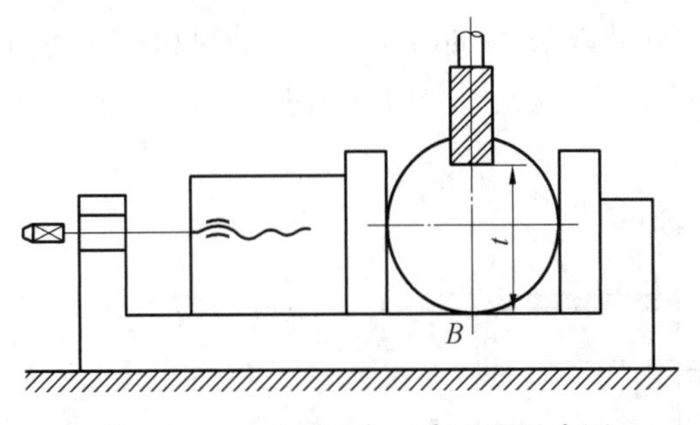

图 6.14　定位基准与工序基准重合图

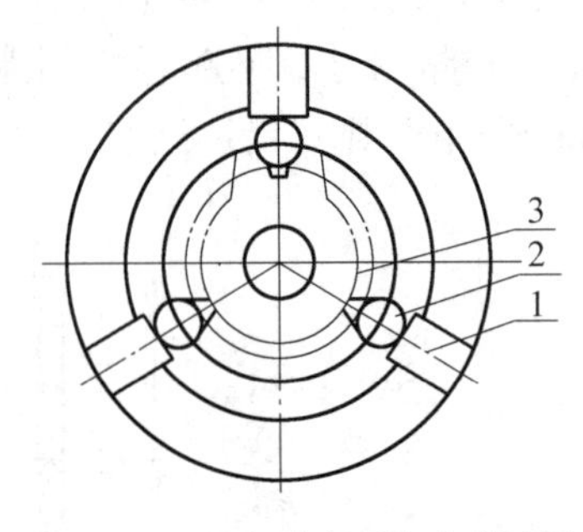

图 6.15　以齿形表面定位磨内孔

1— 三爪卡盘；2— 滚柱；3— 工件

④ 自为基准原则。当某些表面精加工要求余量小且均匀时，则应选择加工表面本身作为精基准。如图 6.16 所示，在导轨磨床上，以自为基准原则磨削床身导轨。其方法是用百分表找正工件导轨面，然后加工导轨面来保证余量均匀，以满足对导轨面的质量要求。另外如拉刀、浮动镗刀、浮动铰刀和珩磨等加工孔的方法，也都属于自为基准。

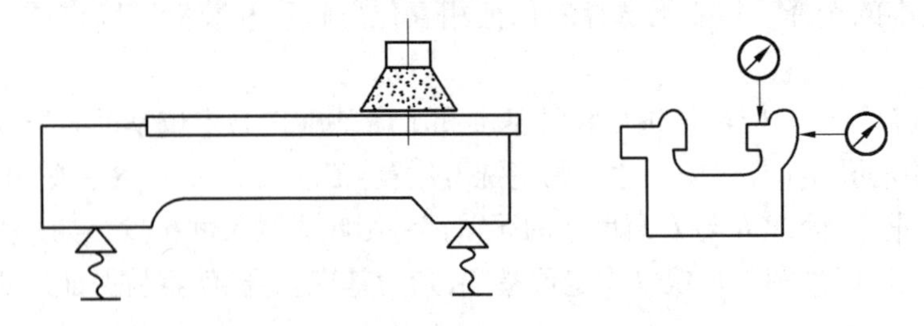

图 6.16　床身导轨面自为基准的实例

⑤ 便于装夹原则

精基准的选择应能保证定位准确、可靠，夹紧机构简单，操作方便。用于定位的表面除应具有较高的精度和较小的表面粗糙度外，还应具有较大的面积并尽量靠近加工表面。

3. 定位基准选择举例

粗基准的选择侧重于获得工件表面之间的正确几何关系，保证各加工面具有足够的余量，夹紧可靠，在加工初始阶段采用；精基准的选择主要考虑保证加工面的精度，减少定位夹紧误差，并尽可能使装夹方便。

(1) 传动轴基准的选择。减速箱输出传动轴如图6.17所示。毛坯为45钢，ϕ90 mm ×400 mm棒料调质处理，要求保留中心孔。

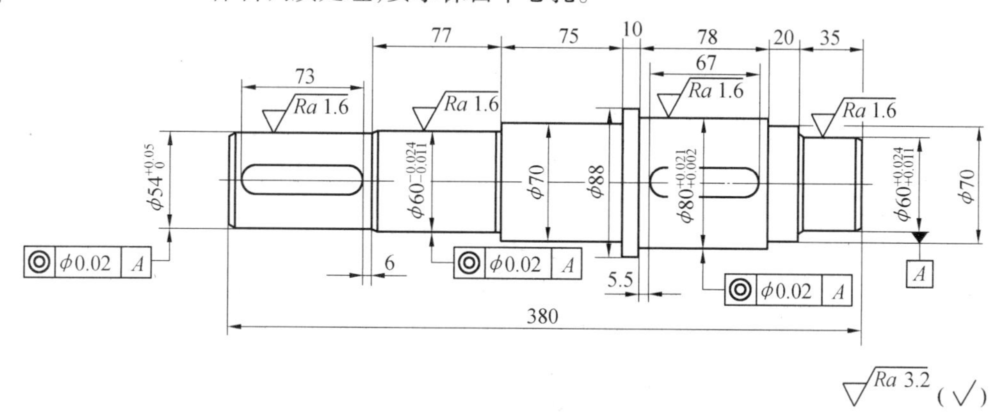

图6.17　减速箱输出传动轴

从图中要求可以看出，零件在轴向尺寸的精度要求较低，通过加工时试切或控制走刀量就可实现；径向尺寸精度及位置精度要求较高，在精基准选择时应优先选择基准重合原则。但顾及车削加工情况，完全采用基准重合原则进行加工，会给装夹和车削造成极大困难。因此，可以采用基准统一原则，利用各加工面相同的定位基准及机床自身的制造精度，实现各加工表面之间的位置精度要求。根据零件毛坯情况，粗基准选择棒料外圆柱面，利用三爪自定心卡盘夹住一头，车另一头端面、打中心孔及粗车外圆面；掉头，再以车过的外圆面作为精基准车另一头端面、打中心孔及半精车外圆柱面；然后以外圆柱面及中心孔作为基准分别精车外圆柱面；以两中心孔为精基准磨相应高精度和表面粗糙度的表面。铣键槽时，以轴两端的圆柱面作为定位基准，符合基准重合原则。

(2) 圆柱齿轮基准的选择。图6.18所示为某一圆柱齿轮，材料为HT200，精度等级8 - 7 - 7GK，硬度为190 ~ 217HBW。零件的毛坯为铸件。外圆柱面较宽，制造质量较好。因此，以外圆柱面为粗基准，三爪自定心卡盘装夹后车端面、内孔及部分外圆面。掉头的另一端表面，根据齿轮的工作要求，$\phi 80^{+0.03}_{0}$ 内孔与外圆柱面(齿顶面)之间同轴，因此，可以互为基准，进行精车。键槽加工以外圆柱面及一侧端面定位，齿面的加工以$\phi 80^{+0.03}_{0}$ 内孔及一侧端面定位。

(3) 车床拨叉基准的选择。图6.19所示为某一车床拨叉，材料为ZG310 - 570。根据零件结构特点，毛坯采用两件合铸。孔间位置是保证加工的基础，以ϕ25 mm圆弧面及下端面为粗基准定位，车中间大孔及其端面；再以大孔及其端面定位，铣ϕ25 mm端面；以大孔及其端面以及一侧ϕ25 mm圆弧面(限制一个自由度)定位，钻、扩、铰$\phi 14^{+0.11}_{0}$ mm孔；最后铣开，精铣切口面。

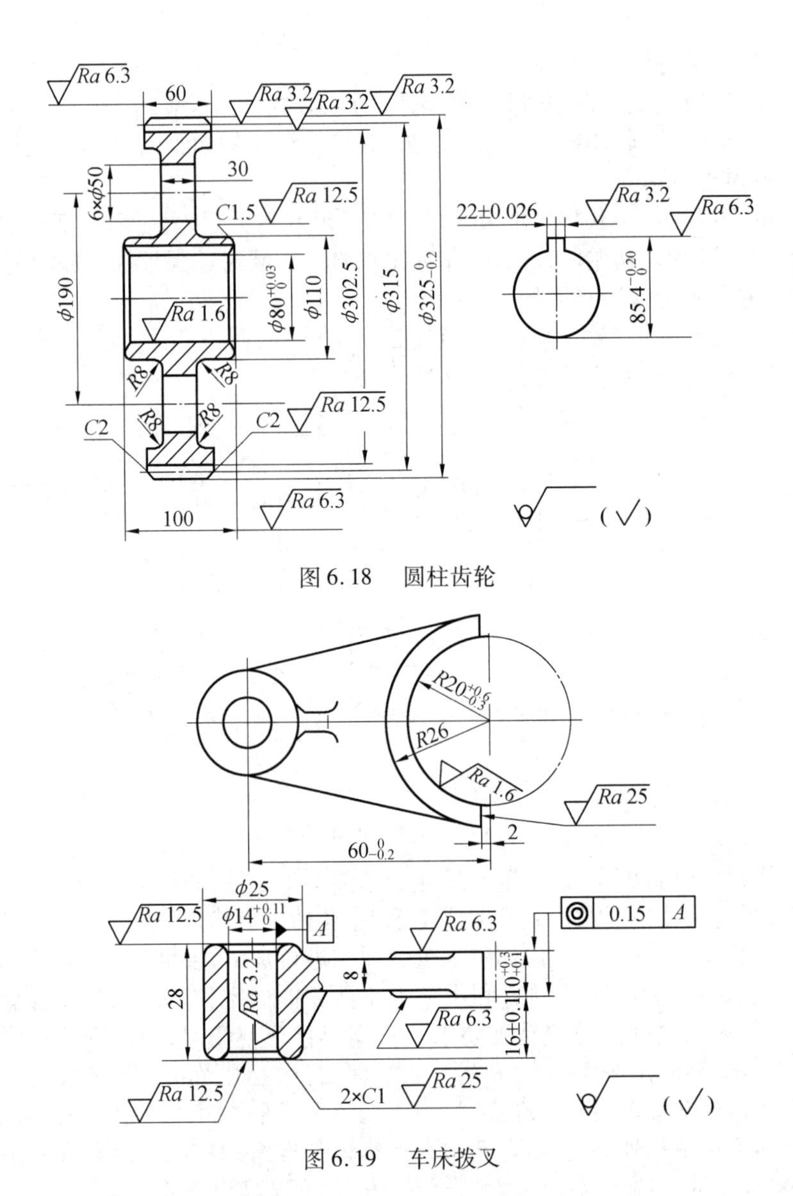

图 6.18　圆柱齿轮

图 6.19　车床拨叉

6.3.3　工艺路线的确定

1. 加工经济精度与加工方法的选择

表面加工方法选择首先取决于加工表面的技术要求,在此前提下,应满足零件制造低成本和高生产率要求。

(1) 加工经济精度的选择。选择相应的能获得经济加工精度的加工方法。各种加工方法的加工误差和加工成本之间的关系呈负指数函数曲线形状,如图 6.20 所示。在 A 点左侧,即使再增加成本(Q),加工精度也很难再提高;当超过 B 点后,即使加工精度再降低,加工成本也降低极少。曲线中的 B 段属于经济精度范围。一般所谓的加工经济精度是指在正常加工条件下(采用符合质量标准的设备、工艺装备和标准技术等级工人,不延长加工时间),该加工方法所能保证的加工精度。每种加工方法都有经济的加工精度和经济的加工表面粗糙度。

(2) 加工方法的选择。在选择加工方法时，一般总是首先根据零件主要表面的技术要求和工厂具体条件，首先选择它的最终工序加工方法，然后再逐一选定该表面各有关前道工序的加工方法。例如，加工一个精度等级为 IT6 级、表面粗糙度 Ra 为0.2 μm 的钢质外圆表面，其最终工序选用精磨，其前道工序可分别选粗车、半精车和粗磨（表6.4）。主要表面的加工方法选定之后，再选定次要表面的加工方案和加工方法。影响加工方法选择的因素如下：

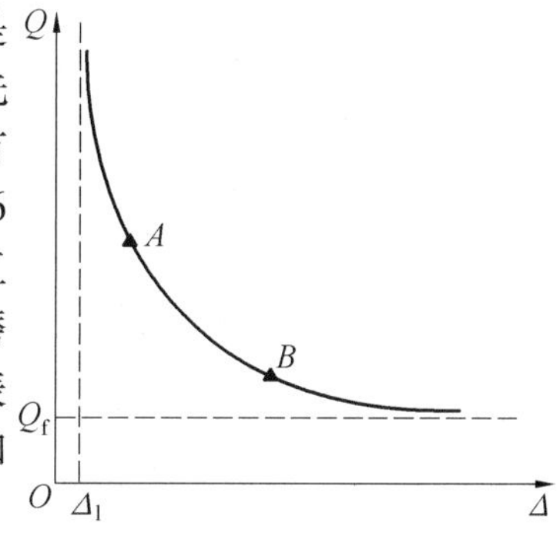

图6.20　加工误差（或加工精度）和成本的关系

① 工件材料的性质。例如，淬火钢的精加工要用磨削，有色金属的精加工为避免磨削时堵塞砂轮，则采用高速精细车或金刚镗。

② 工件的结构形状和尺寸。例如，对于精度 IT7 的孔，镗、铰、拉和磨都可以，但是箱体上的孔一般不宜采用拉或磨，常选镗孔（大孔时）或铰孔（小孔时）。

③ 生产类型和经济性。大批大量生产时应选用生产率高和质量稳定的加工方法，如小平面和孔采用拉削，轴类采用半自动液压仿形车削。在单件小批生产中，一般采用通用机床和工艺装备进行加工。

④ 现有设备情况和技术条件。充分利用工厂或车间现有的设备和工艺手段，挖掘企业的潜力。

(3) 常见表面的加工方法参见表6.4、6.5 和6.6。

表6.4　外圆柱面加工方法

序号	加工方法	经济精度（以公差等级表示）	经济表面粗糙度 Ra/μm	适用范围
1	粗车	IT11 ~ IT13	12.5 ~ 50	适用于淬火钢以外的各种金属
2	粗车 – 半精车	IT8 ~ IT10	3.2 ~ 6.3	
3	粗车 – 半精车 – 精车	IT7 ~ IT8	0.8 ~ 1.6	
4	粗车 – 半精车 – 精车 – 滚压（或抛光）	IT7 ~ IT8	0.025 ~ 0.2	
5	粗车 – 半精车 – 磨削	IT7 ~ IT8	0.4 ~ 0.8	主要用于淬火钢，也可用于未淬火钢，但不宜加工有色金属
6	粗车 – 半精车 – 粗磨 – 精磨	IT6 ~ IT7	0.1 ~ 0.4	
7	粗车 – 半精车 – 粗磨 – 精磨 – 超精加工（或轮式超精磨）	IT5	0.012 ~ 0.1	
8	粗车 – 半精车 – 精车 – 精细车（金刚车）	IT6 ~ IT7	0.025 ~ 0.4	主要用于要求较高的有色金属加工
9	粗车 – 半精车 – 粗磨 – 精磨 – 超精磨（或镜面磨）	IT5 以上	0.006 ~ 0.025	极高精度的外圆加工
10	粗车 – 半精车 – 粗磨 – 精磨 – 研磨	IT5 以上	0.006 ~ 0.1	

表 6.5　孔加工方法

序号	加工方法	经济精度（以公差等级表示）	经济表面粗糙度 $Ra/\mu m$	适用范围
1	钻	IT11 ~ IT13	12.5	加工未淬钢及铸铁的实心毛坯，也可用于加工有色金属。孔径小于15 ~ 20 mm
2	钻 - 铰	IT8 ~ IT10	1.6 ~ 6.3	
3	钻 - 粗铰 - 精铰	IT7 ~ IT8	0.8 ~ 1.6	
4	钻 - 扩	IT10 ~ IT11	6.3 ~ 12.5	加工未淬钢及铸铁的实心毛坯，也可用于加工有色金属。孔径大于15 ~ 20 mm
5	钻 - 扩 - 铰	IT8 ~ IT9	1.6 ~ 3.2	
6	钻 - 扩 - 粗铰 - 精铰	IT7	0.8 ~ 1.6	
7	钻 - 扩 - 机铰 - 手铰	IT6 ~ IT7	0. 2 ~ 0.4	
8	钻 - 扩 - 拉	IT6 ~ IT9	0.1 ~ 0.6	大批量生产（精度由拉刀的精度而定）
9	粗镗（或扩孔）	IT11 ~ IT13	6.3 ~ 12.5	除淬火钢外的各种材料，毛坯有铸出孔或锻出孔
10	粗镗（粗扩） - 半精镗（精扩）	IT9 ~ IT10	1.6 ~ 3.2	
11	粗镗（粗扩） - 半精镗（精扩） - 精镗（铰）	IT7 ~ IT8	0.8 ~ 1.6	
12	粗镗（粗扩） - 半精镗（精扩） - 精镗 - 浮动镗刀精镗	IT6 ~ IT7	0.4 ~ 0.8	
13	粗镗（扩） - 半精镗 - 磨孔	IT7 ~ IT8	0.2 ~ 0.8	主要用于淬火钢，也可用于未淬火钢，但不宜用于有色金属
14	粗镗（扩） - 半精镗 - 粗磨 - 精磨	IT6 ~ IT7	0.1 ~ 0.2	
15	粗镗 - 半精镗 - 精镗 - 精细镗（金刚镗）	IT6 ~ IT7	0.05 ~ 0.4	主要用于精度要求高的有色金属加工
16	钻 -（扩） - 粗铰 - 精铰 - 珩磨；粗镗 - 半精镗 - 精镗 - 珩磨	IT6 ~ IT7	0.025 ~ 0.2	精度要求很高的孔
17	以研磨代替上述方法中的珩磨	IT5 ~ IT6	0.006 ~ 0.1	

表 6.6　平面加工方法

序号	加工方法	经济精度（以公差等级表示）	经济表面粗糙度 $Ra/\mu m$	适用范围
1	粗车	IT11 ~ IT13	12.5 ~ 50	端面加工
2	粗车 - 半精车	IT8 ~ IT10	3.1 ~ 6.3	
3	粗车 - 半精车 - 精车	IT7 ~ IT8	0.8 ~ 1.6	
4	粗车 - 半精车 - 磨削	IT6 ~ IT8	0.2 ~ 0.8	
5	粗刨（或粗铣）	IT11 ~ IT13	6.3 ~ 25	一般不淬硬平面（端铣表面粗糙度 Ra 值较小）
6	粗刨（或粗铣） - 精刨（或精铣）	IT8 ~ IT10	1.6 ~ 6.3	

续表6.6

序号	加工方法	经济精度（以公差等级表示）	经济表面粗糙度 $Ra/\mu m$	适用范围
7	粗刨（或粗铣）-精刨（或精铣）-刮研	IT6 ~ IT7	0.1 ~ 0.8	精度要求较高的不淬硬平面，批量较大时宜采用宽刃精刨方案
8	以宽刃精刨代替上述刮研	IT7	0.2 ~ 0.8	
9	粗刨（或粗铣）-精刨（或精铣）-磨削	IT7	0.2 ~ 0.8	精度要求高的淬硬平面或不淬硬平面
10	粗刨（或粗铣）-精刨（或精铣）-粗磨-精磨	IT6 ~ IT7	0.025 ~ 0.4	
11	粗铣-拉	IT7 ~ IT9	0.2 ~ 0.8	大量生产，较小的平面（精度视拉刀精度而定）
12	粗铣-精铣-磨削-研磨	IT5以上	0.006 ~ 0.1	高精度平面

2. 加工阶段划分

（1）划分阶段的种类。阶段的种类对于那些加工质量要求较高或较复杂的零件，通常将整个工艺路线划分为以下几个阶段：

① 粗加工阶段。主要任务是切除各表面上的大部分余量，其关键问题是提高生产率。

② 半精加工阶段。完成次要表面的加工，并为主要表面的精加工做准备。

③ 精加工阶段。保证各主要表面达到图样要求，其主要问题是如何保证加工质量。

④ 光整加工阶段。对于表面粗糙度要求和尺寸精度要求都很高的表面，还需要进行光整加工阶段。这个阶段的主要目的是提高表面质量，一般不能用于提高形状精度和位置精度。常用的加工方法有金刚车（镗）、研磨、珩磨、超精加工、镜面磨、抛光及无屑加工等。

（2）划分加工阶段的原因如下：

① 保证加工质量。粗加工时，由于加工余量大，所受的切削力和夹紧力也大，将引起较大的变形，如果不划分阶段而连续进行粗精加工，上述变形来不及恢复，将影响加工精度。所以，需要划分加工阶段，使粗加工产生的误差和变形，通过半精加工和精加工予以纠正，并逐步提高零件的精度和表面质量。

② 合理使用设备。粗加工要求采用刚性好、效率高且精度较低的机床，精加工则要求机床精度高。划分加工阶段后，可避免以精干粗，可以充分发挥机床的性能，延长使用寿命。

③ 便于安排热处理工序，使冷热加工工序配合得更好。粗加工后，一般要安排去应力的时效处理，以消除内应力。精加工前要安排淬火等最终热处理，其变形可以通过精加工予以消除。

④ 有利于及早发现毛坯的缺陷（如铸件的砂眼气孔等）。粗加工时去除了加工表面的大部分余量，若发现了毛坯缺陷，及时予以报废，以免继续加工而造成工时的浪费。

应当指出，加工阶段的划分不是绝对的，必须根据工件的加工精度要求和工件的刚性来决定。一般而言，工件精度要求越高，刚性越差，划分阶段应越细；当工件批量小、精度要求不太高、工件刚性较好时，也可以不分或少分阶段；重型零件由于输送及装夹困难，一般在一次装夹下完成粗精加工，为了弥补不分阶段带来的弊端，常常在粗加工工步后松开工件，然后以较小的夹紧力重新夹紧，再继续进行精加工工步。

3. 加工顺序安排

一个零件有许多表面需要机械加工，此外还有热处理工序和各种辅助工序。各工序的安排应遵循如下原则。

(1) 机械加工工序的安排。

① 先基准面，后其他面。粗加工时(以粗基准或毛坯基准为定位)，首先应加工用作精基准的表面，以便为其他表面的加工提供可靠的基准表面。

② 先主要表面，后次要表面。零件的主要表面是加工精度和表面质量要求较高的面，其工序多，且加工质量对零件质量影响较大，因此应先进行加工；一些次要表面如孔、键槽等，可穿插在主要表面加工中间或以后再进行。

③ 先面后孔。如箱体、支架和连杆等工件，因平面轮廓平整，定位稳定可靠，应先加工平面，然后以平面定位加工孔和其他表面，这样容易保证平面和孔之间的相互位置精度。

④ 先粗后精。先安排粗加工工序，后安排精加工工序。技术要求较高的零件，其主要表面应按照粗加工、半精加工、精加工、光整加工的顺序安排，使零件质量逐步提高。

(2) 热处理工序的安排。

① 预备热处理。如退火与正火，通常安排在粗加工之前进行；调质安排在粗加工以后进行。

② 最终热处理。通常安排在半精加工之后和磨削加工之前，其目的是提高材料强度、表面硬度和耐磨性。常用的热处理方法有调质、淬火、渗碳淬火等。有的零件为获得更高的表面硬度、耐磨性及更高的疲劳强度，常采用氮化处理。由于氮化层较薄，所以氮化后磨削余量不能太大，故一般安排在粗磨之后、精磨之前进行。为消除内应力，减少氮化变形，改善加工性能，氮化前应对零件进行调质和去内应力处理。

③ 时效处理。时效是为了消除毛坯制造和机械加工中产生的内应力。一般铸件可在粗加工后进行一次时效处理，也可放在粗加工前进行。精度要求较高的铸件可安排多次时效处理。

④ 表面处理。某些零件为提高表面抗蚀能力，增加耐磨性或使表面美观，常采用表面金属镀层处理；非金属涂层有油漆、磷化等；氧化膜层有发蓝、发黑、钝化、铝合金的阳极化处理等。零件的表面处理工序一般都安排在工艺过程的最后进行。

(3) 辅助工序的安排。辅助工序的种类较多，包括检验、去毛刺、倒棱、清洗、防锈、去磁及平衡等。

检验工序分加工质量检验和特种检验，是工艺过程中必不可少的工序。除了工序中的自检外，还需要在下列场合单独安排检验工序：

① 粗加工后。

② 重要工序前后。

③ 转车间前后。

④ 全部加工工序完成后。

特种检验,如检查工件内部质量,一般安排在工艺过程开始时进行(如 X 射线和超声波探伤等)。如检查工件表面质量,通常安排在精加工阶段进行(如荧光检查和磁力探伤)。密封性检验、工件的平衡等一般安排在工艺过程的最后进行。

4. 工序的集中与分散

经过以上所述,零件加工的工步顺序已经排定,如何将这些工步组成工序,就需要考虑采用工序集中还是工序分散的原则。

(1) 工序集中。工序集中就是将零件的加工集中在少数几道工序中完成,每道工序的加工内容多,工艺路线短。其主要特点如下:

① 采用高效机床和工艺装备,生产率高。

② 减少了设备数量以及操作工人人数和占地面积,节省人力、物力。

③ 减少了工件安装次数,利于保证表面间的位置精度。

④ 采用的工装设备结构复杂,调整维修较困难,生产准备工作量大。

(2) 工序分散。工序分散就是将零件的加工分散到很多道工序内完成,每道工序加工的内容少,工艺路线很长。其主要特点如下:

① 设备和工艺装备比较简单,便于调整,容易适应产品的变换。

② 对工人的技术要求较低。

③ 可以采用最合理的切削用量,减少机动时间。

④ 所需设备和工艺装备的数目多,操作工人多,占地面积大。

在拟定工艺路线时,工序集中或分散的程度主要取决于生产规模、零件的结构特点和技术要求,有时还要考虑各工序生产节拍的一致性。在一般情况下,单件小批生产时,只能工序集中,在一台普通机床上加工出尽量多的表面;大批大量生产时,既可以采用多刀、多轴等高效、自动机床,将工序集中,也可以将工序分散后组织流水生产。批量生产应尽可能采用效率较高的半自动机床,使工序适当集中,从而有效地提高生产率。对于重型零件,为了减少工件装卸和运输的劳动量,工序应适当集中;对于刚性差且精度高的精密工件,则工序应适当分散。

6.3.4　工序内容的确定

零件的工艺过程确定以后,就应进行工序设计。工序设计的内容是为每一工序选择机床和工艺装备,先确定加工余量、工序尺寸和公差,再确定切削用量、工时定额及工人技术等级。

1. 机床的选择

选择机床应遵循如下原则:

① 机床的加工范围与零件外廓尺寸相适应。

② 机床的精度与工序加工要求的精度相适应。

③ 机床的生产率与零件的生产类型相适应。

2. 工艺装备的选择

(1) 夹具的选择。单件小批生产首先采用各种通用夹具,如卡盘、平口虎钳、分度头等;有组合夹具站的,可采用组合夹具;对中批、大批和大量生产,为提高劳动生产率而采用专用高效夹具;中批、小批生产应用成组技术时,采用可调夹具和成组夹具。

(2) 刀具的选用。一般优先采用标准刀具。在成批生产中,为提高生产率可采用高效的专用刀具,刀具的类型、规格和精度应符合加工要求。

(3) 量具的选用。单件小批生产应广泛采用通用量具,如游标卡尺、百分表和千分尺等。大批量生产应采用高效的专用检验夹具和测量仪。量具的精度必须与加工精度相适应。

3. 加工余量及其确定

(1) 加工余量的概念。

加工余量是指加工过程中切去的金属层厚度。余量包括工序余量和加工总余量(毛坯余量)。工序余量是相邻两工序的工序尺寸之差。加工总余量是指从毛坯变为成品的整个加工过程中某表面切除的金属层总厚度,即毛坯尺寸与零件图设计尺寸之差。显然,某个表面加工总余量为该表面工序余量之和,即

$$Z_{总} = \sum_{i=1}^{n} Z_i \tag{6.1}$$

式中 $Z_{总}$ —— 加工总余量;

Z_i —— 第 i 道工序的工序余量;

n —— 该表面的加工工序数。

由于工序尺寸有公差,故实际切除的余量是变化的。因此,加工余量又包括公称余量、最大余量和最小余量。

若相邻两工序的工序尺寸都是基本尺寸,则得到的余量就是工序的公称余量。

最大余量和最小余量与工序尺寸公差有关,在加工外表面时,如图 6.21(a) 所示,有

$$Z_{b\min} = a_{\min} - b_{\max}$$

$$Z_{b\max} = a_{\max} - b_{\min}$$

$$T_{ab} = Z_{b\max} - Z_{b\min} = T_a + T_b$$

式中 $Z_{b\min}, Z_{b\max}$ —— 最小、最大工序余量;

$a_{\min}, a_{\max}$ —— 上工序的最小、最大工序尺寸;

$b_{\min}, b_{\max}$ —— 本工序的最小、最大工序尺寸;

T_{ab} —— 余量公差(工序余量变化范围);

T_a, T_b —— 上工序与本工序的工序尺寸的公差。

在加工内表面时,如图 6.21(b) 所示,有

$$Z_{b\min} = b_{\min} - a_{\max}$$

$$Z_{b\max} = b_{\min} - a_{\min}$$

$$T_{ab} = Z_{b\max} - Z_{b\min} = T_a + T_b$$

计算结果表明,无论是加工外表面还是内表面,本工序余量公差总是等于上工序和本工序的尺寸公差之和,如图 6.22 所示。

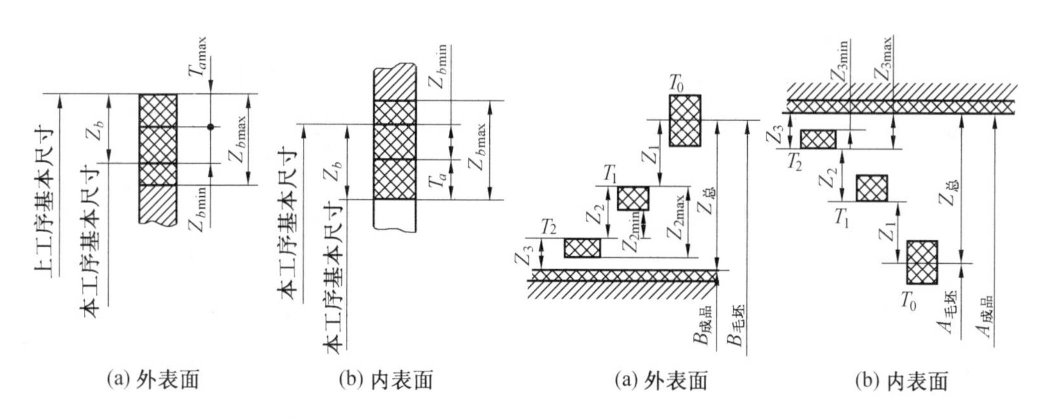

图6.21　加工余量及公差　　　　图6.22　加工余量示意图

加工余量包括双边余量和单边余量。对于外圆和孔等回转表面,加工余量指双边余量,即以直径方向计算。实际切削的金属层厚度为加工余量的一半,平面的加工余量则是单边余量。

工序尺寸的公差,一般按"入体原则"标注极限偏差,即外表面的工序尺寸取上偏差为零,内表面的工序尺寸取下偏差为零。毛坯尺寸则按双向布置上、下偏差。

(2) 影响加工余量的因素。

① 上工序表面粗糙度 H_{1a} 和缺陷层 H_{2a}。本工序必须把上工序留下的表面粗糙度 H_{1a} 全部切除,还应切除上工序在表面留下的缺陷层 H_{2a},如图6.23所示。

② 上工序的尺寸公差 T_a。在加工表面上存在着各种几何形状误差,如平面度、圆度、圆柱度等(图6.24),这些误差的总和一般不超过上工序的尺寸公差 T_a,所以应将 T_a 计入本工序的加工余量之中。

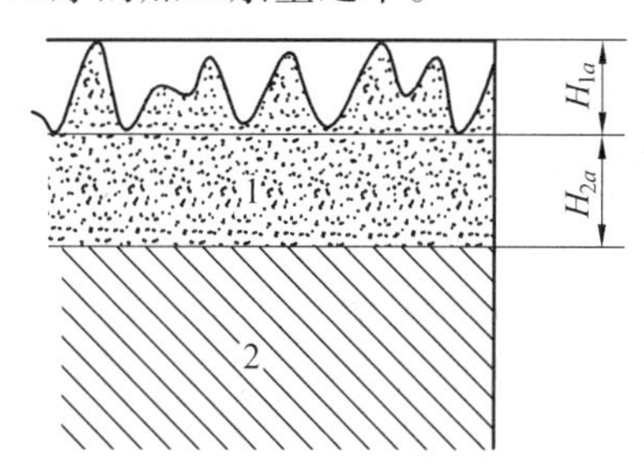

图6.23　加工表面的粗糙度与缺陷层
1—缺陷层;2—正常组织

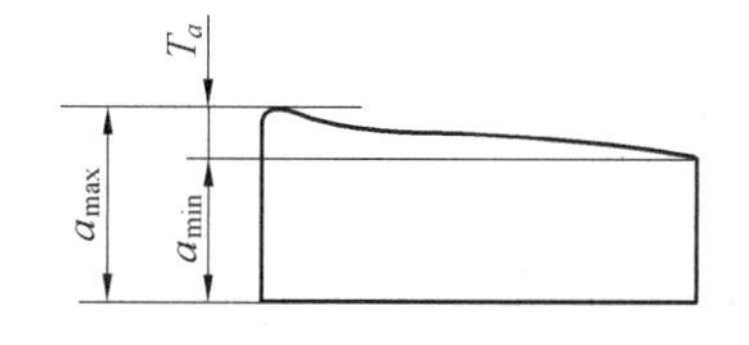

图6.24　上工序留下的形状误差

③ 上工序的形位误差 ρ_a。ρ_a 是指不由尺寸 T_a 所控制的形位误差,此时,加工余量中需包括上工序的形位误差 ρ_a。

例如,图6.25所示小轴,当轴线有直线度误差 δ 时,须在本工序中纠正,因而直径方向的加工余量增加 δ。ρ_a 具有矢量性质。

④ 本工序加工时的装夹误差 ε_b。装夹误差包括定位误差和夹紧误差,这些误差会使工件在加工时的位置发生偏移,所以加工余量还必须考虑装夹误差的影响,如图6.26所示。若三爪卡盘本身定心不准,使工件轴线偏离主轴旋转轴线 e 值,所以,为确保上工序各项误差和缺陷的切除,孔的直径余量应增加 $2e$。

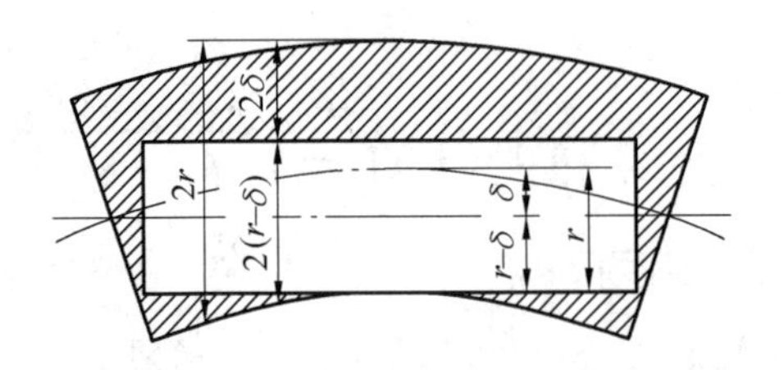

图 6.25　轴的弯曲对加工余量影响

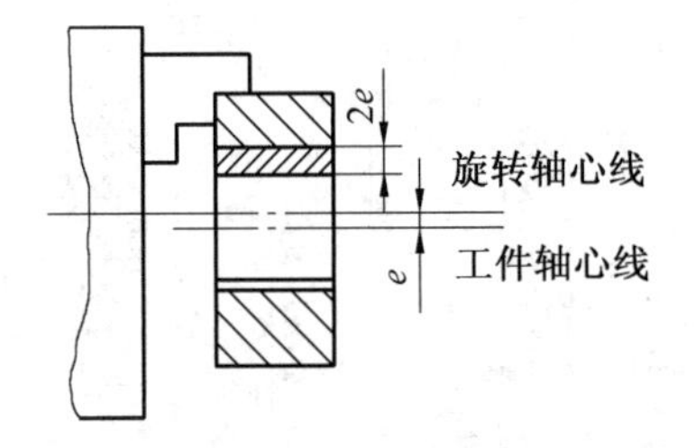

图 6.26　三爪卡盘上的装夹误差

(3) 确定加工余量的方法。

① 查表法。查表法是以生产实践和实验研究所积累的关于加工余量的资料数据，并结合实际加工情况进行修订来确定加工余量的，生产中应用较为广泛。

② 经验估计法。经验估计法是根据实际经验确定加工余量。在一般情况下，为防止余量过小而产生废品，经验估计的数值总是偏大。此方法常用于单件小批生产中。

③ 分析计算法。分析计算法是根据上述加工余量公式和一定的实验资料，对影响加工余量的各项因素进行分析，并计算确定加工余量。这种方法比较合理，但必须有比较全面和可靠的实验资料。

4. 切削用量的确定

切削用量的确定是工序设计的重要内容，是机床调整的依据，对加工质量、加工效率、生产成本有着非常重要的影响。确定切削用量就是要确定切削工序的背吃刀量 a_p、进给量 f、切削速度 v_c 及刀具寿命 T。

(1) 切削用量的选择原则。选择切削用量时要综合考虑切削生产率、加工质量和加工成本。所谓合理的切削用量是指在保证加工质量的前提下，充分利用刀具的切削性能和机床动力性能（功率、转矩），获得高生产率和低加工成本的切削用量。

选择切削用量时应考虑的因素如下：

① 切削生产率。在切削过程中，金属切除率与切削用量三要素均保持线性关系，任一要素的增加对提高生产率具有相同的效果。

② 刀具寿命。由第 2 章可知，v_c、a_p、f 对刀具寿命的影响程度，从大到小依次为 v_c、f、a_p，因此，从保证合理的刀具寿命出发，选择切削用量的原则是：在机床、刀具、工件的强度和工艺系统的刚度允许的条件下，首先选择尽可能大的背吃刀量，其次选择加工条件和加工要求限制下允许的进给量，最后按刀具寿命的要求确定合适的切削速度。

③ 加工表面粗糙度。在切削用量三要素中，对已加工表面粗糙度影响最大的是进给量，进给量直接影响残留面积的大小。对于半精加工和精加工，进给量是限制切削生产率提高的主要因素。切削速度通过影响切削温度、积屑瘤的形成，对表面粗糙度产生重要影响。另外，当工艺系统刚性较差时，过大的背吃刀量会引发系统振动，直接影响表面粗糙度。因此，精加工、半精加工时应注意控制进给量，避开切削速度积屑瘤形成区，防止切削振动。

(2) 刀具寿命的选择原则。如前所述，切削用量与刀具寿命有密切关系。在制订切削用量时，应首先选择合理的刀具寿命，而合理的刀具寿命应根据优化的目标确定。一般分最高生产率刀具寿命和最低成本刀具寿命两种。

① 最高生产率刀具寿命 T_p。最高生产率刀具寿命是指按工序加工时间最少原则确定的刀具寿命。

单件工序的工时为

$$t_w = t_m + t_{ct}\frac{t_m}{T} + t_{ot} \tag{6.2}$$

式中　t_m—— 工序的切削时间(机动时间)；

t_{ct}—— 换刀一次所消耗的时间；

T—— 刀具寿命；

t_m/T—— 换刀次数；

t_{ot}—— 除换刀时间外的其他辅助工时。

因为

$$t_m = \frac{l_w\Delta}{n_w a_p f} = \frac{\pi d_w l_w \Delta}{10^3 v_c a_p f} \tag{6.3}$$

式中　l_w—— 工件切削部分长度，mm；

n_w—— 主轴转速，r/min；

d_w—— 工件直径，mm；

Δ—— 加工余量，mm。

且由切削速度与刀具寿命的关系可知

$$v_c = \frac{A}{T^m} \tag{6.4}$$

故

$$t_m = \frac{\pi d_w l_w \Delta}{10^3 A a_p f} T^m \tag{6.5}$$

令

$$K = \frac{\pi d_w l_w \Delta}{10^3 A a_p f} \tag{6.6}$$

则

$$t_m = KT^m \tag{6.7}$$

对于某一工件的特定工序，a_p、f 均已选定，K 为常数。

将式(6.7)代入式(6.2)，得

$$t_w = KT^m + t_{ct}KT^{m-1} + t_{ot} \tag{6.8}$$

要使 t_w 最小，令 $\mathrm{d}t_w/\mathrm{d}t = 0$，即

$$\frac{\mathrm{d}t_w}{\mathrm{d}T} = mKT^{m-1} + t_{ct}(m-1)KT^{m-2} = 0 \tag{6.9}$$

故

$$T = \left(\frac{1-m}{m}\right) t_{ct} = T_p \tag{6.10}$$

② 最低成本刀具寿命(经济寿命)T_c。最低成本刀具寿命是指按工序加工成本最低

原则确定的刀具寿命。每个工件的工序成本为

$$C = t_m M + t_{ct} \frac{t_m}{T} M + \frac{t_m}{T} C_t + t_{ot} M \tag{6.11}$$

式中　M—— 该工序单位时间内所分担的全厂开支；

　　C_t—— 磨刀成本(刀具成本)。

同 T_p 计算处理类似,并令 $dC/dT = 0$,即得最低成本刀具寿命为

$$T = \frac{1-m}{m}\left(t_{ct} + \frac{C_t}{M}\right) = T_c \tag{6.12}$$

③ 刀具寿命的合理选择。比较式(6.10) 和式(6.12) 可知,刀具的最高生产率寿命 T_p 比最低成本寿命 T_c 低。在一般情况下,多采用最低成本寿命,并依此确定切削用量;只有当生产任务紧迫或在生产中出现不平衡的薄弱环节时,才选用最高生产率寿命。在具体确定刀具寿命时,刀具寿命的计算可采用表 6.7 中的近似公式。在下列情形下,刀具寿命可规定得高一些:刀具材料切削性能差;刀具结构复杂、制造刃磨成本高;刀具装卸、调整复杂;大件精加工刀具。常用刀具寿命推荐值见表 6.8。

表 6.7　刀具寿命的近似计算公式

刀具寿命	高速钢	硬质合金	陶瓷
经济寿命	$T_c = 7\left(t_{ct} + \frac{C_t}{M}\right)$	$T_c = 4\left(t_{ct} + \frac{C_t}{M}\right)$	$T_c = 7\left(t_{ct} + \frac{C_t}{M}\right)$
最高生产率寿命	$T_c = 7t_{ct}$	$T_c = 4t_{ct}$	$T_c = t_{ct}$

表 6.8　常用刀具寿命推荐值　min

刀具类型	刀具寿命	刀具类型	刀具寿命
可转位车刀	10 ~ 15	高速钢钻头	80 ~ 120
硬质合金车刀	20 ~ 60	齿轮刀具	200 ~ 300
高速钢车刀	30 ~ 90	自动线上刀具	240 ~ 480
高速钢成形车刀	110 ~ 130	硬质合金端铣刀	120 ~ 180

(3) 切削用量的合理制定(以车削为例)。

① 背吃刀量的选择。背吃刀量根据加工余量确定。

切削加工一般分为粗加工、半精加工和精加工。粗加工(表面粗糙度 Ra 为 50 ~ 12.5 μm) 时,一次走刀应尽可能切除全部余量。在中等功率机床上,背吃刀量可达 8 ~ 10 mm。半精加工(表面粗糙度 Ra 为 6.3 ~ 3.2 μm) 时,背吃刀量为 0.5 ~ 2 mm。精加工(表面粗糙度 Ra 为 1.6 ~ 0.8 μm) 时,背吃刀量为 0.1 ~ 0.4 mm。

在下列情况下,粗车可能要分几次走刀:

a. 加工余量太大时,一次走刀会使切削力太大,会造成机床功率不足或刀具强度不够。

b. 工艺系统刚性不足或加工余量极不均匀,以致引起很大振动时,如加工细长轴和薄壁工件。

c. 断续切削,刀具会受到很大冲击而造成打刀时。

对于上述情况,如需分两次走刀,也应将第一次走刀的背吃刀量尽量取大些,第二次

走刀的背吃刀量尽量取小些，以保证精加工刀具有长的刀具寿命、高的加工精度及较低的加工表面粗糙度。第二次走刀（精走刀）的背吃刀量可取加工余量的1/3 ~ 1/4。

② 进给量的选择。粗加工时，对工件表面质量没有太高要求，这时切削力往往很大，合理的进给量应是工艺系统所能承受的最大进给量。这一进给量受到下列一些因素的限制：机床进给机构的强度、车刀刀杆的强度和刚度、硬质合金或陶瓷刀片的强度和工件的装夹刚度等。

半精加工和精加工时，最大进给量主要受加工精度和表面粗糙度的限制。当表面粗糙度要求一定时，增大刀尖圆弧半径、提高切削速度，可以选择较大的进给量。

进给量常常根据经验选取。粗加工时，根据被加工工件材料、车刀刀杆尺寸、工件直径及已确定的背吃刀量按表6.9选择进给量。这里已计及切削力的大小，并考虑了刀杆的强度和刚度、工件的刚度等因素。例如，当刀杆尺寸增大、工件直径增大时，可以选择较大的进给量。当背吃刀量增大时，由于切削力增大，故应选择较小的进给量。加工铸铁时的切削力较加工钢时小，故加工铸铁可选择较大的进给量。半精加工和精加工的进给量按表6.10选取。

表6.9　硬质合金车刀粗车外圆及端面的进给量

工件材料	车刀刀杆尺寸/mm	工件直径/mm	背吃刀量 a_p/mm				
			≤3	>3 ~ 5	>5 ~ 8	>8 ~ 12	>12
			进给量 $f/(\mathrm{mm \cdot r^{-1}})$				
碳素结构钢、合金结构钢及耐热钢	16 × 25	20	0.3 ~ 0.4	—	—	—	—
		40	0.4 ~ 0.5	0.3 ~ 0.4	—	—	—
		60	0.5 ~ 0.7	0.4 ~ 0.6	0.3 ~ 0.5	—	—
		100	0.6 ~ 0.9	0.5 ~ 0.7	0.5 ~ 0.6	0.4 ~ 0.5	—
		140	0.8 ~ 1.2	0.7 ~ 1.0	0.6 ~ 0.8	0.5 ~ 0.6	—
	20 × 30 25 × 25	20	0.3 ~ 0.4	—	—	—	—
		40	0.4 ~ 0.5	0.3 ~ 0.4	—	—	—
		60	0.6 ~ 0.7	0.5 ~ 0.7	0.4 ~ 0.6	—	—
		100	0.8 ~ 1.0	0.7 ~ 0.9	0.5 ~ 0.7	0.4 ~ 0.7	—
		400	1.2 ~ 1.4	1.0 ~ 1.2	0.8 ~ 1.0	0.6 ~ 0.9	0.4 ~ 0.6
铸铁及铜合金	16 × 25	40	0.4 ~ 0.5	—	—	—	—
		60	0.6 ~ 0.8	0.5 ~ 0.8	0.4 ~ 0.6	—	—
		100	0.8 ~ 1.2	0.7 ~ 1.0	0.6 ~ 0.8	0.5 ~ 0.7	—
		400	1.0 ~ 1.4	1.0 ~ 1.2	0.8 ~ 1.0	0.6 ~ 0.8	—
	20 × 30 25 × 25	40	0.4 ~ 0.5	—	—	—	—
		60	0.6 ~ 0.9	0.5 ~ 0.8	0.4 ~ 0.7	—	—
		100	0.9 ~ 1.3	0.8 ~ 1.2	0.7 ~ 1.0	0.5 ~ 0.8	—
		400	1.2 ~ 1.8	1.2 ~ 1.6	1.0 ~ 1.3	0.9 ~ 1.1	0.7 ~ 0.9

注：1. 加工断续表面及有冲击的工件时，表内进给量应乘以系数 K，$K = 0.75 \sim 0.85$

2. 在无外皮加工时，表内进给量应乘以系数 K，$K = 1.1$

3. 加工耐热钢及其合金时，进给量不大于1 mm/r

4. 加工淬硬钢时，进给量应减少。当钢的硬度为44 ~ 56HRC时，乘以系数0.8，硬度为57 ~ 62HRC时，乘以系数0.5

表 6.10　按表面粗糙度选择进给量的参考值

工件材料	表面粗糙度 /μm	切削速度范围 /(m·min^{-1})	刀尖圆弧半径 r_ε/mm		
			0.5	1.0	2.0
			进给量 f/(mm·r^{-1})		
铸铁、青铜、铝合金	10 ~ 5	不限	0.25 ~ 0.40	0.40 ~ 0.50	0.50 ~ 0.60
	5 ~ 2.5		0.15 ~ 0.20	0.25 ~ 0.40	0.40 ~ 0.60
	2.5 ~ 1.25		0.10 ~ 0.15	0.15 ~ 0.20	0.20 ~ 0.35
碳钢及合金钢	10 ~ 5	< 50	0.30 ~ 0.50	0.45 ~ 0.60	0.55 ~ 0.70
		> 50	0.40 ~ 0.55	0.55 ~ 0.65	0.65 ~ 0.70
	5 ~ 2.5	< 50	0.18 ~ 0.25	0.25 ~ 0.30	0.30 ~ 0.40
		> 50	0.25 ~ 0.30	0.30 ~ 0.35	0.35 ~ 0.50
	2.5 ~ 1.25	< 50	0.10	0.11 ~ 0.15	0.15 ~ 0.22
		50 ~ 100	0.11 ~ 0.16	0.16 ~ 0.25	0.25 ~ 0.35
		> 100	0.16 ~ 0.20	0.20 ~ 0.25	0.25 ~ 0.35

注:r_ε = 0.5 mm,用于 12 mm × 20 mm 以下刀杆;r_ε = 1 mm,用于 30 mm × 30 mm 以下刀杆,r_ε = 2 mm,用于 30 mm × 45 mm 以下刀杆

③ 切削速度的确定。根据选定的背吃刀量 a_p、进给量 f 及刀具寿命 T,按表 6.11 中公式及表 6.12 中系数进行计算。在生产中,常将表 6.13 作为确定切削速度的依据。

切削速度 v_c 确定以后,机床转速 n(r/mm) 为

$$n = \frac{1\ 000 v_c}{\pi d_w} \tag{6.13}$$

所选定转速 n 应按机床说明书最后确定。

表 6.11　外圆车削时切削速度计算公式及相关系数和指数

切削速度计算公式		$v_c = \frac{C_v}{T^m a_p^{x_v} f^{y_v}} K_v$				
工件材料	刀具材料	进给量 f/(mm·r^{-1})	C_v	x_v	y_v	m
碳素结构钢 σ_b = 0.65 GPa	YT15(不用切削液)	≤ 0.30	291	0.15	0.20	0.20
		> 0.30 ~ 0.70	242		0.35	
		> 0.70	235		0.45	
	W18Cr4V W6Mo5Cr4V2(用切削液)	≤ 0.25	67.2	0.25	0.33	0.125
		> 0.25	43		0.66	
灰铸铁 190HBW	YG6(不用切削液)	≤ 0.40	189.8	0.15	0.20	0.20
		> 0.40	158		0.40	

表6.12　车削加工切削速度的修正系数

切削速度的修正系数 k_v	$k_v = k_{Mv}k_{sv}k_{tv}k_{k_{\gamma}v}k_{k'_{\gamma}\gamma}k_{r_{\varepsilon}v}k_{Bv}k_{kv}$						
工件材料 k_{Mv}	加工钢:硬质合金 $k_{Mv} = \frac{0.65}{\sigma_b}$;高速钢 $k_{M\gamma} = C_M\left(\frac{0.65}{\sigma_b}\right)^{n_r}$ $C_M = 1.0$、$n_v = 1.75$;当 $\sigma_b < 0.45$ GPa 时,$n_r = -1.0$						
	加工灰铸铁:硬质合金 $k_{Mv} = \left(\frac{190}{HBW}\right)^{1.25}$;高速钢 $k_{Mv} = \left(\frac{190}{HBW}\right)^{1.7}$						
毛坯状态 k_{sv}	无外皮	棒料	锻件	铸钢、铸铁 一般	铸钢、铸铁 带砂皮	Cu - Al 合金	
	1.0	0.9	0.8	0.8 ~ 0.85	0.5 ~ 0.6	0.9	
刀具材料 k_{tv}	钢	YT5	YT14	YT15	YT30	YG8	
		0.65	0.8	1	1.4	0.4	
	灰铸铁	YG8		YG6		YG3	
		0.83		1.0		1.15	
主偏角 $\kappa_{k_{\gamma}v}$	κ_{γ}	30°	45°	60°	75°	90°	
	钢	1.13	1	0.92	0.86	0.81	
	灰铸铁	1.2	1	0.88	0.83	0.73	
副偏角 $\kappa_{k'_{\gamma}v}$	κ'_{χ}	10°	15°	20°	30°	45°	
	$\kappa_{k'_{\chi}v}$	1	0.97	0.94	0.91	0.87	
刀尖半径 $k_{r_{\varepsilon}v}$	r_{ε}	1	2	3	4		
	$k_{r_{\varepsilon}v}$	0.94	1.0	1.03	1.13		
刀杆尺寸 k_{Bv}	$B \times H$ /(mm × mm)	12 × 20 16 × 16	16 × 25 20 × 20	20 × 30 25 × 25	25 × 40 30 × 30	30 × 45 40 × 40	40 × 60
	k_{Bv}	0.93	0.97	1	1.04	1.08	1.12
车削方式 k_{kv}	外圆纵车	横车 $d:D$ 0 ~ 0.4	横车 $d:D$ 0.5 ~ 0.7	横车 $d:D$ 0.8 ~ 1.0	切断	切槽 $d:D$ 0.5 ~ 0.7	切槽 $d:D$ 0.8 ~ 0.85
	1.0	1.24	1.18	1.04	1.0	0.96	0.84

注:$k_{k'_{\gamma}v}$,$k_{r_{\varepsilon}v}$,k_{Bv} 仅用于高速钢车刀

表 6.13　车削加工的切削速度参考数值

加工材料		硬度	背吃刀 a_p /mm	高速钢刀具		硬质合金刀具						陶瓷(超硬材料)刀具		
						未涂层				涂层				
				v_c/(m·min^{-1})	f/(mm·r^{-1})	v_c/(m·min)$^{-1}$ 焊接式	v_c/(m·min)$^{-1}$ 可转位	f/(mm·r^{-1})	材料	V_c/(m·min^{-1})	f/(mm·r^{-1})	V_c/(m·min^{-1})	f/(mm·r^{-1})	说明
碳钢	低碳	100 ~ 200	1	43 ~ 46	0.18	140 ~ 150	170 ~ 195	0.18	YT15	260 ~ 290	0.18	520 ~ 580	0.13	切削条件好，可用冷压 Al_2O_3 陶瓷，较差时宜用 Al_2O_3+TiC 热压混合陶瓷
			4	34 ~ 33	0.4	115 ~ 125	135 ~ 150	0.5	YT14	170 ~ 190	0.4	365 ~ 425	0.25	
			8	27 ~ 30	0.5	88 ~ 100	105 ~ 120	0.75	YT5	135 ~ 150	0.5	275 ~ 365	0.4	
	中碳	175 ~ 225	1	34 ~ 40	0.18	115 ~ 130	150 ~ 160	0.18	YT15	220 ~ 240	0.18	460 ~ 520	0.13	
			4	23 ~ 30	0.4	90 ~ 100	115 ~ 125	0.5	YT14	145 ~ 160	0.4	290 ~ 350	0.25	
			8	20 ~ 26	0.5	70 ~ 78	90 ~ 100	0.75	YT5	115 ~ 125	0.5	200 ~ 260	0.4	
	高碳	175 ~ 225	1	30 ~ 37	0.18	115 ~ 130	140 ~ 155	0.18	YT15	215 ~ 230	0.18	460 ~ 520	0.13	
			4	24 ~ 27	0.4	88 ~ 95	105 ~ 120	0.5	YT14	145 ~ 150	0.4	275 ~ 335	0.25	
			8	18 ~ 21	0.5	69 ~ 76	84 ~ 95	0.75	YT5	115 ~ 120	0.5	185 ~ 245	0.4	
合金钢	低碳	125 ~ 225	1	41 ~ 46	0.18	135 ~ 150	170 ~ 185	0.18	YT15	220 ~ 235	0.18	520 ~ 580	0.13	
			4	32 ~ 37	0.4	105 ~ 120	135 ~ 145	0.5	YT14	175 ~ 190	0.4	365 ~ 395	0.25	
			8	24 ~ 27	0.5	84 ~ 95	105 ~ 115	0.75	YT5	135 ~ 145	0.5	275 ~ 335	0.4	
	中碳	175 ~ 225	1	34 ~ 41	0.18	105 ~ 115	130 ~ 150	0.18	YT15	175 ~ 200	0.18	460 ~ 520	0.13	
			4	26 ~ 32	0.4	85 ~ 90	105 ~ 120	0.4 ~ 0.5	YT14	135 ~ 160	0.4	280 ~ 360	0.25	
			8	20 ~ 24	0.5	67 ~ 73	82 ~ 95	0.5 ~ 0.75	YT5	105 ~ 120	0.5	220 ~ 265	0.4	
	高碳	175 ~ 225	1	30 ~ 37	0.18	105 ~ 115	135 ~ 145	0.18	YT15	175 ~ 190	0.18	460 ~ 520	0.13	
			4	24 ~ 27	0.4	84 ~ 90	105 ~ 115	0.5	YT14	135 ~ 150	0.4	275 ~ 335	0.25	
			8	17 ~ 21	0.5	66 ~ 72	82 ~ 90	0.75	YT5	105 ~ 120	0.5	215 ~ 245	0.4	

续表 6.13

加工材料		硬度	背吃刀 a_p/mm	高速钢刀具		硬质合金刀具						陶瓷(超硬材料)刀具		
						未涂层				涂层				
				v_c/(m·min^{-1})	f/(mm·r^{-1})	v_c/(m·min)$^{-1}$ 焊接式	v_c/(m·min)$^{-1}$ 可转位	f/(mm·r^{-1})	材料	V_c/(m·min^{-1})	f/(mm·r^{-1})	V_c/(m·min^{-1})	f/(mm·r^{-1})	说明
易切碳钢	低碳	100~200	1	55~90	0.18~0.2	185~240	220~275	0.18	YT15	320~410	0.18	550~700	0.13	切削条件好，可用冷压 Al_2O_3 陶瓷，较差时宜用 Al_2O_3+TiC 热压混合陶瓷
			4	41~70	0.4	135~185	160~215	0.5	YT14	215~275	0.4	425~580	0.25	
			8	34~55	0.5	110~145	130~170	0.75	YT5	170~220	0.5	335~490	0.4	
	中碳	175~225	1	52	0.2	165	200	0.18	YT15	305	0.18	520	0.13	
			4	40	0.4	125	150	0.5	YT14	200	0.4	395	0.25	
			8	30	0.5	100	120	0.75	YT5	160	0.5	305	0.4	
高强度钢		225~350	1	20~26	0.18	90~105	115~135	0.18	YT15	150~185	0.18	380~440	0.13	大于300HBS时，宜用W12Cr4V5Co5及W2Mo9Cr4Vco8
			4	15~20	0.4	69~84	90~105	0.4	YT14	120~135	0.4	205~265	0.25	
			8	12~15	0.5	53~66	69~84	0.5	YT5	90~105	0.5	145~205	0.4	
高速钢		200~225	1	15~24	0.13~0.18	76~105	85~125	0.18	YW1,YT15	115~160	0.18	420~460	0.13	加工W12Cr4V5Co5等高速钢时，宜用W12Cr4V5Co5及W2Mo9Cr4Vco8
			4	12~20	0.25~0.4	60~84	69~100	0.4	YW2,YT14	90~130	0.4	250~275	0.25	
			8	9~15	0.4~0.5	46~64	53~76	0.5	YW3,YT5	69~100	0.5	190~215	0.4	

续表 6.13

加工材料	硬度	背吃刀 a_p /mm	高速钢刀具		硬质合金刀具						陶瓷(超硬材料)刀具		
					未涂层				涂层				
			v_c/(m·min^{-1})	f/(mm·r^{-1})	v_c/(m·min)$^{-1}$ 焊接式	v_c/(m·min)$^{-1}$ 可转位	f/(mm·r^{-1})	材料	V_c/(m·min^{-1})	f/(mm·r^{-1})	V_c/(m·min^{-1})	f/(mm·r^{-1})	说明
不锈钢 奥氏体	135~275	1	18~34	0.18	58~105	67~120	0.18	YG3X,YW1	84~60	0.18	275~425	0.13	大于225HBS时,宜用W12Cr4V5Co5及W2Mo9Cr4Vco8
		4	15~27	0.4	49~100	58~105	0.4	YG6,YW1	76~135	0.4	150~275	0.25	
		8	12~21	0.5	38~76	46~84	0.5	YG6,YW1	60~105	0.5	90~185	0.4	
不锈钢 马氏体	175~325	1	20~44	0.18	87~140	95~175	0.18	YW1,YT15	120~260	0.18	350~490	0.13	>275HBS时宜用W12Cr4V5Co5及W2Mo9Cr4Vco8
		4	15~35	0.4	69~15	75~135	0.4	YW1,YT15	100~170	0.4	185~335	0.25	
		8	12~27	0.5	55~90	58~105	0.5~0.75	YW2,YT14	76~135	0.5	120~245	0.4	
灰铸铁	160~260	1	26~43	0.18	84~135	100~165	0.18~0.25	YG8,YW2	130~190	0.18	395~550	0.13~0.25	大于190HBS时,宜用W12Cr4V5Co5及W2Mo9Cr4Vco8
		4	17~27	0.4	69~110	81~125	0.4~0.5		105~160	0.4	245~365	0.25~0.4	
		8	14~23	0.5	60~90	66~100	0.5~0.75		84~130	0.5	185~275	0.4~0.5	

续表 6.13

加工材料	硬度	背吃刀 a_p /mm	高速钢刀具		硬质合金刀具						陶瓷(超硬材料)刀具		
					未涂层				涂层				
			v_c/(m·min^{-1})	f/(mm·r^{-1})	v_c/(m·min)$^{-1}$ 焊接式	v_c/(m·min)$^{-1}$ 可转位	f/(mm·r^{-1})	材料	V_c/(m·min^{-1})	f/(mm·r^{-1})	V_c/(m·min^{-1})	f/(mm·r^{-1})	说明
可锻铸铁	160 ~ 240	1	30 ~ 40	0.18	120 ~ 160	135 ~ 185	0.25	YW1, YT15	185 ~ 235	0.25	305 ~ 365	0.13 ~ 0.25	—
		4	23 ~ 30	0.4	90 ~ 120	105 ~ 135	0.5	YW1, YT15	135 ~ 185	0.4	230 ~ 290	0.25 ~ 0.4	
		8	18 ~ 24	0.5	76 ~ 100	85 ~ 115	0.75	YW2, YT14	105 ~ 145	0.5	150 ~ 230	0.4 ~ 0.5	
铝合金	30 ~ 150	1	245 ~ 305	0.18	550 ~ 610	max	0.25	YG3X, YW1	—	—	365 ~ 915	0.075 ~ 0.15	金刚石刀具 a_p = 0.13 ~ 0.4
		4	215 ~ 275	0.4	425 ~ 550		0.5	YG6, YW1			245 ~ 760	0.15 ~ 0.3	a_p = 0.4 ~ 1.25
		8	185 ~ 245	0.5	305 ~ 365		1	YG6, YW1			150 ~ 460	0.3 ~ 0.5	a_p = 1.25 ~ 3.2
铜合金		1	40 ~ 175	0.18	84 ~ 345	90 ~ 395	0.18	YG3X, YW1	—	—	305 ~ 1 460	0.075 ~ 0.15	金刚石刀具 a_p = 0.13 ~ 0.4
		4	34 ~ 145	0.4	69 ~ 290	76 ~ 335	0.5	YG6, YW1			150 ~ 855	0.15 ~ 0.3	a_p = 0.4 ~ 1.25
		8	27 ~ 120	0.5	64 ~ 270	70 ~ 305	0.75	YG8, YW2			90 ~ 550	0.3 ~ 0.5	a_p = 1.25 ~ 3.2
钛合金	300 ~ 350	1	12 ~ 24	0.13	38 ~ 66	49 ~ 76	0.13	YG3X, YW1	—	—	—	—	高速钢采用 W12Cr4V5Co5 及 W2Mo9Cr4Vco8
		4	9 ~ 21	0.25	32 ~ 56	41 ~ 66	0.2	YG6, YW1					
		8	8 ~ 18	0.4	24 ~ 43	26 ~ 49	0.25	YG8, YW2					
高温合金	200 ~ 475	0.8	3.6 ~ 14	0.13	12 ~ 49	14 ~ 58	0.13	YG3X, YW1	—	—	185	0.075	立方氮化硼刀具
		2.5	3 ~ 11	0.18	9 ~ 41	12 ~ 49	0.18	YG6, YW1			135	0.13	

此外,选择切削速度时应注意以下几点:

① 精加工时,应尽量避开积屑瘤和鳞刺产生区域。

② 断续切削时,应适当降低切削速度,避免切削力和切削热的冲击。

③ 在易发生振动的情况下,所确定的切削速度应避开自激振动的临界区域。

④ 加工大件、细长件和薄壁件时,所确定的切削速度应适当降低。降低切削速度的意义,对于大件是为了延长刀具寿命,避免加工中途换刀;对于细长件和薄壁件是为了减小可能引发的振动,这样可有效地保证加工精度。

⑤ 加工带有铸造或锻造外皮的工件时,切削速度应适当降低。

⑥ 切削用量选定后,应校核机床的功率和转矩。

(4) 切削用量选择举例。

例6.1 工件材料45钢(热轧),$\sigma_b = 637$ MPa,毛坯尺寸 $d_w \times l_w = \phi 50$ mm × 350 mm,装夹如图6.27所示。要求车外圆至 $\phi 44$ mm,表面粗糙度 Ra 为3.2 μm,加工长度 $l_m = 300$ mm。试确定外圆车削时,拟采用的机床、刀具以及切削用量。

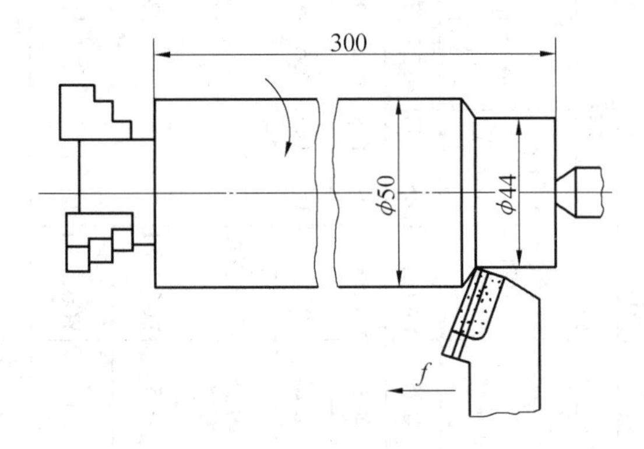

图6.27 外圆车削尺寸图

解 根据工件尺寸及加工要求,选用CA6140车床,焊接硬质合金外圆车刀,材料为YT15,刀杆截面尺寸为16 mm×25 mm,刀具几何参数:$\gamma_0 = 15°$,$\alpha_0 = 8°$,$\kappa_\gamma = 75°$,$\kappa'_\gamma = 10°$,$\lambda_s = 6°$,$\gamma_\varepsilon = 1$ mm,$b_{r1} = 0.3$ mm,$\gamma'_0 = 15°$。

因对表面粗糙度有一定要求,故分粗车和半精车两道工步加工。

(1) 粗车工步。

① 确定背吃刀量 a_p。单边加工余量为3 mm,粗车取 $a_{p1} = 2.5$ mm,半精车 $a_{p2} = 0.5$ mm。

② 确定进给量 f。根据工件材料、刀杆截面尺寸、工件直径及背吃刀量,从表6.9中查得 $f = 0.4 \sim 0.5$ mm/r。按机床说明书提供选择的进给量,取 $f = 0.51$ mm/r。

③ 确定切削速度 v_c。切削速度可以由表6.11中的公式计算,也可查表得到。现根据已知条件,查表6.13得 $v_c = 90$ m/min,然后由式(6.13)求出机床主轴转速为

$$n/(\mathrm{r \cdot min^{-1}}) = \frac{1\,000 v_c}{\pi d_W} = \frac{1\,000 \times 90}{3.14 \times 50} \approx 573$$

按机床说明书选取实际机床转速为560 r/min,故实际切削速度为

$$v_c/(\mathrm{m/min^{-1}}) = \frac{\pi d_n}{1\,000} = \frac{3.14 \times 50 \times 560}{1\,000} \approx 87.9$$

④ 校验机床功率(略)。

(2) 半精车工步。

① 确定背吃刀量 a_p,$a_p = 0.5$ mm。

② 确定进给量f。根据表面粗糙度Ra为3.2 μm，$\gamma_\varepsilon = 1$ mm，从表6.10中查得（估计$v > 50$ mm/min）$f = 0.3 \sim 0.35$ mm/r。按机床说明书的进给量，取$f = 0.30$ mm/r。

③ 确定切削速度v_c。可查表6.13得$v_c = 130$ m/min，然后由式（6.13）求出机床主轴转速为

$$n/(\mathrm{r} \cdot \mathrm{min}^{-1}) = \frac{1\,000 \times 130}{3.14 \times (50 - 5)} \approx 920$$

按机床说明书选取实际机床转速为900 r/min，故实际切削速度为

$$v_c/(\mathrm{m} \cdot \mathrm{min}^{-1}) = \frac{3.14 \times (50 - 5) \times 900}{1\,000} \approx 127.2$$

④ 校验机床功率（略）。

5. 时间定额的确定

时间定额是指在一定生产条件下规定生产一件产品或完成一道工序所消耗的时间。时间定额由以下几个部分组成：

（1）基本时间t_j。基本时间又称机动时间，指直接改变生产对角的尺寸、形状、性能、相对位置关系所消耗的时间。对切削加工和磨削加工，基本时间就是去除加工余量所花费的时间，可按有关公式计算，见《机械制造技术基础课程设计指导》（哈尔滨工业大学出版社，张德生主编）中表4.143 ~ 表4.148。

（2）辅助时间t_f。为实现基本工艺工作所做的各种辅助动作所消耗的时间，例如装卸工件、开停机床、改变切削用量、测量加工尺寸、引进或退回刀具等动作所花费的时间，部分典型动作辅助时间参见《机械制造技术基础课程设计指导》（哈尔滨工业大学出版社，张德生主编）中表4.149。辅助时间也可以按基本时间的15% ~ 20%进行估算。基本时间与辅助时间之和称为作业时间。

（3）布置工作地时间t_b。又称工作地点服务时间，指工人为照管工作地（例如更换刀具、润滑机床、清理切屑、收拾工具等）所消耗的时间，一般按作业时间的2% ~ 7%估算。

（4）休息和生理需要时间t_x。指工人在工作班内为恢复体力和满足生理需要所消耗的时间，一般按作业时间的2% ~ 4%计算。

（5）准备与终结时间t_z。在成批生产中，每加工一批工件的开始和终了，工人需要做以下工作，加工一批工件前需要熟悉工艺文件，领取毛坯材料，领取和安装刀具和夹具，调整机床和工艺装备等；在加工一批工件终了时，需拆卸和归还工艺装备，送交成品等。工人为生产一批工件进行准备和终结工作所消耗的时间称为准备与终结时间t_z，假如每批中产品或零件的数量为m，则分摊到每个工件上的准备与终结时间为t_z/m。一般在单件生产和大批大量生产中一般按作业时间的3% ~ 5%计算。

单件时间定额t_{dj}的计算公式为

$$t_{dj} = t_j + t_f + t_b + t_x + \frac{t_z}{m} \tag{6.14}$$

6.3.5　工序尺寸计算

在零件结构设计及加工工艺分析或装配工艺分析时，常会遇到相关尺寸、公差和技术

要求的确定等问题，这些都可以利用尺寸链来解决。

1. 尺寸链的概念、组成及分类

（1）尺寸链的概念。在零件加工或机器装配过程中，相互联系并按一定顺序排列的封闭尺寸组合，称为尺寸链。

图 6.28 所示的台阶零件，尺寸 A_1 已加工好，现以底面 M 定位，用调整法加工 P 面，直接得到尺寸 A_2，并间接保证尺寸 A_0，此时 A_1、A_2 和 A_0 三个尺寸就形成一个封闭尺寸组合，即形成了尺寸链。

图 6.29 所示的装配尺寸链示例。装配时孔的尺寸 A_1 和轴的尺寸 A_2 已经确定，装配后形成装配间隙 A_0，则 A_1、A_2 和 A_0 即构成一个尺寸链。

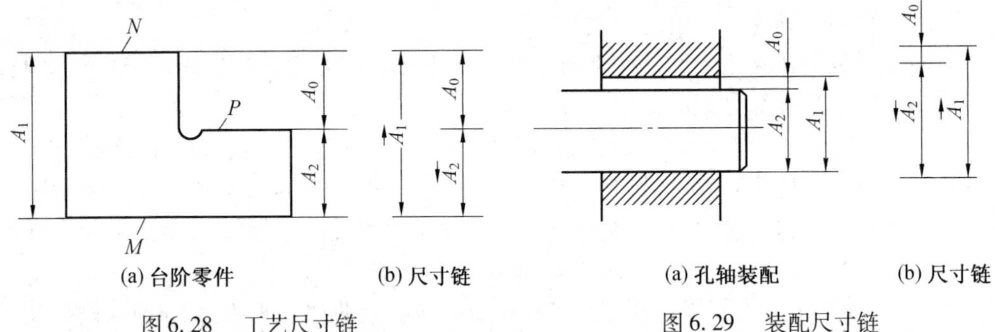

图 6.28　工艺尺寸链

图 6.29　装配尺寸链

（2）尺寸链的组成。组成尺寸链的每个工艺尺寸称为环。根据环的特征，环可分为封闭环和组成环，组成环又分为增环和减环。

① 封闭环。封闭环是在加工或装配过程中最后（自然或间接）形成的环，如图 6.28 和图 6.29 中的 A_0。

② 组成环。尺寸链中除封闭环以外的其余各环都称为组成环。它是加工或装配时直接得到的尺寸。

③ 增环。若尺寸链中其余各组成环不变，当该环本身变化引起封闭环同向变动，即该环增大时，封闭环增大，反之，该环减少时，封闭环也减少，该环为增环，如图 6.28 中的 A_1，一般记为 A_1。

④ 减环。若尺寸链中其余各环不变，当该环本身变化引起封闭环反向变动，即该环增大时封闭环减少，或该环减少时封闭环增大，该环为减环，如图 6.29 中的 A_2。

建立尺寸链时，首先应确定封闭环，再从封闭环一端起，依次画出有关直接得到的尺寸作为组成环，直到尺寸的终端回到封闭环的另一端，形成一个封闭的尺寸链图。

为判断增环和减环，通常先给封闭环任意一个方向画上箭头，然后沿此方向环绕尺寸链依次给每个组成环画出箭头。凡是组成环尺寸箭头方向与封闭环箭头方向相反的，均为增环；相同的为减环。

（3）尺寸链的分类。

① 按应用范围，可分为工艺尺寸链和装配尺寸链。

② 按各环所处空间位置，可分为直线尺寸链、平面尺寸链和空间尺寸链。

③ 按环的几何特征，可分为长度尺寸链和角度尺寸链。

2. 尺寸链的计算公式、应用及解算方法

尺寸链的计算公式包括极值法和概率法两种。

(1) 极值法。极值法是按误差综合最不利的情况，即组成环出现极值(最大值或最小值)时，来计算封闭环。其优点是简便、可靠；缺点是当封闭环公差小、组成环数目多时，会使组成环公差过于严格。

极值法常用的基本计算公式如下：

① 封闭环的基本尺寸。封闭环的基本尺寸等于所有增环基本尺寸之和减去所有减环基本尺寸之和，即

$$A_0 = \sum_{i=1}^{m} \overrightarrow{A}_i - \sum_{j=m+1}^{n} \overleftarrow{A}_j \tag{6.15}$$

式中　m—— 增环数；

n—— 组成环总环数。

② 封闭环的极限尺寸。封闭环的最大极限尺寸等于各增环最大极限尺寸之和减去各减环最小极限尺寸之和；封闭环的最小极限尺寸等于各增环最小极限尺寸之和减去各减环最大极限尺寸之和。其计算公式为

$$A_{0\max} = \sum_{i=1}^{m} \overrightarrow{A}_{i\max} - \sum_{j=m+1}^{n} \overleftarrow{A}_{j\min} \tag{6.16}$$

$$A_{0\min} = \sum_{i=1}^{m} \overrightarrow{A}_{i\min} - \sum_{j=m+1}^{n} \overleftarrow{A}_{j\max} \tag{6.17}$$

③ 封闭环的上、下偏差。封闭环的上偏差等于各增环的上偏差之和减去各减环的下偏差之和；封闭环的下偏差等于各增环的下偏差之和减去各减环的上偏差之和。其计算公式为

$$ESA_0 = \sum_{i=1}^{m} ES\overrightarrow{A}_i - \sum_{j=m+1}^{n} EI\overleftarrow{A}_j \tag{6.18}$$

$$EIA_0 = \sum_{i=1}^{m} EI\overrightarrow{A}_i - \sum_{j=m+1}^{n} ES\overleftarrow{A}_j \tag{6.19}$$

式中　$ES\overrightarrow{A}_i$、$ES\overleftarrow{A}_j$—— 增环和减环的上偏差；

$EI\overrightarrow{A}_i$、$EI\overleftarrow{A}_j$—— 增环和减环的下偏差。

④ 封闭环的极限公差。封闭环的极限公差等于各组成环公差之和，即

$$T_0 = \sum_{i=1}^{m} T_i + \sum_{j=m+1}^{n} T_j = \sum_{k=1}^{n} T_k \tag{6.20}$$

式中　T_i、T_j—— 增环和减环的公差，可一并记为 T_k。

(2) 概率法。概率法是利用概率的原理来进行尺寸链计算，主要用于封闭环公差小、组成环数目多以及大批大量自动化生产中。若各组成环尺寸为正态对称分布，其基本计算公式如下。

① 封闭环的基本尺寸。封闭环的基本尺寸等于所有增环基本尺寸之和减去所有减环基本尺寸之和，即

$$A_0 = \sum_{i=1}^{m} \overrightarrow{A}_i - \sum_{j=m+1}^{n} \overleftarrow{A}_j \tag{6.21}$$

式中　m—— 增环数；

n—— 组成环总环数。

② 封闭环的中间偏差。封闭环的中间偏差等于各增环中间偏差之和减去各减环中间偏差之和，即

$$\Delta_0 = \sum_{i=1}^{m} \overrightarrow{\Delta}_i - \sum_{j=m+1}^{n} \overleftarrow{\Delta}_j \tag{6.22}$$

③ 封闭环的统计公差。封闭环的统计公差等于各组成环公差平方和再开平方，即

$$T_{0s} = \sqrt{\sum_{i=1}^{n} T_k^2} \tag{6.23}$$

④ 封闭环的平均尺寸。封闭环的平均尺寸为封闭环的最大极限尺寸和封闭环的最小极限尺寸之和的一半。

$$A_{0m} = \frac{A_{0max} + A_{0min}}{2} = A_0 + \frac{ES_0 + EI_0}{2} = \sum_{r=1}^{k} A_{pM} - \sum_{q=k+1}^{m} A_{qM}$$

式中　A_{0M}、A_{pM}、A_{qM}—— 封闭环、增环、减环的平均尺寸。

⑤ 封闭环的上、下偏差。封闭环的上偏差等于中间偏差加封闭环公差的一半；封闭环的下偏差等于中间偏差减去封闭环公差的一半，即

$$ESA_0 = \Delta_0 + \frac{T_0}{2} \tag{6.24}$$

$$EIA_0 = \Delta_0 - \frac{T_0}{2} \tag{6.25}$$

⑥ 封闭环的极限尺寸。封闭环的最大极限尺寸等于封闭环基本尺寸加上上偏差；封闭环最小极限尺寸等于封闭环基本尺寸加上下偏差，即

$$A_{0max} = A_0 + ESA_0 \tag{6.26}$$

$$A_{0min} = A_0 + EIA_0 \tag{6.27}$$

3. 工艺尺寸链的应用

由于工序尺寸是零件在加工时各工序应保证的加工尺寸，因此，正确地确定工序尺寸及其公差，是工序设计的一项重要工作。

工序尺寸的计算要根据零件图上的设计尺寸、已确定的各工序加上余量及定位基准的转换关系来进行。工序尺寸公差则按各工序加工方法的经济精度选定。工序尺寸及偏差标注在各工序的工序简图上，作为加工和检验的依据。

(1) 基准重合时工序尺寸的计算。对于各工序的定位基准与设计基准重合时表面的多次加工，其工序尺寸的计算比较简单，此时只要根据零件图上的设计尺寸、各工序的加工余量、各工序所能达到的精度，由最后一道工序开始依次向前推算，直至毛坯为止，即可确定各工序尺寸及公差。

例 6.2　某车床主轴箱箱体的主轴孔，设计要求为 ϕ100Js6，Ra 为 0.8 μm，加工工序为：粗镗 → 半精镗 → 精镗 → 浮动镗四道工序。试确定各工序尺寸及其公差。

具体步骤如下：

1）确定余量。根据有关手册及工厂实际经验，确定毛坯双边总余量为8 mm和各工序的基本余量见表6.14。

2）确定工序公差。最终工序尺寸公差等于零件图上设计尺寸公差，其余工序尺寸公差经济精度见表6.14。

3）计算工序基本尺寸。从零件图上的设计尺寸开始向前推算，直至毛坯尺寸。最终工序基本尺寸等于零件图上的基本尺寸，其余工序基本尺寸等后道工序基本尺寸加工或减去后道工序余量，具体数值见表6.14。

4）标注工序尺寸公差。最后一道工序的公差按零件图上设计尺寸标注，中间工序尺寸公差按“入体原则”标注，毛坯尺寸公差按双向标注，具体数值见表6.14。

表6.14　主轴孔各工序的工序尺寸及其公差的计算实例

工序名称	工序基本余量(双边)	工序的经济精度	工序尺寸	工序尺寸及其公差和 Ra
浮动镗	0.1	Js6(±0.011)	100	$\phi100\pm0.011$, 0.8 μm
精镗	0.5	H7$\left(\begin{smallmatrix}+0.035\\0\end{smallmatrix}\right)$	100 − 0.1 = 99.9	$\phi99.9_{0}^{+0.035}$, 1.6 μm
半精镗	2.4	H10$\left(\begin{smallmatrix}+0.14\\0\end{smallmatrix}\right)$	99.9 − 0.5 = 99.4	$\phi99.4_{0}^{+0.14}$, 3.2 μm
粗镗	5	H13$\left(\begin{smallmatrix}+0.44\\0\end{smallmatrix}\right)$	99.4 − 2.4 = 97.0	$\phi97.9_{0}^{+0.044}$, 6.3 μm
毛坯孔	8	(±1.3)	97.0 − 5 = 92.0	$\phi92\pm1.3$

(2) 基准不重合时工序尺寸的计算。工序基准或定位基准与设计基准不重合时，或在加工过程中工序基准多次转换时，或工序尺寸尚需从待加工的表面标注时，工序尺寸及公差的计算比较复杂，需用工艺尺寸链来进行分析计算。

① 测量基准与设计基准不重合时，测量尺寸的换算。

例6.3　如图6.30所示的零件，尺寸$10_{-0.36}^{0}$ mm不便于测量，于是改为测量尺寸A_2'。工艺尺寸链如图6.29(c)所示，其中A'_2为测量直接得到的尺寸，A'_1为已加工的尺寸，A'_0则为由这两个尺寸最后形成的尺寸，所以A'_0为封闭环，A'_1，A'_2为组成环，其中A'_1为增环，A_2'为减环。

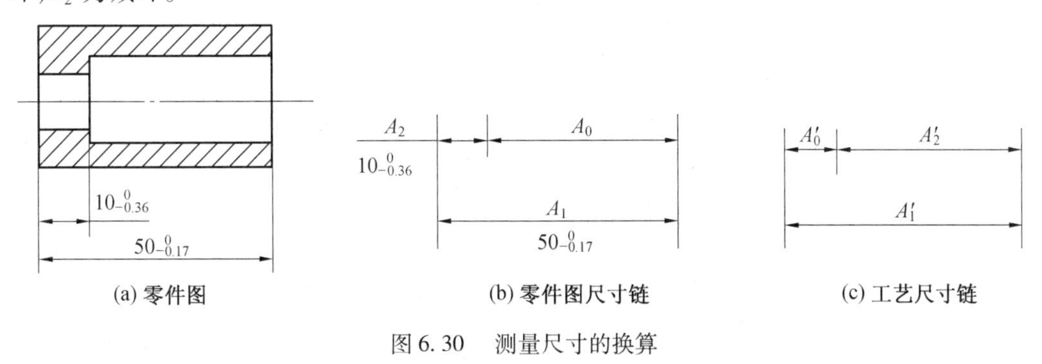

图6.30　测量尺寸的换算

尺寸链计算如下

$$10 = 50 - \overleftarrow{A'_2} \Rightarrow \overleftarrow{A'_2} = 40$$

$$0 = 0 - EI\overleftarrow{A'_2} \Rightarrow EI\overleftarrow{A'_2} = 0$$

$$-0.36 = -0.17 - ES\overleftarrow{A'_2} \Rightarrow ES\overleftarrow{A'_2} = +0.19$$

$$A'_2 = 40^{+0.19}_{0}\ \text{mm}$$

假废品的分析：在本例中，若加工后实测，得

$$A'_2/\text{mm} = 40 - 0.17 = 39.83$$

$$A'_1/\text{mm} = 50 - 0.17 = 49.83$$

尺寸 A'_2 为超差，但此时 A'_0 的实际尺寸为

$$A'_0/\text{mm} = A'_1 - A'_2 = 49.83 - 39.83 = 10$$

零件仍为合格品。

由此可见，由于测量基准与设计基准不重合，因而要换算测量尺寸。若测量尺寸超差，只要其超差量不大于另一组成环的公差，则该零件可能是假废品，应复检。

② 定位基准与设计基准不重合时的工序尺寸换算。

例6.4 如图6.31所示的箱体零件，为使镗孔夹具能安置中间导向支承，加工时常把箱体倒放，用顶面1做定位基准。当用调整法加工时，轴心线设计尺寸则是由上下工序尺寸(600 ±0.20)mm和本工序尺寸 $A \pm \Delta A$ 间接保证的。因此，在工艺尺寸链中，(350 ±0.30)mm为封闭环，(600 ±0.20)mm为增环，$A \pm \Delta A$ 为减环。

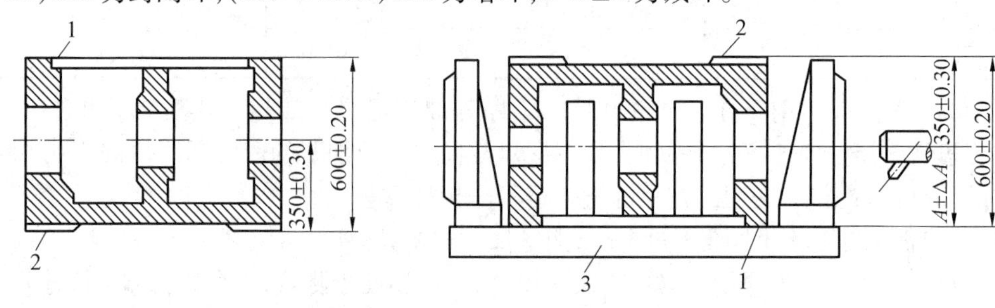

图6.31 箱体尺寸链

1—面B；2—基准面A；3—夹具定位板

按有关公式计算得，工艺尺寸为(250 ±0.10)mm。由此看出，这比采用底面做定位基准时的误差(±0.30)mm大大缩小了。

若箱体尺寸(350 ±0.30)mm不变，上下面间尺寸为(600 ±0.40)mm，则可看出此时无法加工，也无法满足尺寸链的基本计算公式。这时应采取如下一些措施：

a. 与设计者协商，能否将孔心线尺寸要求放低。

b. 改变定位基准，仍用底面定位加工(中间导向支承改用吊装式，装卸麻烦)。

c. 提高上下工序加工精度，即缩小(600 ±0.40)mm公差。

例6.5 如图6.32(a)所示的零件，A 面及 C 面已加工。现进行镗孔作业，由于装夹原因，选 A 面为工序定位基准。但原该孔设计基准为 C 面，出现基准不重合，故需对该工序尺寸 A_3 进行计算。

根据尺寸之间的相互关系建立尺寸链，如图6.32(b)所示。尺寸 A_1，A_2 和 A_3 均为前

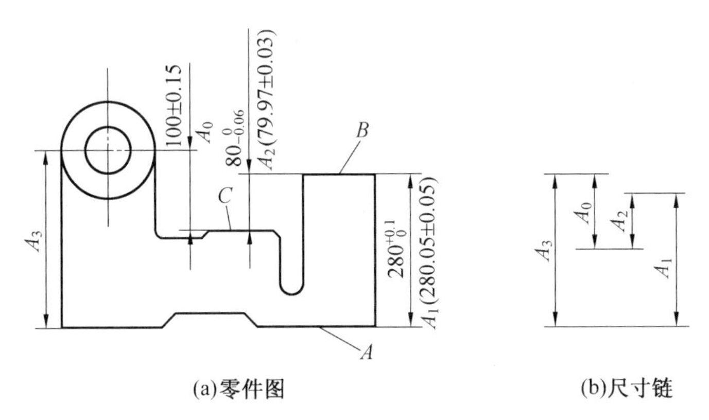

(a)零件图　　(b)尺寸链

图6.32　定位基准与设计基准不重合时的工序尺寸计算

面及本工序直接得到的尺寸，属于组成环，A_0 为最后间接获得的尺寸，属于封闭环。从尺寸链简图可判断，A_2 和 A_3 是增环，A_1 是减环，为方便计算，本题采用平均尺寸计算。由前述计算公式可得

$$A_{0M}=A_{2M}+A_{3M}-A_{1M}$$

$$A_{3M}=A_{0M}+A_{1M}-A_{2M}=100+280.05-79.97=300.08$$

$$T_0=T_1+T_2+T_3$$

$$T_3=T_0-T_1-T_2=0.3-0.1-0.06=0.14$$

所以

$$A_3=300.08\ \pm0.07=300^{+0.15}_{+0.01}$$

如果基准变动导致组成环公差之和等于或大于封闭环公差时，必须缩减组成环公差，即提高组成环加工精度，以满足封闭环公差。如本题中，若将 T_{A0} 改为 ±0.08，则 T_0 已等于 T_1 与 T_2 之和，导致 T_3 等于零。因此，必须修改 A_1，A_2 的公差，即重新将 T_0 在 T_1，T_2，T_3 之间进行分配。

③ 一次加工满足多个设计时工序尺寸及公差的换算。

例6.6　如图6.33所示为齿轮孔局部简图。设计尺寸是：孔径 $\phi10^{+0.05}_{\ 0}$ mm 需淬硬，键槽尺寸深度为$\phi43.6^{+0.34}_{\ 0}$ mm。孔和键槽的加工顺序如下：

① 镗孔 $\phi39.6^{+0.10}_{\ 0}$ mm。

② 插键槽至工序尺寸 A。

③ 淬火热处理。

④ 磨孔至 $\phi40^{+0.05}_{\ 0}$ mm，同时保证尺寸 $\phi43.6^{+0.34}_{\ 0}$ mm。

在如图6.33(b)所示的四环尺寸链中，设计尺寸 $\phi43.6^{+0.34}_{\ 0}$ mm 是间接保证的，为封闭环；A 和$20^{+0.025}_{\ 0}$ mm（内孔半径）为增环；$19.8^{+0.05}_{\ 0}$ mm（镗孔 $\phi39.6^{+0.10}_{\ 0}$ mm）为减环。则

$$A/\text{mm}=43.6-20+19.8=43.4$$

$$ES(A)/\text{mm}=0.34-0.025=0.315$$

$$EI(A)/\text{mm}=0+0.05=0.05$$

所以，$A=\phi43.4^{+0.315}_{\ 0}$ mm $=43.45^{+0.265}_{\ 0}$ mm。

因为工序尺寸 A 是从待加工的设计基准内孔注出的，所以与设计尺寸 $\phi43.6^{+0.34}_{\ 0}$ mm

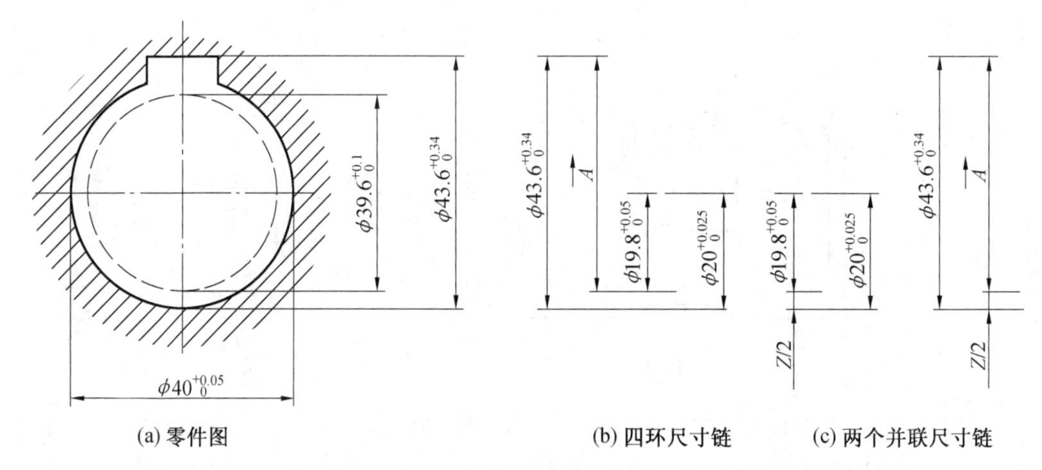

图 6.33　内孔及键槽的工艺尺寸链

间有一个半径磨削余量 $Z/2$ 的差别。利用这个余量,可将图 6.33(b) 所示的尺寸链分解为图 6.33(c) 所示的两个并联的三环尺寸链,其中 $Z/2$ 为公共环。

在$20^{+0.025}_{0}$ mm、$19.8^{+0.05}_{0}$ mm 和 $Z/2$ 组成的尺寸链中,半径余量 $Z/2$ 的大小是间接形成的,是封闭环。解尺寸链可得

$$Z/2 = 0.2^{+0.025}_{-0.05}\ \text{mm}$$

在 $Z/2$、A 和$43.6^{+0.34}_{0}$ mm 组成的尺寸链中,由于 $Z/2$ 已由上述计算确定,而设计尺寸$43.6^{+0.34}_{0}$ mm 取决于工序尺寸 A 及余量 $Z/2$,因而$43.6^{+0.34}_{0}$ mm 是封闭环,解此尺寸链可得

$$A = 43.25^{+0.265}_{0}\ \text{mm}$$

两个计算结果完全相同。

④ 表面热处理时的工序尺寸换算。

例 6.7　如图 6.34(a) 所示的轴承衬套,内孔渗氮处理,渗氮层深度为 t。单边为 $0.3^{+0.2}_{0}$ mm。有关加工工序是:磨内孔保证尺寸 $\phi144.76^{+0.04}_{0}$ mm;渗氮并控制渗层深度为 t_1(单边);最后精磨内孔,保证尺寸为 $\phi145^{+0.04}_{0}$ mm,同时保证渗层深度达到图纸要求。试确定 t_1 的数值。

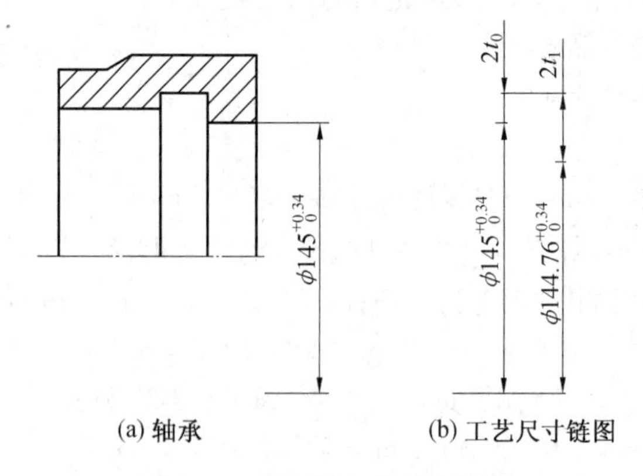

图 6.34　渗氮层工序尺寸换算

解　由于图纸规定的渗层深度是精磨内孔后间接保证的尺寸 t_0,因此 t_0 是封闭环。

解该尺寸链得

$$t_1/\text{mm} = 145/2 + 0.3 - 144.76/2 = 0.42$$

$$ESt_1/\text{mm} = 0.2 - 0.02 + 0 = 0.18$$

$$EIt_1/\text{mm} = 0 - 0 + 0.02 = 0.02$$

即磨前渗碳层深度 $t_1 = 0.42^{+0.18}_{+0.02}$ mm。

⑤ 平面尺寸链的工序尺寸换算。

例 6.8　如图6.35(a)所示为箱体镗孔工序简图。O_1 孔的坐标位置为 x_1、y_2，试确定 O_2 孔及 O_3 孔相对于 O_1 孔的坐标位置。

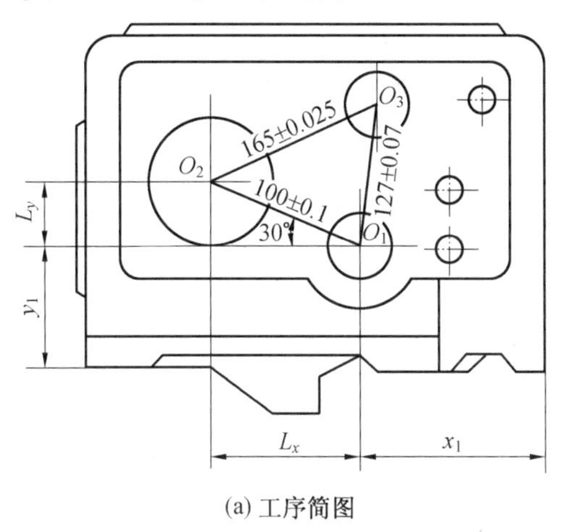

(a) 工序简图

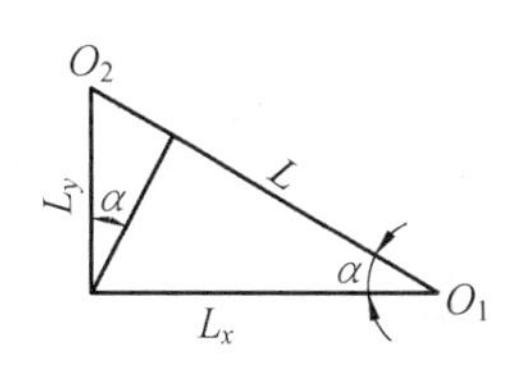

(b) 尺寸链

图6.35　箱体镗孔工序尺寸计算

解　先求 O_2 孔相对于 O_1 孔的位置坐标。从图可知：O_1、O_2 孔中心距 $L = 100 \pm 0.1$ mm，水平夹角 $\alpha = 30°$。O_2 孔位置可以用相对坐标尺寸 L_x 和 L_y 表示。

$$L_x/\text{mm} = L\cos 30° = 86.6$$

$$L_y/\text{mm} = L\sin 30° = 50$$

因为

$$L = L_x\cos\alpha + L_y\sin\alpha$$

故

$$T(L) = T(L_x)\cos\alpha + T(L_y)\sin\alpha$$

设

$$T(L_x) = T(L_y)$$

则

$$T(L) = T(L_x)(\cos\alpha + \sin\alpha)$$

因此得镗孔 O_2 的工序尺寸为

$$L_x/\text{mm} = 86.6 \pm 0.073$$

$$L_y/\text{mm} = 50 \pm 0.073$$

同理，可计算 O_3 孔的相对尺寸。

⑥ 工艺尺寸跟踪图表法确定工序尺寸及举例。

在前面遇到的工序尺寸计算中,大多只需要一个工艺尺寸链简图就可以计算,这种单链计算法仅适用于工序较少的零件。而对于工序多、基准不重合或基准多次变换的零件,若也用单链计算法计算工序尺寸,就很复杂繁琐,且容易出错。由于前后工序尺寸相互联系,一旦出错,返工计算量就很大。对于复杂零件的工序尺寸计算宜采用整体联系计算的方法。

工艺尺寸跟踪图表法就是整体联系计算的方法。它把全部工序尺寸和工序余量画在一张图表上,根据加工经济精度确定工序加工精度和工序余量,建立全部工序尺寸间的联系,并依此计算工序尺寸和工序余量。以套筒零件为例,介绍尺寸跟踪图表法,如图 6.36 所示。

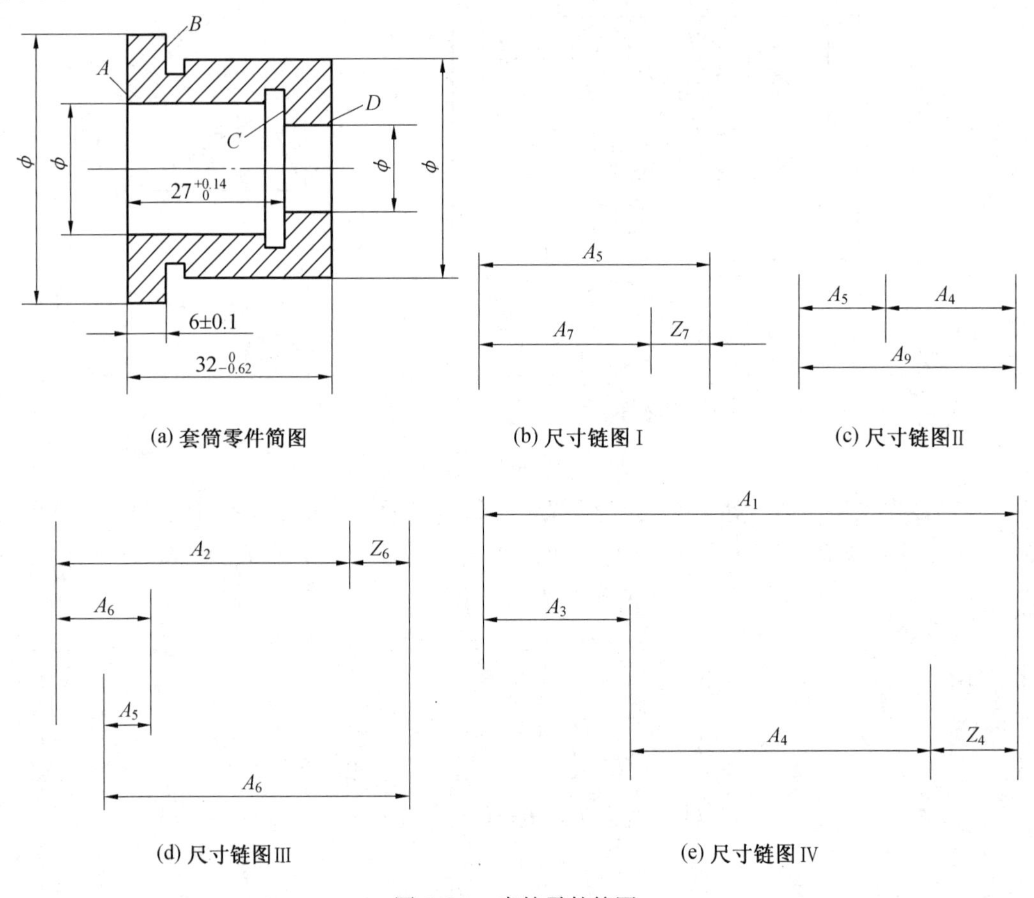

图 6.36 套筒零件简图

例 6.9 套筒零件有关轴向尺寸加工工序如下:

工序 10:轴向以 D 面定位,粗车 A 面,然后以 A 面为基准粗车 C 面,保证工序尺寸 A_1 和 A_2。

工序 20:轴向以 A 面定位,粗车、精车 B 面,以保证工序尺寸 A_3;粗车 D 面,以保证工序尺寸 A_4。

工序 30:轴向以 B 面定位,精车 A 面,以保证工序尺寸 A_5;精车 C 面,以保证工序尺寸 A_6。

工序40：热处理。

工序50：用靠火花磨削法磨 B 面，控制磨削余量 Z_7。

解　具体方法及步骤如下：

(1) 绘制尺寸跟踪图表。按题意绘制尺寸跟踪图表，见表6.15。

表6.15　尺寸跟踪图表

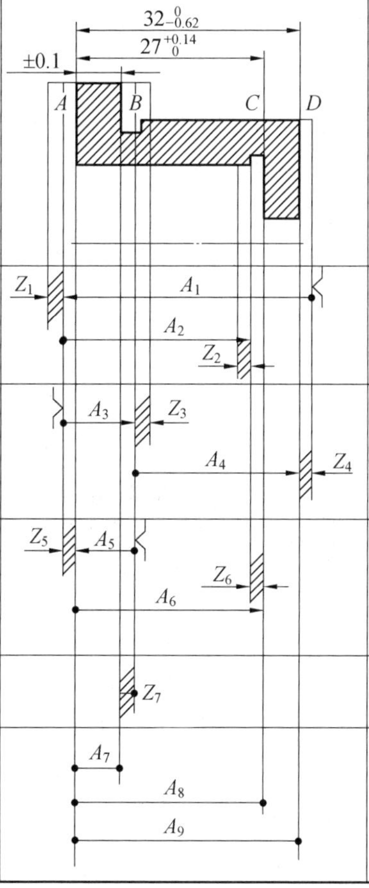

工序号	工序内容	$32_{-0.62}^{0}$，$27_{0}^{+0.14}$，±0.1；A　B　C　D	工序尺寸公差 $\pm\frac{TA_i}{2}$	余量公差 $\pm\frac{TZ_i}{2}$	最小余量 $Z_{i\min}$	平均余量 Z_{iM}	平均尺寸 A_{iM}
10	粗车A面保证A_1	Z_1　A_1	±0.3	毛坯	1.2		33.8
	粗车C面保证A_2	A_2　Z_2	±0.2	毛坯	1.2		26.8
20	粗精车B面保证A_3	A_3　Z_3	±0.1	毛坯	1.2		6.58
	粗车D面保证A_4	A_4　Z_4	±0.23	±0.63	1	1.63	25.59
30	精车A面保证A_5	Z_5　A_5	±0.08	±0.18	0.3	0.48	6.1
	精车C面保证A_6	Z_6　A_6	±0.07	±0.45	0.3	0.75	27.07
50	靠磨B面控制余量Z	Z_7	±0.02	±0.02	±0.08	0.1	
设计尺寸	6±0.1 27.07±0.07 31.69±0.31	A_7 A_8 A_9	按工序尺寸链或按经济加工精度确定	按余量尺寸链确定	按经验选取	前两栏相加	按线叠加

注：图中"——►"表示工序尺寸；"ᐳ"表示定位基准；"●——●"表示封闭环；"●"表示测量基准；"▨"表示工序余量；"——|"表示加工表面

① 在图表上方画出零件简图（当零件为对称形状时，可以只画出它的一半），并标出与工艺尺寸链计算有关的轴向设计尺寸。

② 按加工顺序自上而下地填入工序号和工序名称。

③ 从零件简图各端面向下引出引线至加工区域（这些引线分别代表在不同加工阶段中有余量区别的不同加工表面），并按图所规定的符号标出工序基准（定位基准或测量基准）、加工余量、工序尺寸及结果尺寸（即设计尺寸）。

工序尺寸箭头指向加工后的已加工表面,用余量符号隔开的上方竖线为该次加工前的待加工面,余量符号按入体原则标注。

应注意同一工序内的所有工序尺寸,都要按加工或尺寸调整的先后顺序依次列出;与确定工序尺寸无关的粗加工余量(如 Z_1)一般不必标出(这是因为总余量通常由查表确定,毛坯尺寸也就相应确定了)。

④ 为便于计算,应将有关设计尺寸换算成平均尺寸和双向对称偏差的形式标于结果尺寸栏内。

(2) 工序尺寸公差 $\pm Ta_i/2$ 的填写。工序尺寸公差的计算和确定是整个图表法计算过程的基础。确定工序尺寸公差必须符合以下两个原则:① 所确定的工序尺寸公差不应超过图纸上要求的公差,应能保证最后加工尺寸的公差符合设计要求;② 各工序尺寸公差应符合该工序加工的经济性,有利于降低加工成本。根据这两个原则,首先逐项初步确定各工序尺寸的公差(可参阅《机械加工工艺手册》中有关"尺寸偏差的经济精度"来确定),按对称标注形式自下而上填入"$\pm Ta_i/2$"栏内。

① 对间接保证的设计尺寸,以它作为封闭环,按图解跟踪法找出有关组成环。尺寸跟踪规则:由被计算的间接保证的设计尺寸两端开始一起向上找箭头,找到箭头就拐弯到该工序尺寸起点,然后继续向上找箭头,一直找到两端的跟踪路线在某一个工序尺寸起点相遇为止。各组成环的公差可按等公差或等精度法将设计尺寸的公差按极值法分配给各组成环。当设计尺寸精度较高(封闭环公差很小)、组成环又较多时,为了使每个工序尺寸公差尽可能大一些,也可以用概率法分配设计尺寸的公差。

如图 6.36(b) 所示,$A_7 = 7 \pm 0.1$ mm 的尺寸链为 $A_7 - Z_7 - A_5$,A_7 为封闭环,A_5 为增环,Z_7 为减环,若靠磨量 $Z_7 \pm T_{Z_7}/2 = (0.1 \pm 0.02)$mm,则 $T_{A_5} = T_{A_7} - T_{Z_7} = (0.2 - 0.04)$mm $= 0.16$ mm,填入表中。

又如图 6.36(c) 所示,设计尺寸 $A_9 = (31.69 \pm 0.31)$mm,其尺寸链为 $A_9 - A_5 - A_4$,A_9 为封闭环,A_5、A_4 均为增环,则 $T_{A_4} = T_{A_9} - T_{A_5} = (0.62 - 0.16)$mm $= 0.46$ mm。

② 不进入尺寸链计算的工序尺寸公差,可按经济加工精度或工厂经验值确定。如粗车:0.3 ~ 0.6 mm,精车:0.1 ~ 0.3 mm,磨削:0.02 ~ 0.1 mm。

(3) 余量(公差) $\pm TZ_i/2$ 的填写。通常分两种情况:

① 待定公差的余量作为封闭环。由封闭环公差与组成环公差的关系可知,该余量的公差等于各组成环公差之和。

如图6.36(d) 所示,Z_6 的尺寸链为 $Z_6 - A_8 - A_5 - A_3 - A_2$,$Z_6$ 为封闭环,A_3、A_8 为增环,A_2、A_5 为减环,则

$$T_{Z_6} = T_{A_8} + T_{A_5} + T_{A_3} + T_{A_2} = 0.14 + 0.16 + 0.2 + 0.4 = 0.9 \text{ mm}$$

又如图 6.36(e) 所示,Z_4 的尺寸链为 $Z_4 - A_4 - A_3 - A_1$,Z_4 为封闭环,A_1 为增环,A_3、A_4 为减环,则

$$\pm\frac{T_{Z_4}}{2}=\pm(\frac{T_{A_4}}{2}+\frac{T_{A_3}}{2}+\frac{T_{A_1}}{2})=\pm(0.23+0.1+0.3)\text{mm}=\pm0.63\text{ mm}$$

② 没有进入尺寸链关系的余量多系由毛坯切除得到，余量公差较大，可不必填写。

(4) 最小余量 $Z_{i\min}$ 的填写。可以按照工厂的实际加工经验取值。如粗车：0.8 ~ 1.56 mm，精车：0.1 ~ 0.3 mm，磨削：0.08 ~ 0.12 mm。

(5) 平均余量 Z_{iM} 的填写

取

$$Z_{iM}=Z_{i\min}+\frac{Z_i}{2}$$

(6) 计算各工序的平均尺寸。从待求尺寸两端沿竖线上、下寻找，看它由哪些已知的工序尺寸、设计尺寸、加工余量叠加而成。如

$$A_{4M}/\text{mm}=A_{9M}-A_{5M}=31.69-6.1=25.59$$

最后将工序尺寸改写成入体分布形式 A_i，如 $A_1=34.1_{-0.6}^{0}$ mm。

6.3.6　编制工艺规程文件

零件的机械加工工艺过程确定之后，应将有关内容填写在工艺卡片上，这些工艺卡片总称为工艺文件。各工厂所用的工艺文件的格式很多，可视具体情况和参照相关规定来编制。生产中常用的工艺文件有下列三种形式：

1. 机械加工工艺过程卡片

机械加工工艺过程卡片以工序为单位，简要地列出了整个零件加工所经过的工艺路线（包括毛坯制造、机械加工和热处理等），它是制订其他工艺文件的基础，也是生产技术准备、编排作业计划和组织生产的依据。

2. 机械加工工序卡片

工序卡片是为每道工序制订的，它更详细地说明整个零件各个工序的加工要求，是用来具体指导工人操作的工艺文件。在这种卡片上，要画出工序简图，注明该工序每一工步的内容、工艺参数、操作要求以及所用的设备和工艺装备。

3. 机械加工工艺卡片

以工序为单位说明工艺过程，详细地规定每道工序及其工位和工步的工作内容，复杂工序绘有工序简图，详细程度介于工艺过程卡和工艺卡之间。工艺卡用来指导生产和管理加工过程，广泛用于成批生产或重要零件的小批生产。

最常用的机械加工工艺过程卡片和机械加工工序卡片见表6.16和表6.17。

表 6.16　机械加工工艺过程卡片格式

（厂　名）	机械加工工艺过程卡片	产品型号		零件图号			
		产品名称		零件名称		共　页	第　页

材料牌号		毛坯种类		毛坯外形尺寸		每毛坯可制件数		每台件数		备注	

工序号	工序名称	工序内容	车间	工段	设备	工艺装备	工时	
							准终	单件

										设计（日期）	审核（日期）	标准化（日期）	会签（日期）	
标记	处数	更改文件号	签字	日期	标记	处数	更改文件号	签字	日期					

表 6.17　机械加工工序卡片格式

<table>
<tr><td rowspan="2">（厂　名）</td><td rowspan="2">机械加工工序卡片</td><td>产品型号</td><td></td><td>零件图号</td><td></td><td></td><td></td></tr>
<tr><td>产品名称</td><td></td><td>零件名称</td><td></td><td>共　页</td><td>第　页</td></tr>
</table>

<table>
<tr><td rowspan="13"></td><td>车间</td><td>工序号</td><td>工序名</td><td colspan="2">材料牌号</td></tr>
<tr><td></td><td></td><td></td><td colspan="2"></td></tr>
<tr><td>毛坯种类</td><td>毛坯外形尺寸</td><td>每毛坯可制件数</td><td colspan="2">每台件数</td></tr>
<tr><td></td><td></td><td></td><td colspan="2"></td></tr>
<tr><td>设备名称</td><td>设备型号</td><td>设备编号</td><td colspan="2">同时加工件数</td></tr>
<tr><td></td><td></td><td></td><td colspan="2"></td></tr>
<tr><td colspan="2">夹具编号</td><td>夹具名称</td><td colspan="2">切削液</td></tr>
<tr><td colspan="2"></td><td></td><td colspan="2"></td></tr>
<tr><td colspan="2" rowspan="2">工位器具编号</td><td rowspan="2">工件器具名称</td><td colspan="2">工序工时</td></tr>
<tr><td>准终</td><td>单件</td></tr>
<tr><td colspan="2"></td><td></td><td></td><td></td></tr>
</table>

<table>
<tr><td rowspan="2">工步号</td><td rowspan="2">工步内容</td><td rowspan="2">工艺装备</td><td rowspan="2">主轴转速/（r・min^{-1}）</td><td rowspan="2">切削速度/（m・min^{-1}）</td><td rowspan="2">进给量/（mm・r^{-1}）</td><td rowspan="2">切削深度/mm</td><td rowspan="2">进给次数</td><td colspan="2">工步工时</td></tr>
<tr><td>机动</td><td>辅助</td></tr>
<tr><td></td><td></td><td></td><td></td><td></td><td></td><td></td><td></td><td></td><td></td></tr>
<tr><td></td><td></td><td></td><td></td><td></td><td></td><td></td><td></td><td></td><td></td></tr>
<tr><td></td><td></td><td></td><td></td><td></td><td></td><td></td><td></td><td></td><td></td></tr>
<tr><td></td><td></td><td></td><td></td><td></td><td></td><td></td><td></td><td></td><td></td></tr>
<tr><td></td><td></td><td></td><td></td><td></td><td></td><td></td><td></td><td></td><td></td></tr>
</table>

<table>
<tr><td></td><td></td><td></td><td></td><td></td><td></td><td></td><td></td><td></td><td></td><td>设计（日期）</td><td>审核（日期）</td><td>标准化（日期）</td><td>会签（日期）</td><td></td></tr>
<tr><td></td><td></td><td></td><td></td><td></td><td></td><td></td><td></td><td></td><td></td><td rowspan="2"></td><td rowspan="2"></td><td rowspan="2"></td><td rowspan="2"></td><td rowspan="2"></td></tr>
<tr><td>标记</td><td>处数</td><td>更改文件号</td><td>签字</td><td>日期</td><td>标记</td><td>处数</td><td>更改文件号</td><td>签字</td><td>日期</td></tr>
</table>

6.4 提高机械加工生产率的工艺措施

劳动生产率是指工人在单位时间内制造的合格产品的数量或制造单件产品所消耗的劳动时间。劳动生产率是一项综合性的技术经济指标。提高劳动生产率,必须正确处理好质量、生产率和经济性三者之间的关系。应在保证质量的前提下,提高生产率,降低成本。提高劳动生产率的措施很多,涉及产品设计、制造工艺和组织管理等多方面,这里仅介绍通过缩短单件时间来提高机械加工生产率的工艺措施的主要有以下四个方面。

1. 缩短基本时间

在大批大量生产时,由于基本时间在单位时间中所占比重较大,因此通过缩短基本时间即可提高生产率。缩短基本时间的主要途径有以下几种。

(1) 提高切削用量。增大切削速度、进给量和背吃刀量,都可缩短基本时间,但切削用量的提高受到刀具耐用度和机床功率、工艺系统刚度等方面的制约。随着新型刀具材料的出现,切削速度得到了迅速的提高,目前硬质合金车刀的切削速度可达200 m/min ,陶瓷刀具的切削速度达500 m/min 。近年来出现的聚晶人造金刚石和聚晶立方氮化硼刀具切削普通钢材的切削速度达900 m/min 。在磨削方面,近年来的发展趋势是高速磨削和强力磨削。国内生产的高速磨床和砂轮磨削速度已达60 m/s ,国外已达90 ~ 120 m/s;强力磨削的切入深度已达6 ~ 12 mm,从而使生产率大大提高。

(2) 采用多刀加工。采用多刀加工同时,切削每把车刀实际加工长度只有原来的1/3;每把刀的切削余量只有原来的1/3;用三把刀具对同一工件上不同表面同时进行横向切入法车削。显然,采用多刀同时切削比单刀切削的加工时间大大缩短。

(3) 多件加工。多件加工是通过减少刀具的切入、切出时间或者使基本时间重合,从而缩短每个零件加工的基本时间来提高生产率。

(4) 减少加工余量。采用精密铸造、压力铸造、精密锻造等先进工艺提高毛坯制造精度,减少机械加工余量,以缩短基本时间,有时甚至无需再进行机械加工,这样可以大幅度提高生产效率。

2. 缩短辅助时间

辅助时间在单件时间中也占有较大比重,尤其是在大幅度提高切削用量之后,基本时间显著减少,辅助时间所占比例就更高。此时采取措施缩减辅助时间就成为提高生产率的重要方向。缩短辅助时间有两种不同的途径:一是使辅助动作实现机械化和自动化,从而直接缩减辅助时间;二是使辅助时间与基本时间重合,间接缩短辅助时间。

(1) 直接缩减辅助时间。采用专用夹具装夹工件,工件在装夹中不需找正,可缩短装卸工件的时间。大批大量生产时,广泛采用高效气动、液动夹具来缩短装卸工件的时间。单件小批生产中,由于受专用夹具制造成本的限制,为缩短装卸工件的时间,可采用组合夹具及可调夹具。

此外,为减小加工中停机测量的辅助时间,可采用主动检测装置或数字显示装置在加工过程中进行实时测量,以减少加工中需要的测量时间。主动检测装置能在加工过程中测量加工表面的实际尺寸,并根据测量结果自动对机床进行调整和工作循环控制,如磨削自动测量装置。数显装置能把加工过程或机床调整过程中机床运动的移动量或角位移连续精确地显示出来,这些都大大节省了停机测量的辅助时间。

(2) 间接缩短辅助时间。为了使辅助时间和基本时间全部或部分地重合,可采用多工位夹具和连续加工的方法。

3. 缩短布置工作的时间

布置工作的时间,大部分消耗在更换刀具上,因此必须减少换刀次数并缩减每次换刀所需的时间,提高刀具的耐用度可减少换刀次数。而换刀时间的减少,则主要通过改进刀具的安装方法和采用装刀夹具来实现。如采用各种快换刀夹,刀具微调机构,专用对刀样板或对刀样件以及自动换刀装置等,以减少刀具的装卸和对刀所需时间。

例如,在车床和铣床上采用可转位硬质合金刀片刀具,既减少了换刀次数,又减少了刀具装卸、对刀和刃磨的时间。

4. 缩短准备与终结时间

缩短准备与终结时间的途径主要有两个:

(1) 扩大产品生产批量,以相对减少分摊到每个零件上的准备与终结时间。

(2) 直接减少准备与终结时间。扩大产品生产批量,可以通过零件标准化和通用化实现,并可采用成组技术组织生产。

6.5　工艺方案的技术经济性分析

在制定工艺规程时,常常拟定几种不同的工艺方案,这些工艺方案所产生的经济效益一般是不同的。工艺方案的经济效益分析的目的在于选择最优工艺方案。比较工艺方案优劣,大致可分为两个阶段进行:第一阶段是对各工艺方案进行技术经济指标分析,它是从各个侧面考查工艺方案的优劣;第二阶段是对各工艺方案的工艺成本进行分析,它是从综合、整体的角度判断工艺方案的优劣。

1. 工艺方案的技术经济指标

在第一阶段中,需要分析的主要技术经济指标如下:

(1) 劳动消耗量。劳动消耗量可以用劳动小时数或单位时间产量计算。它是工艺效率高低的指标。

(2) 原材料消耗量。原材料消耗量反映工艺方案对原材料选用的经济合理性。该指标对工艺方案有很大影响。

(3) 设备构成比。设备构成比指采用主要设备型号的比例关系。其中高效率自动化设备和专用设备所占比例大,而加工劳动量小。此指标表示设备的特点,但要注意设备的负荷系数。

(4) 设计的厂房占地面积。设计的厂房占地面积指工艺过程中所需设备的厂房占地面积,此指标对新建或改建车间影响较大。

(5) 工艺装备系数。工艺装备系数标志着工艺过程中所采用的专用工、夹、模、量具的程度。工艺装备系数大,可减少加工劳动量,但会增加投资和使用费用,并延长生产技术准备周期,所以应考虑批量大小。

(6) 工艺分散与集中程度。工艺分散与集中程度表明一个零件加工工序的多少。分散与集中程度取决于批量大小和产量高低。

2. 工艺成本的组成及计算

生产成本是制造一个零件或产品所必需的一切需用的总和。其中与工艺过程直接相关的费用称为工艺成本。在第二阶段,通过工艺成本的分析,可以从几个初选方案中,选出技术上先进、经济上合理的工艺方案。

零件生产成本的组成如图 6.37 所示。其中与工艺过程直接相关的费用称为工艺成本。工艺成本占生产成本的 70% ~ 75%。全年工艺成本按性质不同可分为可变费用和不变费用。可变费用即直接消耗在单个零件加工上的费用,如材料费、工人工资、通用机床刀具损耗等,这部分费用与年产量同步增长;不变费用是为整批零件的加工而产生的费用,与年生产量没有直接关系,是相对固定的费用。

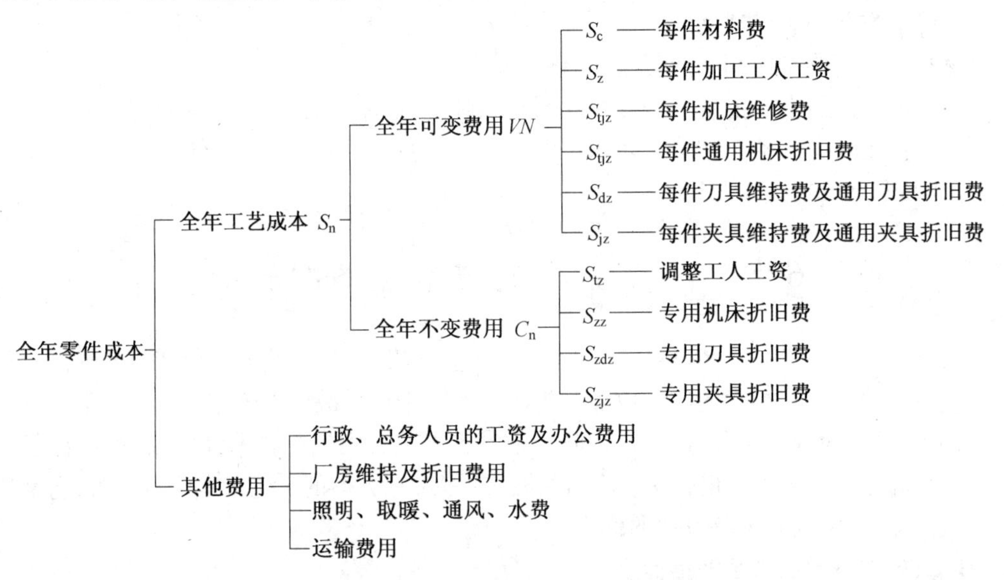

图 6.37　零件生产成本的组成

零件的全年工艺成本 S_n 与单件工艺成本 S_d,可表示为

$$S_n = VN + C_n \tag{6.28}$$

$$S_d = V + C_n/N \tag{6.29}$$

式中　V—— 每个零件的可变费用,元/件;

N—— 零件年生产纲领;

C_n—— 全年的不变费用,元。

3. 工艺方案的经济评价

(1) 工艺成本评价。当需评比的工艺方案均采用现有设备或与其基本投资相近时,可用工艺成本作为衡量各种工艺方案的依据。特别是只有少数工序不同的方案比较时,只需比较这些不同工序即可。

三种不同工艺方案的工艺成本比较如图6.38 所示。方案 Ⅰ 采用通用机床加工;方案 Ⅱ 采用数控机床加工;方案 Ⅲ 采用专用机床加工。从图 6.38 可以清楚地看到,对于方案

Ⅰ,由于使用通用设备,准备时间短,调整方便,但加工生产率低,对工人技术要求高,因此不变费用低,单件加工成本高,适合零件数量少的情况;方案 Ⅲ 采用专用机床,虽然生产率高,单件加工费低(图6.38(a) 中直线斜率较小),但由于固定成本高,只有在产量很大时,单件工艺成本才比较合适。而对于方案 Ⅱ,由于数控机床的特点,使之在很大的产量范围内,单件工艺成本都比较低,如图6.38(b) 所示。

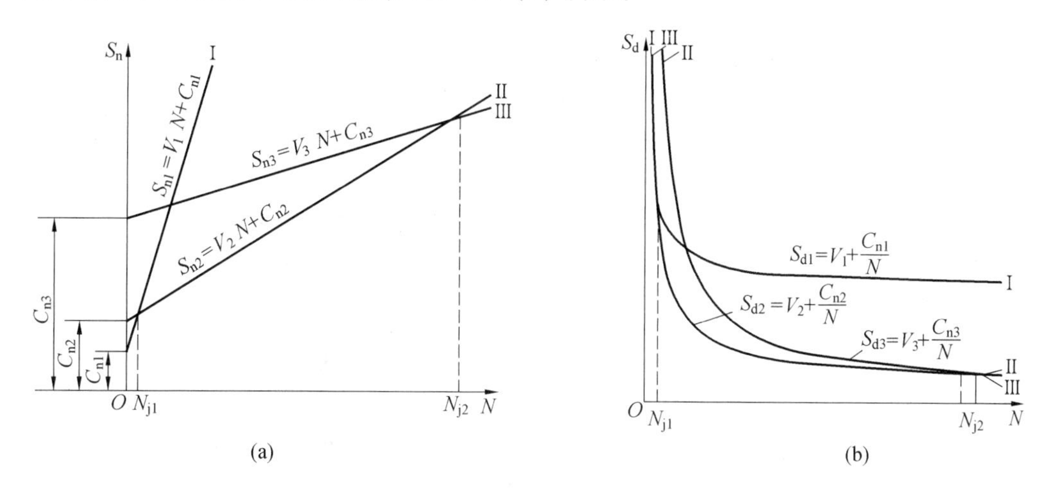

图6.38　工艺成本与年产量的关系

综上可知,方案的取舍与加工零件的年生产纲领有着密切的关系。当对两种方案比较时,需计算相应的临界年产量 N_j。

在图6.38中,当 $N < N_{j1}$ 时,宜采用通用机床;当 $N > N_{j1}$ 时,宜采用专用机床;介于两者之间采用数控机床。

(2) 投资差额回收期限评价。当两种工艺方案的基本投资差额较大时,则在考虑工艺成本的同时,还要考虑基本投资差额的回收期限。

若第一方案采用了价格较贵的先进专用设备,基本投资 K_1 大,全年工艺成本 S_{n1} 较低,但生产准备周期短,产品上市快;第二方案采用了价格较低的一般设备,基本投资 K_2 少,工艺成本 S_{n2} 较高,但生产准备周期长,产品上市慢。这时如单纯比较其工艺成本是难以全面评定其经济性的,必须同时考虑不同加工方案的基本投资差额的回收期限。投资回收期 T 可表示为

$$T = \frac{K_1 - K_2}{(S_{n1} - S_{n2}) + \Delta Q} = \frac{\Delta K}{\Delta S_n - \Delta Q} \tag{6.30}$$

式中　ΔK—— 基本投资差额;

ΔS_n—— 全年工艺成本节约额;

ΔQ—— 工厂从产品销售中取得的全年增收总额。

ΔQ 值随市场情况变化较大,如果上市效应时间较短,可以将其放在式(6.30) 分子中,用以抵消部分投资差额。

投资回收期必须满足以下要求:

① 回收期限应小于专用设备或工艺装备的使用年限;

② 回收期限应小于该产品由于结构性或市场需求因素决定的生产年限。

③ 回收期限应小于国家所规定的标准回收期，采用专用工艺装备的标准回收期为 2 ~ 3 年，采用专用机床的标准回收期为 4 ~ 6 年。

在对工艺方案做经济分析时，不能简单地比较投资额和单件工艺成本，有时这两个值均相对较高。但这样可使产品上市快，工厂可从中取得较大的经济收益。从整体经济效益来看，该工艺方案仍然是可行的。

4. 工艺方案的实例分析

某车间生产五种规格的车床溜板箱，其结构基本相同，只是零件的形状、尺寸有所不同。因此，可根据成组技术的原理将组成该部件的零件进行分类，成组加工。例如，可将零件分为短轴、长轴、箱体和板件等几组。

除了采用通常的单件生产方式（方案 Ⅰ）外，尚可考虑采用技术水平不同的成组生产单元（方案 Ⅱ ~ Ⅳ）。现对表 6.18 所示的四种方案进行分析对比。设备布置如图 6.39 ~6.42 所示。

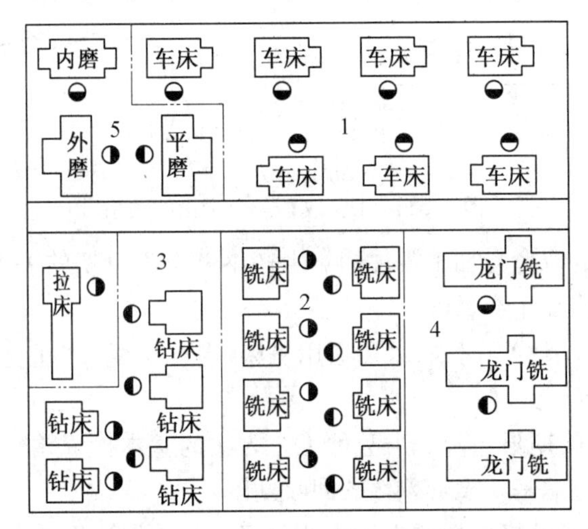

图 6.39　方案 Ⅰ 的设备布置

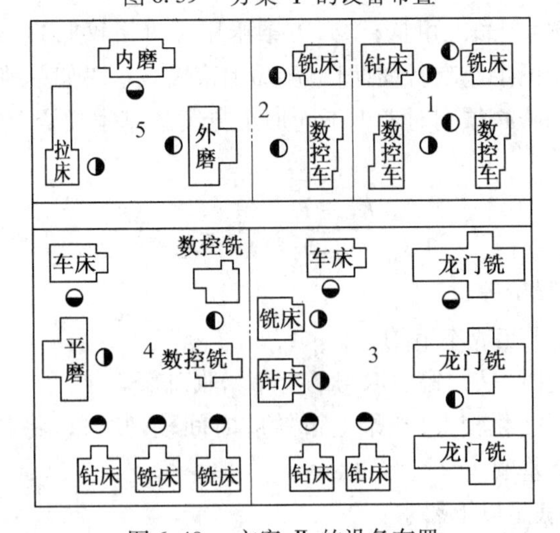

图 6.40　方案 Ⅱ 的设备布置

表6.18　四种方案的设备与工人比较表

	方案Ⅰ			方案Ⅱ			方案Ⅲ			方案Ⅳ		
	组	设备种类	台数	组	设备种类	台数	组	设备种类	台数	组	设备种类	台数
设备	1	车床	7	1	数控车床 铣床 钻床	2 1 1	1	数控车床 铣床 钻床	2 1 1	1	数控车床	3
	2	铣床	8	2	数控车床 铣床	1 1	2	数控车床 铣床	1 1		数控铣床	4
	3	钻床	5	3	龙门铣床 铣床 车床 钻床	3 1 1 3	3	加工中心	4	2	加工中心	5
	4	龙门铣床	3	4	铣床 数控铣床 车床 钻床 平面磨床	2 2 1 1 1	4	数控铣床 车床 钻床 平面磨床	3 1 1 1	3	平面磨床 外圆磨床 内圆磨床 拉床	1 1 1 1
	5	平面磨床 外圆磨床 内圆磨床 拉床	1 1 1 1	5	外圆磨床 内圆磨床 拉床	1 1 1	5	外圆磨床 内圆磨床 拉床	1 1 1	其他	自动运输系统工业机器人	2
		合计	27		合计	24		合计	19		合计	18
工人	直接人员 间接人员 合计		26 14 40	直接人员 间接人员 合计		22 16 38	直接人员 间接人员 合计		14 12 26	直接人员 间接人员 合计		4 10 14

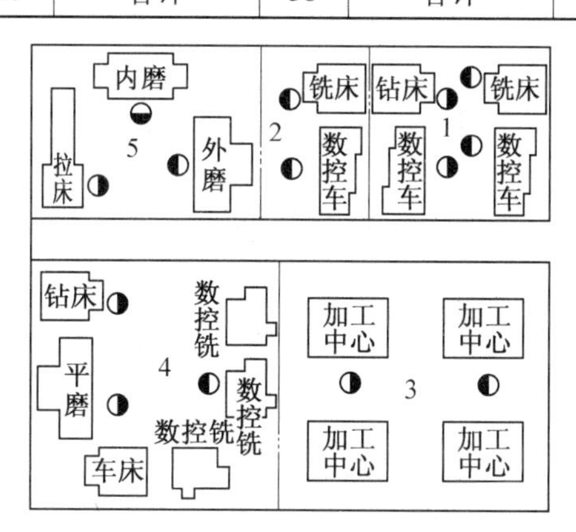

图6.41　方案Ⅲ的设备布置

方案Ⅰ:均采用通用设备,采用机群式布置。方案Ⅱ:按轴、箱体、板件组成四个成组单元,除通用设备外,还包括三台数控车床和两台数控铣床。磨床和拉床为各单元共用。方案Ⅲ:采用数控设备替代方案Ⅱ的部分通用设备,增加了一台数控铣床和四台加工中

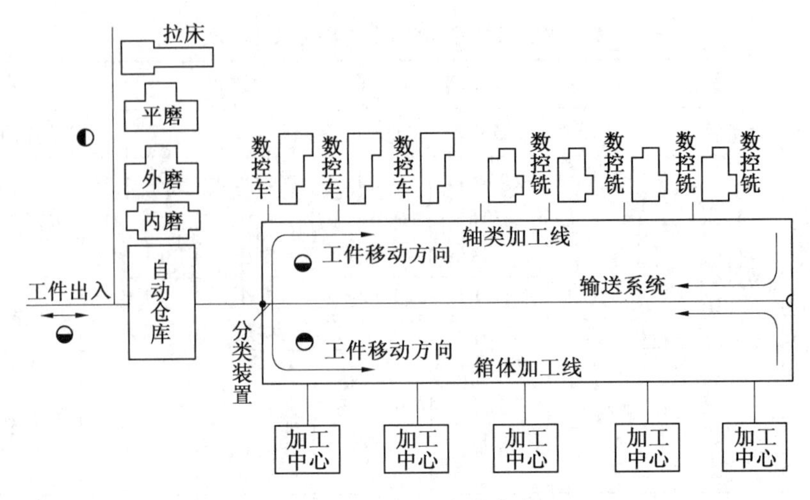

图 6.42　方案 Ⅳ 的设备布置

心。方案 Ⅳ 为柔性制造系统。该方案大量采用数控机床和加工中心,还采用自动仓库、输送带系统和工业机器人,实现工件的装卸、搬运和储存自动化。该系统由中央计算机进行控制。

工件由左侧输入,在分类装置处被分成轴和箱体两大类,其中轴类被送到上半部加工线,箱体输送到下半部加工线。加工完的工件被输送到中间传送带上,从右侧向左侧输出,并暂时存放在自动仓库中,其中若有需要继续加工的工件,则按调度程序再进行有关加工。四种方案的部分技术经济指标见表 6.19。

表 6.19　四种方案的技术经济指标

指　　标	方案 Ⅰ	方案 Ⅱ	方案 Ⅲ	方案 Ⅳ
生产设备总数/台	27	24	19	18
设备构成比 $=\dfrac{\text{高效机床}}{\text{通用机床}}$	0	0.26	1.11	3.5
设备折旧费/(万元·年$^{-1}$)	28	64	168	470
工作人员总数/人	40	38	26	14
工资总额/(万元·年$^{-1}$)	48	45.6	30	16.8
产量/(套·年$^{-1}$)	300	484	880	1 560
材料费/(万元·年$^{-1}$)	36	58.08	105.6	187.2
产值/(万元·年$^{-1}$)	135	217.8	396	702
盈利①/(万元·年$^{-1}$)	23	50.12	92.4	28
人均产值/(万元·年$^{-1}$)	3.38	5.73	15.84	50.14
人均盈利/(万元·年$^{-1}$)	0.58	1.32	3.70	2.0
台均产值/(万元·年$^{-1}$)	5	9.08	20.84	39
台均盈利/(万元·年$^{-1}$)	0.85	2.09	4.86	1.56

① 为了简化计算,在比较各种方案的盈利时,只考虑本生产单位内的设备折旧费、工作人员工资与材料费三项费用。即:年盈利额 = 年产量 ×(产品单价 − 材料单价)− 年工资总额 − 年设备折旧费

当所比较的各方案生产能力不完全相同时,用技术经济指标进行分析是比较好的办法。从表 6.19 可以看出,生产技术水平过低或过高都难以获得良好的经济效益。只有选

择合适的技术水平,才能实现产值、工人工资、设备折旧三者之间的协调。

6.6　典型零件的加工工艺

6.6.1　轴类零件加工工艺

1. 轴类零件及其技术要求

轴类零件是机械加工中经常遇到的典型零件之一。在机器中,它主要用来支承传动零件、传递运动和转矩。轴类零件是回转体零件,其长度大于直径,加工表面通常有内外圆柱面、圆锥面以及螺纹、花键、键槽、横向孔、沟槽等。根据其结构形状特点,可将轴分为光滑轴、阶梯轴、空心轴和异形轴(包括曲轴、凸轮轴、偏心轴和十字轴等)。轴类零件的主要技术要求如下:

(1) 尺寸精度和几何形状精度。轴颈是轴类零件的主要表面。轴颈尺寸精度按照配合关系确定,轴上非配合表面及长度方向的尺寸要求不高,通常只规定其基本尺寸。轴颈的几何形状精度是指圆度、圆柱度。这些误差将影响其与配合件的接触质量。一般轴颈的几何形状精度应限制在直径公差范围之内,对几何形状精度要求较高时,要在零件图上规定形状公差。

(2) 相互位置精度。保证配合轴颈(装配传动件的轴颈) 对于支承轴颈(装配轴承的轴颈) 的同轴度,是轴类零件相互位置精度的普遍要求;其次对于定位端面与轴心线的垂直度也有一定要求。这些要求都是根据轴的工作性能制订的,在零件图上注有位置公差。普通精度的轴,配合轴颈对支承轴颈的径向圆跳动一般为0.01 ~ 0.03 mm,高精度轴为0.001 ~ 0.005 mm。

(3) 表面粗糙度。支承轴颈表面粗糙度比其他轴颈要求严格,取 Ra 为 0.63 ~ 0.16 μm, 其他轴颈 Ra 为 2.5 ~ 0.63 μm。

2. 轴类零件的材料、毛坯及热处理

(1) 轴类材料。一般选用45 钢,并根据不同的工作条件采用不同的热处理工艺,以获得一定的强度、韧性和耐磨性;对中等精度、转速较高的轴类零件,可选用40Cr 等合金结构钢,经调质和表面淬火处理后,具有较高的综合力学性能;精度较高的轴可选用轴承钢GCr15 和弹簧钢65Mn 以及低变形的CrMn 或CrWMn 等材料,通过调质和表面淬火及其他冷热处理,具有更高的耐磨、耐疲劳或结构稳定性能;对于高速、重载荷等条件下工作的轴,可选用20CrMnTi、20Cr 等低合金钢或38CrMoAl 氮化钢。低合金钢经渗碳淬火处理后,具有很高的表面硬度、耐冲击韧性及心部强度,但热处理变形大。氮化钢经调质和表面氮化后,具有很高的心部强度、优良的耐磨性能及耐疲劳强度,热处理变形却很小。

(2) 轴类零件的毛坯。轴类零件最常用的毛坯是轧制圆棒料和锻件。只有某些大型的结构复杂的轴才采用铸件。因毛坯经过加热锻造后,能使金属内部纤维组织沿表面均匀分布,从而获得较高的抗拉、抗弯及扭转强度,所以除光轴、直径相差不大的阶梯轴可使用热轧圆棒料和冷拉圆棒料外,一般比较重要的轴大多采用锻件毛坯。其中,自由锻造毛坯多用于轴的中小批量生产,模锻毛坯则只适用于轴的大批量生产。

(3) 轴类零件的热处理。轴的锻造毛坯在机械加工前需进行正火或退火处理,以使晶粒细化、消除锻造内应力、降低硬度和改善切削加工性能。要求局部表面淬火的轴要在淬火前安排调质处理或正火。毛坯余量较大时,调质放在粗车之后半精车之前进行;毛坯余量较小时,调质可安排在粗车之前进行。表面淬火一般放在精加工之前,可使淬火变形得到纠正。对于精度高的轴,在局部淬火或粗磨后需进行低温时效处理,以消除磨削内应力、淬火内应力和继续产生内应力的残余奥氏体,保持加工后尺寸的稳定。对于氮化钢,需在氮化前进行调质和低温时效处理,不仅要求调质后获得均匀细致的索氏体组织,而且要求离表面 8 ~ 10mm 层内铁素体质量分数不超过 5%,否则会造成氮化脆性,导致轴的质量低劣。由此可见,轴的精度越高,对其材料及热处理要求越高,热处理次数也越多。

3. 轴类零件的一般加工路线

轴类零件的加工主要是轴颈表面的加工,其常见工艺路线如下。

渗碳钢轴类零件:备料 → 锻造 → 正火 → 钻中心孔 → 粗车 → 半精车、精车 → 渗碳(或碳氮共渗) → 淬火、低温回火 → 粗磨 → 次要表面加工 → 精磨。

一般精度调质钢轴类零件:备料 → 锻造 → 正火(退火) → 钻中心孔 → 粗车 → 调质 → 半精车、精车 → 表面淬火、回火 → 粗磨 → 次要表面加工 → 精磨。

精密氮化钢轴类零件:备料 → 锻造 → 正火(退火) → 钻中心孔 → 粗车 → 调质 → 半精车、精车 → 低温时效 → 粗磨 → 氮化处理 → 次要表面加工 → 精磨 → 光磨。

整体淬火轴类零件:备料 → 锻造 → 正火(退火) → 钻中心孔 → 粗车 → 调质 → 半精车、精车 → 次要表面加工 → 整体淬火 → 粗磨 → 低温时效 → 精磨。

4. 轴类零件加工工艺过程及分析

轴类零件加工工艺因其用途、结构形状、技术要求、材料、产量等因素而有所差异,现以车床主轴为例加以说明。

(1) 主轴的技术要求。如图6.43所示的车床主轴中,支承轴颈 A、B 为装配基准,圆度和同轴度要求很高;主轴莫氏 6 号锥孔为顶尖、工具锥柄的安装面,必须与支承轴颈的中心线严格同轴;主轴前端圆锥面 C 和端面 D 是安装卡盘的定位表面,该圆锥表面必须与支承轴颈同轴,端面应与支承轴颈垂直。此外,配合轴颈及螺纹也应与支承轴颈同轴。主轴大批量生产的加工工艺过程见表 6.20。

(2) 主轴加工工艺过程分析。

① 加工阶段划分。以主要表面为主线,粗、精加工分开,以调质处理为分界点,次要表面加工及热处理工序适当穿插其中,支承轴颈和锥孔精加工最后进行。

② 定位基准选择与转换。轴的加工通常按照基准统一的原则,以两顶尖孔为定位基准进行加工,主轴钻通孔后,以锥堵或锥套心轴代替;内锥面加工则以支承轴颈为定位基准。

③ 加工顺序安排。按照粗、精加工分开、先粗后精的原则,主要表面精加工安排在最后,在各阶段先加工出定位,为后续工序做定位基准用,然后加工其他表面,热处理根据零件技术要求和自身特点合理安排。淬硬表面上孔、槽加工应在淬火之前完成;非淬硬表面上的孔、槽尽可能往后安排,一般在外圆精车(或粗磨)之后、精磨加工之前进行。

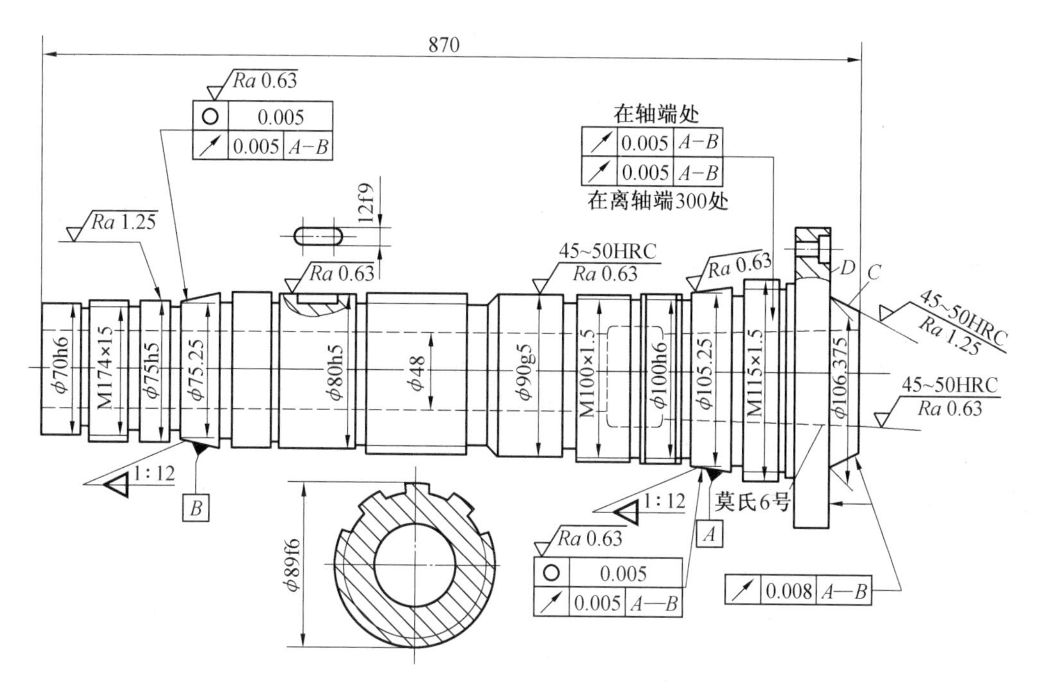

图6.43　车床主轴

表6.20　卧式车床主轴大批量生产的加工工艺过程

序号	工序名称	工序内容	加工设备
1	备料		
2	精锻		立式精锻机
3	热处理	正火	
4	锯头		
5	铣端面 打中心孔		专用机床
6	荒车	车各外圆面	卧式车床
7	热处理	调质 220 ~ 240HBW	
8	车	车大端各部	卧式车床
9	车	仿形车小端各部	仿形车床
10	钻	钻中心通孔深孔	深孔钻床
11	车	车小端内锥孔	卧式车床
12	车	车大端内锥孔、外短锥及端面	卧式车床

序号	工序名称	工序内容	加工设备
14	热处理	高频淬火 φ90g5，莫氏6号锥孔及短锥	
15	精车	精车外圆各段并切槽	数控车床
16	粗磨	粗磨A、B外圆	外圆磨床
17	粗磨	粗磨莫氏锥孔	内圆磨床
18	铣	粗、精铣花键	花键铣床
19	铣	铣键槽	铣床
20	车	车大端内侧面及三段螺纹	卧式车床
21	磨	粗、精磨各外圆及两定位端面	外圆磨床
22	磨	组合磨三圆锥面及短锥端面	组合磨床

续表 6.20

序号	工序名称	工序内容	加工设备	序号	工序名称	工序内容	加工设备
13	钻	钻、锪大端端面各孔	立式钻床	23	精磨	精磨莫氏锥孔	主轴锥孔磨床
				24	检查	按图纸要求检查	

6.6.2　齿轮类零件加工工艺

1. 齿轮的功用与结构特点

齿轮是各类机械中广泛应用的重要零件，其功用是按规定的速比传递运动和动力。

齿轮结构由于使用要求不同而具有不同的形状，但从工艺角度可将其看成是由齿圈和轮体两部分组成。按照齿圈上轮齿的分布形式，齿轮可分为直齿、斜齿和人字齿轮等；按照轮体的结构形式特点，齿轮可大致分为盘形齿轮、套筒齿轮、轴齿轮、内齿轮、扇形齿轮和齿条等。其中以盘形齿轮的应用最为广泛。

2. 圆柱齿轮的技术要求

国家标准GB/T 10095.1、GB/T 10095.2—2008将齿轮同侧齿面偏差规定了0、1 ~ 12共13个精度等级，其中0级最高，12级最低；将齿轮径向综合偏差规定了4 ~ 12共9个精度等级，其中4级最高，12级最低；对于齿轮径向跳动，推荐了0、1 ~ 12共13个精度等级，其中0级最高，12级最低。齿轮传动精度包括四个方面，即传递运动的准确性（运动精度）、传动的平稳性、载荷分布的均匀性（接触精度）以及适当的侧隙。齿坯加工要求按照齿轮的精度等级确定。

3. 齿轮的材料与毛坯

（1）齿轮材料。齿轮材料根据齿轮的工作条件和失效形式确定。中碳结构钢（如45钢）进行调质或表面淬火，常用于低速、轻载或中载的普通精度齿轮。中碳合金结构钢（如40Cr）进行调质或表面淬火，适用于制造速度较高、载荷较大、精度较高的齿轮。渗碳钢（如20Cr、20CrMnTi等）经渗碳后淬火，齿面硬度可达58 ~ 63HRC，而芯部又有较好的韧性，既耐磨又能承受冲击载荷。这种材料适于制作高速、中载或具有冲击载荷的齿轮。氮化钢（如38CrMoAl）经氮化处理后，比渗碳淬火齿轮具有更高的耐磨性与耐蚀性。由于变形小，可以不磨齿，常用于制作高速传动的齿轮。铸铁及其他非金属材料（如胶木与尼龙等），这些材料强度低，容易加工，适于制造轻载荷的传动齿轮。

（2）齿轮毛坯。齿轮毛坯的制造形式取决于齿轮的材料、结构形状、尺寸大小、使用条件及生产类型等因素。齿轮毛坯形式有轧钢件、锻件和铸件。一般尺寸较小、结构简单而且对强度要求不高的钢质齿轮可采用轧制棒料做毛坯。强度、耐磨性和耐冲击性要求较高的齿轮多采用锻钢件，生产批量小或尺寸大的齿轮采用自由锻造，批量较大的中、小齿轮采用模锻。尺寸较大且结构复杂的齿轮，常采用铸造毛坯。小尺寸且结构复杂的齿轮常采用精密铸造或压铸方法制造毛坯。

4. 齿轮加工工艺路线

根据齿轮的结构、精度等级及生产批量的不同，其工艺路线也有所不同，但基本工艺路线大致相同，即：备料 → 毛坯制造 → 毛坯热处理 → 齿坯加工 → 齿形加工 → 齿部淬火→精基准修正→齿形精加工→终检。渗碳钢齿轮淬火前做渗碳处理。

5. 齿轮零件加工工艺分析

(1) 齿轮加工工艺过程。图6.44所示为某高精度齿轮的零件图。材料为40Cr,齿部高频淬火52HRC,小批量生产。该齿轮的加工工艺过程见表6.21。

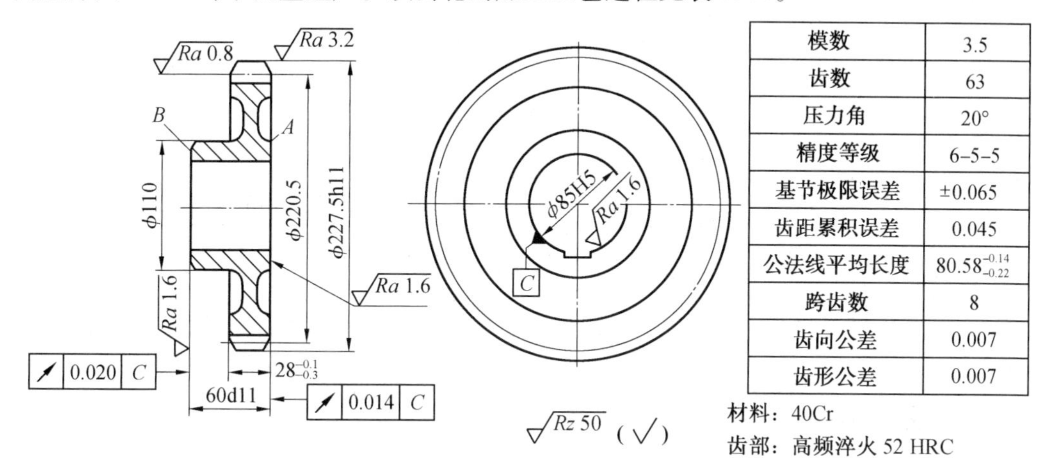

模数	3.5
齿数	63
压力角	20°
精度等级	6–5–5
基节极限误差	±0.065
齿距累积误差	0.045
公法线平均长度	$80.58^{-0.14}_{-0.22}$
跨齿数	8
齿向公差	0.007
齿形公差	0.007

图6.44　高精度齿轮

表6.21　高精度齿轮加工工艺过程

工序号	工序内容	定位基准
10	毛坯锻造	
20	正火	
30	粗车各部分,留加工余量为1.5 ~ 2 mm	外圆及端面
40	精车各部分,内孔至 ϕ84.8H7,总长留加工余量0.2 mm,其余至尺寸	外圆及端面
50	检验	
60	滚齿(齿厚留磨削余量为0.10 ~ 0.5 mm)	内孔及 *A* 面
70	倒角	内孔及 *A* 面
80	钳工去毛刺	
90	齿部高频淬火,硬度为52HRC	
100	插键槽	内孔(找正用)及 *A* 面
110	磨内孔至 ϕ85H5	分度圆和 *A* 面
120	靠磨大端 *A* 面	内孔
130	平面磨 *B* 面至总长尺寸	*A* 面
140	磨齿	内孔及 *A* 面
150	总检入库	

(2) 齿轮加工工艺过程分析。

① 定位基准选择。齿形加工时,定位基准的选择主要遵循基准重合和自为基准原则。为了保证齿形的加工质量,应选择齿轮的装配基准和测量基准作为定位基准,而且尽可能在整个加工过程中保持基准的统一。对于带孔齿轮,一般选择内孔和一个端面定位,基准端面相对内孔的端面圆跳动应符合规定要求。

② 齿形加工方法选择。齿形的加工是整个齿轮加工的核心和关键。齿形加工按原理分为成形法和展成法两大类。常见齿形加工方法见表 6.22。

表 6.22　常见齿形加工方法

齿形加工方法		刀具	机床	加工精度及适用范围
成形法	铣齿	模数铣刀	铣床	9 级以下齿轮,生产率较低
	拉齿	齿轮拉刀	拉床	5 ~ 7 级齿轮,生产率高,拉刀为专用,制造困难,价格昂贵,大批量生产情况下使用,宜于内齿加工
展成法	滚齿	齿轮滚刀	滚齿机	6 ~ 10 级齿轮,最高 4 级,生产率较高,通用性好,常加工直齿、斜齿外圆柱齿轮及蜗轮
	插齿	插齿刀	插齿机	7 ~ 9 级齿轮,最高 6 级,生产率较高,通用性好,常加工内外齿轮、扇形齿轮及齿条
	剃齿	剃齿刀	剃齿机	5 ~ 7 级齿轮,生产率高,用于齿轮滚、插加工后,淬火前的精加工
	冷挤齿	挤齿	挤齿机	6 ~ 8 级齿轮,生产率高,成本低,多用于齿轮淬火前的精加工,以代替剃齿
	珩齿	珩磨轮	珩齿机	6 ~ 7 级齿轮,多用于剃齿和高频淬火后齿形的精加工
	磨齿	砂轮	磨齿机	3 ~ 7 级齿轮,生产率较低,成本较高,多用于齿形淬硬后的精密加工

6.6.3　箱体类零件加工工艺

1. 箱体类零件的功用及结构特点

箱体零件是机器及其部件的基础件。通过它将机器部件中的轴、轴承、套和齿轮等零件按照一定的位置关系装配在一起,并按规定的传动关系协调地运动。它的加工质量对机器精度、性能和寿命都有直接的关系。箱体零件结构一般比较复杂,整体结构呈封闭或半封闭状,壁厚不均匀。它以平面和孔为主,轴承支承孔和基准面精度要求高,其他支承面及紧固用孔等要求较低。

2. 箱体类零件的技术要求

车床主轴箱的零件图如图 6.45 所示。

(1) 支承孔的尺寸精度、几何形状精度及表面粗糙度。主轴支承孔的尺寸精度为 IT6 级,表面粗糙度 Ra 为 0.4 ~ 0.8 μm,其他各支承孔的尺寸精度为 IT6 ~ IT7 级,表面粗糙度 Ra 均为 1.6 μm;孔的几何形状精度(如圆度、圆柱度)一般不超过孔径公差的一半。

(2) 支承孔的相互位置精度。各支承孔的孔距公差为 0.05 ~ 0.10 mm,中心线的平行度公差取 0.012 ~ 0.021 mm,同中心线上的支承孔的同轴度公差为其中最小孔径公差值的一半。

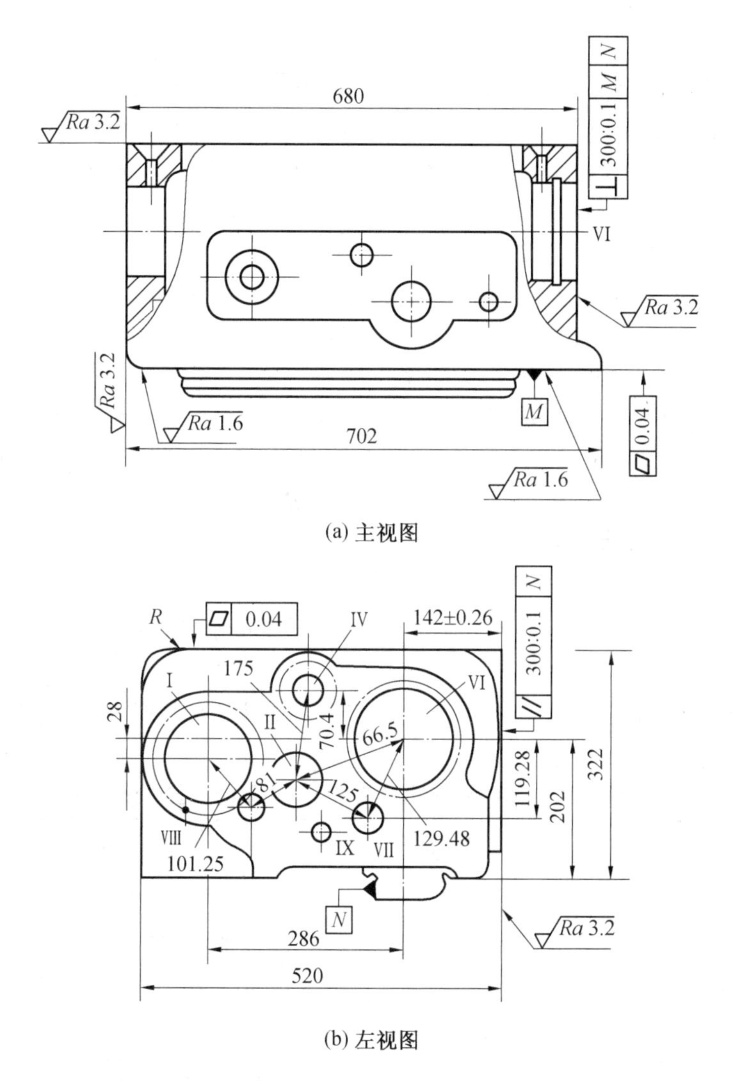

(a) 主视图

(b) 左视图

图6.45　车床主轴箱零件图

(3) 主要平面的形状精度、相互位置精度和表面粗糙度。主要平面(箱体底面、顶面及侧面)的平面度公差为0.04 mm,表面粗糙度为$Ra \leqslant 1.6$ μm;主要平面间的垂直度公差为0.1 mm/300 mm。

(4) 孔与平面间的相互位置精度。主轴孔对装配基面*M*、*N*的平行度允差为0.1 mm/600 mm。

3. 箱体类零件的材料、毛坯及热处理

铸铁的铸造工艺性好,易切削,价格低,且抗振性和耐磨性好,多数箱体采用铸铁制造。一般用HT200或HT250灰铸铁;当载荷较大时可采用HT300、HT350高强度灰铸铁;对于受冲击载荷的箱体,一般选用ZG230－450、ZG270－500铸钢件。对于批量小、尺寸大、形状复杂的箱体,采用木模砂型地坑铸造毛坯;尺寸中等以下,采用砂箱造型;批量较大,选用金属模造型;对受力大或受冲击载荷的箱体,应尽量采用整体铸件作为毛坯。对于单件小批量情况,为了缩短生产周期,箱体也可采用铸－焊、铸－锻－焊、锻－焊、型材焊接等结构。

根据生产批量、精度要求及材料性能,对箱体零件的热处理有不同的方法。通常在毛坯未进行机械加工之前,为了消除毛坯内应力,对铸铁件、铸钢件、焊接结构件须进行人工时效处理。对批量不大的生产,人工时效处理可安排在粗加工之后进行。对大型毛坯和易变形、精度要求高的箱体,在机械加工后可安排第二次时效处理。

4. 箱体类零件的一般加工工艺路线

中小批量生产:铸造毛坯→时效→油漆→划线→粗、精加工基准面→粗、精加工各平面→粗、半精加工各主要孔→精加工各主要孔→粗、精加工各次要孔→加工各螺孔、紧固孔、油孔等→去毛刺→清洗→检验。

大批量生产:铸造毛坯→时效→油漆→粗、半精加工精基准→粗、半精加工各平面→精加工精基准→粗、半精加工各主要孔→精加工各主要孔→粗、精加工各次要孔(螺孔、紧固孔、油孔等)→精加工各平面→去毛刺→清洗→检验。

5. 箱体零件的加工工艺分析

箱体零件的加工主要是平面和孔的加工。平面加工相对容易,故支承孔本身加工及孔与孔之间、孔与面之间位置精度保证是加工的重点,进行箱体零件加工工艺过程研究分析。

(1) 车床箱体工艺过程。按照生产类型的不同,可以分成两种不同的工艺方案,见表6.23和表6.24。

表6.23 中小批量生产某车床主轴箱的工艺过程

工序号	工序内容	定位基准	工序号	工序内容	定位基准
10	铸造		80	精加工顶面 *R*	
20	时效		90	精加工底面 *M*	
30	涂底漆		100	粗、半精加工各纵向孔	
40	划线		110	精加工各纵向孔	
50	粗、半精加工顶面 *R*	按划线找正支承底面 *M*	120	粗、半精加工各横向孔	
			130	精加工主轴孔	
60	粗、半精加工底面 *M* 及侧面	支承顶面 *R* 并校正主轴孔的中心线	140	加工螺孔及紧固孔	
			150	清洗	
70	粗、半精加工两端面	底面 *M*	160	检验	

表6.24 大批大量生产某车床主轴箱的工艺过程

工序号	工序内容	定位基准	工序号	工序内容	定位基准
10	铸造		90	精镗各纵向孔	顶面 *R* 及两工艺孔
20	时效		100	半精、精镗主轴三孔	顶面 *R* 及两工艺孔

续表 6.24

工序号	工序内容	定位基准	工序号	工序内容	定位基准
30	涂底漆		110	加工各横向孔	顶面 *R* 及两工艺孔
40	铣顶面 *R*		120	钻、锪、攻螺纹、各平面上的孔	
50	钻、扩、铰顶面两定位工艺孔，加工固定螺孔	顶面 *R*、VI 轴孔及内壁一端	130	滚压主轴支承孔	顶面 *R* 及两工艺孔
			140	磨底面、侧面及端面	
60	铣底面 *M* 及各平面	顶面 *R* 及两工艺孔	150	钳工去毛刺	
			160	清洗	
70	磨顶面 *R*	底面及侧面	170	检验	
80	粗镗各纵向孔	顶面 *R* 及两工艺孔			

(2) 车床箱体工艺过程分析。

① 粗基准的选择。加工精基准时定位用的粗基准，应能保证重要加工表面(主轴支承孔)的加工余量均匀；应保证装入箱体中的轴、齿轮等零件与箱体内壁各表面间有足够的间隙，应保证加工后的外平面与不加工的内壁之间的壁厚均匀，定位、夹紧牢固可靠。

为此，通常选择主轴孔和与主轴孔相距较远的一个轴孔(I 轴孔)作为粗基准。生产批量小时采用划线工序，生产批量较大时采用夹具，生产率高。

② 精基准选择。常见的方案有两种，如图 6.46、6.47 所示。

图 6.46 所示方案以箱体底面作为统一基准。这种方案保证了基准重合，同时在加工各支承孔时，观察和测量以及安装和调整刀具也较方便。但为了增加箱体中间壁孔加工时的镗杆刚度而设立的中间安置导向支承装置，刚度差，安装误差大，且装卸不便。这种定位方案只适用于中小批量的生产。

图 6.47 所示方案采用主轴箱顶面及两定位销孔作为统一基准。这种方案在加工时箱体口朝下，中间导向支承架可以紧固在夹具座体上。但由于基准不重合，需进行工艺尺寸换算，且箱体开口朝下，观察、测量及调整刀具困难，需采用定径尺寸镗刀加工。这种方案适合大批大量生产。

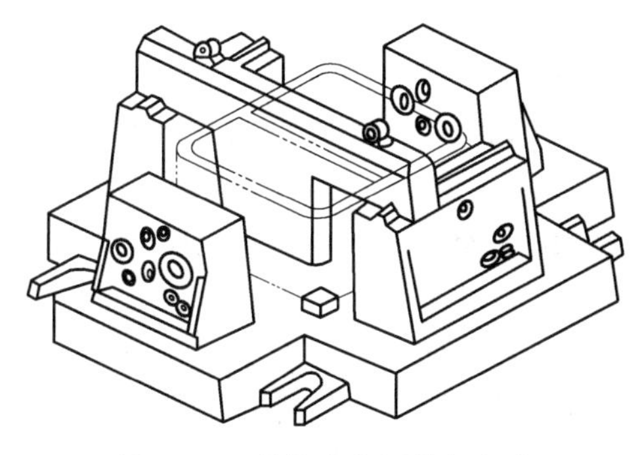

图 6.46　悬挂式中间导向支承

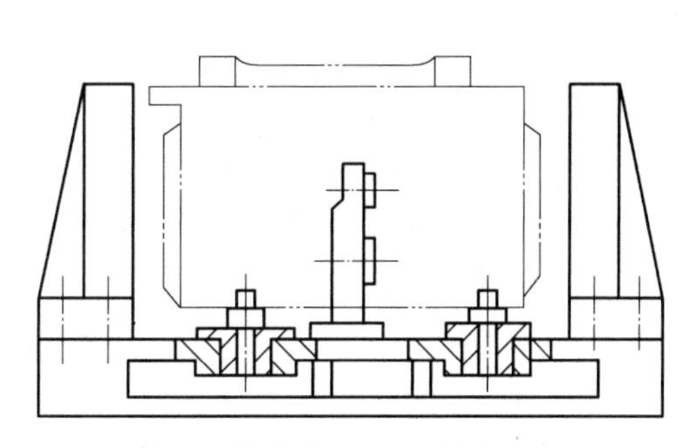

图 6.47　箱体“一面两销”定位

③ 粗、精分开,先粗后精。因箱体结构复杂,刚度低,主要表面的加工要求高,为减少或消除粗加工时产生的切削力、夹紧力和切削热对加工精度的影响,一般应尽可能把粗、精加工分开,并分别在不同的机床上进行。至于要求不高的平面和孔,则可以在同一工序完成粗、精加工,以提高工效。

④ 先面后孔。从表 6.23 和表 6.24 可以看出,平面加工总是先于平面上孔的加工。除了作为精基准的平面必须最先加工外,其他平面的加工则可以改善孔的加工条件,减少钻孔时钻头偏斜,扩、铰、镗时刀具崩刃等。

⑤ 箱体的时效处理。箱体毛坯比较复杂,壁厚不均,铸造应力较大。为了消除内应力,减少变形,保证箱体的尺寸稳定性,对于普通精度的箱体,毛坯铸造完后要安排一次人工时效。对于高精度的箱体或结构特别复杂的箱体,在粗加工后再安排一次人工时效处理,以消除粗加工中产生的残余应力。对于特别精密的箱体零件,在机械加工阶段尚需安排较长时间的自然时效处理。

⑥ 加工方法的选择。箱体加工主要是平面和孔的加工。平面加工时,粗、半精加工采用刨削或铣削,批量大时,多采用铣削;精加工批量小时,采用精刨(少量手工刮研),批量大时,采用磨削;孔加工时,常以精铰和精镗分别作为直径较小孔和直径较大孔的精加工方法。

思考与练习题

6.1　什么是工艺过程?什么是工艺规程?

6.2　简述工艺规程的设计原则、设计内容及设计步骤。

6.3　拟定工艺路线需完成哪些工作?

6.4　试简述粗、精基准的选择原则。为什么粗基准通常只允许用一次?

6.5　加工如图 6.48 所示的零件,其粗基准、精基准应如何选择(标有加工符号的为加工面,其余为非加工面)。

其中图(a)、(b)、(c) 零件要求内外圆同轴,端面与孔轴线垂直,非加工面与加工面间尽可能保持壁厚均匀;图(d) 所示零件毛坯孔已铸出,要求孔加工余量尽可能均匀。

6.6　为什么机械加工过程一般都要划分为几个阶段进行?

6.7　试简述工序集中原则、工序分散原则组织工艺过程的工艺特征。各用于什么场合?

6.8　什么是加工余量、工序余量和总余量?

6.9　试分析影响工序余量的因素,为什么在计算本工序加工余量时必须考虑本工序装夹误差和上工序制造公差的影响?

6.10　图6.49 所示尺寸链中(图中 A_0、B_0、C_0、D_0 是封闭环),哪些组成环是增环?哪些组成环是减环?

6.11　图6.50(a) 为一轴套零件图,图6.50(b) 为车削工序简图,图6.50(c) 给出了钻孔工序三种不同定位方案的工序简图,要求保证图 6.50(a) 所规定的位置尺寸(10 ± 0.1)mm 的要求。试分别计算工序尺寸 A_1、A_2 与 A_3 的尺寸及公差。为表达清晰起见,图

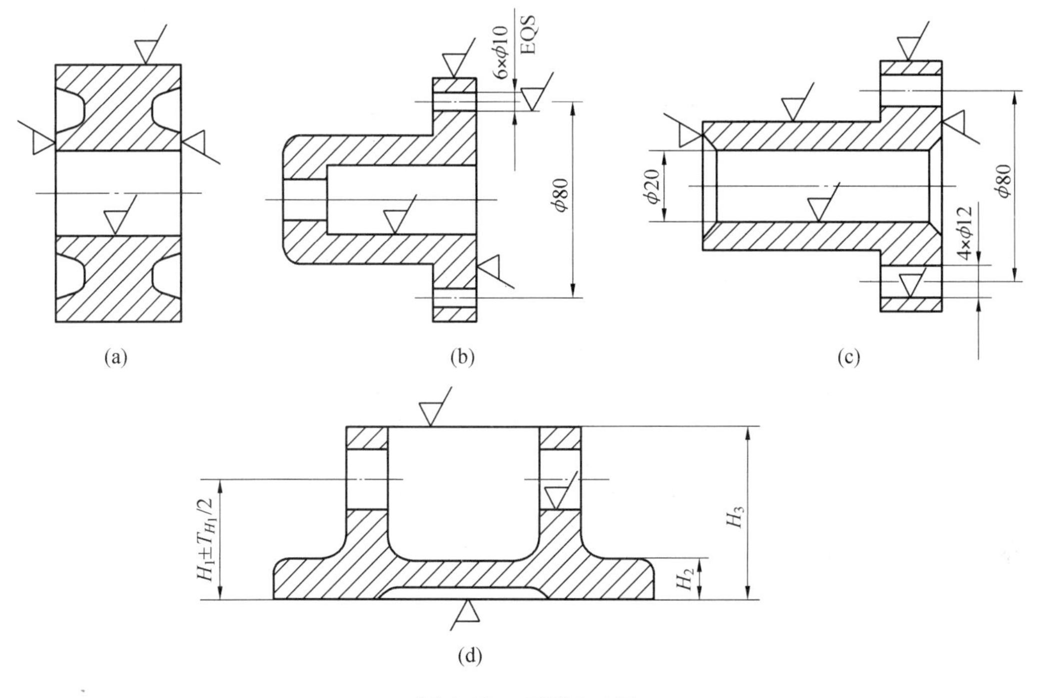

图6.48　习题6.5图

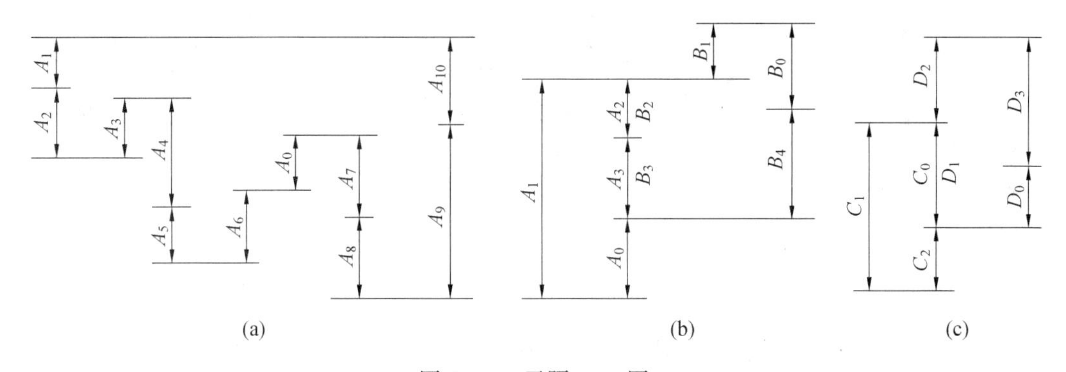

图6.49　习题6.10图

中只标出了与计算工序尺寸 A_1、A_2 与 A_3 有关的轴向尺寸。

6.12　图6.51为齿轮轴截面图，要求保证轴径尺寸 $\phi28^{+0.024}_{+0.008}$ mm 和键槽深 $t = 4^{+0.16}_{0}$ mm。

其工艺过程为：① 车外圆至 $\phi28.5^{0}_{-0.10}$ mm；② 铣键槽槽深至尺寸 H；③ 热处理；④ 磨外圆至尺寸 $\phi28^{+0.024}_{+0.008}$ mm。试求工序尺寸 H 及其极限偏差。

6.13　加工如图6.52(a)所示零件有关端面，要求保证轴向尺寸 $50^{0}_{-0.1}$ mm，$25^{0}_{-0.3}$ mm 和 $5^{+0.4}_{0}$ mm。图6.52(b)、(c)是加工上述有关端面的工序草图，试求工序尺寸 A_1、A_2、A_3 及其极限偏差。

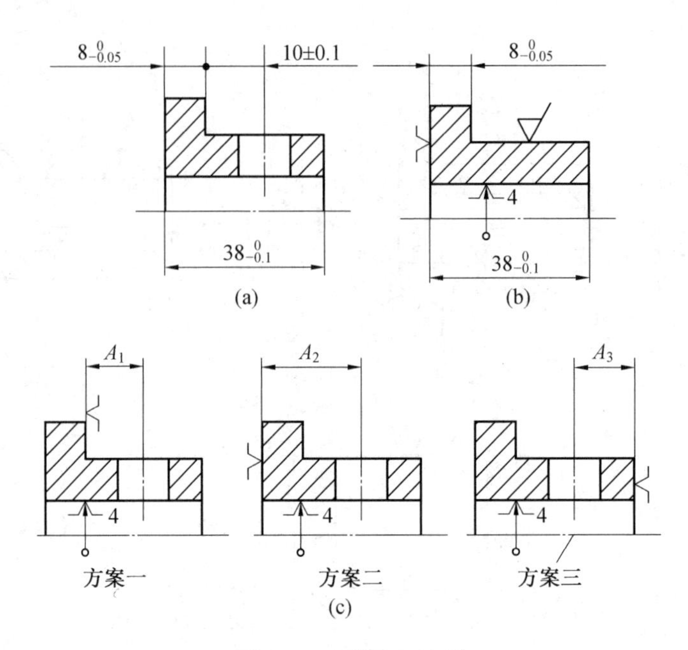

图 6.50　习题 6.11 图

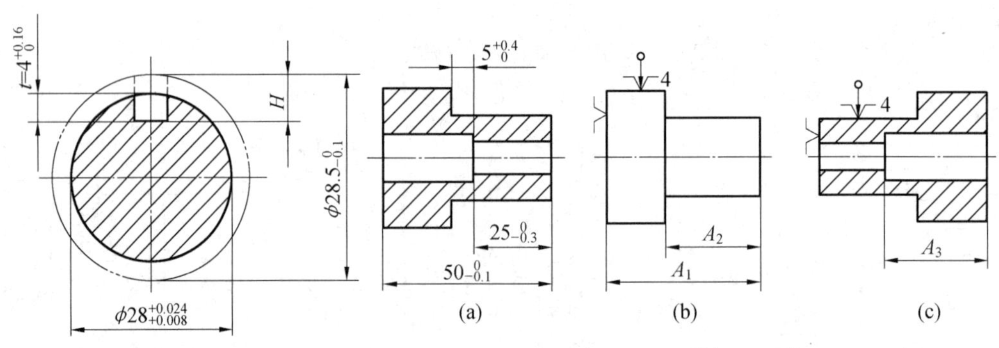

图 6.51　习题 6.12 图

图 6.52　习题 6.13 图

6.14　什么是生产成本、工艺成本？什么是可变费用、不变费用？在市场经济条件下，如何正确运用经济分析方法合理选择工艺方案？

第7章 机床夹具设计

7.1 概　述

7.1.1 工件装夹与夹具

1. 概念

在机械制造过程中，在机床上对工件进行加工时，为了保证加工表面的尺寸和位置精度，首先需要使工件在机床上占有准确的位置，并在加工过程中能承受各种力的作用而始终保持这一准确位置不变。前者称为工件的定位，后者称为工件的夹紧，这一整个过程统称为工件的装夹。用来夹持并确定工件正确位置的工艺装备，统称为夹具。在机械加工、装配、检验以及焊接等工艺中都大量采用各种夹具，而在机械加工中应用在金属切削机床上的夹具，我们将其称为机床夹具。机床夹具是在金属切削加工中用来准确地确定工件位置，并将其夹紧，从而保证工件与刀具成形运动具有正确位置的工艺装备。

2. 安装方式

安装是工件定位和夹紧的过程，工件的安装方式按实现工件的定位方式分为两类。

(1) 找正安装。在单件小批量生产中，常常利用百分表、划针或目测的方式找正工件在机床上的正确位置，这种方法称为找正安装。找正安装方法所需时间长，生产效率低，精度取决于安装工人的技术水平。

在四爪单动卡盘中加工工件内孔，可用百分表找正外圆使其与内孔同轴，进而保证外圆与内孔的同轴度要求，如图7.1(a) 所示。在铣床上铣削工件上表面，若生产数量不多，可先用划针划出待加工表面的位置线，以此找正，这种方法多适用于大、重、复杂的工件，如图 7.1(b) 所示。

(2) 夹具安装。在大批量生产中，常常借助专用夹具使工件上的定位基准与夹具中的定位元件接触，实现工件的定位，这种方法称为夹具安装。夹具安装操作方便，定位可靠，生产效率高，对工人的技术水平要求不高，但需要专门设计和制造机床专用夹具，所需制造周期长、成本高。

在钻床上加工套类零件上径向孔的夹具，如图 7.2 所示，工件以轴向内孔及左端面与

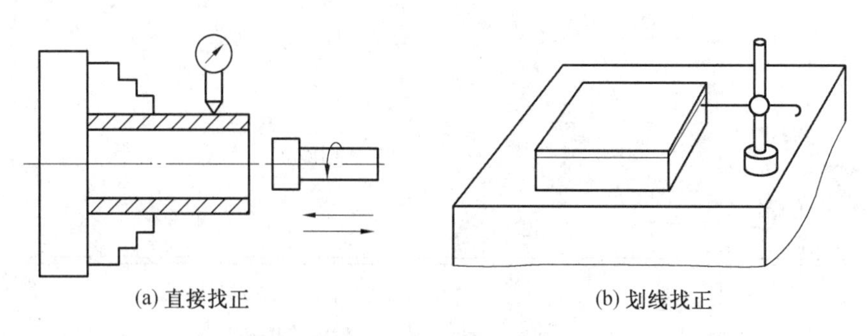

(a) 直接找正　　(b) 划线找正

图 7.1　找正安装法

夹具上的定位销 6 及其端面接触定位，通过开口垫圈 4、螺母 5 压紧工件，以钻套 1 引导钻头钻孔。

根据工件加工的不同技术要求，为了保证工件在加工时相对刀具及切削成形运动具有准确的位置，工件的装夹方式可采用先定位后夹紧或在夹紧过程中同时实现定位两种方式。例如，在牛头刨床上加工一槽宽尺寸为 B 的通槽，若此通槽只对 A 面有尺寸和平行度要求时（图 7.3(a)），可采用先定位后夹紧的装夹方式；若此通槽对左右两侧面有对称度要求时（图 7.3(b)），则要求采用在夹紧过程中实现定位的对中装夹方式。

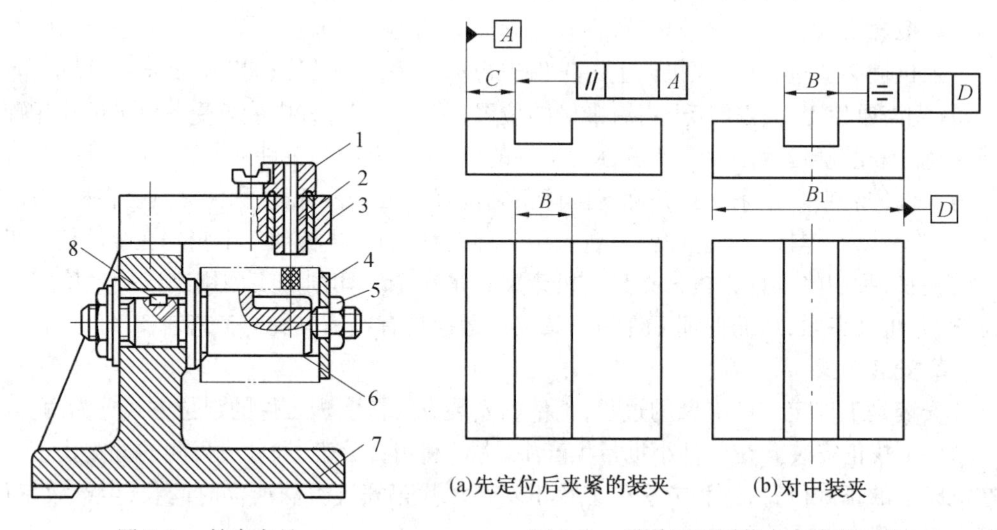

(a)先定位后夹紧的装夹　　(b)对中装夹

图 7.2　钻床夹具

1— 钻套；2— 衬套；3— 钻模板；4— 开口垫圈；5— 螺母；6— 定位销；7— 夹具体；8— 定位键

图 7.3　需采用不同装夹方式的工件

7.1.2　机床夹具的组成

虽然加工工件的形状、技术要求不同，所使用的机床不同，但大多数夹具由以下五个部分组成。

1. 定位元件及定位装置

在夹具中确定工件位置的一些元件称为定位元件，它们的作用是使一批工件在夹具中占有同一位置，只要将工件的定位面与夹具上的定位元件相接触或相配合，就可以使工件定位，如图7.2中的定位销6等。有些夹具还采用由一些零件组成的定位装置对工件进行定位。

2. 夹紧装置

夹紧装置用来保持工件在夹具中已确定的位置，并承受加工过程中各种力的作用而不发生任何变化。在夹具中由动力装置（如气缸、油缸等）、中间传力机构（如杠杆、螺纹传动副、斜楔、凸轮等）和夹紧元件（如卡爪、压板、压块等）组成的装置称为夹紧装置，如图 7.2 中的螺母 5 和开口垫圈 3 等。

3. 对刀及导引元件

在夹具中，用来确定加工时所使用刀具位置的元件称为对刀及导引元件，如图 7.2 中的钻套 1 和衬套 2 等。

4. 夹具体

在夹具中，用于连接上述各元件及装置使其成为一个整体的基础零件称为夹具体。它们的作用除用于连接夹具上的各种元件和装置外，还用于夹具与机床有关部位进行连接，如图 7.2 中的夹具体 7 等。

5. 其他元件及装置

在夹具中，其他元件及装置的作用是确定夹具在机床有关部位的方向或实现工件在夹具同一次装夹中的分度转位。如图 7.2 中的定位键 8 等。

7.1.3　机床夹具的分类

1. 按使用机床的类型分类

由于使用夹具的机床类型不同，把夹具分为车床夹具、钻床夹具、铣床夹具、镗床夹具、磨床夹具、组合机床夹具、数控和加工中心机床夹具等类型。

2. 按驱动夹具的动力源分类

按夹具所采用的夹紧动力源不同，可分为手动夹紧夹具、气动夹紧夹具、液动夹紧夹具、气液联动夹紧夹具、电动夹具、磁力夹具、真空夹具和自夹紧夹具等。

3. 按夹具的应用范围分类

（1）通用夹具。通用夹具已经标准化，不需要调整或稍加调整就可以用于装夹不同的工件。如车床上的三爪自定心卡盘和四爪单动卡盘、顶尖，铣床上的平口钳、分度头和回转工作台等。这类夹具主要用于单件、小批量生产。

（2）专用夹具。专为某工件的某道工序设计和制造的夹具，其结构紧凑，操作方便。图 7.2 所示的轴套径向孔钻模，就是专为钻削该轴套上的孔而设计制造的专用夹具。

（3）可调夹具。加工完一类工件后，可以通过调整或更换个别元件就可加工形状相似、尺寸相似的其他工件的夹具。

（4）组合夹具。按一定的工艺要求，由一套预先制造好的通用标准元件和部件组合而成的夹具。这种夹具使用完后，可进行拆卸或重新组装，具有缩短生产周期、减少专用夹具的品种和数量的优点，适用于新产品的试制及多品种、小批量的生产。

（5）随行夹具。在自动线加工中针对某一种工件而采用的一种夹具。该夹具既起到装夹工件的作用，又要随着工件一起沿自动线从一个工位输送到下一个工位进行不同工序的加工，能够减少装夹次数，提高加工精度。

7.2 工件在夹具上的定位

7.2.1 工件的定位原理

1. 六点定位原理

任何一个物体在定位之前都可以认为是自由物体，即在空间中可向任何方向移动或转动，其位置是任意的、不确定的。物体在空间的任何运动都可以分解为在相互垂直的空间直角坐标系中的六种运动。其中三个是沿 x、y、z 坐标轴的平行移动，分别以 $\vec{x}$、$\vec{y}$、$\vec{z}$ 表示；另三个是绕 x、y、z 坐标轴的旋转运动，分别以 $\hat{x}$、$\hat{y}$、$\hat{z}$ 表示，如图7.4所示。物体在空间中这六种运动的可能性，称为物体的六个自由度。因此要使工件在空间占有完全确定的位置，就必须限制这六个自由度。

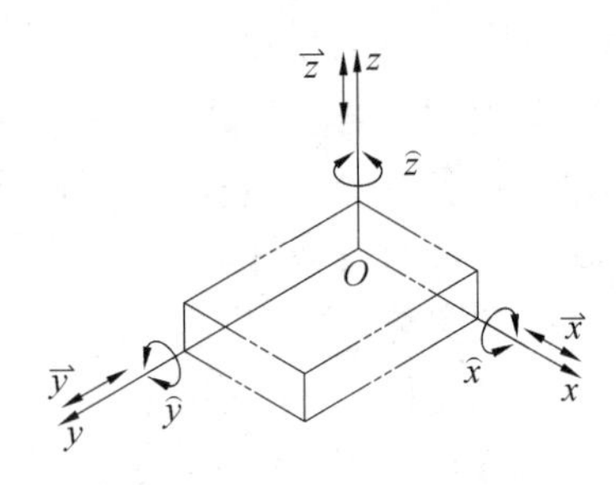

图 7.4　物体的六个自由度

在夹具中适当地布置六个支承，使工件与六个支承接触，就可消除工件的六个自由度，使工件的位置完全确定。这种采用布置恰当的六个支承点来限制消除工件六个自由度的方法，称为六点定位原理。

立方体工件在夹具中六点定位的情况如图 7.5 所示。工件底面在 xOy 坐标平面内，三个支承点限制三个自由度 $\hat{x}$、$\hat{y}$、$\vec{z}$，此面为主定位面。工件左侧面在 yOz 坐标平面内，两个支承钉限制两个自由度 $\vec{x}$、$\hat{z}$，此面称为导向面。工件的后面在 xOz 坐标平面内，一个支承钉限制一个自由度 $\vec{y}$，此面称为止推面。

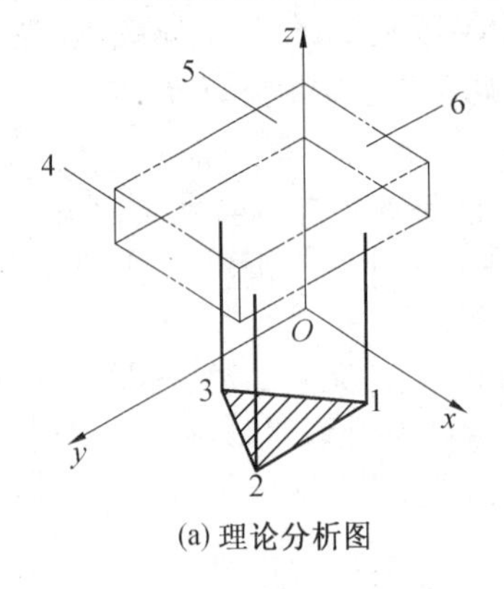

(a) 理论分析图

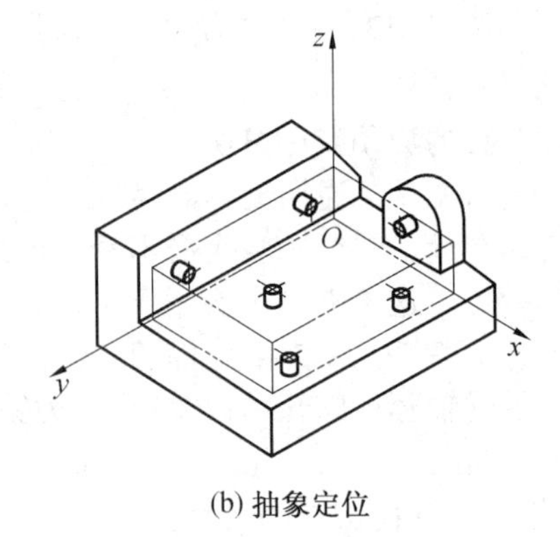

(b) 抽象定位

图 7.5　工件的六点定位

2. 定位的种类

根据工件限制自由度数目不同以及与加工要求的关系，可以将定位分为以下四种。

(1) 完全定位。工件在夹具中定位时，六个自由度需要全部被限制的定位方式称为完全定位。在工件上铣槽（图 7.6(a)），为保证加工尺寸 A、B、C，需要将工件按图 7.6(b)

所示夹具中定位,底面限制三个自由度 $\widehat{x}$、$\widehat{y}$、$\vec{z}$ 以保证尺寸 A,侧面限制两个自由度 $\vec{x}$、$\widehat{z}$ 保证尺寸 B,后面限制一个自由度 $\vec{y}$ 保证尺寸 C。

(2) 不完全定位。工件在夹具中定位时,根据零件加工要求实际限制的自由度数少于六个的定位方法,称为不完全定位。在车床上加工通孔(图7.7(a)),根据加工要求不需要限制 $\widehat{x}$ 和 $\vec{x}$ 两个自由度,故用三爪自定心夹盘夹持工件限制四个自由度,即可完成工件的加工;图7.7(b) 为磨削方体工件的上表面,要求保证尺寸 $h\ \pm\delta_H$,只需要底面限制三个自由度即可满足加工要求。如果把图7.6所示的半槽改成通槽,那么 $\vec{y}$ 的自由度不需要限制即可满足要求。

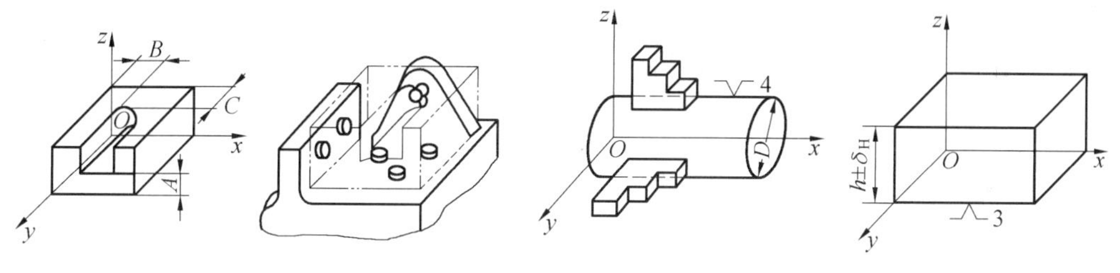

(a) 零件图　(b) 六点定位分析

图7.6　完全定位

(a) 车床上加工通孔的定位　(b) 磨削方体工件的上表面

图7.7　不完全定位

(3) 欠定位。工件在夹具中定位时,根据零件的加工要求,应该限制的自由度没有被限制的定位方法称为欠定位。如图7.6所示的例子,若少了任何一个定位支承点,都会造成铣出的槽尺寸精度达不到要求。因此,欠定位在生产中是绝对不允许出现的。

(4) 过定位。工件在夹具中定位时,只要有一个自由度同时被一个以上的定位元件重复限制,就称为过定位。过定位在某个方向上增加了支承点的数目,可以提高定位刚度和稳定性,但同时过定位也可能造成工件无法安装或损坏定位元件或是工件变形,因此在生产中要进行具体分析。

如图7.8(a) 所示,四个支承钉对工件底面进行定位,则自由度 $\vec{z}$ 被两个支承钉同时限制,如果四个支承钉不在同一个平面内,在定位时会出现工件底面无法同时与四个支承顶面接触的情况,从而造成定位不稳,影响工件的加工精度。

图7.8(b) 所示为心轴与定位轴肩组合对工件进行定位,由于接触部分较长,心轴限制四个自由度 $\vec{y}$、$\vec{z}$、$\widehat{y}$、$\widehat{z}$,定位轴限制三个自由度 $\vec{x}$、$\widehat{y}$、$\widehat{z}$,共限制七个自由度,$\widehat{y}$、$\widehat{z}$ 被重复限制出现过定位。如果工件的内孔和端面垂直度不好,或者夹具心轴与定位轴肩垂直度不好,则会造成工件上无法顺利安装或者安装后心轴变形,因而不能保证工件的加工精度。对上述两种过定位情况,必须采取一定的措施保证加工精度和保护定位元件。生产中常用下面两种方法解决过定位问题。

① 改变定位元件结构,消除重复限制的自由度,从而避免过定位。例如,图7.8(a) 中去掉一个支承钉;对图7.8(b) 的改进措施是将工件与大端面之间加球面垫圈,如图7.9(a) 所示,将大端面改成小端面,也可避免过定位,如图7.9(b) 所示。

② 合理利用过定位,提高工件定位基准之间或定位元件的工作表面之间的位置精度。例如,图7.8(a) 中若将四个支承钉安装在夹具体中,一次磨出或换成整个一次磨出

的平面定位，则过定位不但允许存在，而且还能增加支承刚度。对于图7.9(b)，提高工件和夹具的垂直度要求，结果消除或减少由于垂直度误差造成的安装误差问题。

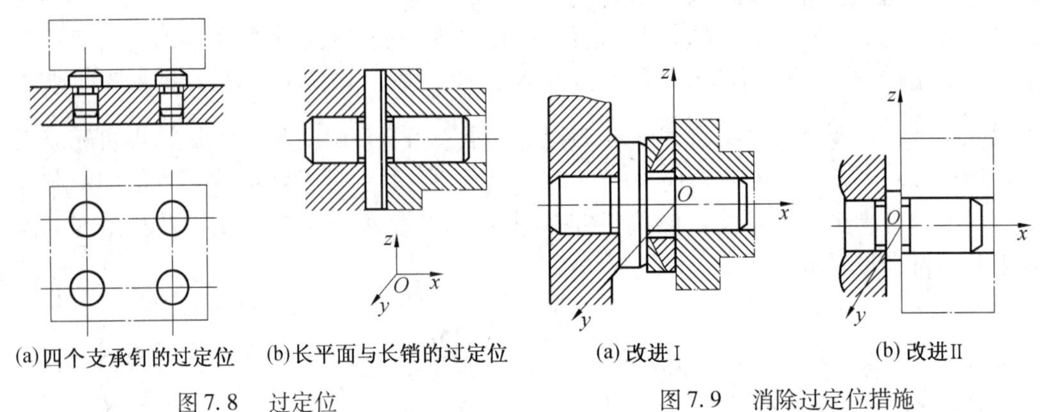

(a)四个支承钉的过定位　(b)长平面与长销的过定位

图7.8　过定位

(a) 改进Ⅰ　(b) 改进Ⅱ

图7.9　消除过定位措施

7.2.2　定位方法和定位元件

工件在夹具中要想获得正确的位置，首先应该选择定位基准，其次是选择合适的定位元件。常见的定位方式与定位元件所限制的自由度情况见表7.1。

表7.1　常见典型的定位方式及定位元件所限制的自由度

定位基准	定位元件	定位简图	限制的自由度
平面定位	支承钉	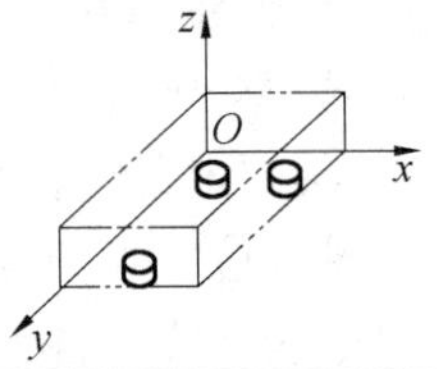	$\vec{z}$、$\hat{x}$、$\hat{y}$
	支承板	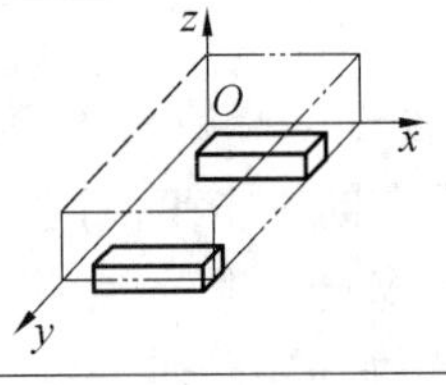	$\vec{z}$、$\hat{x}$、$\hat{y}$
外圆定位	V形块	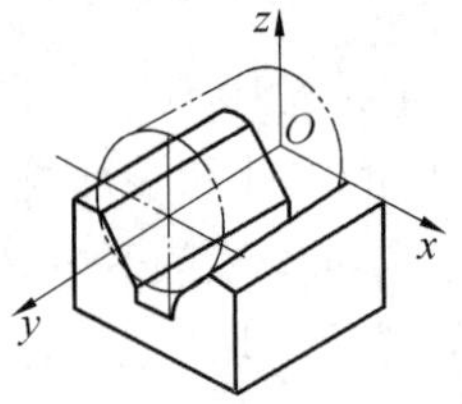	$\vec{x}$、$\vec{z}$ $\hat{x}$、$\hat{z}$
	定位套	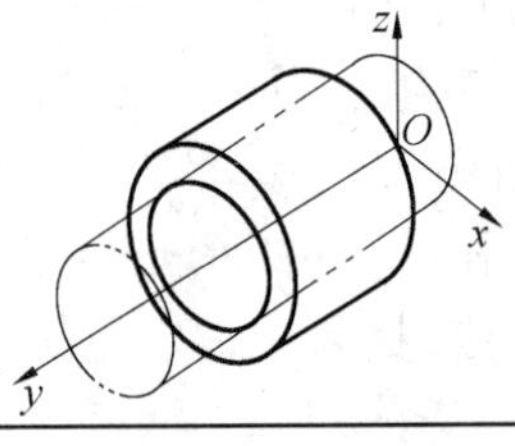	$\vec{x}$、$\vec{z}$ $\hat{x}$、$\hat{z}$

续表 7. 1

定位基准		定位元件	定位简图	限制的自由度
内孔定位		心轴	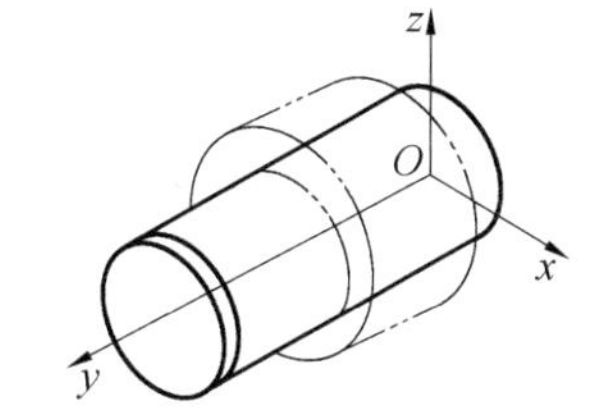 z O x y	$\vec{x}$、$\vec{z}$ $\hat{x}$、$\hat{z}$
		锥销	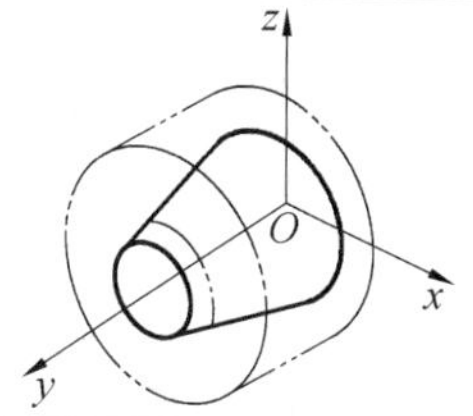 z O x y	$\vec{x}$、$\vec{z}$ $\vec{y}$ $\hat{x}$、$\hat{z}$
组合表面	两锥孔	固定顶尖	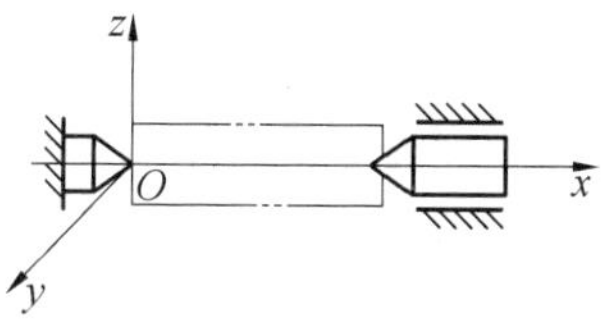 z O x y	$\vec{x}$、$\vec{y}$、$\vec{z}$
		活动顶尖		$\hat{y}$、$\hat{z}$
	外圆 + 锥孔	三爪自定心卡盘	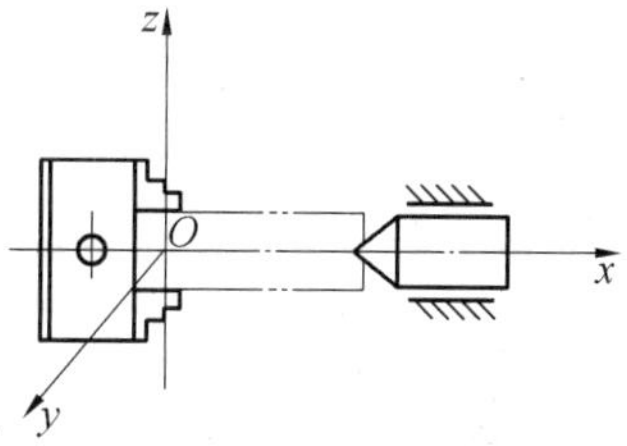 z O x y	$\vec{y}$、$\vec{z}$
		活动顶尖		$\hat{y}$、$\hat{z}$
	一面两外圆	支承板	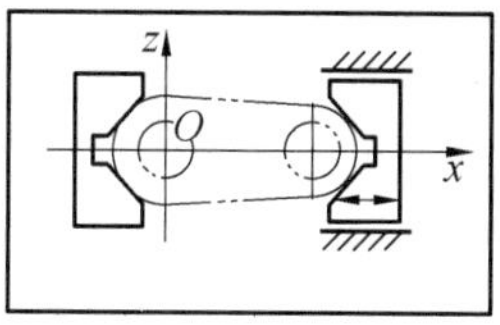 z O x	$\vec{z}$、$\hat{x}$、$\hat{y}$
		固定 V 形块		$\vec{x}$、$\vec{y}$
		活动 V 形块		$\hat{z}$
	一面两内孔	支承板	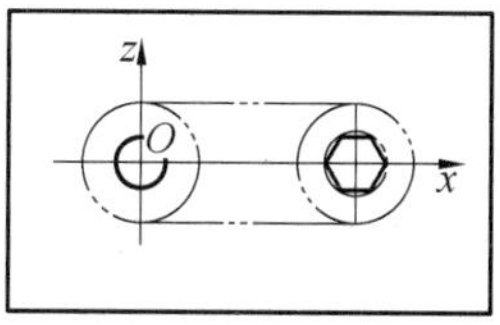 z O x	$\vec{z}$、$\hat{x}$、$\hat{y}$
		圆柱销		$\vec{x}$、$\vec{y}$
		削边销		$\hat{z}$
	一面 + 锥孔	支承板	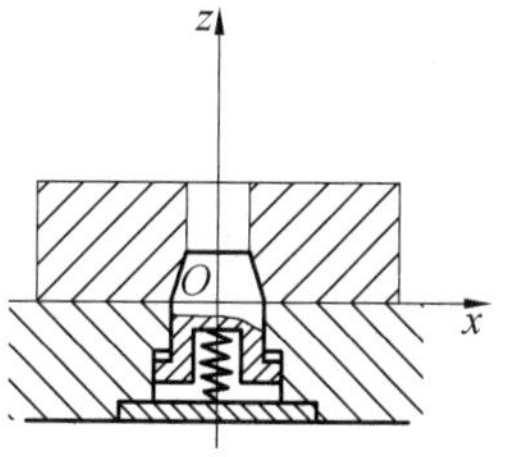 z O x	$\vec{z}$、$\hat{x}$、$\hat{y}$
		活动锥销		$\vec{x}$、$\vec{y}$

1. 工件以平面定位及定位元件

在机械加工中，工件以平面为定位基准进行定位是最常用的一种定位方式，如箱体、机座、支架、板类零件等。常用的定位元件有固定支承、可调支承、自位支承及辅助支承。

(1) 固定支承。固定支承的支承高度尺寸固定、不能调整，一般装在夹具上后不再拆卸或调节。它分为支承钉和支承板两种。

支承钉的结构如图7.10所示。平头支承钉(图7.10(a))用于精基准定位；球头承钉(图7.10(b))用于粗基准定位；网纹头支承钉(图7.10(c))用于要求摩擦力较大的工件侧面定位。以上三种支承钉与夹具体的连接配合采用H7/r6或H7/n6，又称固定式支承钉。由于支承钉在使用中不断磨损，使定位精度下降，甚至导致夹具报废，故而可采用可换式支承钉，如图7.10(d) 所示。

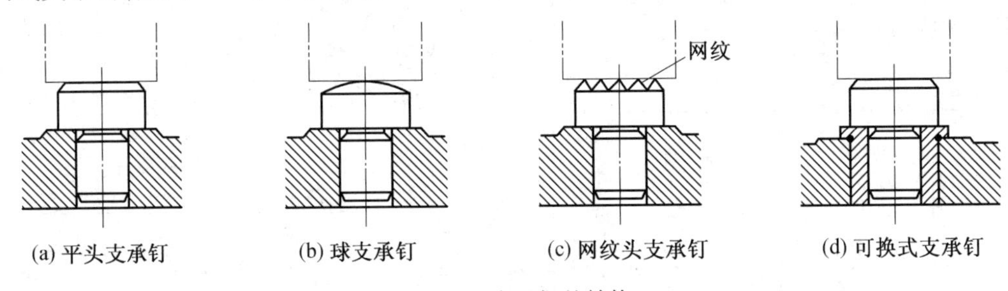

图7.10　支承钉的结构

支承板的结构如图7.11所示。平面型支承板(A型，图7.11(a))，结构简单，但埋头螺钉清理切屑比较困难，适用于侧面和顶面定位；带斜槽型支承板(B型，图7.11(b))，槽中可容纳切屑，清除切屑比较容易，适用于底面定位。

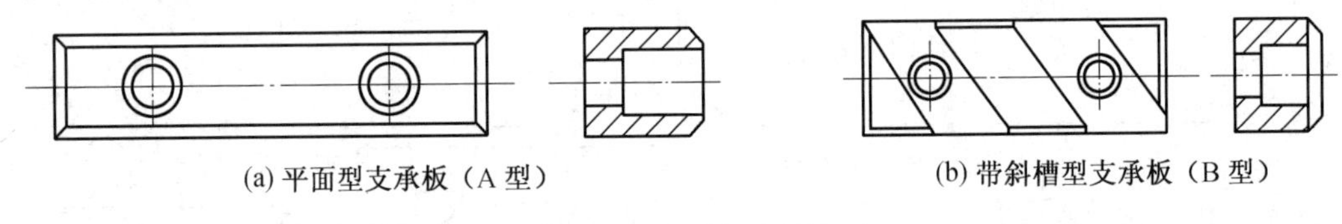

图7.11　支承板的结构

(2) 可调支承。可调支承在高度方向上位置可以调节，多用于支承工件的粗基准表面，以调节补偿各批毛坯尺寸误差，其结构形式如图7.12所示。一般不是每个工件调整一次，而是一批工件调整一次，根据粗基准位置变化情况，调整螺钉、螺栓调节高度，并以螺母锁紧以防止松动。

(3) 自位支承。自位支承是在定位过程中，可随工件定位基准位置变化而自动与之适应的多点接触的浮动支承，其作用仍相当于一个定位支承，接触点数目的增加可提高工件的支承刚性和定位稳定性。自位支承主要用于粗基准定位和工件刚性较差的情况，常用结构如图7.13所示。

(4) 辅助支承。辅助支承不能限制工件的自由度，只起增加支承刚度的作用，避免工件因尺寸、形状或局部刚度不足，受力后变形而破坏定位。辅助支承必须在定位完成后进行调节、支承，辅助支承的几种常用结构形式如图7.14所示。

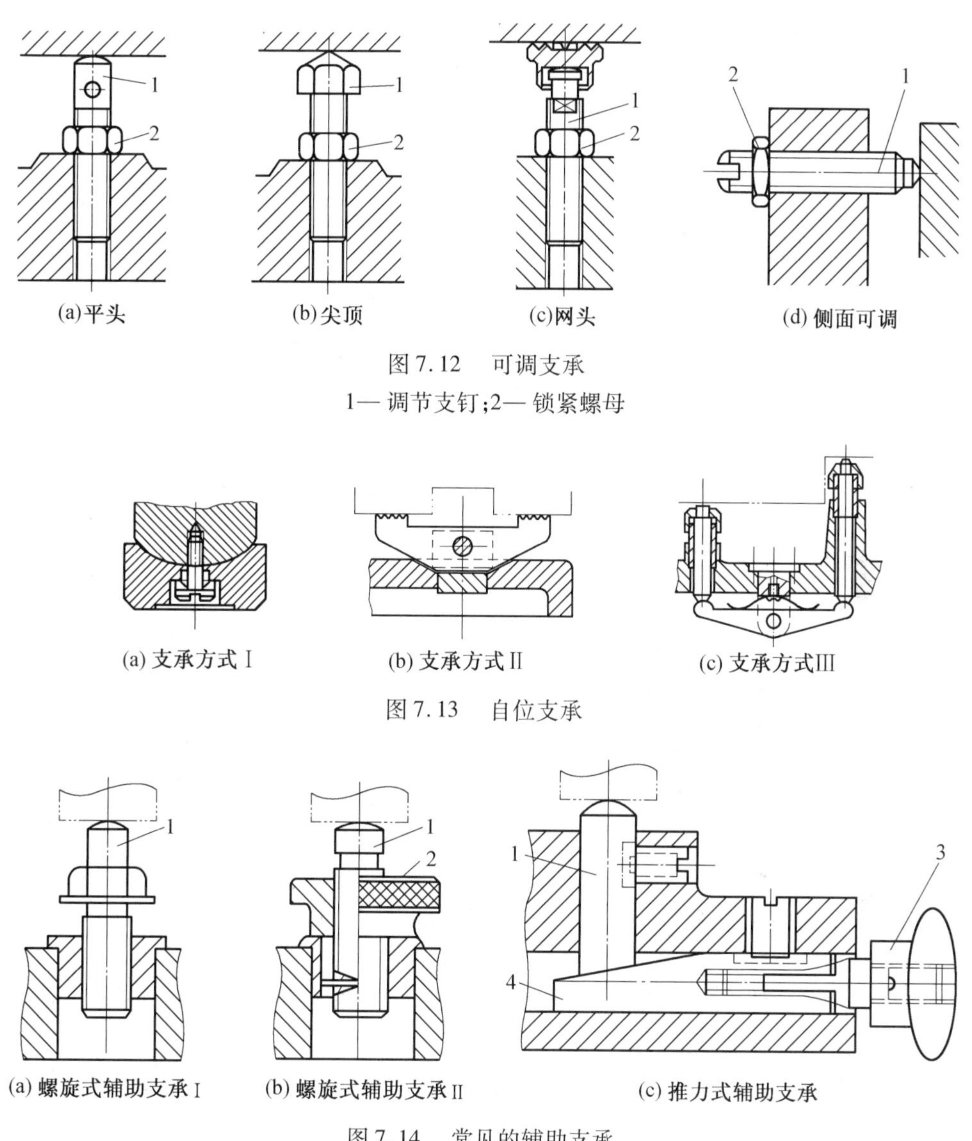

图7.12　可调支承

1— 调节支钉;2— 锁紧螺母

图7.13　自位支承

图7.14　常见的辅助支承

1— 支承;2— 螺母;3— 手轮;4— 楔块

2. 工件以外圆定位及定位元件

工件以外圆定位是一种中心定位,在生产中十分常见,如轴类、套类零件等。常用的定位元件有V形块、定位套、半圆套及圆锥套等。

(1)V形块。V形块分为固定式和活动式。固定式V形块如图7.15所示,图7.15(a)用于较短的精基准定位;图7.15(b)用于较长的粗基准(或阶梯轴)定位,图7.15(c)用于两段精基准面相距较远的场合;图7.15(d)中的V形块是在铸铁底座上镶淬火钢垫块而成,可延长夹具的使用寿命,调整硬质合金块厚度,可装夹不同直径的工件,用于精加工直径与长度较大的定位基准场合。

固定V形块用于内圆磨床的加工中,可达到很高的加工精度,其应用实例如图7.16

所示。

根据工件与V形块的接触母线长度,固定式V形块可以分为短V形块和长V形块,前者限制工件的两个自由度,后者限制工件的四个自由度。

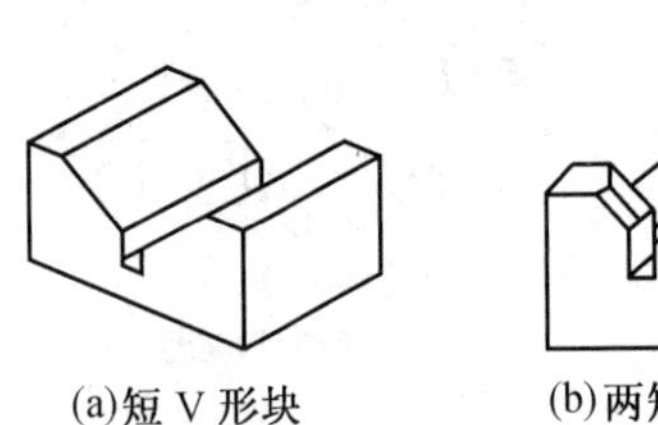

(a)短V形块　(b)两短V形块组合Ⅰ　(c)两短V形块组合Ⅱ

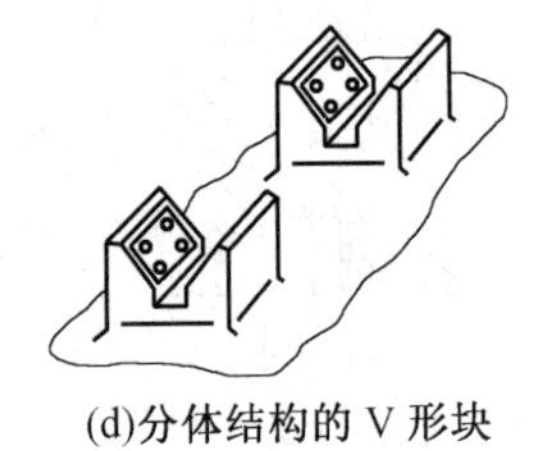

(d)分体结构的V形块

图7.15　常用固定式V形块

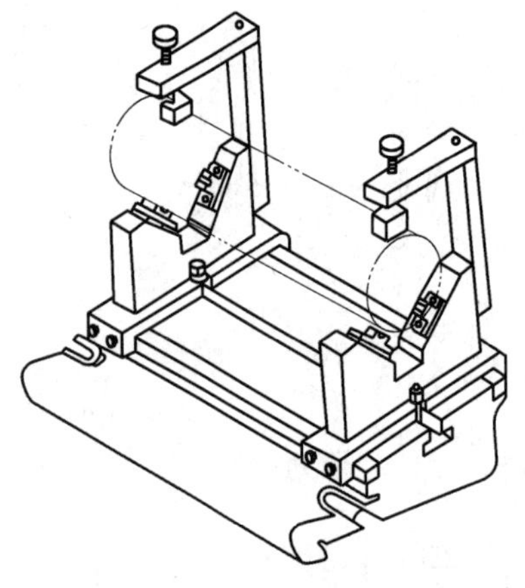

图7.16　固定V形块应用实例

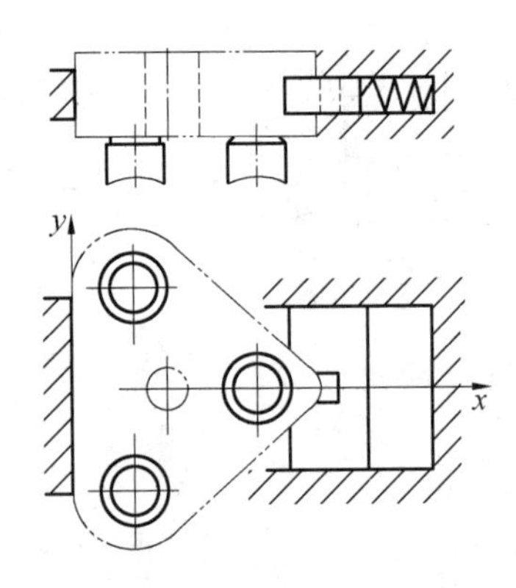

图7.17　活动V形块

图7.17中的活动式V形块限制工件 $\vec{y}$ 移动自由度。它除定位外,还兼有夹紧作用。

V形块定位的优点如下:

① 对中性好。使工件的定位基准轴线对中在V形块两斜面的对称平面上,在左、右方向上不会发生偏移,且安装方便。

② 应用范围较广。不论定位基准是否经过加工,不论是完整的圆柱面还是局部圆弧面,都可采用V形块定位。

V形块上两斜面间的夹角一般选用60°、90°和120°,其中以90°应用最多。V形块的材料一般用钢,渗碳深为0.8 ~ 1.2 mm,淬火硬度为60 ~ 64HRC。

(2) 定位套。工件以外圆柱表面为定位基准在定位套内孔中定位,这种定位方法一般适用于精基准定位。图7.18(a)为短定位套定位,限制工件两个自由度,图7.18(b)为长定位套定位,限制工件四个自由度。

(3) 半圆套。半圆套结构简图如图7.19所示,下半圆起定位作用,上半圆起夹紧作用。图7.19(a)为可卸式,图7.19(b)为铰链式,后者装卸工件方便些。短半圆套限制工件的两个自由度,长半圆套限制工件四个自由度。

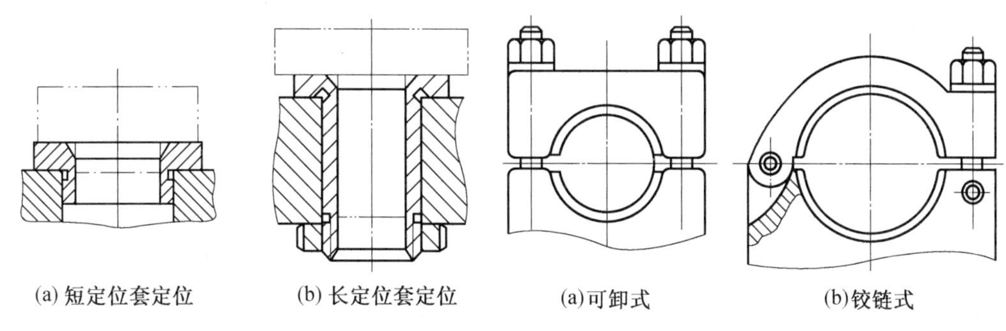

图 7.18　工件在定位套中定位　　　　图 7.19　半圆套结构

(4) 圆锥套。工件以圆锥套定位时，常与后顶尖(反顶尖)配合使用，如图 7.20 所示。夹具体锥柄1插入机床主轴孔中，通过传动螺钉2对定位圆锥套3传递转矩，工件4圆柱左端部在定位圆锥套3中通过齿纹锥面进行定位，限制工件的三个移动自由度；工件圆柱右端锥孔在后顶尖5(当外径小于6 mm时，用反顶尖)上定位，限制工件两个转动自由度。

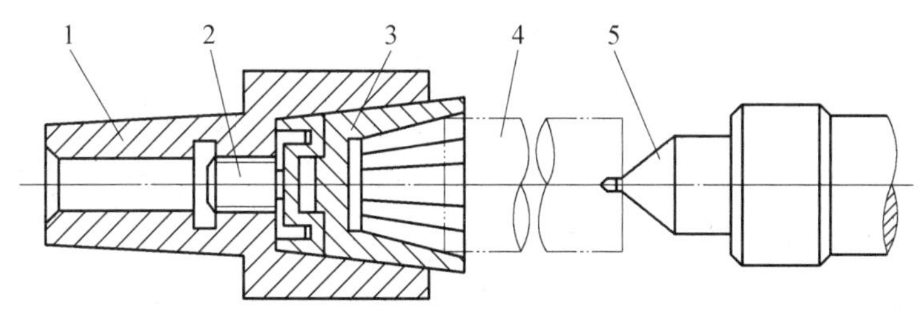

图 7.20　工件在圆锥套中定位

1—夹具体锥柄；2—传动螺钉；3—定位圆锥套；4—工件；5—后顶尖

3. 工件以圆孔定位

工件以圆孔定位大多属于定心定位(定位基准为孔的轴线)，常用的定位元件有定位销、圆锥销、定位心轴等。圆孔定位还经常与平面定位联合使用。

(1) 定位销。几种常用的圆柱定位销如图 7.21 所示，其工作部分直径 d 通常根据加工要求和考虑便于装夹，按 g5、g6、f6 或 f7 制造。图 7.21(a)、(b)、(c) 所示定位销与夹具体的连接采用过盈配合；图 7.21(d) 为带衬套的可换式圆柱销结构，这种定位销与衬套的配合采用间隙配合，故其位置精度较固定式定位销低，一般用于大批大量生产中。为便于工件顺利装入，定位销的头部应有15° 倒角。

短圆柱销限制工件的两个自由度，长圆柱销限制工件的四个自由度。

(2) 圆锥销。在加工套筒、空心轴等类工件时，也经常用到圆锥销。图 7.22(a) 用于粗基准；图7.22(b) 用于精基准。圆锥销限制了工件 $\vec{x}$、$\vec{y}$、$\vec{z}$ 三个自由度。工件在单个圆锥销上定位容易倾斜，所以圆锥销一般与其他定位元件组合定位。如图 7.23 所示，工件以底面作为主要定位基面，采用活动圆锥销，只限制 $\vec{x}$、$\vec{y}$ 两个移动自由度，即使工件的孔径变化较大，也能准确定位。

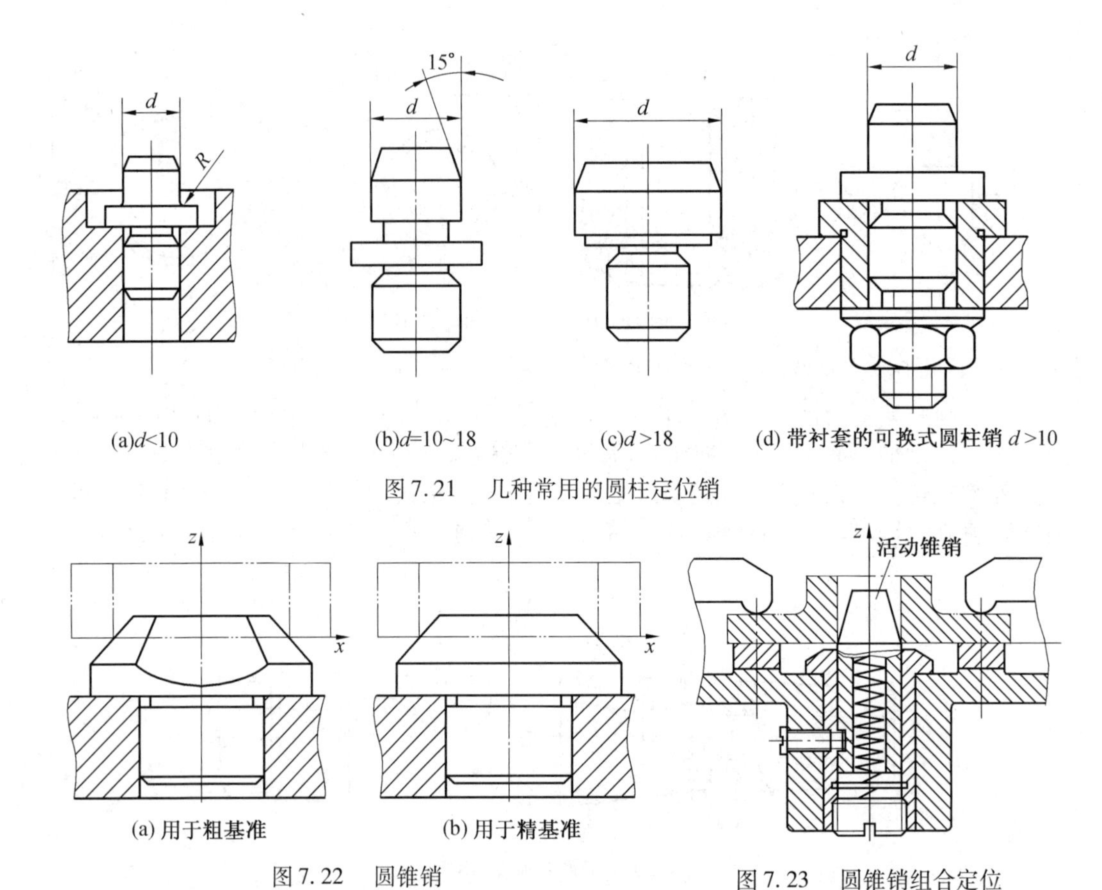

(a)$d<10$　(b)$d=10\sim18$　(c)$d>18$　(d) 带衬套的可换式圆柱销 $d>10$

图 7.21　几种常用的圆柱定位销

(a) 用于粗基准　(b) 用于精基准

图 7.22　圆锥销

图 7.23　圆锥销组合定位

(3) 定位心轴。定位心轴主要用于套筒类和空心盘类工件的车、铣、磨及齿轮加工。常见的有圆柱心轴和圆锥心轴等。

① 圆柱心轴。间隙配合圆柱心轴如图 7.24(a) 所示,其定位精度不高,但装卸工件较方便;过盈配合圆柱心轴如图 7.24(b) 所示,常用于对定心精度要求高的场合;短圆柱心轴限制工件的两个自由度,长圆柱心轴限制工件的四个自由度。

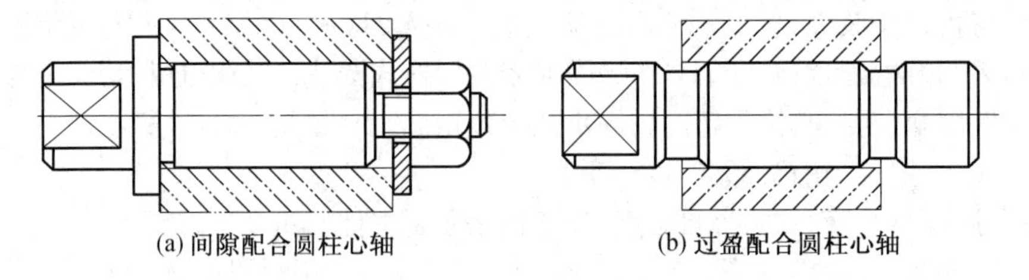

(a) 间隙配合圆柱心轴　(b) 过盈配合圆柱心轴

图 7.24　圆柱心轴

② 圆锥心轴。这类定位方式是与圆锥面接触,要求锥孔和圆锥心轴的锥度相同,接触良好,因此定心精度与角向定位精度均较高,而轴向定位精度取决于工件孔和心轴的尺寸精度,如图 7.25 所示。圆锥心轴限制工件的五个自由度,即除绕轴线转动的自由度没限制外均已限制。

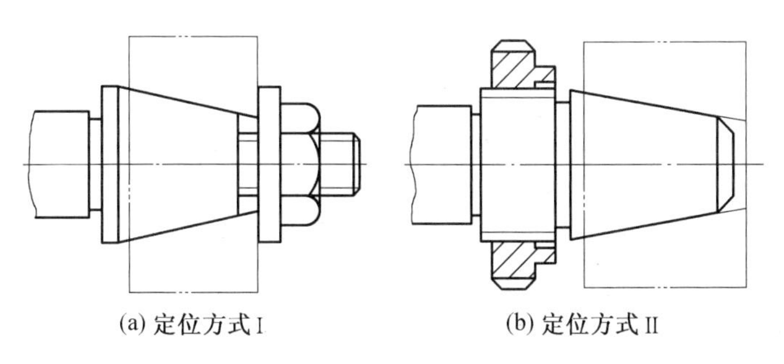

图7.25　圆锥心轴

4. 工件以组合表面定位

在实际加工过程中，工件往往不是采用单一表面的定位，而是以组合表面定位。常见的有平面与平面组合、平面与孔组合、平面与外圆组合、平面与其他表面组合、锥面与锥面组合等。例如，在加工箱体工件时，往往采用一面两孔组合定位，如图7.26所示。定位元件采用一个平面和两个短圆柱销，工件上两孔直径分别为$D_1{}_{\ 0}^{+\delta_{D_1}}$、$D_2{}_{\ 0}^{+\delta_{D_2}}$，两孔中心距为$L\pm\delta_{LD}$，夹具上两销直径分别为$d_1{}_{-\delta_{d1}}^{\ 0}$、$d_2{}_{-\delta_{d2}}^{\ 0}$，两销中心距为$L\pm\delta_{Ld}$。由于平面限制了$\hat{x}$、$\hat{y}$、$\vec{z}$三个自由度，第一个定位销限制$\vec{x}$、$\vec{y}$两个自由度，第二定位销限制$\vec{x}$、$\vec{y}$两个自由度，两个销组合限制$\hat{z}$一个自由度。因此$\vec{x}$、$\vec{y}$过定位，故有可能使工件两孔无法套在两定位销上，如图7.26(a)所示。

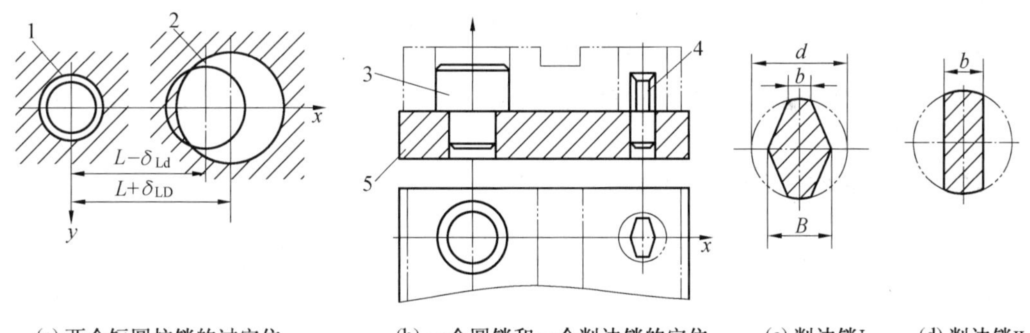

图7.26　一面两孔组合定位情况

1、2—孔；3—短圆柱销；4—短削边销；5—平面

解决过定位的主要方法是第二个销子采用削边销结构，即采取在过定位方向上，将第二个圆柱销削边，如图7.26(c)、(d)所示。平面限制$\hat{x}$、$\hat{y}$、$\vec{z}$三个自由度，短圆柱销限制$\vec{x}$、$\vec{y}$两个自由度，短的削边销(菱形销)限制$\hat{z}$一个自由度。它不需要减小第二个销子直径，因此转角误差较小。

图7.26(c)所示削边销的截面形状为菱形，又称菱形销，用于直径小于50 mm的孔；图7.26(d)所示削边销的截面形状常用于直径大于50 mm的孔。

7.2.3 定位误差的分析与计算

按照六点定位原理,可以设计和检查工件在夹具上的正确位置,但能否满足工件对工序加工精度的要求,则取决于刀具与工件之间正确的相互位置。而影响这个正确的位置关系的因素很多,如夹具在机床上的装夹误差、工件在夹具中的定位误差和夹紧误差、机床的调整误差、工艺系统的弹性变形和热变形误差、机床和刀具的制造误差及磨损误差等。为了保证工件的加工质量,应满足

$$\Delta \leqslant \delta \tag{7.1}$$

式中 Δ—— 各种因素产生的误差总和;

δ—— 工件被加工尺寸的公差。

本小节只研究定位误差对加工精度的影响,所以式(7.1) 可写为

$$\Delta_d + \Delta_\Sigma \leqslant \delta \tag{7.2}$$

式中 Δ_d—— 工件在夹具中的定位误差,一般应小于 $\delta/3$;

Δ_Σ—— 除定位误差外,其他因素引起的误差总和。

1. 定位误差及其产生原因

定位误差是指由于工件定位造成的加工面相对工序基准的位置误差。因为对一批工件来说,刀具经调整后位置是不动的,即被加工表面的位置相对于定位基准是不变的,所以定位误差就是工序基准在加工尺寸方向上的最大变动量。造成定位误差的原因如下。

(1) 由于定位与工序基准不一致所引起的定位误差,称为基准不重合误差,即工序基准相对于定位基准在加工尺寸方向的最大变动量,以 Δ_b 表示。

(2) 由于定位副制造误差及间隙配合所引起的定位误差,称为基准位移误差,即定位基准相对位置在加工尺寸方向上的最大变动量,以 Δ_j 表示。

2. 常见定位方式定位误差的分析与计算

分析和计算定位误差的目的,就是为了判断所采用的定位方案能否保证加工要求,以便对不同方案进行分析比较,从而选出最佳定位方案,它是决定定位方案时的一个重要依据。

由定位误差的产生原因可知,基准不重合误差是由于定位基准选择不当产生的,而基准位移误差是由于定位副制造误差及其配合间隙所引起的。在工件定位时,上述两项误差可能同时存在,也可能只有一项存在,但不管如何,定位误差是由两项误差共同作用的结果。故有

$$\Delta_d = \Delta_j \pm \Delta_b \tag{7.3}$$

利用式(7.3) 计算定位误差,称为误差合成法,是加工尺寸方向上的代数和。在定位误差的分析与计算中,可以将两项误差分别计算,再按式(7.3) 进行合成。当 Δ_b 和 Δ_j 是由同一误差因素导致产生的,这时称 Δ_b 和 Δ_j 关联,此时如果它们方向相同,合成时取“+”号;如果它们方向相反,合成时取“-”号。当两者不关联时,可直接采用两者的和叠加计算定位误差。

需要注意的是,定位误差是在采用调整法加工一批工件时产生的,若采用逐件试切法加工,则根本不存在定位误差。下面讨论常见定位方法的定位误差分析与计算。

(1) 工件以平面定位。铣台阶面的两种定位方案如图7.27所示。若按图7.27(a)所示定位方案铣工件上的台阶面C,要求保证尺寸20 ± 0.15。下面分析和计算其定位误差。

由工序简图知,加工尺寸20 ± 0.15的工序基准(也是设计基准)是A表面,而图7.27(a)中定位基准是B面,可见定位基准与工序基准不重合,必然存在基准不重合误差。这时的定位尺寸是40 ± 0.14,与加工尺寸方向一致,所以基准不重合误差的大小就是定位尺寸的公差,即$\Delta_d=0.28$ mm,若定位基准B面制造得比较平整光滑,则同批工件的定位基准位置不变,不产生基准位移误差,即$\Delta_j=0$。其值为

$$\Delta_d=\Delta_j\pm\Delta_b=\Delta_b=0.28$$

而加工尺寸20 ± 0.15的公差为$\delta=0.30$ mm,所以$\Delta_d=0.28\ \text{mm}>\delta/3=1/3\times0.30\ \text{mm}=0.10\ \text{mm}$。

由式(7.2)可知,定位误差太大,留给其他加工误差的允许值就太小了,只有0.02 mm,在实际加工中容易出现废品,所以此方案不宜采用。若改为图7.27(b)所示的定位方案,则由于定位基准与工序基准重合,定位误差为零。但此定位方案工件需从下向上夹紧,夹紧方案不够理想,且使夹具结构复杂。

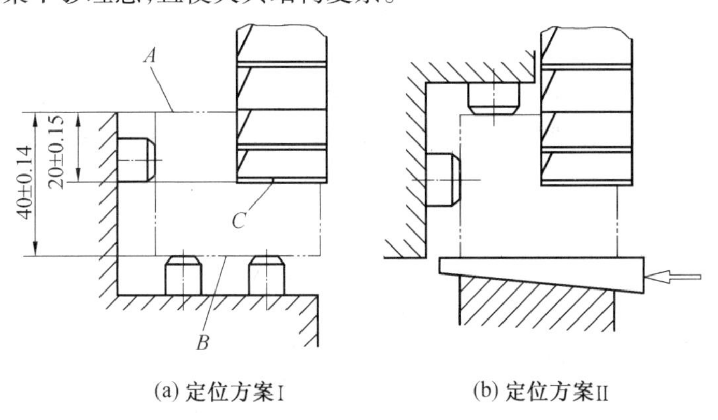

(a) 定位方案Ⅰ　　(b) 定位方案Ⅱ

图7.27　铣台阶面的两种定位方案

(2) 工件以外圆柱面定位。如不考虑V形块的制造误差,则工件定位基准在V形块的对称面上,因此工件中心线在水平方向上的位移为零。但在垂直方向上,因工件外圆有制造误差而产生基准位移,如图7.28(a)所示。

$$\Delta_j=O_2O_1=\frac{O_1M}{\sin\frac{\alpha}{2}}-\frac{O_2N}{\sin\frac{\alpha}{2}}=\frac{\frac{1}{2}d}{\sin\frac{\alpha}{2}}-\frac{\frac{1}{2}(d-\delta_d)}{\sin\frac{\alpha}{2}}=\frac{\delta_d}{2\sin\frac{\alpha}{2}}\tag{7.4}$$

图7.28(b)、(c)、(d)为三种不同工序尺寸标注情况,工件直径尺寸为$d_{-\delta_d}^{\ 0}$,其定位误差的分析计算如下:

① 图7.28(b)为工序基准与定位基准重合,此时$\Delta_b=0$,只有基准位移误差,故影响工序尺寸H_1的定位误差为

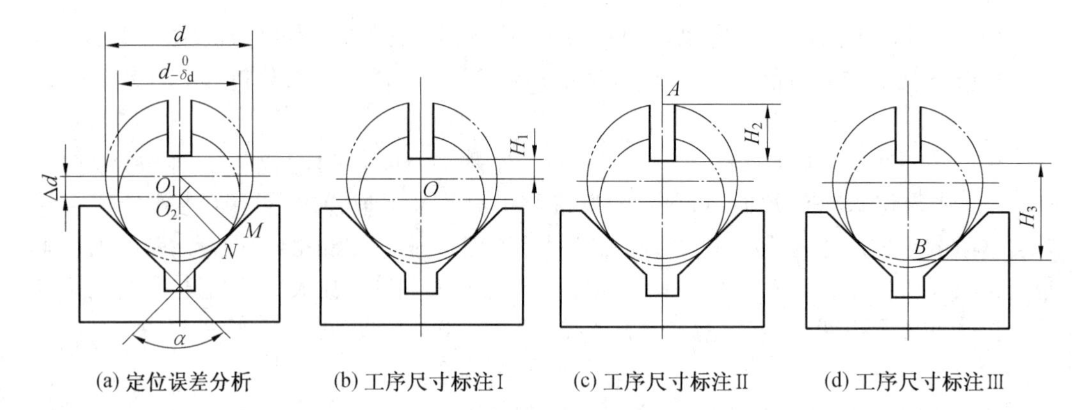

(a) 定位误差分析　(b) 工序尺寸标注Ⅰ　(c) 工序尺寸标注Ⅱ　(d) 工序尺寸标注Ⅲ

图 7.28　工件在 V 形块上定位时定位误差分析

$$\Delta_d = \Delta_j = \frac{\delta_d}{2\sin\frac{\alpha}{2}} \tag{7.5}$$

② 图 7.28(c) 中工序基准选在工件上母线 A 处，工序尺寸为 H_2。此时，工序基准与定位基准不重合，其误差为 $\Delta_d = \delta_d/2$，基准位移误差 Δ_j 同上。由于 Δ_b 和 Δ_j 均是由于工件直径尺寸制造误差引起的，属于关联误差因素，因此采用合成法计算时需判断其正负。其判断方法如下：当工件直径尺寸减小时，工件定位基准将下移；当工件定位基准位置不变时，若工件直径尺寸减小，则工序基准 A 下移，两者变化方向相同，故定位误差计算应采用和合成为

$$\Delta_d = \Delta_j + \Delta_b = \frac{\delta_d}{2\sin\frac{\alpha}{2}} + \frac{\delta_d}{2} \tag{7.6}$$

③ 图 7.28(d) 中工序基准选在工件下母线 B，工序尺寸为 H_3。当工件直径尺寸变小时，定位基准将下移，但工序基准将上移，因此定位误差计算应采用差合成为

$$\Delta_d = \Delta_j - \Delta_b = \frac{\delta_d}{2\sin\frac{\alpha}{2}} - \frac{\delta_d}{2} \tag{7.7}$$

可以看出，当式(7.7)、(7.8) 和(7.9) 中的 α 角相同时，以工件下母线为工序基准时，定位误差最小，而以工件上母线为工序基准时定位误差最大，所以图 7.28(d) 所示尺寸标注方法最好。可见，工件在 V 形块上定位时，定位误差随加工尺寸的标注方法不同而不同。另外，随 V 形块夹角 α 的增大，定位误差减小，但夹角过大时，将引起工件定位不稳定，故一般多采用 90° 的 V 形块。

(3) 工件以圆柱孔定位。工件以单一圆柱孔定位时常用的定位元件是圆柱定位心轴(或定位销)，此时定位误差的计算有两种情形：工件孔与定位心轴(或定位销) 采用无间隙配合和间隙配合。

① 工件孔与定位心轴(或定位销) 过盈配合的定位误差计算。由于工件孔与心轴(或定位销) 为无间隙配合，定位副间无间隙，定位基准的位移量为零，所以 $\Delta_j = 0$。

若工序基准与定位基准重合，如图 7.29(a) 中的 H_1 尺寸，则定位误差为

$$\Delta_d = \Delta_j \pm \Delta_b = 0 \tag{7.8}$$

若工序基准在工件定位孔的母线上，如图7.30（b）中的 H_2 尺寸，则定位误差为

$$\Delta_d = \Delta_j \pm \Delta_b = \Delta_b = \frac{\delta_d}{2} \tag{7.9}$$

若工序基准在工件外圆母线上，如图7.29（c）中的 H_4 尺寸，则定位误差为

$$\Delta_d = \Delta_j \pm \Delta_b = \Delta_b = \frac{\delta_D}{2} \tag{7.10}$$

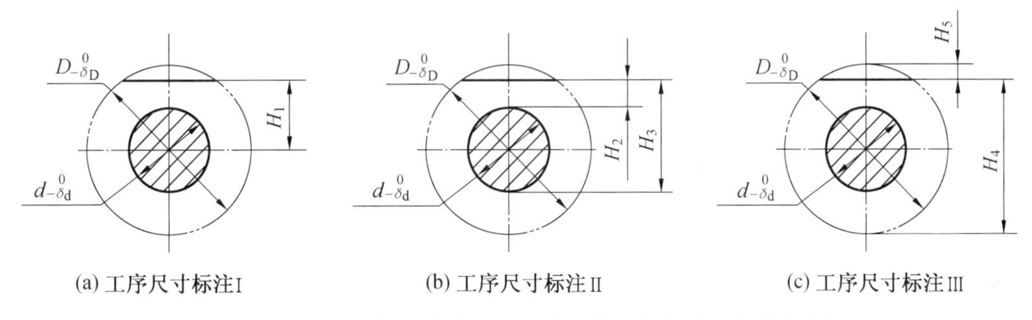

图7.29　工件以圆柱孔在过盈配合心轴上定位时定位误差分析

② 工件孔与定位心轴（或定位销）采用间隙配合的定位误差计算。

a. 工件孔与定位心轴（或定位销）的轴线水平放置。如图7.30所示，理想定位状态（图7.30（a）），工序基准（孔中心线）与定位基准（心轴轴线）重合，$\Delta_b = 0$；但由于工件的自重作用，使工件孔与定位心轴（或定位销）的上母线单边接触，孔中心线相对于定位心轴（或定位销）轴线将总是下移，图7.30（b）是可能产生的最小下移状态，图7.30（c）是可能产生的最大下移状态。由于定位副的制造误差，将产生定位基准位移误差，孔中心线在沿垂直方向上的最大变动量为

$$\Delta_j = O_1O_2 = OO_2 - OO_1 = \frac{D_{max} - d_{min}}{2} - \frac{D_{min} - d_{max}}{2} = \frac{\delta_D + \delta_d}{2} \tag{7.11}$$

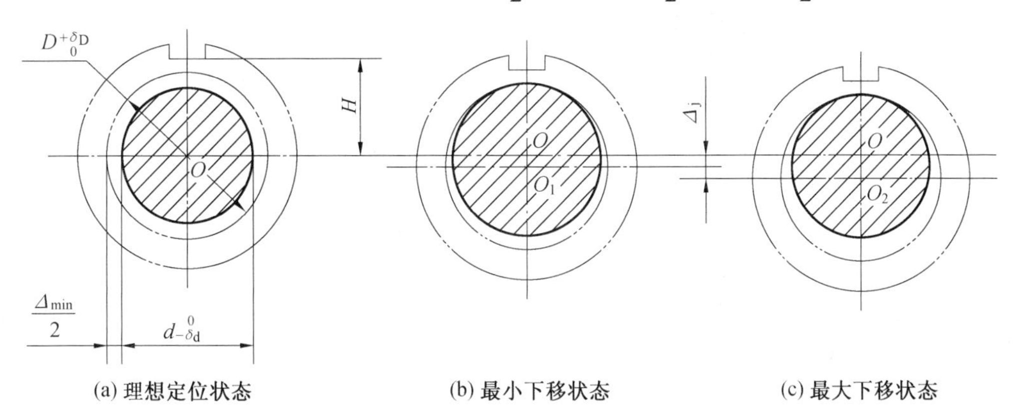

图7.30　工件孔与定位心轴间隙配合水平放置定位误差计算

需要注意的是，基准位移误差 Δ_j 是最大位置变化量，而不是最大位移量。Δ_j 计算结果中没有包含 $\Delta_{min}/2$，这是因为 $\Delta_{min}/2$ 是常值系统误差，可以通过调刀消除。因此，在确

定调刀尺寸时应加以注意。

对于基准不重合误差,则应视工序基准的不同而异。

b. 工件孔与定位心轴(或定位销)垂直放置。如图 7.31 所示,定位心轴(或定位销)与工件内孔的任意边可能接触,应考虑加工尺寸方向的两个极限位置及孔与轴的最小配合间隙 Δ_{min} 的影响,此时 Δ_{min} 无法在调整刀具尺寸时预先予以补偿,所以在加工尺寸方向上的最大基准位移误差可按最大孔和最小轴求得孔中心线位置的变动量,而基准不重合误差应视工序基准的不同而异。

$$\Delta_j = \delta_D + \delta_d + \Delta_{min} = \Delta_{max} \tag{7.12}$$

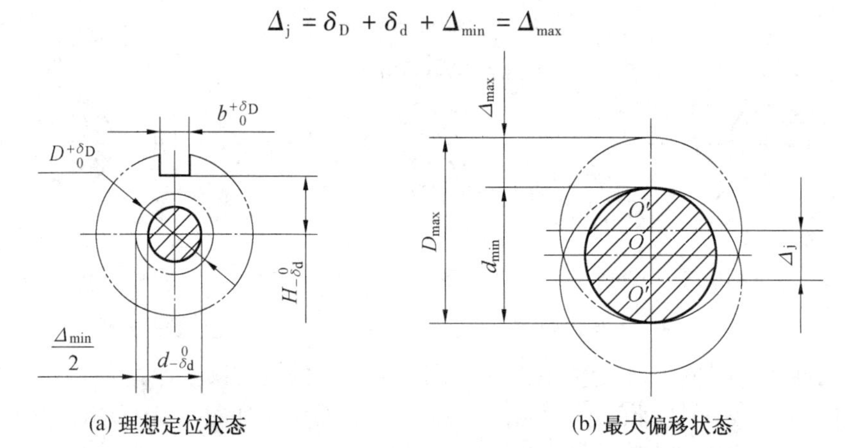

(a) 理想定位状态　　(b) 最大偏移状态

图 7.31　工件孔与定位心轴间隙配合垂直放置定位误差计算

(4) 工件以一面两孔定位。

①“1” 孔中心线在 x、y 方向的最大位移为

$$\Delta_{D(1x)} = \Delta_{D(1y)} = \delta_{D_1} + \delta_{d_1} + \Delta_{1min} = \Delta_{1max} \tag{7.13}$$

②“2” 孔中心线在 x、y 方向的最大位移分别为

$$\Delta_{D(2x)} = \Delta_{D(1x)} + 2\delta_{LD} \tag{7.14}$$

$$\Delta_{D(2y)} = \delta_{D_2} + \delta_{d_2} + \Delta_{2min} = \Delta_{2max} \tag{7.15}$$

③ 两孔中心连线对两销中心连线的最大转角误差(图 7.32)为

$$\Delta_{D(\alpha)} = 2\alpha = 2\arctan\frac{\Delta_{1max} + \Delta_{2max}}{2L} \tag{7.16}$$

以上定位误差均属于基准位移误差。

(5) 表面组合定位时的定位误差。在机械加工中,有很多工件是以多个表面作为定位基准,在夹具中实现表面组合定位的,如箱体类工件以三个相互垂直的平面或一面两孔组合定位,套类、盘类或连杆类工件以平面和内孔表面组合定位,以及阶梯轴类工件以两个外圆表面组合定位等。

采用表面组合定位时,由于各个定位基准面之间存在着位置偏差,故在定位误差的分析和计算时也必须加以考虑。为了便于分析和计算,通常把限制自由度最多的主要定位表面称为第一定位基准,然后再依次划分为第二、第三定位基准。一般来说,采用多个表面组合定位的工件,其第一定位基准的位置误差最小,第二定位基准次之,而第三定位基准的位置误差最大。下面将对几种典型的表面组合定位时的定位误差进行分析和计算。

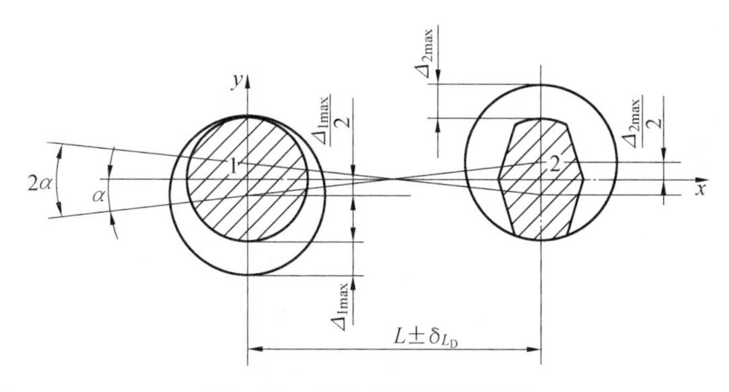

图 7.32　孔中心距的转角误差

① 平面组合定位。图 7.33(b) 所示长方体工件以三个相互垂直的平面为定位基准，在夹具上实现平面组合定位的情况。为达到完全定位，工件以底面 A 与夹具上处于同一平面的六个支承板 1 接触，限制了三个自由度，属于第一定位基准；工件以侧面 B 与夹具上处于同一直线上的两个支承钉 2 接触，限制了两个自由度，属于第二定位基准；工件上的 C 面与夹具上的一个支承钉 3 接触，限制了一个不定度，属于第三定位基准。

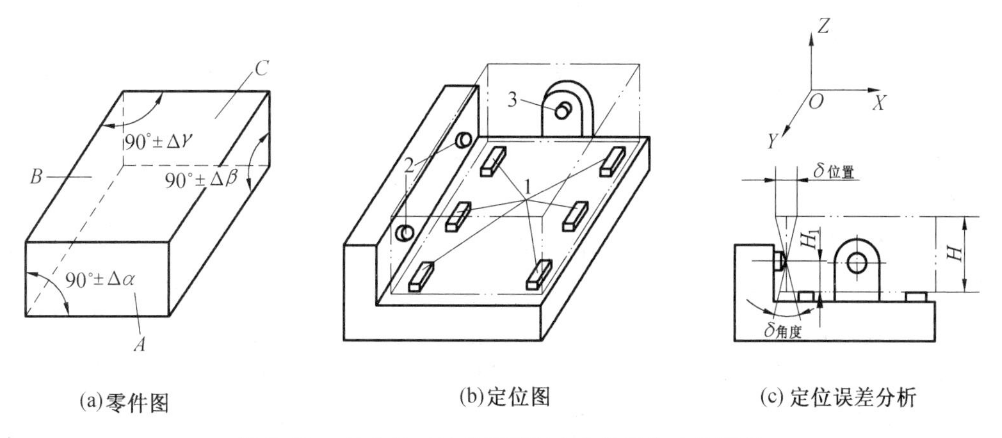

图 7.33　长方体工件的平面组合定位及其定位误差

当一批工件在夹具中定位时，由于工件上三个定位基准面之间的位置(即垂直度) 不可能做得绝对准确，由于它们之间存在着角度偏差(偏离90°)，即 $\pm\Delta\alpha$、$\pm\Delta\beta$ 和 $\pm\Delta\gamma$，将引起各定位基准的位置误差，如图 7.33 所示。工件上的 A 面已经加工过，按前述平面定位时的定位误差分析可知，其定位基准的位置几乎没有什么变动，即基准位移误差可以忽略不计。对于工件上的第二定位基准 B 面，由于与 A 面有角度偏差 $\pm\Delta\alpha$，将造成此定位基准的位置误差 $\delta_{位置(B)}$ 和角度误差 $\delta_{角度(B)}$，其值可由图 7.33(c) 中的几何关系求得，即

$$\delta_{位置(B)} = \pm(H - H_1)\tan\Delta\alpha \quad \left(H_1 < \frac{H}{2}\right) \tag{7.17}$$

$$\delta_{角度(B)} = \pm\Delta\alpha \tag{7.18}$$

同理，工件上的第三定位基准 C 面，由于与 A 面和 B 面均有角度偏差，即 $\pm\Delta\beta$ 及 $\pm\Delta\gamma$，故在定位时将造成更大的基准位置误差和基准角度误差。

例 7.1　在卧式铣床上用三面刃铣刀加工一批长方形工件，工件在夹具中实现完全

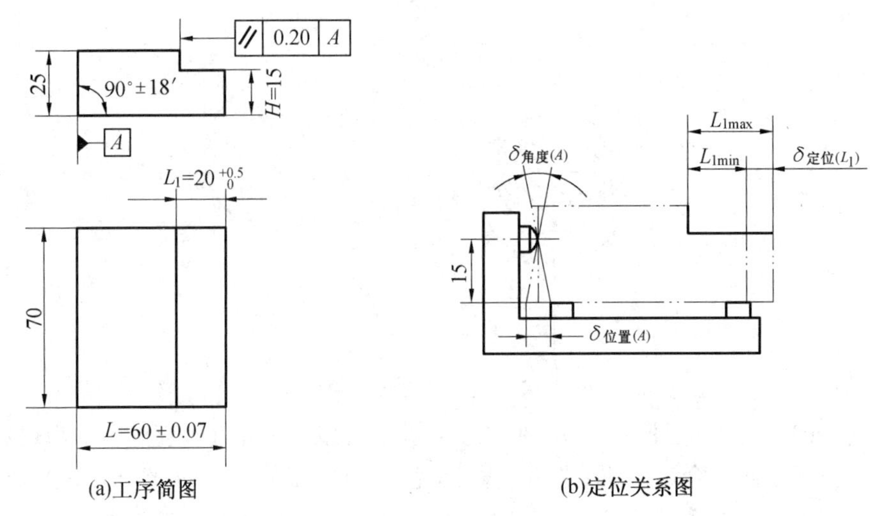

图 7.34　长方形工件加工工序简图及定位差误分析

定位。图 7.35(a) 为该工件的工序简图,加工要求为保证工序尺寸 H、L_1 及加工面对 A 面的平行度。根据图 7.34(b) 所示的几何关系可知

$$\delta_{定位(H)} = 0$$

$$\delta_{定位(L_1)}/\text{mm} = L_{1\max} - L_{1\min} = \delta_{位置} + \delta_{不重合(B)} = 2(15 \times \tan 18') + 2 \times 0.07 = 0.296$$

$$\delta_{定位(//)} = \pm(25 - 15)\tan \delta_{角度(A)} = \pm 10\tan 18' = \pm 0.052$$

经过分析和计算,工序尺寸 L_1 的定位误差已超过该工序尺寸公差的1/3,故需改变定位方案。

② 平面与内孔组合定位。工件在夹具中采用平面与内孔组合定位时,常见的组合方式主要有内孔和一个与内孔垂直的平面(简称一面一孔)及平面和两个与平面垂直的孔(简称一面两孔)两种。

采用工件内孔及端面组合定位时,根据选取主要定位基准的不同,将产生不同形式的基准位置误差。图 7.35(a) 所示的套类工件,根据工序加工要求可能采用内孔为第一定位基准,也可能采用端面为第一定位基准。如图 7.35(b) 所示,采用工件内孔为第一定位基准在长心轴或长定位销上定位时,内孔中心线 A 的位置误差可按前述内孔表面定位误差的分析确定,而第二定位基准 —— 端面 B 将因其对内孔中心线的垂直度误差而引起基准的位置误差 $\delta_{位置(B)}$ 和角度误差 $\delta_{角度(B)}$,其值为

$$\delta_{位置(B)} = d_{工} \tan \Delta\alpha_{工} + d_{夹} \tan \Delta\alpha_{夹} \tag{7.19}$$

$$\delta_{角度(B)} = \pm \tan \Delta\alpha_{工} \tag{7.20}$$

如图 7.35(c) 所示,采用工件端面为第一定位基准在短心轴或短定位销上定位时,作为第一定位基准的端面没有基准位置误差(即 $\delta_{位置(B)} = 0$),而第二定位基准 —— 内孔中心线 A 将因其对端面的垂直度误差而引起基准的位置误差 $\delta_{位置(B)}$ 及基准角度误差 $\delta_{角度(A)}$,其值为

$$\delta_{位置(A)} = 2L_{工} \tan \Delta\alpha_{工} \tag{7.21}$$

$$\delta_{角度(A)} = \pm \tan \Delta\alpha_{工} \tag{7.22}$$

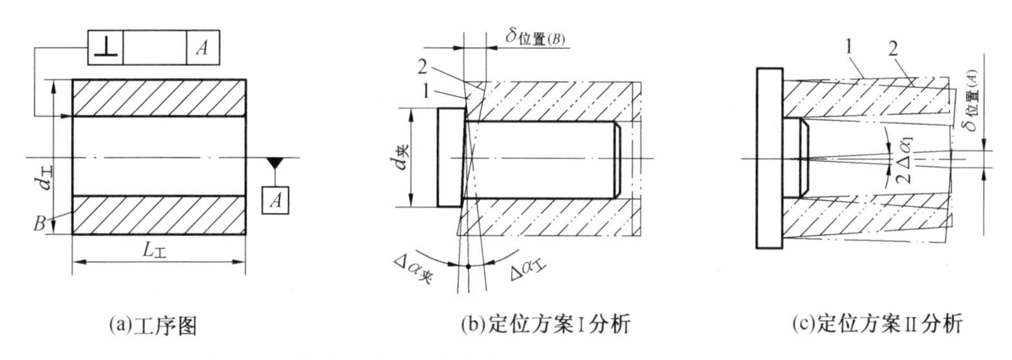

(a)工序图　　(b)定位方案Ⅰ分析　　(c)定位方案Ⅱ分析

图7.35　内孔及端面组合定位时基准位置误差和基准角度误差

例7.2　在一个套类工件上铣一个键槽，加工工序要求为键槽的位置尺寸L、H及其对内孔中心线的对称度，现分析计算采用带有小凸台的长心轴定位的定位误差，如图7.36所示。

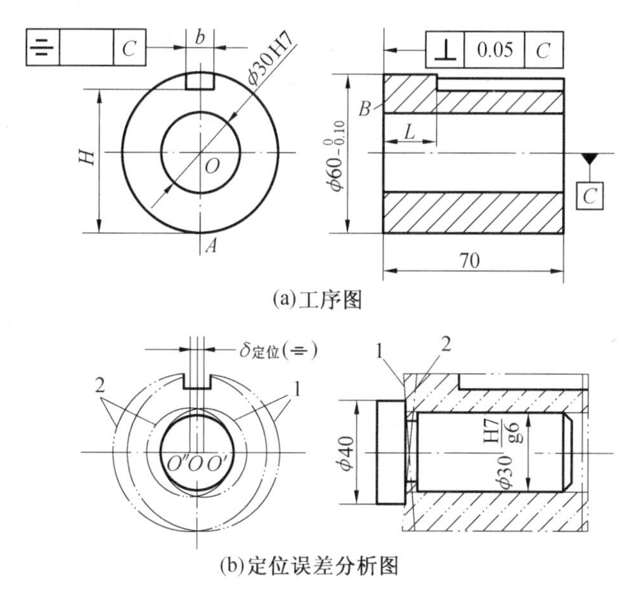

(b)定位误差分析图

图7.36　套类工件铣键槽工序的定位误差分析

键槽位置尺寸及其对内孔中心线对称度的定位误差分析计算如下：

a. 键槽的轴向位置尺寸L。尺寸L的工序基准为工件的左端B面，工件定位时的定位基准也为B面，属于基准重合，但B面是第二定位基准，故可能有基准位置误差和基准角度误差。对尺寸L来说，只是基准位置误差对它有影响，按定位误差计算公式得

$$\delta_{定位(L)} = \delta_{位置(B)} + \delta_{不重合(B)} = \delta_{位置(B)} + 0 = d_工 \tan \Delta\alpha_工 + d_夹 \tan \Delta\alpha_夹$$

由图7.36中有关尺寸及位置要求可知：$d_工 = 60$ mm，$d_夹 = 40$ mm，$\tan \Delta\alpha_工 = 0.05/60$，$\tan \Delta\alpha_夹 = 0.015/60$（定位元件的精度按被定位工件相应精度的1/3左右选取），则

$$\delta_{定位(L)}/\text{mm} = 60 \times \frac{0.05}{60} + 40 \times \frac{0.015}{60} = 0.06$$

b. 键槽的深度位置尺寸 H。尺寸 H 的工序基准为外圆下母线 A，工件定位时的定位基准为内孔中心线 O，属于基准不重合。虽然工件内孔为第一定位基准，由于与定位心轴系间隙配合，故也有基准位置误差，按定位误差计算公式得

$$\delta_{定位(H)}=\delta_{位置(O)}+\delta_{不重合(A)}=\frac{T_{\mathrm{D}}+T_{\mathrm{d_1}}}{2}+\frac{T_{\mathrm{d}}}{2}$$

由图 7.36 所示有关尺寸配合可知

$$T_{\mathrm{D}}=0.021\ \mathrm{mm},T_{\mathrm{d_1}}=0.013\ \mathrm{mm},\Delta_{\min}=0.007\ \mathrm{mm},T_{\mathrm{d}}=0.10\ \mathrm{mm}$$

$$\delta_{定位(H)}=\frac{0.021+0.013}{2}+\frac{0.10}{2}=0.067\ \mathrm{mm}$$

c. 键槽的对称度。键槽的位置精度即对称度的工序基准和定位基准均为内孔中心线 O，故无基准不重合误差。但由于有配合间隙，故仍存在着基准位置误差，按图 7.36(b) 所示的两个极端位置 1 及 2 可知

$$\delta_{定位(对称度)}=\delta_{定位(O)}+\delta_{不重合(O)}=\delta_{定位(O)}+0=T_{\mathrm{D}}+T_{\mathrm{d_1}}+\Delta_{\min}=$$
$$0.021+0.013+0.007=0.041\ \mathrm{mm}$$

③ 外圆与外圆组合。阶梯轴以两个外圆表面 d_1 和 d_2 为定位基准(图 7.37)，放置在两个高度不等的短 V 形块上实现组合定位的情况。现分析计算轴颈上铣半圆键及在端面上钻孔时的工序尺寸的定位误差。

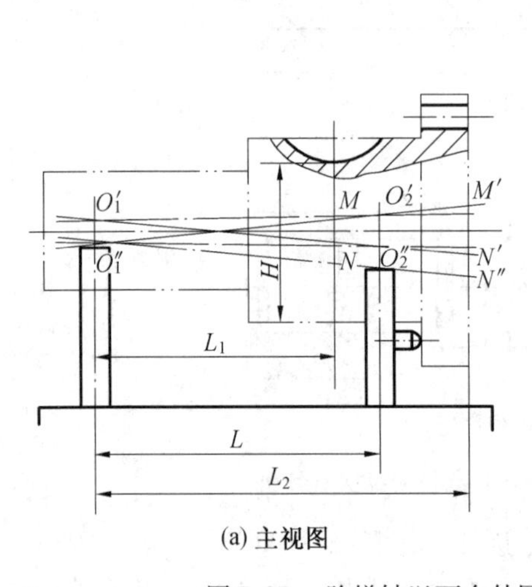

(a) 主视图

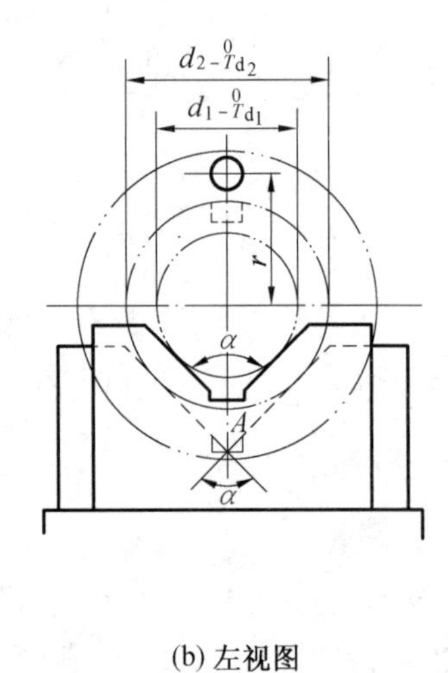

(b) 左视图

图 7.37 阶梯轴以两个外圆表面组合定位时的定位误差

a. 在阶梯轴轴颈 d_2 上铣半圆键的工序尺寸 H。工序尺寸 H 的工序基准为轴颈 d_2 的下母线 A，定位基准为阶梯轴两轴颈 d_1 和 d_2 的中心连线 O_1O_2，属于基准不重合情况。由于两轴颈有尺寸公差 $T_{\mathrm{d_1}}$ 和 $T_{\mathrm{d_2}}$，故定位基准 O_1O_2 在一批工件定位时也将产生位置变动，即产生基准位置误差 $\delta_{位置(O_1O_2)}$。当两个轴颈均为最大尺寸和均为最小尺寸时，此时定位基准 O_1O_2 处于两个极限位置 $O'_1O'_2$ 及 $O''_1O''_2$。从图 7.37 中所示的几何关系可求得工序尺寸 H 的定位误差为

$$\delta_{定位(H)}=\delta_{位置(O_1O_2)}-\delta_{不重(A)}=MN-\frac{T_{\mathrm{d_2}}}{2}$$

因
$$MN = O'_1O''_1 + \frac{L_1}{L}(O'_2O''_2 - O'_1O''_1)$$

$$O'_1O''_1 = \frac{T_{d_1}}{2\sin\frac{\alpha}{2}}$$

$$O'_2O''_2 = \frac{T_{d_2}}{2\sin\frac{\alpha}{2}}$$

故
$$\delta_{定位(H)} = \frac{T_{d_1}}{2\sin\frac{\alpha}{2}} + \frac{L_1}{L}\left(\frac{T_{d_2}}{2\sin\frac{\alpha}{2}} - \frac{T_{d_1}}{2\sin\frac{\alpha}{2}}\right) - \frac{T_{d_2}}{2} \tag{7.23}$$

b. 在阶梯轴端面上钻孔的工序尺寸 r。工序尺寸 r 的工序基准为阶梯轴两轴颈中心连线 O_1O_2，定位基准也为 O_1O_2，无基准不重合误差，即 $\delta_{不重(O_1O_2)} = 0$。同铣半圆键一样，定位基准仍有基准位置误差。当阶梯轴两轴颈一为最大尺寸、一为最小尺寸时，其定位基准 O_1O_2 的两种极端位置为 $O'_1O''_2$ 及 $O''_1O'_2$，此时，对工序尺寸 r 的基准位置误差为 $\delta_{位置(O_1O_2)} = M'N'$。从图7.38中所示的几何关系可求出工序尺寸 r 的定位误差为

$$\delta_{定位(r)} = \delta'_{位置(O_1O_2)} + \delta_{不重(O_1O_2)} = \delta'_{位置(O_1O_2)} + 0 = M'N'$$

因为
$$M'N' = M'N'' - N'N'' = \frac{L_2}{L}(O'_1O''_1 + O'_2O''_2) - O'_1O''_1$$

故
$$\delta_{定位(r)} = \frac{L_2}{L}\left(\frac{T_{d_1}}{2\sin\frac{\alpha}{2}} + \frac{T_{d_2}}{2\sin\frac{\alpha}{2}}\right) - \frac{T_{d_1}}{2\sin\frac{\alpha}{2}} \tag{7.24}$$

由上面阶梯轴加工时的定位误差分析可知，为求得可能出现的定位误差的最大值，对一批工件定位时可能出现的两个极端位置的选取将随工序尺寸所在部位的不同而不同。对工序尺寸 H，因其是处于两V形块之间，取 $O'_1O'_2$ 及 $O''_1O''_2$ 两个极端位置；而对于工序尺寸 r，因处于两V形块之外，则应取 $O'_1O''_2$ 及 $O''_1O'_2$ 两个极端位置。

7.3　工件的夹紧

7.3.1　夹紧装置的组成

夹紧装置分为手动夹紧和机动夹紧两类。根据其结构特点和功用，典型夹紧装置一般由动力源装置、传力机构和夹紧元件三部分组成，如图7.38所示。

(1) 动力源装置。动力源装置用于产生夹紧力，是机动夹紧的必备装置，如气压装置、液压装置、电动装置、磁力装置、真空装置等。图7.38中的活塞杆4、活塞5和气缸6组成动力夹紧中的一种气压装置。手动夹紧时的动力源由人力保证，它没有动力源装置。

(2) 传力机构。它是介于动力源和夹紧元件之间的机构。通过它将动力源产生的夹紧力传给夹紧元件，然后由夹紧元件最终完成对工件的夹紧。一般中间传力机构可以在

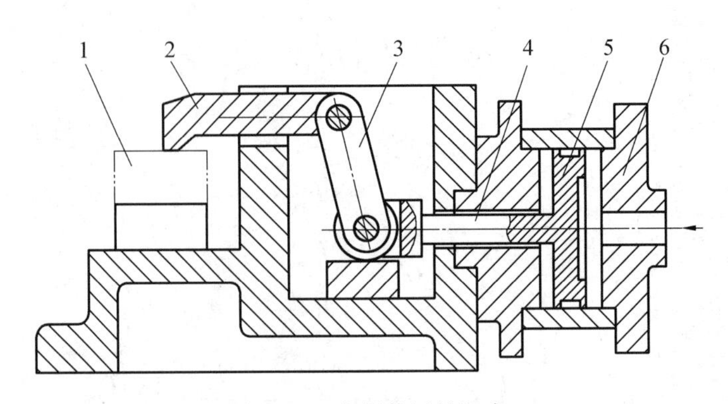

图 7.38　夹紧装置的组成

1— 工件;2— 压板;3— 铰链杆;4— 活塞杆;5— 活塞;6— 气缸

传递夹紧力的过程中,改变夹紧力的方向和大小,并可具有自锁性能。图 7.38 中的铰链杆 3 便是中间传力机构。

(3) 夹紧元件。夹紧元件是实现夹紧的最终执行元件。通过它和工件直接接触来完成夹紧工件,如图 7.38 中的压板 2。

7.3.2　夹紧力的确定

夹紧力包括夹紧力的方向、作用点和大小三要素,它们是夹紧装置设计和选择的核心问题。一个夹紧机构设计得好坏,在很大程度上取决于夹紧力三要素确定得是否合理。

1. 夹紧力方向

由于在各种机械加工过程中,夹紧力的方向与切削力的方向各不相同,所以对夹紧力大小的要求也不相同。夹紧力方向的选择原则如下。

(1) 夹紧力的作用方向应不破坏工件定位的准确性和可靠性。夹紧力的方向应指向主要定位基准面,把工件压向定位元件的主要定位表面上。直角支座镗孔要求孔与 A 面垂直(图 7.39),故应以 A 面为主要定位基准,且夹紧力方向与之垂直,则较容易保证质量。反之,若压向 B 面,当工件 A、B 两面有垂直度误差时,就会使孔不垂直 A 面而可能报废。其实质是夹紧力的作用方向选择不当,改变了工件的主要定位基准面,从而产生了定位误差。

(2) 夹紧力方向应使工件变形尽可能小。由于工件在不同方向上的刚度是不等的,不同的受力表面也因其接触面积大小而变形各异。薄壁套筒零件用三爪自定心卡盘夹紧外圆(图 7.40),显然要比用特制螺母从轴向夹紧工件时的变形要大。

(3) 夹紧力方向应使所需夹紧力尽可能小。在保证夹紧可靠的前提下,减小夹紧力可以减轻工人的劳动强度,提高生产效率,同时可以使机构轻便、紧凑以及减少工件变形。为此,应使夹紧力 Q 的方向最好与切削力 F、工件重力 G 的方向重合,这时所需要的夹紧力为最小。一般在定位与夹紧同时考虑时,切削力 F、工件重力 G、夹紧力 Q 三力的方向与大小也要同时考虑。夹紧力、切削力和重力之间关系的几种情况如图 7.41 所示,显然,图 7.41(a) 最合理,图 7.41(f) 情况为最差。

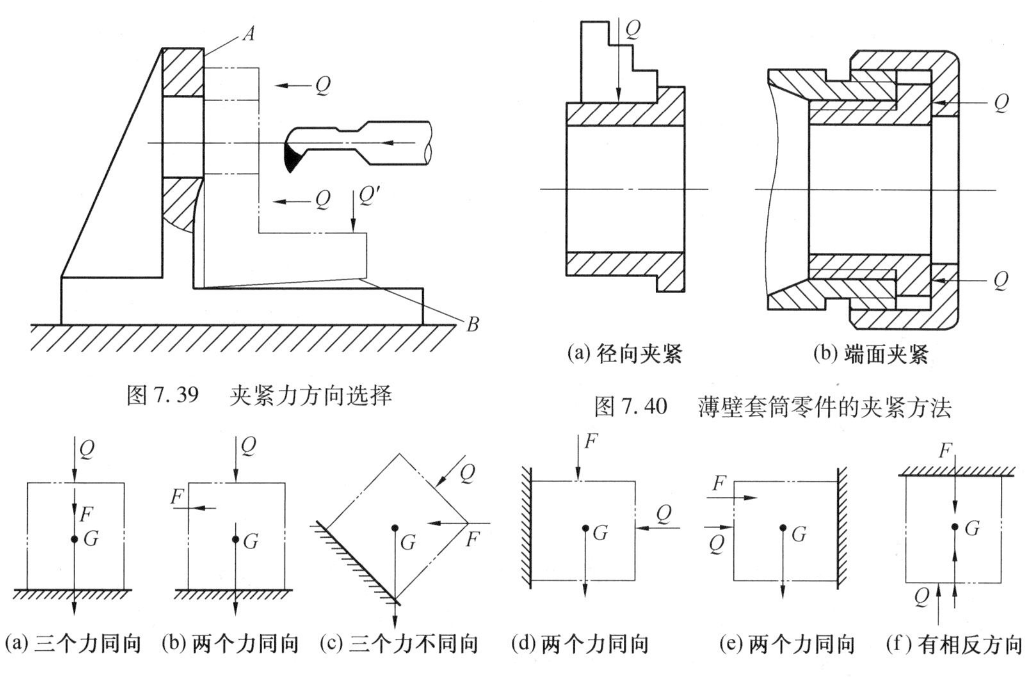

图 7.39　夹紧力方向选择

图 7.40　薄壁套筒零件的夹紧方法

图 7.41　夹紧力、切削力和重力之间的关系

2. 夹紧力作用点

夹紧力作用点的位置和数目将直接影响工件定位后的可靠性和夹紧后的变形。应注意以下几个方面：

(1) 夹紧力作用点位置应靠近支承元件的几何中心或几个支承元件所形成的支承面内。如图 7.42(a) 所示，夹紧力为 Q 时，因它作用在支承面范围之外，会使工件倾斜或移动，而夹紧力改为 Q_1 时，因它作用在支承面范围之内，所以是合理的。

(2) 夹紧力作用点应落在工件刚度较好的部位上。这对刚度较差的工件尤其重要，如图 7.42(b) 所示，将作用点由中间的单点改成两旁的两点夹紧，则工件的变形减小，且夹紧也较可靠。

(3) 夹紧力作用点应尽可能靠近被加工表面，以减小切削力对工件造成的翻转力矩，必要时应在工件刚性差的部位增加辅助支承并施加附加夹紧力，以免振动和变形。辅助支承 a 尽量靠近被加工表面，同时给予附加夹紧力 Q_2，如图 7.42(c) 所示。这样翻转力矩小又增加了工件的刚性，既保证了定位夹紧的可靠性，又减小了工件的振动和变形。

3. 夹紧力大小

夹紧力大小主要影响工件定位的可靠性、工件的夹紧变形以及夹紧装置的结构尺寸和复杂性，因此夹紧力的大小应当适中。在实际设计中，确定夹紧力大小的方法有两种：经验类比法和分析计算法。

采用分析计算法，一般根据切削原理的公式求出切削力的大小 F，必要时算出惯性力和离心力的大小，然后与工件重力及待求的夹紧力组成静平衡力系，列出平衡方程式，即可算出理论夹紧力 Q'。为安全可靠起见，还要考虑一个安全系数 K，因此实际的夹紧力应为

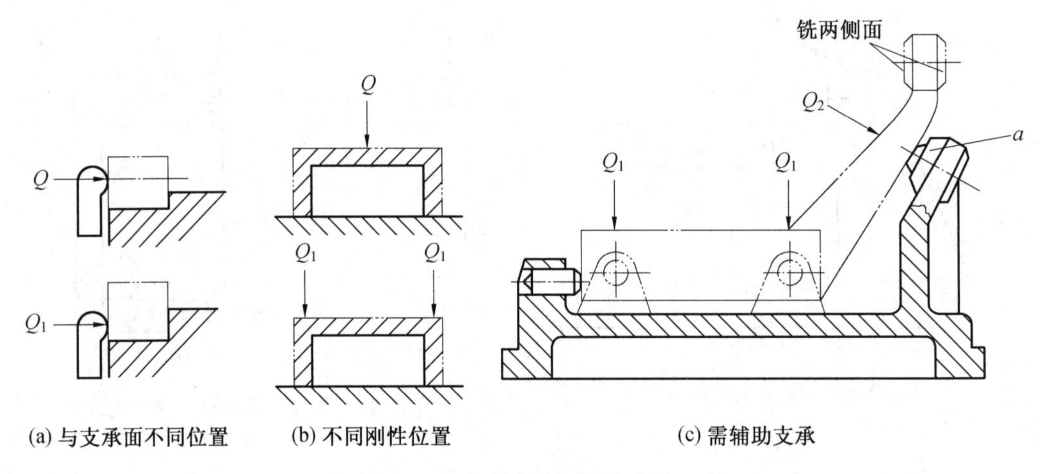

图 7.42　夹紧力作用点的选择

$$Q = KQ' \tag{7.25}$$

K 的取值范围一般为 1.5 ~ 3,粗加工时取 2.5 ~ 3,精加工时取 1.5 ~ 2。

在实际生产中一般很少通过计算法求得夹紧力,而是采用类比的方法估算夹紧力的大小。对于关键性的重要夹具,则往往通过实验方法来测定所需要的夹紧力。

7.3.3　典型夹紧机构

在设计夹紧机构时,首先需要了解各种基本夹紧机构的工作特点(如能产生多大的夹紧力、自锁性能、夹紧行程、扩力比等)。夹具中常用的基本夹紧机构有斜楔、螺旋、偏心等。

1. 斜楔夹紧机构

斜楔夹紧主要用于增大夹紧力或改变夹紧力方向。图 7.43(a) 所示为手动式,图 7.43(b) 所示为机动式。图 7.43(b) 中斜楔 2 在气动(或液动) 作用下向前推进,装在斜楔 2 上方的柱塞 3 在弹簧的作用下推压板 6 向前。当压板 6 与螺钉 5 靠紧时,斜楔 2 继续前进,此时柱塞 3 压缩弹簧 7 而使压板 6 停止不动。斜楔 2 再向前前进时,压板 6 后端抬起,前端将工件压紧。斜楔 2 只能在楔座 1 的槽内滑动。松开时,斜楔 2 向后退、弹簧 7 将压板 6 抬起,斜楔 2 上的销 4 将压板拉回。

(1) 斜楔夹紧力的计算。斜楔在夹紧过程中的受力分析如图 7.44(a) 所示,工件与夹具体给斜楔的作用力分别为 Q 和 R;工件和夹具体与斜楔的摩擦力分别为 F_2 和 F_1,相应的摩擦角分别为 φ_2 和 φ_1。R 与 F_1 的合力为 R_1,Q 与 F_2 的合力为 Q_1。当斜楔处于平衡状态时,根据静力平衡,可得斜楔对工件所产生的夹紧力 Q 为

$$Q = \frac{P}{\tan \varphi_2 + \tan(\varphi_1 + \alpha)} \tag{7.26}$$

式中　P—— 斜楔所受的源动力,N;

φ_1、φ_2—— 斜楔与夹具体和工件间的摩擦角,(°);

α—— 斜楔的楔角,(°),通常取 6° ~ 10°。

由于 α、φ_1 和 φ_2 均较小,设 $\varphi_2 = \varphi_1 = \varphi$,式(7.26) 可简化为

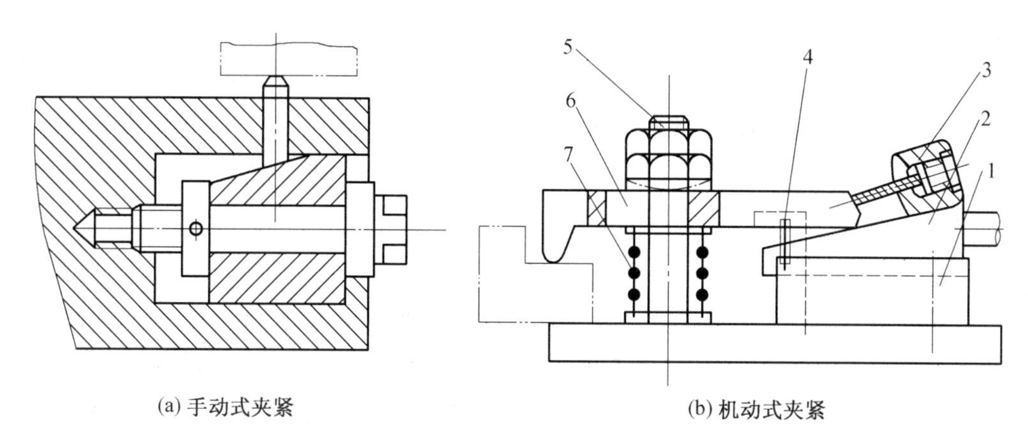

图7.43　斜楔夹紧机构

1— 楔座;2— 斜楔;3— 柱塞;4— 销;5— 螺钉;6— 压板;7— 弹簧

$$Q = \frac{P}{\tan(2\varphi + \alpha)} \tag{7.27}$$

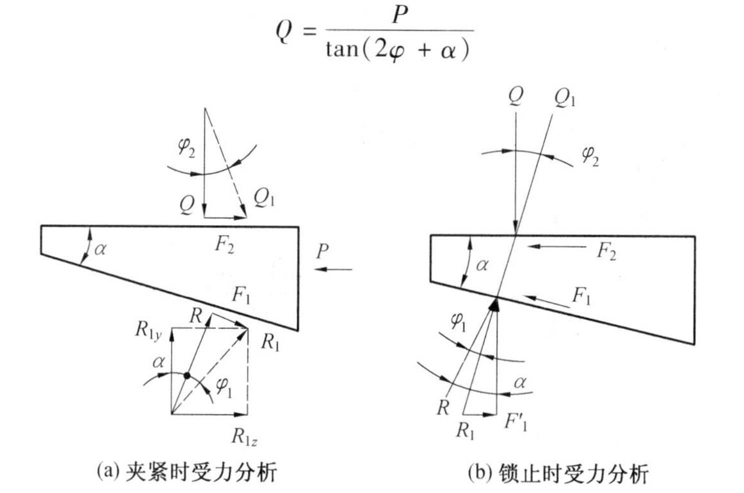

图7.44　斜楔夹紧与锁止时受力分析

(2) 斜楔夹紧的自锁条件。当工件夹紧并撤除源动力 P 后,夹紧机构依靠摩擦力的作用,仍能保持对工件的夹紧状态的现象称为自锁。根据这一要求,当撤除源动力 P 后,此时摩擦力的方向与斜楔松开的趋势相反,斜楔受力分析如图7.44(b)所示。要使斜楔能够保证自锁,必须满足下列条件

$$Q_1 \sin \varphi_2 \geqslant R_1 \sin(\alpha - \varphi_1) \tag{7.28}$$

根据二力平衡原理有 $Q_1 = R_1$,且由于 α、φ_1 和 φ_2 均较小,故斜楔夹紧的自锁条件是

$$\alpha \leqslant \varphi_2 + \varphi_1 \tag{7.29}$$

钢铁表面间的摩擦系数一般为 $f = 0.1 \sim 0.15$,可知摩擦角 φ_1 和 φ_2 的值为 $5.75° \sim 8.5°$。

因此,斜楔夹紧机构满足自锁的条件是 $\alpha < 17°$。但为了保证自锁可靠,一般仅取 $\alpha = 10° \sim 15°$ 或更小些。

(3) 斜楔夹紧的扩力比(扩力系数)。扩力比是指在夹紧源动力 P 作用下,夹紧机构所能产生的夹紧力 Q 与 P 的比值,用符号 i_P 表示,斜楔夹紧的扩力比为

$$i_P = \frac{Q}{P} = \frac{1}{\tan \varphi_2 + \tan(\alpha + \varphi_1)} \tag{7.30}$$

(4) 斜楔夹紧机构的行程比。一般把斜楔的移动行程 L 与工件需要的夹紧行程 S 的比值,称为行程比,用符号 i_s 表示。i_s 在一定程度上反映了对某一工件夹紧的夹紧机构的尺寸大小。斜楔夹紧机构的行程比为

$$i_s = \frac{L}{S} = \frac{1}{\tan \alpha} \tag{7.31}$$

从式(7.30)、式(7.31)可知,当夹紧源动力 P 和斜楔行程 L 一定时,楔角 α 越小,则产生的夹紧力 Q 和夹紧行程比 i_s 就越大,夹紧行程 S 就越小。此时楔面的工作长度加大,致使结构不紧凑,夹紧速度变慢。所以在选择楔角 α 时,必须同时兼顾扩力比和夹紧行程,不可顾此失彼。

(5) 应用场合。斜楔夹紧机构结构简单,工作可靠,但由于它的机械效率较低,很少直接应用于手动夹紧,而常用在工件尺寸公差较小的机动夹紧机构中。

2. 螺旋夹紧机构

螺旋夹紧机构是从斜楔夹紧机构转化而来的,相当于将斜楔斜面绕在圆柱体上,转动螺旋时即可夹紧工件。手动单螺旋夹紧机构(图 7.45)转动手柄,使压紧螺钉 1 向下移动,通过浮动压块 5 将工件夹紧。浮动压块既可增大夹紧接触面积,又能防止压紧螺钉旋转时带动工件偏转而破坏定位和损伤工件表面。

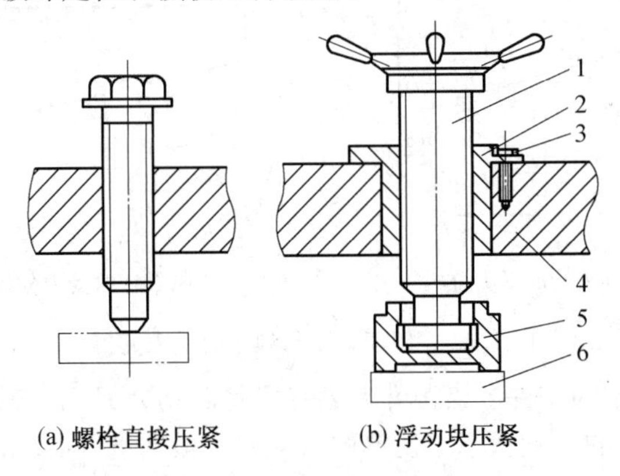

图 7.45 手动单螺旋夹紧机构

1—压紧螺钉;2—螺纹衬套;3—止动螺钉;4—夹具体;5—浮动压块;6—工件

(1) 螺旋夹紧机构的夹紧力计算。如图 7.46 所示为螺旋夹紧的受力情况分析。当工件处于夹紧状态时,根据力矩的平衡原理,如图 7.46(a) 所示三个力矩满足

$$M = M_1 + M_2 \tag{7.32}$$

式中 M—— 作用于螺杆的原始力矩,N · mm;

M_1—— 螺母给螺杆的反力矩,N · mm;

M_2—— 工件给螺杆的反力矩,N · mm。

如图 7.46(b) 所示为螺旋沿中径展开图,螺杆可视为楔块,由此可得

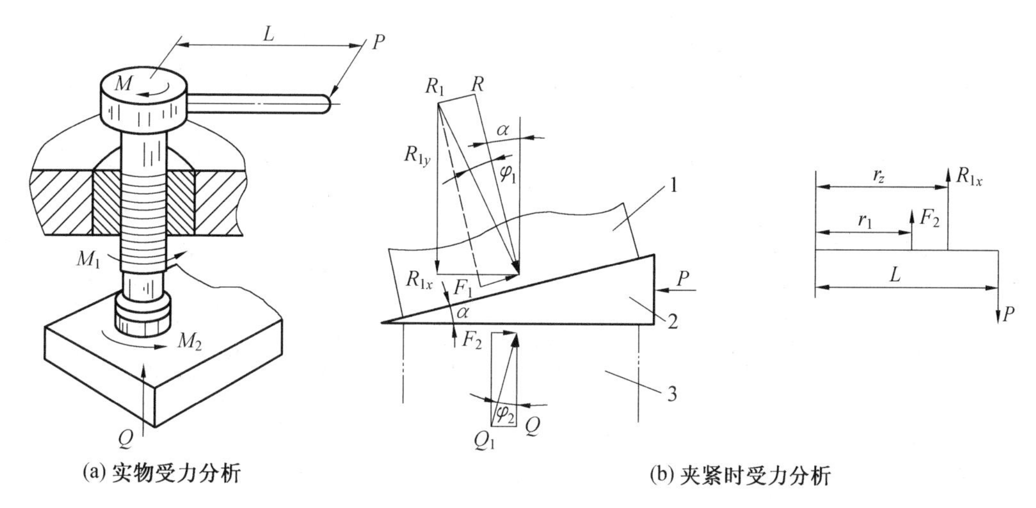

(a) 实物受力分析　　(b) 夹紧时受力分析

图7.46　螺旋夹紧受力分析

1— 螺母;2— 螺杆;3— 工件

$$\begin{cases} M = P \times L \\ M_1 = R_{1x} \times r_z = r_z Q\tan(\alpha + \varphi_1) \\ M_2 = F_2 \times r_1 = r_1 Q\tan\varphi_2 \end{cases} \tag{7.33}$$

式中　R_{1x}—— 螺母对螺杆的反作用力 R_1 的水平分力,N,而 R_1 为螺母对螺杆的摩擦力 F_1 和正压力 R 的合力;

F_2—— 工件给螺杆摩擦阻力,N;

r_z—— 螺旋中径的一半,mm;

r_1—— 压紧螺钉端部的当量摩擦半径,mm;

φ_1—— 螺母与螺杆间的摩擦角,(°);

φ_2—— 工件与螺杆头部(或压块)间的摩擦角,(°);

α—— 螺旋升角,(°),一般为2° ~ 4°。

由式(7.32)和式(7.33)可得螺旋夹紧机构的夹紧力为

$$Q = \frac{PL}{r_1\tan\varphi_2 + r_z\tan(\alpha + \varphi_1)} \tag{7.34}$$

(2) 螺旋夹紧的自锁条件。螺旋夹紧机构的自锁条件和斜楔夹紧机构相同,即

$$\alpha \leqslant \varphi_2 + \varphi_1 \tag{7.35}$$

螺旋夹紧机构的螺旋升角 α 很小(一般为2° ~ 4°),故自锁性能好。

(3) 螺旋夹紧的扩力比(扩力系数)。螺旋夹紧的扩力比为

$$i_P = \frac{Q}{P} = \frac{L}{r_1\tan\varphi_2 + r_z\tan(\alpha + \varphi_1)} \tag{7.36}$$

因为螺旋升角小于斜楔的楔角,而 L 大于 r_z 和 r_1,由此可见,螺旋夹紧机构的扩力作用远大于斜楔夹紧机构。

(4) 应用场合。由于螺旋夹紧机构结构简单,制造容易,夹紧行程大,扩力比大,自锁性能好,在实际设计中得到了广泛应用,尤其适合于手动夹紧机构。但其夹紧动作缓慢,

效率低，不宜使用于自动化夹紧装置上。

在实际应用中，单螺旋夹紧机构常与杠杆压板构成螺旋压板组合夹紧机构，如图7.47所示。

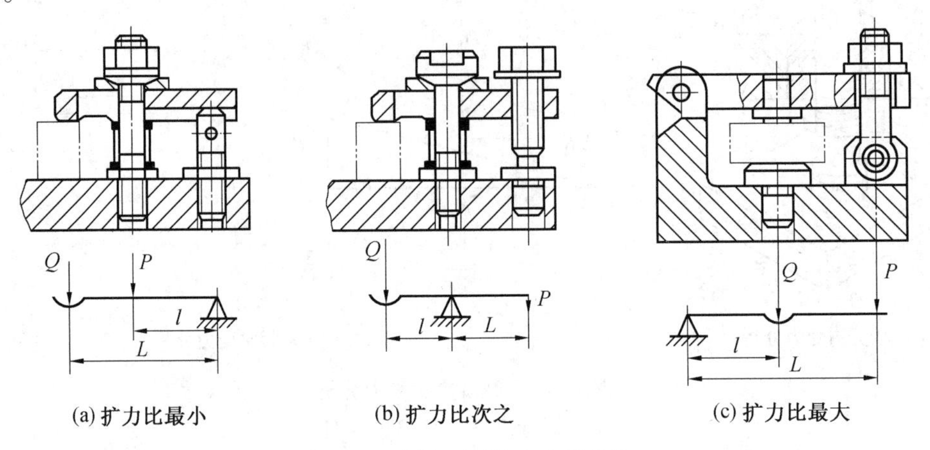

图 7.47　螺旋压板组合夹紧机构

3. 偏心夹紧机构

偏心夹紧机构是靠偏心轮回转时其半径逐渐增大而产生夹紧力来夹紧工件的。偏心夹紧常与压板联合使用，如图 7.48 所示。常用的偏心轮有圆偏心和曲线偏心。曲线偏心为阿基米德曲线或对数曲线，这两种曲线的优点是升角变化均匀或不变，可使工件夹紧稳定可靠，但制造困难，故使用较少；圆偏心外形为圆，制造方便，应用最广。下面介绍圆偏心夹紧机构。

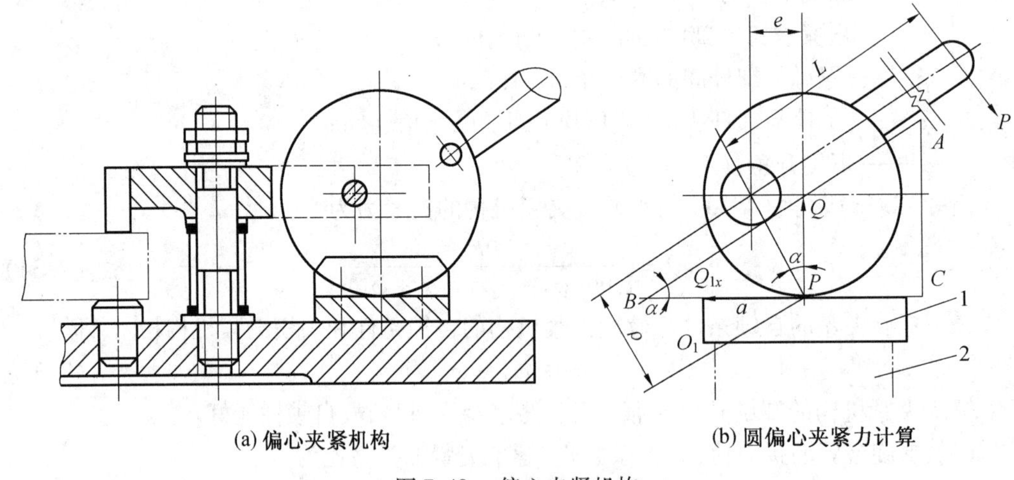

图 7.48　偏心夹紧机构
1— 垫块；2— 工件

(1) 偏心夹紧机构的夹紧原理。偏心夹紧机构的夹紧原理与斜楔夹紧机构相似，只是斜楔夹紧的楔角不变，而偏心夹紧的楔角是变化的。偏心轮和展开图如图 7.49 所示，不同位置的楔角为

$$\alpha = \arctan \frac{e\sin \gamma}{R - e\cos \gamma} \tag{7.37}$$

式中　α—— 偏心轮的楔角,(°);

e—— 偏心轮的偏心距,mm;

R—— 偏心轮的半径,mm;

γ—— 偏心轮作用点 X 与起始点 O 间的圆心角,(°)。

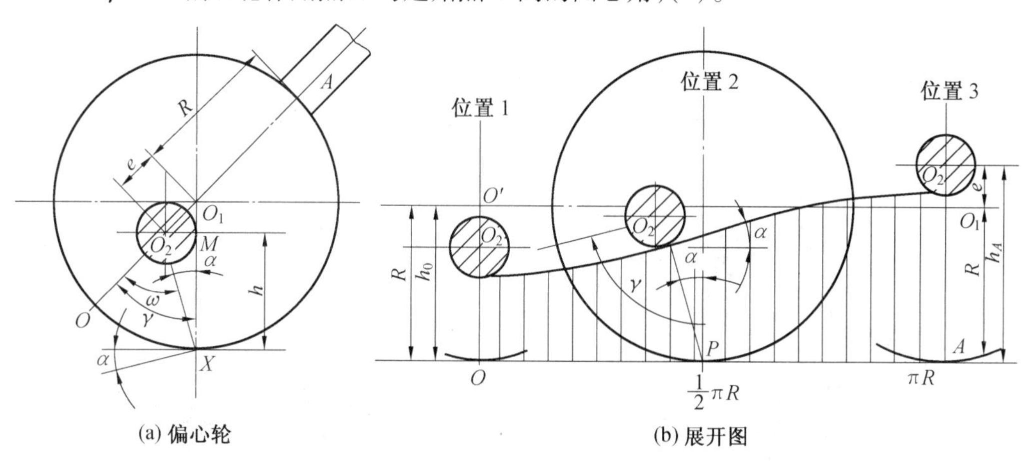

(a) 偏心轮　(b) 展开图

图 7.49　圆偏心夹紧原理

从式(7.37)可以看出,α 随 γ 而变化,γ 当 $= 0°$ 时,$\alpha = 0°$;当 $\gamma = 90°$ 时,$\alpha_{max} \approx \arctan \frac{e}{R}$,这时接近最大值;当 $\gamma = 180°$ 时,$\alpha = 0°$。

(2)圆偏心夹紧的夹紧力计算。图 7.48(b)是偏心轮在 P 点处于夹紧时的受力情况。此时,可以将偏心轮看作一个楔角为 α 的斜楔,该斜楔处于偏心轮回转轴和工件垫块夹紧面之间。按照斜楔夹紧力计算式(7.26),可以得到圆偏心夹紧的夹紧力为

$$Q = \frac{PL}{\rho[\tan \varphi_2 + \tan(\alpha + \varphi_1)]} \tag{7.38}$$

式中　L—— 手柄长度,mm;

ρ—— 偏心轮回转轴中心到夹紧点 P 的距离,mm;

φ_1、φ_2 —— 偏心轮转轴处与作用点处的摩擦角,(°)。

(3)圆偏心夹紧的自锁条件。根据斜楔自锁条件,偏心轮工作点 P 处的楔角 $\alpha \leqslant \varphi_2 + \varphi_1$。忽略转轴处的摩擦,并考虑最不利的情况,可得到偏心夹紧的自锁条件为

$$\frac{e}{R} \leqslant \tan \varphi_2 = \mu_2 \tag{7.39}$$

式中　μ_2—— 偏心轮作用点处摩擦系数。

若 $\mu_2 = 0.1 \sim 0.15$,则偏心夹紧的自锁条件可写为

$$\frac{R}{e} > 7 \tag{7.40}$$

(4)圆偏心夹紧的扩力比。圆偏心夹紧的扩力比为

$$i_P = \frac{L}{\rho[\tan\varphi_2 + \tan(\alpha + \varphi_1)]} \tag{7.41}$$

圆偏心最大升角为8.13°,而螺旋升角为2°～4°,在一般情况下$\rho > r_z$,因此,圆偏心夹紧的扩力比远小于螺旋夹紧的扩力比。

(5) 应用场合。偏心夹紧的优点是操作方便,夹紧迅速,结构紧凑;缺点是夹紧行程小,夹紧力小,自锁性能差。因此常用于切削力不大、夹紧行程较小及振动较小的场合。

4. 其他典型夹紧机构

(1) 铰链夹紧机构。铰链夹紧机构的优点是动作迅速,增力比大,易于改变力的作用方向;缺点是自锁性能差,一般常用于气动、液动夹紧。常见结构如图7.50所示。

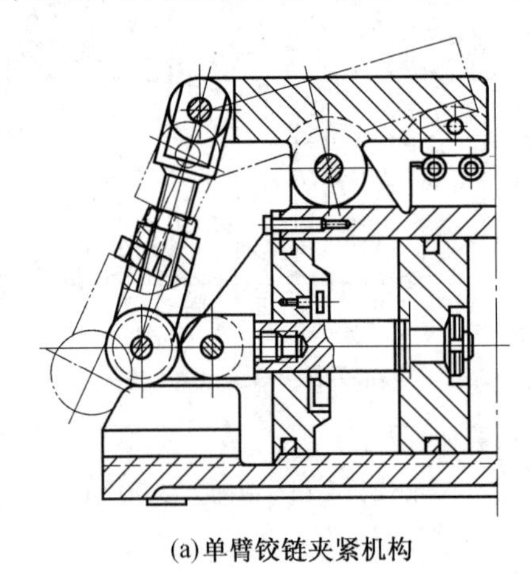

(a)单臂铰链夹紧机构

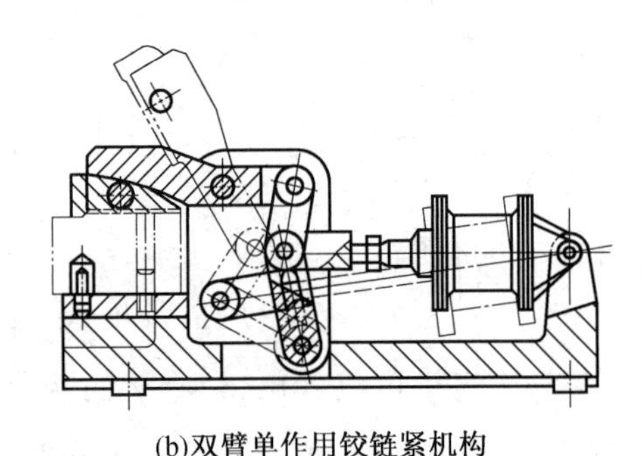

(b)双臂单作用铰链紧机构

图7.50　铰链夹紧机构

(2) 定心夹紧机构。在工件定位时,常常将工件的定心定位和夹紧结合在一起,这种机构称为定心夹紧机构。定心夹紧机构的特点是定位和夹紧是同一元件;元件之间有精确的联系;能同时等距离地移向或退离工件;能将工件定位基准的误差对称地分布开来。

① 斜面作用的定心夹紧机构。常用的斜面作用的定心夹紧机构主要有螺旋式、偏心式、斜楔式以及弹簧夹头等,如图7.51所示。弹簧夹头也属于利用斜面作用的定心夹紧机构。弹簧夹头结构简图如图7.52所示。

② 杠杆作用的定心夹紧机构。自定心卡盘如图7.53所示。气缸力作用于拉杆1,拉杆1带动滑块2左移,通过三个钩形杠杆3同时收拢三个夹爪4,对工件进行定心夹紧。夹爪的张开是靠滑块上的三个斜面推动的。

③ 弹性定心夹紧机构。弹性定心夹紧机构是利用弹性元件受力后均匀变形实现对工件的自动定心的。根据弹性元件的不同,有鼓膜式夹具(图7.54)、碟形弹簧夹具、液性塑料定心夹具(图7.55)及折纹管夹具等。

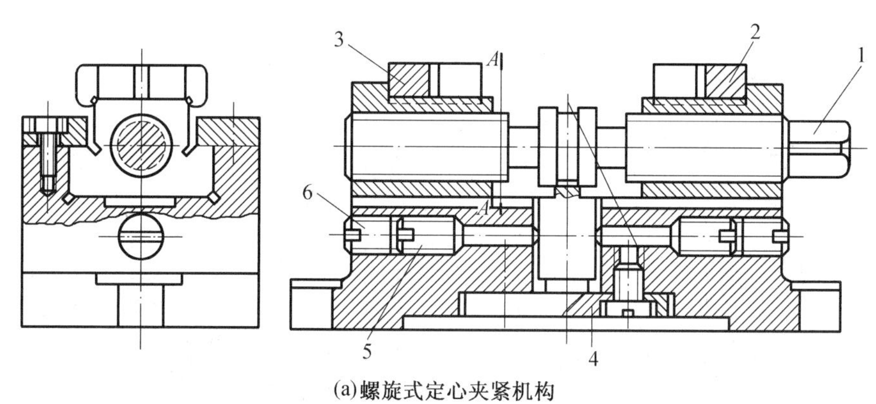

(a)螺旋式定心夹紧机构

1—螺杆;2,3—V形块;4—叉形零件;5,6—螺钉

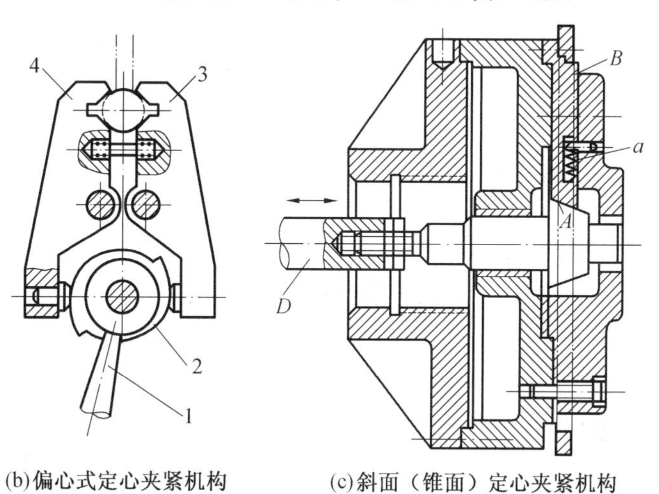

(b)偏心式定心夹紧机构　　(c)斜面(锥面)定心夹紧机构

1—手柄;2—双面凸轮;3,4—夹爪

图7.51　斜面定心夹紧机构

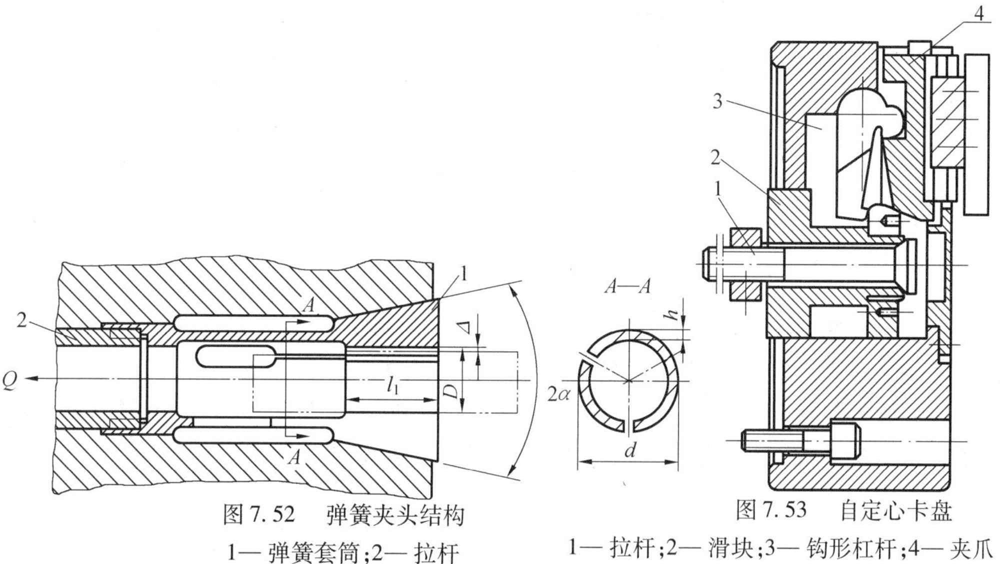

图7.52　弹簧夹头结构

1—弹簧套筒;2—拉杆

图7.53　自定心卡盘

1—拉杆;2—滑块;3—钩形杠杆;4—夹爪

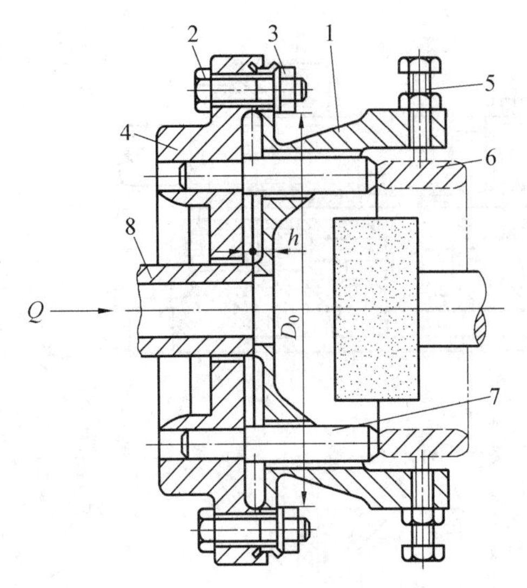

图 7.54　鼓膜式夹紧机构

1— 弹性盘;2— 螺钉;3— 螺母;4— 夹具体;
5— 可调螺钉;6— 工件;7— 顶杆;8— 推杆

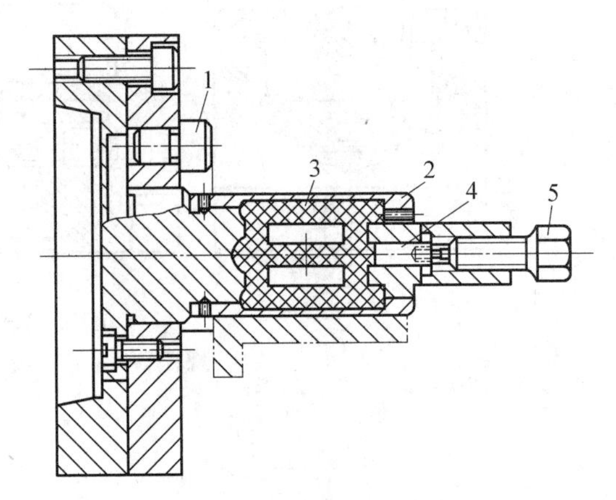

图 7.55　液性塑料定心夹具

1— 支钉;2— 薄壁套筒;3— 液性塑料;
4— 柱塞;5— 螺钉

④ 联动夹紧机构。在工件的装夹过程中,有时需要夹具同时有几个点对工件进行夹紧;有时需要同时夹紧几个工件;而有些夹具除了夹紧动作外,还需要松开或固紧辅助支承等,这时为了提高生产效率,减少工件装夹时间,可以采用各种联动机构。下面介绍一些常见的联动夹紧机构。

a. 多点夹紧。多点夹紧是用一个原始作用力,通过一定的机构分散到数个点上对工件进行夹紧。图 7.56 所示为两种常见的浮动压头。图 7.57 所示为几种浮动夹紧机构。

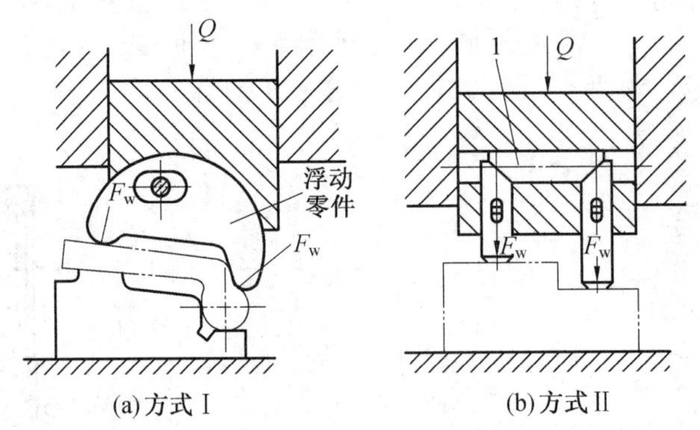

图 7.56　浮动压头

b. 多件夹紧。多件夹紧是用一个原始作用力,通过一定的机构实现对数个相同或不同的工件进行夹紧。常见的多件夹紧机构如图 7.58 所示。

c. 夹紧与其他动作联动。夹紧与移动压板联动机构如图 7.59 所示;夹紧与锁紧辅助支承联动机构如图 7.60 所示;先定位后夹紧联动机构如图 7.61 所示。

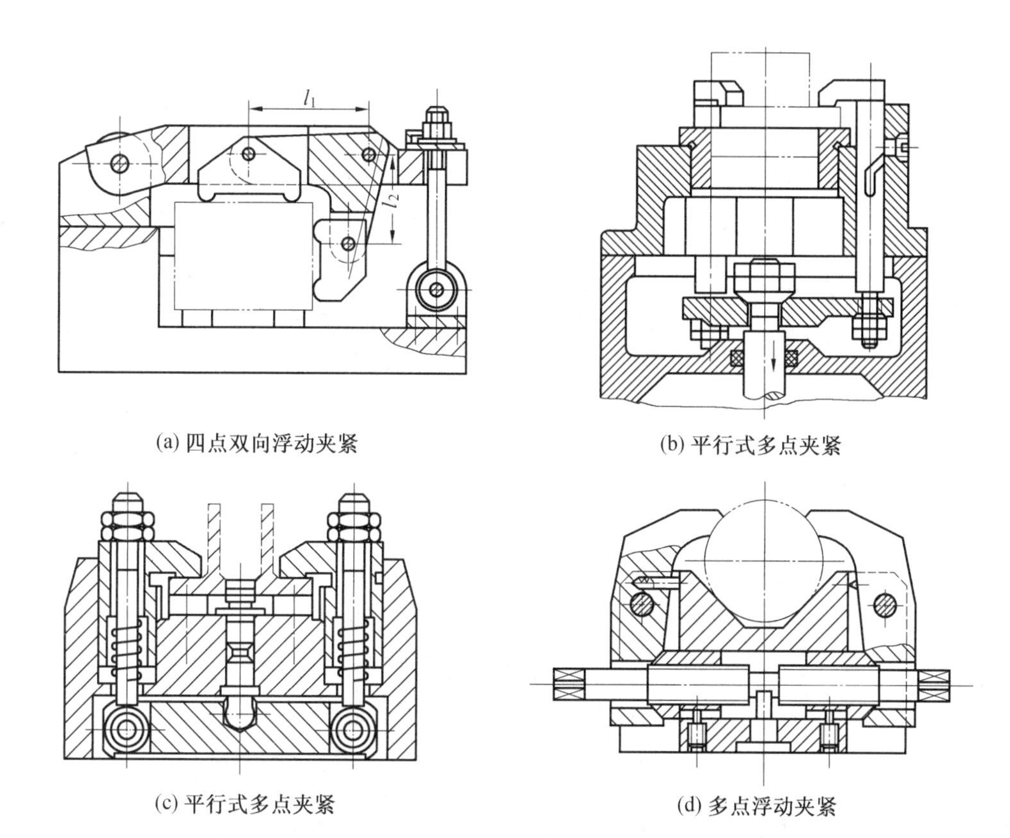

(a) 四点双向浮动夹紧　　(b) 平行式多点夹紧

(c) 平行式多点夹紧　　(d) 多点浮动夹紧

图7.57　浮动夹紧机构

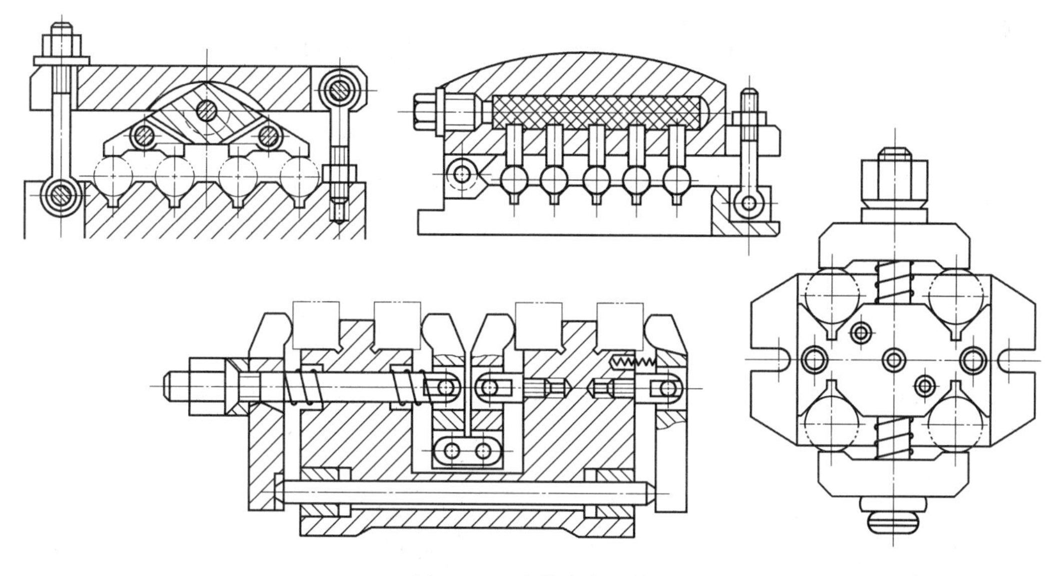

图7.58　多件夹紧机构

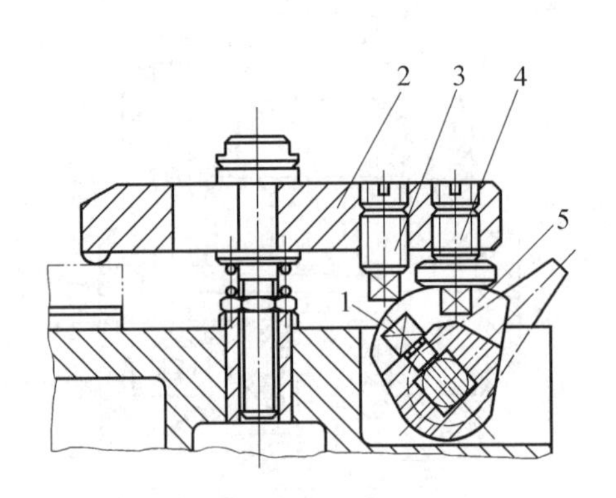

图 7.59　夹紧与移动压板联动机构

1—拔销;2—压板;3、4—螺钉;5—偏心轮

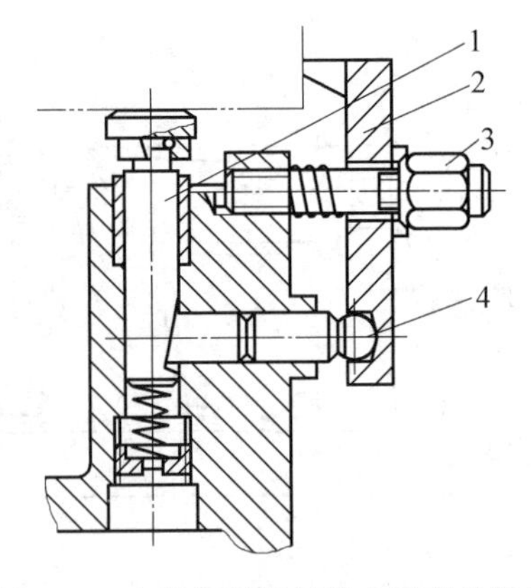

图 7.60　夹紧与锁紧辅助支承联动机构

1—辅助支承;2—压板;3—螺母;4—锁销

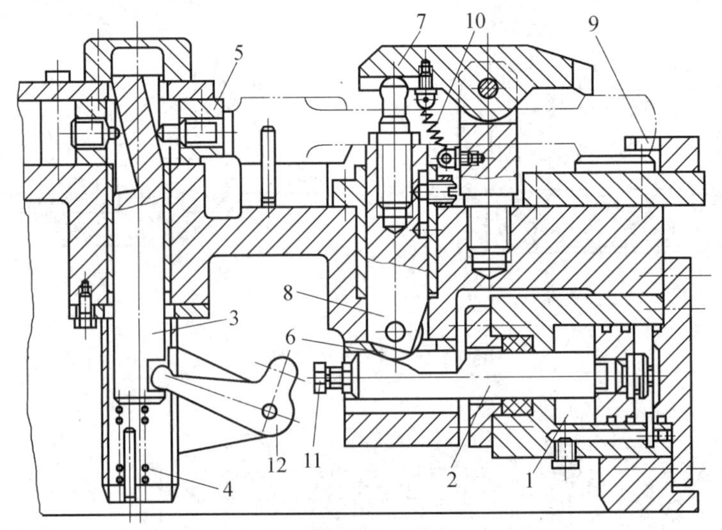

图 7.61　先定位后夹紧联动机构

1—油缸;2—活塞杆;3、8—推杆;4、10—弹簧;5—活块;6—滚子;7—压板;9—定位块;11—螺钉;12—拨杆

7.3.4　夹紧动力装置

现代夹具采用机动夹紧方式,如气动、液动、电动等。以气动和液动装置应用最为普遍。

1. 气动夹紧

气动夹紧的动力源是压缩空气,一般压缩空气由压缩空气站供应经过管路通到夹紧装置压缩空气为 4 ~ 6 个大气压。在设计计算时,通常以 4 个大气压来计算较为安全。

(1) 气动传动系统。典型的气动传动系统由气源、气缸或气室、油雾器(雾化器)、减压阀、单向阀、分配阀、调速阀、压力表等元件组成,如图 7.62 所示。

(2) 气缸结构和夹紧作用力的计算。常用的气缸结构有两种基本形式,即活塞式和薄膜式。下面介绍活塞式气缸。

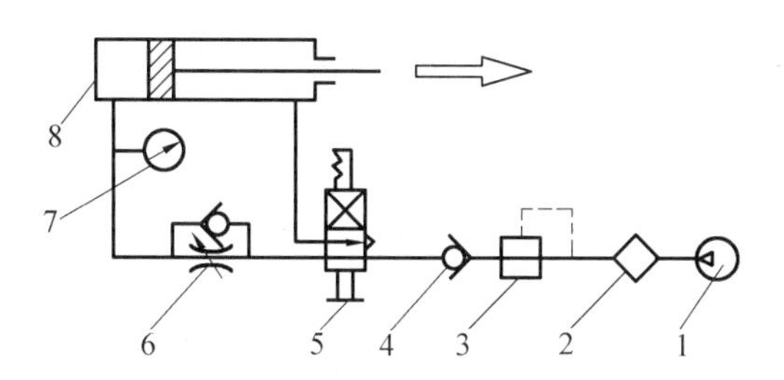

图7.62　典型的气压传动系统

1— 气源;2— 雾化器;3— 减压阀;4— 单向阀;5— 分配阀;6— 调速阀;7— 压力表;8— 气缸

活塞式气缸按气缸在工作过程中的运动情况,可分为固定式、摆动式、差动式、回转式等。通常固定在夹具体上,摆动式气缸安装完成后可在一定范围内摆动。回转式气缸通常用于车床夹具,因为车床夹具安装在主轴上,随主轴旋转。因此使用回转式气缸较为方便,但是需要用特殊的导气接头,如图7.63所示。

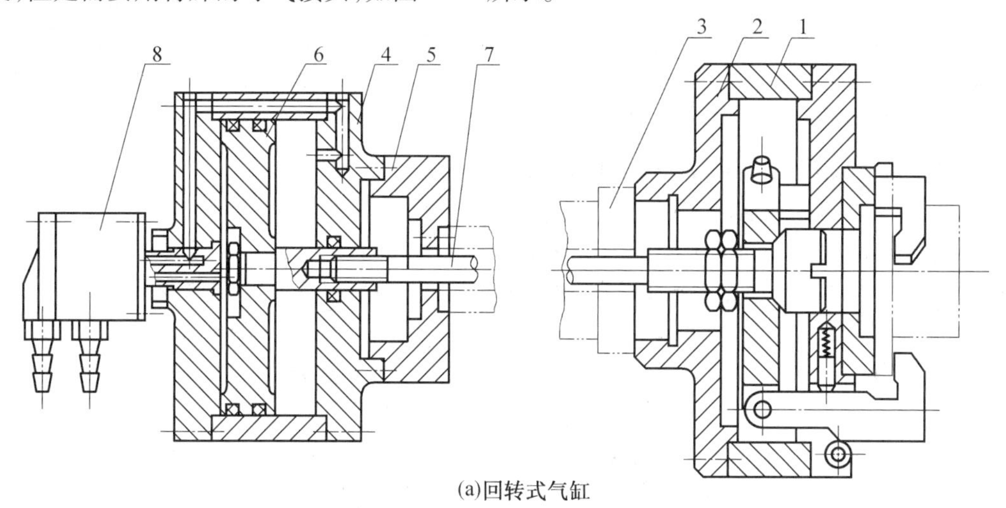

(a)回转式气缸

1—夹具；2,5—过渡盘；3—主轴；4—气缸；6—活塞；7—拉杆；8—导气接头

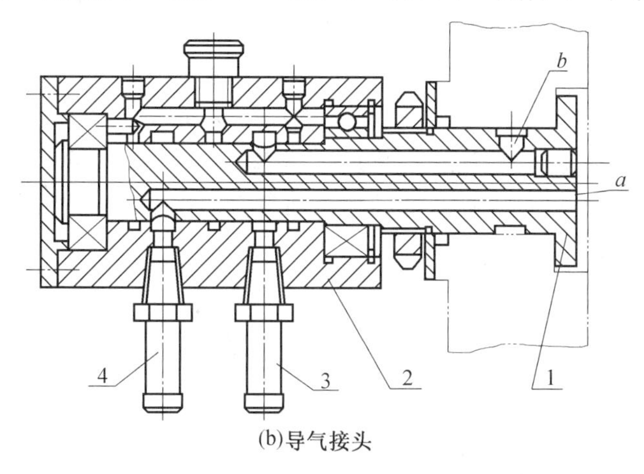

(b)导气接头

图7.63　回转式气缸及导气接头

1— 轴;2— 阀体;3— 接头;4— 接头

回转气缸在主轴上的安装及与夹具的连接如图7.63(a)所示。夹具1通过过渡盘2固定在主轴3前端,气缸4通过过渡盘5固定在主轴尾部。活塞6通过拉杆7与夹具中夹紧元件连接,推动夹紧元件运动。

导气接头的一种结构形式如图7.63(b)所示,其作用原理如下:轴1用螺母紧固在气缸盖上,随气缸一起在轴承内转动。阀体2固定不动,压缩空气可由接头3经通道a进入气缸左腔,或由接头4经通道b进入气缸右腔。阀体与轴间间隙应为0.007 ~ 0.015 mm。

由于这种导气接头的作用,使往复直线运动的气缸同时又可实现回转运动。回转式气缸与双作用活塞式气缸在结构上没有太大区别。

2. 液动夹紧

液动夹紧所采用的油缸结构和工作原理基本上与气动相同,只是工作介质不同。前者是液压油,后者是空气。由于油压比气压高(一般可达6 MPa以上),加上液体的不可压缩性,因此当产生同样大小的作用力时,油缸尺寸比气缸小得多,而且液动夹紧刚度比气动夹紧刚度大得多,工作平稳,没有气动夹紧时那种噪声,劳动条件好。但液动不如气动应用广泛,主要原因是需要单独为液压装置配置专门泵站,成本高,因此大多应用在本身已具有液压传动系统装置的机床设备上。

3. 气 - 液增压夹紧

气 - 液增压夹紧的动力源仍为压缩空气。但它综合了气动夹紧与液动夹紧的优点,又部分克服了它们的缺点,所以得到了发展和使用。气 - 液增压夹紧的工作原理如图7.64所示。

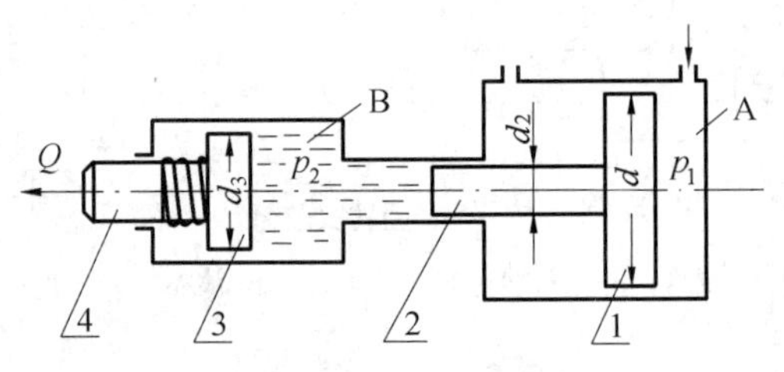

图7.64 气 - 液增压夹紧的工作原理

1、3— 活塞;2、4— 活塞杆

当空气进入A室,推动气缸活塞1向左移动。气缸活塞杆2将增大的压力p_2传给油液,油液又以p_2压力推动液缸活塞3向左,将增大的作用力Q传给夹紧装置以夹紧工件。作用力Q的计算如下。

气缸活塞1上所受的总作用力F_1为

$$F_1 = p_1 \frac{\pi d_1^2}{4} \tag{7.42}$$

式中 p—— 压缩空气的压力,MPa;

d_1—— 气缸活塞1的直径,mm。

气缸活塞杆2上所受的压力p_2(略去弹簧力)为

$$p_2 = \frac{F_1}{\frac{\pi d_2^2}{4}} = \frac{\frac{p_1 \pi d_1^2}{4}}{\frac{\pi d_2^2}{4}} = p_1 \left(\frac{d_1}{d_2}\right)^2 \tag{7.43}$$

式中　p_2—— 气缸活塞杆2上所受的压力，MPa；

d_2—— 气缸活塞杆2的直径，mm。

由于 $d_1 \gg d_2$，故 $p_2 \gg p_1$，起到了增压作用。

液缸活塞杆4上输出的作用力 Q 为

$$Q = p_2 \frac{\pi d_3^2}{4}\eta = p_1 \left(\frac{d_1}{d_2}\right)^2 \frac{\pi d_3^2}{4}\eta \tag{7.44}$$

式中　η—— 整个装置的传动效率，一般取0.8 ~ 0.85。

由式(7.44)可知，采用气 - 液增压夹紧装置，所产生的作用力 Q 比单纯气动夹紧的作用力约增大了 $\left(\frac{d_1}{d_2}\right)^2$ 倍。

气 - 液增压的工作油缸体积很小，安装在夹具中灵活方便，一般多在压板夹紧机构上应用，如图7.65所示。

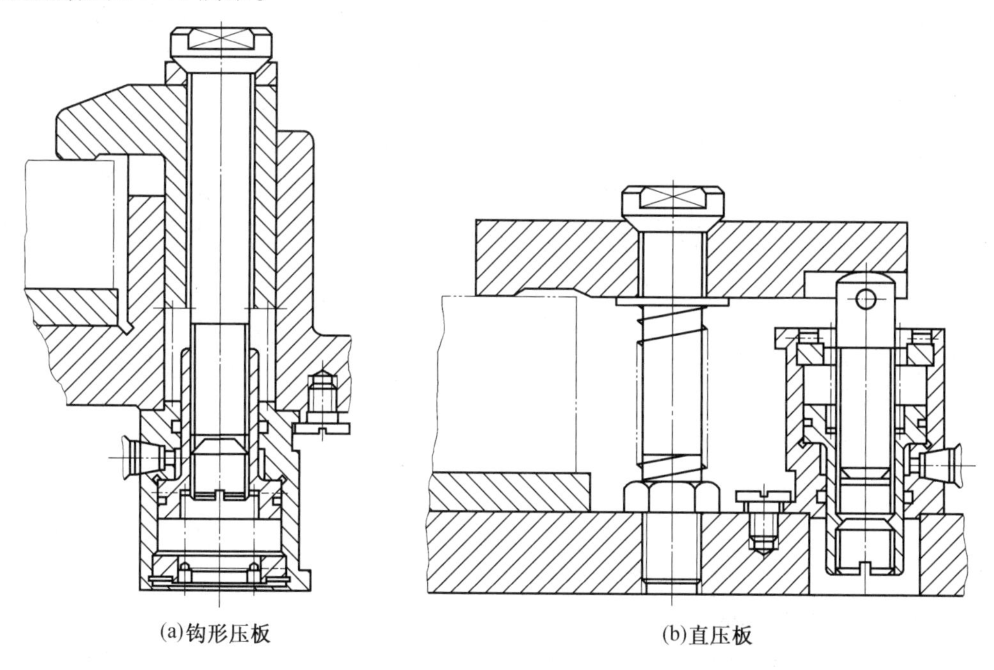

图7.65　压板夹紧机构的气 - 液增压夹紧油缸

7.3.5　夹紧装置设计实例

专用夹具的设计，是根据工艺人员在编制零件工艺规程时所提出的夹紧设计任务书进行的，在设计任务书中要对定位基准、夹紧方案及有关要求做出说明。

1. 工序加工要求

如图 7.66 所示为离合器外壳零件铣顶面的工序简图，要求保证左、右两端的厚度尺寸为 14 mm，表面粗糙度 *Ra* 为 6.3，大批量生产，故采用在双轴转盘铣床上，用粗、精两把端面铣刀对装夹在圆工作台上的多个工件进行连续加工。

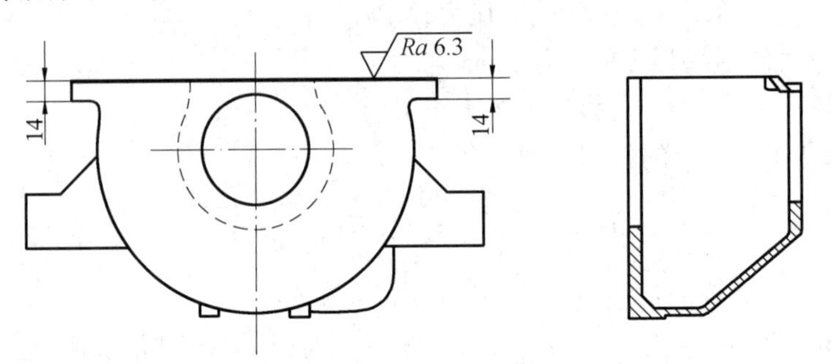

图 7.66　离合器外壳零件铣顶面的工序简图

2. 定位夹紧方案

为保证工序加工要求，采用如图 7.67 所示的定位夹紧方案，左、右两个固定支承板 1 限制 $\overset{\frown}{y}$、$\vec{z}$ 两个自由度，工件侧面用三个固定支承钉 3 限制 $\vec{y}$、$\overset{\frown}{x}$、$\overset{\frown}{z}$ 三个自由度。为防止工件夹紧变形，采用与三个侧面定位支承钉相对应的带有三个爪的可卸浮动压板，通过拉杆在工件内壁夹紧工件。

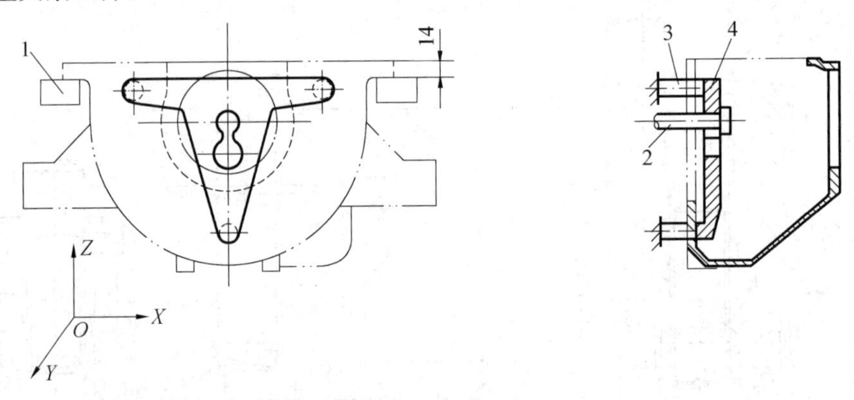

图 7.67　定位夹紧方案

1— 支承板；2— 拉杆；3— 支承钉；4— 可卸压板

3. 夹紧力计算及夹紧元件的确定

工件在顶面的铣削加工过程中，在不同加工部位的切削力是变化的，故在计算夹紧力时需通过作图法找出对工件夹紧最不利的加工部位，据此计算所需的夹紧力 *W*。

在做切削力图解分析时，可将工件的圆周进给运动转化为铣刀中心相对工件做圆周进给运动，其步骤如图 7.68 所示。

(1) 以一定的比例画出工件在机床回转工作台上的布置图。

(2) 画出铣刀中心相对工件做圆周进给运动的轨迹 *S*。

(3) 画出对工件夹紧最不利的铣刀切削时的中心位置。由图 7.69 可以找出两个铣

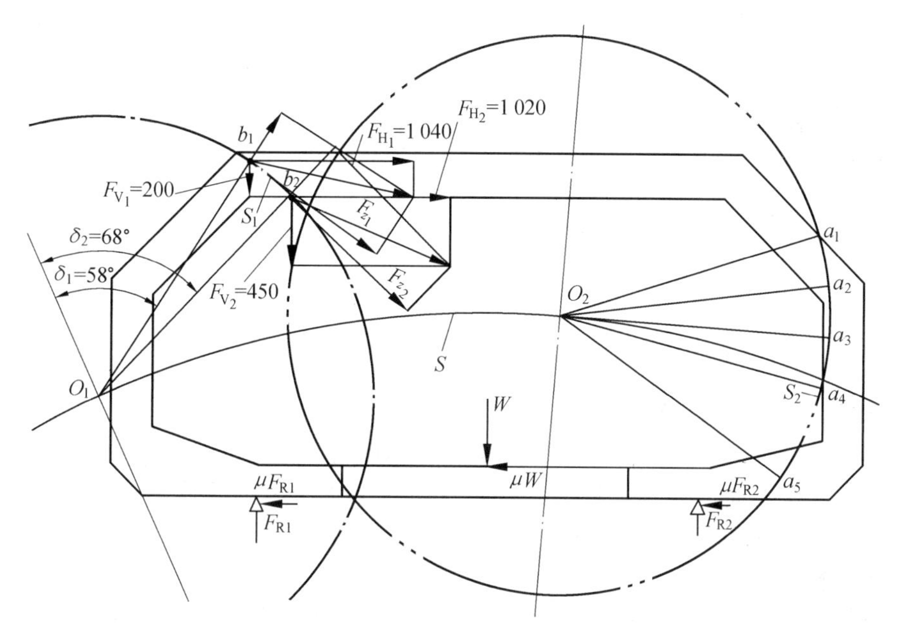

图 7.68　切削力图解分析

刀切削时的中心位置 O_2 和 O_1。虽然在 O_2 的位置是圆周切削力最大时的铣刀中心位置，但由于加工时五个刀齿（a_1、a_2、a_3、a_4 和 a_5）切削时产生的水平分力 F_H 较小，且相互部分抵消，故需夹紧力不大。而 O_1 则是夹紧力最大的铣刀中心位置。

因在此位置上的两个刀齿（b_1 和 b_2）切削时所产生的水平分力 F_H 最大，需要通过夹紧力产生的摩擦力来平衡。

铣刀中心处于 O_1 位置时的铣削水平分力 F_H 和竖直分力 F_V 可按有关公式及切削力图解中得出为

$$F_{H_1} = 1\ 040\ \text{N},\quad F_{V_1} = 200\ \text{N}$$

$$F_{H_2} = 1\ 020\ \text{N},\quad F_{V_2} = 450\ \text{N}$$

为使夹紧力计算简化，设切削力、夹紧力和支反力处于同一平面上，且支反力减为 F_{R_1} 和 F_{R_2} 两个，取摩擦系数 $\mu = 0.3$，则按力的平衡方程式即可求出夹紧力 W。

$$\sum F_H = 0,\quad F_{H_1} + F_{H_2} - \mu W - \mu F_{R_1} - \mu F_{R_2} = 0$$

$$F_{R_1} + F_{R_2} + W = \frac{F_{H_1} + F_{H_2}}{\mu}$$

$$F_{R_1} + F_{R_2} + W = \frac{2\ 060}{0.3} \approx 6\ 867$$

$$\sum F_V = 0,\quad W + F_{V_1} + F_{V_2} - F_{R_1} - F_{R_2} = 0$$

$$W - F_{R_1} - F_{R_2} = - F_{V_1} - F_{V_2}$$

$$F_{R_1} + F_{R_2} - W = 650$$

解以上两个方程式，得

$$W/\text{N} = 3\ 108.5$$

取安全系数 $K = 2.5$，则实际夹紧力为

$$W_0/\text{N} = KW = 2.5 \times 3\,108.5 \approx 7\,770$$

经计算，作用在拉杆上的气缸可选用 $\phi 50$ mm 直径，此时在 $p = 0.5$ MPa 时可产生拉力为 8 548 N。

7.4　夹具在机床上的定位、对刀和分度

7.4.1　夹具在机床上的定位

1. 夹具在机床上定位的目的

为了保证工件的尺寸精度和位置精度，工艺系统各环节之间必须具有正确的几何关系。夹具的定位表面相对于机床工作台和导轨或主轴轴线具有正确的位置关系，只有同时满足这两方面的要求，才能使夹具定位表面以及工件加工表面相对刀具及切削成形运动处于理想位置。

在铣床上铣键槽夹具的定位简图如图 7.69 所示。为保证键槽在垂直平面及水平面内与工件轴线平行，要求夹具在工作台上定位时，保证 V 形块中心线与刀具切削成形运动（工作台纵向走刀运动）平行。在垂直平面内这种平行度要求是由 V 形块中心线对夹具体底平面的平行度以及夹具体底平面（夹具安装面）与工作台上表面（机床装卡面）的良好接触来保证的。在水平面内的平行度要求，则是靠夹具上两个定向键 1 嵌在机床工作台 T 形槽内保证的。因此对夹具来说，应保证 V 形块中心线对定向键 1 的中心线（或一侧）平行。

对机床来说，应保证 T 形槽中心（或侧面）对纵走刀方向平行。另外，定向键与 T 形槽有很好的配合。

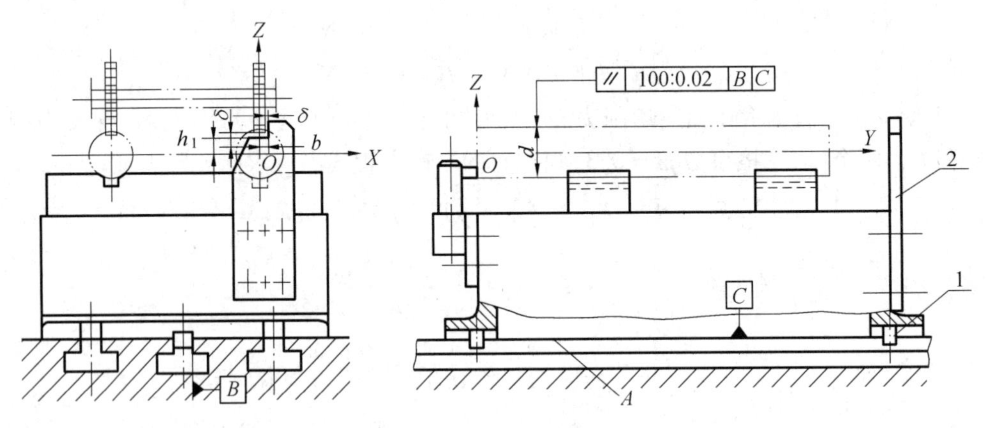

图 7.69　铣键槽夹具的定位简图

1—定向键；2—对刀块

2. 夹具在机床上的定位方式

夹具通过连接元件实现其在机床上的定位，根据机床的结构与加工特点，夹具在机床

上的连接定位通常有两种方式:夹具连接定位在机床的工作台面上(如铣、刨、镗、钻床及平面磨床等)及夹具连接定位在机床的主轴上(如车床、内、外圆磨床等)。

(1) 夹具在工作台面上的连接定位。夹具在工作台面上是用夹具安装面 A 及定向键1定位的(图7.69)。为了保证夹具安装面与工作台面有良好的接触,夹具安装面的结构形式及加工精度都应有一定的要求。除夹具安装面 A 之外,一般还通过两个定向键或定位销与工作台上的T形槽相配合,以限制夹具在定位时所应限制的自由度,并承受部分切削力矩,增强夹具在工作过程中的稳定性。

定向键的标准结构如图7.70(a)所示,定向键的材料常用45钢,淬火40 ~ 45HRC。与定向键相配合零件的尺寸如图7.70(b)所示。

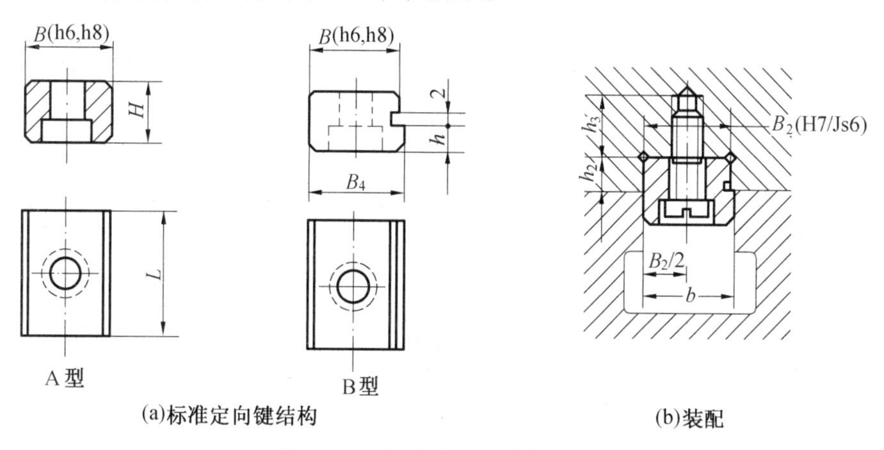

图7.70　标准定向键结构及装配

在小型夹具中,为了制造简便,可用圆柱定位销代替定向键。圆柱销直接装配在夹具体的圆孔中(过盈配合),如图7.71(a)所示。台阶圆柱销及其连接形式,如图7.72(b)、(c)所示,其螺纹孔是供取出定位销用的。

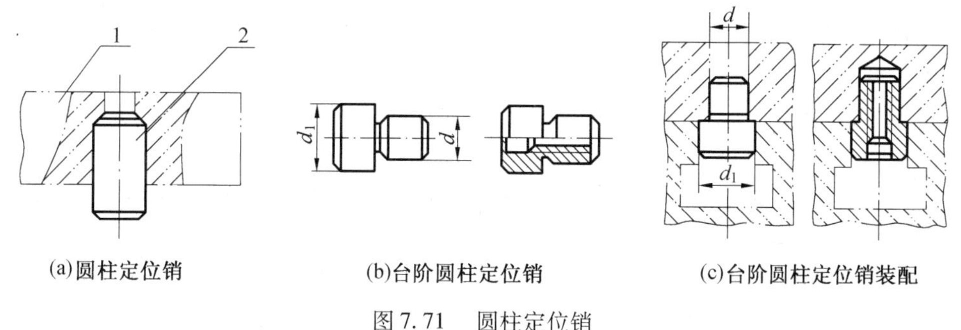

图7.71　圆柱定位销

改进的圆柱定向键的结构如图7.72(a)所示。上部圆柱体与夹具体的圆孔相配合,下部圆柱体切出与T形槽宽度 b 相等的两平面。这可改善图7.71结构中圆柱部分与T形槽配合时易磨损的缺点。

圆柱定向键与夹具体的固定方式如图7.72(b)、(c)所示。当用扳手1旋紧螺钉2时,借助摩擦力,月牙块3发生偏转外移,使定向键4卡紧在夹具体5的圆孔中。放松螺钉2,便可取出定向键。

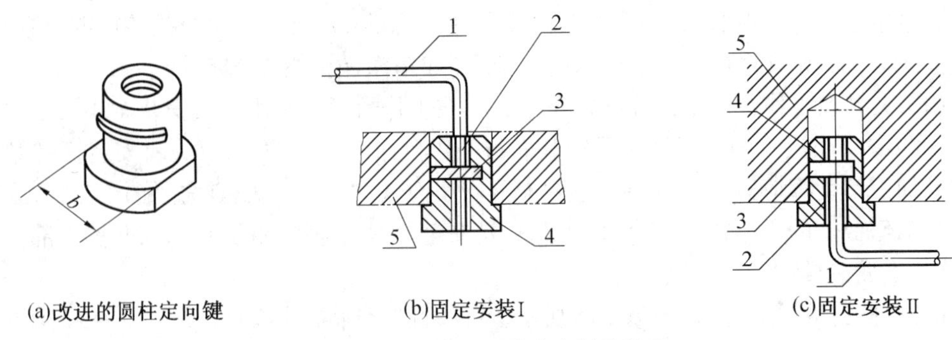

图 7.72　改进的圆柱定向键及装配

1— 扳手;2— 螺钉;3— 月牙块;4— 定向键;5— 夹具体

通常在这类夹具的纵向两端底边上,设计出带U形槽的耳座,供紧固夹具体的螺栓穿过。其具体结构形式如图 7.73 所示。

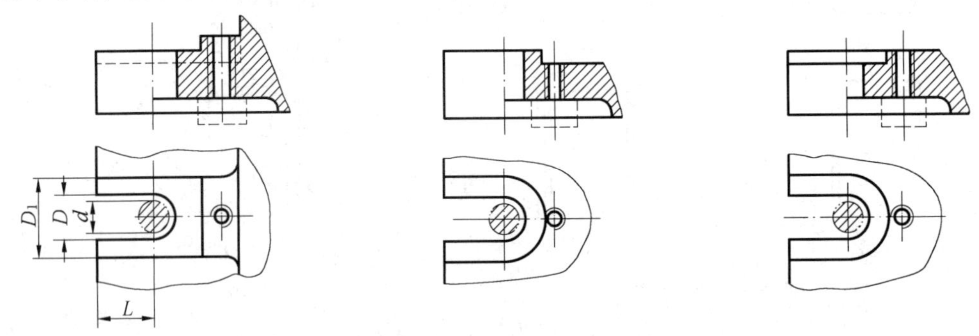

图 7.73　U 形槽耳座结构形式

(2) 夹具在主轴上的连接定位。

夹具在机床主轴上的连接定位方式取决于机床主轴端部结构。常见的几种连接定位方式如图 7.74 所示。

夹具以长锥柄装夹在主轴锥孔中,锥柄一般为莫氏锥度,如图 7.74(a) 所示。根据需要可用拉杆从主轴尾部将夹具拉紧。这种连接定位迅速方便,由于没有配合间隙,定位精度较高,即可以保证夹具的回转轴线与机床主轴轴心线有很高的同轴度。其缺点是刚度较低,故适用于切削力小的小型夹具。夹具轮廓直径 D 一般小于 140 mm,或 $D < (2 \sim 3)d_2$,d_2 为锥柄大端直径。为了保护主轴锥孔,夹具锥柄硬度应小于 HRC45。当夹具悬伸量较大时,应加尾座顶尖。

夹具 1 以端面 B 和圆柱孔 D 在主轴上定位如图 7.74(b) 所示。圆柱孔与主轴轴颈的配合一般采用 H7/h6 或 H7/js6。这种结构制造容易,但定位精度较低。夹具的紧固依靠螺纹 M 两压板 1 起放松作用。

夹具用短锥面 K 和端面 B 定位,如图 7.74(c) 所示。这种连接定位方式因没有间隙而具有较高的定心精度,并且连接刚度也较高。夹具制造时,除要保证锥孔锥度外,还需要严格控制其尺寸以及锥孔与端面 B 的垂直度误差,以保证夹具安装后,其锥孔与端面能同时和主轴端的锥面与台肩面紧密接触,否则会降低定位精度,因此制造比较困难。

对于径向尺寸较大的夹具,一般通过过渡盘与机床主轴轴颈连接。过渡盘的一面与机床主轴连接，结构形式应满足所使用机床的主轴端部结构要求。过渡盘的另一面与夹具连接，通常设计成端面与短圆柱面定位的形式，如图7.74(d)所示。夹具以其定位孔按H7/js6或H7/h6装配在过渡盘1的凸缘d上，然后用螺钉紧固。此凸缘最好是将过渡盘装夹在所使用机床上以后加工，以保证与机床主轴有较高的同轴度。过渡盘以锥孔定心，用活套将主轴上的螺母3锁紧，扭转力矩由键2承受。

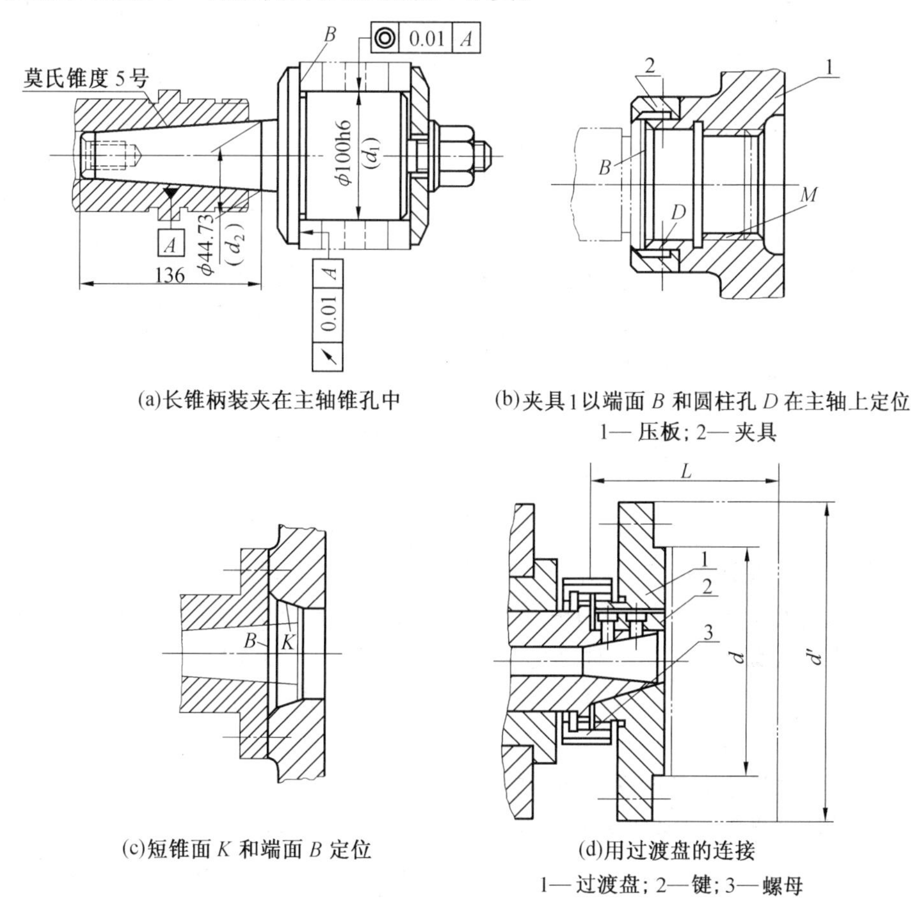

图7.74 夹具在机床主轴上的连接定位方式

7.4.2 夹具在机床上的对刀

夹具在机床上安装完毕，在进行加工之前，尚需进行夹具的对刀，使刀具相对夹具定位元件处于正确位置。下面分别对铣床夹具和钻床夹具在机床上的对刀进行分析。

1. 铣床夹具的对刀

如图7.69所示，在x方向应使铣刀对称中心面与夹具V形块中心面重合，在z方向应使铣刀的圆周刀刃最低点离标准心棒中心的距离为$h_1+\delta$。

对刀的方法通常有三种：第一种方法为单件试切；第二种方法是每加工一批工件，即安装调整一次夹具，通过试切数个工件来对刀；第三种方法是用样件或对刀装置对刀，这时只是在制造样件或调整对刀装置时，才需要试切一些工件，而在每次安装使用夹具时，不需再试切工件，这是最方便的方法。几种铣刀的对刀装置如图7.75所示。

(a)高度对刀块　(b)直角对刀块　(c)成型刀具用的对刀装置

(d)成型刀具用的对刀装置　(e)组合刀具对刀装置

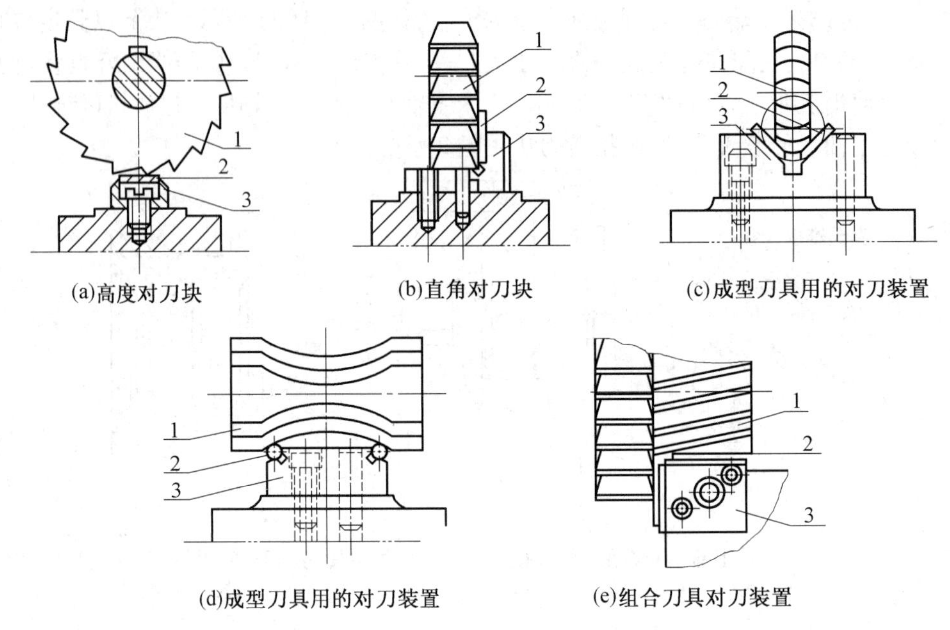

图7.75　铣刀的对刀装置

1—铣刀；2—塞尺(或圆柱)；3—对刀块

图7.69中采用的是直角对刀块2对刀。由于夹具制造时已经保证对刀块对定位元件定位面的位置尺寸 b 和 h_1，因此只要将刀具对准到离对刀块表面距离 δ 时，即认为夹具相对刀具位置已准确。铣刀与对刀块表面之间留有间隙 δ，并用塞尺进行检查，这是避免刀具与对刀块直接接触而造成两者的擦伤，同时也便于测量接触情况及控制尺寸。间隙 δ 一般取1 mm、2 mm或3 mm。

2. 钻床夹具中刀具的对准和导引

在钻床夹具中，通常用钻套实现刀具的对准，如图7.2所示，加工中只要钻头对准钻套，所钻孔的位置就能达到工序要求。当然，钻套和镗套还有增强刀具刚度的作用。

(1) 钻套。

① 固定钻套。固定钻套有A型(无肩的)和B型(带肩的)两种结构，如图7.76(a)所示。B型主要用于钻模板较薄时，用以保持钻套必要的导引长度。钻套外圆以H7/n6或H7/r6配合直接压入夹具体或钻模板孔中。这种钻套的缺点是磨损后不易更换，因此主要用于中小批生产用的钻床夹具上或用来加工孔距小和孔距精度要求较高的孔。为防止切屑进入钻套孔内，钻套的上、下端应以稍突出钻模板为宜，一般不能低于钻模板。

② 可换钻套。可换钻套的实际功用仍和固定钻套一样，可供钻、扩、铰孔工序使用，在批量较大时，磨损后可迅速更换。可换钻套的结构如图7.76(b)所示，它的凸缘铣有台肩，防转螺钉的头部与此台肩有一定间隙，以防止可换钻套转动。拧去螺钉便可取出可换钻套。为了避免钻模板的磨损，钻套不直接压配在夹具体或钻模板上，而是以H7/g6或H7/g5的配合装进衬套的内孔中，并用防转螺钉防止在加工过程中刀具、切屑与钻套内孔的摩擦力使钻套产生转动，或退刀时随刀具抬起。衬套外圆与夹具体或钻模板的配合采

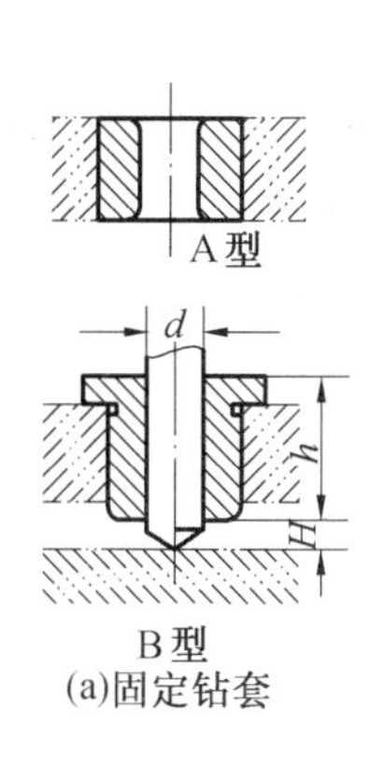

(a)固定钻套

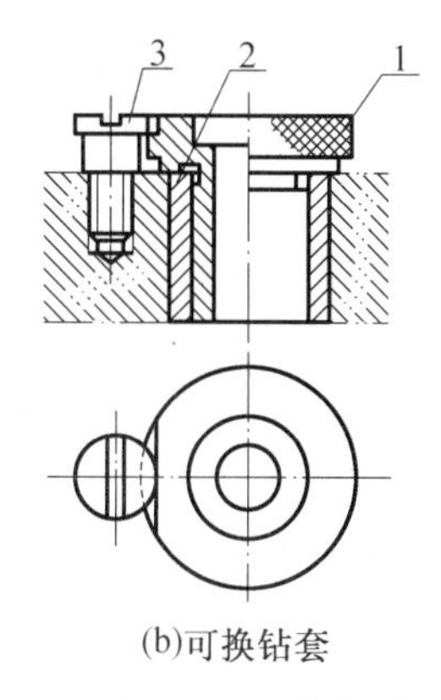

(b)可换钻套

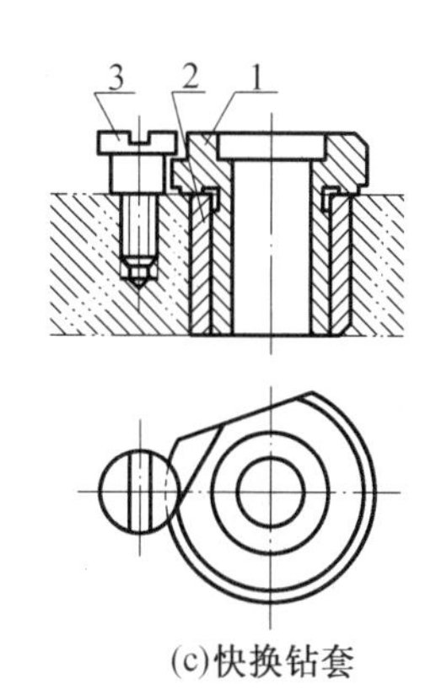

(c)快换钻套

图7.76　各类钻套

1— 可换钻套;2— 衬套;3— 防转螺钉

用 H7/n6 或 H7/r6。

③ 快换钻套。快换钻套是供同一个孔须经多个加工工步(如钻、扩、铰、锪面、攻丝等)所用的。由于在加工过程中,需依次更换取出钻套,以适应不同加工刀具的需要,所以采用快换钻套,如图7.76(c)所示。它除在其凸缘铣有台肩以供防转螺钉压住外,同时还铣出一削边平面。当此削边平面转至钻套螺钉位置时,便可向上快速取出钻套。为防止直接磨损钻模板或夹具体,也必须配有衬套。

④ 特殊钻套。特殊钻套是根据具体加工情况自行设计的,以补充标准钻套性能的不足。例如,图7.77(a)所示是供钻凹坑内孔用的;图7.77(b)所示是供钻圆弧或斜面上孔用的;图7.77(c)所示是加工三个孔距很小的内孔,无法分别采用钻套时所应用的一种特殊钻套;图7.78(d)所示是用在滑柱式钻模上的一种特殊钻套。

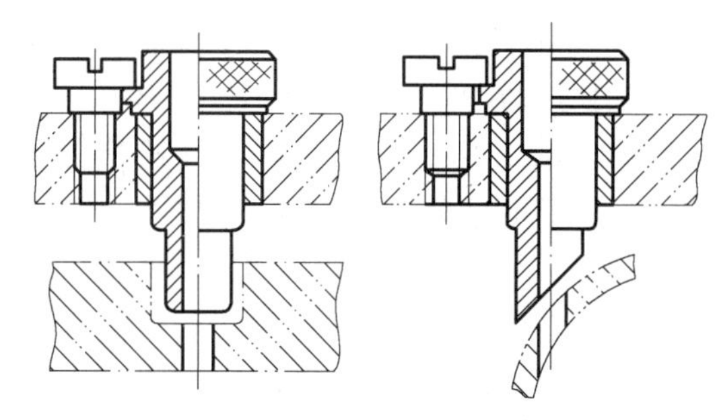

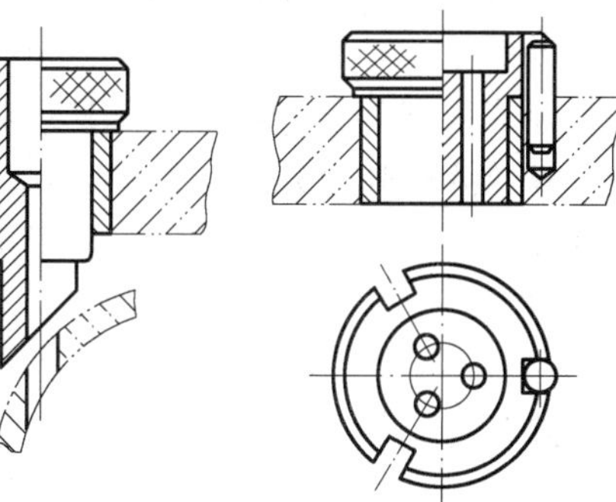

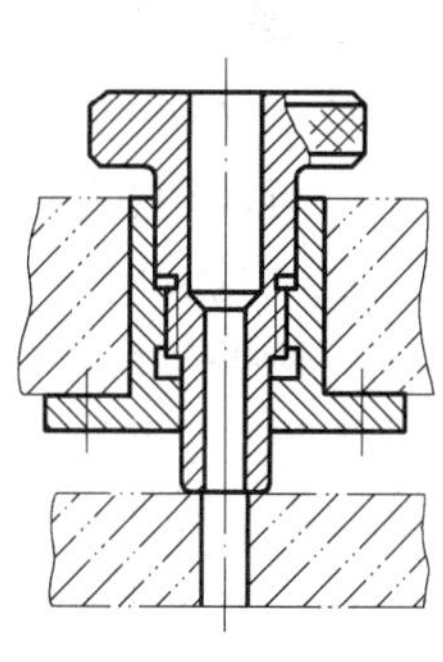

(a)钻凹坑内孔钻套　(b)钻圆弧或斜面上孔钻套　(c)加工三个孔距小的钻套　(d)滑柱式钻模上的钻套

图7.77　特殊钻套

(2) 钻套导引孔尺寸和公差的确定。在选用标准结构的钻套时,钻套导引孔的尺寸与公差需由设计者按下述原则确定。

① 钻套导引孔直径的基本尺寸应等于所导引刀具的最大极限尺寸,以防止卡住和咬死。

② 钻套导引孔与刀具的配合应按基轴制选定,这是因为这类刀具的结构和尺寸均已标准化。

③ 钻套导引孔与刀具之间应保证有一定的配合间隙，以防卡死。导引孔的公差带根据所导引刀具的种类和加工精度要求选定，钻孔和扩孔选 F7、F8；粗铰时选 G7；精铰时选 G6。

④ 当采用标准铰刀铰 H7 或 H9 孔时，导引孔的基本尺寸与加工孔的基本尺寸相同，公差选用 F7 或 E7。

⑤ 标准钻头的最大尺寸就是所加工孔的基本尺寸，故钻头导引孔的基本尺寸与加工孔的基本尺寸相同，公差取 F7。

⑥ 若刀具加工时不是用切削部分而是用导柱部分引导，则可按基孔制的相应配合 H7/f7、H7/g6、H6/g5 等选取。

7.4.3 夹具的转位和分度装置

在机械加工中，经常会遇到一些工件要求在夹具里一次装夹中加工一组表面，如孔系、槽系、多面体等。由于这些表面是按一定角度或一定距离分布的，因而要求夹具在工件加工过程中能进行分度。即当工件加工完一个表面后，夹具的某些部分应能连同工件转过一定角度或移动一定距离，可实现上述要求的装置称为分度装置。

分度装置能使工件的加工工序集中，装夹次数减少，从而可提高加工表面间的位置精度，减轻劳动强度和提高生产效率，因此广泛应用于钻、铣、镗等加工中。

分度装置可分为回转分度装置与直线分度装置两大类。由于这两类分度装置的结构原理与设计方法基本相同，而生产中又以回转分度装置的应用为多。

1. 分度装置的基本形式

分度装置按其工作原理可分为机械、光学、电磁等形式。

钻扇形工件上的五个等分孔工序图和机械式分度夹具如图 7.78 所示。工件以短圆柱凸台和平面在转轴 4 及分度盘 3 上定位，以小孔在菱形销 1 上周向定位。由两个压板 9 夹紧。分度销 8 装在夹具体 5 上，并借助弹簧的作用插入分度盘相应的孔中，以确定工件与钻套间的相对位置。分度盘 3 的孔座数与工件被加工孔数相等，分度时松开锁紧手柄 6，利用拔销手柄 7 拔出分度销 8，转动分度盘直至分度销插入第二个孔座；然后转动锁紧手柄 6 轴向锁紧分度盘，这样便完成一次分度。当加工完一个孔后，继续依次分度直至加工完毕工件上的全部孔。

用机械式分度装置实现分度必须有两个主要部分，即分度盘和分度定位机构。一般分度盘与转轴相连，并带动工件一起转动，用以改变工件被加工面的位置。分度定位机构则装在固定不动的分度夹具的底座上。此外，为了防止切削中产生振动及避免分度销受力而影响分度精度，还需要有锁紧机构，用来把分度后的分度盘锁紧到夹具体上。

根据分度盘和分度定位机构相互位置的配置方式，分度装置又可分为轴向分度装置（分度与定位是沿着与分度盘回转轴线相平行的方向，如图 7.79 所示）和径向分度装置（分度和定位是沿着分度盘的半径方向，如图 7.80 所示）两种。

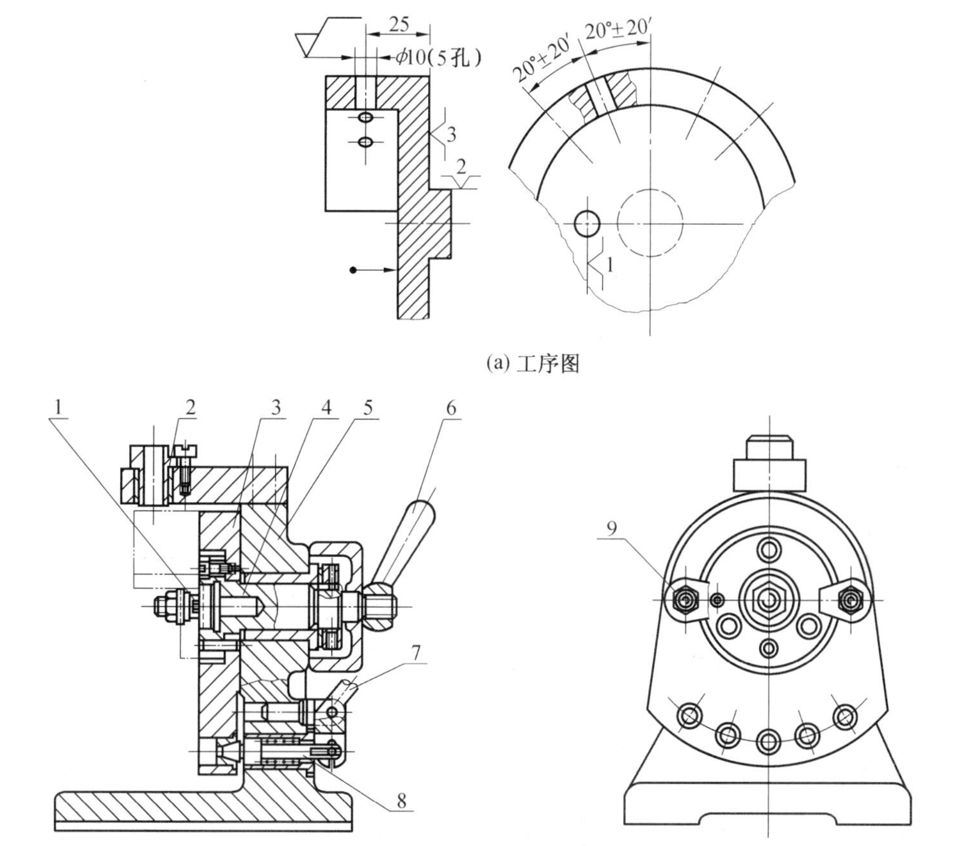

(a) 工序图

(b)机械式分度夹具

图7.78　钻孔用分度夹具

1— 菱形销;2— 钻套;3— 分度盘;4— 转轴;5— 夹具体;6— 锁紧手柄;
7— 拔销手柄;8— 分度销;9— 压板

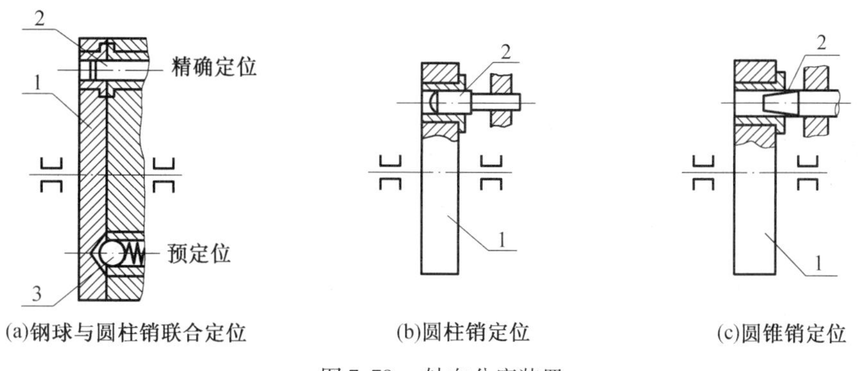

(a)钢球与圆柱销联合定位　(b)圆柱销定位　(c)圆锥销定位

图7.79　轴向分度装置

1— 分度盘;2— 对定元件;3— 钢球

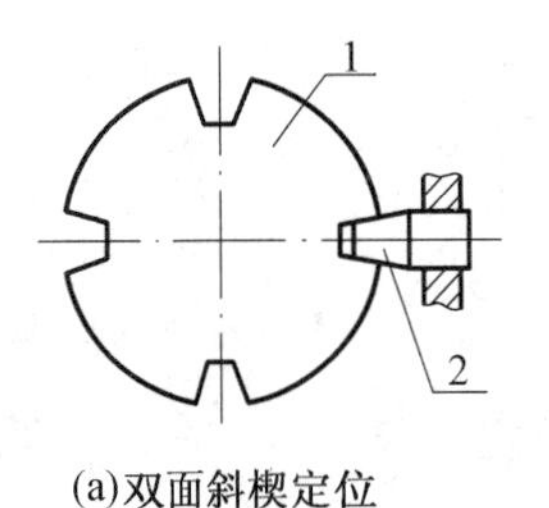

(a)双面斜楔定位

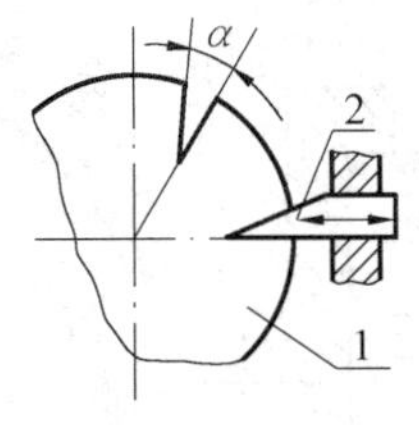

(b)单面斜楔定位

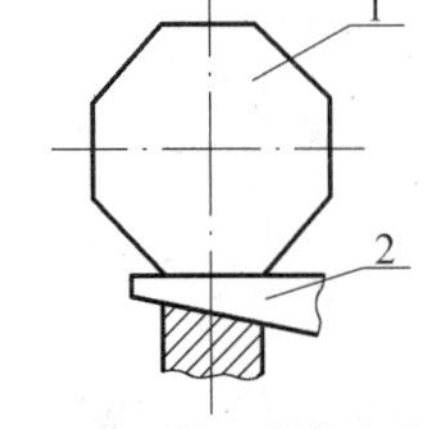

(c)正多面体-斜楔定位

图 7.80　径向分度装置

1— 分度盘;2— 对定元件

2. 分度装置的对定机构

用分度或转位夹具加工工件时,各工位加工获得的表面之间的位置精度与分度装置的分度定位精度有关。分度定位精度与分度装置的结构形式和制造精度有关。分度装置的关键部分是对定机构,它是专门用来完成分度、对准及定位的机构。

常见的分度对定机构如图 7.81 所示。这种机构靠弹簧将钢球定位(图 7.81(a))或球头销定位(图 7.81(b))压入分度盘锥孔内实现定位。圆柱销定位机构(图 7.81(c))主要用于轴向分度及中等精度的钻、铣夹具中;对定机构采用菱形销定位,如图 7.81(d) 所示;对定机构采用圆锥销定位,如图 7.81(e) 所示。

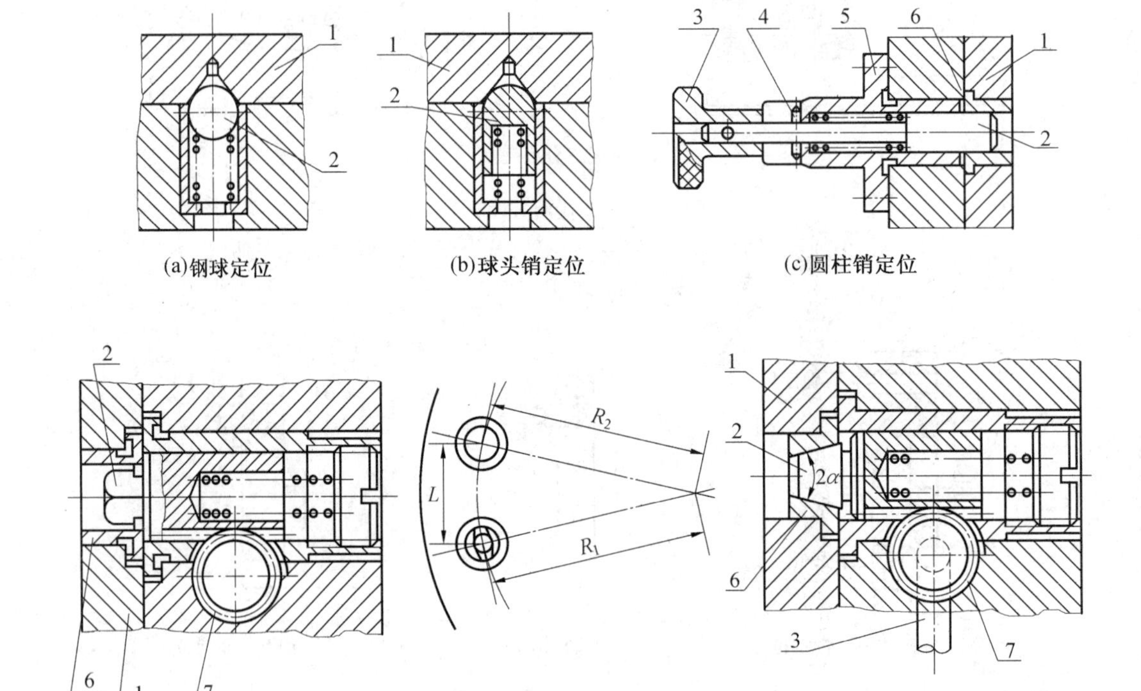

图 7.81　常见的分度对定机构

1— 分度盘;2— 对定销;3— 手柄;4— 横销;5— 导套;6— 定位衬套;7— 齿轮

3. 分度装置的拔销及锁紧机构

(1) 手拉式拔销机构如图7.81(c)所示。向外拉手柄3时将与其固定在一起的对定销2从定位衬套6中拉出，横销4从导套5右端的窄槽中通过。将手柄转过90°，横销便搁置在导套的端面上。将分度盘转过预定的角度后，将手柄重新转回90°。当继续转动分度盘使分度孔对准对定销时，对定销便插入定位衬套6中。

(2) 旋转式拔销机构如图7.82所示。转动手柄7时，轴3通过销4带动定位销1旋转，由于定位销1上有曲线槽(螺钉8的圆柱头卡在其间)，故一面旋转一面右移，退出定位孔。

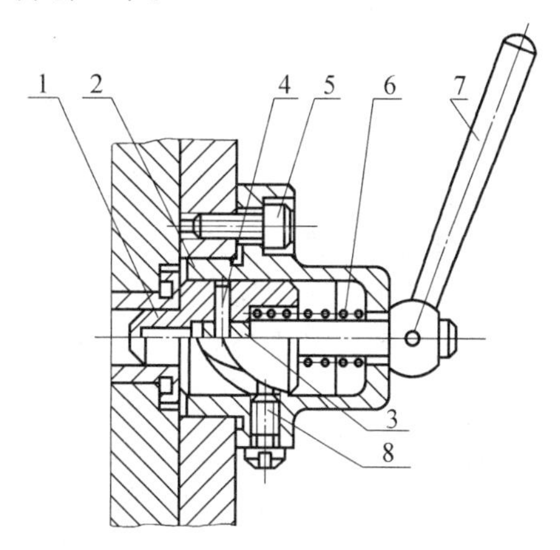

图7.82　旋转式拔销机构

1— 定位销；2— 导套；3— 轴；4— 销；5— 内六角螺栓；6— 弹簧；7— 手柄；8— 螺钉

(3) 齿轮齿条式拔销机构如图7.81(d)、(e)所示。对定销2上有齿条与手柄3上转轴上的齿轮7相啮合。顺时针转动手柄，齿轮带动齿条右移，拔出对定销。依靠弹簧的压力对定销插入定位套。

(4) 锁紧机构如图7.83所示。为了增强分度装置工作时的刚性及稳定性，防止加工时因切削力引起振动，当分度装置经分度对定后，应将转动部分锁紧在固定的基座上，这对铣削加工等尤为重要。当在加工中产生的切削力不大且振动较小时，也可不设锁紧机构。

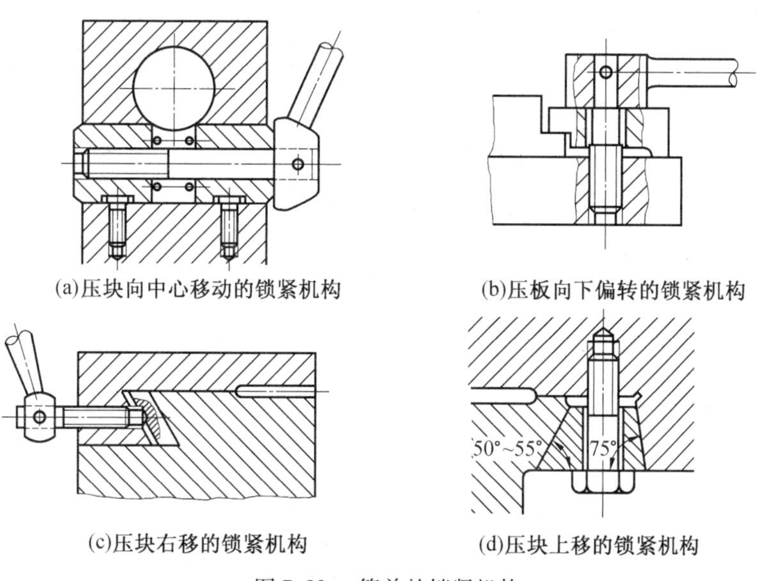

图7.83　简单的锁紧机构

旋转螺杆时左右压块向中心移动的锁紧机构如图7.83(a)所示；旋转螺杆时压板向下偏转的锁紧机构如图7.83(b)所示；旋转螺杆压块右移的锁紧机构如图7.83(c)所示；

旋转螺钉压块上移的锁紧机构如图 7.83(d) 所示。

7.5 机床夹具的结构和特点

7.5.1 车床夹具

车床夹具的特点是夹具连接在车床主轴上、随主轴或工作台回转,构成切削成形运动,以加工旋转几何体表面。车床夹具主要有下列几种类型:心轴类车床夹具、角铁式车床夹具、圆盘式车床夹具、卡盘式车床夹具、特种用途车床夹具。

1. 心轴类车床夹具

心轴类车床夹具常用于套类、盘类零件的加工。工件以内孔为主要定位基准,加工外圆,满足内、外圆同轴度公差要求。心轴的定位表面根据工件定位基准的形状、精度及工序的加工要求,可以设计成圆柱面、圆锥面、花键、螺纹等形状。车床心轴的结构有圆柱心轴、弹簧套心轴、液性塑料心轴、顶尖式心轴、波纹套心轴等多种。

加工飞球保持架的工序图及其心轴夹具如图 7.84 所示。加工要求是车外圆 $\phi 92_{-0.5}^{\ 0}$ mm及两端倒角 $C0.5$。工件以 $\phi 33$ mm孔、端面及槽作为定位基准定位,每次可装 22 件。每隔一件装一垫套,以便于加工倒角 $C0.5$。心轴的连接表面为中心孔,与机床的两顶尖相连接。

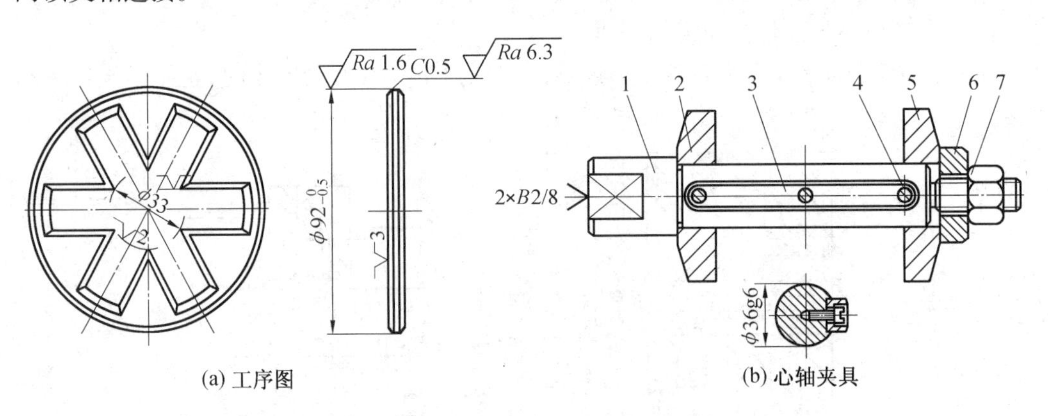

图 7.84 加工飞球保持架的工序图及其心轴夹具

1— 心轴;2、5— 压板;3— 定位键;4— 螺钉;6— 快换垫圈;7— 六角螺母

2. 角铁式车床夹具

角铁式车床夹具用于泵体、接头、壳体、箱体、支架、杠杆、三通管、轴座等复杂零件的加工。其特点是夹具体为角铁形,工件装夹在角铁面上。角铁面与夹具中心轴线相平行,如工件的主要定位基准是平面,则夹具就能满足加工面的中心距尺寸要求。

用于加工横拉杆接头的工序简图和角铁式车床夹具立体图如图 7.85 所示。横拉杆接头的已加工面为 $\phi 34_{\ 0}^{+0.05}$ mm 孔、M36 × 1.5—6H 螺纹孔及两端面。加工 M24 × 1.5LH—6H 螺纹孔的要求是,其轴线与 $\phi 34_{\ 0}^{+0.05}$ mm孔的轴线相垂直,中心距尺寸为(27 ±

0. 26) mm；定位基准为 $\phi 34^{+0.05}_{0}$ mm 孔、端面及 ϕ32 mm 外圆面。

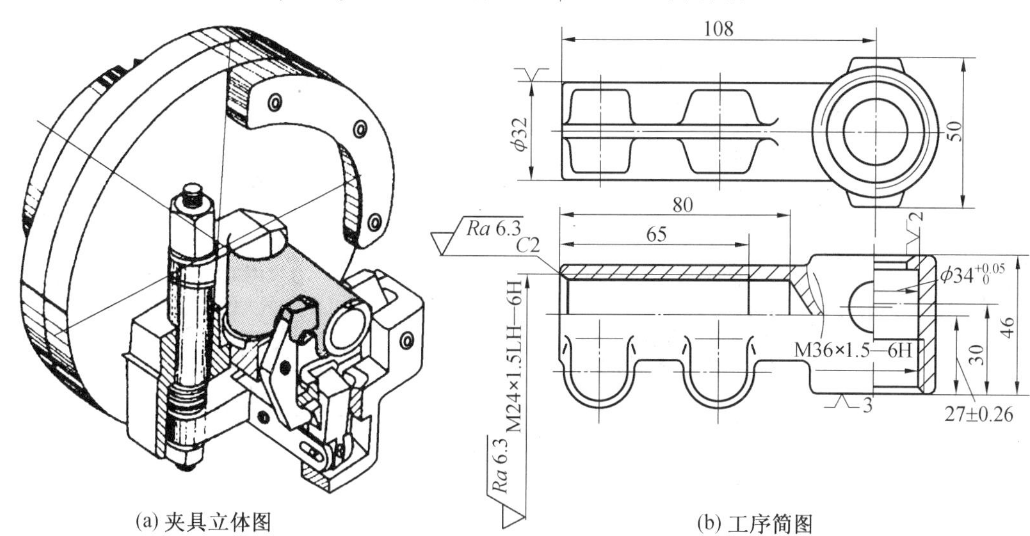

图 7. 85　加工横拉杆接头角铁式车床夹具

本工序的角铁式车床夹具结构如图 7. 86 所示。夹具用过渡盘与车床主轴连接，其主要定位元件是定位销，采用联动夹紧机构，即在钩形压板一端夹紧的同时，经拉杆、连接块、杠杆、楔块的作用，使两摆动压块定心夹紧工件的另一端。为使夹具在回转运动时平衡，夹具上设置了平衡块。夹具的连接表面为 ϕ190H7 孔，用过渡盘与车床主轴端连接。

3. 圆盘式车床夹具

圆盘式车床夹具的夹具体为圆盘形。工件装夹在夹具的端平面上，端平面与夹具中心轴线相垂直。若工件的主要定位基准为平面，则夹具就能满足加工圆柱面的中心对平面的垂直度公差要求。这类夹具常用于连杆、盖板、拨叉等复杂零件的加工中。

加工回水盘的工序图和圆盘式车床夹具如图 7. 87 所示。采用分度方法加工 2 × G1 螺纹孔。加工要求是：两螺纹孔的中心距为(78 ± 0. 3) mm，两螺纹孔的中心连线与 2 × ϕ9H9 孔的中心连线之间的夹角为 45°。工件以一面两孔定位，定位元件是定位销、菱形销和分度盘。工件用螺旋压板夹紧机构夹紧。

图 7. 87(b) 中标有中心距尺寸(39 ± 0. 05) mm，以满足工件(78 ± 0. 3) mm 的尺寸要求。与定位有关的联系尺寸是 ϕ9f9、(142 ± 0. 06) mm。夹具也用过渡盘与车床主轴连接。

4. 卡盘式车床夹具

卡盘式车床夹具用以代替三爪自定心卡盘，装夹一些三爪自定心卡盘无法装夹的零件。

常见的两爪自定心卡盘式车床夹具如图 7. 88 所示，采用左、右螺杆使两个滑块做等速定心移动，滑块上装有可换的卡爪，即可定心夹紧工件。

这种夹具的特点是采用柔性化设计，即采用可调整的卡爪装夹工件，为可调夹具。虽然定位面的形状不同，但定位基准均为中心定位。卡爪的连接结构为凸键，并用螺钉固定在滑块上。夹具用定位塞与车床花盘连接。

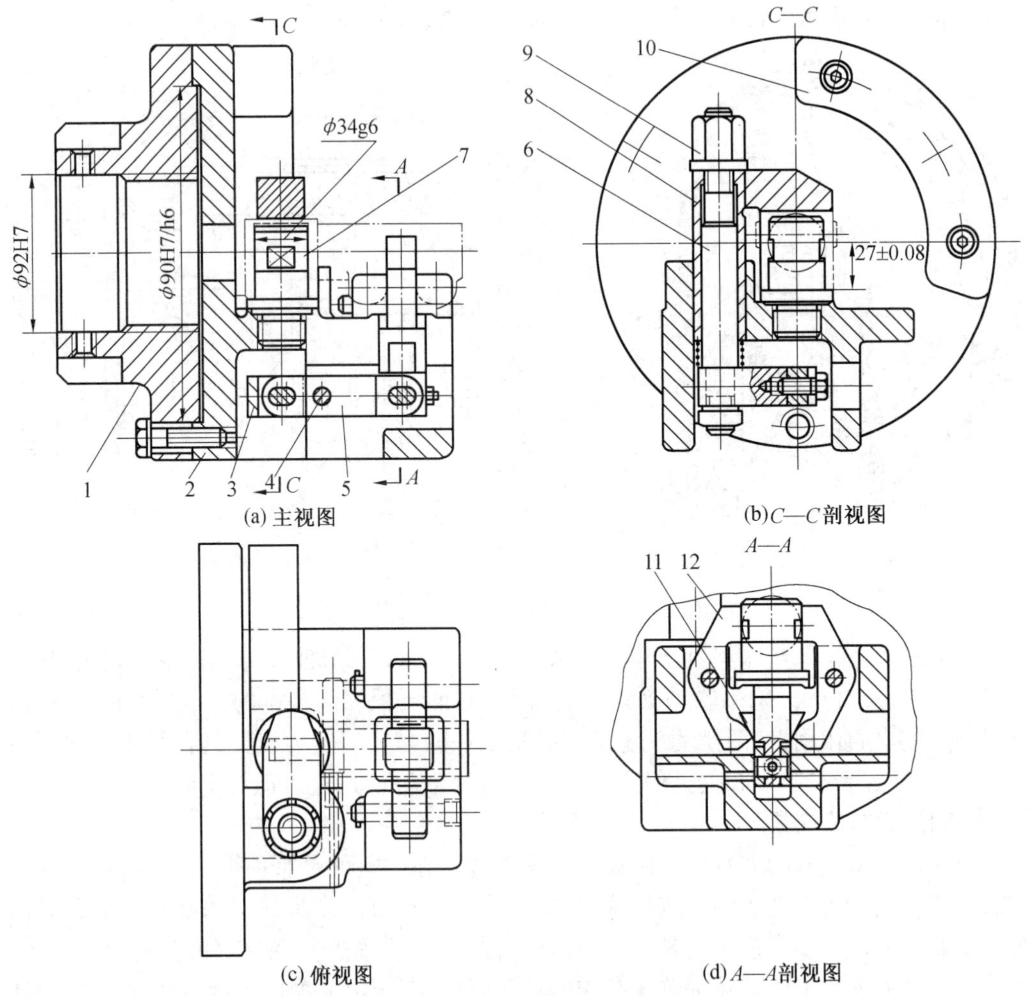

图 7.86　角铁式车床夹具结构

1—过渡盘;2—夹具体;3—联接块;4—销钉;5—杠杆;6—拉杆;7—定位销;
8—钩形压板;9—带肩螺母;10—平衡块;11—楔块;12—摆动压块

5. 特种用途车床夹具

加工偏心、斜孔等复杂零件时,需要使用特种用途车床夹具。用于加工三通管的斜孔的工序图和车床夹具如图 7.89 所示。工件以 ϕ35K7 孔及端面为基准,在可卸定位销、定位销及浮动挡板上定位。装夹工件时,先装入可卸定位销,然后使可卸定位销及工件在 U 形槽板及定位销中定位,用螺钉及浮动挡板夹紧。加工标有斜孔角度为 109° ±4′ 的 ϕ41H11 与 ϕ45H8,夹具体采用焊接结构。并设置工艺孔,标有 15 mm、63.93 ±0.10 mm 尺寸。

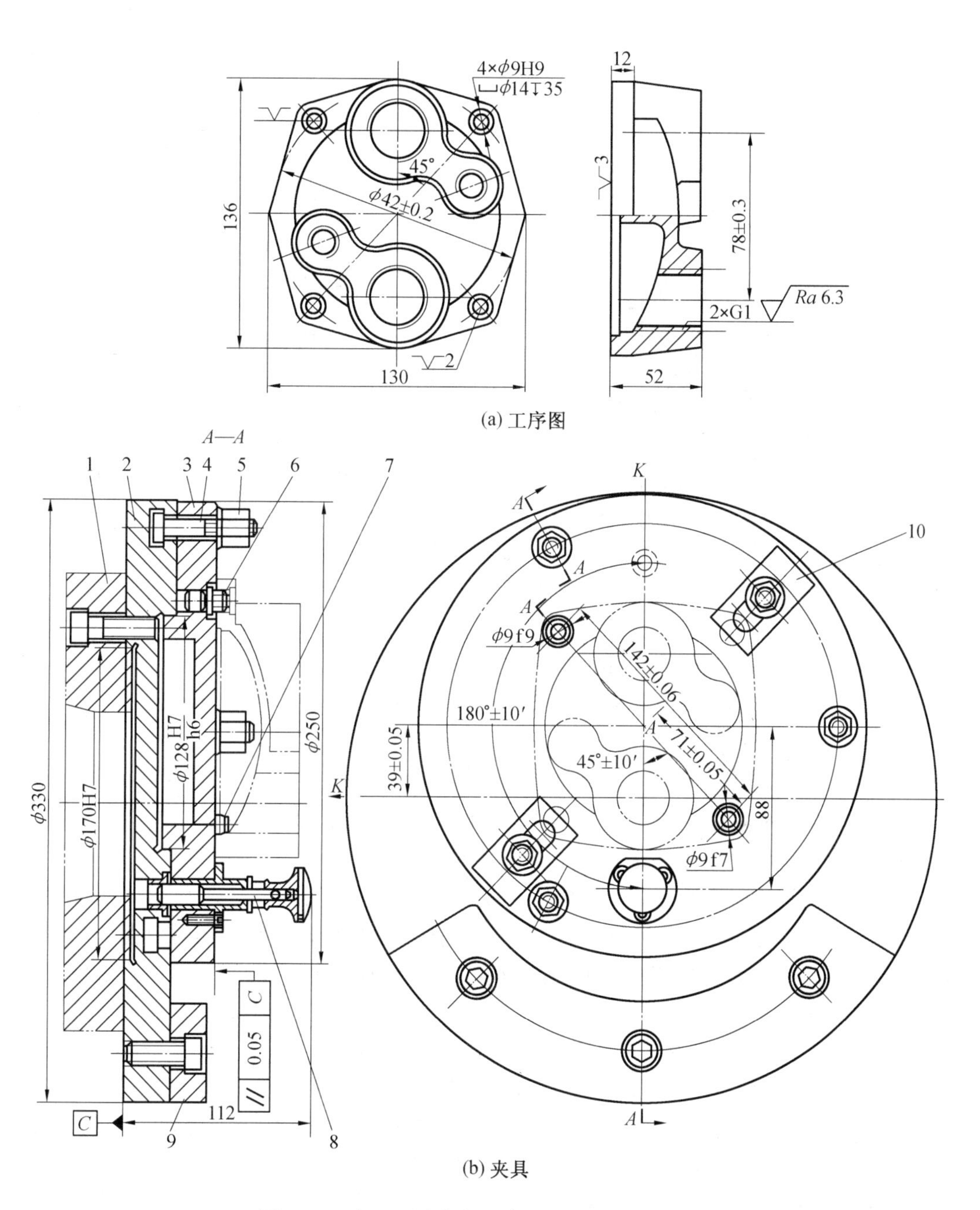

图7.87 加工回水盘的工序图和圆盘式车床夹具

1— 过渡盘;2— 夹具体;3— 分度盘;4—T形螺钉;5— 螺母;6— 菱形销;7— 定位销;8— 分度对定机构;9— 平衡块;10— 螺旋压板夹紧机构

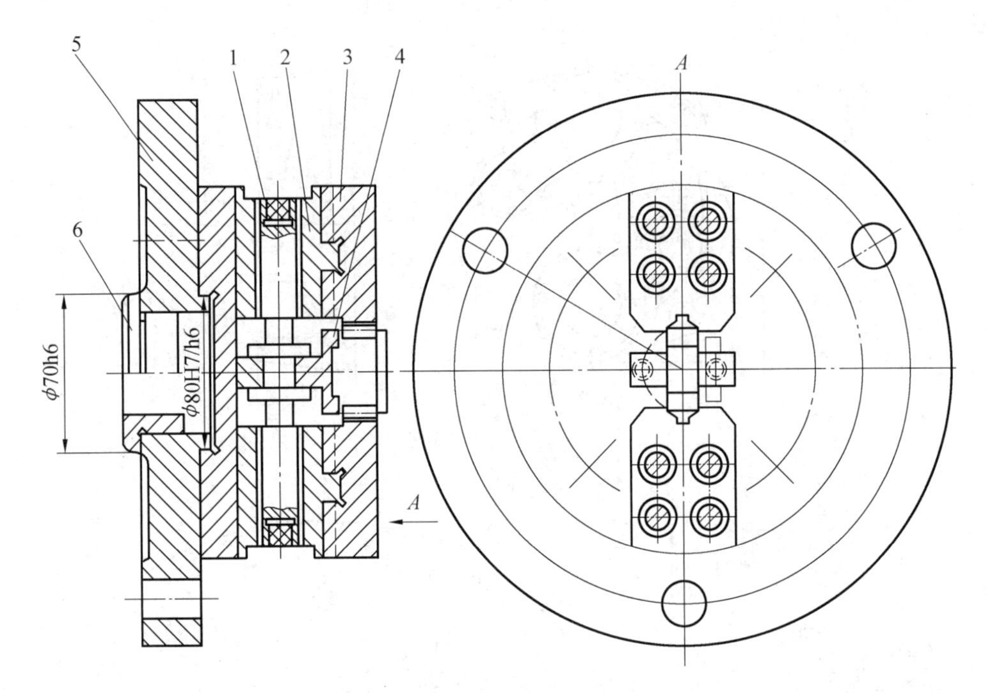

图 7.88　两爪自定心卡盘式车床夹具

1— 左、右螺杆;2— 滑块;3— 卡爪;4— 轴向定位器;5— 夹具体;6— 定位键

7.5.2　磨床夹具

磨床夹具的特点是精度高、夹紧力小,因而多采用定心精度高、结构简单、效率高的轻型结构。与车床夹具相似,下面以磨齿轮内孔的膜片卡盘为例。

齿轮的齿形表面要高频或中频淬火,以提高硬度增加耐磨性。淬火后,齿形表面会发生变形,故需要磨削。为了使磨削余量均匀,保持齿面均匀的淬硬层,同时要保证齿圈与内孔的同轴度,通常都是以齿形表面做定位基准,先磨削内孔,再以磨好的内孔定位磨削齿形表面。

以齿形表面定位磨削内孔工序图和夹具如图7. 90 所示。以六个滚柱5 放在齿形表面上做定位元件,膜片上的卡爪 3 在拉杆 1 向左移动时而产生弹性变形,卡爪通过滚柱将工件定心夹紧。六个滚柱装在同一个保持架 6 内而连成一体,先把带滚柱的保持架装在被磨削的齿轮上,让滚柱落入齿槽中。再连同被磨削齿轮一起装入卡盘内。这样装卸工件迅速方便。滚柱的数目从定位角度考虑,只需要三个就能自动定心,实际上为了减少被磨削齿轮的变形,往往用较多数量(一般不超过 5 ~ 6 个) 的滚柱来定位。

7.5.3　钻床夹具

在各种钻床或组合机床上,用来钻、扩、铰各种孔所采用的装置,称为钻床夹具。这类夹具的特征是装有钻套和安放钻套用的钻模板,故习惯上称之为“钻模”。

1. 钻床夹具

(1) 固定式钻模。在阶梯轴工件的大端钻孔,工序图已确定了定位基准,钻模上采用

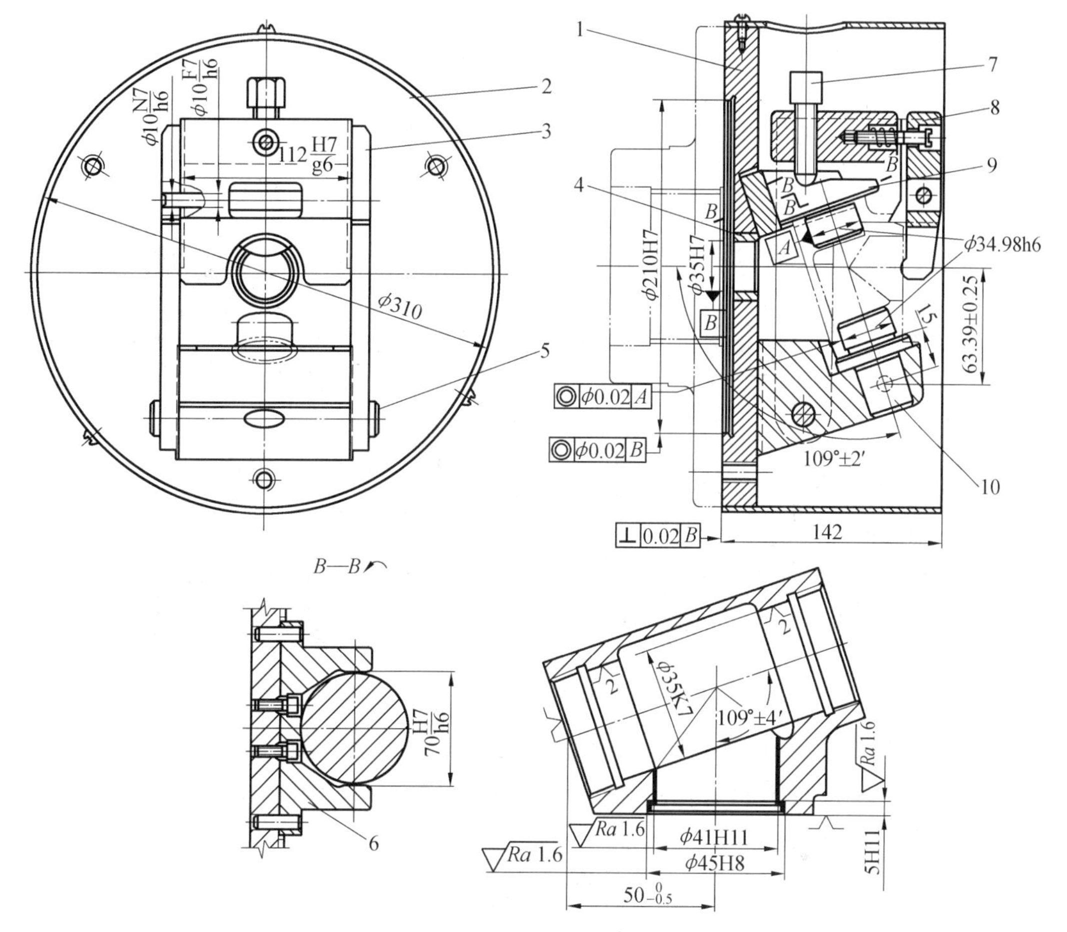

图 7.89　加工三通管斜孔的工序图和车床夹具

1— 夹具体;2— 防护罩;3— 框架;4— 衬套;5— 轴销;6—U 形板

7— 螺钉;8— 浮动挡板;9— 可卸定位销;10— 定位销

V 形块及其端面和限制角度自由度的手动拔销定位,用偏心压板夹紧,夹具体周围留有供夹紧用的凸缘,如图 7.91 所示。

固定式钻模用于立式钻床时,一般只能加工单孔;用于摇臂钻床时,则常加工位于同一钻削方向上的平行孔系。加工直径大于 ϕ10 mm 的孔,则需将钻模固定,以防止工件因受切削力矩而转动。

(2) 回转式钻模。回转式钻模适用于加工工件上同一圆周上的平行孔系,或加工分布在同一圆周上的径向孔系。例如,在轴类工件的圆周上钻三个相隔 90° 孔的卧轴式回转钻模,工件以小圆柱面及端面在夹具上定位。钻模采用转动手柄 5,通过夹紧螺钉 4 将工件夹紧,如图 7.92 所示。为了控制工件每次转动的角度,必须设有回转分度盘和对定销装置。回转分度盘 3 的转轴上,开有相隔 90° 的三条定位槽与工件上(或与夹具上的钻套)的三个孔相对应,对定销 16 在弹簧 14 作用下紧紧插入定位槽中,当钻好第一个孔后,转动滚花螺母 12,对定销 16 以及固定于销轴上的小销 13 一起转动,依靠套筒 15 上端面的斜面作用将对定销 16 从定位槽中拔出,将回转分度盘 3 回转 90°,当滚花螺母回转到原位

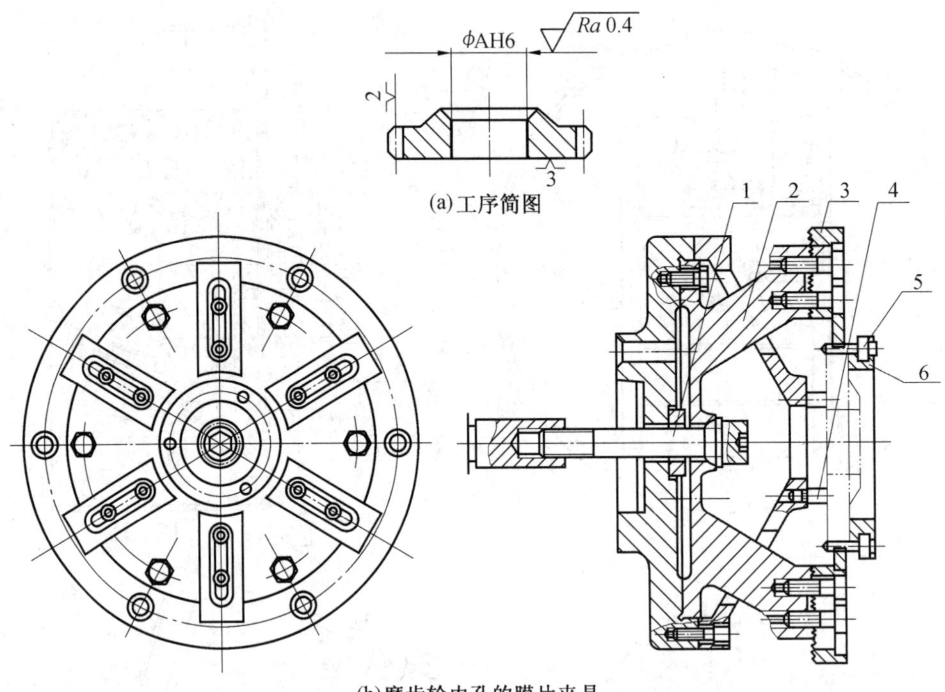

图 7.90　以齿形表面定位磨削内孔工序图和夹具

1— 拉杆;2— 爪体;3— 卡爪;4— 支承钉;5— 滚柱;6— 保持架

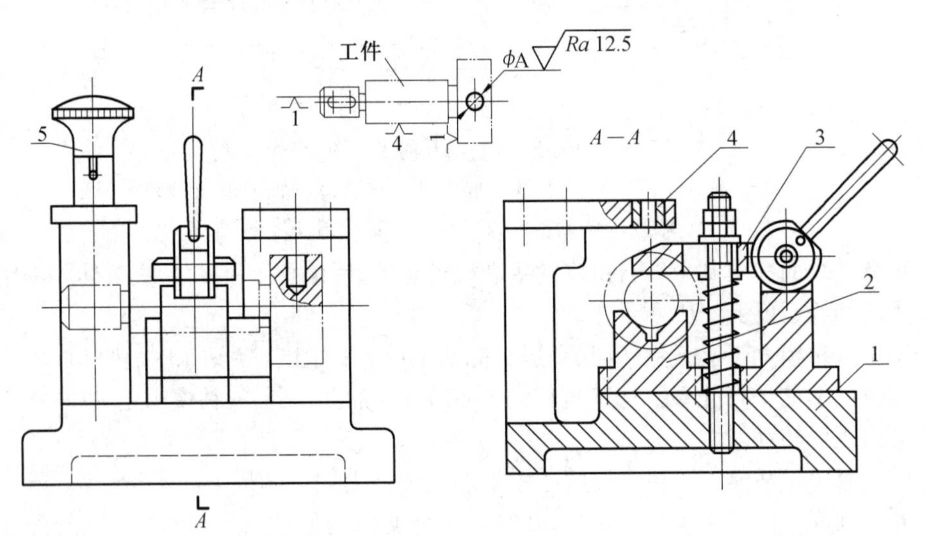

图 7.91　台阶轴钻孔的工序简图和固定式钻模

1— 夹具体;2—V 形块;3— 偏心压板;4— 钻套;5— 手动拔销

时,对定销便插入第二个定位槽中,转动锁紧螺母 17,使回转分度盘和夹具体 1 的接触面上产生摩擦力,把分度盘牢牢地锁紧在夹具体上,以防止回转分度盘在加工过程中产生振动,这样便可钻第二个孔。因此,先松开锁紧螺母,再拔销、分度、插销、锁紧,就可继续钻下一个孔了。

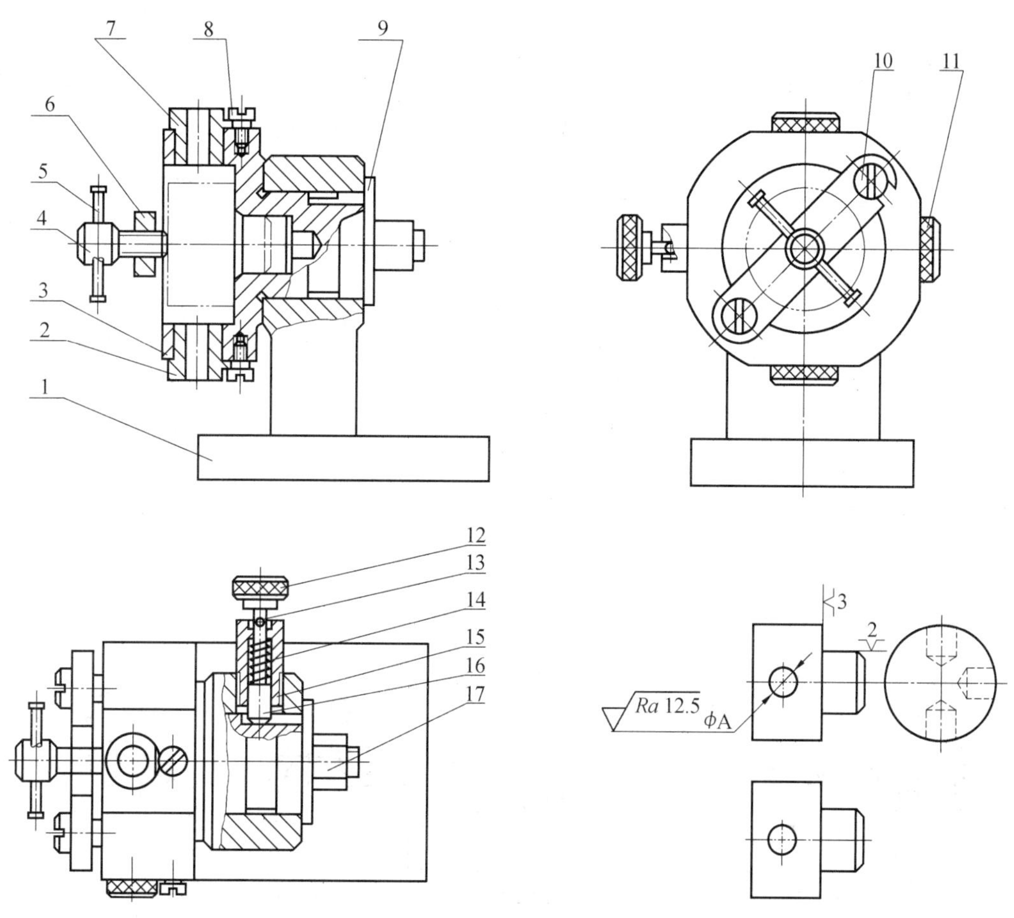

图 7.92　台阶轴钻 3 个孔的工序简图和回转式钻模

1— 夹具体;2、7— 钻套;3— 回转分度盘;4— 夹紧螺钉;5— 手柄;6— 回转压板;8— 止动螺钉;9— 垫圈;10— 螺钉;11— 钻套;12— 滚花螺母;13— 小销;14— 弹簧;15— 套筒;16— 对定销;17— 锁紧螺母

(3) 翻转式钻模。翻转式钻模没有转轴和分度装置,在使用过程中需要用手进行翻转,所以钻模连同工件的总质量不能太重,以免操作者疲劳,一般限于9 ~ 10 kg以内。其主要适用于加工小型工件上分布几个方向的孔,这样可以减少工件的装夹次数,提高工件上各孔之间的位置精度。某仪器上用的支承壳体三面钻孔的工序简图及翻转式钻模如图7.93 所示。

工件在夹具中的定位是由定位销 3(限制四个自由度) 和定位套筒 1(限制两个不定自由度) 来实现。为了避免重复定位,定位套筒 1 采用活动结构,它在钻模板 2 和定位轴 4 的圆柱部分上定位。定位轴 4 又是插销式的,以便使工件上的 *M* 孔套装在定位销 3 上以后,穿过 *N* 孔(定位销 3 上有预先制好的通孔,以便让定位轴 4 通过) 用来确定定位套筒 1 的正确位置。钻模板 2 的转动由固定在夹具体 5 上的销轴 7 限制,拧紧螺帽,即可通过定位套筒 1 夹紧工件。

(4) 盖板式钻模。盖板式钻模没有夹具体,钻模板上除了钻套以外,还有定位元件和

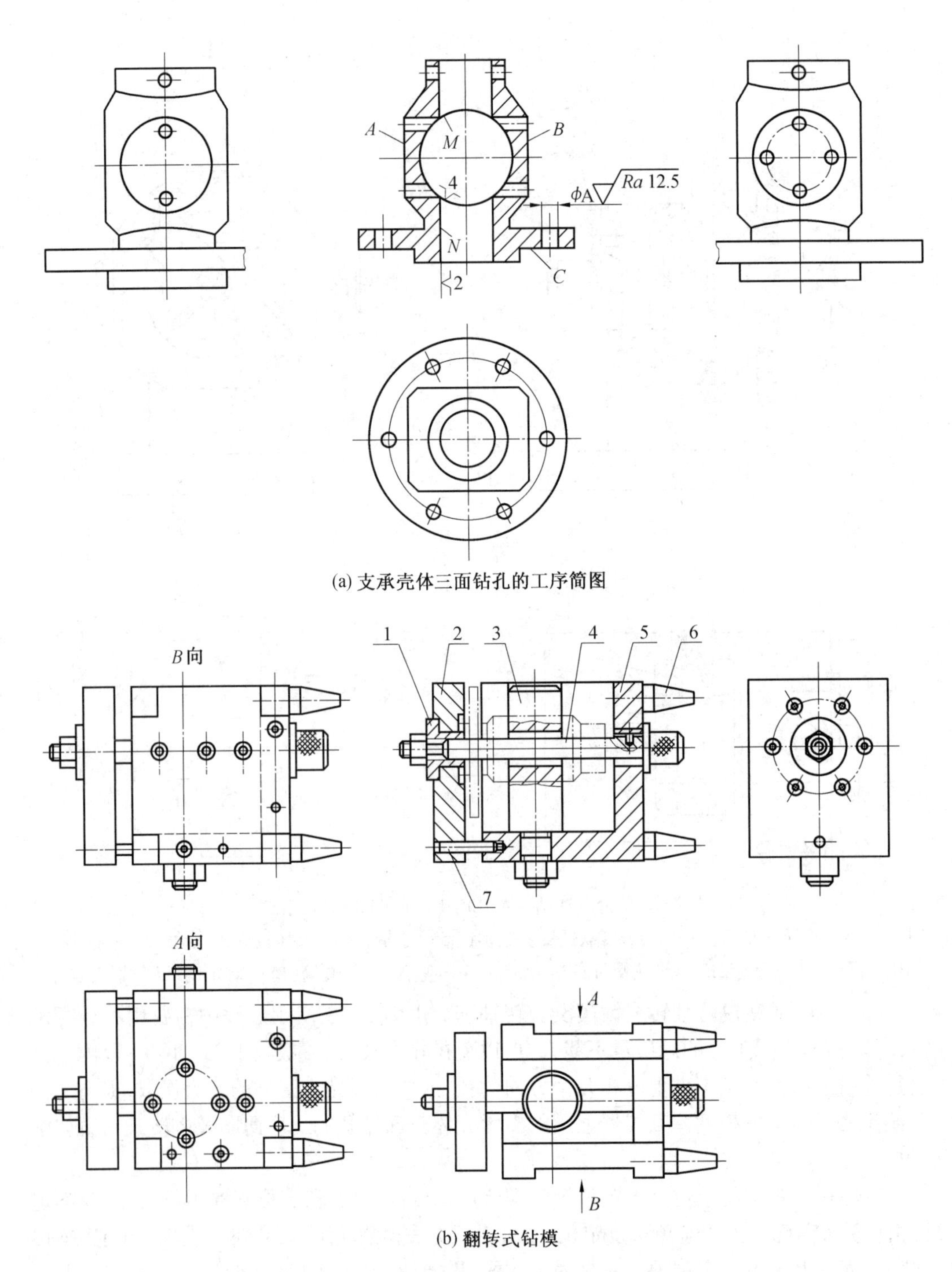

(a) 支承壳体三面钻孔的工序简图

(b) 翻转式钻模

图 7.93　支承壳体三面钻孔的工序简图和翻转式钻模

1— 定位套筒;2— 钻模板;3— 定位销;4— 定位轴;5— 夹具体;6— 支脚;7— 销轴

夹紧装置。加工时,钻模板像盖子一样覆盖在工件上。

加工立柱形工件端面上 5 个孔的工序简图和盖板式钻模如图 7. 94 所示。钻模板 1 在内胀器组件3上定位,并用螺钉2紧固。内胀器3由螺杆6、带斜面槽的套筒8和三个沿径向分布的滑柱9等元件组成。内胀器以外圆与工件内孔配合,工件内孔的端面以内胀器上的三个平面支钉定位。并保证钻模板至工件被加工表面的排屑空间。拧动螺母5,通过垫圈4、筒套7使带斜面槽的套筒8产生轴向移动,推动三个滑柱9均匀伸出,把工件孔胀紧。锁圈10用来防止滑柱掉出和松开工件时内收。螺钉11用来实现盖板式钻模的角度定位,与之接触的定位基准为工件上的侧平面。

对于体积大而笨重工件的小孔加工,采用盖板式钻模最为适宜。盖板式钻模每次需从工件上装卸,比较费事,故钻模的质量一般不宜超过10 kg。由于经常装拆,辅助时间多,故不宜用于大批大量生产。

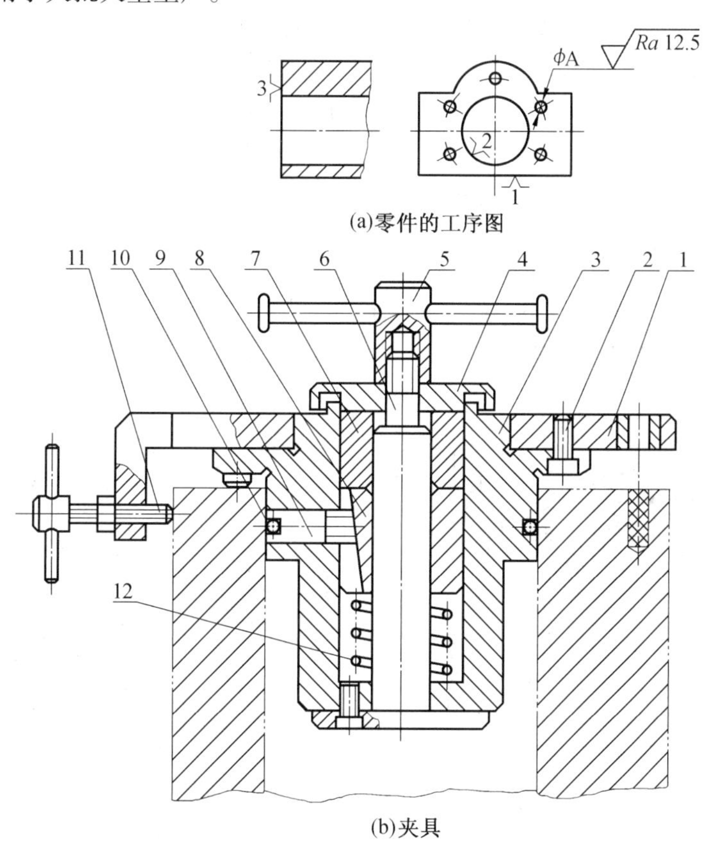

图7.94　加工立柱形工件端面上5个孔的工序简图和盖板式钻模

1—钻模板;2—螺钉;3—内胀器;4—垫圈;5—夹紧螺母;6—螺杆;

7—套筒;8—带斜面槽的套筒;9—滑柱;10—锁圈;11—螺钉;12—弹簧

(5)滑柱式钻模。滑柱式钻模是一种带有升降钻模板的通用可调夹具,在生产中应用较广泛。手动滑柱式钻模的通用结构如图7.95所示,它由钻模板1、三根滑柱3、夹具体4和传动、锁紧机构组成。使用时转动手柄6,经过齿轮齿条的传动和左、右滑柱的导向,便能顺利地带动钻模板上、下升降,将工件夹紧或松开。

钻模板在夹紧工件或上升到一定高度以后,常采用圆锥锁紧装置须自锁。齿轮轴的左端制成螺旋齿轮，与中间滑柱后侧的斜齿条相啮合，其螺旋角均为45°，轴的右端制成正反双向锥体，锥度为1∶5，与夹具体4及套环7的锥孔配合。当钻模板下降接触工件后，转动手柄6继续施力，则钻模板通过夹紧元件将工件夹紧。由于螺旋齿轮与斜齿条的啮合，使齿轮轴5产生轴向分力，把齿轮轴5向左拉，从而使锥体楔紧在夹具体的锥孔中。由于锥角小于两倍摩擦角，故能自锁。当加工完毕，钻模板上升到一定高度时，由于钻模板的自重作用，使螺旋齿轮轴5产生向右的拉力，齿轮轴的另一段锥体楔紧在套环7的锥孔中，将钻模板锁紧在任一高度的位置上，防止钻模板自动下降而影响工件的装卸。

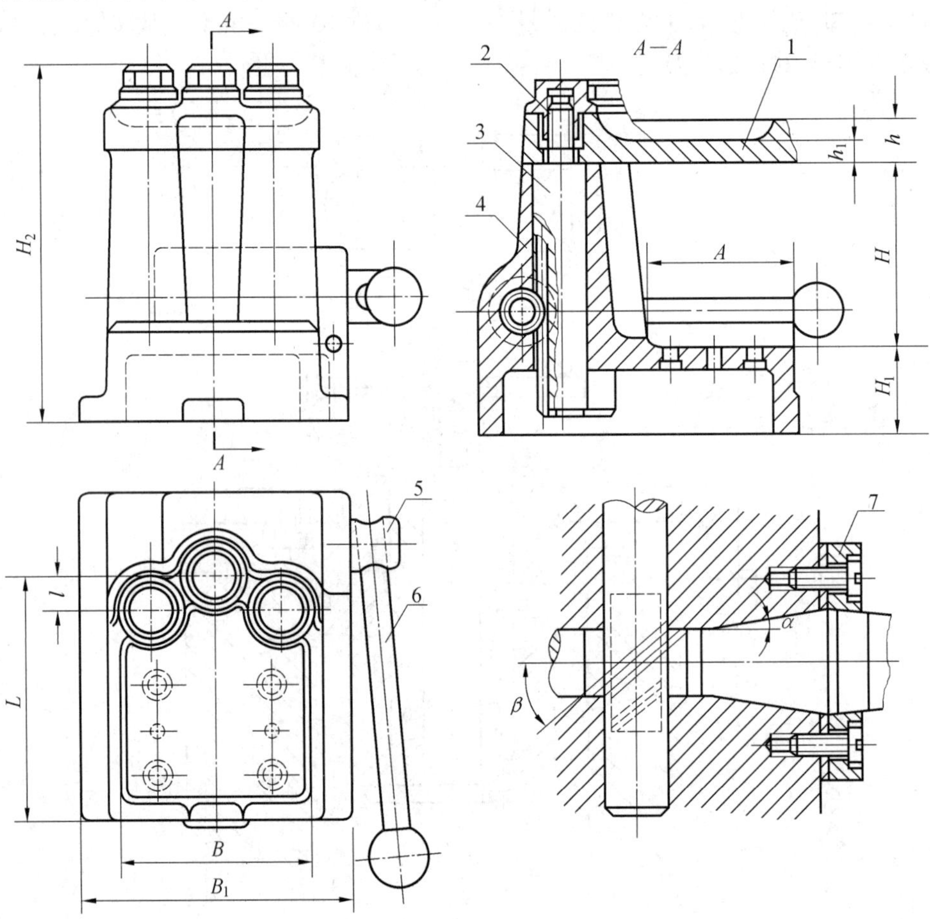

图7.95　手动滑柱式钻模的通用结构

1— 钻模板；2— 锁紧螺帽；3— 滑柱；4— 夹具体；5— 螺旋齿轮轴；6— 手柄；7— 套环

2. 钻模板的结构

钻模板是供安装钻套用的，要求具有一定的强度和刚度，以防止由于变形而影响钻套的位置精度和导向精度。常用的有如下几种类型：

（1）固定式钻模板。固定式钻模板是直接固定在夹具体上而不可移动的，因此利用固定式钻模板加工孔时所获得的位置精度较高，但有时对于装卸工件不甚方便。

固定式钻模板与夹具体的连接，包括销钉定位、螺钉紧固的结构；焊接结构，也可采用整体铸造结构，如图7.96所示。

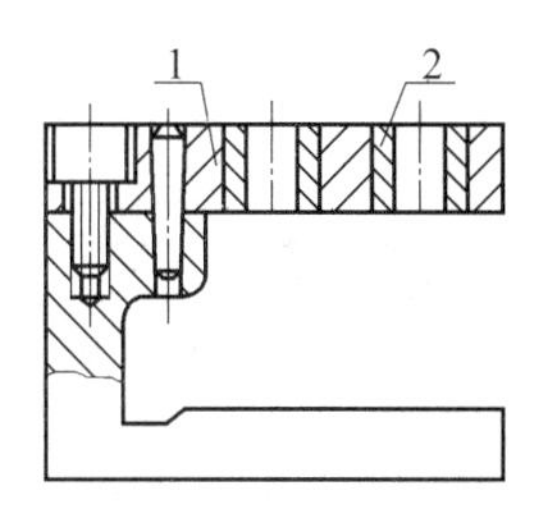

(a)销钉定位、螺钉紧固的结构

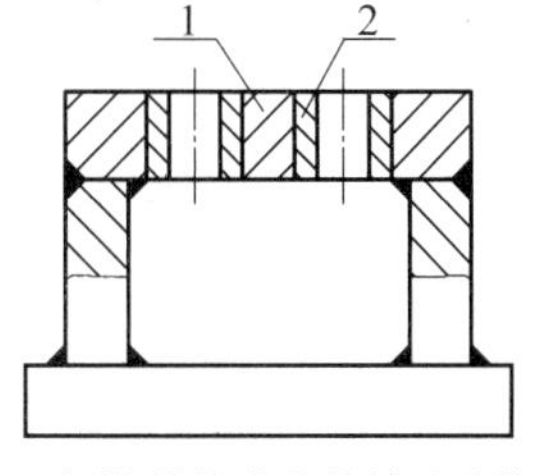

(b)焊接结构或整体铸造结构

图7.96　固定式钻模板

1— 钻模板;2— 钻套

(2) 铰链式钻模板。钻模板与夹具体为铰链连接,如图7.97所示,铰链钻模板2用铰链轴1与夹具体4连接在一起,铰链钻模板可绕铰链轴1翻转,翻转后用经过淬火的平面支钉3限位,保证钻模板处于水平位置。钻模板与夹具体间在铰链处的轴向间隙,以及两者的轴向位置要求,利用配合精度或垫片5来调整、控制配合间隙为0.01 ~ 0.02 mm,或者用钻模板上的定位销6,在夹具体上相应的开口槽中按H7/f7配合来控制轴向位置。钻模板的另一端铣有开口槽,在加工过程中,利用菱形头螺钉7,与开口槽对准或成90°,钻模板便可翻合或固紧。铰链式钻模板翻起后,利用钻模板铰链处上部的凸缘,与夹具体边缘接触,以便于钻模板搁置在稍大于垂直面的适当位置上,而不致翻转过大,影响快速操作。铰链轴与夹具体孔配合为N7/h6,与钻模板铰链孔配合为G7/h6。

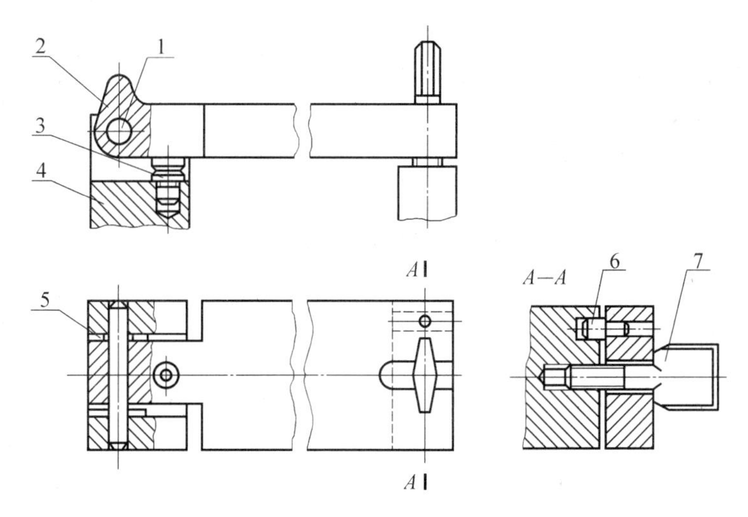

图7.97　铰链式钻模板

1— 铰链轴;2— 钻模板;3— 平面支钉;4— 夹具体;5— 垫片;6— 定位销;7— 菱形头螺钉

(3) 可卸式钻模板。当装卸工件必须将钻模板取下时,则应采用可卸式钻模板,如图7.98所示。钻模板上的两孔在夹具体上的两个圆柱销2和4上定位,并用铰链螺栓将钻模板和工件一起夹紧。工件在夹具体的圆柱销上定位,加工完毕需将钻模板卸下,才能装卸工件。

使用可卸式钻模板时,装卸钻模板费时费力,且钻孔的位置精度较低,故一般多在使用其他类型钻模板不便于安装工件时采用。

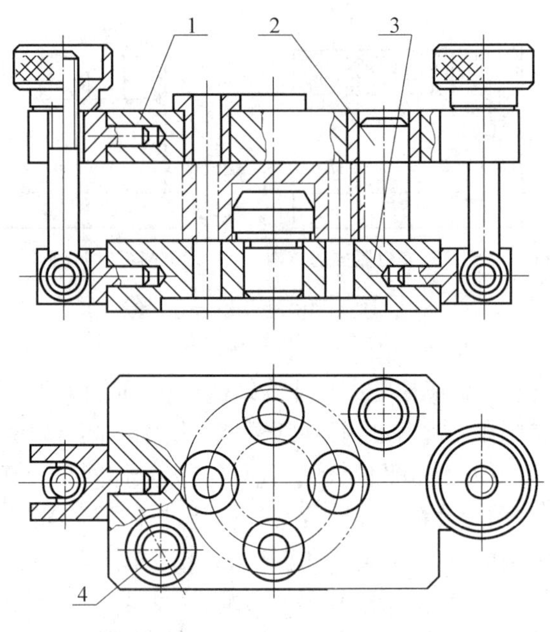

图 7.98　可卸式钻模板

1— 钻模板;2、4— 圆柱销;3— 夹具体

(4) 悬挂式钻模板。悬挂式钻模板如图 7.99 所示。钻模板 5 悬挂在机床主轴上,由机床主轴带动上下升降。当钻模板下降与工件靠紧后,多轴传动头 1 压缩弹簧 3,借助弹簧的压力通过钻模板将工件夹紧。机床主轴继续送进,夹紧力不断增加,钻头便可对工件进行加工。钻削完毕,钻模板随着主轴上升,钻头退出工件后,才可装卸工件(或配合回转工作台转位)。钻模板与夹具体的相对位置由两根导柱 2 来确定,并通过导柱、弹簧与多轴传动头连接。

悬挂式钻模板适用于大批大量生产中钻削同一方向上的平行孔系,可在立式钻床上配合多轴传动头或在组合机床上使用。

7.5.4　铣床夹具

铣床夹具主要用于加工平面、键槽、缺口、花键、齿轮及成型表面等,在生产中用得比较广泛。由于铣削过程中多数情况是夹具随工作台一起做直线进给运动,有时也做圆周进给运动,因此铣床夹具的结构按不同的进给方式分为直线进给式、圆周进给式和靠模进给式三种类型。

1. 直线进给式铣床夹具

这类铣床夹具在实际生产中普遍使用,按照在夹具中安装工件的数目和工位分为单件加工、多件加工和多工位加工夹具。

(1) 单件加工的直线进给式铣床夹具。加工拨叉(单件)的工序简图和直线进给式铣床夹具如图 7.100 所示,采用手动夹紧。这类夹具多用于中小批生产或加工大型工件,或加工定位夹紧方式较特殊的中小工件。每次安装一个工件,工件以内孔及其端面和筋部定位,限制六个自由度。转动手柄 6,通过压板 8、柱销 10、角形压板 3、螺杆 5、压板 4 将工件从孔端面夹紧。同时螺杆 7 上移,带动压板 9 绕支点转动,将工件从筋部夹紧。

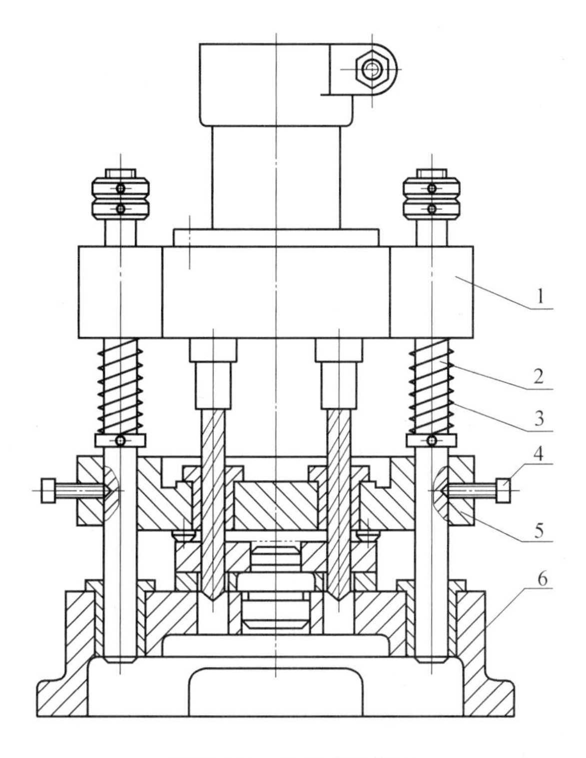

图7.99　悬挂式钻模板

1— 多轴传动头;2— 导柱;3— 弹簧;4— 紧定螺钉;5— 钻模板;6— 夹具体

(2) 多件加工的直线进给式铣床夹具。多件加工的直线进给式铣床夹具常用于成批或大量生产中,铣削连杆(多件) 小头两个端面的直线进给式铣床夹具,如图 7.101 所示。工件以大头孔及大头孔端面为定位基准在定位销 2 上定位,每次装夹六件,用铰链螺栓 7 与装有六个滑柱 3 的长压板 6 将六个工件分别同时夹紧;六个滑柱之间充满液性塑料,用以实现各个滑柱的滑动而产生均压。为了使夹紧力的作用点接近被加工表面,提高工件的刚度,用螺母 4 借助压板 5 与浮动压板 1 从两面将两组工件(每组三件) 同时压向止动件 8 而实现多件依次连续夹紧。操作时,先在端面略为施力预紧,再从侧面夹紧,最后从端面夹紧,对刀块 9 用来调整铣刀的位置。

2. 圆周进给式铣床夹具

圆周进给式铣床夹具的圆周进给运动是连续不断的,能在不停车的情况下装卸工件,因此是一种生产率很高的加工方法,适用于较大批量的生产。

在双轴立式铣床上圆周进给连续铣削进气管支座底平面的工序简图和夹具如图 7.102 所示。夹具安装在连续回转的圆形工作台上,一共安装四个相同的夹具,每个夹具上安装四个工件。工件在夹具中的定位和夹紧是采用三个支承钉和侧平面做定位元件,以摆式压板和气缸为夹紧装置,对工件进行夹紧。在回转工作台的中央安装一个气动分配转阀,压缩空气在切削区域内进入三个气缸的中间腔,推动活塞,将工件自动夹紧,在装卸工件区域内自动松开。这样,装卸工件的辅助时间与机动时间重合,提高了生产率。双轴立式铣床上安装两把端铣刀,同时对工件进行粗铣和半精铣。

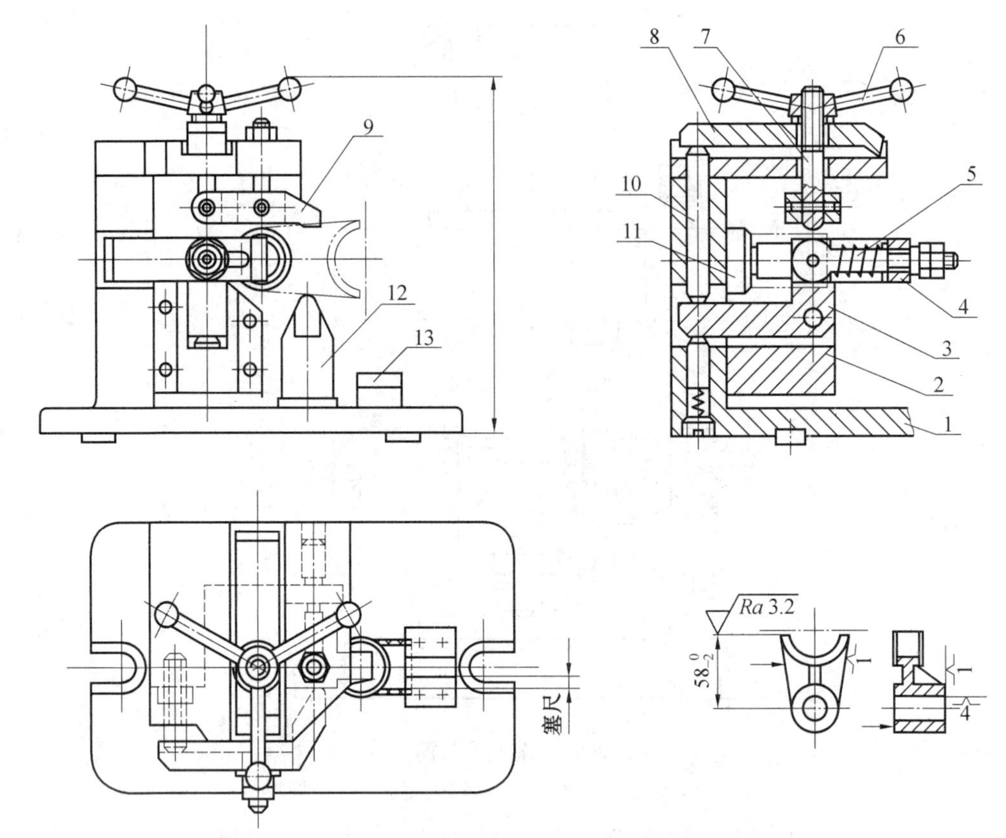

图 7.100　加工拨叉(单件)的工序图和直线进给式铣床夹具
1—夹具体;2—支架;3—角形压板;4、8、9—压板;5、7—螺杆;6—手柄;
10—柱销;11—定位圆柱销;12—支承;13—对刀块

3. 靠模铣夹具

在一般万能铣床上,利用靠模夹具来加工各种成形表面,能扩大机床的工艺范围。靠模的作用是在机床基本进给运动的同时,由靠模获得一个辅助的进给运动,通过这两个运动的合成,加工出所要求的成形表面。这种辅助进给的方式一般都采用机械靠模装置。按照进给运动的方式分为直线进给式和圆周进给式两种。

(1) 直线进给式靠模铣夹具。在立式铣床上所用的直线进给式靠模铣夹具的结构原理图如图 7.103 所示。夹具安装在铣床工作台上,靠模板 8 和工件 4 分别装在夹具的上部横向溜板 3 上,靠模板调整好后紧固,工件也要定位夹紧。支架 6 装在铣床立柱的燕尾导轨上予以紧定。滚子轴线和铣刀轴线的距离应始终保持不变,横向溜板 3 装在夹具体 1 的导轨中,在强力弹簧 2 的作用下,使靠模板 8 与滚子 7 始终紧靠。当铣床工作台做纵向移动时,工件随夹具一起移动。这时,滚子推动靠模板带动横向溜板做辅助的横向进给运动,从而能加工出与靠模形状相似的成形表面来。

(2) 圆周进给式靠模铣夹具。立式铣床上所用的圆周进给式靠模铣夹具结构原理图如图 7.104 所示。工件 2 和靠模板 3 同轴安装在回转工作台 4 上,回转工作台安装在滑座 5 上,滑座 5 可以在夹具体的导轨上做横向移动,在重锤 9 的作用下,保证靠模板 3 与滚子 8 可靠接触。加工时,机床的进给机构带动回转工作台、靠模板和工件一起转动,产生了

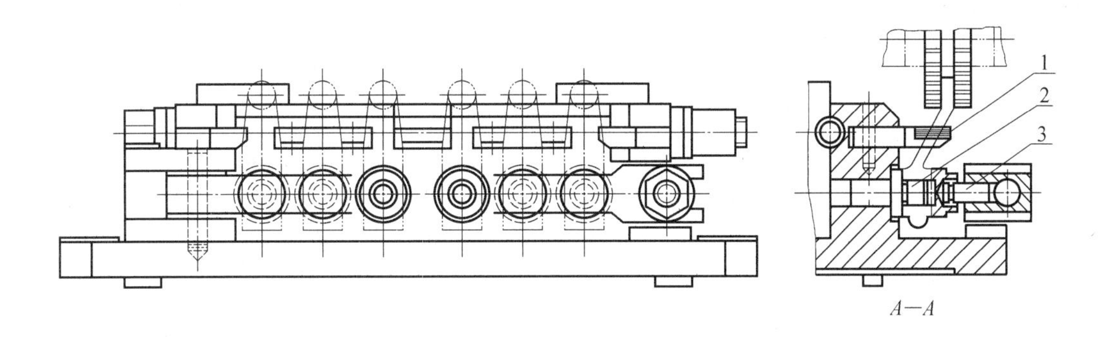

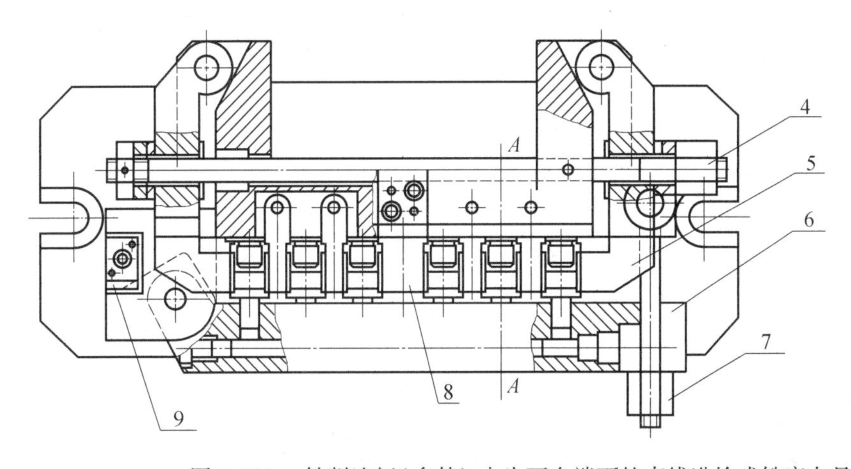

图7.101　铣削连杆(多件)小头两个端面的直线进给式铣床夹具

1—浮动压板;2—定位销;3—滑柱;4—螺母;5、6—压板;7—铰链螺栓;8—止动件;9—对刀块

工件相对于刀具的圆周进给运动。在回转工作台转动的同时,由于靠模板型面曲线的起伏,滑座5随之产生横向的进给运动,从而加工出与靠模曲线相似的成形表面。回转工作台的回转运动由蜗轮副传来,而蜗杆的运动来自机床工作台纵向丝杠通过挂轮架齿轮传动获得工件的自动圆周进给,或通过手轮进行手动进给。

4. 铣床夹具的结构特点

铣削加工的切削用量和切削力一般较大。切削力的大小和方向也是变化的,而且又是断续切削,因此加工时的冲击和振动也较严重。所以设计这类夹具时,要特别注意工件定位稳定性和夹紧可靠性;夹紧装置要能产生足够的夹紧力,手动夹紧时要有良好的自锁性能;夹具上各组成元件的强度和刚度要高。为此,要求铣床夹具的结构比较粗壮低矮,以降低夹具重心,增加刚度、强度,夹具体的高度 H 和宽度 B 之比取 $H/B = 1 \sim 1.25$ 为宜,并应合理布置加强筋和耳槽。夹具体较宽时,可在同一侧布置两个耳槽,这两个耳槽的距离要与所选择铣床工作台两T形槽之间的距离相同,耳槽的大小要与T形槽宽度一致。

铣削的切屑较多,夹具上应有足够的排屑空间,应尽量避免切屑堆积在定位支承面上。因此,定位支承面应高出周围的平面,而且在夹具体内尽可能做出便于清除切屑和排出冷却液的出口。

粗铣时振动较大,不宜采用偏心夹紧,因振动时偏心夹紧易松开。

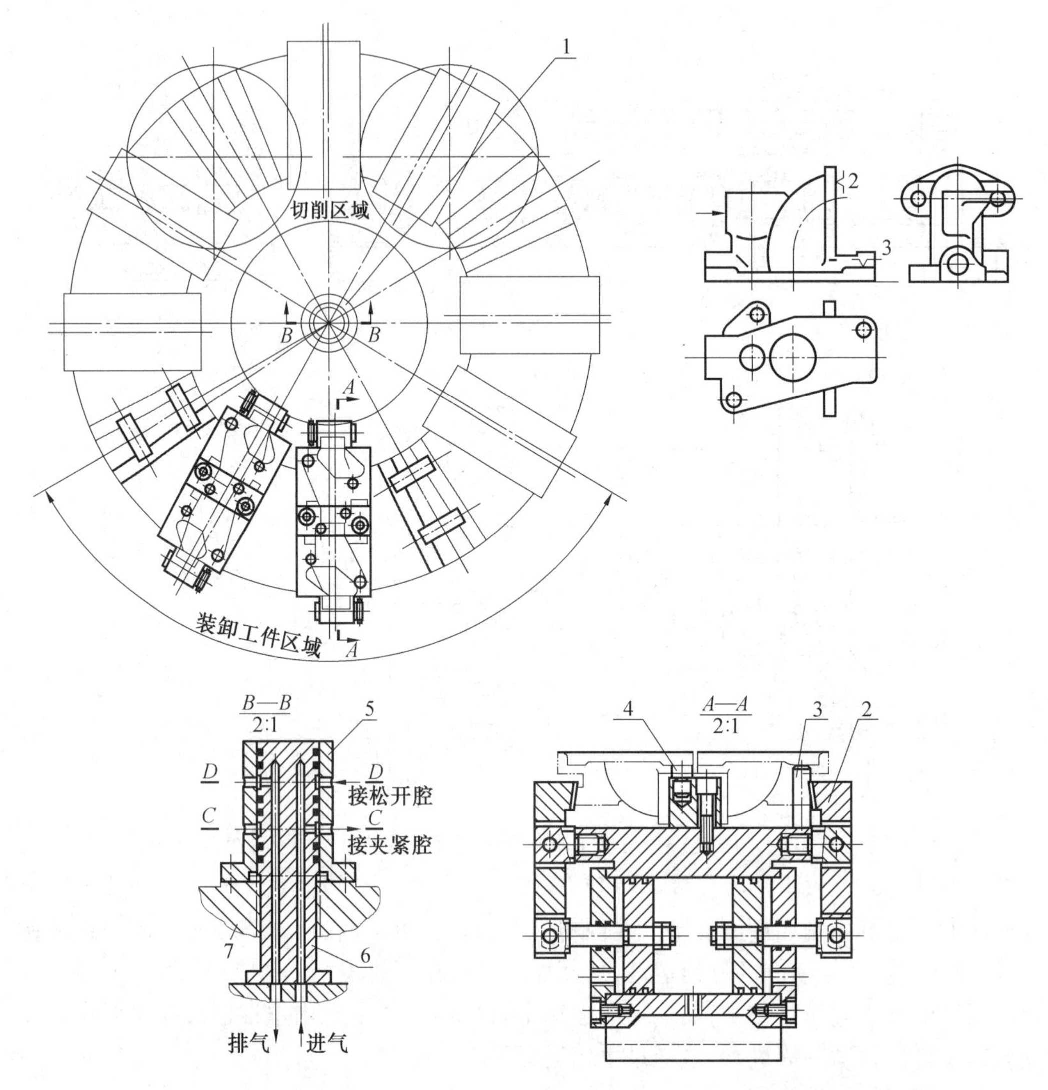

图 7.102　在双轴立式铣床上圆周进给连续铣削进气管支座底平面的工序简图和夹具

1— 气动转阀;2— 压板;3、4— 支钉;5— 回转阀套;6— 固定阀芯;7— 回转工作台

在侧面夹紧工件(如加工薄而大的平面)时,压板的着力点应低于工件侧面的定位支承点,并使夹紧力有一垂直分力,将工件压向主要定位支承面,以免工件向上抬起;对于毛坯件,压板与工件接触处应开有尖齿纹,以增大摩擦系数。

7.5.5　镗床夹具

镗床夹具也是孔加工用的夹具,比钻床夹具的加工精度要高。主要用于箱体、支架等类工件的精密孔系加工,其位置精度一般可达(±0.02 ~ 0.05)mm。有的镗床夹具也称镗模,和钻模一样,被加工孔系的位置精度是靠专门的引导元件 —— 镗套引导镗杆来保证的,所以采用镗模以后,镗孔的精度不受机床精度的影响。随着数控机床的出现及镗床的精度提高,镗模很少使用,现在的镗床夹具基本不用专门的引导元件。

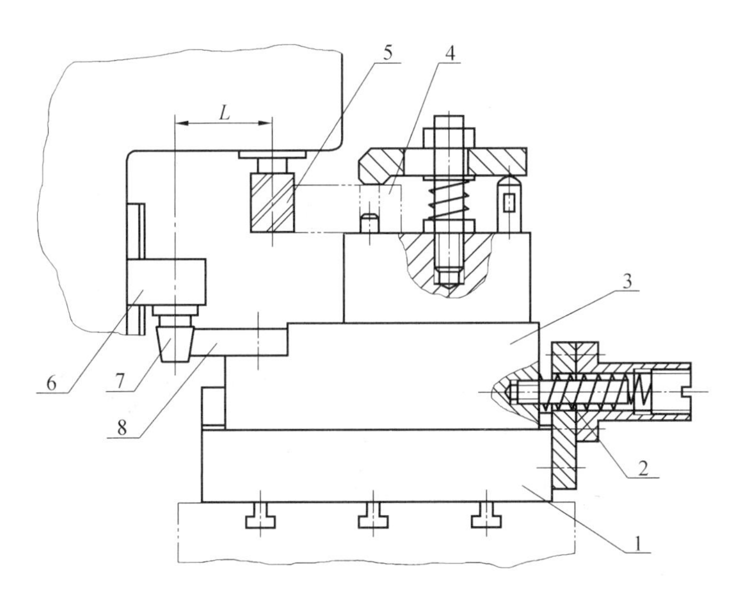

图 7.103　直线进给式靠模铣夹具的结构原理

1— 夹具体;2— 强力弹簧;3— 横向溜板;4— 工件;5— 铣刀;6— 支架;7— 滚子;8— 靠模板

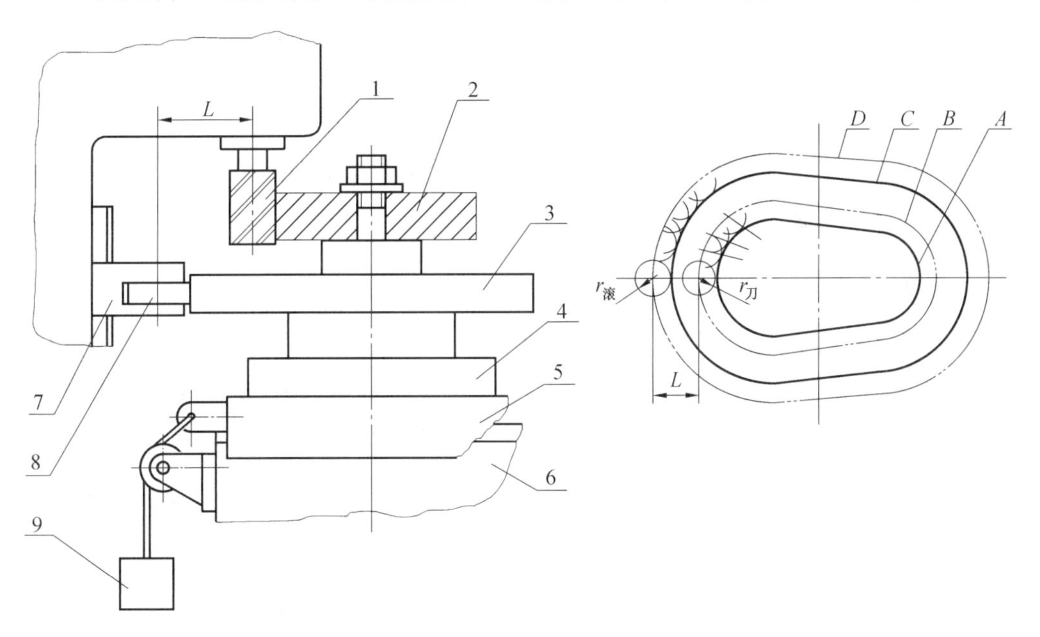

图 7.104　圆周进给式靠模铣夹具结构原理图

1— 铣刀;2— 工件;3— 靠模板;4— 回转工作台;5— 滑座;6— 夹具体;7— 支架;8— 滚子;9— 重锤

为了便于确定镗床夹具相对于工作台送进方向的相对位置,可以使用定向键或按底座侧面的找正基面用百分表找正。

镗削车床尾架孔的工序图和镗模如图 7.105 所示,该镗模采用支承板 3、4 及可调支承 7 来限制工件的六个自由度。工件定位以后,拧动联动夹紧机构的夹紧螺钉 6,通过拉杆,使两个钩形压板同时从各个位置夹紧工件。由于被加工孔较长,故采用前、后引导的双支承导向引导镗杆。镗杆是由装在镗模支架1上的两个镗套2来导向,镗套随镗杆一起在滚动轴承上回转,并用油杯润滑。镗模支架与夹具体(底座)做成整体,底座的侧面设置了与镗模安置面 A 垂直的找正基面 B,用以校正镗模的方向。

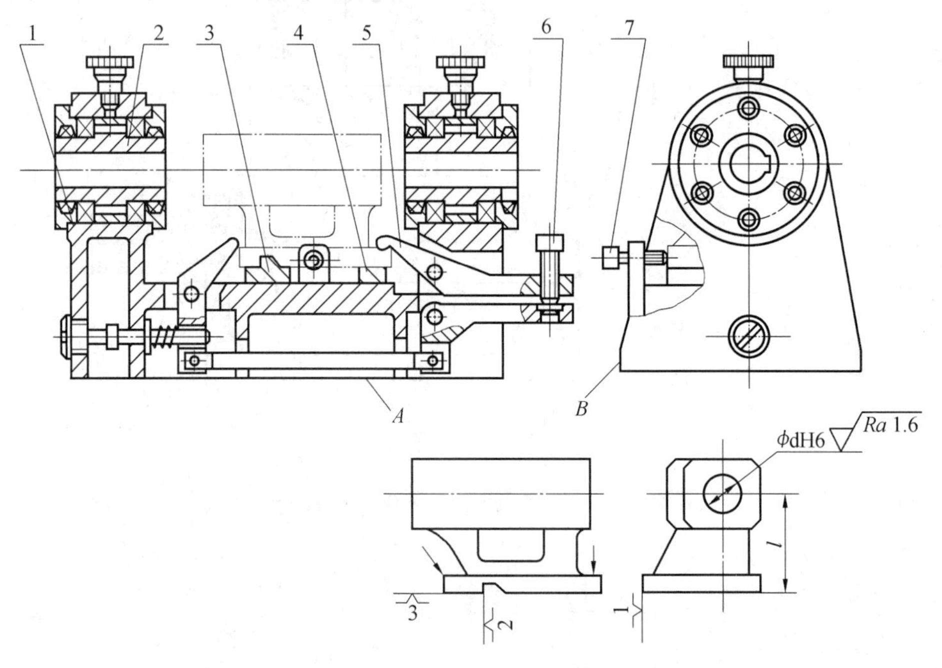

图 7.105　镗削车床尾架孔的工序简图和镗模

1— 支架;2— 镗套;3、4— 支承板;5— 压板;6— 夹紧螺钉;7— 可调支承

7.5.6　齿轮加工机床夹具

齿轮的齿形加工方法中使用最广泛的是滚齿和插齿。所以,这里主要介绍滚齿机床夹具和插齿机床夹具。

1. 滚齿机床夹具

在滚齿机上滚切齿轮时,为了充分利用滚刀架的最大行程和提高生产率,应尽量采用多件加工,只有在受到工件结构上的限制时,或在单件小批生产和工件较大较重时,才采用单件加工方式。

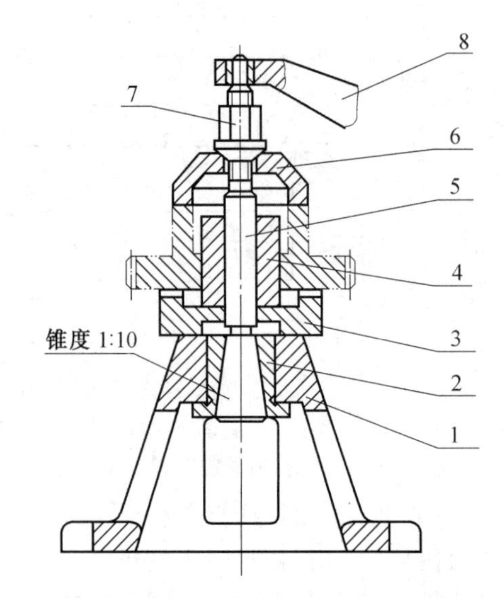

图 7.106　滚齿(单件) 加工的夹具

1— 底座;2— 衬套;3— 支承垫圈;4— 中间套筒;5— 心轴;6— 夹紧垫圈;7— 螺帽;8— 固定扶架

滚齿(单件) 加工的夹具如图 7.106 所示,夹具底座 1 紧固在机床工作台上,利用千分表校正夹具轴线与工作台轴线重合。工件以圆柱孔和其端面定位,采用支承垫圈 3 和中间套筒 4 做定位元件。采用中间套筒的目的是为了可以利用同一根心轴,来安装内孔

直径大小不同的齿轮。夹紧垫圈6通过球面垫圈和螺帽对工件轴向施力,夹紧工件。

滚齿(多件)加工的工序图和滚齿夹具如图7.107所示。以花键孔和端面定位,采用花键心轴3和中间垫圈4作为定位元件。

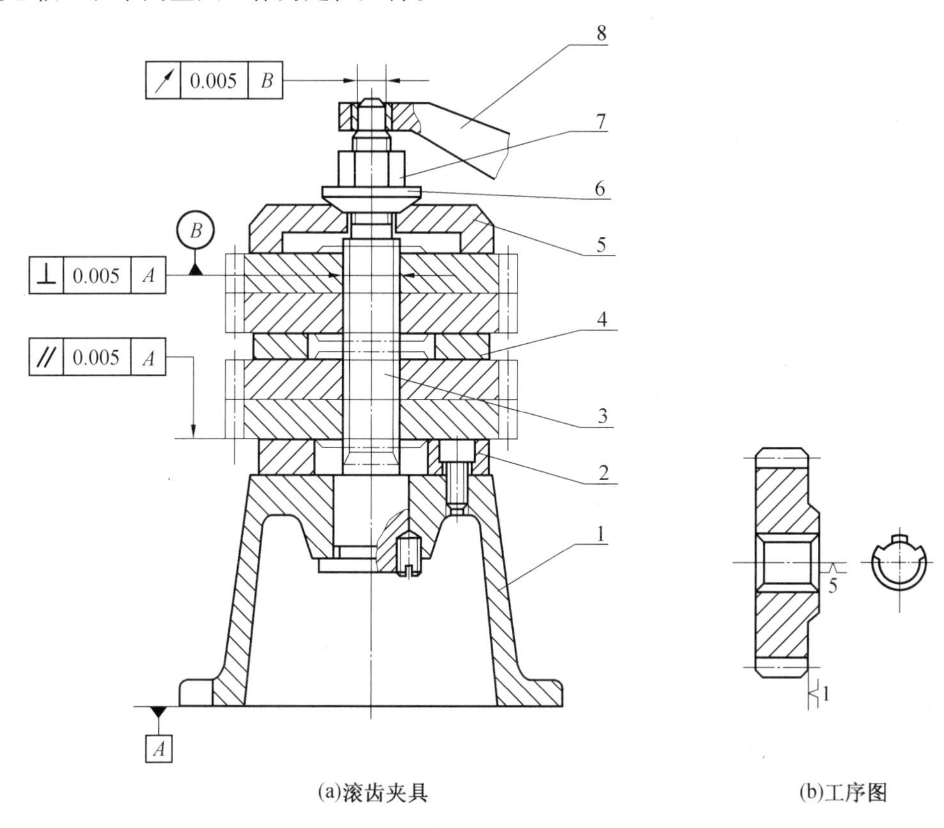

图7.107　滚齿(多件)加工的工序简图和滚齿夹具

1—底座;2—支承垫圈;3—花键心轴;4—中间垫圈;5—夹紧垫圈;6—球面垫圈;7—螺帽;8—固定扶架

2. 插齿机床夹具

多联齿轮或内齿轮的齿形加工需要采用插齿的方法。双联外齿轮的插齿夹具如图7.108(a)所示。心轴1安装在机床回转工作台上的锥孔中,工件以内孔及端面定位,采用支承垫圈2和定位套筒3做定位元件,定位套筒安装在夹紧垫圈4上,装卸工件时,随夹紧垫圈一起装上或卸下。

双联内齿轮的插齿夹具如图7.108(b)所示。工件以内孔和端面放在定位套3和支承垫圈2上定位,定位套筒3在心轴4上定位,心轴4的锥柄在机床工作台的锥孔中定位,以螺旋压板5、6夹紧工作。

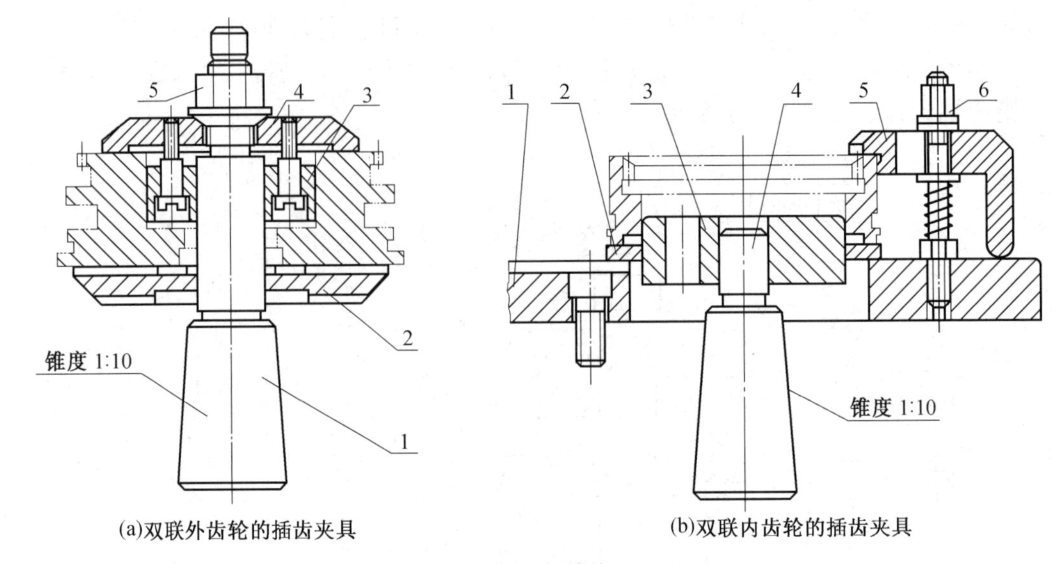

(a)双联外齿轮的插齿夹具

(b)双联内齿轮的插齿夹具

图 7.108　插齿夹具

(a)1— 心轴;2— 支承垫圈;3— 定位套筒;4— 夹紧垫圈;5— 螺母

(b)1— 底座;2— 支承垫圈;3— 定位套筒;4— 心轴;5、6— 螺旋压板

7.5.7　组合夹具

组合夹具是机床夹具中一种标准化、通用化程度很高的工艺装备。它由一套预先制造好的各种不同几何形状、不同尺寸规格、有完全互换性和高耐磨性的标准元件及合件组成。组合夹具是设计、组装、使用、拆散、再组装、再使用的循环过程。组合夹具的元件一般使用寿命为 15 ~ 20 年。

组合夹具根据连接组装基面形状可分为槽系和孔系两大类。

1. 组合夹具的特点

(1) 万能性好,适用范围广。组合夹具装夹工件的外形尺寸范围为 200 ~ 600 mm,对工件形状复杂程度不受限制。

(2) 可大幅度缩短生产准备周期。在新产品试制过程中,组合夹具有明显的优越性。

(3) 降低夹具的成本。由于组合夹具的元件可重复使用,而且没有(或极少有) 机械加工问题,可节省夹具制造的材料、设备、资金,从而降低夹具制造成本。

(4) 组合夹具便于保存管理。组合夹具的元件可按用途编号存放,所占的库房面积为一定值。

(5) 刚性差。组合夹具外形尺寸较大,结构笨重,各元件配合及连接较多,因此刚性较差。

2. 槽系组合夹具

槽系组合夹具的组装基面为 T 形槽,夹具元件由键、螺栓等定位,紧固在 T 形槽内。根据 T 形槽的槽距、槽宽、螺栓直径有大、中、小型三种系列,如图 7.109 所示。

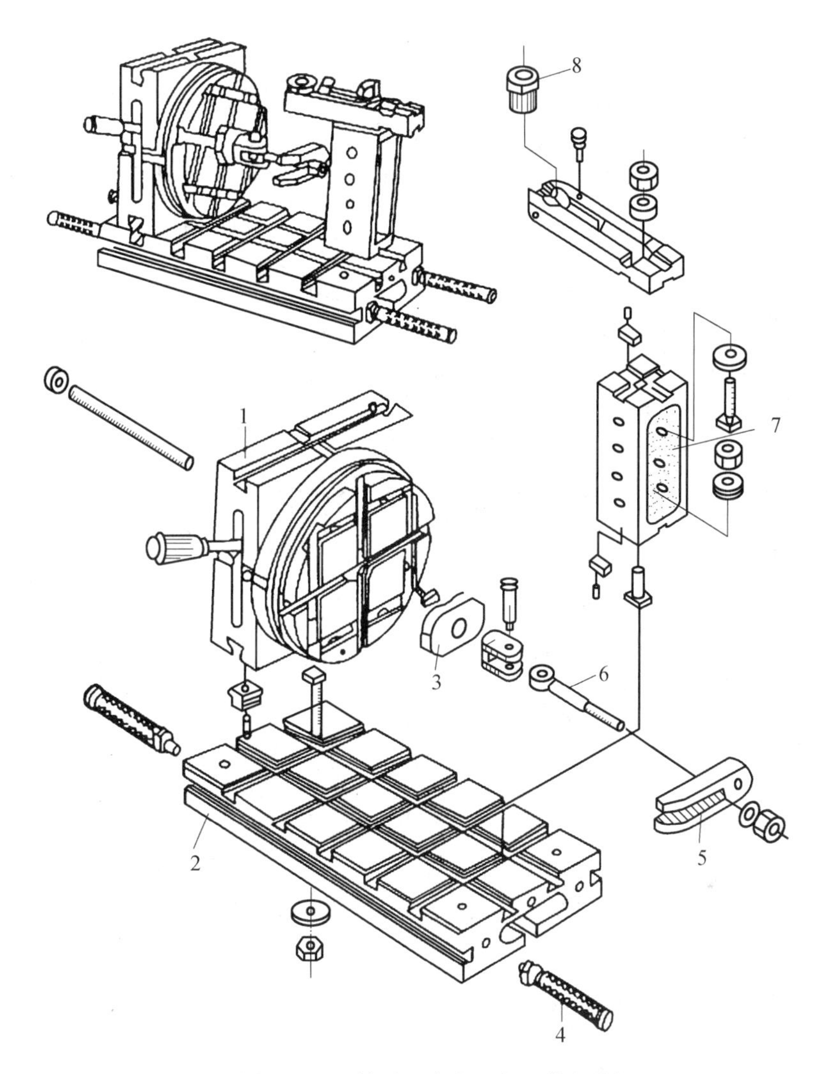

图7.109　槽系组合夹具的组装与分解

1— 合件;2— 基础件;3— 定位件;4— 其他件;5— 夹紧件;6— 紧固件;7— 支承件;8— 导向件

3. 孔系组合夹具

孔系组合夹具的组装基面为圆形孔和螺孔,夹具元件的连接通常用两个圆柱销定位,螺钉紧固,根据孔径、孔距、螺钉直径分为不同系列,以适应加工工件。

孔系组合夹具元件的连接用两个圆柱销定位,一个螺钉紧固。它比槽系组合夹具有更高的组合精度和刚度,且结构紧凑。我国制造的KD型孔系组合夹具如图7.110所示。其定位孔径为ϕ16.0H6,孔距为(50 ±0.01)mm,定位销为ϕ16K5用M16的螺钉连接。

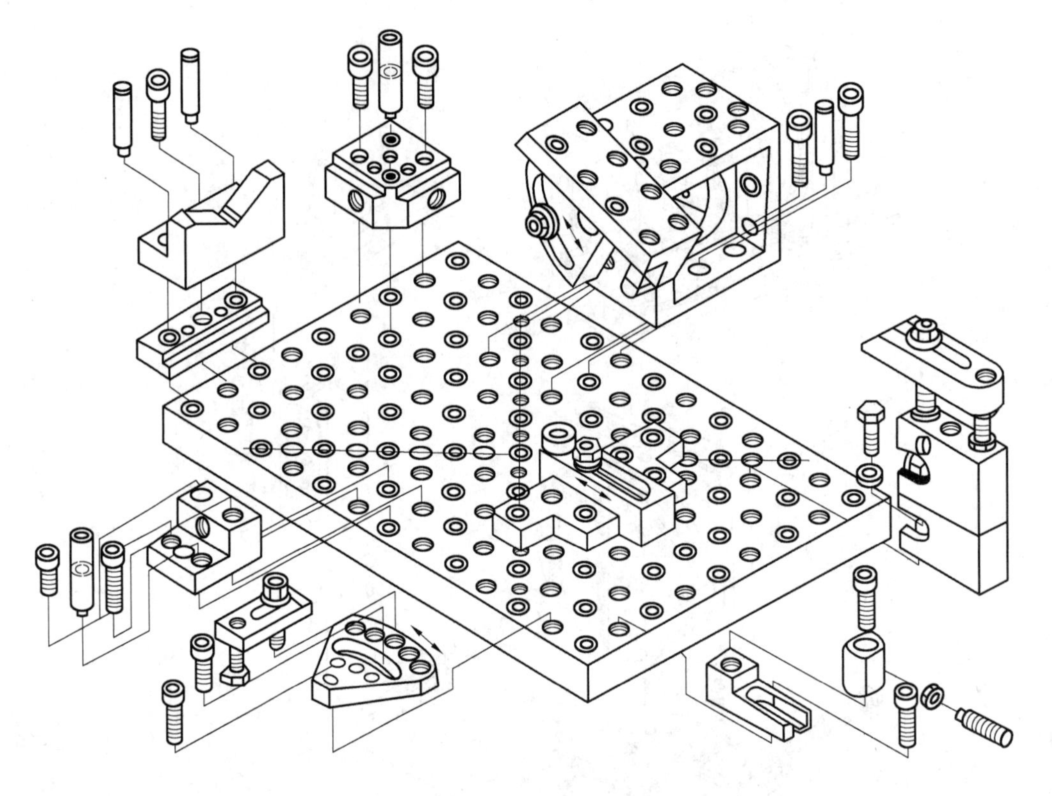

图 7.110　KD 型孔系组合夹具

7.6　机床夹具的设计原则和方法

7.6.1　机床夹具设计的基本要求

机床夹具设计的基本要求如下：

(1) 具有一定的夹具制造精度，以满足零件加工工序的精度要求。

(2) 夹具应达到加工生产率的要求。特别对于大批量生产中使用的夹具，应设法缩短加工的基本时间和辅助时间。

(3) 夹具的操作要方便、安全。按不同的加工方法，可设置必要的防护装置、挡屑板以及各种安全器具。

(4) 能保证夹具具有一定的使用寿命和较低的夹具制造成本。

(5) 要适当提高夹具元件的通用化和标准化程度。按《机床夹具零件及部件》(JB/T8004.1—1999 ~ JB/T 10128—1999) 选用标准元件。

(6) 具有良好的结构工艺性，以便于夹具的制造、检验、装配、使用和维修。

7.6.2　机床夹具设计的一般步骤

1. 明确设计要求,收集和研究有关资料

在接到夹具设计任务书后,首先要仔细阅读加工件的零件图和与之有关的部件装配图,了解零件的作用、结构特点和技术要求;其次,要认真研究加工件的工艺规程,充分了解本工序的加工内容和加工要求,了解本工序使用的机床和刀具,研究分析夹具设计任务书上所选用的定位基准和工序尺寸。

2. 确定夹具的结构方案

(1) 确定定位方案,选择定位元件,计算定位误差。

(2) 确定对刀或导向方式,选择对刀块或导向元件。

(3) 确定夹紧方案,选择夹紧机构。

(4) 确定夹具其他组成部分的结构形式,如分度装置、夹具和机床的连接方式等。

(5) 确定夹具体的形式和夹具的总体结构。

在确定夹具结构方案的过程中,定位、夹紧、对刀等各个部分的结构以及总体布局都会有几种不同方案可供选择,应画出草图,经过分析比较,选取其中最为合理的方案。

3. 绘制夹具的装配草图和装配图

夹具总图绘制比例除特殊情况外,一般均应按1∶1绘制,以使所设计夹具有良好的直观性。若工件尺寸较大,则夹具总图可按1∶2或1∶5的比例绘制;若零件尺寸过小,则夹具总图可按2∶1或5∶1的比例绘制。

4. 确定并标注有关尺寸、配合及技术要求

(1) 夹具总装配图上应标注的尺寸。

① 工件与定位元件间的联系尺寸。工件与定位元件间的联系尺寸常指工件以孔在心轴或定位销上定位时,工件基准孔与夹具定位销的配合尺寸及公差等级。

② 夹具与刀具的联系尺寸。夹具与刀具的联系尺寸用来确定夹具上对刀、导引元件位置的尺寸。对于铣、刨夹具而言,夹具与刀具的联系尺寸是指对刀元件与定位元件的位置尺寸;对于钻、镗夹具来说,是指钻(镗)套与定位元件间的位置尺寸,钻(镗)套之间的位置尺寸,以及钻(镗)套与刀具导向部分的配合默契尺寸。

③ 夹具与机床连接部分的尺寸。对于铣床夹具是指定位键与铣床工作台T形槽的配合尺寸及公差,对于车、磨床夹具指的是夹具连接到机床主轴端的连接尺寸及公差。标注尺寸时,还常以夹具上的定位元件作为位置尺寸的基准。

④ 夹具内部的联系尺寸及关键件配合尺寸。夹具内部的联系尺寸及关键件配合尺寸与工件、机床、刀具无关,主要是为了保证夹具装配后能满足规定的使用要求,如定位元件间的位置尺寸、定位元件与夹具体的配合尺寸等。

⑤ 夹具的外廓尺寸。夹具的外廓尺寸一般指夹具最大外形轮廓尺寸。当夹具上有可动部分时,应包括可动部分处于极限位置时所占的空间尺寸。例如,夹具体上有超出夹具体外的移动、旋转部分时,应注出最大旋转半径;有升降部分时,应注出最高及最低位置。标出夹具最大外形轮廓尺寸,就能知道夹具在空间实际所占的位置和可能活动的范围,以便能够发现夹具是否会与机床、刀具发生干涉。

上述诸尺寸公差的确定可分两种情况处理：夹具上定位元件之间，对刀、导引元件之间的尺寸公差，直接对工件上相应的尺寸发生影响，因而根据工件相应尺寸的公差确定。一般取工件相应尺寸公差的1/3 ~ 1/5。定位元件与夹具体的配合尺寸公差，夹紧装置各组成零件间的配合尺寸公差等，应根据其功用和装配要求，按一般公差与配合原则决定。

(2) 应标注的技术条件。在夹具装配图上应标注的技术条件（位置精度要求）如下：

① 定位元件之间或定位元件与夹具体底面间的位置要求，其作用是保证加工面与定位基面间的位置精度。

② 定位元件与连接元件（或找正基面）间的位置要求。如用镗模加工主轴箱上孔系时，要求镗模上的定位元件与镗模底座上的找正基面保持平行，如图7.105所示，因为镗套轴线是要与找正基面 *C* 保持平行的，否则便无法保证所加工的孔系轴心线与山形导轨面的平行度要求。

③ 对刀元件与连接元件（或找正基面）间的位置要求，对刀块的侧对刀面相对于两定向键侧面的平行度要求，是为了保证所铣键槽与工件轴心线的平行度。

④ 定位元件与导引元件的位置要求。若要求所钻孔的轴心线与定位基面垂直，必须以钻套轴线与定位元件工作表面 *A* 垂直、定位元件工作表面 *A* 与夹具体底面 *B* 平行为前提。

5. 绘制夹具零件图

绘制装配图中非标准零件的零件图，其视图应尽可能与装配图上的位置一致。

6. 编写夹具设计说明书

具体内容见《机械制造技术基础课程设计指导》（哈尔滨工业大学出版社，张德生主编）第5章。

7.6.3 夹具体的设计

1. 夹具体概述

夹具体是将夹具上的各种装置和元件连接成一个整体的最大、最复杂的基础件。夹具体的形状和尺寸取决于夹具上各种装置的布置以及夹具与机床的连接，而且在零件的加工过程中，夹具还要承受夹紧力、切削力以及由此产生的冲击和振动。因此，夹具体必须具有必要的强度和刚度。切削加工过程中产生的切屑有一部分还会落在夹具体上，切屑积聚过多将影响工件可靠地定位和夹紧，因此，设计夹具体时，必须考虑其结构应便于排屑。此外，夹具体结构的工艺性、经济性以及操作和装拆的便捷性等，在设计时也都必须认真加以考虑。

2. 夹具体设计的基本要求

(1) 应有适当的精度和尺寸稳定性。夹具体上的重要表面，如安装定位元件的表面、安装对刀或导向元件的表面以及夹具体的安装基面等，有适当的尺寸精度和形状精度，它们之间应有适当的位置精度。为使夹具体的尺寸保持稳定，铸造夹具体要进行时效处理，焊接和锻造夹具体要进行退火处理。

(2) 应有足够的强度和刚度。为了保证在加工过程中不因夹紧力、切削力等外力的作用而产生不允许的变形和振动，夹具体应有足够的壁厚，刚性不足处可适当增设加强肋。近年来,许多工厂采用框形薄壁结构的夹具体,不仅减轻了质量,而且可以进一步提高其刚度和强度。

(3) 应有良好的结构工艺性和使用性。夹具体一般外形尺寸较大,结构比较复杂,而且各表面间的相互位置精度要求高,因此,应特别注意其结构工艺性;应做到装卸工件方便;夹具维修方便;在满足刚度和强度的前提下,应尽可能减轻质量,缩小体积,便于操作。

(4) 应便于排除切屑。在机械加工过程中,切屑会不断地积聚在夹具体周围,如不及时排除,切削热量的积累会破坏夹具的定位精度,切屑的抛甩可能缠绕定位元件,也会破坏定位精度,甚至发生安全事故。因此,对于加工过程中切屑产生不多的情况,可适当加大定位元件工作表面与夹具体之间的距离,以增大容屑空间;对于加工过程中切屑产生较多的情况,一般应在夹具体上设置排屑槽,如图 7.111 所示,以利切屑自动排出夹具体外。

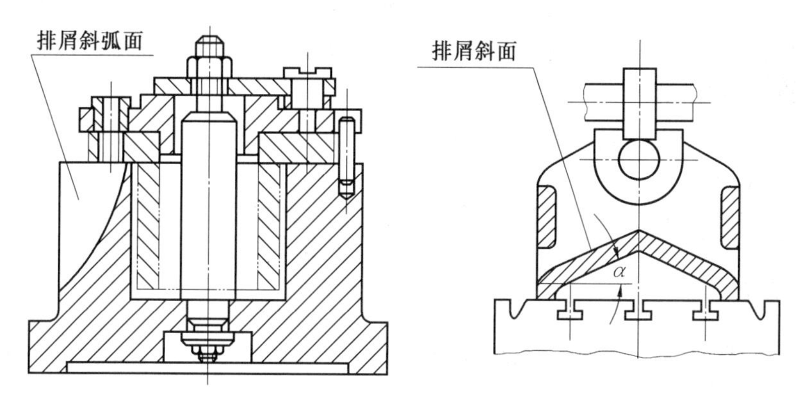

图 7.111 夹具体自动排屑结构

(5) 在机床上的安装应稳定可靠。夹具在机床上的安装都是通过夹具体上的安装基面与机床上相应表面的接触或配合实现的。当夹具在机床工作台上安装时,夹具的重心应尽量低,支承面积应足够大,安装基面应有较高的配合精度,保证安装稳定可靠;夹具体底部一般应中空,大型夹具还应设置吊环或起重孔。

3. 夹具体毛坯的类型

夹具体毛坯的制造方法通常根据夹具体的结构形式以及工厂的生产条件决定。根据制造方法的不同,夹具体毛坯可分为以下四类:

(1) 铸造夹具体(图 7.112(a)),其优点是可铸出各种复杂形状,工艺性好,并且具有较好的抗压强度、刚度和抗振性;但其生产周期较长,且需经时效处理,因而成本较高。

(2) 焊接夹具体(图 7.112(b)),其优点是容易制造,生产周期短,成本低,质量较轻;但焊接后需经退火处理,且难获得复杂形状。

(3) 锻造夹具体(图 7.112(c)),其适用于形状简单、尺寸不大、要求强度和刚度大的场合,锻造后需经退火处理。

(4) 装配夹具体(图 7.112(d)),装配夹具体由标准的毛坯件、零件及个别非标准件或者用型材、管料、棒料等加工成零部件,通过螺钉、销钉连接组装而成。其优点是制造成

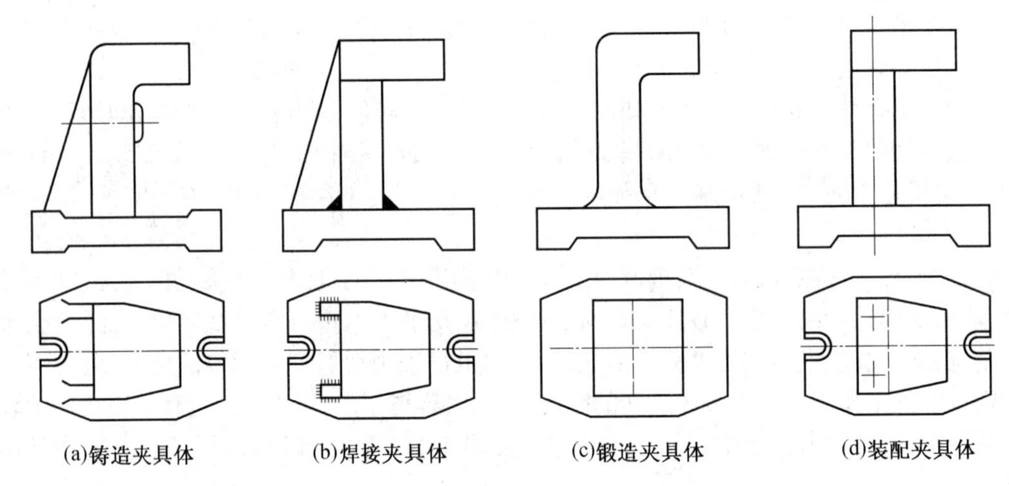

(a)铸造夹具体　(b)焊接夹具体　(c)锻造夹具体　(d)装配夹具体

图 7.112　夹具体毛坯的类型

本低,周期短,精度稳定,有利于标准化和系列化,也便于夹具的计算机辅助设计。

4. 夹具体的技术要求

夹具体与各元件配合表面的尺寸精度和配合精度通常都较高,常用的夹具元件间配合的选择参见表 7.2。

表 7.2　夹具元件间常用的配合选择

工作形式	精度要求		示　例
	一般精度	较高精度	
定位元件与工件定位基面之间	$\frac{H7}{h6}$、$\frac{H7}{g6}$、$\frac{H7}{f7}$	$\frac{H6}{h5}$、$\frac{H6}{g5}$、$\frac{H6}{f5 \sim f6}$	定位销与工件基准孔
有引导作用,并有相对运动的元件之间	$\frac{H7}{h6}$、$\frac{H7}{g6}$、$\frac{H7}{f7}$ $\frac{H7}{h6}$、$\frac{G7}{h6}$、$\frac{F8}{h6}$	$\frac{H6}{h5}$、$\frac{H6}{g5}$、$\frac{H6}{f5 \sim f6}$ $\frac{H6}{h5}$、$\frac{G6}{h5}$、$\frac{F7}{h5}$	滑动定位元件、刀具与导套
无引导作用,但有相对运动的元件之间	$\frac{H7}{f9}$、$\frac{H7}{g9 - g10}$	$\frac{H7}{f8}$	滑动夹具底板
无相对运动元件之间	$\frac{H7}{h6}$、$\frac{H7}{r6}$、$\frac{H7}{r6 \sim s6}$ $\frac{H7}{m6}$、$\frac{H7}{k6}$、$\frac{H7}{js6}$	(无紧固件) (有紧固件)	固定支承钉定位销

有时为了夹具在机床上找正方便,常在夹具体侧面或圆周上加工出一个专用于找正的基面,用以代替对元件定位基面的直接测量,这时对该找正基面与元件定位基面之间必须有严格的位置精度要求。

7.6.4　夹具设计中应注意的问题

在夹具总图绘制过程中,除了要标注尺寸公差和技术条件外,还必须注意总体结构是否合理,是否能满足夹具工作的需要。下面举几个常见的例子来说明。

(1) 防止工件误装。如图 7.113 所示,表示工件以定位大孔 4 和定位小孔 6 分别在圆柱定位销3和削边定位销5上定位。为了保证加工精度，定位孔已精加工。该工件另一旁还有孔1，其直径大小和距大孔的孔心距都和孔6相同。因此，操作者往往容易误装，把工件以定位大孔4和定位小孔6来定位，使工件转180°，这样加工会出废品，造成质量事故。在总体设计时，要根据工件形状的特点，采取措施，防止误装，在旁边增加一个挡销2，它与工件外形斜面有足够的间隙，不会影响工件正常安装。若工件转180°时，则因右边长方形外形被销子挡住，无法装入，就可及时发现错误，加以纠正。

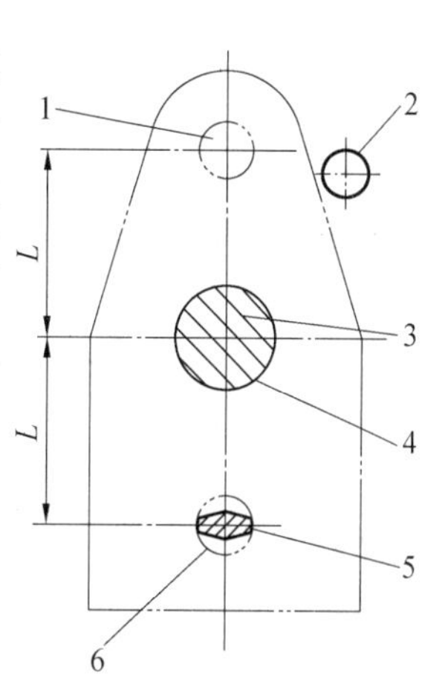

图7.113　防止工件误装

1— 非定位孔；2— 挡销；3— 圆柱定位销；4— 定位大孔；5— 削边定位销；6— 定位小孔

(2) 注意检查运动零部件的正常运动是否会受到妨碍，能否达到预期的运动要求。

如图7.114所示，由于没有给摇臂1的端部在工件2的槽内留出足够的间隙，使摇臂1不能由图示的位置再继续按箭头方向运动。

(3) 顶出工件的装置。因工件质量较重或冷却液影响，使得不易抓住工件，或冷却液产生一种吸住作用，使取出工件困难。这时，就应设置顶出工件装置，把工件顶起，便于取出或移走。一个顶出装置的例子如图7.115所示。在图中，1代表工件，在夹具体的定位孔2中定位。夹紧力J把工件保持在正确的位置上。当夹紧机构放松后，顶销3在弹簧4的作用下，把工件顶起，便于取去。设计时，弹簧力应比夹紧力要小。

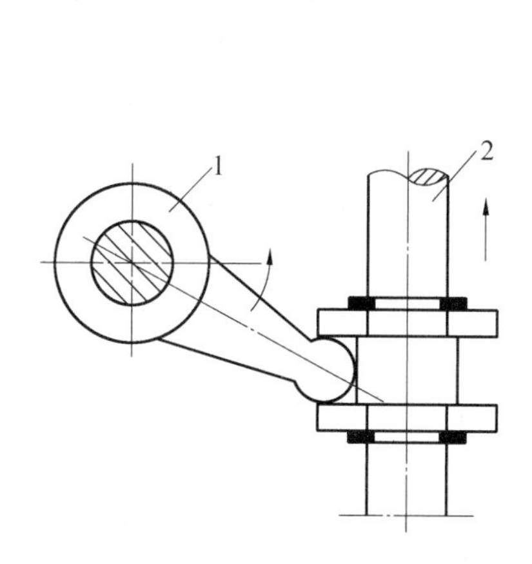

图7.114　没有考虑足够的间隙

1— 摇臂；2— 工件

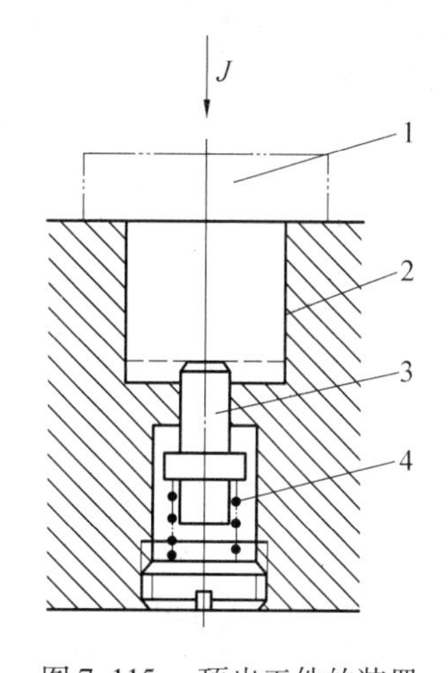

图7.115　顶出工件的装置

1— 工件；2— 定位孔；3— 顶销；4— 弹簧

(4) 要考虑毛坯的制造误差，避免工件装不进或夹不牢。如图7.116所示，工件以底面和内孔定位，在翻转式钻模中钻孔。工件与夹具体之间的间隙Δ留得太小，如图7.116(a)所示，没有考虑夹具体铸造后，不加工的内壁面上将留下拔模斜度α，结果夹具体的实际形状和尺寸如图7.116(b)所示，由于$B < A$，因而造成工件无法装入。

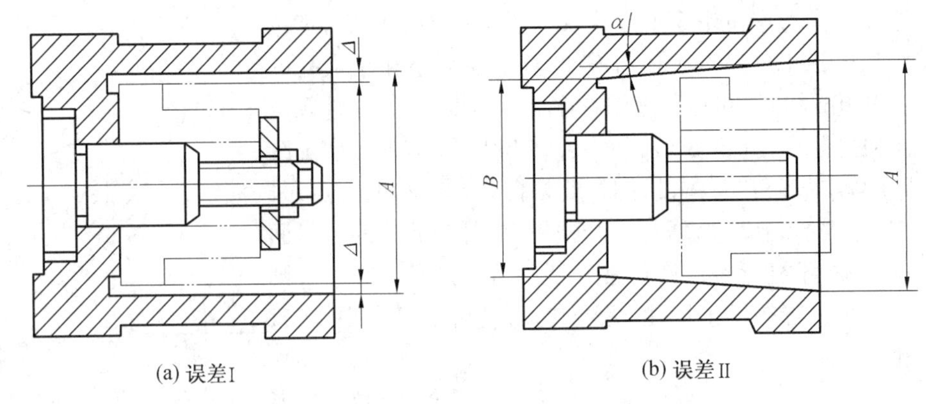

(a) 误差Ⅰ (b) 误差Ⅱ

图 7.116 因没有考虑铸造留下拔模斜度的毛坯误差

7.7 机床夹具设计实例

7.7.1 轴类零件加工的典型夹具设计

铣削柱塞的螺旋槽的工序简图及夹具,如图 7.117 所示。工件以一端中心孔、另一轴

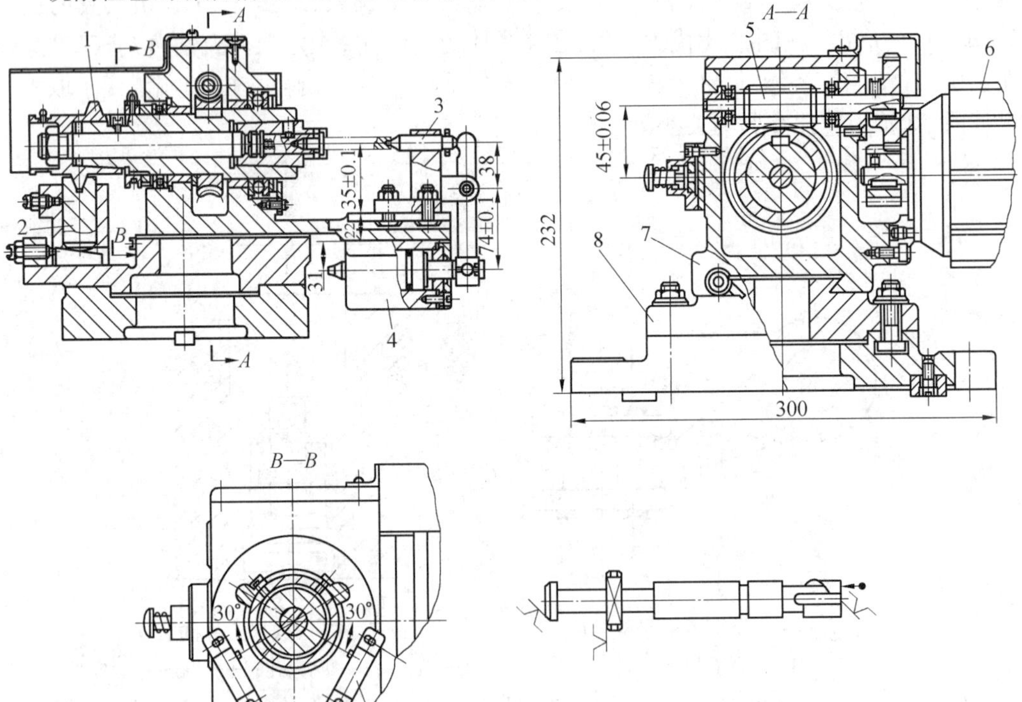

图 7.117 铣削柱塞的螺旋槽的工序简图及夹具

1— 螺旋轮;2— 导块;3— 顶尖;4— 气缸;5— 蜗杆副;

6— 微型电动机;7— 主轴座;8— 燕尾座;9— 限位开关

端斜面以及一轴肩端面定位，适宜于大批、大量生产。主轴头装在滑台上。工件放入主轴头锥孔后由顶尖3顶紧。顶尖的压紧力来自气缸4，主轴的另一端装有螺旋轮1，其螺旋的导程等于工件螺旋槽的导程。加工时，微型电动机6驱动蜗杆副5使主轴旋转。因螺旋轮与固定在燕尾座8上的导块2相啮合，因此当螺旋轮在导块槽内转动时，通过螺旋轮带动主轴座7连同工件在旋转的同时在燕尾座上做轴向运动，完成螺旋槽的铣削。螺旋角由限位开关9控制。

7.7.2　齿轮类零件加工的典型夹具设计

在插齿机上插削内齿轮的工序简图及夹具，如图7.118所示。工件以花键孔及端面定位，适用于批量生产。工件在花键心轴2及环形支承板1上定位。靠两个钩形压板3夹紧工件。

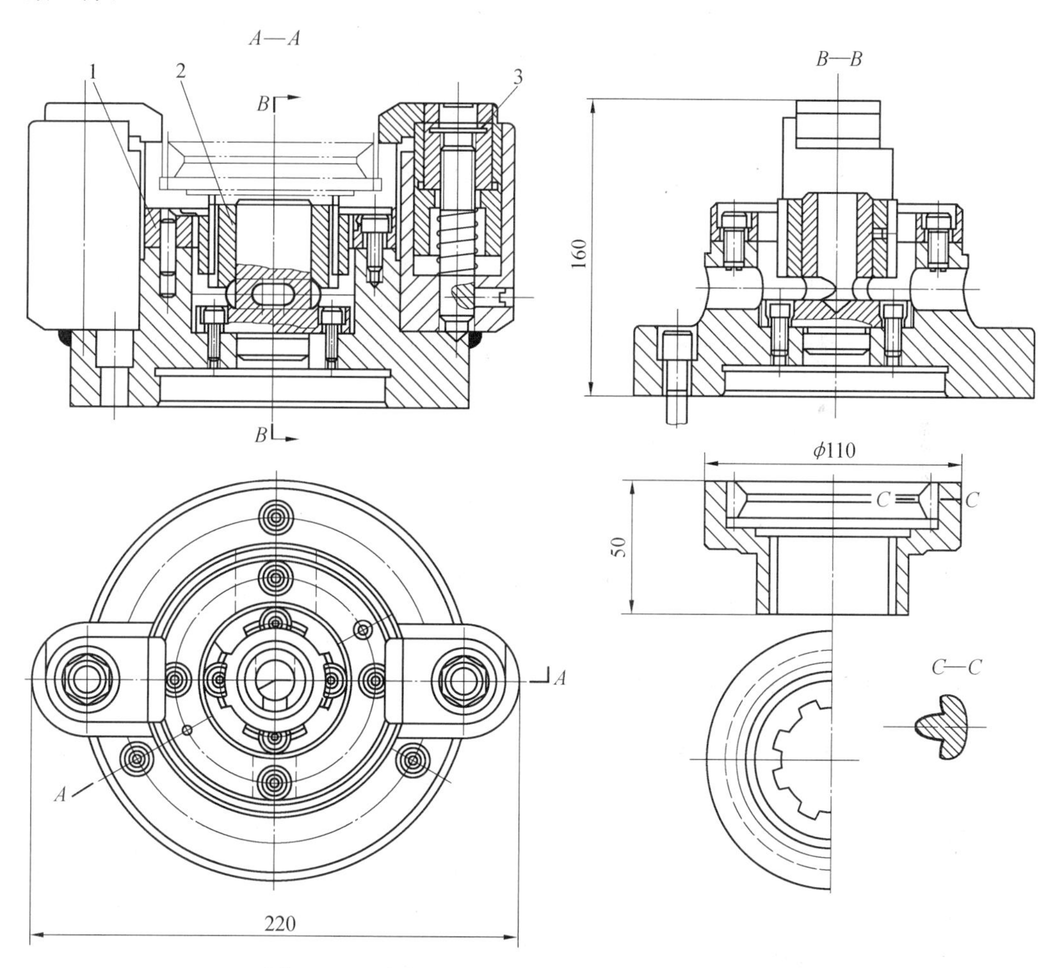

图7.118　在插齿机上插削内齿轮的工序简图及夹具

1— 支承板；2— 花键心轴；3— 钩形压板

7.7.3 盘套类零件加工的典型夹具设计

在普通车床车削零件的端面及内孔的夹具,如图 7.119 所示。工件以外圆柱面及端面定位,适用于成批生产。安装前,将车床上的自定心卡盘及法兰盘卸下,然后装上外壳 1,即利用原车床轴承挡圈的凸台 $\phi150$ 定位,并借车床上四个 M10 的内六角螺钉固定在机床主轴箱体上。弹簧夹头 5 插入车床主轴锥孔内。工作时,弹簧夹头 5、内锥套 4 与主轴同转,而外壳 1、螺纹挡圈 3、止推套 2 则固定不旋转。工件的夹紧是通过旋转止推套 2 以带动单列圆锥滚子轴承向主轴端移动,从而推动内锥套 4 来实现。卸下工件时,只要反向旋转止推套 2,使螺纹挡圈 3 做轴向移动(离主轴端),从而推动内锥套 4,放松弹簧夹头。

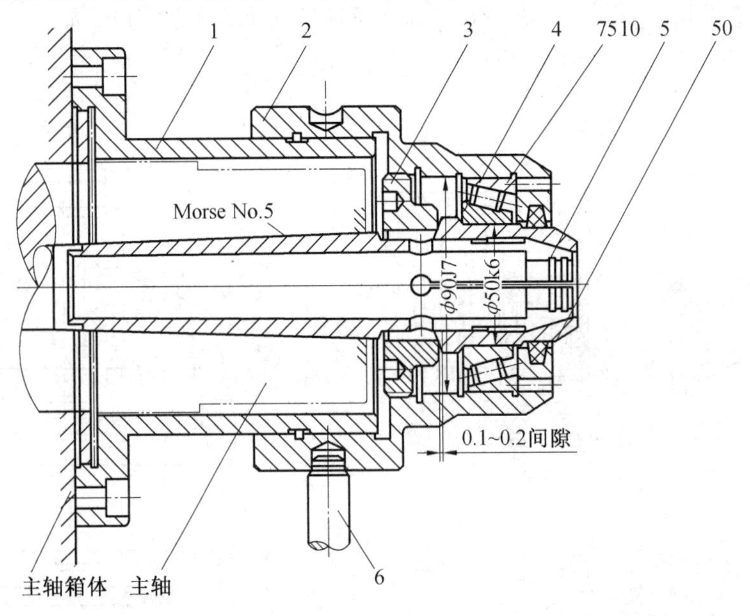

图 7.119 在普通车床车削零件的端面及内孔的弹性薄壁夹具
1— 外壳;2— 止推套;3— 螺纹挡圈;4— 内锥套;5— 弹簧夹头;6— 手柄

7.7.4 连杆类零件加工典型夹具设计

在双头专用金刚镗床上精镗连杆大、小头孔的工序简图和夹具,如图 7.120 所示。工件以大头端面工艺搭子、精镗过的小头孔以及连杆大头的一个侧面定位,适用于批量生产。工件在支承环、支承钉和由小头插入的定位销子 1 上定位。夹紧时液压缸的活塞动作,带动叉形压板 2 将工件夹紧,再拧动星形捏手使浮动定心夹紧装置夹紧杆身,并通过锥套锁紧。为使镗孔时工件不产生振动,施加的夹紧力集中在大头处,大头处的搭子面靠可调支承 3 支承,工件杆身由浮动压板 4 固定。抽出定位插销 1 即可进行加工。

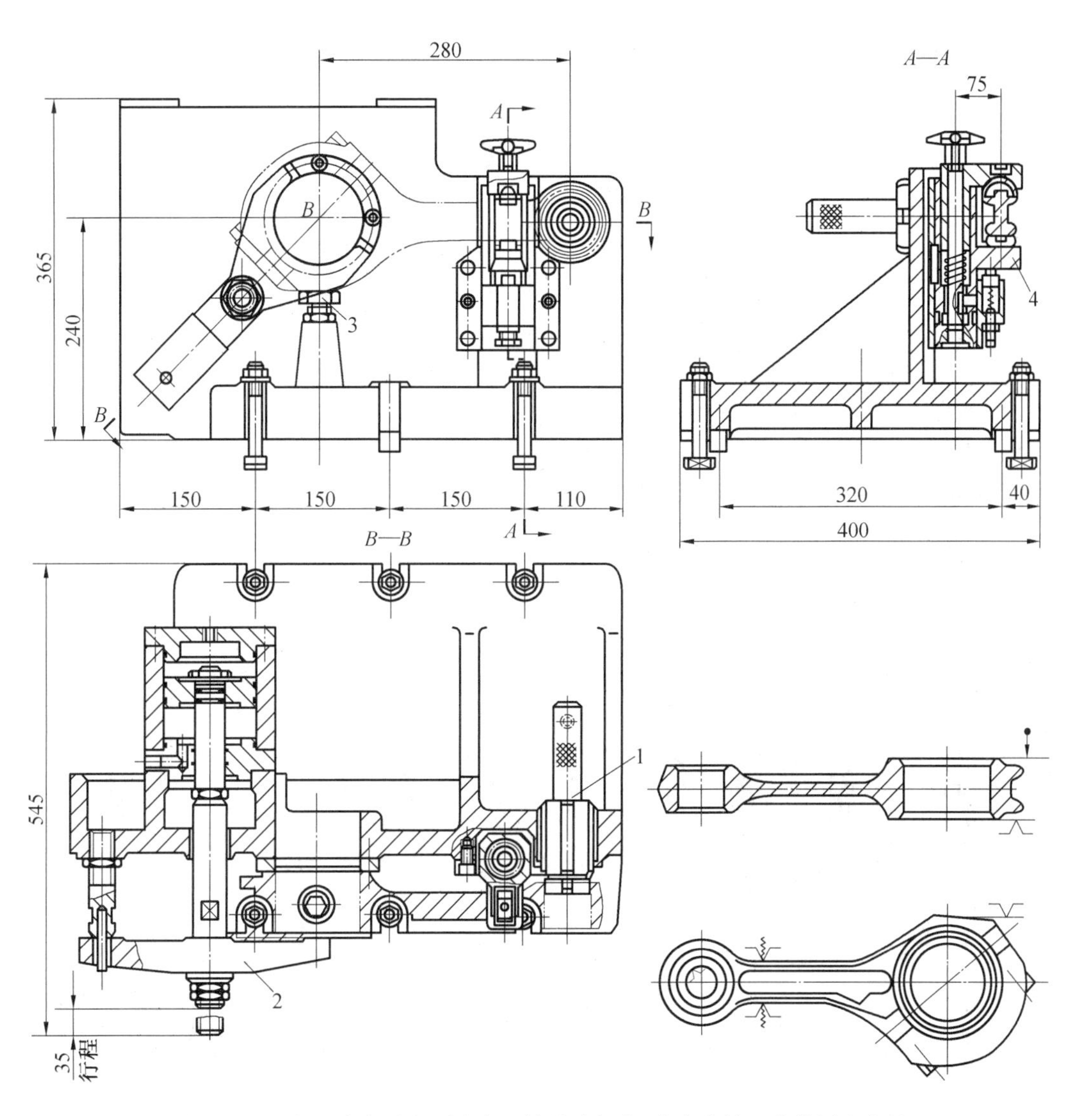

图 7.120　在双头专用金刚镗床上精镗连杆大、小头孔的工序简图和夹具

1— 定位插销;2— 叉形压板;3— 可调支承;4— 浮动压板

7.7.5　拨叉类零件加工典型夹具设计

在立式钻床上加工拨叉上 M10 底孔 $\phi8.4$ mm 的铰链钻模如图 7.121 所示。其适用于成批生产。采用偏心轮使工件定位又夹紧,采用了可翻开的铰链模板式结构。工件以圆孔 $\phi15.81\text{h}6$、叉口 $\phi51^{+0.1}_{0}$ mm 及槽 $\phi14.2^{+0.1}_{0}$ mm 定位。工件分别定位于夹具的定位轴 6、扁销 1 及偏心轮 8 上。夹紧时,通过手柄顺时针转动偏心轮 8,偏心轮上的对称斜面楔入工件槽内,在定位的同时将工件夹紧。由于钻削力不大,故工作时比较可靠。钻模板 4 用销轴 3 以基轴制装在模板座 7 上,翻下时与支承钉 5 接触,以保证钻套的位置精度,并用锁紧螺钉 2 锁紧。

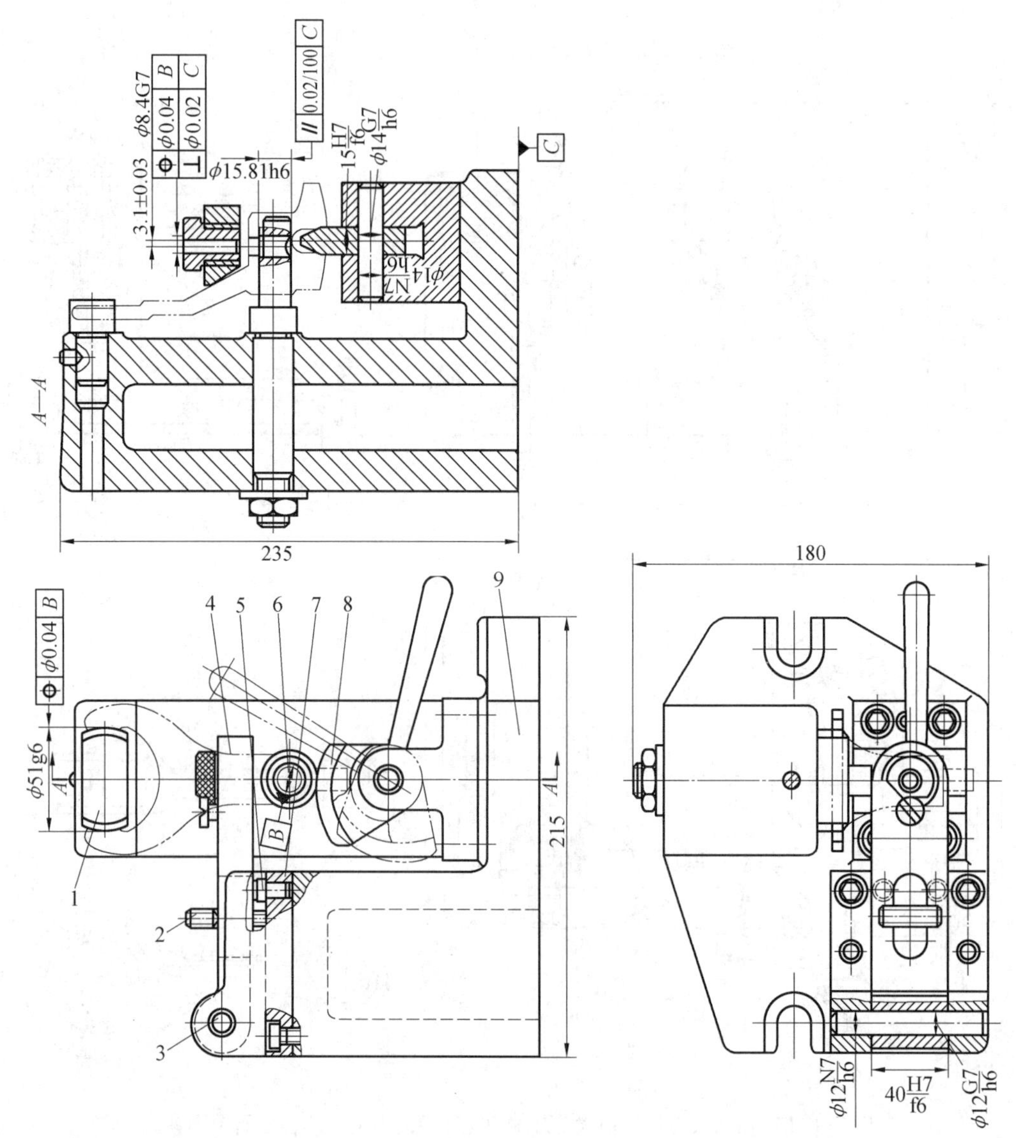

图 7.121　在立式钻床上加工拨叉上 M10 底孔 φ8.4 mm 的铰链钻模

1— 扁销;2— 锁紧螺钉;3— 销轴;4— 钻模板;5— 支承钉;6— 定位轴;7— 模板座;8— 偏心轮;9— 夹具体

7.7.6　箱体类零件加工的典型夹具设计

在立式镗床或摇臂钻床上加工箱体盖的两个 φ100H9 平行孔的工序简图和夹具,如图 7.122 所示。工件定位方式以底平面(精基准) 为主要定位基准,安放在夹具体 3 的平面上,另以两侧面(粗基准) 分别为导向、止推定位基准,定位在三个可调支承钉 8 上,从而实现六点定位。本夹具的主要特点是导向元件不采用一般的镗套形式,而以导向轴来代替,从而使工件安装方便。

工件定位后,转动四个螺母 5,即可通过四副钩形压板 4 将工件夹紧。在加工过程中,镗刀杆上端与机床主轴浮动连接,下端以 φ35H7 圆孔与导向轴 2 配合,对镗刀杆起导向作用。当一个孔加工完毕后,镗刀杆再与另一导向轴配合,即可完成第二孔的加工。

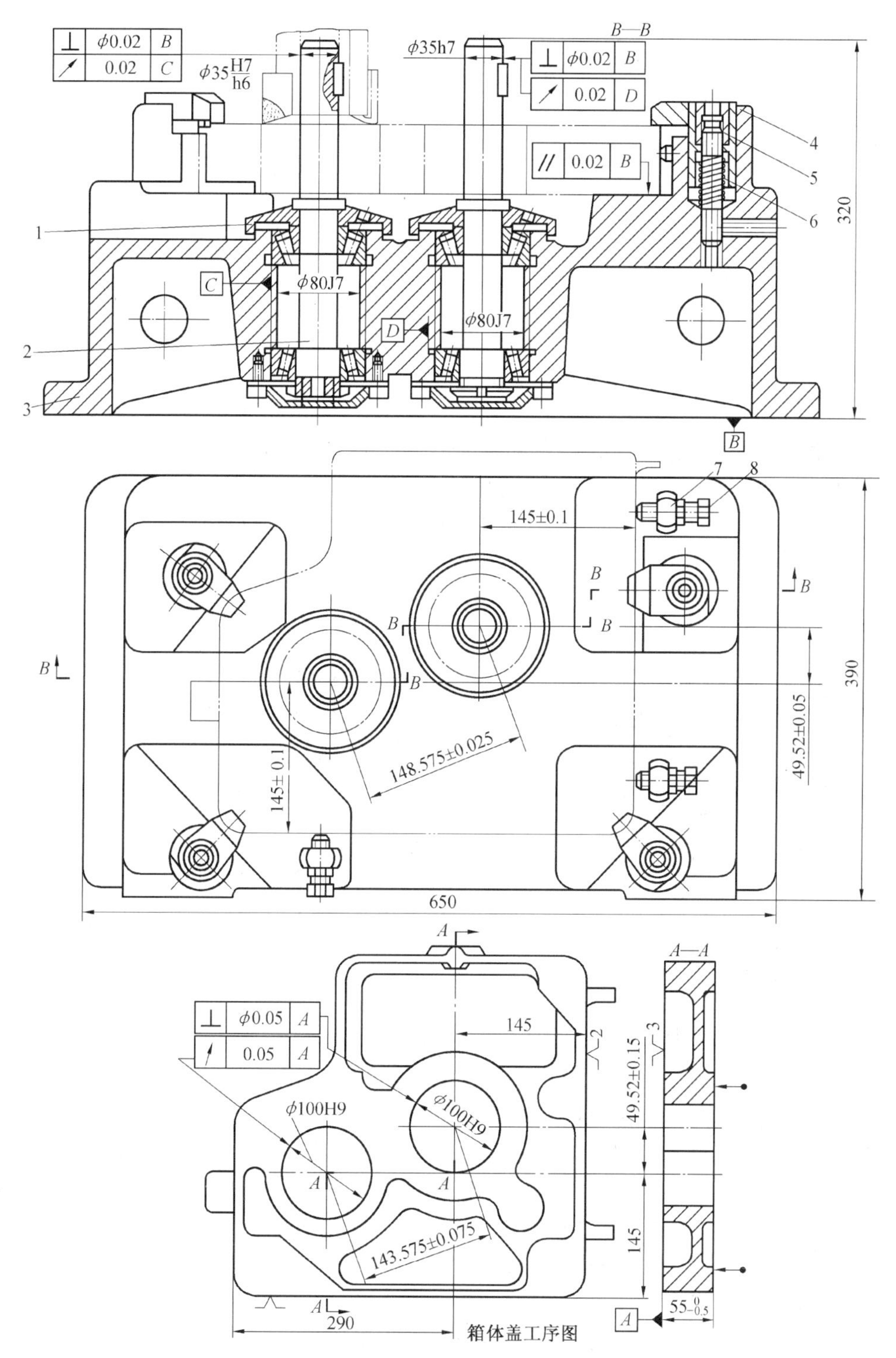

图7.122　在立式镗床或摇臂钻床上加工箱体盖的两个 ϕ100H9 平行孔的工序图和夹具

1— 护盖;2— 导向轴;3— 夹具体;4— 钩形压板;5— 螺母;6— 螺栓;7— 支架;8— 可调支承钉

思考与练习题

7.1　什么是机床夹具？机床夹具可以分为哪几类？机床夹具的作用是什么？

7.2　机床夹具通常由哪几部分组成？各起什么作用？

7.3　什么是六点定位原理？什么是完全定位、不完全定位、欠定位和过定位？

7.4　根据六点定位原理，分析如图7.123所示的各种定位方案中定位元件所限制的自由度。

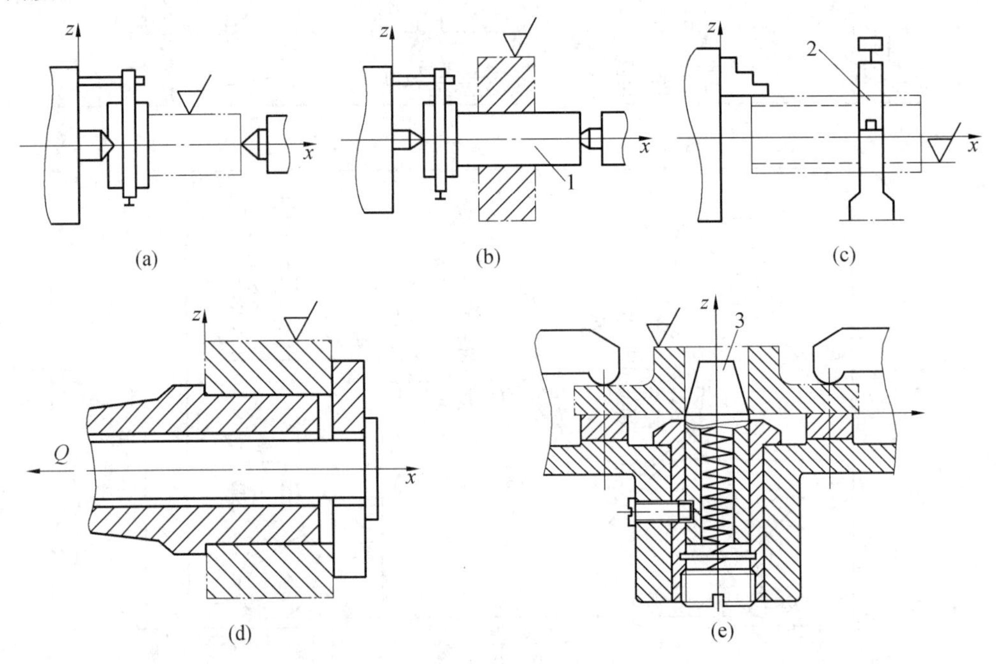

图7.123　习题7.4图

7.5　常见的定位方式、定位元件有哪些？

7.6　如图7.124所示的零件以平面3和两个短V形块1、2定位。试分析该定位方案是否合理？各定位元件分别限制哪些自由度？如何改进？

7.7　什么是定位误差？试阐述定位误差产生的原因。

7.8　有一批工件，如图7.125(a)所示，采用钻模夹具钻削工件上直径分别为$\phi5$ mm和$\phi8$ mm的两孔，除保证图样要求外，还须保证两孔连心线通过$\phi60_{-0.1}^{0}$ mm的轴线，其偏移量公差为0.08 mm。现可采用如图7.125(b)、(c)、(d)三种方案。若定位误差不得大于加工允差的1/2，试问这三种定位方案是否可行($\alpha=90°$)？

7.9　如图7.126所示为镗削$\phi30$H7孔时的定位，试计算定位误差。

7.10　工件在夹具中夹紧时对夹紧力有何要求？

7.11　分析三种基本夹紧机构的优缺点及应用。

7.12　简述夹具与机床是如何连接的。

7.13　铣床夹具如何对刀？

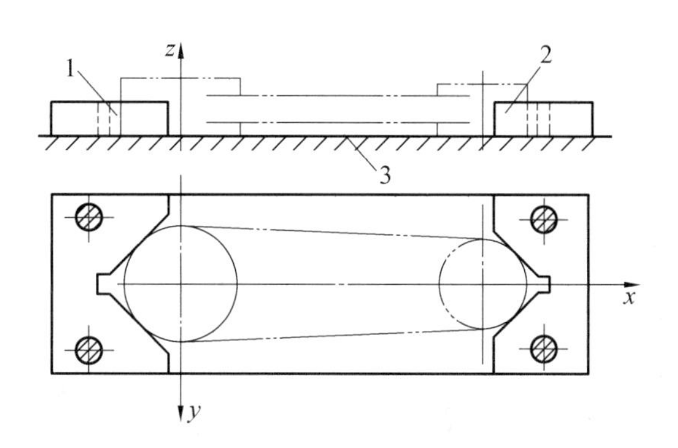

图7.124　习题7.6图

1、2—短V形块;3—平面

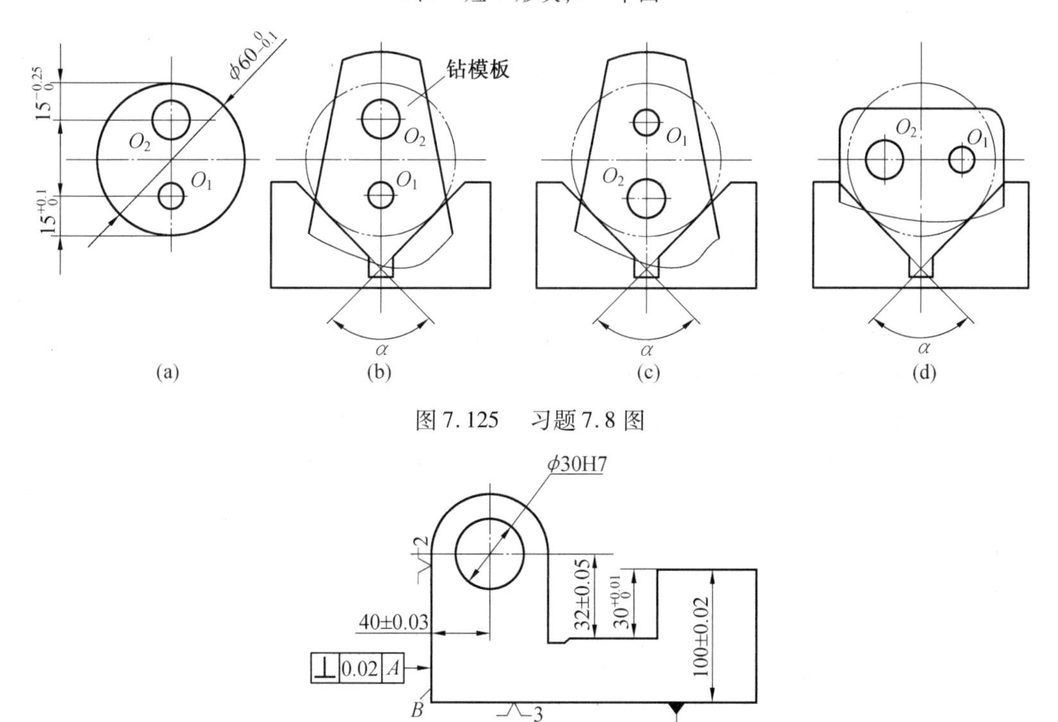

图7.125　习题7.8图

图7.126　习题7.9图

7.14　简述分度装置的功用、分类及其应用。

第 8 章 机械装配工艺

8.1 概述

8.1.1 装配的基本概念

机械产品由若干个机械零件和部件组成。按照相应的技术要求,将零件或部件进行配合和连接,并使之成为半成品或成品的工艺过程称为装配。装配是机器制造中的最后一个阶段,为使产品达到规定的技术要求,它包括装配、调整、检验、试验等工作。机器的质量最终是通过装配保证的,装配质量直接影响到机器的最终质量。

为保证装配工作的有效性,通常将机器划分为若干能进行独立装配的装配单元。零件是组成机器的最小单元,在一个基准零件上装上一个或若干个零件构成套件,套件是最小的装配单元,为此而进行的装配称为套装。组装是指在一个基准件上装上若干零件和套件。如车床的主轴组件就是以主轴为基准件,再装上若干齿轮、套、垫、轴承等零件的组成。部件是由若干个组件、套件和零件构成的,为此而进行的装配工作即为部装。车床主轴箱装配属于部装。在一个基准件上,装上若干部件、组件、套件和零件构成机器,这种将零件和部件装配成最终产品的过程,称为总装。

在装配工艺规程中,常用装配单元系统图表示零、部件的装配流程和零、部件间相互装配关系。组装、部装和总装的装配单元系统图分别如图 8.1 ~ 8.3 所示,在装配单元系统图上,每个单元用一个长方形框表示,标明零件、套件、组件和部件的名称、编号及数量,装配工作由基准件开始沿水平线自左向右进行,一般将零件画在上方,套件、组件、部件画在下方,其排列次序就是装配工作的先后次序。

在装配单元系统图上加注所需的工艺说明,如焊接、配钻、配刮、冷压、热压和检验等,就形成装配工艺系统图。装配工艺系统图是装配工艺规程制定的主要文件,也是划分装配工序的依据。它反映了装配单元的划分、装配顺序和装配工艺方法。

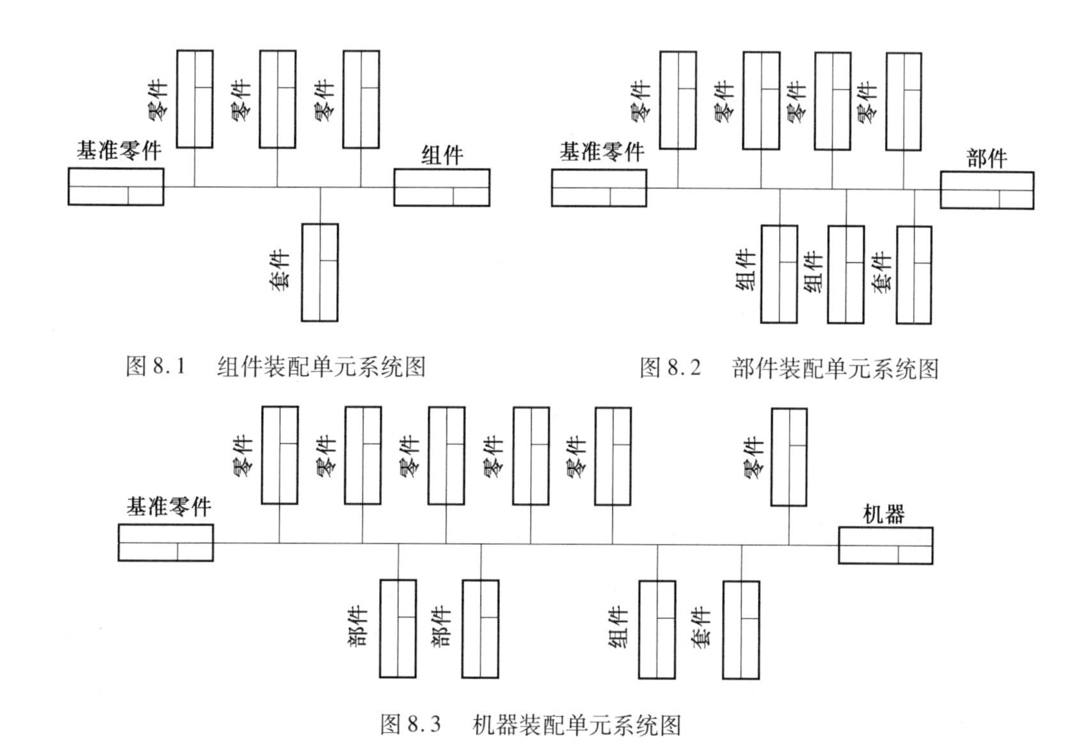

图 8.1 组件装配单元系统图

图 8.2 部件装配单元系统图

图 8.3 机器装配单元系统图

8.1.2 组织形式

装配的组织形式按装配对象是否移动,可分为固定式装配和移动式装配两种,而移动式装配按节拍是否变化又有强迫节奏装配和自由节奏装配之分,如图 8.4 所示。

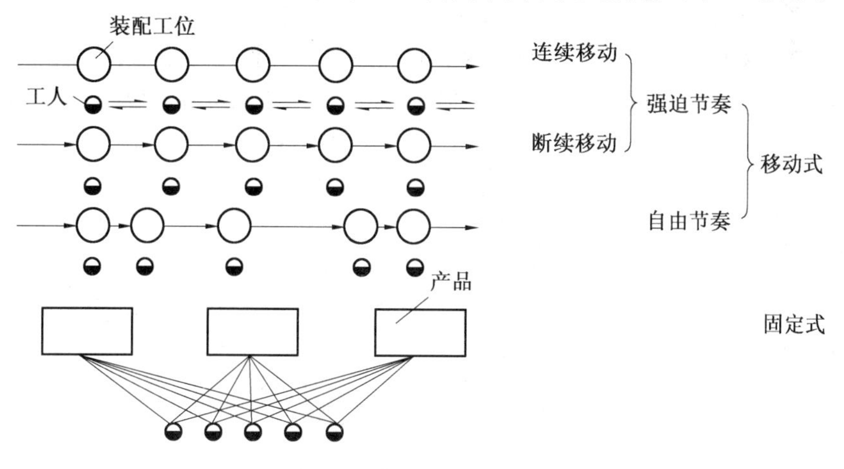

图 8.4 装配生产组织形式

固定式装配是指产品固定在一个工作位置进行装配。全部装配工序,往往由一组装配工完成全部装配作业,手工操作比重大,要求装配工的水平高,技术全面。固定式装配生产率较低,装配周期较长,多用于单件生产。固定式装配也可以组织流水生产作业,由若干工人按装配顺序分工装配,多用于中小批生产或重大型产品的成批生产,如机床、汽轮机的装配。

移动式装配是指把装配工作划分成许多工序，产品的基准件沿装配路线移动，用传送装置依次移动到一系列装配工位上，由各工序的装配工分别在各工位上完成。移动式装配流水线多用于大批大量生产，产品可大可小，较多地用于仪器仪表等装配，汽车拖拉机等大型产品也可采用。

强迫节奏装配的节拍是固定的，各工位的装配工作必须在规定的时间内完成。装配中如出现装配不上或不能在节奏时间内完成装配工作等问题，则立即将装配对象调至线外处理，以保证流水线的流畅，避免产生堵塞。连续移动装配时，装配线做连续缓慢的移动，工人在装配时随装配线走动，一个工位的装配工作完毕后工人立即返回原地。断续移动装配时，装配线在工人进行装配时不动，到规定时间，装配线带着被装配的对象移动到下一工位，工人在原地不走动。自由节奏装配的节拍是不固定的，移动比较灵活，具有柔性，适合多品种装配。

8.1.3　机器结构装配工艺性

机器结构装配工艺性指机器结构能保证在装配过程中使相互连接的零部件不用或少用修配和机械加工，用较少的劳动量，花费较少的时间，按产品的设计要求顺利装配起来。机器结构的装配工艺性在一定程度上决定了装配过程周期的长短、耗费劳动量的大小、成本的高低以及机器使用质量的优劣。机器结构的装配工艺性可以从以下几个方面进行评价。

1. 机器结构应能划分独立装配单元

机器结构划分成独立的装配单元，可以实现以下几种功能：① 组织平行的装配作业，缩短装配周期；② 相关部件预先调整和试车，保证总装质量；③ 利于机器的维护修理和运输。两种不同装配的传动轴结构如图 8.5 所示。图 8.5(a) 中齿轮顶圆直径大于箱体轴承孔直径，轴上零件须依此逐一装到箱体中去；图8.5(b) 中齿轮直径小于轴承孔直径，轴上零件可以先组装成组件，再一次装入箱体，这样简化了装配过程，缩短装配周期。

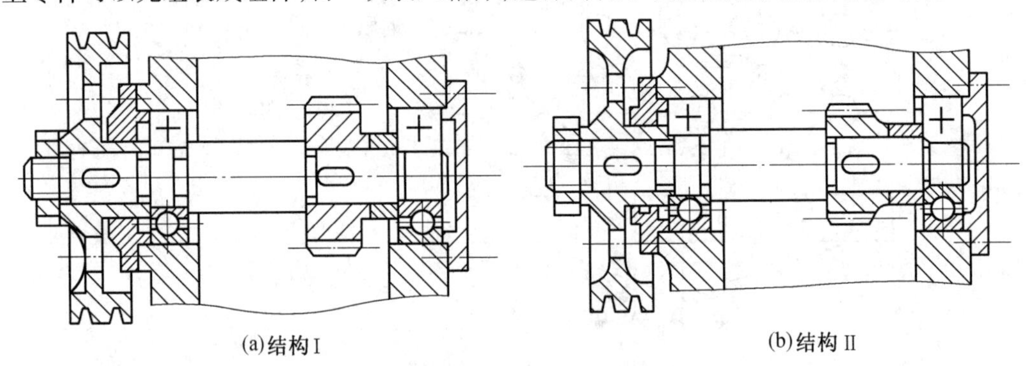

(a)结构 I　　(b)结构 II

图 8.5　两种不同装配的传动轴结构比较

2. 尽量减少装配时的修配和机械加工

机器装配过程中的修配，大多由手工操作，不仅对工人技术要求高，而且影响装配效率和质量。因此，应尽量避免或减少修配工作量。如图 8.6(a) 所示采用山形导轨定位，装配时，基准面修刮工作量很大，采用图 8.6(b) 所示平导轨定位结构后，修刮量明显减少。在设计时,采用调整法代替修配法可以从根本上减少修配工作量。图 8.7 所示为车床溜板箱和床身导轨后压板改进前后结构,图 8.7(b) 所示结构采用调整法替代图 8.7(a) 所示的修配法,满足压板与床身导轨的合理间隙。

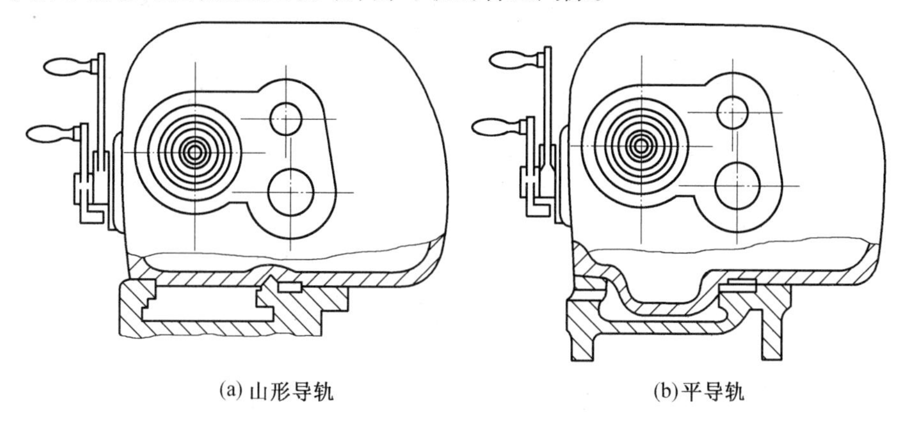

(a) 山形导轨　　(b) 平导轨

图 8.6　车床主轴箱与床身的不同装配结构形式

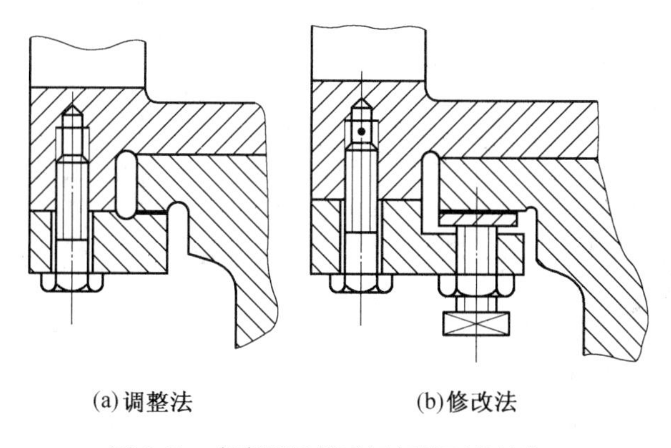

(a) 调整法　　(b) 修改法

图 8.7　车床溜板箱后压板的两种结构

机器装配时要尽量减少机械加工,否则不仅影响装配工作的连续性,延长装配周期,而且,机械加工中所产生的切屑如清除不净,残留在装配的机器中,会增加机器的磨损,甚至产生严重事故,此外,在装配车间增加机械加工设备,既占面积,又易引起装配工作的杂乱。

两种不同的轴上油孔结构如图 8.8 所示,图 8.8(a) 需要在轴套装配后,在箱体上配钻油孔,使装配产生机械加工工作量;图 8.8(b) 改在轴套上预先加工好油孔,这样可消除装配时的机械加工工作量。

3. 机器结构应便于装配和拆卸

机器结构的设计应使装配工作简单、方便,应保证组件的几个表面不应该同时装入基准零件的配合孔中,而应该先后依次进入装配。如图 8.9(a) 所示结构装配时,轴承座 2 两段外圆表面同时装入壳体 1 的配合孔中,既不好观察,导向性又不好,也不易同时对准;若改成如图 8.9(b) 所示的结构形式,装配时先让轴承座 2 的前端先行装入壳体 1 的配合孔中3 mm 后,轴承座 2 的后端外圆才开始进入壳体 1 的配合孔中,容易装配。

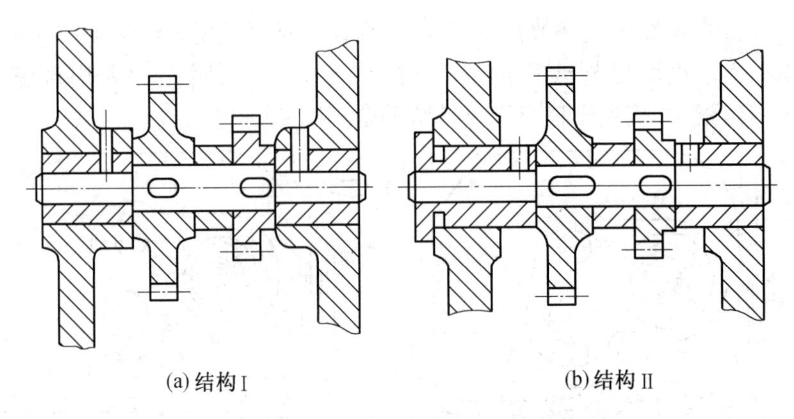

图 8.8　两种不同的轴上油孔结构

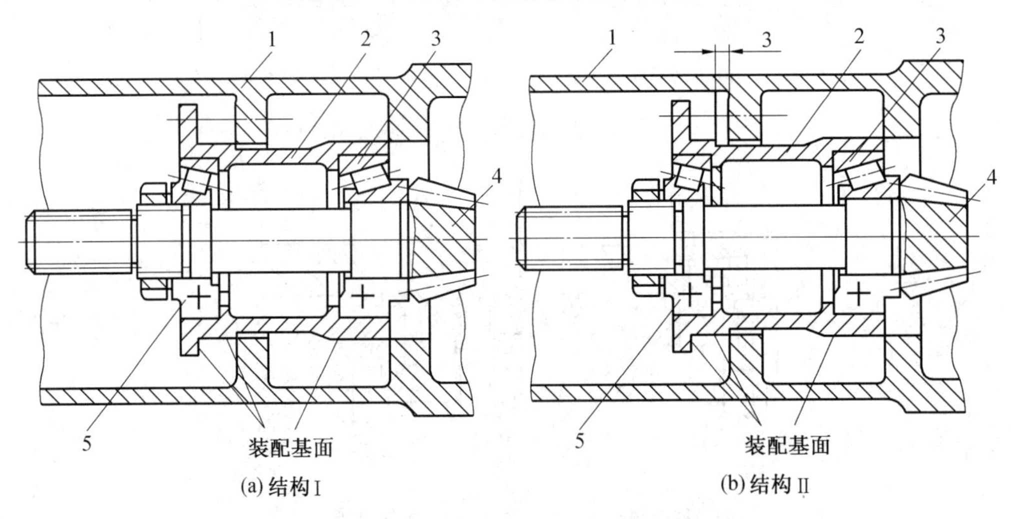

图 8.9　轴承座组件装配基面的两种设计方案

1— 壳体;2— 轴承座;3、5— 轴承;4— 锥齿轮

此外,机器设计时,还应注意一些零件的局部结构问题,如必须留出足够的装、拆空间(拆装工具空间等)。

4. 自动化装配的机器结构要求

自动化装配可以节省大量的人力,保证产品的装配质量。但同时对零件结构提出了严格的要求。主要集中在零件自动供料、自动传送和自动装配三个方面。

如图 8.10(a) ~ (d) 所示零件在自动供料、输送时,会产生缠结现象,难以分离,可以设计成封闭的结构加以改进。图 8.10(c) 为避免套接的常见方法。图 8.11 所示零件将难以识别的特征用较易识别的特征来标识,使之易于识别。图 8.11(a) 零件将内部特征用外部特征来标识,图 8.11(b)、(c) 零件用较易识别的缺口及削边来识别。

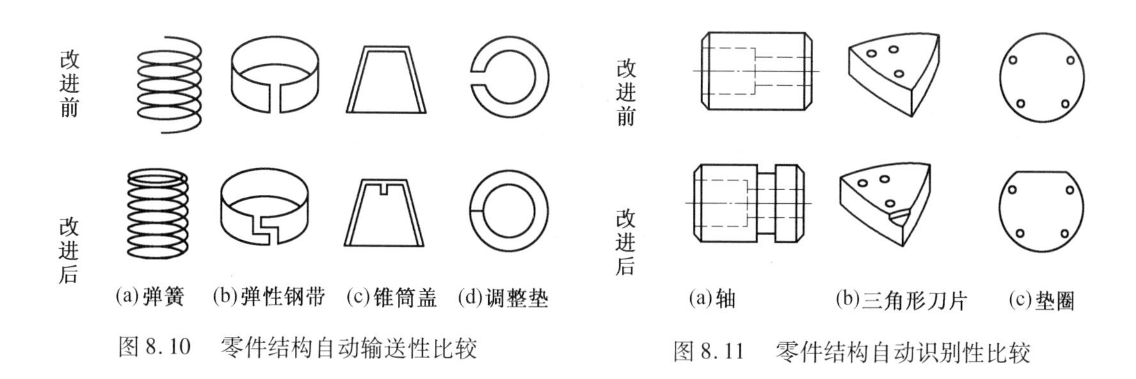

图8.10　零件结构自动输送性比较

图8.11　零件结构自动识别性比较

8.2　装配精度与保证装配精度的方法

8.2.1　装配精度与零件精度

1. 装配精度

装配精度是产品设计时根据使用性能要求规定的、装配时必须保证的质量指标。对于一般机器，装配精度是为了保证机器、部件和组织良好的工作性能。产品的装配精度所包括的内容可根据机械的工作性能来确定，一般包括：

(1) 相互位置精度。相互位置精度是指产品中相关零部件间的距离精度和相互位置精度。如机床主轴箱装配的轴间中心距尺寸精度和同轴度、平行度、垂直度等。

(2) 相对运动精度。相对运动精度是产品中有相对运动的零部件之间在运动方向和相对运动速度上的精度。运动方向的精度常表现为部件间相对运动的平行度和垂直度。如机床溜板在导轨上移动精度；溜板移动轨迹对主轴中心线的平行度。相对运动速度的精度即传动精度，如滚齿机滚刀主轴与工作台的相对运动精度，它将直接影响滚齿机的加工精度。

(3) 相互配合精度。相互配合精度是指配合表面间的配合质量和接触质量。配合质量是指零件配合表面之间达到规定的配合间隙或过盈的程度。接触质量是指两配合或连接表面间达到规定的接触面积的大小和接触点的分布情况。

各装配精度间有密切的关系，相互位置精度是相对运动精度的基础，相互配合精度对相对位置精度和相对运动精度的实现有较大的影响。

2. 装配精度与零件精度的关系

机械产品是由零部件组成的，首先，装配精度取决于相关零部件精度，尤其是关键零部件的精度。例如图8.12所示的车床主轴中心线与尾座套筒中心线的等高度A_0，主要取决于主轴箱、尾座及底板对应的A_1、A_2、及A_3的尺寸精度。其次，装配精度的保证还取决于装配方法。装配中采用不同的工艺措施，会形成不同的装配方法。不同的装配方法，装配精度与零件精度具有不同的关系。例如A_0精度要求是很高的，如果控制尺寸A_1、A_2及A_3的精度达到A_0的精度是很不经济的。实际生产中按经济精度来制造相关零部件尺寸A_1、A_2及A_3，装配时则采用修配底板3的工艺措施保证等高度A_0精度。

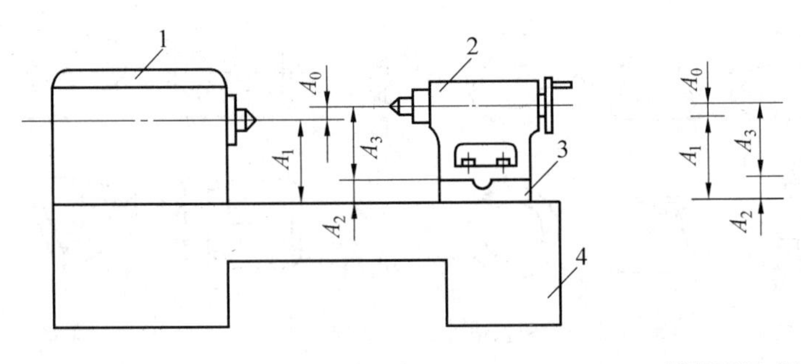

(a)车床结构示意图　　　　(b)装配尺寸链图

图 8.12　卧式车床主轴中心线与尾座套筒中心线等高示意图

1— 主轴箱;2— 尾座;3— 底板;4— 床身

8.2.2　保证装配精度的工艺方法

为保证机械产品装配精度常用的方法主要有互换装配法、分组装配法、修配装配法及调整装配法四种。

用控制零件的加工误差来保证装配精度的方法称为互换装配法。按其程度不同,分为完全互换法与部分互换法两种。完全互换法就是机器在装配过程中每个待装配零件不需挑选、修配和调整,装配后就能达到装配精度要求的一种装配方法。

$$T_\Sigma = T_1 + T_2 + \cdots + T_m \tag{8.1}$$

式中　T_Σ—— 装配允许公差;

T_m—— 各相关零件的制造公差;

m—— 组成环数。

部分互换法也称为大数互换法。它是将各相关零件的制造公差适当放大,使加工容易而经济,并且能保证绝大多数产品达到装配要求的一种方法。但装配后可能会有少量的产品达不到装配精度要求,可通过更换组成环中的 1 ~ 2 个零件来解决。

$$T_\Sigma \geqslant \sqrt{T_1^2 + T_2^2 + \cdots + T_m^2}$$

分组装配法是先将组成环的公差相对于互换装配法所要求之值放大若干倍,使其能经济地加工出来,然后各组成环按其实际尺寸大小分成若干组,并按对应组进行互换法装配。

修配法是将各组成环的公差相对于互换装配法所求之值增大,使其能按现生产条件下较经济的公差加工,装配时将尺寸链中某一预先选定的环去除部分材料,以满足装配精度要求。

调整装配法是在除调整环外均以加工经济精度制造的基础上,通过调节调整环的尺寸及相对位置的方法达到装配精度要求。各种装配方法的特点及应用范围见表 8.1。

装配方法的具体选择应根据机器的使用性能、结构特点和装配精度要求以及生产批量、现有生产技术条件等因素综合考虑。装配尺寸链各环尺寸及公差需通过尺寸链的分析计算确定。

表 8.1　常用的装配方法及其适用范围

装配方法	工艺特点	适用范围	注意事项
完全互换法	1. 装配操作简单，质量稳定 2. 便于组织流水作业 3. 有利于维修工作 4. 对零件的加工精度要求较高	零件数较少、批量大、可用经济加工精度时；或零件数较多、批量较小而装配精度不高时，如汽车、拖拉机、中小型柴油机和缝纫机的部件的装配，应用较广	一般情况下优先考虑
部分互换法	零件加工公差较完全，互换法放宽，具有完全互换法 1 ~ 3 项特点，有极少数超差产品	适用于零件数多、批量大、装配精度要求较高的机器结构，适用其他一些部件的装配	注意检查，对不合格的零件须退修或更换为能补偿偏差的零件
分组法	1. 各零件的加工公差按装配精度要求的公差放大数倍；或零件加工公差不变时提高配合精度 2. 增加了对零件的测量、分组以及储存、运输工作	适用于大批量生产中，零件数少、装配精度很高，又不便采用调整装置时，如中小型柴油机的活塞和活塞销、滚动轴承的内外圈与滚动体	一般以分成 3 ~ 5 组为宜，对零件的组织管理工作要求严格
修配法	1. 依靠工人的技术水平，可获得很高的精度，但增加了装配过程中的手工修配或机械加工 2. 在复杂、精密的部装或总装后作为整体配对进行一次精加工，消除其累积误差	一般用于单件小批生产、装配精度高、不便于组织流水作业的场合，如主轴箱底用加工或刮研除去一层金属，更换加大尺寸的新键，平面磨床工作台进行“自磨”，特殊情况下也可用于大批生产，如喷油泵精密偶件的自动配磨或配研	一般应选用易于拆装且修配面较小的零件为修配件，应尽可能利用精密加工方法代替手工操作
调整法	1. 可按经济加工精度加工，有高的装配精度，在一定程度上依赖工人技术水平 2. 采用定尺寸调整件时，操作较方便，可在流水作业中应用 3. 增加调整件或机构，易影响配合副的刚性	适用于零件较多、装配精度高而又不宜用分组装配时；易于保持或恢复调整精度可用于多种装配场合，如滚动轴承调整间隙的隔圈、锥齿轮调整啮合间隙的垫片、机床导轨的镶条等	选用定尺寸调整件（如不同规格的垫片、套筒）或可调件，利用其斜面、锥面、螺纹等，可改变零件之间的相互位置，采用可调件应考虑有防松措施

8.3　装配尺寸链

8.3.1　装配尺寸链

装配尺寸链是指产品或部件在装配过程中,由相关零部件的有关尺寸(表面或中心线间距离)或相互位置关系(平行度、垂直度或同轴度)所组成的尺寸链。

在装配尺寸链中,每个尺寸都是尺寸链的组成环。装配精度指标常作为封闭环,是不同零件或部件的表面或中心线间的相对位置尺寸,是装配后形成的。每个零件的尺寸是一个组成环,有时两个零件之间的间隙也构成组成环,装配尺寸链主要解决装配精度问题。

装配尺寸链可以按各环的几何特征和所处空间位置分为线性尺寸链、角度尺寸链、平面尺寸链及空间尺寸链。平面尺寸链可分解成直线尺寸链求解。线性尺寸链、角度尺寸链和平面尺寸链的例子分别如图 8.13 ~ 8.15 所示。

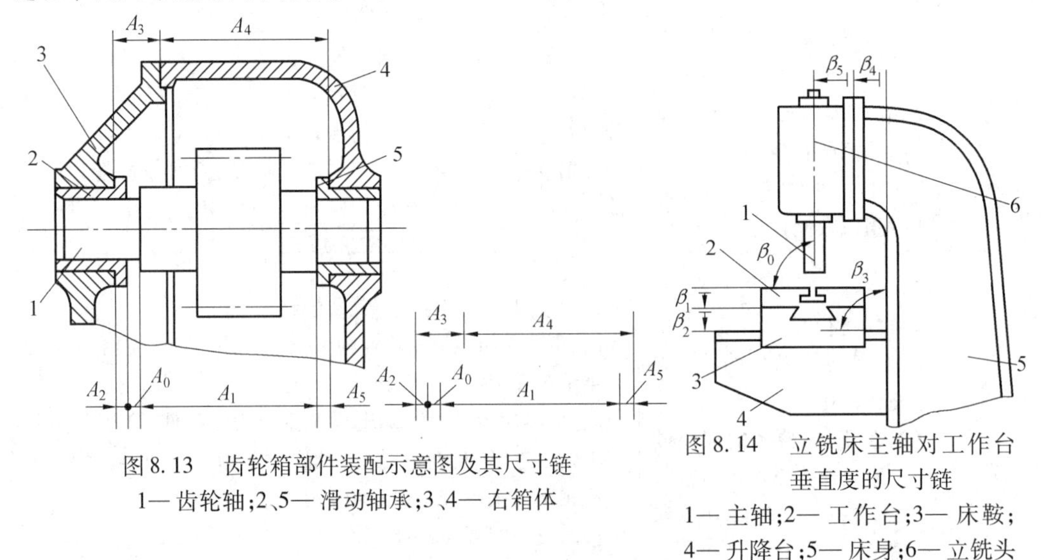

图 8.13　齿轮箱部件装配示意图及其尺寸链
1— 齿轮轴;2、5— 滑动轴承;3、4— 右箱体

图 8.14　立铣床主轴对工作台垂直度的尺寸链
1— 主轴;2— 工作台;3— 床鞍;4— 升降台;5— 床身;6— 立铣头

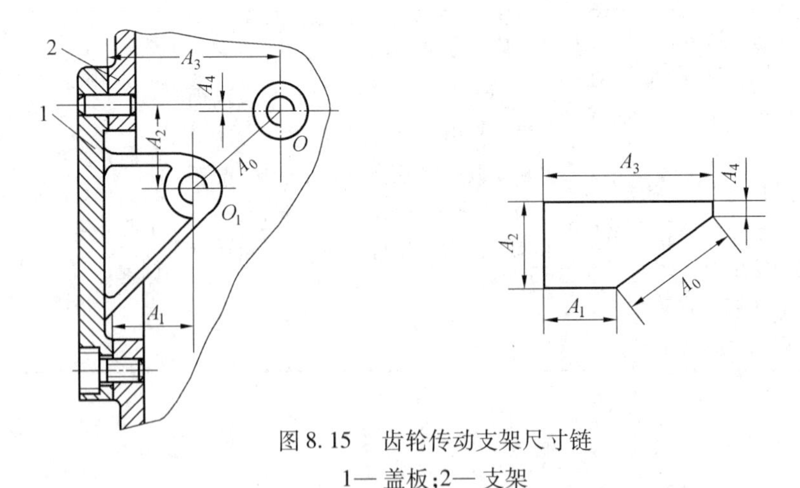

图 8.15　齿轮传动支架尺寸链
1— 盖板;2— 支架

8.3.2　装配尺寸链的建立

正确建立装配尺寸链，是进行尺寸链分析、计算的前提。装配尺寸链的建立主要分为两步：首先，应该确定装配结构中的封闭环，通常装配尺寸链封闭环就是装配精度要求；其次，确定装配尺寸链的查找方法，取封闭环两端的零件为起点，沿装配精度要求的位置方向，以装配基准面为联系线索，分别查明装配关系中影响装配精度要求的那些有关零件，直至找到同一基准零件或同一基准表面为止。所有零件上连接两个装配基准面间的位置尺寸和位置关系，便是装配尺寸链的组成环。建立尺寸链时，应遵循封闭及环数最少原则。组成装配尺寸链时，应使每个有关零件只有一个尺寸列入装配尺寸链。

8.3.3　装配尺寸链的计算方法及应用

在确定了装配尺寸链后，就可以进行具体的分析计算工作。装配尺寸链的计算公式与工艺尺寸链相同，有分极值法和概率法两种。装配尺寸链的计算包括两个方面：正向计算和反向计算。正向计算指已有产品装配图和全部零件图，已知尺寸链的封闭环，各组成环的基本尺寸、公差及偏差，求封闭环的基本尺寸、公差及偏差；然后和已知条件对比，验证各环精度是否合理。而反向计算是指已知装配精度（封闭环）的基本要求，确定各组成环的基本尺寸、公差及偏差。因此，正向计算用于对已设计的装配图样的校验，而反向计算用于设计过程中确定各零部件的尺寸及加工精度。

1. 互换法

采用互换法装配时，被装配的每个零件不需做任何挑选、修配和调整就能达到规定的装配精度要求。用互换法装配，其装配精度主要取决于零件的制造精度。根据零件的互换程度，互换装配法可分为完全互换装配法和不完全互换装配法。

（1）完全互换装配法。采用完全互换装配法，装配尺寸链采用极值法计算公式[见式(6.15) ~ (6.20)]计算。在进行装配尺寸链反向计算时，已知封闭环（装配精度）的公差 TA_0，则 m 个组成环的公差 TA_i 可按“等公差”原则（$TA_1 = TA_2 = \cdots = TA_m$）先确定它们的平均极值公差 TA_{av}

$$TA_{av} = \frac{TA_0}{\sum_{i=1}^{m} |\varepsilon_i|} \tag{8.2}$$

对于直线尺寸链 $|\varepsilon_i| = 1$，则

$$TA_{av} = \frac{TA_0}{m} \tag{8.3}$$

然后根据各组成环尺寸大小和加工的难易程度，对各组成环的公差进行适当的调整。在调整时可参照下列原则：

① 组成环是标准件尺寸（如轴承或弹性挡圈厚度等）时，其公差值及其分布在相应标准中已有规定，应为确定值。

② 组成环是几个尺寸链的公共环时，其公差值及其分布由其中要求最严格的尺寸链先行确定，对其余尺寸链则应成为确定值。

③ 尺寸相近、加工方法相同的组成环,其公差值相等。

④ 难加工或难测量的组成环,其公差可取较大数值;容易加工或测量的组成环,其公差取较小数值。

在确定各组成环极限偏差时,一般按“入体原则”标注,入体方向不明的长度尺寸,其极限偏差按“对称偏差”标注。

显然,组成环按上述原则确定公差并取标准值时,必须选择其中一环作为协调环,按极值法相关公式确定其公差和分布,以保证装配精度要求。标准件或公共环不能作为协调环,协调环的制造难度应与其他组成环加工的难度基本相当。

(2) 部分互换装配法(概率法)。部分互换装配法相对于完全互换装配法,可以增加组成环公差,降低加工成本,但可能会出现少量不合格品。部分互换装配法采用概率法计算公式[见式(6.21) ~ (6.27)],反计算方法与完全互换装配法相同。

对于正态分布的直线尺寸链,各组成环平均统计公差为

$$TA_{avq} = \frac{TA_0}{\sqrt{m}} \tag{8.4}$$

例 8.1 如图 8.16 所示齿轮与轴组件装配,齿轮空套在轴上,要求齿轮与挡圈的轴向间隙为 0.05 ~ 0.35 mm。已知各相关零件的基本尺寸为:A_1 = 30 mm,A_2 = 5 mm,A_3 = 44 mm,$A_4 = 4_{-0.05}^{\ \ 0}$ mm(标准件),A_5 = 5 mm。试用完全互换装配法确定各组成环的偏差。

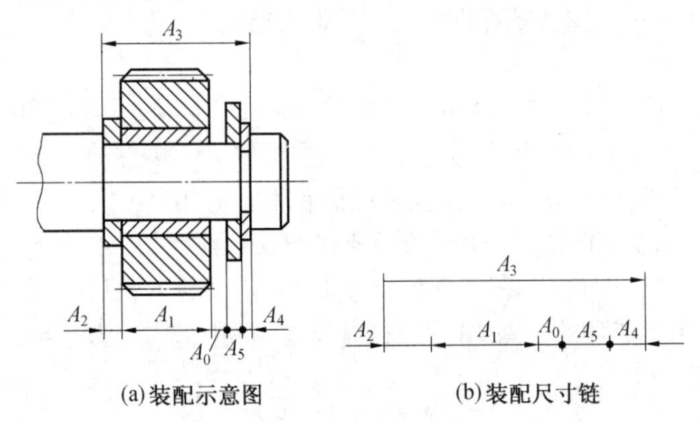

图 8.16 齿轮与轴组件装配

解 (1) 画装配尺寸链图如图 8.16(b) 所示,校验各环基本尺寸。

依题意,轴向间隙为 0.05 ~ 0.35 mm,则封闭环 $A_0 = 0_{+0.05}^{+0.35}$ mm,封闭环公差 T_{A_0} = 0.30 mm。A_3 为增环,A_1、A_2、A_4、A_5 为减环,$\xi_3 = +1$,$\xi_1 = \xi_2 = \xi_4 = \xi_5 = -1$。

$$A_0 = \sum_{i}^{m} \xi_i A_i = A_3 - (A_1 + A_2 + A_4 + A_5) = 44 - (30 + 5 + 4 + 5) = 0 \text{ mm}$$

由计算可知,各组成环基本尺寸无误。

(2) 确定各组成环公差。

计算各组成环的平均极值公差 TA_{av} 为

$$TA_{av} = T_0/m = 0.30 \text{ mm}/5 \text{ mm} = 0.06 \text{ mm}$$

以平均公差为基础,根据各组成环的尺寸、零件加工难易程度,确定各组成环公差。

A_4 为标准件,$A_4 = 4_{-0.05}^{0}$mm,$T_4 = 0.05$ mm,A_5 为一垫片,易于加工测量,故选 A_5 为协调环。其余组成环公差为 $T_1 = 0.06$ mm,$T_2 = 0.04$ mm,$T_3 = 0.07$ mm,公差等级约为 IT9。

则

$$T_5 = T_0 - (T_1 + T_2 + T_3 + T_4) = [0.30 - (0.06 + 0.04 + 0.07 + 0.05)]\text{mm} = 0.08 \text{ mm}$$

(3) 确定各组成环的极限偏差。

除协调环外各组成环按"入体原则"标注为

$$A_1 = 30_{-0.06}^{0} \text{ mm}, \quad A_2 = 5_{-0.04}^{0} \text{ mm}, \quad A_3 = 44_{0}^{+0.070} \text{ mm}$$

由式(6.18)计算协调环的偏差

$$EI_5 = ES_3 - ES_0 - (EI_1 + EI_2 + EI_4) = [0.07 - 0.35 - (-0.06 - 0.04 - 0.05)] \text{ mm} = -0.13 \text{ mm}$$

$$ES_5 = EI_5 + T_5 = (-0.13 + 0.08)\text{mm} = -0.05 \text{ mm}$$

所以协调环 $A_5 = 5_{-0.05}^{-0.10}$ mm。

例 8.2　如果上例改用部分互换法装配,其他条件不变,试确定各组成环的偏差。

解　(1) 画装配尺寸链图,校验各环基本尺寸与上例相同。

(2) 确定各组成环公差。

假定该产品大批量生产,工艺稳定,则各组成环尺寸按正态分布,各组成环平均统计公差为

$$TA_{avq} = \frac{T_0}{\sqrt{m}} = \frac{0.30}{\sqrt{5}} \text{ mm} \approx 0.13 \text{ mm}$$

A_3 为包容(孔槽)尺寸,较其他零件难加工。现选 A_3 为协调环,则应以平均统计公差为基础,参考各零件尺寸和加工难度,从严选取各组成环公差。

$T_1 = 0.14$ mm,$T_2 = T_5 = 0.08$ mm,其公差等级为 IT11。$A_4 = 4_{-0.05}^{0}$(标准件)mm,$T_4 = 0.05$ mm,则

$$T_3 = \sqrt{T_0^2 - (T_1^2 + T_2^2 + T_4^2 + T_5^2)} = \sqrt{0.30^2 - (0.14^2 + 0.08^2 + 0.05^2 + 0.08^2)} \text{ mm} = 0.23 \text{ mm}(\text{只舍不进})$$

(3) 确定组成环的偏差。

除协调环外各组成环按"入体原则"标注为

$$A_1 = 30_{-0.14}^{0}\text{mm}, \quad A_2 = 5_{-0.08}^{0}\text{mm}, \quad A_5 = 5_{-0.08}^{0}\text{mm}$$

由式(6.24)得

$$A_{3M} = A_{0M} + (A_{1M} + A_{2M} + A_{4M} + A_{5M}) = [0.2 + (30 - 0.07) + (5 - 0.04) + (4 - 0.025) + (5 - 0.04)] = 44.025 \text{ mm}$$

所以

$$A_3 = (44.025 \pm 0.115)\text{mm} = 44_{-0.09}^{+0.14} \text{ mm}$$

2. 分组法

当封闭环精度要求很高时,如果采用互换装配法,则组成环公差非常小,使加工十分困难且不经济。分组装配法是将组成环的公差按完全互换法装配算出后放大数倍,达到经济精度公差数值。再对零件加工后测量实际尺寸的大小进行分组,相对应组进行互换

装配以达到规定的装配精度。由于组内零件可以互换,又称分组互换法。必须保证分组后各对应组的配合性质和配合精度仍能满足原装配精度的要求,所以必须满足如下条件:

① 为保证装配后的配合性质和配合精度不变,配合件的公差范围应相等;公差应同方向增加;增大的倍数应等于以后的分组数。满足这些条件后,可以把同一零件的各组看成是公差相等、偏差相同、基本尺寸等差(相差一个原有公差)的零件组。因而,分组后相配零件相对于原配合零件只是基本尺寸同步增加或减少,配合性质及精度保持不变。

② 为保证零件分组后对应零件组的数量匹配,应使配合件的尺寸分布为相同的对称分布(如正态分布)。如果分布曲线不相同或为不对称分布曲线,将产生各组相配零件数量不等,造成一些零件的积压浪费。为反映零件的尺寸分布,零件批量应足够大。

③ 配合件的表面粗糙度、相互位置精度和形状精度保持不变。否则,分组装配后的配合性质和精度将受到影响。

④ 分组数不宜过多,零件的公差只要放大到经济加工精度即可。否则,会增加零件测量、分类、保管工作量。

分组装配法的主要优点是:零件的制造精度不高,但却可获得很高的装配精度;组内零件可以互换,装配效率高。不足之处是:增加了零件测量、分组、存储、运输的工作量。分组装配法适用于在大批量生产中装配那些组成环数少而装配精度又要求特别高的机器结构,如通常用于汽车、拖拉机及轴承制造业等大批量生产中。

例 8.3 如图 8.17(a) 所示为某一汽车发动机活塞销 1 与活塞销孔的装配关系,销子和孔的基本尺寸为 $\phi 28$ mm,在冷态装配时要求有 0.002 5 ~ 0.007 5 mm 的过盈量。试用分组装配法确定活塞销及销孔的公差及偏差。

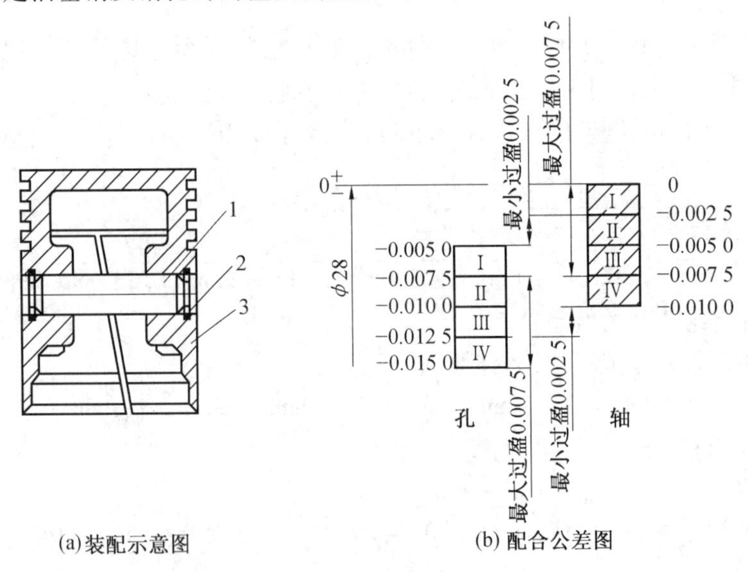

图 8.17　活塞销与活塞的装配关系

1—活塞销;2—孔用挡圈;3—活塞

解　(1) 根据题意,装配精度(过盈量)的公差 T_0 = (0.007 5 - 0.002 5) mm = 0.005 0 mm。若按完全互换装配法,将 T_0 平均分配给活塞销及销孔,则尺寸分别为活塞

销 $d=\phi 28_{-0.0025}^{0}$ mm 和销孔 $D=\phi 28_{-0.0075}^{-0.0050}$ mm，精度等级相当于 IT2 级，显然，制造很困难，也不经济。

（2）采用分组装配法，将原公差同方向放大 4 倍，销、孔尺寸分别为 $d=\phi 28_{-0.010}^{0}$ mm，$D=\phi 28_{-0.015}^{-0.005}$ mm，精度等级相当于 IT5 ~ IT6 级，制造较容易，也比较经济；按实际加工尺寸分成 4 组，分别用不同的颜色标记。装配时相同颜色标记的活塞销和销孔相配。具体分组情况见表 8.2。

表 8.2　活塞销与活塞销孔直径分组　mm

组别	标志颜色	活塞销直径 $d=\phi 28_{-0.010}^{0}$	活塞销孔直径 $D=\phi 28_{-0.015}^{-0.005}$	配合情况	
				最小过盈	最大过盈
Ⅰ	红	$\phi 28_{-0.0025}^{0}$	$\phi 28_{-0.0075}^{-0.0050}$	0.002 5	0.007 5
Ⅱ	白	$\phi 28_{-0.0050}^{-0.0025}$	$\phi 28_{-0.0100}^{-0.0075}$		
Ⅲ	黄	$\phi 28_{-0.0075}^{-0.0050}$	$\phi 28_{-0.0125}^{-0.0100}$		
Ⅳ	绿	$\phi 28_{-0.0100}^{-0.0075}$	$\phi 28_{-0.0150}^{-0.0125}$		

3. 修配法

在修配法中，将装配尺寸链中各组成环按经济加工精度制造、装配时，通过改变尺寸链中某一预先确定的组成环（修配环）尺寸的方法来保证装配精度。采用修配法装配时，由于组成环公差放大后，各组成环公差之和超出了装配精度要求，超出部分通过修配补偿，因此，最大修配量即为此超出部分。在尺寸链解算时的主要问题是：在保证修配量足够且最小的原则下，计算修配环的尺寸。

修配环的选择应注意以下原则：

① 选易于修配且装卸方便的零件。

② 若有并联尺寸链，选非公共环，否则修配后，保证了一个尺寸的装配要求，但又破坏了另一个尺寸链的装配精度要求。

③ 选不进行表面处理的零件，以免破坏表面处理层。

修配环被修配后对封闭环尺寸变化的影响有两种情况：一种是使封闭环尺寸变小，另一种是使封闭环尺寸变大。因此，用修配法解算装配尺寸链时，可根据这两种情况进行计算。解算尺寸链的主要问题是如何合理确定修配环公差带的位置，使修配时有足够而又尽可能小的修配余量。

如果修配环修配时，封闭环尺寸变大，则应使组成环公差放大后得到的封闭环实际尺寸的最大极限尺寸 $A_{0\max}^{*}$ 不大于规定的封闭环的最大极限尺寸 $A_{0\max}$；如果修配环修配时，封闭环尺寸变小，则应使组成环公差放大后得到的封闭环实际尺寸的最小极限尺寸 $A_{0\min}^{*}$ 不大于规定的封闭环的最小极限尺寸 $A_{0\min}$。否则，无法进行修配。

为了保证修配环被修配的表面具有良好的接触刚度，保证配合质量，应确保最小的修配量 $K_{\min}$。一般取最小修配量 $K_{\min}=0.05 \sim 0.10$ mm，取最小刮研量 $K_{\min}=0.10 \sim 0.20$ mm。如果最大修配量过大，则应适当调整组成环的公差。

下面以修配环修配时，封闭环尺寸变大情形为例说明采用修配装配法装配时尺寸链的计算步骤和方法。

例8.4 如图8.16所示齿轮与轴组件装配，已知：$A_1=30$ mm，$A_2=5$ mm，$A_3=44$ mm，$A_4=4^{0}_{-0.05}$ mm（标准件），$A_5=5$ mm。装配后齿轮与挡圈的轴向间隙为0.05～0.35 mm。现采用修配装配法，试确定修配环尺寸并验算修配量。

解 (1)选择修配环。组成环A_5为一垫片，修配方便，故选A_5为修配环。

(2)确定组成环公差及偏差。

按加工经济精度确定各组成环公差，并按“入体原则”标注确定极限偏差，得$A_1=30^{\ 0}_{-0.20}$ mm，$A_2=5^{\ 0}_{-0.10}$ mm，$A_3=44^{+0.20}_{\ 0}$ mm，$A_4=4^{\ 0}_{-0.05}$ mm。并设$A_5=5^{\ 0}_{-0.10}$ mm，各零件公差约为IT11，可以经济加工。

(3)计算组成环放大后封闭环尺寸A_0^*

$A_{0\max}^* = A_{3\max} - (A_{1\min}+A_{2\min}+A_{4\min}+A_{5\min}) =$
$(44+0.20)-[(30-0.20)-(5-0.10)-(4-0.05)-(5-0.10)]\text{mm} =$
0.65 mm

$A_{0\min}^* = A_{3\min} - (A_{1\max}+A_{2\max}+A_{4\max}+A_{5\max}) = [44-(30+5+4+5)\text{mm} = 0$ mm

由题可知

$$A_0 = 0^{+0.35}_{+0.05}\ \text{mm},\quad T_0 = 0.30\ \text{mm}$$

显然A_0^*与A_0不符，需要通过修配环A_5来达到规定的装配精度。

(4)确定修配环尺寸A_5。如图8.18所示A_0与A_0^*比较可知，若装配后轴向间隙超出+0.35 mm，则无法通过修配环A_5达到装配精度要求。由尺寸链关系可知，适当增加A_5（修配时A_0变大）基本尺寸，可以使A_0^*公差带位置下移。但增大A_5的基本尺寸，装配过程中的修配量相应增大。为使最大修配量不致过大，如果取最小修配量$K_{\min}=0$ mm，则修配环A_5的基本尺寸增加量ΔA_5，为

$$\Delta A_5 = (0.65-0.35)\text{mm} = 0.30\ \text{mm}$$

故修配环A_5的尺寸为

$$A_5 = (5+0.30)^{\ 0}_{-0.10}\ \text{mm} = 5^{+0.30}_{+0.20}\ \text{mm}$$

(5)验算修配量。图8.18右侧公差带为修配环按$A_5=5^{+0.30}_{+0.20}$ mm制造时，轴向间隙变化范围。

由图可知，最大修配量$K_{\max}=(0.05+0.30)\text{mm}=0.35$ mm，最小修配量$K_{\min}=0$ mm。修配量合理。

如果考虑最小修配量$K_{\min}=0.10$ mm，则由尺寸关系可知，修配环基本尺寸及最大修配量各增加0.10 mm。即$A_5=5.1^{+0.30}_{+0.20}$ mm $=5^{+0.40}_{+0.30}$ mm，$K_{\max}=0.50$ mm。

4.调整法

调整法装配时用改变调整件在机器结构中的相对位置或选用合适的调整件来达到装配精度的装配方法。

调整装配法与修配装配法的原理基本相同。在以装配精度要求为封闭环建立的装配尺寸链中，除调整环外各组成环均以加工经济精度制造，由于扩大组成环制造公差累积造成的封闭环过大的误差，通过调节调整件（或称补偿件）相对位置的方法消除，最后达到装配精度要求。

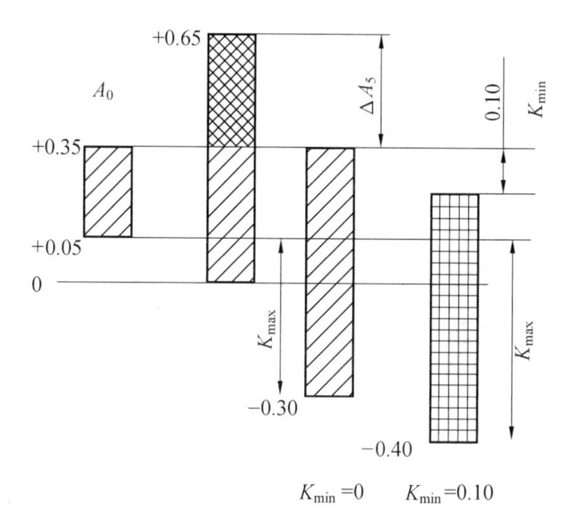

图 8.18　修配法装配与修配环尺寸的确定

调整法的主要优点是:组成环均可以加工经济精度制造,但却可获得较高的装配精度;装配效率比修配装配法高。不足之处是要另外增加一套调整装置。

常见的调整方法有可动调整法、固定调整法和误差抵消调整法等三种。

(1) 可动调整法。通过改变零件的相对位置来达到装配精度的方法。这种方法调整比较方便,在机械产品的装配中被广泛采用。靠拧螺钉来调整轴承外环相对于内环的位置,从而使滚动体与内环、外环间具有适当间隙,螺钉调到位后,用螺母背紧,如图 8.19(a) 所示。车床刀架横向进给机构中丝杠螺母副间隙调整机构,丝杠螺母间隙过大时,可拧动调节螺钉,调节楔块的上下位置,使左、右螺母分别靠紧丝杠的两个螺旋面,以减小丝杠与左、右螺母之间的间隙,如图 8.19(b) 所示。

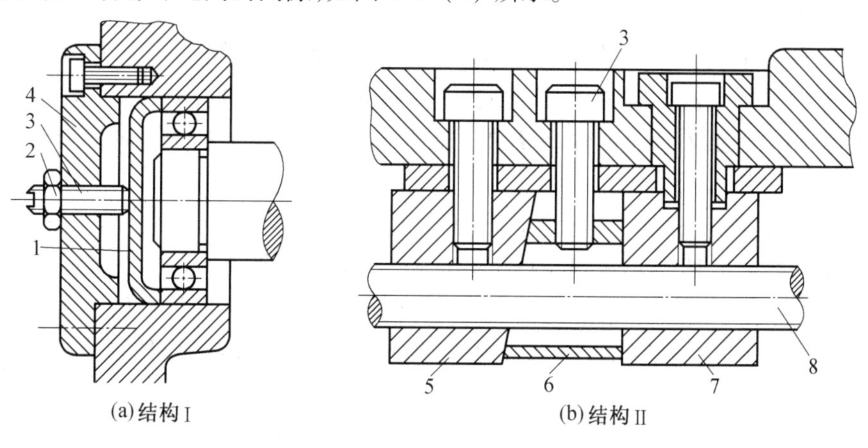

图 8.19　可动调整法装配示例

1— 轴承调节套筒;2— 螺母;3— 螺钉;4— 轴承端盖;5、7— 丝杠螺母;6— 撑垫;8— 丝杠

(2) 固定调整法。在装配尺寸链中加入一个零件作为调整环。该调整环零件是按一定的尺寸间隔制成一组零件,根据需要,选用其中某一尺寸的零件作为补偿。实际上通过改变某一零件的尺寸大小,来保证要求的装配精度。常用的调整件有轴套、垫片、垫圈

等。

采用固定调整法时，计算装配尺寸链的关键是确定调整环的组数和各组的尺寸。

① 确定调整环的组数。

首先确定补偿量 F。采用固定调整装配法时，由于放大组成环公差，装配后的实际封闭环的公差 $T(A_0^*)$ 必然超出设计要求的公差 T_0，其超差量需用调整环补偿，该补偿量 F 等于超差量，即

$$F = T(A_0^*) - T_0 \tag{8.5}$$

其次，要确定每组调整环的补偿能力 S。若忽略调整环的制造公差 TA_k，则调整环的补偿能力 S 就等于封闭环公差要求值 T_0；若考虑补偿环的公差 $T(A_k)$，则调整环的补偿能力为

$$S = T_0 - T(A_k) \tag{8.6}$$

当第一组调整环无法满足补偿要求时，就需用相邻一组的调整环来补偿。所以，相邻组别调整环基本尺寸之差也应等于补偿能力 S，以保证补偿作用的连续进行。因此，分组数 Z 可表示为

$$Z = \frac{F}{S} + 1 \tag{8.7}$$

计算所得分组数 Z 后，要圆整至邻近的较大整数。

② 计算各组调整环的尺寸。由于各组调整环的基本尺寸之差等于补偿能力 S，所以只要先求出某一组调整环的尺寸，就可推算出其他各组调整环的尺寸。常用的方法有最小、最大尺寸计算法和中间尺寸计算法，比较方便的办法是先求出调整环的中间尺寸，再求其他各组尺寸。

调整环的中间尺寸可先由各环中间偏差的关系式，求出调整环的中间偏差后再求得。

当调整环的组数 Z 为奇数时，求出的中间尺寸就是调整环中间一组尺寸的平均值。其余各组尺寸的平均值相应增加或减小各组之间的尺寸差 S 即可。

当调整环的组数 Z 为偶数时，求出的中间尺寸是调整环的对称中心，再根据各组之间的尺寸差 S 安排各组尺寸。

调整环的极限偏差也按“入体原则”标注。

例 8.5 如图 8.16 所示齿轮与轴组件装配，已知：$A_1 = 30$ mm，$A_2 = 5$ mm，$A_3 = 44$ mm，$A_4 = 4_{-0.05}^{\ 0}$ mm（标准件），$A_5 = 5$ mm。装配后齿轮与挡圈的轴向间隙为 0.05 ~ 0.35 mm。现采用固定调整装配法装配，试确定各组成环的尺寸偏差，并求调整件的分组数及尺寸系列。

解 （1）画装配尺寸链、校核各组成环基本尺寸与例 8.1 相同。

（2）选择调整件：A_5 为一垫圈，加工比较容易、装卸方便，故选择 A_5 为调整件。

（3）确定各组成环的公差和偏差。

按加工经济精度确定各组成环公差，并按“入体原则”标注确定极限偏差，得：$A_1 = 30_{-0.20}^{\ 0}$ mm，$A_2 = 5_{-0.10}^{\ 0}$ mm，$A_3 = 44_{\ 0}^{+0.20}$ mm，$A_4 = 4_{-0.05}^{\ 0}$ mm。并取 $T_5 = 0.10$ mm，各零件公差等级约为 IT11，可以经济加工。

计算各环的中间偏差

$\Delta A_0=+0.2\ \text{mm}, \Delta A_1=-0.10\ \text{mm}, \Delta A_2=-0.05\ \text{mm}, \Delta A_3=+0.10\ \text{mm}, \Delta A_4=-0.025\ \text{mm}$

(4) 计算补偿量 F 和调整环的补偿能力 S。

$$F=T(A_0^*)-T_0=(T_1+T_2+T_3+T_4+T_5)-T_0=$$
$$[(0.20+0.10+0.20+0.05+0.10)-0.30]\text{mm}=0.35\ \text{mm}$$
$$S=T_0-T(A_k)=T_0-T_5=(0.30-0.10)\text{mm}=0.2\ \text{mm}$$

(5) 确定调整环组数 Z。

$$Z=F/S+1=0.35/0.2+1=2.75\approx 3$$

(6) 计算调整环的中间偏差和中间尺寸。

$$\Delta A_5=\Delta A_3-\Delta A_0-(\Delta A_l+\Delta A_2+\Delta A_4)=$$
$$[0.10-0.2-(-0.10-0.05-0.025)]\text{mm}=0.075\ \text{mm}$$
$$A_{5M}=(5+0.075)\text{mm}=5.075\ \text{mm}$$

(7) 确定各组调整环的尺寸。因调整环的组数为奇数,故求得的 A_{5M} 就是调整环中间一组尺寸的平均值,各组尺寸差 $S=0.2$ mm。各组尺寸的平均值分别为 $(5.075+0.2/2)$ mm,(5.075) mm,及 $(5.075-0.2/2)$ mm,各组公差为 ±0.05 mm。因此,$A_5=5_{-0.075}^{+0.025}$ mm,$5_{+0.025}^{+0.125}$ mm,$5_{+0.125}^{+0.225}$ mm。

如果装配后齿轮与挡圈的轴向间隙为0.1～0.35 mm,则 $F=0.40$ mm,$S=0.15$ mm,$Z\approx 4$,$\Delta A_5=0.05$ mm,$A_{5M}=5.05$ mm,因调整环的组数为偶数,故求得的 A_{5M} 就是调整环的对称中心,各组尺寸差 $S=0.15$ mm。各组尺寸的平均值分别为 $(5.05+0.15+0.15/2)$ mm,$(5.05+0.15/2)$ mm,$(5.05-0.15/2)$ mm 及 $(5.05-0.15-0.15/2)$ mm,各组公差为 ±0.05 mm。因此,$A_5=5_{-0.225}^{-0.125}$ mm,$5_{-0.075}^{+0.025}$ mm,$5_{+0.075}^{+0.175}$ mm,$5_{+0.225}^{+0.325}$ mm。

(3) 误差抵消调整法。利用某些组成环误差的大小和方向,在装配时,合理选择装配方向,使其相互抵消一部分,以提高装配精度的方法。如安装车床主轴时,可先分别确定主轴前、后轴承引起主轴前端定位面径向跳动的大小和方向,然后,调整轴承的安装方向,使各自产生的径向跳动方向相反而抵消一部分,从而控制主轴的径向跳动。

综上所述,可动调整法和误差抵消调整法适用于小批生产,固定调整法则主要适用于大批量生产。

8.4　装配工艺规程制订

8.4.1　装配工艺规程制订的原则及原始资料

装配工艺规程是将装配工艺过程用文件形式规定下来。它是指导装配工作的技术文件,也是进行装配生产计划及技术准备的主要依据。对于设计或改建一个机器制造厂,它是设计装配车间的基本文件之一。装配工艺规程对保证装配质量、提高装配效率、缩短装配周期、减轻工人劳动强度、缩小装配占地面积、降低生产成本等都有重要的影响。

1. 装配工艺规程制订的原则

(1) 保证产品装配质量,延长产品的使用寿命。

(2) 选择合理的装配方法,综合考虑加工和装配的整体效益。

(3) 合理安排装配顺序和工序,尽量减少钳工手工劳动量,缩短装配周期,提高装配效率。

(4) 尽量减少装配占地面积,提高单位面积的生产率。

(5) 尽量采用和发展新工艺、新技术,减少装配工作所占的成本。

2. 装配工艺规程制订的原始资料

在制定装配工艺规程前,应收集准备相关的原始资料,以便开展这一工作。主要原始资料有以下几个方面:

(1) 产品装配图及验收技术条件。产品的装配图应包括总装配图和部件装配图,并能清晰地表示出。

① 零、部件的相互连接情况及其联系尺寸。

② 装配精度和其他技术要求。

③ 零件明细表等。

(2) 产品的生产纲领。生产纲领决定了产品的生产类型。生产类型不同,装配的组织形式、装配方法、工艺过程的划分、设备及工艺装备专业化或通用化水平、对工人技术水平的要求和工艺文件格式等均有很大不同。大批量生产应尽量选择专用的装配设备和工具,采用流水线作业方式;成批、单件小批生产,则大多采用固定装配方式,手工操作比重大。

(3) 生产条件。在制订装配工艺规程时,要考虑工厂现有的生产和技术条件,如装配车间的生产面积、装配工具和装配设备、装配工人的技术水平等,使所制订的装配工艺能够切合实际,符合生产要求。

8.4.2 制订装配工艺规程的步骤

制定装配工艺规程主要有以下几个步骤:

(1) 熟悉和审查产品的装配图和验收条件。审核产品图样的完整性、正确性;分析产品的结构工艺性;审核产品装配的技术要求和验收标准,分析与计算产品装配尺寸链。

(2) 确定装配方法和装配组织形式。装配的方法和组织形式的选择主要取决于产品的结构特点(包括重量、尺寸)、生产纲领和生产条件。确定装配方法,优先采用完全互换法。

(3) 划分装配单元。将产品划分为部件、组件和套件等装配单元是制定装配工艺规程中最重要的步骤之一,这对大批量生产结构复杂的产品尤为重要。装配单元的划分要便于装配。装配基准件通常应是产品的基体或主干零、部件。基准件应有较大的体积和质量,有足够的支承面,以满足陆续装入零、部件时的作业要求和稳定要求。例如,床身零件是床身组件的装配基准零件;床身组件是床身部件的装配基准组件;床身部件是机床产品的装配基准部件。

(4) 确定装配顺序。在划分装配单元并确定装配基准件以后,即可安排装配顺序。安排装配顺序的一般原则是“先难后易、先内后外、先下后上,先重大后轻小,预处理工序在前”。

卧式车床床身装配简图如图 8. 20 所示，床身部件装配工艺系统图如图 8. 21 所示。

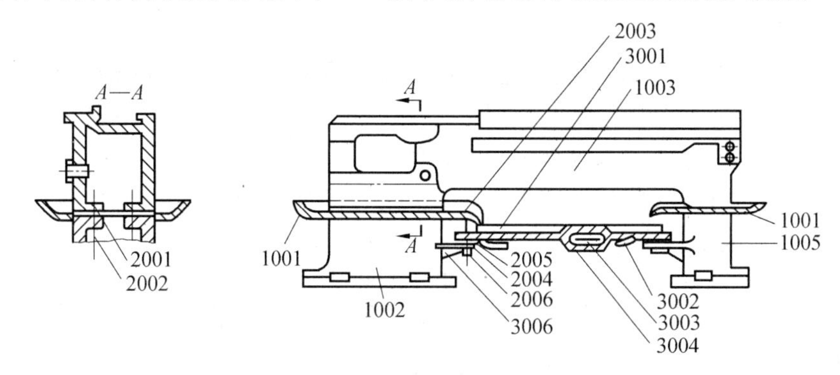

图 8. 20　卧式车床床身装配简图

(5) 划分装配工序。装配顺序确定后，就可将装配工艺过程划分为若干工序，其主要工作如下：

① 确定工序集中与分散的程度。

② 划分装配工序，确定工序内容。

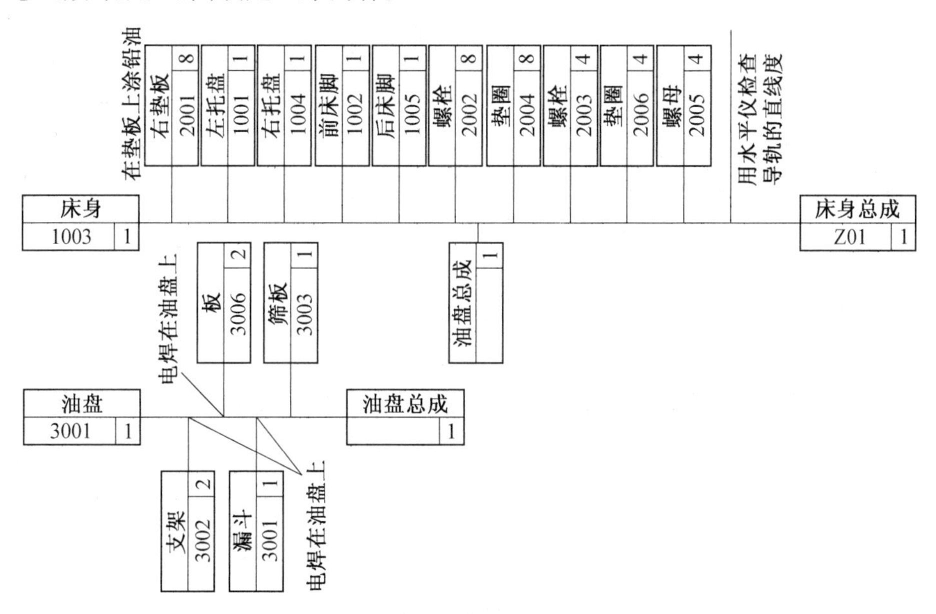

图 8. 21　床身部件装配工艺系统图

③ 确定各工序所需的设备和工具，如需专用夹具与设备，则应拟定设计任务书。

④ 制定各工序装配操作规范，如过盈配合的压入力、变温装配的装配温度以及紧固件的力矩等。

⑤ 制定各工序装配质量要求与检测方法。

⑥ 确定工序时间定额，平衡各工序节拍。

(6) 编制装配工艺文件。零件机械装配工艺规程确定后，应按相关机械行业推荐标准(JB/T 9165. 2—1998) 将有关内容填入各种不同的卡片，这些卡片总称为装配工艺文件。装配文件主要有装配单元系统图、装配工艺过程卡片(表8.3)、装配工序卡片(表8.4)、检验卡片(表8.5)等。

单件小批量生产时,通常只绘制装配系统图、按产品装配图及装配系统图进行装配。成批生产时,通常还制订部件、总装的装配工艺卡,写明工序次序、简要工序内容、设备名称、工夹具名称与编号、工人技术等级和时间定额等项。在大批量生产中,不仅制订装配工艺卡,而且要制订装配工序卡,以直接指导工人进行产品装配。此外,还应按产品图样要求,制订装配检验及试验卡片。

表8.3　装配工艺过程卡片

<table>
<tr><td colspan="2" rowspan="2">(厂名全称)</td><td rowspan="2">机械装配工艺过程卡片</td><td>产品型号</td><td></td><td>零件图号</td><td></td><td colspan="2"></td></tr>
<tr><td>产品名称</td><td></td><td>零件名称</td><td></td><td>共 页</td><td>第 页</td></tr>
</table>

工序号	工序名称	工序内容	装配部门	设备工艺装备	辅助材料	工时定额/min

<table>
<tr><td></td><td></td><td></td><td></td><td></td><td></td><td></td><td></td><td></td><td></td><td rowspan="2">设计(日期)</td><td rowspan="2">审核(日期)</td><td rowspan="2">标准化(日期)</td><td rowspan="2">会签(日期)</td><td rowspan="2"></td></tr>
<tr><td></td><td></td><td></td><td></td><td></td><td></td><td></td><td></td><td></td><td></td></tr>
<tr><td>标记</td><td>处数</td><td>更改文件号</td><td>签字</td><td>日期</td><td>标记</td><td>处数</td><td>更改文件号</td><td>签字</td><td>日期</td><td></td><td></td><td></td><td></td><td></td></tr>
</table>

表 8.4　装配工序卡片

(厂名全称)	机械装配工序卡片	产品型号		零件图号			
		产品名称		零件名称		共 页	第 页

工序号	工序名称		车间		工段		设备		工序工时		

工序号	工序内容	工艺装备	辅助材料	工时定额/min

										设计(日期)	审核(日期)	标准化(日期)	会签(日期)	
标记	处数	更改文件号	签字	日期	标记	处数	更改文件号	签字	日期					

表 8.5　检验卡片

(厂名全称)	检验卡片	产品型号		零件图号			
		产品名称		零件名称		共 页	第 页

工序号	工序名称	车间	检验项目	技术要求	检测手段	检验方案	检验操作要求
简图							

										设计(日期)	审核(日期)	标准化(日期)	会签(日期)	
标记	处数	更改文件号	签字	日期	标记	处数	更改文件号	签字	日期					

思考与练习题

8.1　什么是装配？如何区分装配过程中的套装、组装、部装、总装？

8.2　机械结构的装配工艺性包括哪些主要内容？试举例说明。

8.3　常用的保证装配精度的装配方法有哪些？分别使用在哪些场合？

8.4　如何建立装配尺寸链？装配尺寸链分类有哪些？

8.5　试述装配工艺规程制定的主要内容及其步骤。

8.6　现有一轴、孔配合，配合间隙要求为0.04 ~ 0.26 mm，已知轴径为$\phi50_{-0.10}^{\ 0}$ mm，孔的尺寸为$\phi50_{\ 0}^{+0.20}$ mm。若用完全互换法进行装配，能否保证装配精度要求？用部分互换法装配能否保证装配精度要求？

8.7　图8.13所示的齿轮箱部件，根据使用要求，齿轮轴肩与轴承端面间的轴向间隙为1 ~ 1.75 mm。若已知各零件的基本尺寸为A_1 = 140 mm，A_2 = 5 mm，A_3 = 50 mm，A_4 = 101 mm，A_5 = 5 mm，试用完全互换法和部分互换法分别确定这些尺寸的公差及偏差。

8.8　减速机中某轴上零件的尺寸为A_1 = 40 mm，A_2 = 36 mm，A_3 = 4 mm。要求装配后的轴向间隙为0.10 ~ 0.15 mm，结构如图8.22所示。试用完全互换法和部分互换法分别确定这些尺寸的公差及偏差。

8.9　图8.23所示为车床溜板与床身导轨装配图，为保证溜板在床身导轨上准确移动，要求装配后配合间隙为0.1 ~ 0.3 mm。试用修配法确定有关零件尺寸的公差及偏差。

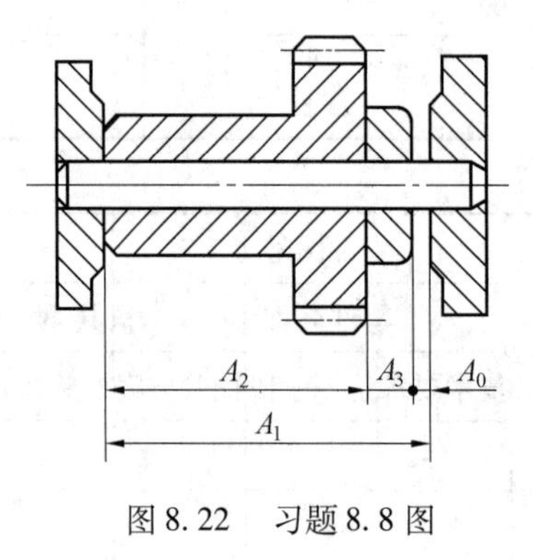

图8.22　习题8.8图

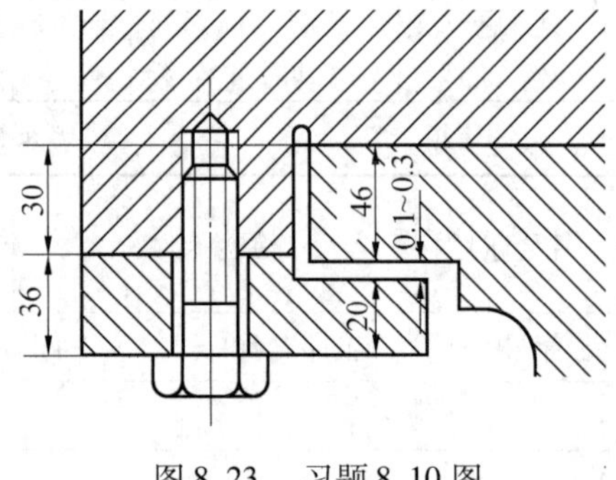

图8.23　习题8.10图

参考文献

[1] 侯书林,张健国. 机械制造技术基础[M]. 北京:北京大学出版社,2012.

[2] 倪森寿. 机械制造工艺与装备习题集和课程设计指导书[M]. 2 版. 北京:化学工业出版社,2009.

[3] 关慧贞,冯辛安. 机械制造装备设计[M]. 3 版. 北京:机械工业出版社,2013.

[4] 王红军. 机械制造技术基础学习指导与习题[M]. 北京:机械工业出版社,2012.

[5] 于大国. 机械制造技术基础与机械制造工艺学课程设计教程[M]. 北京:国防工业出版社. 2011.

[6] 吴拓. 简明机床夹具设计手册[M]. 北京:化学工业出版社,2010.

[7] 李益民. 机械制造工艺设计简明手册[M]. 哈尔滨:哈尔滨工业大学出版社,2011.

[8] 王先逵. 机械制造工艺学[M]. 北京: 机械工业出版社出版社,2007.

[9] 张茂. 机械制造技术基础[M]. 北京:机械工业出版社出版社,2008.

[10] 王茂元. 机械制造技术[M]. 北京:机械工业出版社出版社,2001.

[11] 于骏一,邹青. 机械制造技术基础[M]. 北京:机械工业出版社,2011.

[12] 赵家齐. 机械制造工艺学课程设计指导书[M]. 哈尔滨:哈尔滨工业大学出版社,2010.

[13] 黄健求. 机械制造技术基础[M]. 2 版. 北京:机械工业出版社,2011.

[14] 田培棠,石晓辉,米林. 夹具结构设计手册[M]. 北京:国防工业出版社,2011.

[15] 张世昌. 机械制造技术基础[M]. 天津:天津大学出版社,2002.

[16] 王小华. 机床夹具图册[M]. 北京: 机械工业出版社,2011.

[17] 薛源顺. 机床夹具图册[M]. 北京: 机械工业出版社,2011.